Vorwort.

Im Winter 1921/22 veranstaltete die Berliner Ortsgruppe der Arbeitsgemeinschaft Deutscher Betriebsingenieure (ADB) eine Reihe von 12 Vorträgen, die sich auf das Gebiet des Austauschbaues bezogen. In diesen Vorträgen wurden sowohl die Grundlagen und Mittel des Austauschbaues als auch Erfahrungen in der Anwendung auf verschiedenen Fertigungsgebieten behandelt.

Fertigung ist gleichbedeutend mit Formgebung (Bearbeitung) und Formermittlung (Messen); ihre wirtschaftlichste Art, unterstützt durch zweckentsprechende Organisation kommt im Austauschbau zum Ausdrucke.

Die Vortragsreihe sah für die Erörterung der Bearbeitungs- und Meßwerkzeuge einige Einzelvorträge vor; z. T. wurde bei der Erörterung der Anwendungsgebiete des Passungssystems die Meßwerkzeugfrage an vielen Stellen gestreift. Wenn sich im Rahmen dieser Vortragsreihe eine in sich abgeschlossene Darstellung der Meßgeräte geben ließ, so war dies aber nicht bei den Bearbeitungswerkzeugen der Fall. Dieses so umfangreiche Gebiet konnte in zwei Vortragsabenden nur in großen Zügen behandelt werden, und es war verständlich, daß der Wunsch auftauchte, der Vortragsreihe Austauschbau weitere Vortragsreihen anzugliedern, die sich mit dem Bearbeitungswerkzeug befassen sollten.

So entstand im Winter 1922/23 die Vortragsreihe „Spanabhebende Werkzeuge", der in dem nachfolgenden Winterhalbjahr Vorträge über spanlose Formung (Schmieden, Pressen, Stanzen, Ziehen, Gießen usw.) folgen sollten. Zweckmäßige Ausführung und verständnisvolle Anwendung der Bearbeitungswerkzeuge gehören zu den Grundbedingungen wirtschaftlicher Fertigung, und die Vortragsreihe „Spanabhebende Werkzeuge", die im großen Vortragssaal der Techn. Hochschule Charlottenburg abgehalten wurde, erfreute sich eines regen Besuches.

Die sorgfältigst ausgeklügelte Arbeitsmethode, die beste Fabrikorganisation kann nur dann zum vollen Erfolg führen, wenn das Werkzeug den höchsten Anforderungen entspricht. Das von Prof. Dr. Schlesinger geprägte Wort „An den Schneiden der Werkzeuge sitzen die Dividenden" gewinnt besondere Bedeutung in einer Zeit, die die Betriebe zur höchsten Wirtschaftlichkeit in der Fertigung drängt.

Vielleicht liegt schon darin die Berechtigung, die spanabhebenden Werkzeuge in zusammenhängender Form zu besprechen. Dabei erschien es zweckmäßig, nicht allein das Schneidwerkzeug als solches, sondern auch die Vorrichtungen zu seiner und des Werkstückes Aufnahme zu behandeln und einen kurzen Überblick über die Herstellung im Hinblick auf Werkstoff und Ausführung zu geben. Daß die Normung der Werkzeuge nicht unberücksichtigt bleiben durfte, ist selbstverständlich.

Um in dem Rahmen abendfüllender Vorträge zu bleiben, mußten sich die Vortragenden eine gewisse Beschränkung auferlegen. Prof. Toussaint bemerkte aber in seiner Einführungsrede, daß es weniger darauf ankomme, die letzten Probleme des spanabhebenden Werkzeuges zu erörtern, als Anregungen zu geben und die Zuhörer zum Nachdenken zu veranlassen. Sollte das gelungen sein, so ist der Zweck der Vortragsreihe und damit dieses Buches erreicht.

Eine angenehme Pflicht ist es, den Firmen, die in entgegenkommendster Weise Bildmaterial zur Verfügung stellten, sowie dem Verlag für die vorzügliche Ausstattung des Buches zu danken.

Berlin, im Juli 1925.

Jos. Reindl.

Schriften der Arbeitsgemeinschaft
Deutscher Betriebsingenieure · Band III

Spanabhebende Werkzeuge für die Metallbearbeitung

und ihre Hilfseinrichtungen

Bearbeitet von

Direktor R. Bussien, Obering. A. Cochius, Prokurist K. Güldenstein, Ingenieur E. Herbst, Direktor W. Hippler, Dr.-Ing. R. Koch, Ingenieur H. Mauck Direktor Dr.-Ing. e. h. J. Reindl, Prof. Dr.-Ing. O. Schmitz, Dipl.-Ing. E. Simon Prof. E. Toussaint

Herausgegeben von

Dr.-Ing. e. h. J. Reindl

Techn. Direktor der Schuchardt & Schütte A.-G.

Mit 574 Textabbildungen
und 7 Zahlentafeln

Berlin
Verlag von Julius Springer
1925

ISBN 978-3-642-98751-9 ISBN 978-3-642-99566-8 (eBook)
DOI 10.1007/978-3-642-99566-8

Softcover reprint of the hardcover 1st edition 1925

Inhaltsverzeichnis.

Seite

Wirtschaftliches Zerspanen. Von Direktor W. Hippler 1

A. Begriff des wirtschaftlichen Zerspanens 1
B. Die Bedingungen für wirtschaftliches Zerspanen 5
I. Der Schnittdruck 5
II. Die Wärme 10
III. Die Schnittgeschwindigkeit 12
C. Wirtschaftliche Ausnutzung der Drehbank 17
D. Wirtschaftlicher Verwendungsbereich bzw. Ausnutzungsmöglichkeit der Werkzeuge 36
I. Abhängigkeit des Werkzeuges vom Werkstück 37
II. Abhängigkeit des Werkzeuges von der Leistungsfähigkeit der Bank 39
III. Abhängigkeit des charakteristischen Spanquerschnittes 40
IV. Machtbereich der 3 Werkzeuge: Gußstahl, Schnellstahl, Stellit . . 41
E. Wirtschaftliche Ausnutzungsmöglichkeit der Werkzeugmaschine . . . 44
I. Abhängigkeit der Maschine vom Werkzeug 45
II. Abhängigkeit der Maschine von ihrer Leistungsfähigkeit 46
III. Abhängigkeit der Maschine vom Werkstück 48
IV. Verbesserung der Maschinenausnutzung 48
F. Einfluß des Werkzeugs auf die Spanmenge 55
G. Die Bestimmungstafel 61
I. Die Konstruktion der Bankbestimmungstafel 61
II. Gebrauchsanweisung 63

Die wirtschaftliche Drehstahlschneide. Von Direktor W. Hippler . . . 67

A. Abhängigkeit der Zerspanung von der Drehstahlschneide 67
B. Anforderungen an die wirtschaftliche Drehstahlschneide 68
C. Die Kräfte an der Schneide 70
D. Abhängigkeit der Kräfte von der Form und Stellung der Schneide . . . 74
E. Die Klopstockschneide 82
F. Schnittgeschwindigkeit und Schneidenform 84

Fräser und Messerköpfe. Von Prof. Dr.-Ing. O. Schmitz 89

A. Geschichtliches 89
B. Einteilung 90
Gefräste Fräser 90
Hinterdrehte Fräser 91
C. Arbeitsweise 94
Allgemeines 94
Schnittgeschwindigkeit 94
Vorschub 95
Schnittiefe 95
Kühlung 95
D. Entwerfen und Herstellung der Fräser 96
Schnitt- und Anstellwinkel 96

Seite
Durchmesser 97
Fase 98
Spiralzahnung 98
Spanbrechernuten 99
Fräsen der Verzahnung 100
Schleifen 100
Hinterdrehte Fräser 101
Messerköpfe 103
E. Fräserbefestigung 104

Bohrer, Senker und Reibahlen. Von Prof. Dr.-Ing. O. Schmitz 106
A. Die Herstellung lehrenhaltiger Löcher 106
B. Bohrwerkzeuge zur Vorbearbeitung genauer Löcher 108
Bohrer 108
Senker 114
C. Werkzeuge zur Endbearbeitung genauer Löcher 114
Handreibahlen 115
Maschinenreibahlen 117
Aufsteckreibahlen 117
Nachstellbare Reibahlen 118

Herstellung von Schraubengewinden. Von Prof. E. Toussaint 120
A. Anwendungsgebiete der Schraubengewinde 120
B. Theoretische Grundlagen für die Gewindeformen 120
C. Erzeugung der Schraubengewinde mit Einzahn und Strehler 131
D. Die Gewindebohrer 138
E. Die Schneideisen 143
F. Die Gewindekluppen 145

Automaten- und Revolverbank-Werkzeuge.. Von Ing. E. Herbst . . . 151
A. Revolverköpfe 151
Senkrecht gelagert 151
Wagrecht gelagert 152
Revolverköpfe für Automaten 153
Revolverköpfe für Halbautomaten 154
Werkzeugbefestigung in den Revolverköpfen 155
B. Spann- und Vorschubeinrichtungen 155
Spannpatronen 155
Vorschubpatronen 157
Spann- und Vorschubeinrichtungen 158
Spannköpfe 159
C. Stangenwerkzeuge 160
a) Materialanschlag 160
b) Stahlhalter 160
Bohrerhalter 160
Bohrerhalter mit Drehstahl 160
Drehstahlhalter 161
Reibahlenhalter 161
Schneideisenhalter 162
Gewindebohrerhalter 164
c) Drehwerkzeuge oder Stichelhäuser 164
Ausführung 164
Lünetten 165
Zusammenstellung eines einfachen Stichelhauses 167

Seite
Schruppstichelhäuser 168
Schlichtstichelhäuser 169
Schrupp- und Schlichtstichelhäuser 170
Schwere Drehwerkzeuge 170
Zentrier- und Abrundwerkzeuge 172
Anfertigung der Stichelhäuser 173
D. Futterwerkzeuge 173
Spannfutterbacken 174
Werkzeugträger 175
Messerköpfe 177
Bohrstangen 178
Einstechwerkzeuge 179
E. Zugehörige Schneidwerkzeuge 180
Drehstähle 180
Tangentialstähle 182
Formdrehstähle 184
F. Normalwerkzeugsätze und Arbeitspläne 184
Normalwerkzeugsatz für Wagrecht-Revolverkopf 185
Normalwerkzeugsatz für Wagrecht-Revolverkopf, Stangenarbeiten . . 185
Normalwerkzeugsatz für Wagrecht-Revolverkopf, Futterarbeiten . . 186
Normalwerkzeugsatz für schwere Revolverbank 186
Normalwerkzeugsatz für Tischrevolver, Stangenarbeiten 187
Normalwerkzeugsatz für Tischrevolver, Futterarbeiten 187
Normalwerkzeugsatz für Senkrecht-Revolverkopf, System Hesse . . . 188
Normalwerkzeugsatz für Trommelrevolver, System Pittler 189
Stahlhalter für Jägerstähle 190
Arbeitspläne für senkrecht gelagerten Revolverkopf 191
Bolzen 191
Spannpatrone 191
Bolzen mit Bund 192
Konusnabe 192
Futterarbeit 193
Arbeitsplan für Sternrevolver 193
Arbeitsplan für Tischrevolver 194
Arbeitsplan für wagrecht gelagerten Revolverkopf 194
Stangenarbeit 194
Futterarbeit 195
Arbeitsplan für Trommelrevolver 195
Arbeitsplan für Potter & Johnston Halbautomat 196
Arbeitsplan für Monforts Halbautomat 196
Arbeitsplan für Formautomat 197
Arbeitsplan für Einspindelautomat 197
Arbeitsplan für Cleveland-Automat 197
Arbeitsplan für Gridley-Automat 198
Arbeitsplan für Acme-Vierspindelautomat 198

Schleifen und Schleifscheiben. Von Direktor Dr.-Ing. e. h. J. Reindl . . 199
A. Anwendungsgebiet des Schleifens 199
B. Entwicklung der Schleifscheiben 199
Schleifscheiben aus natürlichem und künstlichem Sandstein 199
Künstliche Schleifscheiben 200
C. Bestandteile der künstlichen Scheibe 200
a) Schleifmittel 201

Seite
Schmirgel 201
Naturkorund 201
Kunstkorund 201
Silizium-Karbid (Karborundum) 201
b) Bindungen 202
Mineralische Bindung 202
Vegetabilische Bindung 203
Keramische Bindung 203
D. Körnung 203
E. Härte 204
F. Abhängigkeit der Scheibenwirkung 205
vom Berührungsbogen 205
von der Umfangsgeschwindigkeit 205
von der Härte 206
G. Auswahl der Schleifscheibe 206
Wahl des Schleifmittels 206
Wahl der Körnung 207
Wahl des Härtegrades 207
Wahl der Bindung 209
Wahl nach dem Lofschen Schaubild 209
Fragebogen für die Auswahl 211
H. Schleifvorgang 212
Umfangsgeschwindigkeit der Schleifscheibe 212
Umfangsgeschwindigkeit des Werkstückes 214
Schnittiefe 214
Längsvorschub 215
Schleifdruck 215
Innenschleifen 215
Einstechverfahren 217
J. Fehler beim Schleifen und ihre Ursachen 217
K. Flächenschleifen 218
L. Naßschliff — Trockenschliff 221
M. Schleifscheiben-Aufspannung 222
Flansch 222
Auswuchten 222
Untersuchung auf Sprünge 223
Abrichten 223
N. Arbeiterschutz 224

Das Werkzeugschleifen. Von Direktor Dr.-Ing. e. h. J. Reindl 226
A. Begriffsbestimmung 226
B. Schleifmittel zum Werkzeugschleifen 226
Schleifscheiben 226
Abziehsteine 226
C. Schleifen von Dreh- u. Hobelstählen 227
Sandstein 227
Schleifmaschine 227
D. Schleifen von Fräsern und Reibahlen 229
Tellerscheibe 229
Topfscheibe 230
Tellerscheibe — Topfscheibe (Einstellung des Hinterschliffes) 231
Zahnauflage 232
Schleiflehre 234

Seite
Schleifrichtung 234
Schleifen der Brustfläche des Zahnes 235
Schleifdorn 235
E. Besondere Gesichtspunkte beim Schleifen der Reibahlen 235
Handreibahlen 235
Maschinenreibahlen 236
Kegelreibahlen 237
Einstellring 237
Das Wetzen 237
Nachstellbare Reibahlen 238
F. Schleifen von Spiralbohrern 238
Brustwinkel 238
Hinterschliff 238
Querschneide 239
Spitzenanschliff 239
Anspitzen 239
G. Schärfen von Gewindeschneidzeugen 243
Allgemeine Gesichtspunkte 243
Anschleifen 244
Nachschleifen des Anschnittes 247
H. Feinschliff von Meßflächen 250
Allgemeine Gesichtspunkte 250
Feinschliff zylindrischer Meßflächen 250
Feinschliff von Zapfen 251
Feinschliff von ebenen Flächen 252
Feinschliff von Kugelflächen 254

Handelsübliche Spannvorrichtungen. Von Prok. Ing. R. Güldenstein. 257
Einteilung 257
Mechanisch wirkende Spannvorrichtungen 257
I. Handwerkzeuge 257
Hand 257
Zangen 257
Feilkloben 260
Schraubzwingen 260
Bankschraubstöcke 262
Spannkluppen 265
II. Spannvorrichtungen für Werkzeuge und Werkstücke mit geradliniger Bewegung 265
Maschinenschraubstöcke 265
Spanneisen (Spannklauen) 274
Stahlhalter 276
III. Spannvorrichtungen für kreisende Werkzeuge und Werkstücke . . 281
Spannherze 281
Achtschraubenfutter 282
Planscheiben (unabhängige Drehbankfutter) 283
Selbstzentrierende Spannfutter 285
Kegelhülsen 300
Patronenfutter 302
Bohrfutter 304
Schnellwechselfutter 311
Elektromagnetisch wirkende Spannvorrichtungen 312
Durch Preßluft wirkende Spannvorrichtungen 316

Seite

Vorrichtungen und ihre Konstruktionsgesetze bei der Spanabnahme. Von Direktor R. Bussien 318

A. Aufgabe der Vorrichtungen 318

B. Entwurf der Vorrichtungen 319

Arbeitsplan 319

Das Spannen 325

Die Aufnahme des Werkstückes 329

Kräfte am Werkstück und der Vorrichtung 331

Span- und Schmutzschutz an Vorrichtungen 332

Mehrfachspannvorrichtungen 336

Die Körper der Vorrichtungen 336

Bohrbuchsen 338

Schwenkbare Vorrichtungen 340

Spanndorn 341

Sonderspannfutter 342

Normung 344

Preßluftspanner 344

C. Beispiele ausgeführter Vorrichtungen 351

1. Beispiele aus der vorgeschichtlichen Zeit 351
2. Schraubstockartige Vorrichtungen 351
3 Spannvorrichtungen für eine Pleuelstange 352
4. Schraubstockartige Bohrvorrichtung für ovale Flansche 353
5. Maschinenschraubstock mit Schnellspannvorrichtung 354
6. Bohrflansch 354
7. Bohrflansche mit Ausrichtanschlägen 355
8. Bohrvorrichtung für Mehrspindelbohrmaschinen 356
9. Universalbohrvorrichtung zum Bohren von Splintlöchern 357
10. Universale Spann- u. Bohrvorrichtung für Gelenkstangen 357
11. Bohrkasten 357
12. Bohrvorrichtung für Zentrifugengehäuse 358
13. Bohrkasten für Kniestücke 359
14. Vorrichtung für Dreh- oder Revolverbank-Arbeiten 360
15. Bohrvorrichtung aus Vierkantmaterial 360
16. Vorrichtung zum Bohren von Schmierlöchern 361
17. Zusammengesetzte Vorrichtungen 362
18. Vorrichtung mit Keilverschluß 362
19. Fräsvorrichtung zum Einfräsen von Schlitzen 363
20. Bohrvorrichtung für Getriebekasten 364
21. Spannfutter für Zahnräder 364
22. Spannvorrichtungen für topfartige Werkstücke 365
23. Mehrfachspannvorrichtungen für Senkrecht-Fräsmaschinen . . . 366
24. Vorrichtungen zum Stoßen von Nuten . . . .
25. Montagevorrichtungen 367

D. Sonderwerkzeugmaschinen 369

1. Zweck 369
2. Beispiele 369

Werkzeuglager, Ausgabe und Revision der Werkzeuge. Von Betriebsing. H. Mauck 379

A. Werkzeuglager 379

1. Notwendigkeit eines Werkzeuglagers 379
2. Lagerraum und Lagereinrichtungen 382
3. Einordnung der Werkzeuge 392

Seite
a) Schneidwerkzeuge 393
b) Spannwerkzeuge 394
c) Lehren 396
d) Materialien 397
4. Lagerkartothek 401
B. Werkzeugausgabe 405
C. Werkzeugrevision 407

Werkstoffe der Werkzeuge. Von Dipl.-Ing. E. Simon 409
A. Herkunft 409
B. Einteilung 409
I. Kohlenstoffstahl (Werkzeugstahl) 410
1. Chemische Zusammensetzung 410
2. Einfluß der Vorbehandlung 410
3. Glühen 415
4. Härten 415
5. Anlassen 417
II. Legierte Stähle 419
1. Einfluß der Legierungsmetalle im allgemeinen 419
2. Einfluß der Legierungsmetalle im einzelnen 420
3. Gleichzeitiger Einfluß mehrerer Legierungsmetalle 420
III. Schnellstähle 421
1. Verhalten der Schnellstähle 421
2. Zusammensetzung der Schnellstähle 421
3. Gefüge der Schnellstähle 422
IV. Schneidmetalle 423
1. Chemische Zusammensetzung 424
2. Wichtigste Eigenschaften 424
3. Anwendung der Schneidmetalle 424
C. Auswahl der Stähle 425
I. Auswahl der Kohlenstoffstähle 425
II. Auswahl der legierten Stähle 426

Härten. Von Obering. A. Cochius 428
A. Geschichtlicher Rückblick 428
B. Begriffsbestimmung 429
C. Vorgänge beim Härten 429
1. Erwärmen. Abschrecken. Haltepunkt 429
2. Einfluß des Kohlenstoffgehaltes auf die Abschrecktemperatur . 431
3. Einfluß der Abschrecktemperatur auf die Härte 432
4. Einfluß der Abschrecktemperatur auf die Festigkeit 432
5. Gefügebilder 433
6. Das Abschrecken (Methoden und Mittel) 435
D. Vorgänge beim Härten von Schnellstahl 436
E. Härteprüfung 440

Normung der Werkzeuge. Von Dr.-Ing. R. Koch 442
A. Notwendigkeit und Zweck 442
B. Beispiele der Werkzeugnormung 443
1. Gewindeschneidzeuge 443
2. Werkzeugvierkante 446
3. Werkzeuge zur Herstellung von Bohrungen 447
4. Einheitliche Bezeichnung 451
5. Schneidstähle 453
C. Aufgaben des Normeningenieurs hinsichtlich der Werkzeugnormung . 454

Wirtschaftliches Zerspanen[1]).

Von Direktor Willy Hippler.

A. Begriff des wirtschaftlichen Zerspanens.

Wenn wir eine Maschinenbauwerkstatt betreten, so sehen wir das Werkstattbild zu einem großen, ja oft zum größten Teil beherrscht von der Werkzeugmaschine, deren Aufgabe es ist, die Baustoffe zu zerspanen. Das tägliche und stündliche Bemühen der Werkstatt gilt also zu einem überwiegend großen Teil dem Zerspanen, und je nachdem dieses Zerspanen vor sich geht, ob nach einem bestimmten Gesetz und nach einem einheitlichen Willen, oder willkürlich ins Blaue hinein nach der persönlichen Ansicht eines jeden Maschinenarbeiters, davon muß bei der großen Zahl der Werkzeugmaschinen und ihrer fast ununterbrochenen Tätigkeit, bei der ungeheueren Vervielfachung also selbst kleiner Fehler und Verluste, die Produktionskraft und Rentabilität der Werkstatt in hohem Maße abhängig sein.

Die abfallenden Späne sind der Ausdruck der von der Werkzeugmaschine vollbrachten Arbeit. An der großen Menge der Späne, die tagtäglich in einer Werkstatt abgetrennt wird, erkennt selbst der Laie, daß hier Riesenarbeit sich auftürmt, daß aber auch große Verluste darin verborgen sein können, wenn diese Arbeit nicht sorgfältig überwacht wurde; er ahnt, daß das Zerspanen das Atmen der Werkstatt ist, das den Umlauf ihres Blutes beschleunigt, ihrem Auge Glanz und ihrem Herzen volleren Schlag gibt. Zerspanen ist Bewegung, Leben ruht aber auf Bewegung.

Nicht immer ist eine große Menge Späne auch der Beweis wirtschaftlichen, intensiven Arbeitens. Durch wüstes Überanstrengen der Werkzeugmaschine kann erhöhte Arbeitsleistung vorgestäuscht werden, die in Wirklichkeit nicht vorhanden ist, weil der Kraftverbrauch und damit die Kraftkosten kein gesundes Verhältnis mehr zur erzielten Spanmenge haben. Jede Werkzeugmaschine kann eben wie ein lebendes Wesen nur eine bestimmte Leistung ohne Schaden zu nehmen tagtäglich vollbringen. Wie beim Menschen oder Tier diese normale Dauerleistung, die wir Volleistung nennen wollen, weil sie ohne Schaden dauernd voll hergegeben werden kann, von der

---

[1]) Dieser Vortrag ist eine Umarbeitung einzelner Kapitel des Buches: W. Hippler: Die Dreherei und ihre Werkzeuge. I. Teil: Wirtschaftliche Ausnutzung der Drehbank, 3. Aufl. Berlin: Julius Springer 1923.

Insbesondere siehe auch C. W. Drescher: Stückzeitbestimmung in „Hütte“, Taschenbuch für Betriebsingenieure. 2. Aufl. S. 617f. Berlin: Wilhelm Ernst & Sohn 1924.

Konstitution, dem Körperbau abhängig ist, so ist die Volleistung der Werkzeugmaschine von ihrer Konstruktion abhängig, d. h. die Kraftmomente und die sich daraus ergebenden Zahndrücke sowie die Riemengeschwindigkeit begrenzen ihre Leistung. Jede Werkzeugmaschine wird für eine bestimmte Volleistung gebaut, sei es 3 PS oder 5 PS oder 10 PS oder sonstwie, die sie dann im Betriebe dauernd hergeben kann, ohne sich zu schnell abzunutzen und krank zu werden. Wie der Mensch auch ein geringes Maß mehr als seine Volleistung lange Zeit zu leisten vermag, ohne daß seine Gesundheit leidet, so auch die Werkzeugmaschine; sie kann dauernd um ein Geringes überlastet werden, ohne an Genauigkeit oder Lebensdauer einzubüßen. Sie darf aber nicht, so wenig wie der Mensch, dauernd mit einer ihre Volleistung wesentlich übersteigenden Leistung beansprucht werden, da sonst zusehends ihre Lebenskraft verkürzt und zerstört wird. Umgekehrt weniger von der Werkzeugmaschine zu fordern als ihre Volleistung, wäre so unvernünftig, wie sie zu überanstrengen; wir würden ihr Arbeitsvermögen, ihr volles Können nicht ausnutzen, zu geringe Spanmengen erhalten, die Arbeit würde zu teuer.

Die Forderung nach voller Ausnutzung der Werkzeugmaschine ist von grundlegender Bedeutung, ist viel wichtiger, als gemeinhin geglaubt wird. Je weniger die Maschine ausgenutzt wird, um so höher steigen die Unkosten (Generalien). Heidebroek hat nachgewiesen, daß bei einem Absinken der Ausnutzung bis auf etwa $^1/_3$—$^1/_2$ die Unkosten und damit die Stückkosten ganz außerordentlich stark ansteigen[1]). Hat man im Gebrauch der Werkzeugmaschine auf ihre volle Ausnutzung kaum irgendwelchen Wert gelegt, so hat Heidebroek uns jetzt den Blick dafür geöffnet, daß die Selbstkosten des Werkstückes in empfindlichster Weise vom Ausnutzungsgrad der Werkzeugmaschine abhängen, und daß diese Abhängigkeit eines der wichtigsten Grundgesetze industrieller Wirtschaft enthält. Das zeigt so recht wieder, wie wenig unsere Sinne geweckt und eingestellt sind für das Notwendige, das Fundamentale.

Einen gesunden Arbeitszustand haben wir also, wenn wir die Werkzeugmaschinen dauernd zur Hergabe ihrer Volleistung zwingen, d. h. bei jeder Arbeit so stark belasten, daß sie gezwungen ist, zur Bewältigung ihrer ihr aufgebürdeten Last ihre volle Anzahl Pferdestärken, für die sie gebaut ist, aufzuwenden. Indem wir uns diese letzteren voll zu nutze machen, nutzen wir die Werkzeugmaschine voll aus.

Die Werkzeugmaschine trennt den Span mit einer gewissen Schnelligkeit, der Schnittgeschwindigkeit, ab; sie ist durch den Span bzw. Spanquerschnitt und die Schnittgeschwindigkeit belastet. Durch die rich-

[1]) Prof. Dr. Ing. E. Heidebrock: Industriebetriebslehre. S. 191. Berlin: Jul. Springer 1923.

tige Wahl von Spanquerschnitt und Schnittgeschwindigkeit haben wir es in der Hand, die Bank voll zu belasten, sie zu ihrer Volleistung zu zwingen. Die voll ausgenutzte Bank liefert mehr Späne als die nur teilweise ausgenutzte, sie liefert aber erst dann die größte Spanmenge, wenn der Spanquerschnitt und die Schnittgeschwindigkeit auch noch so gewählt werden, daß kürzeste Schnittzeit erreicht wird. Spanquerschnitt und Schnittgeschwindigkeit sind also an zwei Forderungen gebunden: sie müssen die Bank voll belasten und müssen kürzeste Schnittzeit ergeben.

So haben wir also den vollkommensten Grad wirtschaftlichen Zerspanens, wenn die Werkzeugmaschine voll ausgenutzt wird und gleichzeitig kürzeste Schnittzeit erreicht wird. Erst das ergibt die geringsten Kosten für 1 kg Späne, die größte spezifische Spanleistung.

Spanquerschnitt und Schnittgeschwindigkeit sind nach alledem die beiden großen Unbekannten des Zerspanungsproblems und zugleich dessen Achse. Sie vermögen aber nur dann Brunnenstuben gesunder Werkstattswirtschaft zu sein, wenn sie in rechte Zucht genommen werden, d. h. richtig gewählt werden. An der richtigen Wahl dieser beiden hängt alles, wir haben hier zwei scheinbar kleine Dinge, an denen aber Großes hängt. Ein kleines Steinchen im Stiefel kann einen Menschen aus dem Gleichgewicht bringen. Erst das Zusammenklingen dieser beiden Träger der Zerspanung bringt den Erfolg.

Aus alledem ergibt sich, daß von jeder Werkzeugmaschine die Volleistung erst ermittelt werden muß. Der allein einwandfreie und sichere Weg ist die Abbremsung[1]), der aber naturgemäß in der Praxis sehr selten begangen werden kann. So ist die Werkstatt darauf angewiesen, bei neu zu beschaffenden Maschinen die Volleistung sich von der Werkzeugmaschinenfabrik geben zu lassen, bei vorhandenen Bänken sich aus Durchzugskraft des Riemens und Riemengeschwindigkeit selbst zu errechnen. Die Durchführung dieser Rechnung wird hier als bekannt vorausgesetzt, sie ist a. O. ausführlich zu finden[2]). Für die Errechnung sowohl als auch für die dauernde Kontrolle der Riemenspannung, um die Maschine auch dauernd auf ihrer Volleistung zu erhalten, ist ein Riemenspannungsmesser von größtem Wert[3]). Die richtige Riemenspannung beim Aufbringen des Riemens kann mit etwa 10 kg pro 1 cm Riemenbreite angenommen werden.

Welch bedeutsame Rolle den Kosten für 1 kg Späne für das ganze Fabrikunternehmen bei unserem schweren Existenzkampf heute zukommt, hat Prof. Freund trefflich zum Ausdruck gebracht, wenn er

[1]) W. Hippler: Die Dreherei und ihre Werkzeuge. 3. Aufl. I. Teil. S. 87f.

[2]) Derselbe. S. 204f. — Prof. Hülle: Die Werkzeugmaschinen. 3. Aufl. S. 570f. Berlin: Julius Springer 1919.

[3]) v. Zahler: Ein neuer Riemenspannungsmesser. Werkst.-Tech. 1924. S. 255f. — Loewe Notizen 1924, S. 55.

sagt: „Es ist widersinnig, auf der einen Seite die Kosten für 1 kg Dampf auf Heller und Pfennig festzulegen und an Hand dieser Wertzahlen Betriebsverbesserungen anzubringen, und auf der anderen Seite völlig in Unkenntnis darüber zu bleiben, welche · Kosten für die Spanabtrennung, die doch schließlich Selbstzweck des Betriebes ist, entstehen. Nicht des Dampfes, sondern der Produktion wegen, um Späne abzutrennen, ist der Betrieb da[1]).

Am Zerspanungsprozeß sind vier Faktoren beteiligt: Mensch, Werkzeugmaschine, Werkzeug und Werkstück. Von ersterem soll hier nicht die Rede sein[2]). Unsere Zerspanungswirtschaft ist dann rationell, wenn das Werkzeug, bzw. seine Schneide so geformt ist, daß es den Span einmal mit dem geringsten Kraftaufwand abtrennt und dabei größte Lebensdauer bewahrt, und wenn ferner die Maschine durch Spanquerschnitt und Schnittgeschwindigkeit so stark belastet wird, daß sie mit ihrer vollen Leistungsfähigkeit in Anspruch genommen wird, die in ihr steckende Leistungsmöglichkeit also voll herausgeholt und dabei gleichzeitig die vorgeschriebene Spanmenge in kürzester Zeit abgetrennt wird.

Dem ersten Glied, dem Werkzeug, hat die Werkstatt schon lange ihr Interesse zugewandt. Mit dem zweiten Glied jedoch, der Maschine bzw. ihrem Anteil an wirtschaftlicher Zerspanung, hat man sich bis jetzt nur ganz wenig beschäftigt, und es sollen deshalb heute gerade dieser Seite ausführlichere Betrachtungen gewidmet werden. Weil beim Zerspanungsprozeß stets auch das Werkzeug mitwirkt, wird sich an die Behandlung der Leistungsfähigkeit der Maschine auch die Frage nach der Leistungsfähigkeit des Werkzeuges anhängen müssen, und insbesondere die Frage, wie die Leistungsfähigkeit des Werkzeuges sich verhält gegenüber der der Bank. Es wird nach dem Band gesucht werden müssen, das Maschine und Werkzeug verbindet.

Das Zerspanungsproblem spaltet sich, wie erwähnt, in zwei Teilprobleme: erstens die wirtschaftliche Schneidenform aufzufinden, zweitens den wirtschaftlichen Spanquerschnitt und die ihm zugeordnete Schnittgeschwindigkeit zu ermitteln, bei der die Maschine voll ausgenutzt und gleichzeitig geringste Schnittzeit erreicht wird. Das erste Problem wird Thema des nächsten Aufsatzes sein, hier hat uns nur das zweite Problem zu beschäftigen. Mit der Erkenntnis, daß die Belastung der Maschine und auch des Werkzeuges, ihre jeweilige Anstrengung, erzeugt und geregelt wird durch Spanquerschnitt und Schnittgeschwindigkeit, drängt sich auch sofort die Frage auf, wem dabei die

---

[1]) Prof. A. Freund: Zur betriebstechnischen Wertung der Werkzeugmaschine. Betrieb 1921. S. 320.

[2]) Dr. Ing. A. Friedrich: Menschenwirtschaft. Z. V. d. I. 1924. S. 405f.

größere Rolle zukommt, der Schnittgeschwindigkeit oder dem Spanquerschnitt? Die Entscheidung, wem von den beiden Rivalen der Vorzug gebührt, wird uns im folgenden eingehend beschäftigen.

B. Die Bedingungen für wirtschaftliches Zerspanen.

Jeder Span wird, wenn man so sagen darf, geboren unter zwei Lebensäußerungen, dem Schnittdruck und der Wärme, und mit diesen beiden Lebensbetätigungen des Spanes müssen wir uns nun etwas näher befassen, wenn wir zu Richtlinien einer rationellen Zerspanung kommen wollen.

I. Der Schnittdruck.

Die Bedeutung des Schnittdruckes im Zerspanungsprozeß ist sehr wichtig.

Die Spanmenge, welche eine Werkzeugmaschine in einer gegebenen Zeit abnehmen kann, ist begrenzt durch den Schnittdruck. Große Härte des Materials oder ein stumpfes Werkzeug oder eine unsachgemäß geformte Werkzeugschneide erhöhen den Schnittdruck so sehr, daß nur kleine Spanquerschnitte genommen werden können. Um die Leistungsfähigkeit der Werkzeugmaschine und auch des Werkzeuges zu erhöhen, ist es daher von größter Wichtigkeit, alle Ursachen, die große Schnittdrücke hervorrufen können, genauer zu erforschen. Da haben wir schon die universelle Bedeutung des Schnittdruckes. Aber weiter:

Die Grenze der Leistungsfähigkeit einer Maschine ist mit ihrer Bauart gegeben. Der kräftigen Gestaltung einer Maschine sind aber Grenzen gesetzt, die bei den neueren Werkzeugmaschinen durchweg nicht mehr überschritten werden können, sollen die Maschinen nicht an Handlichkeit in der Bedienung verlieren. Die Leistungsfähigkeit der Maschine läßt sich heute wirksam nur noch dadurch erhöhen, daß versucht wird, die Schnittdrücke zu verringern. Hierfür kommen nur zwei Faktoren in Betracht, die Härte und Festigkeit des Werkstückmaterials und die Schneidfähigkeit des Werkzeuges. Da Härte und Festigkeit des Werkstückes durch Konstruktion und Zweck gegeben sind, so ist es nur das Werkzeug, durch dessen Verbesserung in der Ausgestaltung seiner Schneide eine Leistungssteigerung der Maschine erzielt werden kann.

Diese Erkenntnis von der fundamentalen Bedeutung und Wirkung einer richtig geformten Werkzeugschneide muß in das Zentrum der ganzen Zerspanungswirtschaft gerückt werden. Mit ihr können wir den Schnittdruck auf ein geringstes Maß herunter bringen, m. a. W. den Span unter geringstem Arbeitsaufwand abtrennen oder bei gegebener Leistungsfähigkeit der Maschine mehr Späne in der Zeiteinheit abheben, als mit einer unsachgemäßen oder falsch geformten Schneide.

Wir sehen, Ausgangspunkt aller Bestrebungen nach Leistungssteigerung ist der Schnittdruck; wir müssen uns daher mit seinem Verhalten bei den verschiedenen Schnittbedingungen etwas näher befassen.

Soviel sagt uns schon unser Gefühl, daß der Schnittdruck W (in kg) abhängig sein muß erstens von der Bearbeitbarkeit des Werkstückes, die sich ausdrückt durch Festigkeit, Härte und Zähigkeit des Werkstückmaterials [1]), daß harte Materialien einen größeren Schnittdruck erzeugen müssen als weiche, zweitens von der Größe des Spanquerschnittes. Denn ein starker, kräftiger Span muß einen größeren Druck auf das Werkzeug ausüben, als ein kleines, schwaches Spänchen.

Somit haben wir die Gleichung $W = f \cdot k_s$, wobei f = Spanquerschnitt in mm² und k_s die Materialeigenschaften des Werkstückes verdeutlichen soll.

Es ist nun die wichtige Frage, ob der Schnittdruck mit dem Spanquerschnitt proportional zunimmt, ob also k_s für den gleichen Werkstoff bei den verschiedensten Spanquerschnitten konstant bleibt. Die Praxis sagt hier ja, sie nimmt den spezifischen Schnittdruck k_s bei dem gleichen Stoff als konstant an und nennt daher k_s auch Materialkonstante (auch Schneidkoeffizient)[2]).

Diese Annahme ist aber falsch. Schon Taylor machte die Wahrnehmung, daß der spezifische Schnittdruck seinerseits wieder vom Spanquerschnitt abhängt, daß letzterer einen recht erheblichen Einfluß auf den spezifischen Schnittdruck ausübt, derart, daß große, starke Späne einen verhältnismäßig geringeren Widerstand leisten als kleine Späne, daß also der Arbeitsaufwand beim Schneiden starker Späne verhältnismäßig geringer ist als bei schwachen Spänen. Der Wirkungsgrad der Drehbank steigt bis zu einer gewissen Grenze mit wachsendem Spanquerschnitt rasch an. k_s sinkt also mit zunehmendem Spanquerschnitt.

Der weittragenden Bedeutung dieser Beobachtung Taylors, die später auch von Fischer, Schlesinger, Friedrich und neuerdings Klopstock durch den Versuch bestätigt wurde, sind sich viele Fachleute gar nicht bewußt. In seinem am 6. Februar 1924 vor dem Berliner Bezirksverein deutscher Ingenieure gehaltenen Vortrage über „Die Materialkonstante in der Metallbearbeitung“ kennzeichnete der bekannte Forscher und Leiter des Versuchsfeldes für Werkzeugmaschinen an der Technischen Hochschule Berlin, Prof. Schlesinger, die Bedeutung des spezifischen Schnittdruckes mit folgenden Worten: „Der spezi-

[1]) E. Simon: Härten und Vergüten. I. Teil. S. 8 u. 9. Berlin: Julius Springer 1921. — Bei gleicher Festigkeit scheint die Bearbeitbarkeit umgekehrt proportional der Dehnung zu sein. Siehe Prof. Dr. G. Berndt: Monatsbl. Berlin. Bez.-V. d. I. 1920. S. 77.

[2]) Hütte, Taschenbuch für den Betriebsingenieur. 2. Aufl. S. 955. Berlin: Wilh. Ernst & Sohn 1924.

fische Schnittdruck bildet das Bindeglied zwischen Werkzeug und Werkzeugmaschine einerseits und der Fertigung und ihrer Wirtschaftlichkeit andererseits, ihre richtige Erkenntnis ist also die Grundlage für jede Konstruktion und Wirtschaftlichkeitsrechnung."

So hat denn auch die Erkenntnis, daß mit zunehmendem Spanquerschnitt der spezifische Schnittdruck sinkt, zu einem wichtigen Arbeitsverfahren geführt, dem Ausschruppen aus dem Vollen, das bis zum Kriege geradezu zum Kennzeichen neuzeitlicher Arbeitsweise wurde. Durch die ungeheuren Verschiebungen, die der Krieg in unserer Wirtschaft hervorgebracht, hat dieses Arbeitsverfahren heute seine unbedingte Gültigkeit verloren bzw. stark eingebüßt, weil die Materialpreise gegenüber den Arbeitslöhnen sehr viel höher geworden sind[1]), so daß wir heute in den meisten Fällen gezwungen sind, zur früheren Methode des genauen Gießens und Schmiedens wieder zurückzukehren. Natürlich will mit dem Grundsatze des Ausschruppens aus dem Vollen die alte Tatsache nicht umgeworfen werden, daß möglichst weitgehende Formgebung bereits im ersten Arbeitsgang durch Schmieden im Gesenk grundsätzlich wirtschaftlicher ist als die Bearbeitung durch Schneidwerkzeuge.

Prof. Friedrich hat die Wahrnehmung Taylors in eine einfache Formel gekleidet[2]):

$$k_s = k + \frac{w}{\sqrt{f}}$$

und damit obige Erkenntnis noch erweitert durch den Nachweis, daß der spezifische Schnittdruck k_s größer wird mit zunehmender Schnittbogenlänge.

Dieser letzte Satz wird für uns von Bedeutung, wenn wir im nächsten Aufsatze auf die Suche nach einer wirtschaftlichen Schneidenform gehen.

Der spezifische Schnittdruck k_s hängt also nicht nur von der Größe des Spanquerschnittes f ab, sondern auch von dessen Form. Bei gleichem Spanquerschnitt wird k_s dann am kleinsten, wenn $l + s$ ein Minimum wird, wenn also $l = s$, d. h. beim Quadrat und Rhombus, Abb. 1 und 2. Das bedeutet nichts anderes, als daß k_s mit wach-

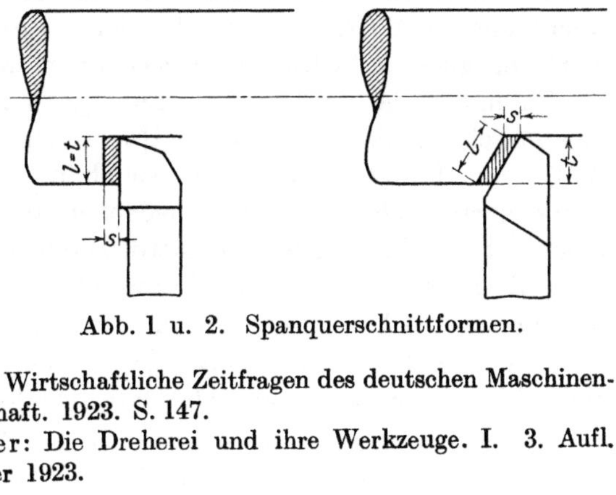

Abb. 1 u. 2. Spanquerschnittformen.

[1]) Dr. Ing. G. ter Meer: Wirtschaftliche Zeitfragen des deutschen Maschinenbaues. Maschinenbau/Wirtschaft. 1923. S. 147.

[2]) Näheres s. W. Hippler: Die Dreherei und ihre Werkzeuge. I. 3. Aufl. S. 21. Berlin: Julius Springer 1923.

sendem Vorschub abnimmt. Vom Gesichtspunkte geringstmöglichen Schnittdruckes müssen wir daher möglichst immer mit großem Vorschub arbeiten.

Die Erkenntnis der Abhängigkeit des spez. Schnittdruckes vom Spanquerschnitt hat uns also drei wichtige Ergebnisse geschenkt: zwei bedeutsame Arbeitsregeln und eine Plattform zur Entwicklung einer wirtschaftlichen Schneidenform. Während alle Forscher, die sich mit dem Problem des Schnittdruckes befaßt haben, die Veränderlichkeit des spez. Schnittdruckes k_s mit dem Spanquerschnitt f bestätigen, vertritt ein Forscher, dessen Versuche auf der breitesten Grundlage aufgebaut und sonst das größte Vertrauen verdienen, Ripper, den entgegengesetzten Standpunkt. Er behauptet, daß bei Anwendung der richtigen, jeweils zugeordneten Schnittgeschwindigkeit k_s für den gleichen Stoff stets konstant sei. So vertrauenswürdig seine übrigen Forschungsergebnisse sind, so kann doch dieser Behauptung nicht zugestimmt werden.

Abb. 1 bedeutet uns, daß k_s von der Schneidenform und dem Vorschub abhängt. Neben der Schneidenform üben aber auch noch die Schnittwinkel einen großen Einfluß auf k_s aus. So ist klar, daß ein großer Keilwinkel einen großen Schnittdruck erzeugt. Weiter hat noch Bedeutung der Spanwinkel. Im nächsten Aufsatz wird hierauf noch näher eingegangen werden.

So dürften die Ausführungen über den Schnittdruck schon zur Erkenntnis geführt haben, daß es sich hier um einen König im Reiche der Zerspanung handelt, dessen wahres Antlitz zu kennen für die Konstruktion von Werkzeugmaschine und Werkzeug sowohl wie für deren wirtschaftlichen Gebrauch in der Werktsatt einfach alles bedeutet. Die wirkliche Kenntnis des Schnittdruckes kann erst unserer Zerspanungsarbeit in der Werkstatt eine Blutzirkulation geben, die voll Wärme und aufstrebender Lebenskraft ist. Welch dunkler Nebelschleier liegt für viele heute noch auf diesem Gebiete, welche Verwicklungen und Irrtümer mußte der befürchten, der sich an die Ermittlung aller der schwierigen Zusammenhänge heranwagte.

Da haben die Arbeiten Schlesingers im Versuchsfeld für Werkzeugmaschinen der Technischen Hochschule in Berlin in weitgehendem Maße die Fesseln gebrochen; sie haben Ergebnisse gezeitigt, die betriebswissenschaftlich sehr bedeutungsvoll sind. Sie führten zu einem selbstschreibenden Schnittdruckmesser (Meßdosensupport), der auf jede Drehbank, soweit sie 180 mm Spitzenhöhe nicht unterschreitet, gesetzt werden kann und von Drehbank zu Drehbank versetzbar ist[1]).

Welch helles Licht bringt ferner der Meßdosensupport in die tatsächliche Werkzeug- und Maschinenleistung. Hängt doch bei keiner

[1]) Gebaut von Maschinenfabrik Losenhausen u. Mohr u. Federhaff. — E. Irion: Ein Blick auf das moderne Materialprüfungswesen. Z. Maschinenbau 1925. S. 177.

anderen Maschine der Arbeitsbedarf von soviel Umständen ab, wie bei der Werkzeugmaschine! Die Rechnung vermag da nur grobe, unsichere Werte zu liefern, eine wirkliche, tatsächliche Arbeitsbilanz der Werkzeugmaschine aufzustellen ist nur durch Schnittdruckmessung möglich; denn nur was uns die Werkzeugmaschine an Schnittkraft zur Verfügung stellt, kann die Werkstatt auch verwerten. Nur die Messung des Schnittdruckes gibt uns die tatsächliche effektive Leistung der Werkzeugmaschine an der Schnittstelle; der Vergleich derselben mit der des Elektromotors an seiner Riemscheibe ergibt unmittelbar den Wirkungsgrad des Antriebes unter Arbeitsdruck, der rechnerisch kaum einigermaßen zuverlässig zu bestimmen ist. Die Arbeiten Schlesingers und Klopstocks haben zu einer Bilanztafel geführt, die gestattet, während des Schnittversuches unmittelbar aus der Ablesung des Amperemessers am Motor den Schnittdruck am Drehstahl zu finden, die sich mit der gleichzeitig am Meßsupport abgelesenen decken muß, wenn der Verlustzustand des Motors und Getriebes richtig ist[1]). Durch diese Bilanztafel bzw. Kontrolle ist es möglich, etwa die Hälfte der sonst notwendigen Versuche zu sparen.

In seinem erwähnten Vortrage weist Prof. Schlesinger darauf hin, daß ohne Aufstellung solcher tatsächlicher Wirtschaftsbilanzen der Werkzeugmaschine alle noch so sorgfältig ausgeführten Zeitstudien in der Luft hängen. „Die Kenntnisse zur Durchführung der Versuche, die zur Aufstellung von Maschinenbilanzen nötig sind, muß sich“, sagt Schlesinger „der Zeitstudienbeobachter verschaffen, er muß imstande sein, entweder dauernd oder in bestimmten Zeitabständen seine Werkzeugmaschinen auf Wirkungsgrad oder Leistung nachzuprüfen, um nicht in Maschinenverlusten mehr zu verlieren, als an Handgriffen zu gewinnen ist. Erst durch die Verbindung dieser beiden Gesichtspunkte wird die Fertigung wirklich wirtschaftlich und kann dauernd auf ihrer Höhe erhalten werden.“

An anderer Stelle habe ich eingehend die Bewertung in der Werkstatt vorhandener sowie neu zu beschaffender Drehbänke und die Notwendigkeit der Klassifizierung der Werkzeugmaschinen für die Zwecke der Vorkalkulation und der Arbeitsverteilung behandelt[2]). Auch hier bildet die Schnittdruckmessung die allein einwandfreie Grundlage[3]), die wiederum mit dem Meßdosensupport infolge seiner Versetzbarkeit in der Werkstatt leicht durchzuführen ist.

---

[1]) Dr. Ing. H. Klopstock: Die Untersuchung der Dreharbeit. Werkst.-Techn. 1923. S. 647. Fig. 7. Berlin: Julius Springer.

[2]) W. Hippler: Die Dreherei und ihre Werkzeuge. 3. Aufl. I. Teil. S. 234. — Arbeitsverteilung und Terminwesen in Maschinenfabriken. S. 146. Berlin: Julius Springer 1923.

[3]) F. Mohr: Neuzeitliche Prüfmaschinen und Prüfeinrichtungen. Z. V. d. I. 1923. S. 336.

Beim Zerspanen wird der Span mit einer bestimmten Geschwindigkeit abgetrennt. Es wäre daher noch zu erörtern, ob diese Schnittgeschwindigkeit irgendwelchen Einfluß auf den Schnittdruck ausübt. Nicolson bejaht dies, Taylor bestreitet es. Letzterer hat festgestellt, daß zwischen Schnittdruck und Schnittgeschwindigkeit innerhalb der in der Praxis üblichen Geschwindigkeiten keine nachweisbare Beziehung besteht. Dieser Satz wird heute als allgemein gültig angesehen und ist in jüngster Zeit wieder von Klopstock bestätigt[1]).

Mit dem Ausziehen der Linien des Schnittdruckes kommen wir nun zur anderen Lebensäußerung des Spanes, der Wärme.

II. Die Wärme.

Welche Bedeutung gebührt der Wärme? Schnittdruck und Wärme suchen die Schneide zu zerstören. Der Span sucht durch den Schnittdruck die Schneide an der Brust auszuhöhlen (auszukolken), schwächt dadurch die Dimensionen der Schneide, also ihre Festigkeit bzw. Widerstandsfähigkeit, und macht die Fläche, auf der der Span entlang gleitet, rauh, erhöht also die Reibungsziffer. Diesen Umstand macht sich der Klopstock-Stahl in vorteilhaftester Weise zunutze[2]). Die Wärme will die Schneide ausglühen und weich machen, ihr ihre Härte nehmen, so daß sie schnell stumpf wird.

Um die Bedeutung der Wärme für die Standhaftigkeit der Schneide würdigen zu können, müssen wir uns die Entstehungsursachen bzw. Entstehungsquellen der Wärme näher ansehen.

Erste Ursache ist der Schnittdruck. Je größer derselbe, desto größer die Reibung des Spanes auf der Stahlbrust, desto mehr Wärme, und das wieder um so mehr, je mehr die Schneide schon ausgekolkt ist. Da der Span immer etwas von der Schnittkante entfernt auftrifft, so wird diese Wärme um so besser nach dem Schaft zu abfließen können, also der Schneide um so weniger schaden können, je größer der Vorschub ist (Abb. 3), weil mit zunehmendem Vorschub die Auftreffstelle des Spanes von der Schneidkante abrückt. Wir kommen also hier wieder auf die Schnittregel: mit großem Vorschub arbeiten.

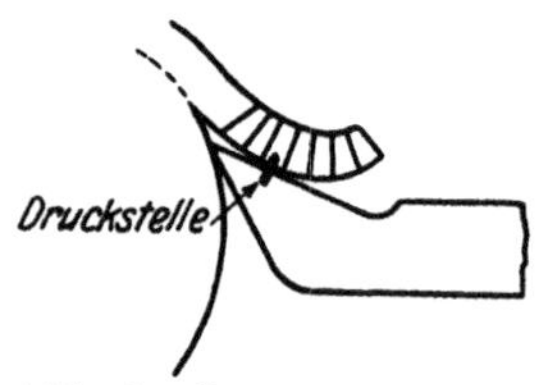

Abb. 3. Spanablauf und Druckstelle.

Aber nicht nur an der Stahlbrust ist eine gefährliche Wärmestelle, sondern auch an der Rückenfläche des Stahles, und es ist nun die wichtige Frage: Welcher von den beiden Wärmeanteilen ist der gefährlichere?

Wenn wir den aus dem Schnittdruck resultierenden Wärmeanteil steigern, indem wir den Schnittdruck bzw. den Spanquerschnitt ver-

[1]) Dr. Ing. H. Klopstock: Die Untersuchung der Dreharbeit. Werkst.-Tech. 1923. S. 651. Berlin: Julius Springer.

[2]) Derselbe S. 666f.

größern, so vergrößern wir damit von selbst, ganz automatisch, auch die Ableitungswege der Wärme, denn der stärkere Span leitet die entstandene Wärme leichter und schneller nach außen ab. Der kräftigere Span verlangt weiter innerhalb gewisser Grenzen auch einen kräftigeren, stärkeren Drehstahl, der seinerseits wieder dem leichten Abfließen der Wärme größere Querschnitte darbietet, wodurch das Abfließen der Wärme noch weiter begünstigt wird. So stellen wir fest: Der Wärmeanteil, der vom Schnittdruck herrührt, kann die Schneide nicht allzu sehr erwärmen und ihr damit schaden, weil sich mit zunehmender Wärme auch die Wege zu ihrer Ableitung, die Wärmeabflußkanäle, von selbst vergrößern.

Dieser äußerst günstige Umstand ist bei der an der Kopffläche des Stahles auftretenden Wärme in keiner Weise vorhanden. Der zweite Wärmeanteil steigt und fällt mit der Schnittgeschwindigkeit, d. h. mit der Geschwindigkeit, mit der die abgedrehte Oberfläche des Werkstückes an der Schneidkante vorbeigleitet. Je größer also die Schnittgeschwindigkeit, um so größer die Wärme an der Rückenfläche. Wenn wir die Schnittgeschwindigkeit steigern, so macht sich die entstehende Mehrwärme in voller Stärke durch Temperaturerhöhung an der Schneidkante geltend, die Schneidkante hat diese Folge voll und ganz zu tragen und wird also sehr angegriffen. Der günstige Umstand automatischer Vergrößerung der Wärmeabflußkanäle bei Erhöhung derjenigen Wärme, die aus dem Schnittdruck resultiert, ist somit bei dem aus der Schnittgeschwindigkeit herrührenden Wärmeanteil nicht vorhanden. Also: die Wärme, herrührend von der Schnittgeschwindigkeit, ist für die Schneide viel gefährlicher, als die Wärme, die als Folgeerscheinung des Schnittdruckes bzw. des Spanquerschnittes auftritt.

Welche praktischen Folgerungen haben wir nun aus dieser Erkenntnis zu ziehen?

Bei unserer Zerspanungsarbeit hat stets unser höchstes Ziel zu sein, die Arbeitsleistung zu steigern solange, bis die Leistungsfähigkeit der Bank voll erreicht ist. Wie dabei vorzugehen ist, zeigt uns die Leistungsgleichung

$$N = W \cdot v = (f \cdot k_s) \cdot v.$$

Vergrößern wir f, so wird die Schneide durch die gesteigerte Wärme nicht so sehr angegriffen, ferner wird k_s kleiner, weil mit zunehmendem Spanquerschnitt der spezifische Schnittdruck sinkt, wodurch wiederum der Wirkungsgrad der Bank steigt. Die hohe Hitzebeständigkeit des Schnellstahles wird nicht ausgenutzt, wir können unter Umständen sogar den billigen Gußstahl als Werkzeug verwenden.

Vergrößern wir v, dann macht sich die entstehende Mehrwärme für die Schneide in voller Höhe geltend, wir brauchen einen Stahl von hoher Wärmefestigkeit, also den teueren Schnellstahl oder das noch kostspieligere Stellit.

Für die Werkstatt ergibt sich aus diesen Erkenntnissen die Forderung, die Leistung der Bank möglichst immer in der Weise auszunutzen; große Spanquerschnitte und niedrige Schnittgeschwindigkeit, nicht umgekehrt.

Damit haben wir eine wichtige Grundregel für wirtschaftliche Zerspanung gefunden, vielleicht überhaupt die wichtigste. Auf dem Wege bloßer Betrachtung sind wir zu einer Arbeitsregel gelangt, die von Ripper durch den praktischen Versuch als richtig nachgewiesen wordeni

Natürlich hat, wie alles im Leben, dieser Satz seine Grenzen; es kann diese Schnittregel nicht kritiklos in allen Fällen Anwendung finden, weil mit wachsendem Spanquerschnitt der Schnittdruck so hoch wird, daß ihm Werkstück, Werkzeug, Maschine und Körnerspitze nicht mehr genügend widerstehen. Das sei ganz besonders betont. Wo die Grenze für die Abkehr von dieser Schnittregel liegt, das festzustellen sind wir bis jetzt leider nicht in der Lage, wir sind hier noch ganz auf unser Gefühl angewiesen. Die Abbildung 8 soll hier helfend einspringen.

III. Die Schnittgeschwindigkeit.

Wir haben nun zu untersuchen, welches Verhalten die Schnittgeschwindigkeit v bei den wechselnden Schnittbedingungen annimmt.

Die Schnittgeschwindigkeit v (in m/min) ist in erster Linie verantwortlich für die Wärme, also für die Temperatur an der Schneidkante, und weil diese Temperatur eine gewisse Höhe nicht überschreiten darf, so darf auch die Schnittgeschwindigkeit nicht beliebig groß genommen werden, sie darf ebenfalls eine bestimmte Höhe nicht überschreiten, und diese bestimmmte Schnittgeschwindigkeit nennt man allgemein die wirtschaftliche. Unter diese wirtschaftliche Geschwindigkeit zu gehen hätte den Vorteil, daß die Schneide geschont wird, aber den Nachteil, daß die Spanleistung sinkt. Über die wirtschaftliche Geschwindigkeit hinauszugehen, würde die Schneide verderben. Es kommt somit scheinbar stets darauf hinaus, immer mit der wirtschaftlichen Geschwindigkeit zu arbeiten, und die Werkstatt ist denn auch ängstlich darauf bedacht, dieses ihr heilige Gebot nicht zu verletzen. Den geradezu ehrfürchtigen Respekt vor der wirtschaftlichen Schnittgeschwindigkeit hat sie sicher zu einem guten Teil ihrem Lehrmeister Taylor zu verdanken, der die Einhaltung der wirtschaftlichen Geschwindigkeit geradezu zum Mittelpunkt all seiner Bestrebungen erhoben hat. Ich hoffe aber, im folgenden beweisen zu können, daß Taylor hier nicht auf dem richtigen Wege war, daß es für wirtschaftliches Zerspanen nie auf die wirtschaftliche Geschwindigkeit ankommt, diese nie gebraucht wird, sondern stets eine niedrigere.

Nachdem wir so über den Charakter der Schnittgeschwindigkeit einige Aufklärung haben, wenden wir uns nun ihren Beziehungen zu den übrigen Zerspanungsfaktoren zu.

Eines wissen wir schon, der Einfluß der Schnittgeschwindigkeit v auf den Schnittdruck W ist praktisch fast Null. Allgemein bekannt ist, daß die höchstzulässige, also wirtschaftliche Schnittgeschwindigkeit abhängt von der Stoffgüte des verwendeten Werkzeuges, daß diese Schnittgeschwindigkeit um so höher genommen werden kann, je leistungsfähiger das Werkzeug ist. Von den drei Hauptvertretern unserer Werkzeuge, dem Werkzeuggußstahl, Schnellstahl und Stellit, erträgt Schnellstahl höhere Schnittgeschwindigkeiten als Gußstahl und Stellit die höchsten[1]). Weiter sagt uns unser technisches Gefühl, daß wir bei harten Werkstoffen nicht mit so hohem v arbeiten können als bei weichen, daß also die Schnittgeschwindigkeit vom Werkstoff abhängt, daß v mit zunehmender Härte abnehmen muß. Das gleiche Gefühl sagt uns ferner, daß wir einen großen, starken Spanquerschnitt nicht mit der gleichen Geschwindigkeit abnehmen können als einen kleinen schwachen, daß also die Schnittgeschwindigkeit auch noch vom Spanquerschnitt abhängig ist, daß sie mit zunehmendem Spanquerschnitt kleiner werden muß. Beide Sätze sind denn auch von Forschern wie Taylor, Ripper usw. als richtig nachgewiesen worden.

So sei noch einmal zusammengefaßt: Die wirtschaftliche Schnittgeschwindigkeit hängt von drei Faktoren ab, vom Werkzeug, vom Werkstoff und vom Spanquerschnitt. Diese Feststellung ist, was nicht genug betont werden kann, ganz außerordentlich wichtig, sie bildet die Grundlage und den Ausgangspunkt aller auf wirtschaftliches Zerspanen hinzielenden Maßnahmen. Von der dreifachen Abhängigkeit der Schnittgeschwindigkeit ist insbesondere noch einmal die vom Spanquerschnitt herauszuheben, die besagt, daß für ein gegebenes Werkzeug (z. B. Schnellstahl) und für ein gegebenes Werkstück (z. B. S. M. Stahl von 50/60 kg Festigkeit) zu jedem Spanquerschnitt eine ganz bestimmte wirtschaftliche Schnittgeschwindigkeit gehört, ihr zugeordnet ist. Jeder Spanquerschnitt hat also ganz allgemein seine ihm zugeordnete Schnittgeschwindigkeit. So alt diese Erkenntnis nun schon ist, es kümmerte sich bisher niemand um sie. Erst seit allerneuester Zeit fängt man an, ihr Beachtung zu schenken[2]).

Wir hörten, daß die Werkzeugmaschine belastet wird durch Spanquerschnitt und Schnittgeschwindigkeit. Wir können also für eine

---

[1]) Dr. Ing. F. Rapatz: Schnellstahl und Schneidmetall. Maschinenbau 1924. S. 1076 f.

[2]) K. Hegner: Lehrbuch der Vorkalkulation von Bearbeitungszeiten. I. Band. Bild 79. Berlin: Julius Springer 1924.

vorliegende Arbeit einen Spanquerschnitt wählen oder durch ein wissenschaftliches Verfahren ermitteln, immer ist, sobald der Spanquerschnitt bekannt ist, dann auch die Schnittgeschwindigkeit festgelegt. Wir können auch umgekehrt vorgehen, und eine brauchbare Schnittgeschwindigkeit annehmen, dann ist sofort der Spanquerschnitt festgelegt. Beide sind zwangläufig miteinander verbunden; sobald der eine bekannt ist, ist der andere mitbestimmt. Es fragt sich nun, ob es gleichgültig ist, welchen der zwei Wege man einschlägt, ob man den Spanquerschnitt wählen bzw. wissenschaftlich ermitteln soll, oder ob man lieber die Schnittgeschwindigkeit wählen soll. Die Antwort darauf ist, daß es an sich gleichgültig ist, ob man vom Spanquerschnitt ausgeht oder von der Schnittgeschwindigkeit, indessen erweist es sich doch, wie wir im folgenden immer deutlicher erkennen werden, als praktischer und vorteilhafter, vom Spanquerschnitt auszugehen. Schon unsere vorhin gewonnene Grundregel, möglichst mit großen Spanquerschnitten zu arbeiten, zu denen dann kleine Schnittgeschwindigkeiten gehören, gibt dem Spanquerschnitt ein Übergewicht, wir werden bei unseren weiteren Ausführungen dieses Übergewicht sich immer stärker entwickeln und festigen sehen, und das stößt uns förmlich darauf hin, bei jeder Arbeit erst den Spanquerschnitt festzulegen und dann die ihm zugeordnete Schnittgeschwindigkeit. Der Spanquerschnitt gibt den Oberton an.

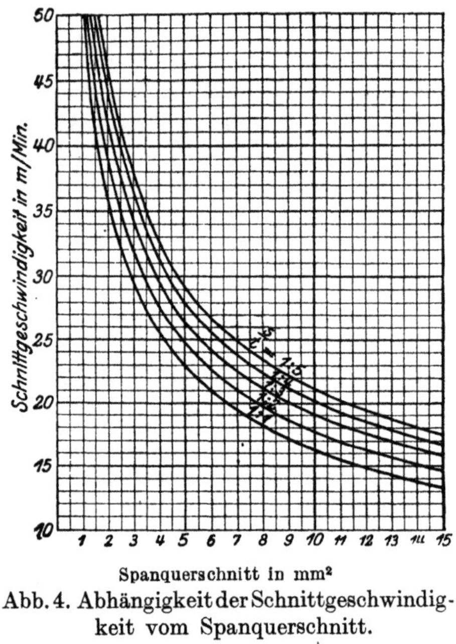

Abb. 4. Abhängigkeit der Schnittgeschwindigkeit vom Spanquerschnitt.

Abb. 4 stammt von Taylor und bringt uns noch die weitere Erkenntnis, daß die Schnittgeschwindigkeit v außer vom Spanquerschnitt f auch noch von der Zusammensetzung desselben aus Vorschub und Schnittiefe, also vom Verhältnis $s:t$, abhängt, derart, daß die Geschwindigkeit mit größer werdender Schnittiefe steigt.

So sind wir zu einer weiteren wichtigen Schnittregel gekommen: Wenn möglich mit großer Schnittiefe und kleinem Vorschub arbeiten. Diesen Satz hat später Ripper durch Versuch bestätigt und insbesondere nachgewiesen, daß er nur für Schnellstahl

Gültigkeit hat, während die Zusammensetzung von f aus s und t für Gußstahlwerkzeuge gleichgültig bleibt.

Es tut sich hier scheinbar ein Gegensatz auf: die Rücksicht auf den Schnittdruck verlangte nach früherem großen Vorschub, die Rücksicht auf die Schnittgeschwindigkeit verlangt große Schnittiefe. In Wirklichkeit liegt hier kein Widerspruch vor. Geringer Schnittdruck bedeutet geringen Kraftaufwand, wir müssen mit großem Vorschub und kleiner Schnittiefe arbeiten, wenn wir geringen Arbeitsaufwand haben wollen (Streiffsche Schnittregel), und wir haben uns an große Schnittiefe und kleinen Vorschub zu halten, wenn wir den Hauptwert auf langes Scharfbleiben der Schneide legen (Rippersche Schnittregel)[1]).

Wie stellt sich nun unsere Werkstatt zu diesen eben erkannten wichtigen Tatsachen? Von dem Satze, daß die Schnittgeschwindigkeit vom Werkstoff abhängt, macht sie durch die bekannten Schnittgeschwindigkeitstabellen und durch das Drehzahldiagramm vollen Gebrauch. Über die so wichtige Abhängigkeit vom Spanquerschnitt geht sie einfach hinweg, kümmert sie sich, wie schon erwähnt, nicht. Sie benutzt gern das Drehzahldiagramm zur Einstellung der Werkzeugmaschine, das aber für diesen Zweck falsch und unbrauchbar ist, weil es eben keine Beziehungen zum Spanquerschnitt enthält. Ausdrücklich sei hier betont, das Sägendiagramm (Drehzahldiagramm) ist nur für die Untersuchung des Aufbaues der Werkzeugmaschine zu gebrauchen, nicht auch für ihre Einstellung in der Werkstatt. Für den ersteren Zweck ist es uns ein unentbehrliches Hilfsmittel, gewährt es reiche Ausdeutungen und Aufschlüsse, über die uns Prof. Toussaint in seinem Buche: „Neuzeitliche Betriebsführung und Werkzeugmaschine" so Bedeutungsvolles zu sagen hat.

Wir hörten bis jetzt allgemeine Gesetzmäßigkeiten über die Schnittgeschwindigkeit. Wenn wir uns aber zur Einstellung unserer Maschine auf wirtschaftliche Leistung einer wissenschaftlichen Grundlage, eines Diagrammes als Schlüssel bedienen wollen, wenn wir also die Fragen, welchen Spanquerschnitt und welche Schnittgeschwindigkeit bzw. welche Drehzahl der Arbeiter an seiner Maschine einstellen soll, beantworten wollen, so müssen wir zu einer rechnungsmäßigen Erfassung der Beziehungen zwischen f und v kommen. Hier hat uns Prof. Friedrich eine Gleichung gegeben, mit der wir uns helfen können,

$$v = \frac{e}{w + k\sqrt{f}}$$

[1]) W. Hippler: Die Dreherei und ihre Werkzeuge. 3. Aufl. I. Teil. S. 115f. Berlin: Julius Springer 1923. — Dr. Ing. H. Klopstock: Die Untersuchung der Dreharbeit. Werkst. Tech. 1923. S. 651. Berlin: Julius Springer.

oder in einfacher Form $v = \frac{M}{\sqrt[4]{f}}$[1]).

Die graphische Auswertung der Friedrichschen Gleichung ist in Abb. 5 gezeigt, in die auch noch die Schnittzeit T für 100 mm Drehlänge eingetragen ist. Wir sehen aus dieser Figur, daß trotz fallender Schnittgeschwindigkeit auch die Schnittzeit T sinkt. Man sollte doch meinen, daß, wenn v abnimmt, nicht auch noch T abnehmen könne, sondern eher zunehmen müsse. Wenn T trotzdem auch abnimmt, so kann dies nur dem Einfluß von f zuzuschreiben sein, d. h. der zunehmende Spanquerschnitt gleicht das Sinken der Schnittgeschwindigkeit nicht nur aus, sondern überwiegt den Einfluß der Schnittgeschwindigkeit auf die Schnittzeit so sehr, daß die Schnittzeit sinkt.

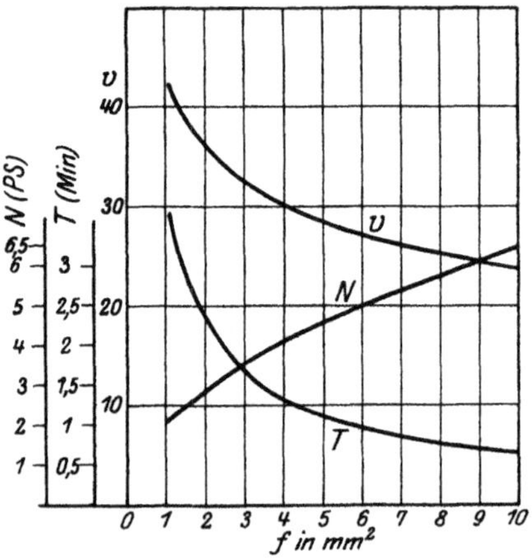

Abb. 5. Verhältnis des Spanquerschnittes zur Schnittgeschwindigkeit und Schnittzeit.

Das Bild bringt uns also die sehr bedeutsame Erkenntnis, daß der Spanquerschnitt auf die Schnittzeit und damit auf die Spanleistung einen größeren Einfluß ausübt als die Schnittgeschwindigkeit; die Erhöhung von f bringt gegenüber der von v viel größeren Gewinn. Abgesehen davon, daß das Bild wieder unsere frühere Grundregel für wirtschaftliches Zerspanen bestätigt, daß mit großem f und kleinem v eine größere Spanmenge erzielt wird als umgekehrt, ist das Bild von prinzipieller Bedeutung deshalb, weil es schlagend die Überlegenheit des Spanquerschnittes gegenüber der Schnittgeschwindigkeit heraushebt, uns bedeutet, daß für die Erzielung einer großen Spanleistung der Spanquerschnitt in den Vorgerdrund zu rücken ist, nicht die Schnittgeschwindigkeit.

Bedeutsam ist dieser Satz deshalb, weil er sich einer alles beherrschenden Strömung in der Werkstatt entgegenstemmt. Während Taylor allen Nachdruck immer auf die Schnittgeschwindigkeit legt und alles Heil bei ihr sucht, und seinem Beispiel folgend die Werkstatt ihren ganzen Willen auf die Schnittgeschwindigkeit richtet, sie förmlich zu ihrem Schlagwort erhoben hat, nach welchem sie jedes-

1) Näheres siehe W. Hippler: Die Dreherei und ihre Werkzeuge. I. 3. Aufl. S. 21 und 96. Berlin: Julius Springer 1923.

mal schreit, wenn es sich um Spanleistung handelt, nimmt unser Bild der Schnittgeschwindigkeit ihre bisherige Vormachtstellung und weist sie dem Spanquerschnitt zu. Das bedeutet einen vollständigen Umschwung unserer bisherigen Anschauungsweise, die gänzlich auf dem Boden der Schnittgeschwindigkeit steht und wurzelt, bedeutet weiter, daß der Konstrukteur der Werkzeugmaschine der Durchbildung des Vorschubantriebes als dem Ausdruck des Spanquerschnittes größeres Interesse als bisher widmen muß. Unwillkürlich hängt sich hier noch der Gedanke an, daß für elektrische Regelung der Werkzeugmaschine der Vorschubregelmotor vielleicht noch größere Vorteile biete, als der bis jetzt allgemein zur Anwendung gelangte Reguliermotor für Hauptantrieb.

Es wurde schon gesagt, daß die Praxis nur zu oft zu einem Abbiegen beim Streben nach großen Spanquerschnitten zwingt, weil vielmals das Werkstück so große Schnittdrücke nicht erträgt. Das nimmt jedoch unserer eben gewonnenen Erkenntnis nichts von ihrer Bedeutung.

Hiermit ist wenigstens zum Teil der vorhin versprochene Beweis erbracht, daß Taylor zu Unrecht sein Hauptinteresse der Schnittgeschwindigkeit geschenkt hat. Der noch fehlende Teil des Beweises folgt später.

C. Wirtschaftliche Ausnutzung der Drehbank.

Die wirtschaftliche Ausnutzung der Drehbank ist ihrem Wesen nach nichts anderes als die praktische Auswirkung der vorigen Betrachtungen.

Aus dem Voraufgegangenen wissen wir, daß rationelles Zerspanen zweierlie verlangt, volle Ausnutzung der Werkzeugmaschine und Abtrennen der verlangten Spanmenge in kürzester Zeit. Die volle Ausnutzung der Bank ist nicht nur für den besten Wirkungsgrad derselben bedeutungsvoll, sie ist beim elektrischen Einzelantrieb, der täglich mehr an Verbreitung gewinnt, auch für den Wirkungsgrad des antreibenden Elektromotors von fundamentaler Bedeutung. Die Untersuchungen Mellers haben gezeigt, daß der Wirkungsgrad des Elektromotors um so schlechter wird, je weniger die von ihm angetriebene Werkzeugmaschine hinsichtlich ihrer Leistung ausgenutzt wird, und daß bei nicht voller Belastung der Werkzeugmaschine bei Drehstrom auch noch die Phasenverschiebung sich sehr ungünstig gestaltet, wodurch der Motor noch weiter an Wirkungsgrad einbüßt[1]).

Um nun den beiden wiederholt charakterisierten Forderungen für wirtschaftliches Zerspanen nachzukommen, müssen wir die Aufgabe lösen, denjenigen Spanquerschnitt und diejenige ihm zugeordnete

[1]) K. Meller: Wirtschaftlichkeit von Werkzeugmaschinenantrieben. Siemens-Schuckert-Druckschrift Nr. 1501. — Derselbe: Vergleichsmessungen an Dreh bänken. Siemens-Zeitschr. 1924. S. 116f. — Prof. Dr. Ing. E. Heidebroek: Industriebetriebslehre. S. 23. Berlin: Julius Springer 1923.

Schnittgeschwindigkeit zu finden, die beide die Werkzeugmsachine voll anstrengen und dabei noch gleichzeitig kürzeste Schnittzeit ergeben. Zu dem Zwecke müssen wir uns die vorhin behandelte dreifache Abhängigkeit der Schnittgeschwindigkeit zunutze machen.

Wir wissen, die wirtschaftliche, d. i. höchstzulässige Schnittgeschwindigkeit, hängt ab vom verwendeten Werkzeug, vom Werkstück und von der Größe des einzustellenden Spanquerschnittes. Sind Werkzeug und Werkstück gegeben, wie das in der Praxis ja stets der Fall, so gehört zu jedem Spanquerschnitt eine ganz bestimmte, ihm, dem Werkstück und dem Werkzeug zugeordnete, wirtschaftliche Schnittgeschwindigkeit, derart, daß diese mit zunehmendem Spanquerschnitt sinkt, oder praktischer gesagt, je größer der Spanquerschnitt genommen wird, mit um so kleinerer Schnittgeschwindigkeit muß gearbeitet werden. Es gehört also auch zu dem von uns gesuchten Spanquerschnitt eine ganz bestimmte Schnittgeschwindigkeit, und diese beiden müssen die Bank voll belasten und kürzeste Schnittzeit ergeben. Wir brauchen von diesen beiden nur den einen, den Spanquerschnitt, zu suchen, dann ergibt sich automatisch die Schnittgeschwindigkeit.

Um den gesuchten Spanquerschnitt, den wir hinfort den „wirtschaftlichen Spanquerschnitt“ nennen wollen, aufzufinden, müssen wir uns den gesamten Zusammenhang der an der Zerspanung beteiligten Faktoren, ihre gegenseitige Abhängigkeit, wie wir sie im Voraufgegangenen analysiert haben, in einem Schaubild klar machen.

Zunächst die dreifache Verkettung der Schnittgeschwindigkeit. Wollen wir diese für einen bestimmten Arbeitsfall, also ein gegebenes Werkzeug und Werkstück, graphisch darstellen, Abb. 6, so tragen wir auf der Abszissenachse die Spanquerschnitte f in mm^2 in logarithmischer Teilung auf. Die wirtschaftliche, höchstzulässige Schnittgeschwindigkeit v in m/min muß sich dann, bei ebenfalls logarithmischer Teilung, als eine nach den steigenden Spanquerschnitten zu geneigte Gerade v darstellen, weil ja mit zunehmendem Spanquerschnitt die Schnittgeschwindigkeit fällt. Auf ihr liegen die jedem Spanquerschnitt zugeordneten höchstzulässigen Schnittgeschwindigkeiten, die nicht überschritten werden dürfen, sonst würde das Werkzeug vorzeitig stumpf werden, weil es überanstrengt oder überlastet wäre. Unsere Schnittgeschwindigkeitskurve v drückt also auch die Leistungsfähigkeit des Werkzeuges aus, sie ist gleichzeitig die Leistungskurve des Werkzeuges. Aus ihr ersehen wir beispielsweise, daß zum Spanquerschnitt $f = 16\ mm^2$ die wirtschaftliche Schnittgeschwindigkeit $v = 15$ m/min gehört.

Haben wir so die Schnittgeschwindigkeitskurve entwickelt, wenden wir uns jetzt dem spezifischen Schnittdruck k_s zu. Von ihm wissen wir, daß er für ein gegebenes Werkstückmaterial von der Größe des Spanquerschnittes abhängt. Weil mit zunehmendem Spanquerschnitt der spezifische Schnittdruck sinkt, muß für unser gegebenes Werkstück die k_s-Kurve bei logarithmischer Auftragung wiederum eine nach den steigenden Spanquerschnitten zu geneigte Gerade sein und parallel zur v-Kurve verlaufen. Letzteres deshalb, weil, wie wir später noch sehen werden, die Gleichungen beider Kurven dieselbe Richtungskonstante haben.

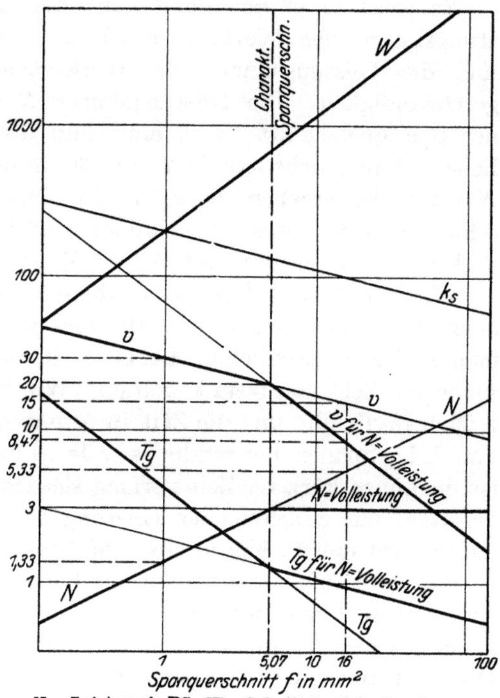

N = Leistung in PS, W = Schnittdruck in kg, k_s = spez. Schnittdruck in kg/mm², v = Schnittgeschwindigkeit in m/min, Tg = Schnittzeit für 1 kg Späne in Min.

Abb. 6. Allgemeines Leistungsdiagramm der Werkzeugmaschine.

Nachdem wir die k_s-Kurve gewonnen, können wir nun leicht die Gesamtschnittdruckkurve W konstruieren, denn es ist $W = f \cdot k_s$. Da der Schnittdruck W mit zunehmendem Spanquerschnitt gleichfalls zunimmt, so muß die W-Kurve im Gegensatz zur v- und k_s-Kurve eine aufsteigende Gerade werden.

Mit den v- und k_s-Kurven können wir nun die **Leistungskurve** der **Bank** $= N$ aufstellen, da $N = \frac{f \cdot k_s \cdot v}{60 \cdot 75}$ PS. Statt dessen könnten wir die N-Kurve ebensogut auch aus der W-Kurve ableiten, denn es ist auch $N = \frac{W \cdot v}{60 \cdot 75}$. Die Leistung N in PS der Werkzeugmaschine ist dabei die an der Schnittstelle auftretende Leistung (Kraftverbrauch), die sogenannte effektive Leistung, im Gegensatz zu der durch den Riemen oder Elektromotor in die Werkzeugmaschine hineingeschickten indizierten Leistung, welch letztere sich berechnet aus Riemengeschwindigkeit und Riemenbelastung pro 1 cm Breite. Immer, wenn im folgenden von der Leistung der Bank die Rede ist, ist damit die effektive, an der Schnittstelle gemessene Leistung gemeint. Es ist klar, daß die Leistung der Bank um so größer werden muß, je größere Spanquerschnitte genommen werden, die

Leistungskurve N muß daher ähnlich der W-Kurve eine aufsteigende Gerade sein.

So weist unser Schaubild nun zwei Leistungskurven auf, die Leistungskurve der Werkzeugmaschine, ausgedrückt in Pferdestärken, und die Leistungskurve des Werkzeuges, ausgedrückt als Schnittgeschwindigkeit. Die Leistungskurve N sagt uns, daß beispielsweise der Spanquerschnitt $f = 1$ mm^2 und die ihm zugehörige wirtschaftliche Schnittgeschwindigkeit $v = 30$ m/min eine Schnittleistung von $N = 1{,}33$ PS ergeben, oder daß die Bank bei $f = 16$ mm^2 Spanquerschnitt und der diesem zugeordneten wirtschaftlichen Schnittgeschwindigkeit $v = 15$ m/min mit $N = 5{,}33$ PS belastet ist.

Wirtschaftliches Zerspanen erheischt, wie wir gesehen haben, auch noch die Beachtung des Zeitfaktors als einem der wichtigsten Momente des menschlichen Lebens: die gewollte Spanmenge muß in kürzester Zeit abgetrennt werden. Wir konstruieren uns die Schnittzeitkurve T_g, die uns die Zeit in Minuten angibt, die zum Abtrennen von 1 kg Spänen notwendig ist. Je größer die Leistung N der Bank ist, in um so kürzerer Zeit vermag sie das Spangewicht von 1 kg abzuarbeiten, mit zunehmender Leistung N sinkt also die Schnittzeit T_g, daher wird die T_g-Kurve eine abfallende Gerade sein müssen.

Mit den aufgezählten Kurven haben wir nun ein Bild über den allgemeinen Zusammenhang der Zerspanungsfaktoren, das uns für die Lösung unserer Aufgabe schon einen festen Halt zu geben vermag. Der nächste Schritt zu dieser Lösung ist, die Maschine dauernd mit ihrer vollen Leistungsfähigkeit auszunutzen. Beginnen wir mit den kleinsten Spanquerschnitten, so ist, wie Abb. 6 zeigt, auch die Leistung N, die die Bank zur Bewältigung der betreffenden Spanquerschnitte aufbringen muß, noch klein. Je größer wir den Spanquerschnitt nehmen, um so mehr strengt sich auch die Bank an und steigert ihre Leistung, bis sie bei einem gewissen Spanquerschnitt ($f = 5{,}07$ mm^2) ihre volle Leistungsfähigkeit, die Volleistung, hergibt, um diesen Spanquerschnitt mit der ihm zugehörigen Schnittgeschwindigkeit ($v = 20$ m/min) abtrennen zu können. Da die dauernde Ausnutzung dieser Volleistung verlangt wird, dürfen wir von nun an die N-Kurve nicht mehr weiter ansteigen lassen; sie muß von dem erwähnten Spanquerschnitt ab parallel zur Abszissenachse laufen als Ausdruck dafür, daß die Volleistung N dauernd beibehalten wird, kurz, $N =$ konst. bleibt. Wir müssen künstlich die Anstrengung der Bank auf konstanter Höhe halten. Stellen wir an der Bank über $f = 5{,}07$ mm^2 hinausgehende Spanquerschnitte ein, z. B. $f = 10$, 20, 30 usw. mm^2 und würden wir die Bank mit den diesen Spanquerschnitten zugeordneten wirtschaftlichen Geschwindigkeiten laufen lassen (z. B. für $f = 16$ mm^2 mit $v = 15$ m/min), so würden die auftretenden Leistungen wieder auf der über die Vollleistung hinausgehenden, weiter aufsteigenden N-Kurve liegen (z. B. für $f = 16$ mm² $N = 5{,}33$ PS). Die Maschine würde überanstrengt bzw. wäre schließlich überhaupt nicht mehr imstande, die zugehörige Leistung aufzubringen. Um daher die Maschine für alle diese Spanquerschnitte ($f = 10$, 20, 30 usw. mm²) nicht zu überlasten, sie stets nur mit ihrer Volleistung zu belasten, muß die jeweils zum Spanquerschnitt gehörige Schnittgeschwindigkeit niedriger genommen werden. Das läßt sich leicht aus der Leistungsgleichung $N = \frac{f \cdot k_s \cdot v}{60 \cdot 75}$ ersehen: soll N = konst. bleiben, so muß, wenn f immer größer genommen wird, v kleiner werden, denn k_s ist unserer Einwirkung entzogen. So bekommen wir für die Volleistung der Bank eine neue Geschwindigkeitskurve „v für N = Volleistung", die beim Spanquerschnitt $f = 5{,}07$ mm² beginnt und erheblich steiler abfällt als die bisherige v-Kurve. Zu den die Maschine voll belastenden Spanquerschnitten gehören somit nicht mehr die wirtschaftlichen Schnittgeschwindigkeiten, sondern kleinere, die unter der wirtschaftlichen liegen, mit Ausnahme der zu $f = 5{,}07$ mm² gehörigen.

Wenn für volle Ausnutzung der Bank, vom Spanquerschnitt 5,07 mm² an aufwärts nicht mehr die wirtschaftliche Geschwindigkeit in Frage kommt, sondern eine niedrigere, z. B. für $f = 16$ mm² nicht mehr $v = 20$ m/min, sondern $v = 8{,}44$ m/min, so muß infolge dieser verringerten Geschwindigkeit natürlich die Schnittzeit jetzt größer werden, die T_g-Kurve fällt weniger steil ab nach „T_g für N = Volleistung".

So haben wir jetzt alle Faktoren, die für wirtschaftliches Zerspanen in Betracht kommen, in unserem Bilde, wir haben uns mit der Abb. 6 das allgemeine Leistungsdiagramm der Drehbank geschaffen. Zur Erhöhung der Übersichtlichkeit ist dasselbe in Abb. 7 noch einmal wiedergegeben, wobei alle überflüssigen Kurvenstrecken ausgelassen sind. Wie schon gelegentlich der Würdigung des Schnittdruckes betont, vermag unser Bild die tatsächlichen Verhältnisse, wie sie beim Arbeiten der Bank wirklich auftreten, nur annähernd, mehr oder minder verstümmelt, zu treffen, es ist eben nur mehr ein Querschnitt, eine Momentaufnahme. Würden wir unser Bild durch den wissenschaftlichen Versuch an der Bank nachprüfen[1]), so würde sich zeigen, daß es die Wirklichkeit allüberall kürzt oder reckt. Doch ist mit dieser Tatsache für unser Ziel nichts verloren, uns interessiert jetzt als Hauptabsicht ja nur der allgemeine Verlauf, die Richtung der besprochenen Kurven zwecks Aufbaues einer Zerspanungslehre. Ihre konkreten Werte sollen hinter diese Grundabsicht zurücktreten. Dieser Richtungsverlauf wird und muß sich mit den durch den Versuch gefundenen tatsächlichen Kurven decken, denn die Kurven unseres Bildes fußen

[1]) Prof. Dr. M. Kurrein: Abnahmekontrolle an Arbeitsmaschinen. Maschinenbau 1924. S. 1032 f.

auf den wissenschaftlichen Forschungsergebnissen von Taylor, Rippere Friedrich und Klopstock. So sehr unser Bild als Momentaufnahm, den Charakter des Zufälligen an sich tragen muß, es werden davon nur die konkreten Größen betroffen, nicht der allgemeine Verlauf der Kurven. Wir haben mit unserem Leistungsdiagramm eine Fülle von Einzelerörterungen lediglich unter das Gebot von wenigen, durch die wissenschaftlichen Versuche der Forscher bewiesenen Lösungen gestellt.

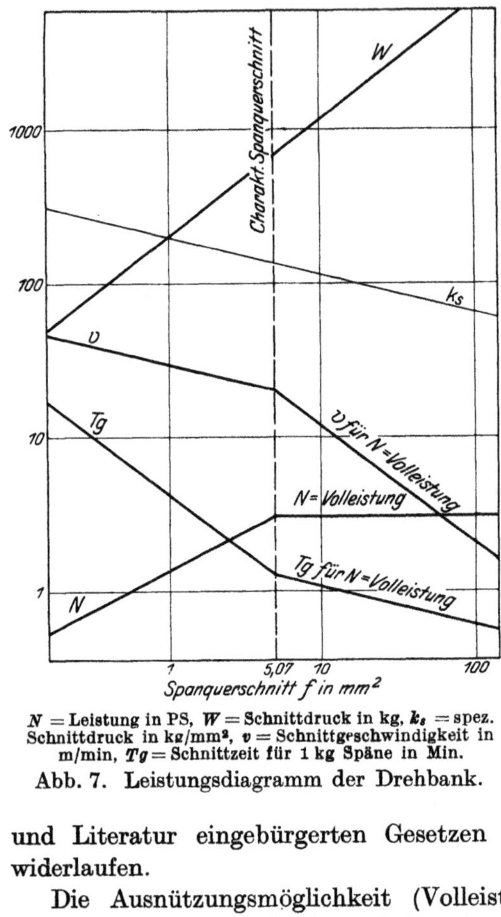

N = Leistung in PS, W = Schnittdruck in kg, k_s = spez. Schnittdruck in kg/mm², v = Schnittgeschwindigkeit in m/min, Tg = Schnittzeit für 1 kg Späne in Min.

Abb. 7. Leistungsdiagramm der Drehbank.

Überblicken wir unser sich durch einfaches Format und Geschlossenheit auszeichnendes Leistungsdiagramm und gehen wir den Gedanken, die das Bild ausströmt, weiter nach, so stoßen wir auf immer neue Erkenntnisse und Gesetze, die den seit Bestehen des Maschinenbaues durch Tradition, Lehre und Literatur eingebürgerten Gesetzen und Regeln in vielem zuwiderlaufen.

Die Ausnützungsmöglichkeit (Volleistung) der von uns vorausgesetzten Drehbank beginnt beim Spanquerschnitt $f = 5{,}07$ mm². Von diesem ab kann die Bank mit sämtlichen folgenden größeren Spanquerschnitten voll ausgenutzt werden, wenn als zugeordnete Schnittgeschwindigkeit die auf der Kurve „v für N = Volleistung" liegende genommen wird. Der Spanquerschnitt $f = 5{,}07$ mm² hat also eine besondere Bedeutung, er ist von allen die Bank voll belastenden Spanquerschnitten der kleinste, ist die unterste Grenze, bei der die Maschine gerade auf Volleistung kommt; er darf nicht unterschritten werden, sonst wird die Maschine nicht mehr voll ausgenutzt, er ist der unterste Grenzpunkt für die Ausnutzungsmöglichkeit der Maschine. Nach oben hat der Ausnutzungsbereich theoretisch genommen keine Grenze, die Maschine wird mit allen oberhalb $f = 5{,}07$ mm² liegenden Spanquerschnitten bis zu unendlich großen Spanquerschnitten ausgenutzt. So halten wir fest:

Für die volle Ausnutzung der Werkzeugmaschine kommt nicht, wie vielerorts noch die Ansicht ist, nur ein Spanquerschnitt in Frage, sondern viele Spanquerschnitte, rein theoretisch sogar unendlich viele. Für wirtschaftliches Zerspanen kommt noch die Forderung nach kürzester Schnittzeit hinzu. Unter den vielen Spanquerschnitten, die der Forderung nach voller Ausnutzung der Bank nachkommen, ist dann nur noch einer, der auch dem Gebot kürzester Schnittzeit entspricht, das ist eben der von uns gesuchte wirtschaftliche Spanquerschnitt.

Im Leistungsdiagramm drückt sich die eben skizzierte Bedeutung des Spanquerschnittes $f = 5{,}07$ mm² äußerlich dadurch aus, daß die N-, v- und T_g-Kurven von hier ab ihre Richtung ziemlich energisch ändern. Für alle über $f = 5{,}07$ mm² hinausgehenden Spanquerschnitte werden die v, N und T_g-Kurven nicht mehr gebraucht; an ihre Stelle treten die Kurven „v für N = Volleistung“, „N = Volleistung“ und „T_g für N = Volleistung“. Das Leistungsdiagramm bekommt das Aussehen Abb. 7. Der Spanquerschnitt $f = 5{,}07$ mm² hat also eine ganz besondere, eigenartige Stellung und Bedeutung unter den Spanquerschnitten; wir nennen ihn daher den „charakteristischen“ Spanquerschnitt. Je nach der Leistungsfähigkeit (Volleistung) der Bank, je nach dem Werkzeug und dem Werktsück ändert sich die Größe des charakteristischen Spanquerschnittes; für die unserem Bilde zugrunde gelegte Maschine, Werkstück und Werkzeug hat er die Größe $= 5{,}07$ mm². Weiter unten werden wir die Abhängigkeit des charakteristischen Spanquerschnittes von den genannten drei Faktoren noch deutlicher erkennen und präzisieren.

Unser Leistungsdiagramm Abb. 7 ergibt nun sehr interessante Schlußfolgerungen. Der charakteristische Spanquerschnitt teilt unser Bild in zwei Felder auf: links vom charakteristischen Spanquerschnitt ist die volle wirtschaftliche Schnittgeschwindigkeit v zum Drehen notwendig, d. h. das Werkzeug wird voll ausgenutzt, dagegen wird die Leistung der Bank nicht ausgenutzt bzw. kann nicht ausgenutzt werden. Nochmal kurz: Bei Verwendung von Spanquerschnitten, die links vom charakteristischen Spanquerschnitt liegen, wird das Werkzeug ausgenutzt, aber nicht die Bank.

Im charakteristischen Spanquerschnitt wird sowohl das Werkzeug als auch die Bank ausgenutzt.

Rechts vom charakteristischen Spanquerschnitt wird die Bank dauernd, bei allen Spanquerschnitten, voll ausgenutzt, aber nicht das Werkzeug, und zwar wird das Werkzeug um so weniger ausgenutzt, je weiter ab der benutzte Spanquerschnitt vom charakteristischen Spanquerschnitt entfernt ist, also je größer der abzudrehende Spanquerschnitt genommen wird. Ja, von einem gewissen Spanquerschnitt an aufwärts ist v für N = Volleistung so klein, daß nicht mehr das bisher verwendete Werkzeug, sondern ein geringerwertiges verwendet werden kann. Allgemein kann dies dahin gefaßt werden: Rechts vom charakteristischen Spanquerschnitt, also bei dauernd voller Ausnutzung der Bank, wird das Werkzeug um so weniger ausgenutzt, je größer der Spanquerschnitt genommen wird, bis wir von einem gewissen Spanquerschnitt ab überhaupt gänzlich unabhängig von dem vorgesehenen Werkzeug werden und ein billigeres Werkzeug an seine Stelle treten kann.

Wir können demnach sagen: Links vom charakteristischen Spanquerschnitt regiert das Werkzeug, rechts von demselben regiert die Bank.

Rechts vom charakteristischen Spanquerschnitt wird unsere frühere Forderung 1, volle Ausnutzung der Bank, bei allen Spanquerschnitten erfüllt, unsere Forderung 2 dagegen, kürzeste Schnittzeit, beim größten überhaupt möglichen Spanquerschnitt, weil bei diesem T_g am kleinsten wird. Ein solch großer Spanquerschnitt kann aber natürlich niemals genommen werden; es ist vorher schon Halt geboten durch den „gefährlichen“ Spanquerschnitt, bei dem eine unzulässige Beanspruchung des Werkstückes, Werkzeuges, der Maschine oder des Körners gerade noch vermieden wird. Die zulässige Beanspruchung der Bank ist in der Hauptsache begrenzt durch Zahndruck bzw. Riemenzugkraft[1]). Dieser gefährliche Spanquerschnitt darf natürlich ebenfalls nicht genommen werden, die Sicherheit der Arbeit verlangt stets einen kleineren Spanquerschnitt. In den weitaus meisten Fällen ist es das Werkstück, das durch seine Dimensionen und Form den gefährlichen Spanquerschnitt schon bestimmt. Werkzeug und Maschine würden meist noch größere gefährliche Spanquerschnitte zulassen. Der an der Maschine endgültig einzustellende, gesuchte Spanquerschnitt muß so weit unter dem gefährlichen liegen, soviel kleiner sein, daß er volle Sicherheit bietet, daß die Spanabhebung technisch einwandfrei erfolgt, daß das Werkstück sich nicht unzulässig durchbiegt und vibriert. Er liegt also stets links vom gefährlichen und rechts vom charakteristischen Spanquerschnitt, wir haben ihn schon im Voraufgegangenen den „wirtschaftlichen“ Spanquerschnitt genannt. Er ist der von uns gesuchte Spanquerschnitt, der mit der ihm zugeordneten Schnittgeschwindigkeit, die der Kurve „v für N = Volleistung“ zu entnehmen ist, die beiden Forderungen für wirtschaftliches Zerspanen erfüllt, er nutzt die Bank voll aus und ergibt kürzeste Schnittzeit, also größte Spanleistung.

---

[1]) Näheres siehe W. Hippler: Die Dreherei und ihre Werkzeuge. 3. Aufl. I. Teil. S. 71 f.

Weil der gefährliche Spanquerschnitt fast stets durch das Werkstück festgelegt ist, seltener durch Bank oder Werkzeug, und der wirtschaftliche Spanquerschnitt wiederum vom gefährlichen abhängt, insofern er stets einen gewissen Sicherheitsabstand links vom gefährlichen haben muß, können wir sagen, daß auch der wirtschaftliche Spanquerschnitt vom Werkstück abhängt, daß er durch Form und Dimension des Werkstückes bestimmt ist. Im Gegensatz dazu ist der charakteristische Spanquerschnitt vom Werkzeug bzw. dessen Qualität abhängig, ob Gußstahl, Schnellstahl oder Stellit; mit Dimension und Form des Werkstückes hat der charakteristische Spanquerschnitt nichts zu tun.

Unser Ziel, eine Lehre vom wirtschaftlichen Zerspanen zu schaffen, zerfällt in zwei Etappen. Der erste Schritt will allgemeine Grundlagen und Richtlinien hinstellen, der zweite Schritt will unter Verwendung dieser Richtlinien die Einstellung der Bank auf Spanquerschnitt und Drehzahl suchen.

Mit der Auffindung des wirtschaftlichen Spanquerschnittes haben wir den zweiten Schritt des uns gesetzten Zieles erreicht, unsere im Vorausgegangenen dargelegte Aufgabe ist im Prinzip gelöst. Die Lösung ist ihrem Wesen nach einfach genug und meist gänzlich an das Werkstück gebunden; es ist jeweils nur der gefährliche Spanquerschnitt für das Werkstück zu bestimmen; der wirtschaftliche Spanquerschnitt findet sich dann rein mechanisch durch Zuhilfenahme eines willkürlichen Sicherheitsfaktors, indem wir beispielsweise bestimmen, daß der wirtschaftliche Spanquerschnitt um 25% kleiner sein soll. Die Bestimmung des gefährlichen Spanquerschnittes des Werkstückes ist allerdings nicht so leicht; irgendein wissenschaftlich ausreichendes Verfahren hierfür gibt es bis heute noch nicht. Eine außerordentlich verdienstvolle Arbeit hat hier in neuester Zeit Hegner geleistet, indem er praktisch erprobte Richtwerte für Schnittgeschwindigkeit und Vorschub unter Berücksichtigung der Widerstandsfähigkeit des Werkstückes geschaffen hat[1]). Eine rohe Annäherungsmethode habe ich in dem Buche „Die Dreherei und ihre Werkzeuge“, 3. Aufl., S. 102 und die graphische Auswertung bei Abb. 89 und 92 dort gegeben; sie ist in Abb. 8 als „Tafel zur Bestimmung des wirtschaftlichen Spanquerschnittes“ nochmals herausgestellt. Der gefundene Spanquerschnitt ist hier gleich der wirtschaftliche.

Für die Auffindung des wirtschaftlichen Spanquerschnittes hätte es also des Leistungsdiagrammes nicht erst bedurft, und tatsächlich ist im Voraufgegangenen dieses Diagramm auch gar nicht entwickelt worden

[1]) K. Hegner: Lehrbuch der Vorkalkulation von Bearbeitungszeiten. I. Bd. S. 155f. Berlin: Julius Springer 1924.

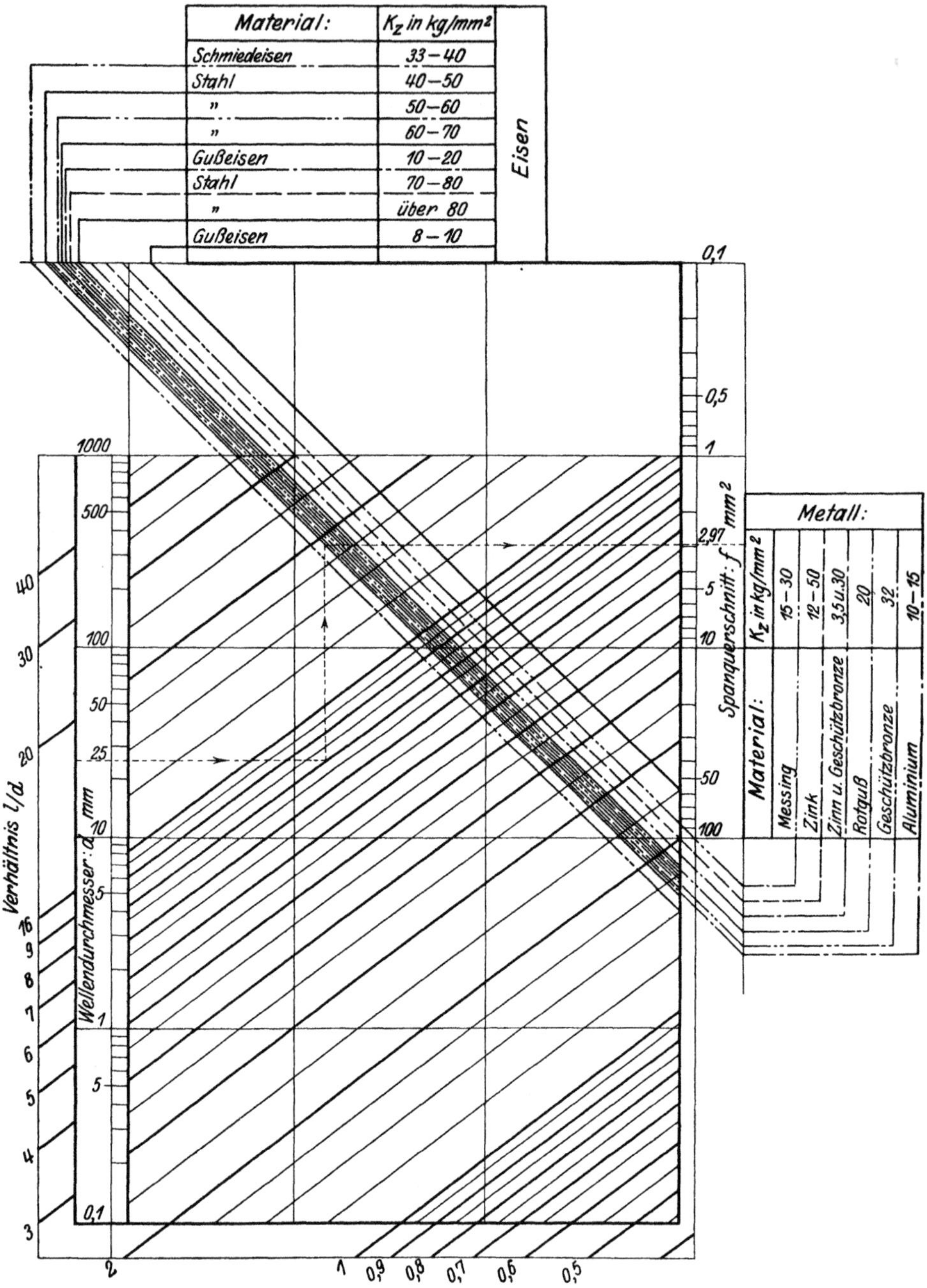

Abb. 8. Tafel zur Bestimmung des wirtschaftlichen Spanquerschnittes.

für den alleinigen ausgesprochenen Zweck, aus ihm den wirtschaftlichen Spanquerschnitt zu finden, sondern vor allem dazu, die allgemeine Stellung und Bedeutung des wirtschaftlichen Spanquerschnittes gegenüber den übrigen Spanquerschnitten, insbesondere dem charakteristischen, zu illustrieren und die bis jetzt noch so geheimnisvolle Beziehung zwischen Werkzeug und Werkzeugmaschine etwas zu klären, m. a. W., um den ersten Schritt unseres Zieles tun zu können. Die eingehendere Betrachtung gerade dieses Verhältnisses zwischen wirtschaftlichem und charakteristischem Spanquerschnitt fördert eine Reihe neuartiger, grundlegender Erkenntnisse zutage, mit denen wir uns nunmehr beschäftigen wollen.

Halten wir fest: Der wirtschaftliche Spanquerschnitt liegt stets rechts vom charakteristischen. Das führt uns wieder zu einer Erkenntnis von ganz außerordentlicher Tragweite für die Werkstatt. Man hat der Werkstatt als höchstes Ziel, als Kardinalforderung auf die Fahne geschrieben: „Das Werkzeug soll die Maschine und die Maschine soll das Werkzeug ausnutzen." Diese Forderung ist aber, wie uns unser Bild deutlich zeigt, nur im charakteristischen Spanquerschnitt zu erfüllen. Weil nun aber der charakteristische Spanquerschnitt nicht der wirtschaftliche ist, der für rationelle Zerspanung allein in Betracht kommt, da er kürzere Schnittzeit ergibt als der charakteristische, so ist damit bewiesen, daß obige Kardinalforderung zu Unrecht besteht.

Noch eine andere, ebenfalls wichtige Erkenntnis schenkt uns das Bild. Das Werkzeug wird beim wirtschaftlichen Spanquerschnitt geschont, beim charakteristischen nicht, und weiter, bei rationeller Ausnutzung der Maschine wird nicht die wirtschaftliche Schnittgeschwindigkeit gebraucht, sondern eine niedrigere, die Schneide schonendere. Trotz dieser niedrigeren Geschwindigkeit ist die Spanleistung größer als beim charakteristischen Spanquerschnitt, weil, wie wir früher hörten, der Spanquerschnitt stets größeren Gewinn bringt als die Schnittgeschwindigkeit.

Damit ist der wirtschaftlichen als der höchst zulässigen Schnittgeschwindigkeit die große Rolle, die sie bis jetzt im Leben der Werkstatt spielt, genommen und bewiesen, was schon früher betont wurde: Das ängstliche Bemühen, ja immer die wirtschaftliche Schnittgeschwindigkeit einzuhalten, ist nicht nur unnütz, sondern direkt verkehrt. Auch hier gilt es mit einer alten und tief eingewurzelten Anschauung, die besonders von Taylor übernommen wurde, zu brechen und sich umzustellen.

Es ist, möchte ich sagen, eine besonders liebenswürdige Seite unseres Problems „rationelle Zerspanung", daß die Werkzeugschneide bei voller Ausnutzung der Maschine nicht auch voll beansprucht wird, sondern ihre Kraft geschont wird, wodurch sie länger scharf bleibt. Das ist ein wesentlicher Vorteil; hat doch Ripper gefunden, daß bei Verringerung der Schnittgeschwindigkeit um nur wenige Prozente die Schneide sehr viel länger steht.

Überblicken wir noch einmal rückschauend unser Bild, so erkennen wir, daß im Problem wirtschaftlicher Zerspanung die Stellung und Rolle des Werkzeuges, wie sie diesem bisher von der Werkstatt eingeräumt wird, ganz wesentlich verschoben und verrückt wird. Das Werkzeug wird in seiner bisherigen Bedeutung zurückgedrängt und dafür die Maschine mehr in den Vordergrund gerückt. Das kann und darf jedoch nicht dahin ausgelegt werden, als sei es nicht mehr nötig, den Stoffeigenschaften — die Gestaltung des Werkzeuges wird durch unsere Betrachtungen nicht berührt — die bisherige Sorgfalt zu widmen, im Gegenteil, jede Erhöhung der Leistung des Werkzeuges durch Verbesserung seiner Materialeigenschaften wirkt sich nach wie vor durch entsprechend längeres Scharfbleiben des Werkzeuges aus, bedeutet also indirekt immer einen Zeitgewinn, der sich um so mehr bemerkbar machen wird, je härter das Werkstück ist. Um so höhere Anforderungen werden vom Werkzeug verlangt, je größer die Leistungsfähigkeit der Bank ist, wie später bei Abb. 21 und 22 noch besprochen wird.

Kehren wir nun mit diesen neuen Erfahrungen nochmals zum Drehzahldiagramm zurück.

Dadurch, daß wir die Schnittgeschwindigkeit nicht mehr wie beim Sägendiagramm als nur vom Werkstoff abhängig behandelt haben, sondern auch abhängig vom Spanquerschnitt und im Zusammenhang mit der Leistungsfähigkeit der Bank, hat die uns bisher scheinbar so altvertraute Schnittgeschwindigkeit ein ganz anderes neues Gesicht bekommen. Es zeigt sich, daß das Streben nach hoher Spanausbeute durchaus nicht, wie die Werkstatt heute allgemein annimmt, gleichbedeutend mit dem Streben nach hoher Schnittgeschwindigkeit sein muß. In diesem Lichte büßt nicht nur der Schnellstahl von seinem bisherigen Nimbus etwas ein, sondern noch mehr das Stellit.

Die gesamte technische Welt und erst recht der Laie, soweit er sich mit den Dingen befaßt, sind völlig in der Anschauung befangen, daß die Erfindung des Schnellstahles für die Fabrikationstechnik ein neues Zeitalter eingeleitet habe, daß er den Schnellbetrieb mit seiner bedeutsamen Zeitersparnis gebracht habe, und preist daher den Schnellstahl als den grundlegendsten und bedeutsamsten Fortschritt für den Werkzeugmaschinenbau[1]). Das ist nicht richtig. Wir haben schon im Vorherigen gehört: Zu jedem Spanquerschnitt gehört eine ganz bestimmte, höchste Schnittgeschwindigkeit, und umgekehrt, zu jeder Schnittgeschwindigkeit gehört ein ganz bestimmter Spanquerschnitt; zu großen Schnittgeschwindigkeiten gehören kleine Spanquerschnitte. Schnellstahl und noch mehr Stellit haben gegenüber dem Gußstahl

[1]) Dr. Ing. L. Walther: Der Schnellbetrieb. S. 34 u. 41 f. München: R. Oldenbourg 1919.

wohl ganz bedeutend höhere Schnittgeschwindigkeiten gebracht, aber diesen großen Geschwindigkeiten sind auch entsprechend kleine Spanquerschnitte zugeordnet. Aus Abb. 6 bzw. 7 wissen wir aber, daß kleine Spanquerschnitte mit ihren hohen Schnittgeschwindigkeiten eine geringere Spanmenge liefern, als niedrigere Schnittgeschwindigkeiten, wie sie der Gußstahl nur verträgt, mit ihren großen Spanquerschnitten, weil die Schnittzeit im ersteren Falle größer ist. In bezug auf die Erreichung größtmöglicher Spanmengen, das doch das alleinige und höchste Ziel jeder Zerspanung ist und sein muß, haben also Schnellstahl und Stellit keinen Fortschritt gebracht. Ihre Vorteile liegen, abgesehen von der größeren Lebensdauer ihrer Schneide, auf einem ganz anderen Gebiete, auf das wir weiter unten noch zu sprechen kommen. So müssen wir auch hier eine ganze Gedankenwelt umstellen. Mit dieser Feststellung hat nichts zu tun, daß die großen Spanquerschnitte, die der Gußstahl fordert, in den wenigsten Fällen gegeben sind, weil das Werkstück meist so große Spanquerschnitte nicht aushält.

Für rationelle Zerspanung ist ganz anders vorzugehen, als es bis jetzt die Werkstatt tut. Es darf nicht, wie dies das Drehzahldiagramm will, von der Schnittgeschwindigkeit ausgegangen werden, sondern von der Leistungsfähigkeit der Bank. Aus dieser findet sich dann der wirtschaftliche Spanquerschnitt und zugleich die diesem Spanquerschnitt zugeordnete Schnittgeschwindigkeit, die aber mit der wirtschaftlichen Schnittgeschwindigkeit nichts zu tun hat, sondern stets kleiner ist.

Wir müssen durchaus einen Augenblick bei diesem Punkte verweilen, denn er greift tief in unsere Entwicklung ein. Die Schnittgeschwindigkeit sinkt zu einer Größe zweiter Ordnung herab. Mit dieser Feststellung haben wir unsere eingangs geprüfte Frage, wem von den beiden Rivalen der Vortritt zu gebühren habe, beantwortet.

Die Leistung oder Leistungsfähigkeit ist dabei im technisch korrekten Sinne verstanden als Anzahl Pferdestärken. Das Drehzahldiagramm, das heute so gern als Leistungsbild der Bank angesprochen wird, hat mit der Leistungsfähigkeit nichts zu tun; es geht wie am Spanquerschnitt so auch an der Leistungsfähigkeit der Bank achtlos vorüber. Es ist eine Charakteristik, ein Charakterbild der Maschine, aber kein Leistungsbild.

Indem wir für wirtschaftliche Zerspanung, wie das gar nicht anders sein darf, von der in PS gemessenen Leistungsfähigkeit der Bank ausgehen, kommen wir Irrtümern auf die Spur, die in der Literatur und in der Werkstatt seit vielen Jahren sich geradezu ein Heimatsrecht erworben haben:

Da ist wieder der alte Tanz um das goldene Kalb „möglichst hohe Schnittgeschwindigkeit". Taylor hat gefunden, daß die für Trockendrehen von Maschinenstahl maßgebende wirtschaftliche Schnittgeschwindigkeit bei Anwendunng von Wasserkühlung um 40% gesteigert werden kann. Wenn wir schon beim Trockendrehen einen Spanquerschnitt und eine zugehörige Schnittgeschwindigkeit verwenden, bei denen die Bank voll belastet ist, dann können wir nicht einfach die Schnittgeschwindigkeit um 40% erhöhen, wir würden dadurch die Bank um 40% überlasten. Wollen wir trotzdem auf der um 40% gesteigerten Geschwindigkeit bestehen, die Bank aber nicht überlasten, dann müssen wir den Spanquerschnitt entsprechend reduzieren und erhalten dann keine größere Spanmenge als vorher, ja wegen des bewiesenen Übergewichtes vom Spanquerschnitt über die Schnittgeschwindigkeit sogar meist eine geringere Spanmenge. Was Taylor als ein ganz besonders wichtiges Ergebnis seiner Forschungen ausgibt und ihm von der Werkstatt gläubig nachgebetet wurde, ist ein Trugschluß, zu dem Taylor kommen mußte, weil er sich um den Leistungsbegriff nicht kümmerte. Man wird in seinem Buch „Über Dreharbeit und Werkzeugstähle" keine Tabelle, kein Diagramm und keine Formel finden, die sich mit der Leistung der Bank beschäftigen. Die Taylorschen Versuche stellen nur reine Schneidstahlversuche dar.

Die Kühlung erhöht nur die Leistung der Schneide, nicht aber auch die der Maschine. Man soll also Kühlung anwenden, weil diese die Lebensdauer der Schneide erhöht; aber eine direkte Steigerung der Spanleistung wird damit nicht erzielt. Daß, wie wir später noch sehen werden, durch Kühlung die Ausnutzungsmöglichkeit der Maschine etwas erweitert wird, ändert nichts an dem eben Gesagten.

Taylor hat also zu Unrecht die Schnittgeschwindigkeit in den Mittelpunkt seines Strebens gestellt.

So wie dieses Beispiel, so sind noch so mancherlei Folgerungen Taylors mit Vorsicht aufzunehmen. Auch sein Organisationssystem begegnet heute mehr und mehr ernstem Widerspruch[1]). Die Ansichten und Gedankenbahnen der Menschen sind eben ein Besitz, der ebenso dem Wechsel unterworfen ist wie ihre Gewänder. Da wird beständig abgebrochen und zugeführt. Nur tote Menschen behalten die gleichen Anschauungen. Solche Dinge lassen sich nicht machen, sie müssen wachsen, aller Fortschritt kommt wachstümlich. Sein großes Verdienst bleibt dennoch, daß er die Bedeutung der Metallschneidekunst und damit die der Werkstatt ins richtige Licht gesetzt hat, und wenn heute im Fabrikbetriebe die Werkstatt so oft das entscheidende Wort zu sprechen hat, so hat sie diesen Aufschwung zu einem nicht geringen Teile Taylor mit zu verdanken.

Unser Leistungsdiagramm Abb. 6 bzw. 7 behandelte Werkstück, Werkzeug und Werkzeugmaschine völlig neutral; es sprach von diesen drei Elementen nur ganz allgemein, bediente sich ihrer nur als Begriffe

---

[1]) Prof. Dr. von Gottl-Ottlilienfeld: Fordismus? Von Taylor zu Ford. 2. Aufl. Jena. G. Fischer 1925. —Derselbe: Grundriß der Sozialökonomik. II. Teil: Wirtschaft und Technik. 2. Aufl. S. 134 f. Tübingen: Mohr 1923.

und war völlig abstrakt. Nun gehen wir zu konkreten Arbeitsbeispielen aus der Praxis über, wir wollen ein gußeisernes Werkstück auf einer Drehbank von 5 PS Volleistung bearbeiten mit einem Werkzeug aus Gußstahl. Wir konstruieren also in Abb. 9 die v-Kurve der wirtschaftlichen Schnittgeschwindigkeiten für Gußeisen und Bearbeitung mit Gußstahl nach der Gleichung $v = \frac{M}{\sqrt[4]{f}}$ cm/sek, am besten mit Hilfe des Betriebsrechenschiebers System Friedrich und Hippler[1]), wie in dem Buche „Die Dreherei und ihre Werkzeuge", 3. Aufl., I. Teil, S. 96 und 179 näher auseinandergesetzt, wobei M aus der Zahlentafel 1 zu entnehmen ist, und zwar als die Hälfte der dort gegebenen Werte, weil bekanntlich die Schnittgeschwindigkeiten für Gußstahl durchschnittlich halb so hoch sind als die für Schnellstahl.

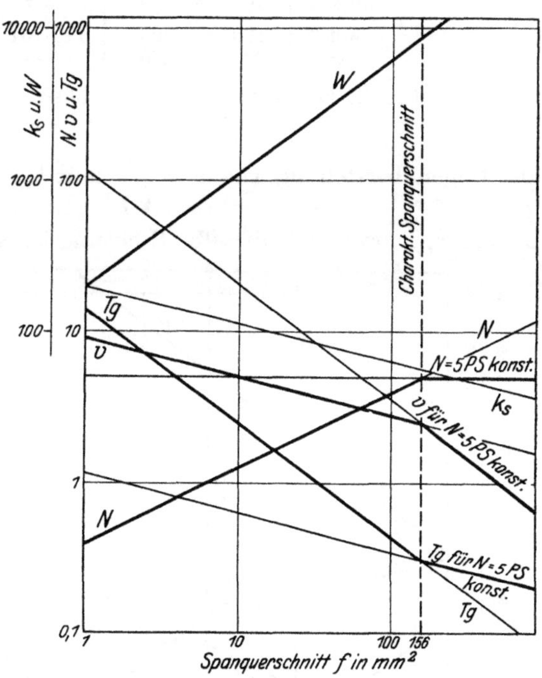

Abb. 9. Leistungsdiagramm bei der Bearbeitung mit Gußstahl.

Nachdem wir so die Leistungskurve für den Gußstahl aufgestellt haben, d. h. mit der v-Kurve ausdrücken, welche Geschwindigkeiten Gußstahl auszuhalten vermag, wenn er Gußeisen zu zerspanen hat, konstruieren wir uns jetzt die k_s-Kurve, wiederum am einfachsten mit dem erwähnten Betriebsrechenschieber, nach der Gleichung $k_s = \frac{K}{\sqrt[4]{f}}$ [2]), wobei K ebenfalls aus der Zahlentafel 1 zu entnehmen ist. Aus

[1]) C. W. Drescher: Stückzeitbestimmung in „Hütte", Taschenbuch für Betriebsingenieure. 2. Aufl., S. 611f. Berlin: Wilhelm Ernst & Sohn 1924. — Prof. H. Friedrich: Die weitere Entwicklung der Anwendungen des Betriebsrechenschiebers." Z. Maschinenbau 1925. S. 21f. — W. Hippler: Der heutige Stand der Zerspanungswissenschaft. Z. Maschinenbau 1925. S. 156.

[2]) Näheres siehe Hippler: Die Dreherei u. ihre Werkzeuge. 3. Aufl. S. 95 u. 179.

Zahlentafel 1. Stoffzahlen für

k_z in kg/mm²		Gußeisen 8—10	Gußeisen 10—20	Schmiedeeisen 33—40	Stahl 40—50	Stahl 50—60	Stahl 60—70
v in m/Min.	weich	20	15	28	25	—	—
	hart	12	6	—	18	16	13
M	weich	50	33	70	62	—	—
	hart	30	15	—	45	40	32
K	weich	120	200	110—180	200	—	—
	hart	200	270	—	220	240	260

Für die Bearbeitung mit Gußstahl sind die Werte für M halb so groß,

der Gegenüberstellung von $v = \frac{M}{\sqrt[4]{f}}$ und $k_s = \frac{K}{\sqrt[4]{f}}$ ergibt sich, daß die v- und k_s-Kurve beide dieselbe Richtungskonstante $f^{-\frac{1}{4}}$ haben, daß sie also einander, wie schon früher betont, parallel sein müssen.

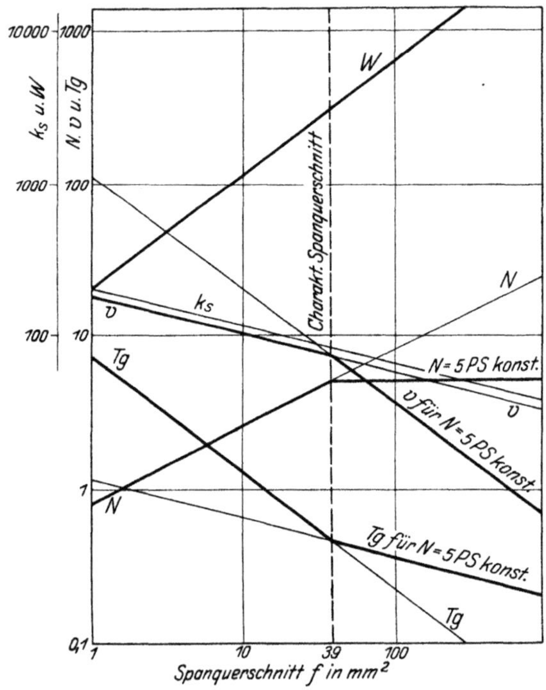

Abb. 10. Leistungsdiagramm bei Bearbeitung mit Schnellstahl.

Die Konstruktion der N-Kurve als der Leistungskurve der Maschine ist nun sehr einfach. In dem Augenblick, wo die Bank ihre Volleistung $N = 5$ PS erreicht, beim Spanquerschnitt $f = 156$ mm², muß die Kurve horizontal weiterlaufen als $N = 5$ PS konst. Der Spanquerschnitt $f = 156$ mm² als Schnittpunkt der durch $N = 5$ PS gelegten Horizontalen mit der ansteigenden N-Kurve ist also der charakteristische Spanquerschnitt für Gußeisen als Werkstoff, Gußstahl als Werkzeug und $N = 5$ PS als Bankleistung. Nehmen wir ein anderes Werkzeug, Schnellstahl, so wird die Bearbeitung mit Schnellstahl.

		Rotguß	Geschützbronze		Messing	Zink	Aluminium	Zinn
70—80	über 80	20	30	32	15—30	12—15	10—15	3,5
—	—	—	—	—	40	45	75	80
9	6	40	32	28	32	36	60	—
—	—	—	—	—	100	112	190	200
22	15	100	80	70	80	90	150	—
—	—	—	—	—	100	90	70	60
280	300	120	166	125	160	150	90	—

bei Stellit $2—2^1/_2$ mal so groß zu nehmen.

auch der charakteristische Spanquerschnitt ein anderer, nämlich $f = 39\ \text{mm}^2$, wie Abb. 10 zeigt, bei Stellit $f = 7{,}5\ \text{mm}^2$, Abb. 11.

Vom charakteristischen Spanquerschnitt ab darf für volle Ausnutzung der Bank, also für $N = 5$ PS konst., die v-Kurve nicht mehr nach dem bisherigen Gesetz $v = \frac{M}{\sqrt[4]{f}}$ weiterlaufen, sondern nach einem neuen, nach der Gleichung $v = \frac{60 \cdot 75 \cdot N}{K \cdot f^{3/4}}$, als „$v$ für $N = 5$ PS konst.“

Die T_g-Kurve entsteht aus der Gleichung $T_g = \frac{127}{f \cdot v} = \frac{127}{f^{3/4} \cdot M}$ [1]).

Konstruieren wir noch die W-Kurve aus $W = f . k_s$, so haben wir das Leistungsdiagramm fertig für Bearbeitung von Gußeisen durch Gußstahl auf einer 5 PS-Bank.

Die Rechnungswerte zur Aufstellung des Diagrammes Abb. 9 sind in Zahlentafel 2 gegeben.

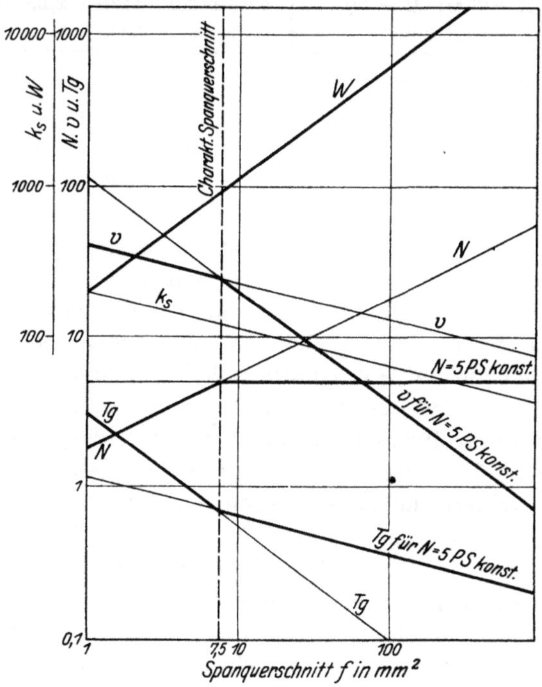

Abb. 11. Leistungsdiagramm bei Bearbeitung mit Stellit.

1) Hippler: Die Dreherei und ihre Werkzeuge. 3. Aufl. S. 102.

Zahlentafel 2.

	f mm^2	$k_s = \frac{K}{\sqrt[4]{f}} = kg/mm^2$	$W = f \cdot k_s = kg$	$N = \frac{K \cdot M \sqrt{f}}{75 \cdot 100} = \frac{f \cdot k_s \cdot v}{60 \cdot 75}$	$v = \frac{M}{\sqrt[4]{f}} = cm/sek$	$T_g = \frac{127}{f \cdot v} = Min.$	für $N =$ konst. $v = \frac{60 \cdot 75\, N}{K \cdot f^{3/4}} = m/Min.$	für $N =$ konst. $T_v = \frac{127}{f^{3/4}\, M} = Min.$
Material: Gußeisen; Werkzeug: Gußstahl	1	200	200	0,4	9	1,41	112,5	1,13
$k_z = 10$—20 kg/mm²; $K = 200$; $M = 15$ . .	10	112,5	1125	1,265	5,05	2,51	20	0,635
$N = 5$ PS konst. . . .	100	63,3	6330	4	2,84	0,447	3,55	0,358
Material: Gußeisen; Werkz.: Schnellstahl	1	200	200	0,8	18	7,05	112,5	1,13
$k_z = 10$—20 kg/mm²; $K = 200$; $M = 30$ . .	10	112,5	1125	2,53	10,1	1,26	20	0,635
$N = 5$ PS konst.	100	63,3	6330	8	5,68	0,224	3,55	0,358
Material: Gußeisen; Werkzeug: Stellit. .	1	200	200	1,825	41,1	3,09	112,5	1,13
$k_z = 10$—20 kg/mm²; $K = 200$; $M = 68,5$.	10	112,5	1125	5,78	23,1	0,55	20	0,635
$N = 5$ PS konst. . . .	100	63,3	6330	18,25	12,95	0,0982	3,55	0,358

Wollen wir nun aber statt Gußstahl jetzt Schnellstahl als Werkzeug verwenden, dann bekommen wir eine neue v-Kurve, die höher liegt als die in Abb. 9, weil M für Bearbeitung von Gußstahl größer wird, bzw. weil die wirtschaftlichen Schnittgeschwindigkeiten für Schnellstahl auf Gußeisen höher sind als die für Gußstahl auf Gußeisen, und zwar doppelt so hoch, Abb. 10. Natürlich muß die v-Kurve für Schnellstahl Abb. 10 zu derjenigen für Gußstahl in Abb. 9 parallel laufen. Das hat zur Folge, daß für Schnellstahl nun auch die N-Kurve höher zu liegen kommt, da in $N = f \cdot k_s \cdot v$ der Faktor v für sämtliche f stets größer ist als bei Gußstahl. Selbstredend müssen auch die beiden N-Kurven in Abb. 9 und 10 parallel laufen. Das Höherliegen der N-Kurve in Abb. 10 hat wiederum zur Folge, daß sie die durch $N = 5$ PS hindurch gelegte Horizontale früher schneidet als in Abb. 9; m. a. W. der charakteristische Spanquerschnitt für Schnellstahl ist kleiner als der für Gußstahl. Die sich ergebenden Rechnungswerte sind in Zahlentafel 2 gegeben.

Der gleiche Vorgang wiederholt sich, wenn wir statt Schnellstahl ein noch höherwertigeres Werkzeug benutzen, wenn wir mit Stellit, Akrit, Caedit oder Celsit drehen, Abb. 11[1]). Die Schnittgeschwindigkeiten von Stellit sind dabei etwas höher das als Doppelte derjenigen von Schnellstahl angenommen, und zwar 2,28 mal so hoch. Hier wird der charakteristische Spanquerschnitt noch kleiner. Die Rechnungswerte zeigt Zahlentafel 2.

So hat uns die Aufstellung des Leistungsdiagrammes für die drei Werkzeuge Gußstahl, Schnellstahl und Stellit die wichtige Erkenntnis gebracht, daß der charakteristische Spanquerschnitt von dem zur Verwendung kommenden Werkzeug abhängt, daß er um so kleiner wird, je größer die Leistungsfähigkeit des Werkzeuges ist.

Dem Leser wird bei aufmerksamer Betrachtung der Abb. 9—11 nicht entgehen, daß der charakteristische Spanquerschnitt nicht nur mit dem Werkzeug wechselt, sondern auch mit dem Werkstück und der Bankleistung. Das alles werden wir nachher noch eingehender betrachten.

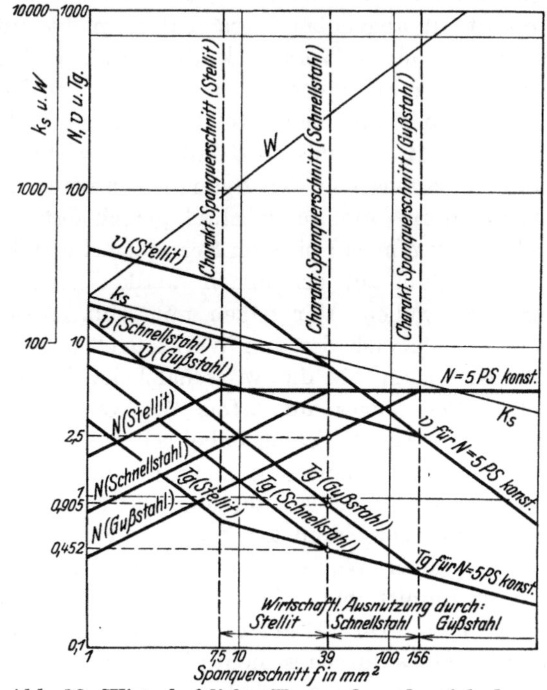

Abb. 12. Wirtschaftlicher Verwendungsbereich der Werkzeuge.

Mit der scharfen Betonung dieser neuen Erkenntnis der Abhängigkeit des charakteristischen Spanquerschnittes vom Werkzeug gerät unser Thema in eine ganz neue Richtung, der zu folgen ein bereichernder Genuß ist. Indem wir die Abb. 9, 10 und 11 zu einem einzigen Diagramm Abb. 12 zusammenlegen, tun sich uns die Pforten auf zu einem ganz neuen, unbekannten Lande, das uns die Frage nach der Verwendungsmöglichkeit der drei Werkzeuge in ganz neuer Abklärung und Reife zeigt. Dabei ist, wie auch schon im Voraufgegangenen, das Werkzeug immer nur verkörpert durch seine Stoffeigenschaften, durch seine Stoffgüte, die sich ausdrückt durch die wirtschaftliche Schnittgeschwindigkeit; die äußere Gestaltung des Werkzeuges bzw. seiner Schneide spielt nicht mit herein; sie ist Gegenstand des nächsten Artikels.

[1]) C. W. Drescher: Erfahrungen mit Akrit. Maschinenbau 1924. S. 1087 f.

D. Wirtschaftlicher Verwendungsbereich bzw. Ausnutzungsmöglichkeit der Werkzeuge.

Wir haben durch die Abb. 9—11 gefunden, daß zu Stellit der charakteristische Spanquerschnitt $f = 7{,}5$ mm² gehört, zu Schnellstahl $f = 39$ mm² und zu Gußstahl $f = 156$ mm² (Abb. 12). Ist nun beispielsweise der gefährliche Spanquerschnitt für unser gußeisernes Werkstück = 15 mm² und wählen wir demgemäß als wirtschaftlichen Spanquerschnitt = 10 mm², so geht aus Abb. 12 hervor, daß letzterer nur mit Stellit abgehoben werden darf, nicht mit Schnellstahl oder Gußstahl. Ist unser Werkstück aber so stark dimensioniert, daß als wirtschaftlicher Spanquerschnitt = 50 mm² in Betracht kommt, so dürfte nur Schnellstahl, nicht Stellit und nicht Gußstahl genommen werden. Die Abb. 12 sagt uns also, daß Stellit wirtschaftlich ausgenutzt werden kann nur zwischen den Spanquerschnitten 7,5 und 39 mm², daß die Verwendung von Schnellstahl gerechtfertigt ist nur vom Spanquerschnitt 39 mm² an bis zum Spanquerschnitt 156 mm², und daß darüber hinaus Gußstahl genommen werden muß, wenn wir wirtschaftlich arbeiten wollen. Wir haben mit Abb. 12 den „wirtschaftlichen Verwendungsbereich der drei Werkzeuge“ aufgefunden. Dabei stellen wir als Kriterium für die wirtschaftliche Verwendung bzw. Ausnutzung eines Werkzeuges auf: „Das Werkzeug muß die Maschine voll ausnutzen.“ Das Werkzeug dabei selbst auch voll und ganz auszunutzen, ist, wie schon bewiesen, nicht möglich; so beschränken wir uns auf seine bestmögliche Ausnutzung und formulieren das Kriterium dahin: „Das Werkzeug muß die Maschine voll ausnutzen und dabei selbst in bestmöglicher Weise ausgenutzt werden.“

Als unmittelbare Folgerung ergibt sich aus dem oben Gesagten,

1. *daß das Werkzeug nicht beliebig gewählt werden darf*, daß es durchaus nicht gleichgültig ist, ob wir Stellit oder Schnellstahl nehmen wollen, sondern

2. *daß das Werkzeug jeweils bestimmt wird durch die Größe des abzudrehenden Spanquerschnittes.*

Mit diesen beiden Sätzen haben wir zwei Erkenntnisse von enormer Tragweite geschaffen. Sie bedeuten eine vollständige, unbedingte Richtungsänderung der bisherigen Anschauungen der technischen Welt und der Tradition über die Auswahl des Werkzeuges. Die Werkstatt wählt sich bis jetzt ihr Werkzeug ganz nach Gutdünken, sie nimmt zum Drehen fast durchweg Schnellstahl, öfter auch schon, wenn sie solches zur Stelle hat, Stellit oder Akrit, den Gußstahl hat sie längst zum alten Eisen geworfen. Solches Vorgehen ist falsch, *das Werkzeug darf nicht gewählt werden, sondern es unterliegt dem Zwange, es findet sich nach ganz bestimmten Gesetzen.*

Wie zu jedem Spanquerschnitt eine ganz bestimmte wirtschaftliche Schnittgeschwindigkeit gehört, so ist auch jedem Spanquerschnitt ein bestimmtes Werkzeug zugeordnet. Sowie aber die einem bestimmten Spanquerschnitt zugeordnete Schnittgeschwindigkeit sich ändert mit dem Werkstück und dem Werkzeug, so wechselt auch das zu einem bestimmten Spanquerschnitt gehörige Werkzeug, je nachdem, es sich um ein weiches oder hartes Werkstück, um eine Bank geringer oder hoher Volleistung handelt. Entsprechend der schon dargelegten dreifachen Abhängigkeit der Schnittgeschwindigkeit haben wir also auch eine mehrfache Abhängigkeit des Werkzeuges. Es ist durch den abzudrehenden (wirtschaftlichen) Spanquerschnitt bestimmt, ändert sich aber mit dem Werkstück und der Bankleistung. Diesem Abhängigkeitsverhältnis wollen wir jetzt gründlicher nachgehen, um auch hier volle Klarheit zu erlangen, wir suchen m. a. W. noch weiter nach der Ausnutzungsmöglichkeit des Werkzeuges. Wir wollen uns die wichtige Frage beantworten, wann die Verwendung von Stellit, Schnellstahl oder Gußstahl geboten ist.

I. Abhängigkeit des Werkzeuges vom Werkstück.

Aus den Abb. 9—11 wissen wir schon, und die Abb. 12 läßt es noch deutlicher hervortreten, daß der charakteristische Spanquerschnitt im umgekehrten Verhältnis zur Güte bzw. Leistungsfähigkeit des Werkzeuges steht, daß er für Stellit am kleinsten, für Gußstahl am größten ist, er wird also mit zunehmender Leistungsfähigkeit des Werkzeuges kleiner. Nun gibt es in jeder Werkstatt täglich Arbeitsfälle, wo nur verhältnismäßig kleine Spanquerschnitte genommen werden dürfen, sei es, daß die Dimensionierung und Form des Werkstückes keinen kräftigeren Spanquerschnitt zulassen, oder der seltenere Fall, daß Werkzeugmaschine oder Werkzeug die mit dem größeren Spanquerschnitt verbundene Beanspruchung nicht ertragen, sei es weiter, daß die Vorbehandlung des Werkstückes nur geringe Materialzugabe bedingt, für die bei größeren Spanquerschnitten ein zu großer Vorschub nötig würde, wie z. B. bei auf Formmaschinen hergestellten Gußstücken, bei gepreßten oder im Gesenk geschlagenen Schmiedestücken usf. Schließlich kann auch noch die verlangte Genauigkeit und Sauberkeit der Arbeit zu kleinen Spanquerschnitten zwingen. In allen solchen Fällen ist also der wirtschaftliche Spanquerschnitt entsprechend klein, er fällt dementsprechend durchweg in das Verwendungsgebiet des Stellit, seltener in das des Schnellstahles. Umgekehrt können bei kräftigen Werkstücken mit reichlicher Materialzugabe, wie beispielsweise beim Schruppen aus dem Vollen, schon recht kräftige Späne genommen werden; der wirtschaftliche Spanquerschnitt fällt in das Gebiet des Schnellstahles, wenn nicht gar in das des Gußstahles.

Es wird somit das jeweils zu verwendende Werkzeug bestimmt durch die Stärke und Form des Werkstückes, durch die vorhandene Materialzugabe, und schließlich auch durch die geforderte Genauigkeit und Sauberkeit der Arbeit.

Neben diesen eben genannten Faktoren spricht bei der Frage, welches Werkzeug zu verwenden ist, auch noch die Materialeigenschaft des Werkstückes mit [1]).

Um die diesbezüglichen Zusammenhänge besser übersehen und auswerten zu können, bedürfen wir eines Diagrammes, Abb. 13, in welchem die drei Zerspanungsfaktoren Werkstück, Werkzeug und Werkzeugmaschine in allen möglichen Variationen vorkommen. Die Werkstückmaterialien sind auf der Ordinatenachse durch das Produkt ihrer Stoffzahlen $M \cdot K$, wie es sich aus Zahlentafel 1 ergibt, vertreten, die drei Werkzeuge sind durch ihre Wertigkeit dargestellt, die sich aus den wirtschaftlichen Schnittgeschwindigkeiten ableitet. Dabei ist Schnellstahl als das heute vorherrschende Werkzeug sozusagen als Normalwerkzeug mit der Wertigkeit = 1 angenommen. Dann erhält, entsprechend den voraufgegangenen Festlegungen über die Schnittgeschwindigkeiten, Gußstahl die Wertigkeitsziffer = 0,5, weil er etwa halb so hohe Geschwindigkeiten erträgt als Schnellstahl, und Stellit die Wertigkeitsziffer = 2,28, weil wir dessen Schnittgeschwindigkeiten 2,28mal so hoch als die des Schnellstahles angesetzt haben.

Nehmen wir nun beispielsweise eine Drehbank von $N = 2$ PS Vollleistung und drehen darauf einmal S.-M.-Stahl von 40—50 kg Festigkeit, ein andermal wie bei Abb. 12 Gußeisen, so zeigt uns das Diagramm Abb. 13, daß die charakteristischen Spanquerschnitte und damit die Verwendungsbereiche der drei Werkzeuge sich bei dem weicheren Material, dem S.-M.-Stahl, nach links verschieben. Das gleiche würde, wie die Abb. 12 erkennen läßt, bei jeder anderen Bankleistung der Fall sein. Ist nun der wirtschaftliche Spanquerschnitt $f = 10$ mm^2, so ist zum Drehen von Gußeisen Schnellstahl das wirtschaftliche Werkzeug, zum Drehen des S.-M.-Stahles dagegen Gußstahl. Wir sehen: je größer Festigkeit und Härte des zu drehenden Werkstückes, um so größer werden die zu Gußstahl, Schnellstahl und Stellit gehörigen Spanquerschnitte, und so ändert sich für den wirtschaftlichen Spanquerschnitt auch das zugehörige Werkzeug. Wir stellen also fest:

Für jede Werkzeugmaschine wird das zu verwendende Werkzeug bestimmt durch die Stoffeigenschaften des Werkstückes. Je größer Festigkeit und Härte des Werkstückes sind, um so höherwertiger muß das Werkzeug sein.

---

[1]) Vgl. Staufer: Gußstahl, Schnellstahl oder Stellit. Z. Masch.-Bau/Betrieb. 1924. S. 1079f.

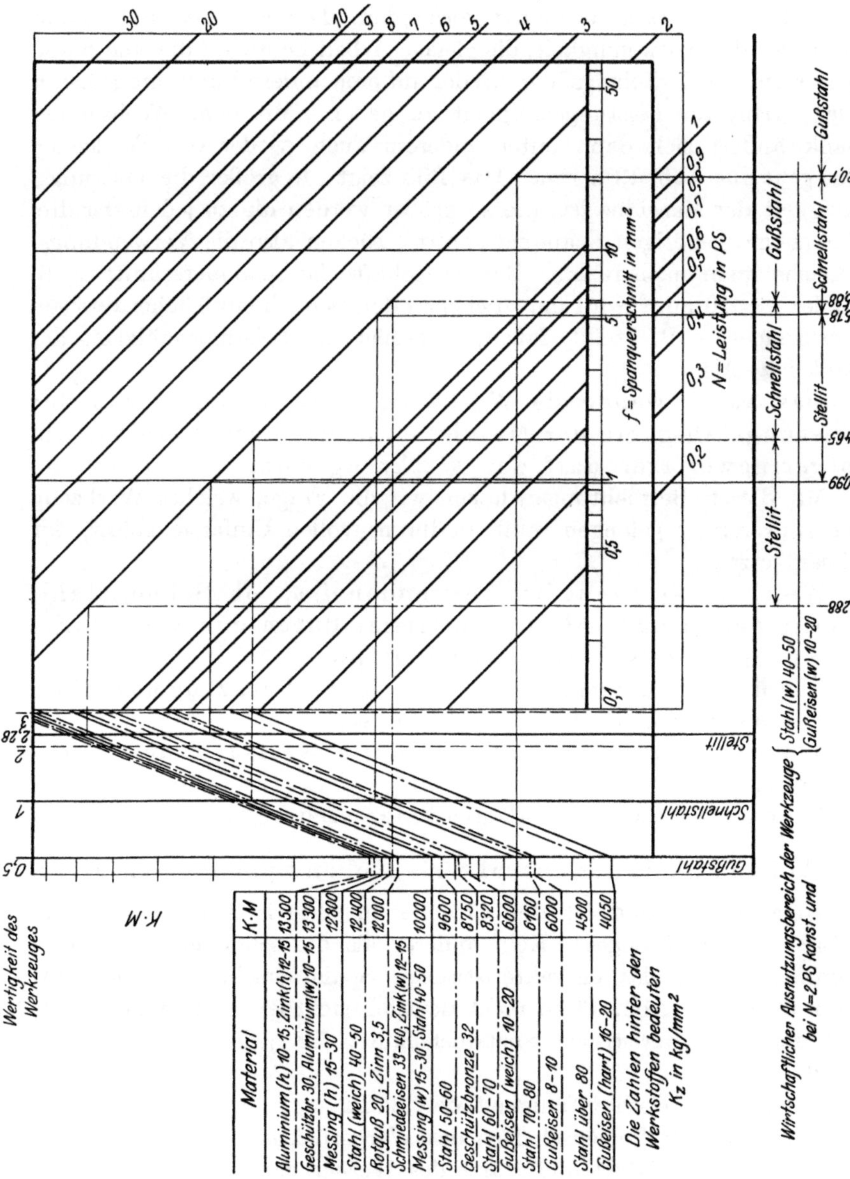

Abb. 13. Abhängigkeit des Werkzeuges vom Werkstück.

II. Abhängigkeit des Werkzeuges von der Leistungsfähigkeit der Bank.

Die Frage nach dem Werkzeug ist aber nicht nur eine Frage des Werkstückmaterials, sondern auch eine Frage der Leistungsfähigkeit der Bank, falls Bänke verschiedener Leistung zur Wahl stehen. Dieser

Fall ist in der Praxis ja immer vorhanden. Der Arbeitsverteiler steht meist vor der Notwendigkeit, die gleiche Arbeit heute auf die eine Bank, später, im Wiederholungsfalle, wieder auf eine andere Bank mit größerer oder geringerer Leistungsfähigkeit zu geben. Mit dem Wechsel der Bank ändert sich dann unter anderem auch wieder das Werkzeug. Das geht aus Abb. 13 hervor. Das Bild zeigt: Je größer die Leistungsfähigkeit der Maschine ist, um so größer werden die zu jedem der drei Werkzeuge gehörigen Spanquerschnitte, rücken also die Verwendungsbereiche mehr nach rechts. Der wirtschaftliche Spanquerschnitt, z. B. wieder $f = 10$ mm^2, wird um so eher in den Bereich eines höherwertigen Werkzeuges, z. B. Stellit, fallen, je größer die Leistungsfähigkeit der Bank ist. Also:

Das zu verwendende Werkzeug wird bestimmt von der Leistungsfähigkeit der Maschine, je geringer dieselbe, um so geringwertiger darf das Werkzeug sein.

Mit diesen Betrachtungen haben wir die Frage, welches Werkzeug zur Anwendung gelangen muß, in ihrem vollen Umfange gelöst, wir wissen jetzt:

Welches Werkzeug zu verwenden ist, ob Schnellstahl, Stellit oder Gußstahl, ist bestimmt durch den wirtschaftlichen Spanquerschnitt und hängt ab

1. von der Leistungsfähigkeit der Werkzeugmaschine,
2. vom Material des Werkstückes,
3. von den Dimensionen und der Gestaltung des Werkstückes,
4. vom verlangten Gütegrad der Arbeit.

III. Abhängigkeit des charakteristischen Spanquerschnittes.

Welcher Umstand ist die Ursache zu diesem Abhängigkeitsverhältnis des Werkzeuges? Kein anderer als die schon eben erkannte Veränderlichkeit des charakteristischen Spanquerschnittes, die nunmehr durch die Abb. 13 so recht deutlich sichtbar ist und uns zeigt, daß der charakteristische Spanquerschnitt für jedes Werkzeug abhängt

1. von der Leistungsfähigkeit der Bank,
2. von den Stoffeigenschaften des Werkstückes.

Je größer Festigkeit und Härte des Werkstückes und je größer die Leistungsfähigkeit der Bank, um so größer wird der zu jedem Werkzeug gehörige charakteristische Spanquerschnitt, und damit ändert und verschiebt sich auch der Verwendungsbereich der drei Werkzeuge.

Noch einmal wiederholt sei an dieser Stelle der Unterschied zwischen charakteristischem und wirtschaftlichem Spanquerschnitt: Der charakteristische Spanquerschnitt für ein Werkzeug ist bestimmt durch

Leistung der Bank und Material des Werkstückes, der wirtschaftliche Spanquerschnitt ist bestimmt durch das Werkstück.

Sobald wir also den wirtschaftlichen Spanquerschnitt kennen, ist das ihm zugehörige Werkzeug für eine gegebene Bank und ein gegebenes Werkstück leicht und schnell gefunden. Der nähere Vorgang ist im Buche „Die Dreherei und ihre Werkzeuge", 3. Aufl., an Hand der Abb. 92 für eine Einscheibenbank und Abb. 93 für eine Stufenscheibenbank eingehend gezeigt. In anderer, beweglicherer und eleganter Form löst Staufer die gleiche Aufgabe mit seiner „Maschinentafel", die für Arbeitsverteiler und Vorkalkulator ein gutes Hilfsmittel darstellt [1]). Eine gleiche Tafel in etwas anderer Aufmachung wie bei Staufer zeigt Abb. 23.

IV. Machtbereich der drei Werkzeuge: Gußstahl, Schnellstahl, Stellit.

So haben wir für den Gebrauch unserer Werkzeuge eine ganz neue, bisher völlig unbekannte Grundlage gewonnen: Es gehört für rationelle Zerspanung zu jeder Arbeit jeweils ein ganz bestimmtes Werkzeug, zu dessen Auffindung vom Spanquerschnitt auszugehen ist. Die Werkstatt aber geht umgekehrt vor, wenn sie überhaupt für die Auswahl des Werkzeuges nach einer Richtlinie verfährt, sie bevorzugt stets dasjenige Werkzeug, welches die größere Schnittgeschwindigkeit erträgt und kommt damit immer wieder, bei jeder Arbeit, zu dem gleichen Stahl, zum Schnellstahl, oder in neuester Zeit zum Stellit, sie geht von der Schnittgeschwindigkeit aus und gerät dabei auf nur einen Stahl als den Alleinherrscher. Der technischen Welt war eben bis jetzt ganz unbekannt, daß dieses Vorgehen falsch ist. Demgegenüber stellen wir fest:

Keinem der drei Werkzeuge gebührt irgendwelcher Vorrang, jedes hat für eine gegebene Bank und ein gegebenes Werkstück jeweils seinen ganz bestimmten, begrenzten Bereich, innerhalb dessen seine Anwendung von Vorteil ist, über den hinaus es aber wirtschaftlich keinen Vorteil mehr bringt, sondern eher Nachteil.

In unserem, der Abb. 12 zugrunde liegenden Arbeitsfalle, Bearbeitung eines gußeisernen Werkstückes auf einer Drehbank von $N = 5$ PS Volleistung, erstreckt sich der wirtschaftliche Verwendungsbereich vom Spanquerschnitt $f = 7{,}5$ bis $f = 39$ mm². Innerhalb dieser Grenzen vermag Stellit die Bank voll auszunutzen, während Schnellstahl dazu nicht imstande wäre, ferner wird Stellit in bestmöglicher Weise aus-

[1]) Staufer: Maschinentafel für spanabhebende Werkzeugmaschinen. Maschinenbau 1924. S. 369f. — Derselbe: Gußstahl, Schnellstahl oder Stellit. Maschinenbau 1924. S. 1082f.

genutzt, zwar nicht mit seiner vollen Leistungsfähigkeit, d. h. mit seinen wirtschaftlichen Geschwindigkeiten, denn die kommen, wie bekannt, für wirtschaftliches Zerspanen nicht in Betracht, während Schnellstahl überlastet und daher schnell stumpf würde. Natürlich könnten wir Stellit auch über $f = 39$ mm^2 hinaus für alle Spanquerschnitte verwenden, doch würde solche Grenzüberschreitung keinen Nutzen bringen, es würde für die überschrittenen Spanquerschnitte zu teuer, um so teurer, je größer die Spanquerschnitte werden. Zwar hat eine Grenzüberschreitung durch die niedrigere Schnittgeschwindigkeit den Vorteil, daß die Schneide geschont wird, allein dieser Vorteil tritt nicht so stark hervor, als daß er gegen den teureren Preis des Werkzeuges aufkommen könnte.

Für die Kosten der Werkzeuge ist als Maßstab 1 kg gewählt, 1 kg Stellit ist teurer als 1 kg Schnellstahl. Unserem Ziele entsprechend, eine allgemeine Zerspanungslehre zu entwickeln, deren Lehrsätze trotz aller durch die Praxis gegebenen Einschränkungen an ihrer Richtigkeit nichts einbüßen, ist dieser Universalmaßstab berechtigt. Zwar verschieben sich durch das allgemein übliche Aufschweißen von Schnellstahlplättchen die Verhältnisse, indessen ist durchaus nicht erwiesen, ob man mit aufgeschweißtem Schnellstahl stets billiger wegkommt. Die Untersuchungen Eberts geben dem Schnellstahl aus dem Vollen den Vorzug in allen Fällen, wo es sich um einen hochbeanspruchten Stahl handelt, der eine große Verspanungsarbeit zu leisten hat[1]). Ferner soll es nach Mitteilungen der Presse in neuester Zeit gelungen sein, auch Gußstahl aufzuschweißen.

Sind wir aus irgendeinem Grunde gezwungen, mit einem kleineren Spanquerschnitt als $f = 7{,}5$ mm^2 zu arbeiten, z. B. $f = 5$ mm^2, so greift unser früher erkannter Satz Platz: links vom charakteristischen Spanquerschnitt wird das Werkzeug voll ausgenutzt, aber nicht die Bank; wir nutzen hier Stellit mit seiner vollen Leistungsfähgikeit aus, erreichen aber nicht die Volleistung der Bank. Mit Schnellstahl würden wir noch schlechter fahren; die Leistung der Bank würde trotz voller Ausnutzung desselben noch geringer.

Soll das Zerspanen in wirtschaftlicher Weise vor sich gehen, soll die größtmögliche spezifische Spanmenge erreicht werden, dann kann das Werkzeug nicht mehr beliebig gewählt werden, es liegt für eine gegebene Bank und ein gegebenes Werkstück von vornherein fest. Nun gibt es aber genug Fälle in der Werkstatt, wo dieses zugehörige Werkzeug aus irgendwelchen Gründen nicht genommen werden kann,

[1]) Eberts: Vergleichsuntersuchung zwischen Werkzeugen aus vollem, hochwertigem Stahl und solchen aus S.-M.-Stahl mit aufgeschweißter Schneide, insbesondere der Dreh- und Hobelstähle. Z. Masch.-Bau/Betrieb 1923. S. 89f. — C. W. Drescher: Erfahrungen mit Akrit. Maschinenbau 1924. S. 1089 f.

vielleicht weil es gerade nicht vorhanden ist. Dann kann eben nicht mehr wirtschaftlich gearbeitet werden; es kann entweder die gegebene Bank nicht ausgenutzt werden oder das benutzte falsche Werkzeug ist für die Arbeit zu teuer. Wollen wir trotz des falschen Werkzeuges wirtschaftlich arbeiten, so bleibt nichts übrig, als auf eine Bank anderer

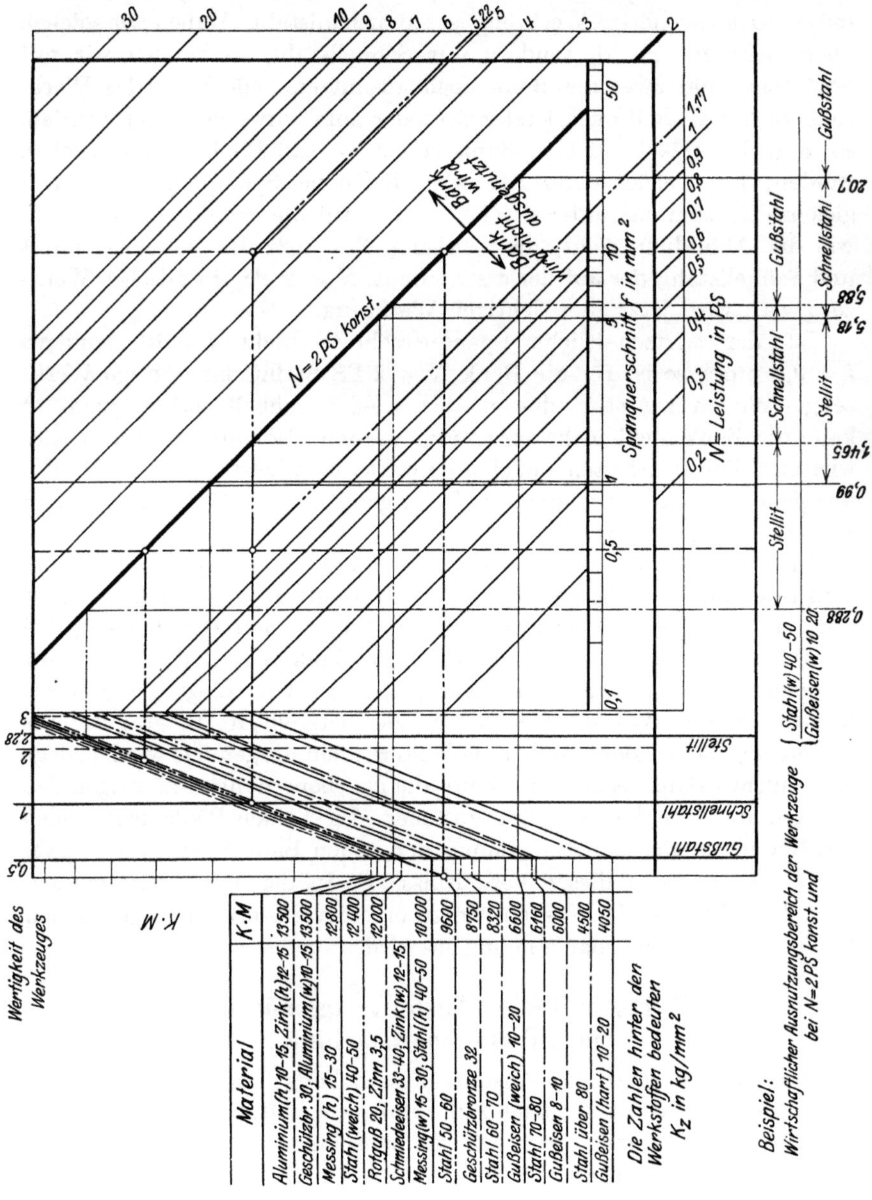

Abb. 14. Abhängigkeit des Werkzeuges von der Leistung der Bank.

Leistung zu gehen, und zwar auf eine solche Bank, bei der das vorher falsche Werkzeug nunmehr wieder zum richtigen, wirtschaftlichen erhoben wird.

Das erkennen wir am besten aus Abb. 14. Auf der Bank $N = 2$ PS soll Stahl von 40—50 kg Festigkeit gedreht werden, wobei sich als wirtschaftlicher Spanquerschnitt $f = 10$ mm^2 herausgestellt haben möge. Das zugehörige Werkzeug ist somit Gußstahl. Haben wir solchen aber nicht zur Hand, sondern nur Schnellstahl, so können wir mit letzterem wohl zwar die Bank noch ausnutzen, jedoch ist das Werkzeug zu teuer. Soll auch letzteres wieder zum wirtschaftlichen werden, so muß die Arbeit auf eine Bank von $N = 5{,}22$ PS Leistung gegeben werden, für welche dann der wirtschaftliche Spanquerschnitt auch gleichzeitig zum charakteristischen wird. Auf dieser neuen Bank wird, wie die Abbildung zeigt, die Leistung $N = 5{,}22$ PS voll ausgenutzt und Schnellstahl, der auf der ersten Bank $N = 2$ PS ein falsches Werkzeug war, wird jetzt zum richtigen Werkzeug.

Ist der wirtschaftliche Spanquerschnitt nicht $f = 10$ sondern $f = 0{,}5$ mm^2, so ist für die Bank $N = 2$ PS Stellit das richtige Werkzeug. Wollen wir statt dessen aber wieder Schnellstahl nehmen, so kann die Bank nicht mehr ausgenutzt werden. Wir müssen, um wieder wirtschaftlich zu arbeiten, auf eine Bank kleinerer Leistung, $N = 1{,}17$ PS, übergehen, dann wird diese voll ausgenutzt und Schnellstahl wird zum richtigen Werkzeug.

Im ersteren Falle, bei $f = 10$ mm^2, konnte durch Übergehen vom Gußstahl auf Schnellstahl die gegebene Bank $N = 2$ PS ausgenutzt werden, aber der Schnellstahl war zu teuer; im zweiten Falle, bei $f = 0{,}5$ mm^2, konnte mit Schnellstahl die Bank $N = 2$ PS nicht mehr ausgenutzt werden. Allgemein kann gesagt werden: Liegt die gesuchte Leistung, die die Wirtschaftlichkeit wieder herstellt, im Diagramm links von der gegebenen Bank, so konnte letztere nicht ausgenutzt werden, liegt die gesuchte Bank rechts, so konnte die gegebene Bank zwar ausgenutzt werden, aber das Werkzeug war zu teuer. Die beiden Pfeile deuten also den Grund an, der zur Aussuchung der neuen Bank Veranlassung gab.

Die Auswertung dieser Verhältnisse ist in der Bankbestimmungstafel Abb. 23 bzw. 24 gegeben, wo zu einem von vornherein gegebenen Werkzeug die beste Bank gefunden wird.

E. Wirtschaftliche Ausnutzungsmöglichkeit der Werkzeugmaschine.

Wir kennen jetzt die Ausnutzungsmöglichkeiten der drei Werkzeuge, nun wollen wir uns auch Aufschluß verschaffen über die Möglichkeiten, wie weit, bzw. wann wir die Maschine mit ihrer Volleistung durch die drei Werkzeuge ausnutzen können.

I. Abhängigkeit der Maschine vom Werkzeug.

Da zeigt uns Abb. 12, daß sich beim Drehen mit Gußstahl die Bank erst vom Spanquerschnitt $f = 156$ mm² an voll ausnutzen läßt,

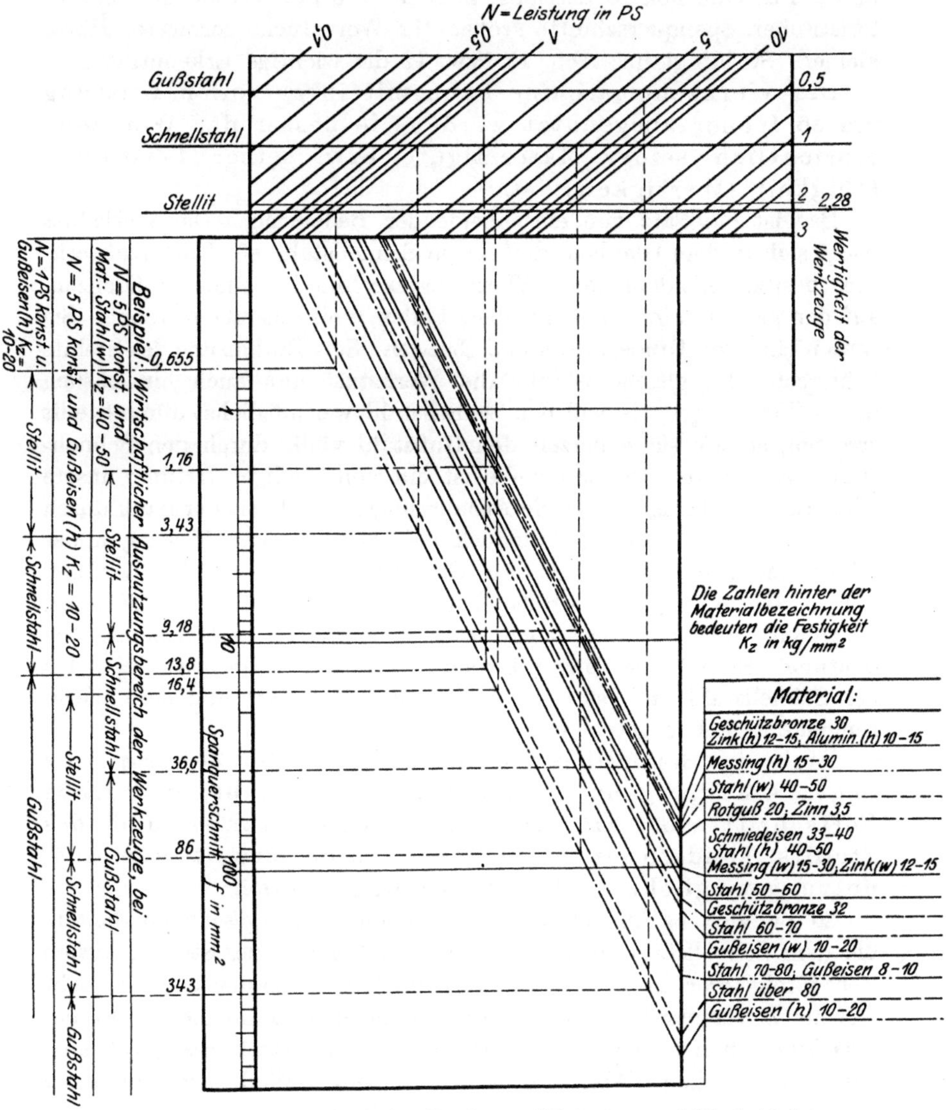

Abb. 15. Abhängigkeit der Bank von Werkzeug und Werkstück.

bei Schnellstahl dagegen schon von $f = 39$ mm² an, und bei Stellit sogar schon von $f = 7{,}5$ mm² an. Mit anderem Werkstückmaterial und anderer Volleistung ändern sich diese Werte, wie Abb. 15 deutlicher erkennen läßt. Für eine Leistung von $N = 1$ PS ist für Gußeisen und Bearbeitung mit Gußstahl der charakteristische Spanquerschnitt $f = 13{,}8$ mm², mit Schnellstahl $f = 3{,}43$ und mit Stellit $f = 0{,}655$ mm². Für eine höhere Leistung, z. B. $N = 5$ PS, werden die charakteristischen Spanquerschnitte größer, für Werkstücke geringerer Härte kleiner. So bringt uns Abb. 15 bzw. 12 die wichtige Erkenntnis:

Die Werkzeugmaschine kann mit ihrer vollen Leistung um so früher ausgenutzt werden, je besser das Werkzeug hinsichtlich seiner Materialgüte bzw. seiner Leistungsfähigkeit (Wertigkeit) ist.

Das ist ein Satz von einschneidender Bedeutung. Die Werkstatt wiegt sich in dem Glauben, daß sie im Schnellstahl ein Universalwerkzeug besitze, mit dem sie die Werkzeugmaschine in beliebigen Grenzen, auf der ganzen Linie, also in allen Fällen, voll ausnutzen könne. Sie weiß nichts von Hindernissen und Grenzen. Seit Einführung des Stellits beherrscht der gleiche Glaube die Werkstatt nun auch hinsichtlich dieses Werkzeuges, sie will den Schnellstahl weitmöglichst durch Stellit ersetzen, so wie sie seinerzeit den Gußstahl völlig durch den Schnellstahl verdrängte. Dieser Glaube ist ein vollständiger Irrtum; unsere Abb. 12 und 13 zeigen, daß die Ausnutzungsmöglichkeit der Bank durch Schnellstahl für irgendein Werkstück und irgendeine Bankleistung immer relativ recht beschränkt ist, für Gußeisen und $N = 2$ PS Leistung nur in dem Spanquerschnittsbereich von etwa $f = 5$ bis $f = 20$ mm².

Obiger Satz hat aber auch noch eine andere weitreichende Bedeutung. Er läßt uns jetzt erkennen, worin der Fortschritt liegt, den der Schnellstahl und jetzt das Stellit der Werkstatt und dem Werkzeugmaschinenbau gebracht haben.

Nicht im Schnellbetrieb und damit in der Zeitersparnis liegt, wie die ganze technische Welt glaubt, der große Fortschritt der Erfindung des Schnellstahles und des Stellits, sondern einzig und allein in der erweiterten Ausnutzungsmöglichkeit der Werkzeugmaschine.

So paradox es klingen mag, die hohen Schnittgeschwindigkeiten, die dem Schnellstahl eigen, und die noch höheren des Stellits, wirken sich infolge der kleinen ihnen zugeordneten Spanquerschnitte nicht aus als Zeitersparnis, sondern lediglich darin, daß sie die Werkzeugmaschine schon früher, bei den kleineren Spanquerschnitten, voll auszunutzen erlauben. Welche Rolle diesen beiden Werkzeugen in bezug auf Zeitersparnis zukommt, das werden wir später sehen.

II. Abhängigkeit der Maschine von ihrer Leistungsfähigkeit.

Neben der eben festgestellten Abhängigkeit der Ausnutzungsmöglichkeit der Bank vom Werkzeug besteht noch eine weitere Abhängigkeit, die von der Leistungsfähigkeit der Maschine. Das sehen wir aus dem Leistungsdiagramm für drei verschiedene Bänke, Abb. 16, von denen die eine $N = 1{,}4$ PS Volleistung, die andere $N = 2{,}3$ PS und die dritte $N = 4{,}3$ PS Volleistung aufweist, auf denen S.-M.-Stahl von 40—50 kg/mm² Festigkeit mit Schnellstahl gedreht werden soll. Während für $N = 1{,}4$ PS die Bank schon von $f = 3{,}5$ mm² Spanquerschnitt an voll ausgenutzt werden kann, beginnt bei der Leistung

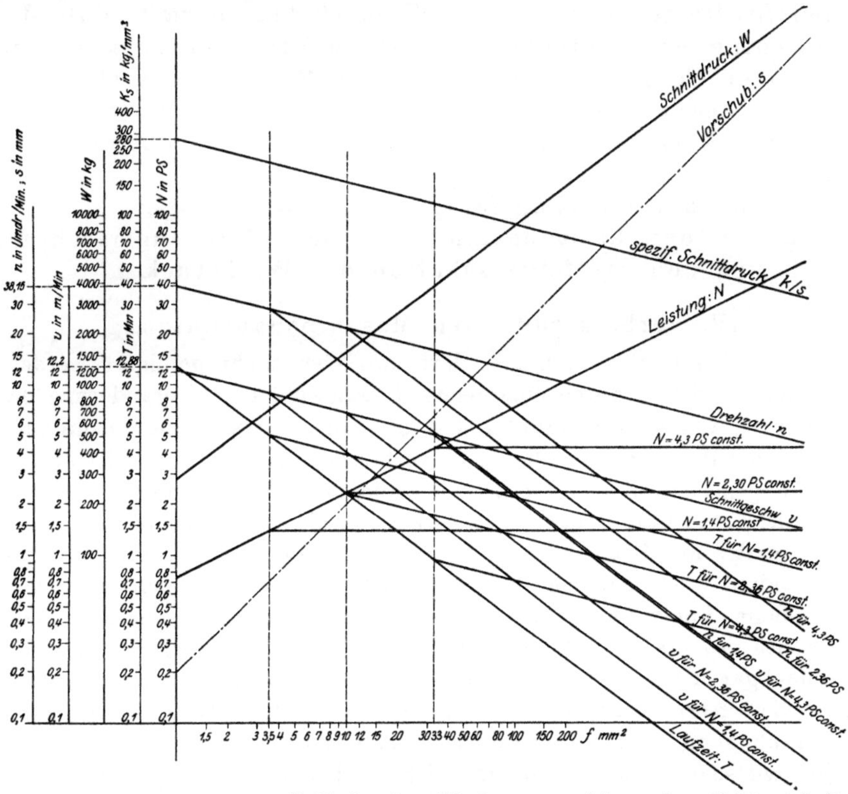

Abb. 16. Ausnutzungsmöglichkeit der Werkzeugmaschinen in Abhängigkeit von ihrer Leistungsfähigkeit.

$N = 4{,}3$ PS die Ausnutzungsfähigkeit erst bei $f = 33$ mm². Je größer die Leistung der Bank, um so später erst kann die Bank mit jedem der drei Werkzeuge ausgenutzt werden. Auch aus Abb. 15 geht das hervor, wo zwei Bänke von $N = 5$ PS und $N = 1$ PS einander gegenübergestellt sind. Allgemein ist also zu sagen:

Die Ausnutzung der Werkzeugmaschine hängt ab von ihrer Leistungsfähigkeit, derart, daß die Maschine mit einem Werkzeug um so früher voll ausgenutzt werden kann, je geringer ihre Leistungsfähigkeit ist.

III. Abhängigkeit der Maschine vom Werkstück.

Schließlich ist die Ausnutzungsfähigkeit der Maschine auch noch abhängig vom zu drehenden Werkstückmaterial, wie Abb. 13 und 15 erkennen lassen. Je größer Festigkeit und Härte des Werkstückes, um so später erst kann aus der Bank die volle Leistung herausgeholt werden. Allgemein:

Die Ausnutzung der Werkzeugmaschine hängt ab von den Stoffeigenschaften des Werkstückes, derart, daß die Maschine um so früher voll ausgenutzt werden kann, je geringer Festigkeit und Härte des Werkstückes sind.

Zusammenfassend:

Die Ausnutzungsmöglichkeit der Werkzeugmaschine hängt ab

1. von der Leistungsfähigkeit des Werkzeuges,
2. von der Leistungsfähigkeit der Werkzeugmaschine,
3. von den Stoffeigenschaften des Werkstückes.

IV. Verbesserung der Maschinenausnutzung.

Aus diesen Feststellungen darf nun aber nicht gefolgert werden, als hätten wir es durch entsprechende Auswahl bzw. Veränderung der unter 1., 2. und 3. erwähnten Faktoren in der Hand, die Ausnutzung einer gegebenen Bank beliebig zu verbessern. Einmal schon ist an den Stoffeigenschaften des Werkstückes nichts mehr zu ändern, die sind durch Konstruktion und Verwendungszweck vorgeschrieben. Solange weiter der mit Hilfe der „Spanquerschnitts-Bestimmungstafel“ Abb. 8 gefundene wirtschaftliche Spanquerschnitt für die gegebene oder vorgesehene Bank überhaupt rechts vom charakteristischen Spanquerschnitt des höchstwertigen Werkzeuges, des Stellits, liegt, ist an sich schon gar keine Notwendigkeit vorhanden, die Ausnutzung der Bank zu verbessern, denn sie wird ja voll ausgenutzt. Ebenso liegt keine Veranlassung vor, eine verbesserte Ausnutzung anzustreben, solange der wirtschaftliche Spanquerschnitt in das Verwendungsgebiet eines der drei Werkzeuge fällt, also solange er wiederum rechts vom charakteristischen Spanquerschnitt des höchstwertigen Werkzeuges, des Stellits, liegt; denn dann ist das Werkzeug festgelegt, ein anderes darf nicht genommen werden. In all diesen Fällen, und das sind die weitaus allermeisten, haben unsere obigen Feststellungen und Lehrsätze über die Ausnutzungsmöglichkeit der Werkzeugmaschine lediglich theoretischen Wert.

Praktischen Wert bekommen sie aber, wenn der ermittelte wirtschaftliche Spanquerschnitt so klein ist, daß er für die vorgesehene Bank außerhalb der drei Verwendungsbereiche der Werkzeuge liegt, m. a. W. links vom charakteristischen Spanquerschnitt des Stellits.

Würde z. B. in Abb. 12 der wirtschaftliche Spanquerschnitt $f = 5$ mm² betragen, weil das Werkstück sehr schwach ist, so können wir die vorgesehene Bank $N = 5$ PS nicht mehr voll ausnutzen. Hier stehen wir nun vor der Aufgabe, die vorhin aufgeführten Mittel zur Verbesserung der Ausnutzung der Bank heranzuziehen. Mit dem unter 3. genannten Mittel, dem Werkstück, können wir nichts anfangen, desgleichen nicht mit dem unter 1. angeführten, dem Werkzeug. Das

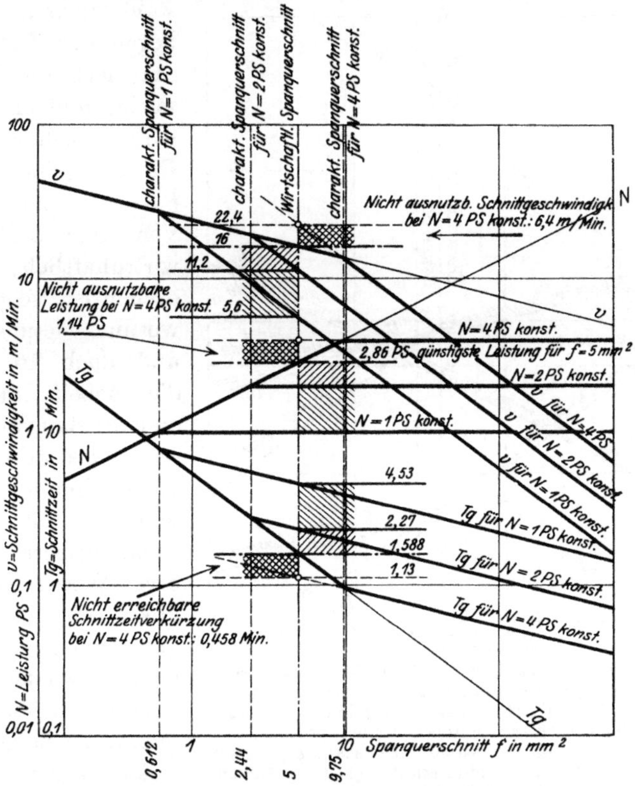

Abb. 17. Auswahl der günstigsten Bank.

Werkzeug muß ja stets erst vom wirtschaftlichen Spanquerschnitt ausgehend gesucht werden; sobald es gefunden, liegt es fest, und es kann für die gegebene Bank mit einem anderen Werkzeug nicht mehr operiert werden, um die mangelhafte Ausnutzung der Bank zu verbessern. In unserem Falle ist nun für den abzudrehenden Spanquerschnitt $f = 5$ mm² gar kein Werkzeug vorhanden, das auf der Bank $N = 5$ PS ein wirtschaftliches Arbeiten ermöglichte, mit Stellit ist die Maschine nicht mehr voll ausnutzbar und ein höherwertigeres Werkzeug als Stellit besitzt die Technik heute noch nicht. Daraus ergibt sich zunächst einmal, daß die Edelstahlwerke beim Stellit nicht stehen bleiben dürfen, sondern weiter suchen müssen nach Werkzeugen, die noch höhere Schnittgeschwindigkeiten aushalten als Stellit. Doch dies hier mehr nebenbei, wir werden nachher noch einmal zu diesem Punkt besonders zurückkehren (siehe Abb. 22).

Werkstück und Werkzeug können also niemals zur Verbesserung der Maschinenausnutzung herangezogen werden, weil hier keine Auswahl zulässig ist, sie liegen stets fest. Bleibt nur noch die Maschine selbst, und hier können wir tatsächlich helfen. Da der Spanquerschnitt $f = 5$ mm² auf der Bank von $N = 5$ PS nicht wirtschaftlich abzudrehen ist, so brauchen wir nur, wie uns Abb. 13 und auch 16 lehrten, die Arbeit auf einer anderen Bank mit kleinerer Leistungsfähigkeit vorzunehmen, dann verschieben sich die Verwendungsbereiche der drei Werkzeuge nach links, und der Spanquerschnitt $f = 5$ mm² kommt wieder in den Verwendungsbereich des Stellits zu liegen.

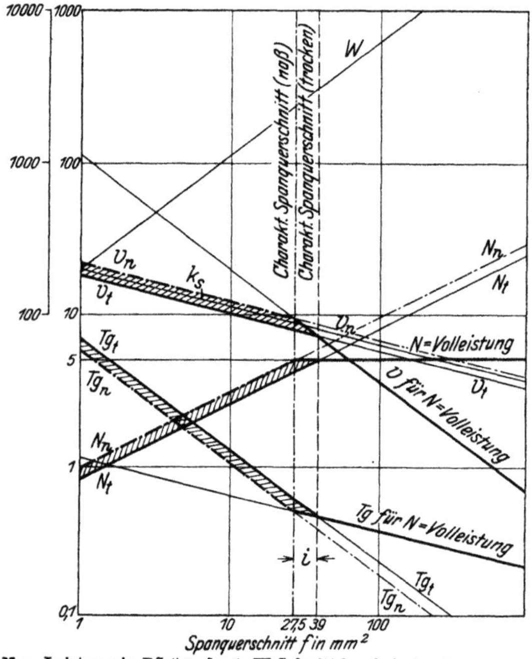

N_t = Leistung in PS (trocken), W Schnittdruck in kg, k_s = spez. Schnittdruck in kg/mm², v_t = Schnittgeschwindigkeit in m/min (trocken), v_n = Schnittgeschwindigkeit in m/min (naß), N_n = Leistung in PS (naß), Tg_t = Schnittzeit in min (trocken), Tg_n = Schnittzeit in min (naß), Werkstück: Gußeisen k_s = 10—20 kg/mm², $K = 200$, $M = 30$, Schnittgeschwindigkeit bei Kühlung um 20% höher angenommen.

Abb. 18. Einfluß der Kühlung der Werkzeugschneide beim Arbeiten mit Schnellstahl.

Aus diesem Vorgang ergibt sich für Vorkalkulation und Arbeitsverteilung eine wichtige Regel:

Für das gleiche Werkstückmaterial sind kleine Spanquerschnitte auf Bänken niedriger Leistung, große Spanquerschnitte auf Bänken großer Leistung zu drehen.

Wir haben es also in der Hand, Fälle, wo eine wirtschaftliche Ausnutzung von Bank und Werkzeug nicht möglich wäre, von vornherein durch richtige Auswahl der Bank auszuschalten, m. a. W. die Ausnutzungsmöglichkeit der Werkzeugmaschine zu verbessern, bzw. stets zu wahren. Vorkalkulator oder Arbeitsverteiler oder die Wirtschaftsstelle im Fertigungsbüro stehen ja bei jedem Arbeitsfall zuerst vor der Auf gabe, die jeweils günstigste Bank auszusuchen. Das geschieht mittels der in Abb. 23 gezeigten „Bankbestimmungstafel". Diese gründet sich auf Zusammenhänge, die in ihrer einfachsten Gestalt auf Abb. 17 zurückzuführen sind, wo ein Spanquerschnitt $f = 5\,\text{mm}^2$ abgedreht werden soll und wozu drei Bänke zur Wahl stehen, $N = 1$, 2 und 4 PS. Streng genommen genügen hier Schnittzeit und Ausnutzungsmöglichkeit als Kriterien nicht, es müßten auch noch die Platzkosten der Bank mit berücksichtigt werden[1]).

Wir können also die Ausnutzungsmöglichkeiten der Werkzeugmaschinen verbessern durch richtige Auswahl der besten Bank. Hierneben gibt es noch ein weiteres Mittel, um ganz allgemein die Ausnutzung jeder Bank zu erhöhen, ein Mittel, das sich allerdings stets nur in recht engen Grenzen auszuwirken vermag, mit dem der Ausnutzungsbereich jeder Bank bei jedem Werkstück nur verhältnismäßig wenig vergrößert werden kann, die Kühlung der Werkzeugschneide.

Haben wir Gußeisen mit einem Schnelldrehstahl zu bearbeiten, Abb. 18 (Zahlentafel 3), so ergibt sich in der bekannten Weise der

Zahlentafel 3.

	f mm²	$k_s = \frac{K}{\sqrt[4]{f}}$ = kg/mm²	$W = f \cdot k_s$ = kg	$N = \frac{K \cdot M \sqrt[4]{f}}{75 \cdot 100} = \frac{f \cdot k_s \cdot v}{60 \cdot 75}$	$v = \frac{M}{\sqrt[4]{f}}$ = cm/sek	$T_g = \frac{127}{f \cdot v}$ = Min.	für N=konst.: $v = \frac{60 \cdot 75\, N}{K \cdot f^{3/4}}$ = m/Min.	für N=konst.: $T_g = \frac{127}{f^{3/4} M}$ = Min.
Material: Gußeisen; Werkz.: Schnellstahl	1	200	200	0,96	21,6	5,88	112,5	1,13
Naß $k_z = 10$—20 kg/mm²; $K = 200$; $M = 36$	10	112,5	1125	3,02	12,1	1,05	20	0,635
$N = 5$ PS konst.	100	63,3	6330	9,6	6,82	0,186	3,55	0,358
Material: S.-M.-Stahl; Werkz.: Schnellstahl	1	240	240	1,6	30	4,23	90	1,41
Trocken $k_z = 50$—60 kg/mm²; $K = 240$; $M = 50$	10	135	1350	5,08	16,85	0,754	16,67	0,762
$N = 5$ PS konst.	100	75,9	7590	16	9,48	0,134	2,962	0,428
Material: S.-M.-Stahl; Werkz.: Schnellstahl	1	240	240	2,24	42	3,022	90	1,41
Naß $k_z = 50$—60 kg/mm²; $K = 240$; $M = 70$	10	134	1340	7,09	23,6	0,538	16,67	0,762
$N = 5$ PS konst.	100	75,9	7590	22,4	13,27	0,0957	2,962	0,428

[1]) W. Hippler: Arbeitsverteilung und Terminwesen in Maschinenfabriken. S. 129. Berlin: Julius Springer 1921.

charakteristische Spanquerschnitt, der natürlich wie in allen voraufgegangenen Fällen für Trockendrehen gilt. Soll nun aber naß gedreht werden, so erhöhen sich die wirtschaftlichen Schnittgeschwindigkeiten für Gußeisen nach Taylor um etwa 15%, wir erhalten die Schnittgeschwindigkeitskurve v_n. Infolge dieser höheren Geschwindigkeiten v_n wird auch die Leistung jetzt höher, wir bekommen die Leistungskurve für Naßdrehen N_n. Diese neue Leistungskurve erzeugt wieder einen neuen charakteristischen Spanquerschnitt, den für Naßdrehen, der stets kleiner ist als der für Trockendrehen. Die Maschine kann also durch Kühlung der Schneide um die Strecke „i" früher ausgenutzt werden.

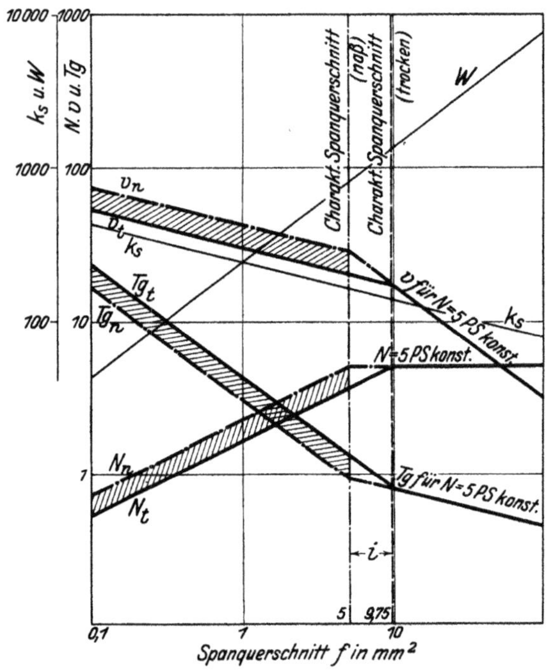

Schnittgeschwindigkeit bei Kühlung um 40% höher angenommen.

Abb. 19. Einfluß der Kühlung der Werkzeugschneide beim Arbeiten mit Schnellstahl.

Handelt es sich um ein Werkstück aus S.-M.-Stahl, Abb. 19 (Zahlentafel 3), so kann durch die Wasserkühlung die Schnittgeschwindigkeit um etwa 40% erhöht werden, der Gewinn „i" an Ausnutzungsmöglichkeit der Bank wird infolgedessen hier infolge des weicheren Werkstückmaterials größer. Durch die Kühlung der Werkzeugschneide wird die Ausnutzungsmöglichkeit der Werkzeugmaschine verbessert, und zwar um so mehr, je weicher das Werkstück ist.

Unbeschadet der Zunahme von i mit dem weicheren Werkstück, ergeben doch die Abb. 18 und 19, daß i auch im besten Falle nie sonderlich groß werden kann, daß also der Gewinn an Leistungsfähigkeit der Bank bzw. an Spanleistung im Durchschnitt nicht erheblich ist. Ist in Abb. 19 der wirtschaftliche Spanquerschnitt z. B. $f = 7$ mm², so würde ohne Kühlung die Bank nicht mehr ausgenutzt, bei Wasserkühlung aber infolge der vollen Ausnutzung die stündliche Spanmenge größer als bei Trockendrehen. Ob das im besten Falle viel ist oder nicht, immer ist vor allem festzustellen, daß die Fälle, wo der wirtschaftliche Spanquerschnitt in den *i*-Bereich fällt, verhältnismäßig selten sein werden, daß also von der Möglichkeit, durch Kühlung die Leistung an Spänen zu verbessern, wohl selten Gebrauch gemacht werden kann.

Es ist also der früher aufgestellte Satz, daß durch Kühlung der Schneide die Leistung der Maschine nicht verbessert wird, zwar nicht mehr im vollen Umfange richtig, es gibt Fälle, wo er außer Kraft gesetzt ist. Diese Fälle treten aber so selten auf, daß er in der Hauptsache doch seine Gültigkeit behält. Wenn Taylor von einer Steigerung der Spanleistung in allen Fällen spricht, so hat er damit für die weitaus meisten Fälle unrecht. Soweit er glaubt, daß durch eine 40%ige Geschwindigkeitssteigerung auch die Spanmenge um 40% erhöht wird, hat er überhaupt und in allen Fällen unrecht. In diesem falschen Glauben lebt aber Taylor unverkennbar. Nur wenn die Bank dauernd um 40% überlastet wird, liefert sie auch 40% mehr Späne.

Wenn hier von anderer Seite eingewandt wird, daß das starre Festhalten an einer gegebenen und nicht veränderbaren Normalleistung (Volleistung) der Bank, auf die sich die ganze im Voraufgegangenen vorgetragene Lehre über wirtschaftliches Zerspanen gründet, nicht richtig sei, daß die maximale Antriebsleistung sich den Erfordernissen anpassen müsse, und wenn 5 PS nicht genügen, dann werden eben 7 PS hineingeschickt, wie das die Taylorsche Auffassung zur Voraussetzung hat, so kann dieser Einwand nicht anerkannt werden[1]). Wenn die Volleistung der Bank richtig ermittelt ist, so kann und darf die Bank wie jede andere Maschine nur vorübergehend, als Ausnahmefall, überlastet werden. Dauernd oder nur auf längere Zeit eine erheblich größere Leistung als die Volleistung hineinzuschicken, ist unbedingt unzulässig. Ist, was in der Praxis durchweg der Fall sein wird, die Volleistung durch Rechnung ermittelt und festgelegt, so ist eine Überlastung, wenn bei Ermittelung der Volleistung etwas ängstlich vorgegangen und eher niedriger als zu hoch festgelegt wurde, natürlich ohne Schaden und dauernd möglich; denn dann ist die Bank in Wahrheit gar nicht überlastet, ihre zu niedrig angesetzte Volleistung ist gewissermaßen unbewußt auf die wirklich mögliche, der Bank wirklich zukommende Volleistung hinaufgebracht, die Überlastung ist keine solche mehr, sondern sie ist zur neuen Volleistung geworden, der vorherige Zustand war falsch, der neue ist der richtige. Für den vorigen Einwand wäre demzufolge vom neuen Zustand, von der neuen Volleistung = 7 PS auszugehen, und diese kann und darf nun aber nicht mehr um 40% erhöht werden, um bei Kühlung mehr Späne herauszuwirtschaften. Die ganze hier vorgetragene Zerspanungstheorie hat

---

[1]) Staufer: Gußstahl, Schnellstahl oder Stellit. Z. Masch.-Bau 1924. S. 1079f.

eben die richtige Ermittelung der Volleistung zur Voraussetzung, wie jede andere Lehre, jede Wissenschaft sich auf richtige, nicht falsche Voraussetzungen gründen muß, sonst kann sie überhaupt nicht bestehen. So ist also bewiesen, daß Taylors Behauptung über den großen Wert der Schneidenkühlung für die Erzielung einer großen Spanmenge falsch ist. Im übrigen ergibt sich die Unhaltbarkeit des obigen Einwandes einfach und kurz, wenn man auf den elektrischen Einzelantrieb zurückgreift. Ein mit Volleistung laufender Elektromotor kann niemals noch höheren Erfordernissen angepaßt werden, es können nicht statt 5 PS einfach 7 PS hineingeschickt werden; er würde bald versagen.

Die beiden Abschnitte über den wirtschaftlichen Verwendungsbereich des Werkzeuges und der Maschine verfügen, wie wir gesehen haben, über einen großen Besitz eigener, völlig neuartiger Gedanken, von denen der bedeutendste der ist, daß das jeweils zu verwendende Werkzeug nicht beliebig gewählt werden darf, sondern dem Zwang unterliegt. Darin liegt ein großer Fortschritt. Wie für die Menschheit die Notwendigkeit des Zwanges ebenso ehrenvoll ist wie die Arbeit, wie der Zwang, nicht die Freiheit, dem Menschen seine Würde verleiht, so wird auch der Zwang in der Wahl des Werkzeuges zum Segen. Überschauen und erfassen wir noch einmal die weitreichenden Zusammenhänge der beiden erwähnten Abschnitte, so schält sich als wesentlich heraus, daß die Werkstatt täglich und bei jeder Arbeit gegen den Satz verstößt, daß es für kein Werkzeug einen unumschränkten Machtbereich gibt, weil sie eben von obigen Zusammenhängen bisher nichts wußte. Sie verwendet den Schnellstahl in allen Fällen, auf allen Bänken und für alle Werkstücke, das gleiche tut sie jetzt mit dem Stellit. Den alten Gußstahl beachtet sie als Werkzeug überhaupt nicht mehr. Eines ist so falsch wie das andere.

In großen Zügen darf wohl gesagt werden: Die Erwägung der unendlich vielen in der Praxis auftretenden Möglichkeiten bei der Frage nach dem wirtschaftlichen Werkzeug führt, wie die voraufgegangenen Abbildungen zeigen, unverkennbar dahin, daß Stellit hinsichtlich der Zahl der Fälle, wo es zum notwendigen Werkzeug wird, dem Schnellstahl den Rang abläuft. Gußstahl wird infolge der großen Spanquerschnitte, die zu ihm gehören, recht wenig zur Anwendung zu kommen haben, sein Reich ist klein, ja für die normale Maschinenfabrik fällt er durchweg aus. Aber wo seine Anwendung gegeben ist, da erweist er sich auch als ein Heilbringer, als ein Fürst, der freigebiger als die anderen spendet, der mehr Späne liefert als Schnellstahl und erst recht mehr als Stellit. Die großen Spanquerschnitte des Gußstahles sind in vielen Fällen nicht nur eine Gefahr für das Werkstück, sondern auch für das Werkzeug selbst.

F. Einfluß des Werkzeuges auf die Spanmenge.

Es gibt wohl kaum einen Fall, wo ein Stand oder Beruf so universell einem alles beherrschenden Irrtum erlegen ist, wo eine ganze Berufswelt sich so hat verwirren und beirren lassen, wie in der Frage der Einwirkung des Werkzeuges auf die Spanmenge. Unsere ganzen Anschauungen sind hier von der Oberfläche abgeschöpft, und wir bedürfen der Flügel, die uns hinaufheben über das Problem, damit wir uns in der Überfülle der scharfen Gegensätze zurechtfinden.

Die ganze technische Welt ist in dem Grundirrtum befangen, daß sie durch Verwendung eines höherwertigen Werkzeuges eine größere Spanmenge erziele [1]). Der Dreher wählt sich für seine Arbeit einen ihm günstig erscheinenden Spanquerschnitt und dreht denselben, gibt man ihm ein Gußstahlwerkzeug, mit einer dem Gußstahl zugehörigen Schnittgeschwindigkeit ab. Gibt man ihm einen Schnellstahl, so dreht er denselben Spanquerschnitt mit höherer Geschwindigkeit ab, weil Schnellstahl höhere Geschwindigkeiten verlangt, er bekommt dadurch eine größere Spanmenge pro Zeiteinheit als vorher bei Gußstahl, und gibt man ihm schließlich Stellit, so arbeitet er den vorherigen Spanquerschnitt mit noch höherer Geschwindigkeit ab und erhält noch mehr Späne. Von diesem Vorgang ausgehend proklamiert daher die technische Welt den Satz, daß die Spanmenge pro Zeiteinheit um so größer wird, also die Arbeit um so billiger ausfällt, je höherwertiger das verwendete Werkzeug ist. Dementsprechend greift die Werkstatt stets nach dem höchstwertigen Werkzeug, das ihr erreichbar, um die größtmögliche Spanleistung zu erhalten. Sie griff seinerzeit nach dem Schnellstahl, weil er nach ihrer Meinung ungefähr die zehnfache Spanmenge ergibt als Gußstahl, und sprach damit das Todesurteil über den letzteren, verbannte ihn gänzlich aus der Werkstatt. Die gesamte technische Welt aber pries und lobt heute noch die Erfindung des Schnellstahls als eine der bedeutendsten und einschneidendsten Ereignisse der letzten Jahrzehnte. Und nun das Stellit neuerdings mit seinen noch höheren Geschwindigkeiten auf dem Plan erschienen ist, wiederholt sich das gleiche wie seinerzeit beim Schnellstahl, das Stellit ist heute dem Techniker die Krone der Drehwerkzeuge, bestrahlt vom Sonnenlicht des Glaubens, daß es ihm die heute höchst erreichbaren Spanmengen schenkt.

So unfreundlich und undankbar es sich gegen diese beiden Wohltäter, Schnellstahl und Stellit, ausnimmt, der Glaube an die spanvermehrende, zeitsparende Kraft der beiden ist falsch! Solcher Wahn konnte nur entstehen aus dem eben geschilderten Vorgang, den gleichen Spanquerschnitt mit allen drei Werkzeugen ab-

[1]) Dr. F. Wegeleben: Die Rationalisierung im deutschen Werkzeugmaschinenbau. S. 88. Berlin: Julius Springer 1924.

drehen zu wollen, dieser Vorgang ist aber eben, wie wir nun genugsam wissen, falsch. Wenn wir wirtschaftlich arbeiten wollen, wenn wir unsere Bank dauernd voll ausnutzen wollen, dann ist das gezeichnete Beginnen völlig verkehrt und unzulässig, denn es gehört ja zu jedem Spanquerschnitt das bestimmte Werkzeug, also gehören umgekehrt zu jedem der drei Werkzeuge ganz bestimmte Spanquerschnitte, zum Gußstahl gehören andere, größere Spanquerschnitte als zum Schnellstahl, zu Stellit gehören kleinere als zu Schnellstahl. Wir können und dürfen auf der gleichen Maschine nicht mit allen drei Werkzeugen ein und denselben Spanquerschnitt abdrehen! Das ist eine der markantesten Erkenntnisse, die uns die neue Lehre vom wirtschaftlichen Zerspanen bringt, ein Meilenstein, der den bisher von der Werkstatt eingeschlagenen falschen Weg völlig umbiegt und damit den alten, tief eingewurzelten Anschauungen über die Vorzüge des Schnellstahles gegenüber Gußstahl und des Stellits gegenüber Schnellstahl gänzlich den Boden entzieht, die Frage der Bewertung der drei Werkzeuge in ein ganz neues Strombett leitet, das dem bisherigen geradezu entgegenläuft.

Wir erfahren die eigenartigen Zusammenhänge am besten, wenn wir nochmals einen Blick auf Abb. 12 werfen. Nehmen wir als den abzudrehenden wirtschaftlichen Spanquerschnitt $f = 100$ mm^2 an, so gehört auf einer Bank von $N = 5$ PS Volleistung bei Bearbeitung von Gußeisen zu diesem Spanquerschnitt Schnellstahl. Nach dem bis jetzt in der ganzen Welt üblichen Bewertungsverfahren dreht die Werkstatt diesen Spanquerschnitt, wenn sie mehr Späne erzielen will, statt mit Schnellstahl mit Stellit, und leitet daraus eine bedeutende Überlegenheit des Stellits über den Schnellstahl ab. Wenn aber $f = 100$ mm^2 mit der für Stellit notwendigen höheren Schnittgeschwindigkeit abgedreht wird, dann muß die Bank eine im selben Verhältnis höhere Leistung aufbringen, ihre Volleistung 5 PS wird erheblich überschritten, sie wird unzulässig überlastet. Deutlicher ist dieser Vorgang der größeren Anstrengung der Bank an Hand der Abb. 20 zu verfolgen, wo als abzudrehender Spanquerschnitt nicht $f = 100$, sondern $f = 20$ mm^2 vorgesehen ist. Eine solche Überlastung verträgt aber unsere Bank oder der sie direkt antreibende Elektromotor auf längere Dauer nicht, der eingeschlagene Weg ist falsch, eine solche Arbeitsbasis darf es gar nicht geben.

Die Verwendung eines höherwertigen, leistungsfähigeren Werkzeuges bringt gegenüber dem minderwertigen Werkzeug keine größere Spanmenge.

Im Gegenteil. Wenn die Welt mit dem höherwertigen Werkzeug ein Steigen der Spanleistung herauskonstruiert hat, so hat sie sich getäuscht, das leistungsfähigere Werkzeug bringt nur dann mehr Späne, wenn die Bank überlastet wird, der Gewinn an Spänen muß mit unzulässiger Überlastung erkauft werden, verlangt von der Bank, bei Einzelantrieb vom Elektromotor, einen technisch sozusagen verbotenen Zustand. Die Beurteilung des Fundamentalsatzes, daß für volle Ausnutzung der Bank zu jedem Spanquerschnitt das ganz bestimmte Werkzeug gehört, wie er an Hand der Abb. 12 gewonnen wurde, führt zum geraden Gegenteil der im Schwange befindlichen Anschauung. Abb. 12 lehrt uns:

Die Spanmenge pro Zeiteinheit steht im umgekehrten Verhältnis zur Leistungsfähigkeit des Werkzeuges. Mit zunehmender Leistungsfähigkeit des Werkzeuges sinkt die Spanmenge, denn die Schnittzeit T_g für $N = 5$ PS konst. wird mit dem höherwertigen Werkzeug länger, somit die Spanmenge geringer.

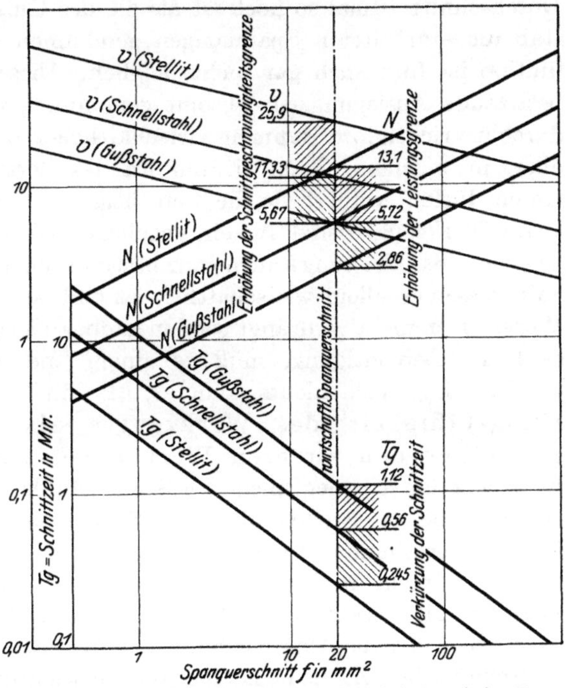

N = Leistung in PS, v = Schnittgeschwindigkeit in m/min, Tg = Schnittzeit in min. Werkstück: Stahl $k_z = 50$—60 kg/mm², $K = 240$. Werkzeug: Gußstahl $M = 20$, Schnellstahl $M = 40$, Stellit $M = 91{,}4$.

Abb. 20. Einfluß des Werkzeuges auf die Zerspanung.

Ein Satz, der unseren bisherigen, durch alte Tradition gefestigten Glauben in seinen Grundfesten erschüttert und aufwühlt, sich ausnimmt wie eine Art Zusammenbruch eines scheinbar so erfolgreichen Lebens. Das Widerstrebende, das er für unser in langen Jahren in falscher Bahn geschultes Gefühl hat, hebt sich weg, wenn wir erfahren, daß man beim Werkzeug von einer Leistungsfähigkeit, die als Schnittgeschwindigkeit ausgedrückt wird, nicht sprechen kann.

Seit Bestehen des Maschinenbaues sind wir gewohnt, die Leistungsfähigkeit der Werkzeugarten auszudrücken durch den Grad der Fähigkeit, die Schnittgeschwindigkeit zu ertragen. Wir sagen, Schnellstahl ist leistungsfähiger als Gußstahl, weil er höhere Schnittgeschwindigkeiten aushält, und Stellit ist am leistungsfähigsten, weil es noch höhere

Schnittgeschwindigkeiten verträgt als Schnellstahl. Die Leistungsfähigkeit wird also durch die wirtschaftliche Schnittgeschwindigkeit verkörpert, oder was auf das gleiche herauskommt, durch die Spanmenge. Ripper hat nachgewiesen, daß die Leistung des Schnellstahles im Durchschnitt 10 mal so hoch ist als die des Gußstahles, wobei als Maßstab die erarbeiteten Spanmengen genommen sind. Eine andere Definition ist hier auch gar nicht möglich. Diese allgemeinen Kurswert besitzende Auslegung ist, absolut genommen, für das Werkzeug zwar durchaus richtig, im Rahmen wirtschaftlicher Ausnutzung der Maschine aber, in welchem allein wir nur an das Zerspanungsproblem herantreten dürfen, verliert sie die Berechtigung. Abb. 12 besagt deutlich: Jedes Werkzeug besitzt für ein gegebenes Werkstückmaterial und eine gegebene Bankleistung seinen ganz bestimmten Verwendungskreis, innerhalb dessen es allein wirtschaftlich ist und aus dem es von den übrigen Werkzeugen nicht verdrängt werden kann, außerhalb dieses Bereiches hat es keine Berechtigung, muß es einem anderen Werkzeug weichen.

Das sagt doch nichts anderes, als daß man von einer Leistungsfähigkeit des Werkzeuges als Überlegenheitsgrad gegenüber den anderen Werkzeugen nicht sprechen kann. Es gibt keine Überlegenheit des Schnellstahls über den Gußstahl, und keine solche des Stellits über den Schnellstahl. Jeder Werkzeugstahl hat sein bestimmtes Reich und kann hier mit den anderen nicht in Vergleich, nicht in Konkurrenz gebracht werden. Damit lösen sich zwanglos die vorauf erwähnten scheinbaren Widersprüche.

So hat uns die Untersuchung der Werkzeuge vom Gesichtswinkel wirtschaftlichen Zerspanens eine weitere wichtige Erkenntnis gebracht, daß es eine „Leistungsfähigkeit" im üblichen Sinne bei Werkzeugen nicht gibt, ein Satz, der an die innersten Eingeweide des Werkstattlebens geht. Schnellstahl und Stellit haben hinsichtlich ihrer Spanleistung durch unsere Lehre vom wirtschaftlichen Zerspanen eine ganz neuartige Stellung und Beleuchtung erfahren.

Mit unserem obigen Lehrsatz über die Spanleistungen der drei Werkzeuge haben wir nun auch noch die letzte Klarheit erlangt über die Frage, worin denn nun eigentlich der Vorzug des Schnellstahles gegenüber Gußstahl und des Stellits gegenüber Schnellstahl liegt. Das Aufkommen dieser beiden Werkzeuge kann doch unmöglich, wie dies die Abb. 12 scheinbar behaupten will, einen Rückschritt in der Entwicklung der Werkstatt darstellen, sie müssen doch unbedingt einen Fortschritt bedeuten? Ja, der Schnellstahl ist ein Fortschritt gegenüber dem Gußstahl, und Stellit ein Fortschritt gegenüber dem Schnellstahl. Aber dieser Fortschritt liegt nicht in der Spanleistung, er liegt lediglich in der verbesserten Ausnutzungsmöglichkeit der Werkzeugmaschine, wie in dem betreffenden Abschnitt schon auseinandergesetzt wurde.

Ein Fortschritt ist also mit diesen Werkzeugen verknüpft, er ist aber bei weitem nicht so groß, bringt bei weitem nicht den Gewinn. Ein Beispiel hierfür. Wären Schnellstahl und Stellit nicht erfunden worden und hätten wir beispielsweise den Spanquerschnitt $f = 39$ mm^2 abzudrehen, so würde beim Arbeitsfall Abb. 12 die Bank nur auf eine Leistung $N = 2{,}5$ PS statt $N = 5$ PS kommen, die Schnittzeit würde $T_g = 0{,}905$ min. statt 0,452 min., die Spanmenge würde dementsprechend geringer. Der Schnellstahl bringt uns also durch die Möglichkeit der vollen Maschinenausnutzung eine Zeitersparnis von 0,453 min. und also auch eine entsprechend größere Spanmenge.

In dieser Feststellung liegt scheinbar ein Widerspruch mit dem vorigen Satze, daß mit dem besseren Werkzeug die Spanmenge geringer wird. In Wirklichkeit ist kein Widerstreit vorhanden, die erwähnte Feststellung ist ja weiter nichts als ein Rückgriff auf das verbotene Verfahren, ein und denselben Span ($f = 39$ mm^2) mit zwei verschiedenen Werkzeugen abdrehen zu wollen, und für solch falsches Vorgehen ergibt sich, wie wir schon wissen, mit dem besseren Werkzeug (Schnellstahl) auch eine höhere Spanmenge. Unsere Feststellung ist kein Widerspruch, sie ist die Auswirkung des uns bekannten Satzes, daß jedes Werkzeug seinen ganz bestimmten Machtbereich hat, innerhalb dessen es das allein wirtschaftliche ist, infolgedessen auch die größte Spanmenge ergibt. Zu $f = 39$ mm^2 gehört Schnellstahl, nicht Gußstahl als das wirtschaftliche Werkzeug, der Schnellstahl liefert daher auch mehr Späne. Mit dem Satze, daß die Spanmenge mit dem höherwertigen Werkzeug sinkt, hat das gar nichts zu tun. Gußstahl liefert mehr Späne als Schnellstahl, wobei dann aber zu Gußstahl andere, größere Spanquerschnitte gehören, nicht unter $f = 156$ mm^2.

Die Konsequenz aus den vielen werdenden, neuartigen Erfahrungen wurde schon früher betont, schält sich aber erst jetzt so recht klar heraus:

Die unsere Technik allbeherrschende Anschauung, daß der Schnellstahl eine der größten technischen Taten der letzten Jahrzehnte sei, weil er die Spanleistungen enorm erhöht habe, ist nicht richtig. Gußstahl liefert die meisten Späne, Schnellstahl bringt weniger Späne, und Stellit erzielt die kleinsten Spanmengen!

Da hängt sich die Frage an: Hat es denn dann Zweck, daß unsere Edelstahlwerke nach noch leistungsfähigeren Werkzeugen suchen, als wir jetzt im Stellit und Akrit haben, oder soll mit letzteren die Entwicklung abgeschlossen bleiben[1])? Die Antwort kann nur bejahend sein.

---

[1]) Staufer: Gußstahl, Schnellstahl oder Stellit. Z. Masch.-Bau 1924. S. 1079f. — Sonderheft Nr. 51: „Edelstahl" von Stahleisen 1924. —Von England kommt die Nachricht von einem Stahl „Komax", der Stellit ganz erheblich übertreffen und billiger sein soll als Schnellstahl.

Schon Abb. 12 zeigt, daß die betreffende Bank bei allen Spanquerschnitten kleiner als 7,5 mm² mit Stellit schon nicht mehr ausgenutzt werden kann, dazu wäre ein noch höherwertigeres Werkzeug als Stellit nötig. Die in Frage kommenden Verhältnisse lassen sich noch besser aus den Abb. 21 und 22 ersehen. Soll irgendein Spanquerschnitt, z. B. $f = 20$ mm², abgedreht werden, so steigt mit zunehmender Leistung N die Schnittgeschwindigkeit v, je größer die Leistung, desto höher die Schnittgeschwindigkeit, desto höherwertiger bzw. leistungsfähiger

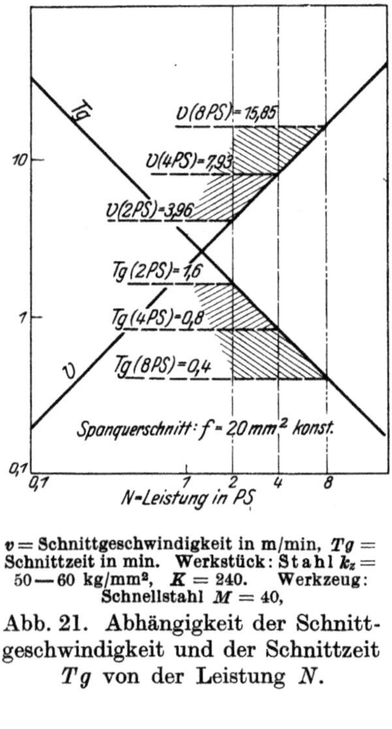

v = Schnittgeschwindigkeit in m/min, Tg = Schnittzeit in min. Werkstück: Stahl k_z = 50—60 kg/mm², K = 240. Werkzeug: Schnellstahl M = 40,

Abb. 21. Abhängigkeit der Schnittgeschwindigkeit und der Schnittzeit Tg von der Leistung N.

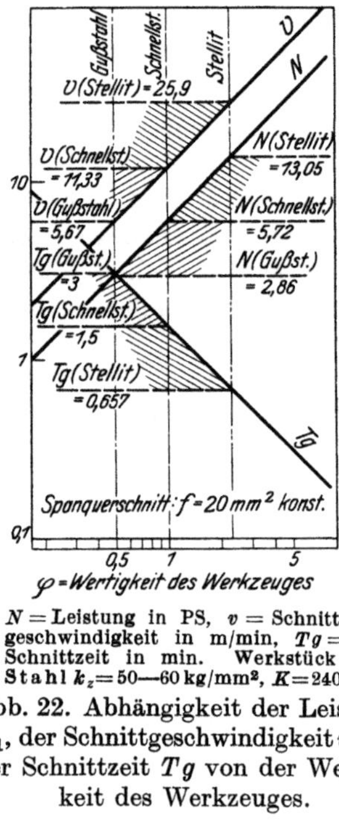

N = Leistung in PS, v = Schnittgeschwindigkeit in m/min, Tg = Schnittzeit in min. Werkstück: Stahl k_z=50—60 kg/mm², K=240.

Abb. 22. Abhängigkeit der Leistung N_1, der Schnittgeschwindigkeit v und der Schnittzeit Tg von der Wertigkeit des Werkzeuges.

muß natürlich auch das Werkzeug sein, damit es die hohen Geschwindigkeiten erträgt. Im Sinne obiger Frage heißt das, daß noch höherwertige Werkzeuge als Stellit gebraucht werden auf Bänken hoher Leistungsfähigkeit. Unsere Technik strebt nach immer höheren Leistungen; je mehr eine Werkstatt mit Werkzeugmaschinen hoher Leistung ausgerüstet ist, um so stärker macht sich das Bedürfnis nach einem Werkzeug geltend, das noch besser ist als Stellit. Abb. 22 zeigt das noch klarer. Gußstahl ist das gegebene Werkzeug für alle Bänke kleiner Leistung, für den Spanquerschnitt $f = 20$ mm² und Bearbeitung von S.-M.-Stahl bis $N = 2,86$ PS Volleistung, Schnellstahl hat sein Reich bei den mittleren Leistungen von $N = 2,86$ bis $5,72$ PS, und Stellit wird benötigt für die größeren Leistungen bis $N = 13$ PS. Sind aber Bänke noch größerer Leistung vorhanden, dann fehlt ein wirtschaftliches Werkzeug, es müßte erst noch von den Edelstahlwerken erfunden werden.

G. Die Bankbestimmungstafel.

Die hier vorgetragene Zerspanungslehre findet ihren Niederschlag zur praktischen Auswertung im Fertigungsbureau, Stücklohnbureau und Arbeitsverteilung in der in Abb. 23 gezeigten „Bankbestimmungstafel". Sie beantwortet die Frage, welchen Vorschub bzw. Schnittiefe und welche Drehzahl muß der Dreher an seiner Bank einstellen, damit diese voll ausgenutzt und kürzeste Schnittzeit erreicht wird. Dabei ist indessen immer die Einschränkung im Auge zu behalten, daß mit unseren bisherigen Kenntnissen und Hilfsmitteln diese Frage noch nicht einwandfrei gelöst werden kann, wie a. O. näher auseinandergesetzt ist[1]). Wo mehrere Bänke zur Auswahl stehen, wie das durchweg der Fall, läßt sie die günstigste Bank erkennen. Die Vorkalkulation kann mit dieser Tafel dem Arbeitsverteiler die Bank aufgeben und dem Meister und Arbeiter die Einstellung der Bank vorschreiben. Gleichzeitig gibt sie das wirtschaftliche Werkzeug auf, ob Gußstahl, Schnellstahl oder Stellit. Muß aus irgendwelchem Grunde ein anderes Werkzeug genommen werden, so zeigt die Bankbestimmungstafel die für dieses willkürlich gewählte Werkzeug beste Bank und deren Einstellung. War man bisher allgemein der Auffassung, daß der Kraftverbrauch nicht nur von der Größe des Spanquerschnittes abhängt, sondern auch von dessen Zusammensetzung aus Vorschub und Schnittiefe, welchem Umstande die beiden Tafeln keine Rechnung zu tragen vermögen, so ist dieser scheinbare Mangel jetzt behoben durch die Klopstockschen Forschungen. Sie haben das wichtige Ergebnis gehabt, daß die Zusammensetzung des Spanquerschnittes auf den Kraftverbrauch keinen Einfluß hat. Dabei ist natürlich der „wirkliche" Spanquerschnitt im Gegensatz zum „nominellen" in Betracht zu ziehen[2]).

I. Die Konstruktion der Bankbestimmungstafel, Abb. 23.

Die Tafel gliedert sich in zwei Teile, den Kopf und die Banktafel. Der Kopf enthält eine Anzahl miteinander korrespondierender Diagramme, die es durch übersichtliche Anordnung ermöglichen, rasch den Zusammenhang der einzelnen Größen (Zerspanungsfaktoren) zu verfolgen. An das mittlere, das Leistungsdiagramm, schließt sich rechts das Stahlwertigkeitsdiagramm, dem weiter rechts das bekannte Drehzahldiagramm folgt. Über dem Leistungsdiagramm ist das Vorschubdiagramm angeordnet.

---

[1]) Hippler, W.: Der heutige Stand der Zerspanungswissenschaft. Z. Masch.-Bau 1925. S. 156f.

[2]) Klopstock Dr.-Ing. H.: Die Untersuchung der Dreharbeit. Werkst.-Techn. 1923. S. 651.

A. Der Kopf.

1. Das Leistungsdiagramm.

Die obere Seite des Leistungsdiagrammes trägt die Skala der Spanquerschnitte f, die den Ausgangspunkt der Berechnung darstellen. Zur linken Seite sind die Schnittdrücke W aufgetragen und nach der Gleichung $W = K \cdot f^{\frac{3}{4}}$ die Linien der Stoffzahlen K in das Diagramm eingezeichnet. Die Größe der K-Werte ist aus der linken Spalte zu ersehen. Diese Linien der Stoffzahlen K stellen gleichzeitig Linien gleicher Schnittgeschwindigkeiten dar, so daß man in Verbindung mit den Schnittdrücken der linken Seite die Leistungen (Stahlleistungen) auf der unteren Seite des Diagrammes nach der Gleichung: $N = \frac{W \cdot v}{60 \cdot 75}$ erhält. Durch die Linien gleicher Schnittgeschwindigkeiten (K-Linien) ist nun die Einteilung der rechten Diagrammseite nach den Schnittgeschwindigkeiten festgelegt, die aber der Deutlichkeit wegen nur für $v = 1$, 10 und 100 mm vorgenommen ist, und erst im Drehzahldiagramm weiter unterteilt wird. Für diese Geschwindigkeiten v sind nun in Verbindung mit den Spanquerschnitten f nach der Gleichung $v = 0{,}6 \cdot \varphi \cdot M \cdot f^{-\frac{1}{4}}$ die Linien der Stoffzahlen M in das Leistungsdiagramm eingezeichnet (gestrichelte Linien), deren Werte man aus der mittleren Spalte an der linken Seite des Diagrammes entnehmen kann. Der Wert φ in der Gleichung drückt die Wertigkeit des Werkzeuges aus und ist, da die rechteSeite des Leistungsdiagrammes gleichzeitig die linke des Stahlwertigkeitsdiagrammes ist, mit $\varphi = 0{,}4$ eingesetzt.

2. Das Stahlwertigkeitsdiagramm.

Das Stahlwertigkeitsdiagramm wertet die aus Spanquerschnitt und Stoffzahl M nach der Gleichung $v = 0{,}6 \cdot \varphi\, M \cdot f^{-\frac{1}{4}}$ erhaltenen Werte der Schnittgeschwindigkeit v im Verhältnis der Stahlwertigkeit auf. Seine Eingliederung macht eine Festlegung der M-Werte für jedes Werkzeugmaterial überflüssig. Man braucht nur die Wertigkeit eines Werkzeuges durch einfache Schnittversuche festzustellen. Dabei ist die Wertigkeit des gewöhnlichen Schnellstahls gleich 1 gesetzt. Man erhält dann, wie schon früher dargelegt, für Gußstahl etwa $\varphi = 0{,}5$ und für Stellit $\varphi = 2{,}28$. Die aus Leistung und Schnittdruck nach der Gleichung $N = \frac{W \cdot v}{60 \cdot 75}$ gefundenen Werte für v können natürlich nicht aufgewertet werden, da sie bereits die wirklich anzuwendende Schnittgeschwindigkeit darstellen.

3. Das Drehzahldiagramm.

In dem bekannten Drehzahldiagramm sind in Abhängigkeit von der Schnittgeschwindigkeit v und der Drehzahl n die Linien der Durchmesser d nach der Gleichung $n = \frac{1000 \cdot v}{\pi \cdot d}$ eingezeichnet. Es ermöglicht, für die gefundene Schnittgeschwindigkeit v bei gegebenem Durchmesser d sofort die erforderliche Drehzahl n zu bestimmen.

4. Das Vorschubdiagramm.

Das Vorschubdiagramm gestattet, den durch die Spanquerschnitts-Bestimmungstafel Abb. 8 bestimmten Spanquerschnitt f gleich in die gegebene Schnitttiefe t und den gesuchten Vorschub s zu zerlegen. Es sind in ihm deshalb in Abhängigkeit vom Spanquerschnitt f und vom Vorschub s die Linien der Schnittiefen nach der Gleichung: $f = s \cdot t$ eingetragen. Die Vorschübe s sind auf der linken Seite über eine 45°-Linie auf die Grundlinie des Kopfes geführt.

In der rechten oberen Ecke ist noch ein Schema zur Bedienung der Tafel angegeben, das in Abb. 24 und 25 nochmals wiederholt ist. Die linke Seite enthält eine Tabelle der durchschnittlichen Stoffzahlen M und K für die gebräuchlichsten Materialien. Die noch nicht eingetragenen Werte a stellen einen Faktor dar, mit dem M bei Naßbearbeitung multipliziert werden muß.

B. Die Banktafel.

Entsprechend dem darüber liegenden Diagramm ist nun die Banktafel in senkrechte Felder eingeteilt; das linke Feld enthält die Vorschübe, sowohl Längs- als auch Planvorschübe, das mittlere die Leistungen und das rechte die Drehzahlen. Zwischen den Feldern der Leistungen und Drehzahlen ist Raum für die Bezeichnungen der Bänke enthalten (Bank Nr., Größe, Genauigkeitsklasse und die den Drehzahlen entsprechenden Vorgelege). Es sind nun die Bänke mit ihren Größen senkrecht untereinander aufgetragen. Bei der Leistung ist der angenäherte

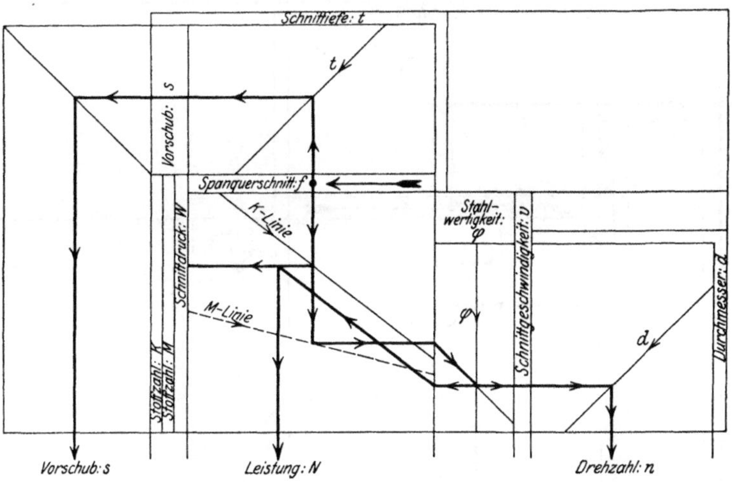

Abb. 24. Schema I zur Bankbestimmungstafel.

Wirkungsgrad η der Bank zu berücksichtigen, als die Stahlleistung $N =$ Wirkungsgrad mal Bankleistung $\eta \cdot N_B$ aufzutragen. Bei Stufenscheibenbänken ist zu beachten, daß zu jeder Drehzahl eine andere Leistung gehört, wie aus der Tafel zu ersehen ist. Für die Leistung ist nach jeder Seite $5\,^0/_0$ Spielraum gegeben. Für die errechneten Drehzahlen ist $10\,^0/_0$ Spielraum nach unten gelassen und der mittlere Wert angegeben.

II. Gebrauchsanweisung.

Beim Gebrauch der Tafel muß zunächst der wirtschaftliche Spanquerschnitt mit Hilfe der Spanquerschnitts-Bestimmungstafel Abb. 8 festgelegt werden.

Der Vorgang der Bankbestimmung ist nun in 2 Vorgänge zu gliedern.

A. Die Bestimmung von theoretischer Leistung, Drehzahl und Vorschub (siehe auch Abb. 24).

B. Das Bestimmen der Bank (siehe auch Abb. 25).

Man geht nun in folgender Weise vor:

A. Bei Bestimmung der theoretischen Leistung, Drehzahl und Vorschub geht man von dem durch Abb. 8 bestimmten Spanquerschnitt aus. Vom Spanquerschnitt f senkrecht nach unten gehend, findet man links vom Schnittpunkt mit der K-Linie den zugehörigen Schnittdruck W, und rechts vom Schnittpunkt mit der M-Linie die Schnittgeschwindigkeit v für $\varphi = 0{,}4$. Diese Schnittgeschwindigkeit v wertet man nun auf, indem man im Stahlwertigkeitsdiagramm in Richtung der schrägen Linien bis zur Wertigkeitslinie des Stahles vorgeht, und erhält im Schnittpunkt mit dieser die theoretische Schnittgeschwindigkeit v. Von diesem Schnittpunkt geht man wagerecht nach links bis zur rechten Seite des Leistungsdiagrammes, und von da aus in Richtung der K-Linien bis zum Schnittpunkt mit dem Schnittdruck W. Senkrecht unter diesem erhält man dann die Leistung N. Vom Schnittpunkt mit der Wertigkeitslinie des Stahles im Stahlwertigkeitsdiagramm geht man mit der gefundenen Schnittgeschwindigkeit v nach rechts ins Drehzahldiagramm, und findet unter dem Schnittpunkt mit der Linie des gegebenen Durchmessers d die theoretische Drehzahl n.

Von dem Spanquerschnitt geht man senkrecht nach oben in das Vorschub-

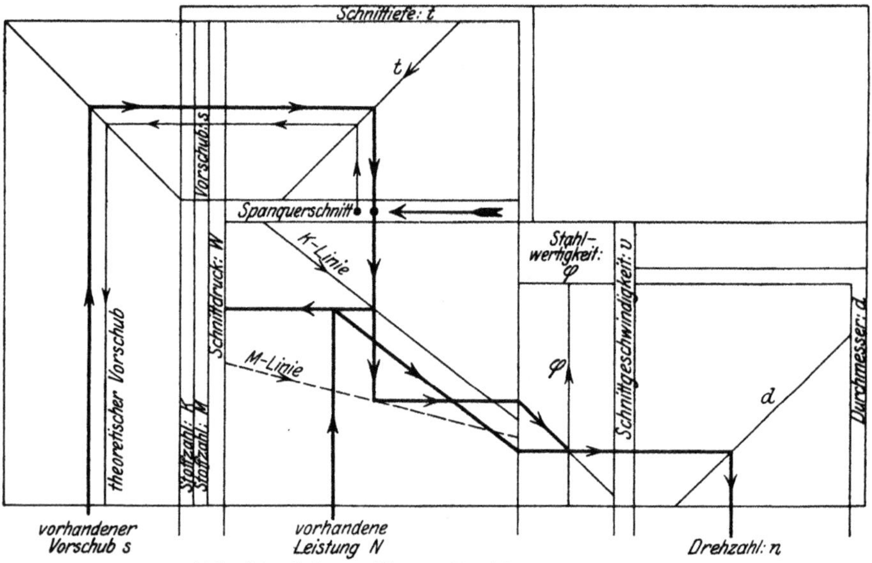

Abb. 25. Schema II zur Bankbestimmungstafel.

diagramm und findet links vom Schnittpunkt mit der Linie der durch die Materialzugabe gegebenen Schnittiefe den Vorschub s, den man über die 45^{0}-Linie nach der Grundlinie des Kopfes verfolgt.

B. Das Bestimmen der wirtschaftlichen Bank, Abb. 25. In der Praxis liegt der Fall fast stets so, daß mehrere, verschiedene Bänke zur Wahl stehen, und daß ein bestimmtes Werkzeug genommen werden muß, z. B. Schnellstahl, weil Gußstahl und Stellit nicht vorhanden sind. Es ist dann diejenige Bank herauszusuchen, die die Arbeit in wirtschaftlichster Weise verrichtet und die das gegebene Werkzeug zum wirtschaftlichen erhebt, wie schon an Hand der Abb. 24 behandelt.

Mit den erhaltenen Werten N, n und s geht man die Reihe der Bänke durch und sucht eine Bank heraus, die diesen Werten am nächsten kommt, wobei die gefundenen Werte nicht überschritten werden sollen; denn bei einer Bank mit größerem N als das gefundene würde die Bank nicht ausgenutzt, bei größerem n würde die Schnittgeschwindigkeit zu hoch, bei größerem s würde der Spanquerschnitt zu groß.

Die Einstellung einer gegebenen Bank. Stehen für die Arbeit nicht mehrere Bänke zur Wahl, sondern nur eine einzige Bank, so liegt die Aufgabe vor, für diese Bank die wirtschaftlichste Einstellung und das wirtschaftlichste Werkzeug zu bestimmen. Es ist dann nach Abb. 25 vorzugehen. Aus dem wirtschaftlichen Spanquerschnitt Abb. 8 und der gegebenen Schnittiefe ergibt sich der Vorschub s. Ist dieser an der Bank nicht vorhanden, so ist der nächst kleinere zu nehmen, und für den dadurch sich ergebenden neuen Spanquerschnitt (d. i. jetzt der wirkliche Spanquerschnitt) bestimmt man den Schnittdruck W durch den Schnittpunkt mit der K-Linie, die Schnittgeschwindigkeit v für $\varphi = 0{,}4$ durch den Schnittpunkt mit der M-Linie, und merkt sich die schräge Linie (Aufwertungslinie) im Stahlwertigkeitsdiagramme. Nun geht man von der vorhandenen Leistung aus senkrecht nach oben bis zum Schnittpunkt mit W und von diesem in Richtung der K-Linie bis zur rechten Seite des Leistungsdiagrammes. Dies ist dann die wirklich zu nehmende Schnittgeschwindigkeit v. Geht man dann wagerecht nach rechts, so gibt im Stahlwertigkeitsdiagramm der Schnittpunkt mit der Aufwertungslinie das zu verwendende Werkzeug an. Im Drehzahldiagramm findet man dann im Schnittpunkt mit der Durchmesserlinie die Drehzahl n.

Viele Probleme hat die Werkstatt, die, bisher nur praktisch durchdacht, noch mit wissenschaftlichen Methoden durchzuforschen wären. Wir würden dann auf dem Gebiete der Zerspanung wahrscheinlich noch Erkenntnisse heranreifen sehen, die unsere jetzigen Anschauungen vielfach gänzlich umkehren. Welchen Einfluß Schnellstahl und Stellit auf die Schwere und Stabilität der Werkzeugmaschine ausüben, in welcher Weise sich die verschiedenen Werkstückmaterialien auf der Werkzeugmaschine wirtschaftlich verwenden lassen — denn es gibt nicht nur eine wirtschaftliche Ausnutzungsmöglichkeit von Maschine und Werkzeug, sondern auch vom Werkstück — alles das sind interessante Probleme, auf die hier nicht mehr eingegangen werden kann. Sie sind an anderer Stelle ausführlich erörtert[1]).

Überschauen wir noch einmal unser ganzes Thema, so darf wohl konstatiert werden, daß es eine Reihe bedeutsamster, neuartiger Erkenntnisse gebracht hat, Erkenntnisse vor allem über das Band, das Maschine und Werkzeug umschlingt. Ist doch gerade über dieses Band, über den zwangsläufigen Zusammenhang zwischen Werkzeug und Maschine, bis heute fast noch nichts bekannt gewesen. Es hat die Stellung des Werkzeuges, soweit dessen Stoffeigenschaften in Frage kommen, im Zerspanungsprozeß völlig verschoben. Deutlich bringt es zur Erscheinung, wie die dem Werkzeug bisher von der Werkstatt zugebilligte Rolle im Lichte wirtschaftlicher Zerspanung wesentlich beschnitten ist, dem vergessenen Gußstahl wird der ihm gebührende Platz eingeräumt, es zerschlägt alte, der Werkstatt lieb und teuer gewordene Begriffe und Anschauungen, es ist ein besonders markantes Beispiel dafür, wie das Zerspanungsproblem sich uns von einer ganz neuartigen Seite enthüllt, sobald wir es von der allein richtigen Seite der „Leistungsfähigkeit der

---

[1]) Hippler, W.: Die Dreherei und ihre Werkzeuge. 3. Aufl., I. Teil, S. 134f.

Maschine“ aus anpacken. Altes stürzt, an allen Ecken wandelt sich das uns bisher scheinbar so wohlvertraute Kleid.

Die vorentwickelten wirtschaftlichen Regeln über den Verwendungsbereich der drei Werkzeuge lassen sich natürlich im praktischen Betrieb fast nie restlos durchführen, man müßte sonst bei Bearbeitung ein- und desselben Stückes mitunter zwei Werkzeugsorten, mitunter sogar alle drei anwenden, was schon infolge des Zeitverlustes durch das Aus- und Einspannen des Werkzeuges ausgeschlossen ist. Auch sonst stellen sich einer restlosen Durchführung dieser Regeln noch genug durch äußere praktische Umstände verursachte Hindernisse in den Weg; zu der Verbindung Maschine und Werkzeug gehört ja immer noch ein drittes Glied, die Widerstandsfähigkeit des Werkstückes. Die hier entwickelte Lehre kann in gar vielen Fällen nicht verwirklicht werden, weil das Werkstück größeren Schnittdrücken nicht genügend zu widerstehen vermag[1]). Wir können dann eben in solchen Fällen die Bank nicht voll ausnutzen, also nicht restlos wirtschaftlich arbeiten. Immer aber werden wir diesen Regeln soweit als möglich nachzustreben haben. Alle die Umstände aufzusuchen, die uns im praktischen Betriebe zur Abweichung von den gezeigten Wirtschaftsregeln zwingen, kann hier nicht die Aufgabe sein, es war hier mehr darum zu tun, den Komplex von Erscheinungen, Gedanken, Gesichtspunkten und Methoden aufzufinden, Inhalt, Richtung und Ziel der Wirkungen, die von dem Problem wirtschaftlicher Zerspanung ausgehen, das Seelenleben der Werkzeugmaschine zu durchleuchten. Es sollte als Grundabsicht ein allererster Ausgang zu einer „Lehre vom Zerspanen“ erarbeitet werden.

Die vorstehenden Ausführungen dürften wohl zur Genüge gezeigt haben, wie ganz anders sich das Problem der Zerspanung reckt und streckt, wenn es unter dem Gesichtswinkel „wirtschaftliche Ausnutzung“ angefaßt wird. Was wir ganz besonders in unserem Bewußtsein anzumerken haben werden, das ist, daß das Gehörte an den Fundamenten unseres bisherigen Glaubens rüttelt. Wir haben daraus die ernste Lehre zu ziehen, daß es an der Zeit ist, unser noch so kümmerliches Glaubensbekenntnis einmal gründlich zu revidieren und die theoretischen Grundlagen des Werkzeugmaschinenbaues besser auszubauen und auf tragfähigere, kräftigere Füße zu stellen, zum Nutzen der gesamten Zerspanungstechnik.

---

[1]) Hegner, K.: Lehrbuch der Vorkalkulation von Bearbeitungszeiten. I. Bd. S. 132 u. 154. Berlin: Julius Springer 1924.

Die wirtschaftliche Drehstahlschneide[1]).

Von Direktor **Willy Hippler.**

A. Abhängigkeit der Zerspanung von der Drehstahlschneide.

Wohin man in der modernen Werkstatt die Blicke wenden mag, von jeder Seite her quillt uns des lebensstarken Werdens Fülle entgegen. Dieses tausendfältige, sich fast überstürzende tägliche Werden muß getragen und beherrscht sein von einer Idee, die alles ihrem Dienste weiht, Denken und Handeln in gleiche Bahnen zwingt und alles Tun in einem Brennpunkt vereinigt, der Idee der Wirtschaftlichkeit, des Wirkungsgrades[2]). Als eine Hingabe an diese Idee sei die vorausgehende Abhandlung „Wirtschaftliches Zerspanen" gewertet. Sie machte uns bekannt mit den Anforderungen, die an Werkzeugmaschine und Werkzeug gestellt werden müssen, damit die Arbeit unserem Ziele, Wirtschaftlichkeit, gerecht werde. Dabei waren beide durchweg ihrer äußeren Körperlichkeit entkleidet, das Werkzeug figurierte immer nur mit seinem Stoffwert, es kam nur seine Blutbeschaffenheit in Frage.

Die Wirtschaftlichkeit der Zerspanung, die Spanleistung, hängt nun aber nicht bloß von der inneren Stoffgüte des Werkzeuges ab, sondern auch von seiner äußeren Gestaltung, und das in entscheidendem Maße. Die zentrale Bedeutung der richtigen Form der Werkzeugschneide war deshalb auch schon im vorigen Aufsatz gestreift. Wir können die Werkzeugschneide so günstig ausbilden, daß die Werkzeugmaschine nur wenig Arbeit zur Abtrennung des Spanes aufwenden muß, wir können die Schneide aber auch so formen, daß die Maschine sich erheblich mehr anstrengen, mehr Arbeitsleistung aufbringen muß, um den gleichen Span abzuheben. Bei voller Ausnutzung der Maschine erhalten wir im ersten Falle mehr Späne pro Zeiteinheit als im zweiten Falle.

Sind wir also im vorigen Aufsatz dem Anteil an wirtschaftlicher Zerspanung nachgegangen, den das Werkzeug vermöge seiner inneren

---

[1]) Auszug aus dem Buche Hippler, W.: Die Dreherei und ihre Werkzeuge. 3. Aufl. II. Teil: Die Werkzeuge. Berlin: Julius Springer.

[2]) Knoop, O.: Amerikanische Gütererzeugung. Z. V. d. J. 1924. S. 1289 f. — Brasch, Dr. Ing. H.: Der heutige Stand des amerikanischen Werkzeugmaschinenbaues für Massen- und Sonderleistungen. Z. Maschinenbau 1924. S. 931 f. — Schlesinger, Prof. Dr.-Ing.: Neue Wege zum Fabrikationserfolg. Z. V. d. I. 1925. S. 197f. — Peiser, H.: Fragen zur Produktionssteigerung im Lichte Fordscher Ziffern. Technik u. Wirtschaft 1925. S. 58f.

Stoffeigenschaften schafft, so soll uns im folgenden nun der andere Anteil eingehend beschäftigen, der der äußeren Form und Gestalt des Werkzeuges zukommt, m. a. W. wir suchen nach einer wirtschaftlichen Schruppschneidenform zum Drehen.

Die voraufgegangenen Betrachtungen haben uns gezeigt, daß eine zweckmäßige Ausbildung der Werkzeugschneide

1. den Schnittdruck verringert, also den Kraftverbrauch der Bank herabsetzt,

2. für den gleichen Spanquerschnitt eine höhere Schnittgeschwindigkeit zuläßt, also die Spanleistung erhöht

bzw. bei gleicher Schnittgeschwindigkeit die Lebensdauer der Werkzeugschneide verlängert.

Eine unsachgemäß geformte Schneide kann eben den Span nicht mit so hoher Geschwindigkeit abtrennen wie eine richtig ausgebildete. Die Schnittgeschwindigkeit hängt nicht nur vom Stoff des Werkzeuges ab, sondern auch von der Ausbildung desselben, wenn auch nicht in so hohem Maße.

Es bedeutet demnach die zweckmäßige Ausbildung der Werkzeugschneide eine wesentliche **Erhöhung der Leistungsfähigkeit der Werkstatt.**

B. Anforderungen an die wirtschaftliche Drehstahlschneide.

Zur Auffindung einer wirtschaftlichen Schneidenform haben wir nun drei Wegweiser an der Hand; um möglichst günstige Schnittverhältnisse zu erzielen, müssen drei Bedingungen erfüllt werden:

1. soll die Arbeit für die Einheit der Spanmenge möglichst klein sein, um an Kraftverbrauch zu sparen,

2. soll die Schneide eine hohe Schnittgeschwindigkeit ertragen können, um an Arbeitszeit zu sparen.

Wird vom Standpunkte wirtschaftlicher Ausnutzung der Maschine die hohe Schnittgeschwindigkeit zwar nicht gebraucht, so setzt sich doch die Fähigkeit im Aushalten hoher Schnittgeschwindigkeiten um in längeres Scharfbleiben der Schneide, es wird also doch indirekt eine Ersparnis an Arbeitszeit erzielt.

3. Die Schneide soll durch ihre Form ein großes Wärmeableitungsvermögen haben.

Die erste Bedingung wird erfüllt, wenn der spezifische Schnittwiderstand möglichst klein ist.

Bei gegebenem Spanquerschnitt ist dieses dann der Fall, wenn unter sonst gleichen Umständen die Spanschnittfläche oder die Schnittbogenlänge, also auch die wirksame Schnittkantenlänge, möglichst klein wird (Abb. 1).

Die zweite Bedingung erfordert eine große Spanoberfläche, also bei einem bestimmten f einen großen Umfang der Spanquerschnittfläche,

m. a. W. eine große Schnittbogenlänge, also große wirksame Schnittkantenlänge (Abb. 2).

Durch diese Punkte ist in großen Umrissen die Form und Stellung der Schneide vorgeschrieben. Beide Punkte stehen sich allerdings gegen-

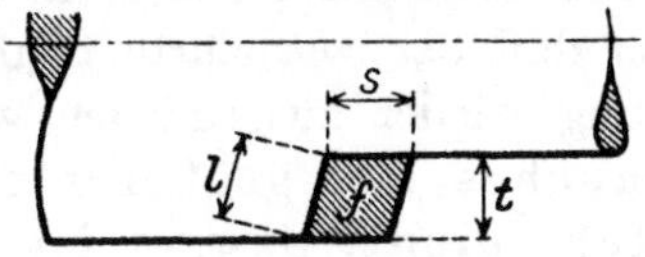

Abb. 1. Kleine Schnittbogenlänge.

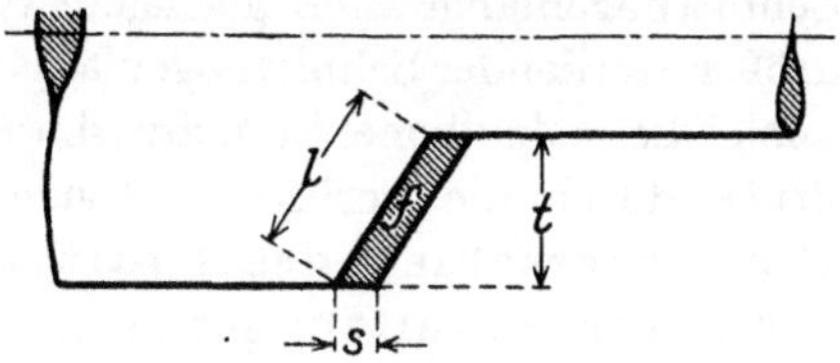

Abb. 2. Große Schnittbogenlänge.

über wie zwei feindliche Brüder; die Rücksicht auf den Kraftverbrauch verlangt möglichst kleine Schnittbogenlänge, die Rücksicht auf die Schnittgeschwindigkeit verlangt das Gegenteil, große Schnittbogenlänge.

Damit scheint es, daß es eine allen Anforderungen genügende Schneidenform nicht gibt, daß wir vielmehr zwei wirtschaftliche Schneidenformen festzulegen haben, von denen jede grundsätzlich ihren ganz bestimmten Arbeitsbereich hat, in der Weise,

daß die eine Schneidenform dann in Frage kommt, wenn es auf geringsten Kraftverbrauch ankommt,

die andere Schneidenform dann zu bevorzugen ist, wenn die längere Lebensdauer der Schneide dem Streben nach geringstem Kraftverbrauch vorangehen soll.

Es bliebe noch zu erwägen, einen Kompromiß anzustreben, also eine Schneidenform zu suchen, bei der beide Punkte, Kraftverbrauch und Lebensdauer, in bestmöglicherweise zu ihrem Rechte kommen, die also als Universalschneide angesprochen werden könnte.

Wir werden später erkennen, daß sich ein solcher Kompromiß von selbst ergibt.

Dieser Kompromiß ist nun aber neuerdings von vornherein gegenstandslos geworden durch die Forschungen Klopstocks. Wissenschaftliche Versuche zur Auffindung einer günstigsten Schneidenform hatte bislang nur Taylor gemacht, der aber noch zu wenig oder gar nicht die beim Zerspanen auftretende Staucharbeit beachtet hat; erst Schlesinger und Kurrein wurden bei ihren Versuchen zur Untersuchung verschiedener Stahlqualitäten durch die Auskolkungen auf der Schneidenbrust auf die große Schädlichkeit der Staucharbeit des Spanes aufmerksam[1]). Auf dieser Wahrnehmung fußend hat vor

---

[1]) Schlesinger, Prof. Dr. Ing.: Die Fortschritte deutscher Stahlwerke. Stahleisen 1913. Heft 23.

kurzem Klopstock die auftretende Staucharbeit als erster eingehend untersucht und gefunden, daß dieselbe recht hoch ist und bei schwerer Schrupparbeit bedeutend zunimmt[1]). Er hat auch die uns augenblicklich interessierende Erkenntnis zutage gefördert, daß die größere Schnittbogenlänge eine geringere Stauchwirkung nach sich zieht. Mit größer werdender Schnittbogenlänge wächst der Schnittdruck, sinkt aber auch die schädliche Stauchwirkung, so daß der vermehrte Schnittdruck durch die geringere Stauchwirkung wieder ausgeglichen wird. Ein Unterschied des Kraftverbrauches bei größerer oder kleinerer Schnittbogenlänge besteht nicht, bzw. er ist nur unwesentlich. Somit kommen auch die oben genannten zwei Bedingungen zur Erreichung günstigster Schnittbedingungen nicht mehr in gegenseitigen Konflikt, wir streben nach großer Schnittbogenlänge und erhalten dadurch nicht nur größere Schnittgeschwindigkeit, sondern auch gleichen Kraftverbrauch wie bei kleinem Schnittbogen, bzw. der evtl. Mehrkraftverbrauch ist nur unbedeutend.

Mit dem Streben nach großer Schnittbogenlänge dürfen wir jedoch auch wieder nicht zu weit gehen, denn je größer das mit dem Werkstück in Eingriff stehende Schneidenstück ist, um so mehr wachsen die Vibrationserscheinungen beim Schnitt, wie Klopstock gefunden hat.

Es kommt noch ein wichtiger, praktischer Gesichtspunkt hinzu, nämlich:

Geringste Kosten für das Herrichten und Schleifen der Schneiden und ihre Instandhaltung.

Dieses sind also die Ziele, die wir auf unserer Suche nach der wirtschaftlichen Schneidenform stets im Auge zu behalten und zu verfolgen haben.

C. Die Kräfte an der Schneide.

Unsere erste Aufgabe ist nunmehr, die an der Schneide wirksamen Kräfte zu untersuchen, um herauszufinden, bei welcher Form, Stellung und Lage der Schnittkante als dem engeren, aktiven Teil der Schneide, ferner bei welcher Gestaltung der Schneide im weiteren Sinne, d. h. der an der Schneide vorkommenden Flächen bzw. deren Winkel, die auftretenden Kräfte am kleinsten ausfallen.

Wenn wir nun das Kräftespiel an der Schneide untersuchen wollen, so müssen wir uns den Arbeitsvorgang beim Spanschneiden, beim Eindringen der Schneide in das Werkstückmaterial in seinen Grundelementen näher ansehen.

---

[1]) Klopstock, Dr. Ing. H.: Die Untersuchung der Dreharbeit. Werkst.-Techn. 1923. S. 645f.

Hierfür muß erst eine **Erklärung** des **Begriffes** „Schneide“ vorangehen.

Als Schneide im engeren Sinne hätten wir nur die Schneidkante als solche zu betrachten, Abb. 3. Es kommen aber als Schneide im weiteren Sinne noch die anderen Verhältnisse, wie die verschiedenen Winkel usw., in Frage, wie aus Abb. 3 ersichtlich.

Für uns werfen sich nun die Fragen auf:

1. welche Gestalt die Schneidkante haben muß, ob gradlinig wie in Abb. 3 oder gebogen (Taylor-Schneide, Abb. 4),

2. welche Stellung sie zur Arbeitsfläche des Werkstückes haben

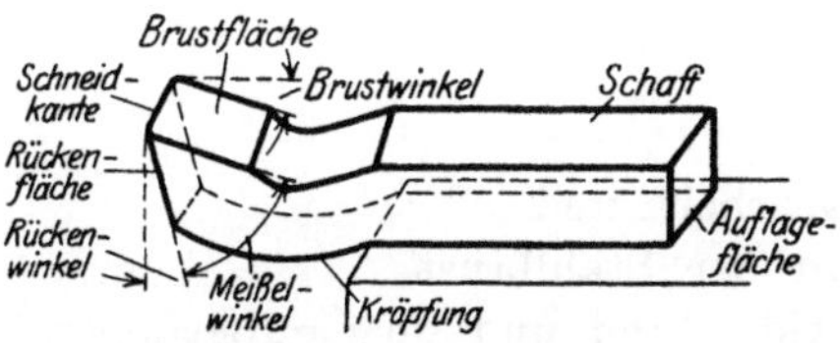

Abb. 3. Die Schneide.

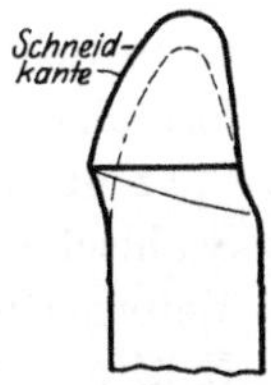

Abb. 4. Bogenschneide.

soll, ob senkrecht oder schräg, horizontal oder geneigt zur Auflagefläche,

3. wie die Schneidflächen auszubilden sind, und welche Winkel die Schneidflächen einschließen sollen.

Alle diese Punkte sind derart zu berücksichtigen bzw. zu gestalten, daß bei kleinstem Kraftverbrauch die höchste Schnittgeschwindigkeit angewendet werden kann.

Um aber ein klares Bild über die an der Schneide wirkenden Kräfte zu gewinnen, müssen wir uns zuerst einmal mit der Spanbildung befassen.

Die Schneide muß ein Keil sein. Die Schneidwirkung dieses Keiles ist nach Simon folgende[1]):

Beim Eindringen der Schneide in das Material stauchen Schneidkante und Brust das Material auf. Das Material weicht nach oben aus, löst sich aber noch nicht vom Werkstück los. Bei weiterem Vordringen der Schneide wird die Spannung im Material so groß, daß Losreißen eintritt.

Auf diese Weise bildet sich das erste Spanteilchen oder Spanelement.

Bei sprödem Material löst sich dieses erste Spanteilchen vom Werkstück ganz los und spritzt fort. Bei bildsamen, zähen Stoffen dagegen

---

[1]) Simon, E.: Schneidstähle. 2. Aufl., S. 2f. Berlin: Julius Springer 1919. — Näheres siehe Hippler, W.: Die Dreherei und ihre Werkzeuge. 3. Aufl. II. Teil: Die Werkzeuge. Berlin: Julius Springer 1923.

behält es nach dem Losreißen noch einen schwachen Zusammenhang mit dem Werkstück.

Die bis zu diesem Stadium auftretenden Kräfte fassen wir zusammen als Verspanungswiderstand.

Wenn nun die Schneide weiter vordringt und sich das zweite Spanteilchen bildet, so muß das erste unter Arbeitsaufwand nach oben geschoben werden; es muß der Spanaufbiegungswiderstand überwunden werden.

Die eingehendste Darstellung der Spanbildung gibt neuerdings Klopstock[1]), wobei er die für die Zerspanung erforderliche Arbeit in 5 Gruppen unterteilt:

1. die reine Scherarbeit,
2. die Staucharbeit des Spanes,
3. die Spanreibungsarbeit,
4. die Stahlschneidenreibungsarbeit, und
5. die Deformationsarbeit an der Stahlbrust.

Beide Kräfte, Verspanungswiderstand und Spanaufbiegungswiderstand, ergeben zusammen den Gesamtschnittwiderstand, der in der vorherigen Abhandlung mit W bezeichnet ist.

Der größere von beiden ist natürlich der Verspanungswiderstand.

Der Spanaufbiegungswiderstand ist bei den zähen Stoffen größer als bei den spröden.

Diese Tatsache ist wieder eine Erklärung für den früher aufgestellten Satz, daß bei gleicher Leistung der Bank die Spanausbeute für harte Stoffe größer ist als für weiche.

In der gleichen Weise spielt sich nun auch der Vorgang für das dritte, vierte usw. Spanteilchen ab.

Die Summe aller dieser Spanteilchen bildet den Span, der sich schraubenförmig aufwickelt, sich lockt, und zwar um so schuppiger bzw. gezackter, je beengter die Spanbildung ist, je größer also der Schnittdruck ist, also beim senkrechten Span mehr gezackt als beim schrägen Span, bei diesem wieder mehr, als beim Taylor-Kommaspan. Wenn der Stahl nur an einer Seite zu schneiden hat (Abb. 5), also seitlich unbeengt ist, sprechen wir von einem freien Span, wenn die Schneide auch seitlich mehr oder weniger mitschneiden muß (Abb. 6), dann haben wir beengte oder gebundene Spanbildung. Es ist ohne weiteres klar, daß beim gebundenen Span der Schnittdruck etwas größer ist als beim freien Span.

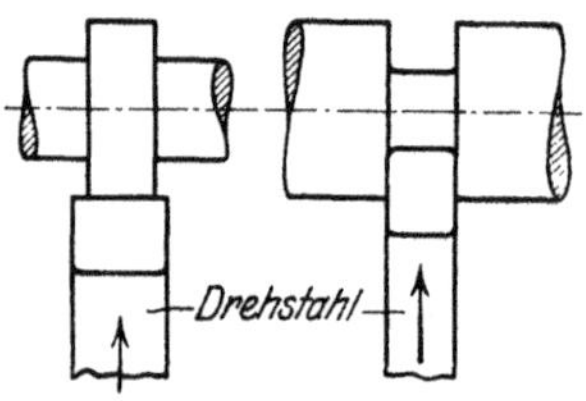

Abb. 5. Freie Spanbildung. Abb. 6. Beengte Spanbildung.

[1]) Klopstock, Dr. Ing. H.: Die Untersuchung der Dreharbeit. Werkst.-Techn. 1923. S. 669f.

Diese Tatsache bringt uns eine weitere Erkenntnis über den spezifischen Schnittdruck k_s. Hörten wir im vorigen Aufsatz, daß k_s abhängt von der Größe des Spanquerschnittes und seiner äußeren Form (Schnittbogenlänge), so sehen wir jetzt, daß der spezifische Schnittdruck auch noch von der Stellung des Spanquerschnittes abhängt (Abb. 7 und 8). Zwei gleich große Spanquerschnitte mit gleich großer Schnittbogenlänge erzeugen trotzdem verschiedene spezifische Schnittdrücke je nach der für die Spanabtrennung günstigeren oder ungünstigeren Stellung. Der Span nach Abb. 8 kann nicht ganz so leicht und frei abgehoben werden, die Spanbildung ist beengter als bei Abb. 7. Man wird daher nicht ohne Not den Drehstahl so anstellen, daß er einen Span nach Abb. 8 erzeugt.

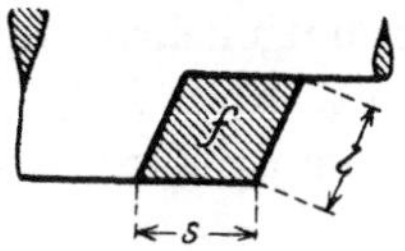

Abb. 7. Freie Spanbildung.

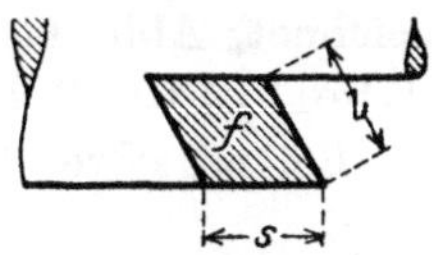

Abb. 8. Beengte Spanbildung.

Die Innenseite des Spanes ist schuppig, die Außenseite wird durch die Reibung beim Emporgleiten an der Stahlbrust kalt geschweißt und dadurch glatt.

Wie wir wissen, erfolgt die Spanabtrennung bei der wirtschaftlichen Schneidenform unter geringstem Kraftaufwand. Dieses muß sich natürlich auch am Abrollen des Spanes vor der Schneide bemerkbar machen durch leichtes, ruhiges, zwangloses Abfließen.

In der Tat sieht der erfahrene Dreher aus dem Abfließen des Spanes, ob er eine vorteilhafte Schneidenform verwendet. Er beurteilt danach die Schneide wie der Hüttenmann aus dem Bruchaussehen eines Werkstoffes dessen Zusammensetzung. Theorien über Spanbildung sind aufgestellt von Taylor, Fischer, Thieme und Lindner. In der letzten Zeit ist Kurrein mit weiteren Untersuchungen hervorgetreten, die interessante Aufschlüsse über den Aufbau des Spanes, Materialschichtung usw. geben. Die bis jetzt vollständigste Darstellung hat Klopstock gegeben.

Alle an der Schneide wirkenden Kräfte vereinigen sich zum Gesamtschnittdruck (Gesamtwiderstand) W, wie wir ihn im vorigen Aufsatz kennen lernten und dort einfach als „Schnittdruck" bezeichneten. Dieser Gesamtschnittdruck tritt aber nicht als einzelne Kraft auf, sondern setzt sich zusammen aus drei im Raume wirkenden Kräften V, H_s und H_l nach Abb. 9, wobei V als die senkrecht nach unten wirkende Kraft der Schnittdruck im engeren Sinne ist, H_s die Vor-

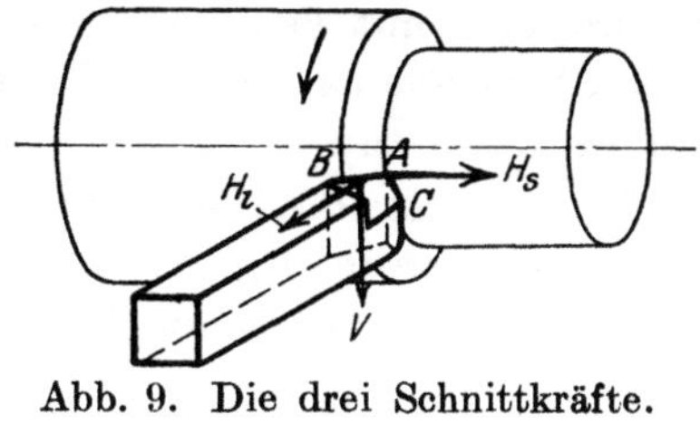

Abb. 9. Die drei Schnittkräfte.

schubkraft und H_l die Rückdruckkraft. Von diesen Kräften ist V stets am größten.

D. Abhängigkeit der Kräfte von der Form und Stellung der Schneide.

Unsere Schneidkante liegt dabei in Spitzenhöhe. Sie kann nun wagerecht ausgebildet sein, Abb. 10, oder geneigt nach Abb. 11 oder 12. Ist die Neigung derart, daß die Stahlnase *a* der überhöhte Teil ist, d. h. höher liegt als *b*, so wird sie als „positive Überhöhung" bezeichnet, Abb. 11, die umgekehrte Anordnung wird als „negative Überhöhung" benannt, Abb. 12[1]).

Bei negativer Überhöhung werden nun von den drei Schnittkräften

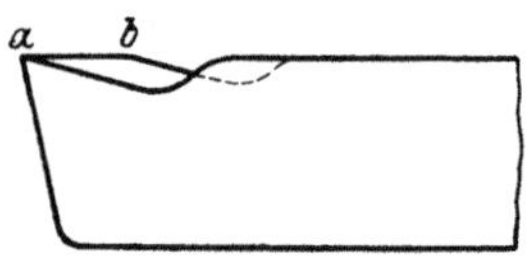

Abb. 10. Wagrechte Schneidkante.

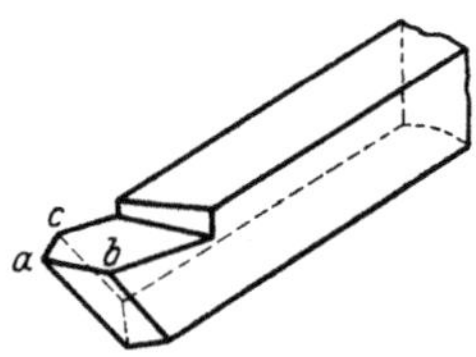

Abb. 11. Schneide mit positiver Überhöhung.

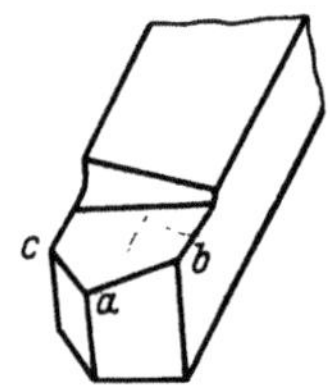

Abb. 12. Schneide mit negativer Überhöhung.

zwei kleiner, und zwar V und H_s, dagegen wird H_l größer. Der Span wird nach der schmalen Seite seines Querschnittes gebogen, er fließt daher leichter ab.

Daher soll die Schneidkante negative Überhöhung haben.

Nur bei schwachen Werkstücken, die durch Lünetten aus irgendeinem Grunde nicht genügend abgestützt werden können, muß die Schneidkante horizontal liegen, weil sonst H_l das Werkstück unzulässig durchbiegen würde, denn H_l beansprucht das Werkstück dauernd auf Durchbiegung.

Die negative Schneide ist in vielen Werkstätten eingebürgert, auch Simon bevorzugt sie, wenngleich die Werkstatt sich meist nicht im klaren ist, warum sie dieselbe so gern benutzt. Der Dreher leitet die günstigen Schnittverhältnisse der negativen Schneide auf die Verwandtschaft mit dem Spiralzahn beim Fräser ab, ein Irrtum, die negative Schneide hat mit den Schnittverhältnissen des Spiralfräserzahnes gar nichts zu tun.

Es bleibt nun die Frage zu prüfen, ob die Verhältnisse bei positiver Überhöhung günstiger oder ungünstiger liegen. Zu diesem Zweck betrachten wir die Form der entstehenden Drehspäne.

---

1) Ausführlich in Z. V. d. I. 1925. S. 230.

Wenn die Schneidkante wagerecht liegt, dann erhält man eine ebene Spanspirale, wenn die Schneidkante überhöht liegt, dann ergeben sich schraubenförmige Spanlocken, und zwar bei positiver Überhöhung eine rechts gewundene Locke, Abb. 13, bei negativer Überhöhung eine links gewundene Locke, Abb. 14.

Bei der positiven Überhöhung wird der Span um seine längere Seite (Abb. 15), bei der negativen Überhöhung um seine kurze Seite gebogen (Abb. 16).

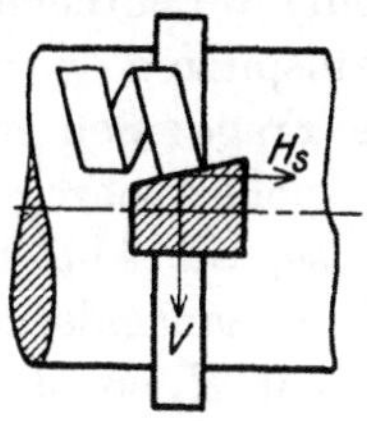

Abb. 13. Rechtsgewundene Spanlocke.

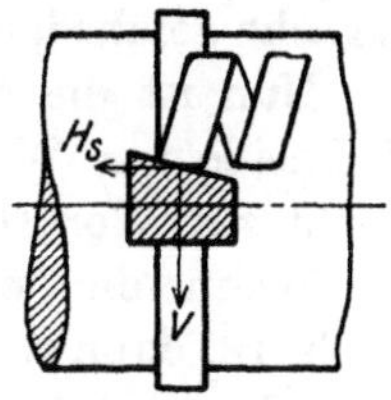

Abb. 14. Linksgewundene Spanlocke.

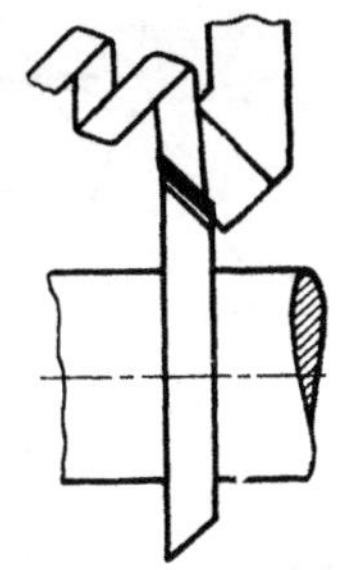
Abb. 15. Größerer Aufbiegungswiderstand.

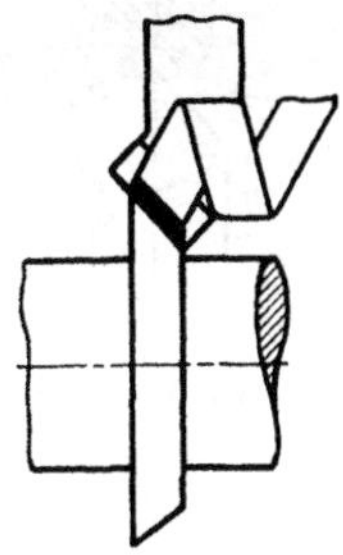
Abb. 16. Geringerer Aufbiegungswiderstand.

Demnach ist bei positiver Überhöhung der Aufbiegungswiderstand größer, der Span kann infolgedessen nicht so leicht abfließen, die Schneide „reißt" ihn mehr ab, besonders nach der Nase zu. Der Stahl reißt daher hier gern ein, d. h. er reißt Furchen oder Rillen in das Werkstück ein, er hat hier einen sog. „Schnabel". Die Riefen, die dieser Schnabel im Arbeitsstück verursacht, werden um so tiefer, je größer die Überhöhung der Nase ist; es entstehen dann oft so tiefe Rillen, daß sie bei der Fertigbearbeitung nicht mehr verschwinden und das Werkstück Ausschuß wird.

Diese Tatsache allein genügt, um die Schneide mit positiver Überhöhung (Abb. 11) ganz aus der Werkstatt zu verbannen, zumal auch die übrigen Verhältnisse für diesen Stahl ungünstiger liegen.

Diese Feststellung steht allerdings im Gegensatz zu Taylor, der die positive Überhöhung bevorzugt[1]).

So haben wir nun den ersten Schritt für die Auffindung der Schneidenform für geringsten Kraftverbrauch getan. Für geradlinige und gebogene Schneidkante muß sie mit negativer Überhöhung ausgeführt werden, jedoch muß sich die Überhöhung in mäßigen Grenzen halten, weil sonst H_l zu groß wird.

[1]) Taylor-Wallichs: Über Dreharbeit und Werkzeugstähle. S. 66f. — Hippler, W.: Die Dreherei und ihre Werkzeuge. 2. Aufl., S. 104. Berlin: Julius Springer 1919.

Besondere Bedeutung gewinnt die negative Überhöhung bei der Bearbeitung von Guß und hartem Stahl, weil hierbei die Schneide stärker angestrengt wird, vor allem durch die schwankende Schnittbelastung infolge des häufigen Abplatzens der Späne. Außerdem trifft bei derartigen Werkstoffen der Span näher an der Schneidkante auf. Infolge der negativen Überhöhung erzielt man hier, wie erfahrene Dreher auch wissen, eine wesentliche Schonung der Schneide und der so sehr gefährdeten Stahlspitze *a*.

Nun ist die weitere Frage: Soll mit Rücksicht auf die Kräfte die Schneide zur Werkstückachse schräg stehen wie Abb. 17, oder senkrecht zur Werkstückachse, wie Abb. 18?

Wenn die wagrechte Schneide (Abb. 10) senkrecht steht nach Abb. 18, dann wird $H_l = 0$, H_s ein Maximum. Nun ist, wie die neuesten Forschungen Schlesingers ergeben haben, für das Abstumpfen und Zerstören der Schneide weniger V als vor allem H_s und H_l maßgebend[1]). Die senkrechte Schneide wird somit durch eine auf ihren Maximalwert angewachsene Kraft H_s auf Abstumpfung beansprucht. Also ist die senkrechte Schneide Abb. 18 ungünstig. Diese Forschungsergebnisse Schlesingers klären die dem tüchtigen Dreher wohlbekannte Tatsache auf, daß senkrechte Schneiden eher stumpf werden als die schrägen.

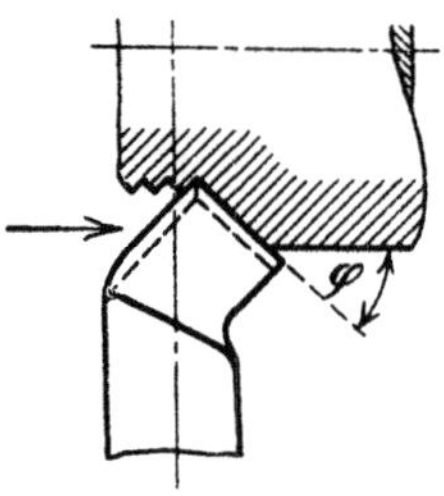

Abb. 17. Schräge Schneide.

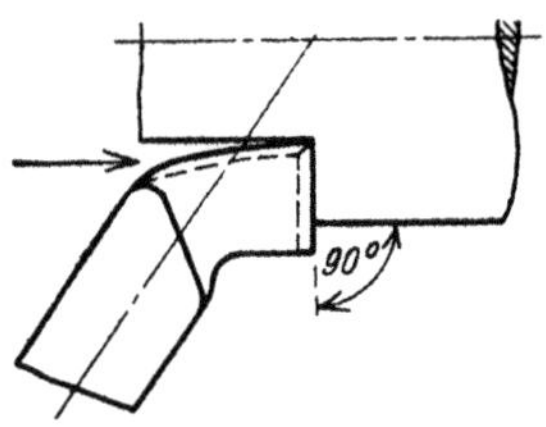

Abb. 18. Senkrechte Schneide.

Indessen hat die senkrechte Schneide auch einen Vorteil. Der Gesamtschnittdruck W ist unter sonst gleichen Verhältnissen, d. h. wenn Vorschub und Schnittiefe gleich bleiben, bei der senkrechten Schneide kleiner als bei der schrägen. Denn der spezifische Schnittdruck k_s ist eine Folge der kleineren Schnittdruckkomponente V. Die Erklärung dafür ergibt sich aus der vorhin gegebenen Unterteilung der Zerspanungsarbeit nach Klopstock: für die senkrechte Schneide ist der Schnittdruck etwas kleiner als für die schräge Schneide, denn die Rückdruckkomponente der Stahlschneidenreibungsarbeit ist kleiner, mit den Worten des Praktikers gesagt, der Rückdruck des Stahles ist geringer.

Zugunsten der schrägen Schneide Abb. 17 ist anzuführen, daß sie, wie Ripper nachgewiesen hat, sowohl bei Gußstahl als auch bei Schnell-

[1]) Mohr, F.: Neuzeitliche Prüfmaschinen und Prüfeinrichtungen. Z. V. d. I. 1923. S. 103.

stahl größere Schnittgeschwindigkeiten zuläßt, oder bei gleichbleibender Schnittgeschwindigkeit längere Lebensdauer hat als die senkrechte Schneide.

Die schräge Schneide weist demnach mehr und vor allem gewichtigere Vorteile auf als die senkrechte, denn für die normale Werkstatt muß gutes Scharfbleiben der Schneide allem vorangestellt werden.

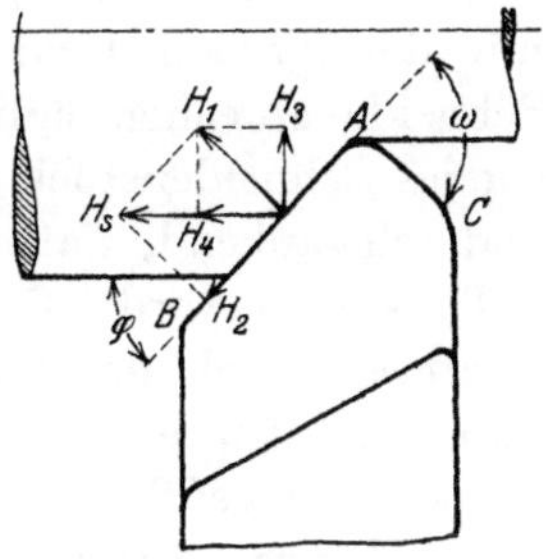

Abb. 19. Verbiegende Kräfte an der Schneide.

Als Gesamtresultat kann man daher ohne weiteres festlegen:

Schräge Schneide mit negativer Überhöhung.

Hier ergibt sich nun die Frage: Wie groß soll die Schräge gewählt werden, d. h. wie groß soll der Winkel φ genommen werden (Abb. 19)?

Die Antwort hängt von der das Werkstück durchbiegenden Kraft H_3 ab, diese muß möglichst klein bleiben.

Nehmen wir $\varphi = 45^0$, so wird $H_3 = \frac{H_s}{2}$,

„ „ $\varphi = 90^0$, so wird $H_3 = 0$.

„ „ $\varphi = 0^0$, „ „ $H_3 = H_s$.

Da aber $\varphi = 90^0$ die senkrechte Schneide ergeben würde, und auch $\varphi = 0^0$ als die zur Achse parallele Schneide (Abb. 5) für Langdrehen ausscheidet, so wählen wir am besten

$$\varphi = 40^0,$$

also: Schräge, unter 40^0 stehende Schneide mit negativer Überhöhung.

Bei 45^0 würde zwar H_3 etwas kleiner, aber die Wärmefläche an der Stahlspitze würde auch verringert.

Jetzt wäre noch zu untersuchen, ob die Bogenschneide Abb. 4 besser oder schlechter ist als die gerade.

Da hat zunächst Dempster-Smith durch Messungen festgestellt, daß V und H_l bei gerader und gebogener Schneidkante gleich bleiben, daß dagegen H_s bei der Bogenschneide etwas kleiner wird.

Demnach müßte die Bogenschneide etwas ruhiger arbeiten, was auch von Nicholson behauptet wird[1]). Eine ruhige, erzitterungsfreie Schneide ist aber schon mit Rücksicht auf die längere Lebensdauer ein wichtiger Vorteil.

Die von Dempster-Smith und Nicholson aufgestellte Behauptung, daß für die Bogenschneide der H_s-Wert kleiner wird, ist durch

[1]) Taylor-Wallichs: Über Dreharbeit und Werkzeugstähle. S. 60f. Berlin: Julius Springer.

Klopstocks Versuche nicht bestätigt worden. Die Unterschiede für die Schnittdrücke, gemessen durch alle drei Komponenten, sind für Stähle mit Krümmungsradien von 1—10 mm, wobei man für Stähle mit den großen Krümmungsradien bereits von Stählen mit runder Schneide sprechen kann, da bei einer Spantiefe von 5 mm nur ein rundes Schneidenstück mit dem Werkstück in Eingriff steht, so gering und schwankend, daß für die runde Schneide der H_s-Wert in keinem Falle kleiner wird. Bei zunehmendem Krümmungsradius wächst der Kraftverbrauch der Schneide nur ganz unwesentlich, was nicht der Fall sein könnte, wenn der H_s-Wert kleiner wird. Die auf breitester Basis durchgeführten Versuche Klopstocks haben bewiesen, daß der Unterschied des Kraftverbrauches für die gerade Schneide, die Bogenschneide (Taylor-Schneide), für senkrecht stehende und schräg stehende Schneiden (Abb. 17 und 18) nur geringfügig ist.

Bei der Bogenschneide wird die Stahlnase geschont, weil der Span hier am schwächsten ist, auch ist das Wärmeableitungsvermögen größer, ein Vorteil, der jedoch mit zunehmender Schnittiefe sich in immer geringerem Maße bemerkbar macht. Wie aus dem früher Gesagten aber hervorgeht, ist das Arbeiten mit großer Schnittiefe vorteilhaft, es tritt also bei vorteilhafter Wahl des Spanquerschnittes das bessere Wärmeableitungsvermögen nur wenig hervor.

Das Herstellen und Instandhalten von Bogenschneiden ist schwieriger. Dieser Grund veranlaßt uns, bei der einfacheren schrägen Schneide zu bleiben.

Damit ist die Rolle der Schneidkante hinsichtlich der wirkenden Kräfte genügend beleuchtet, wir kommen nun zu den Schneidflächen und den Schneidwinkeln, Abb. 20, die ebenfalls von Einfluß auf die Größe des Gesamtschnittdruckes W sind[1]).

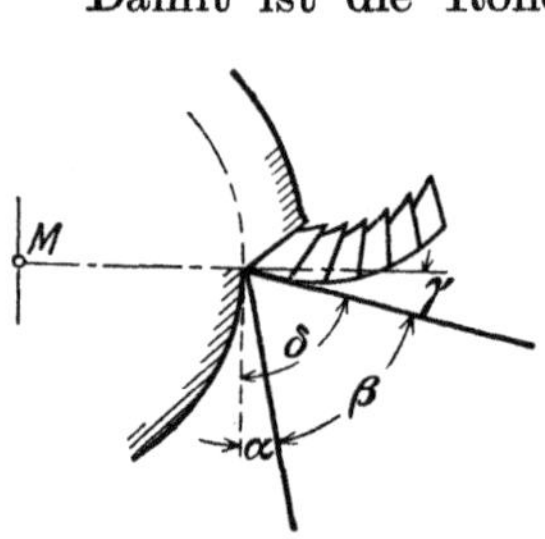

Abb. 20. Die Winkel an der Schneide.

Eine eigenartige Rolle spielt der Keilwinkel β. Die Untersuchungen De Leeuws haben gezeigt, daß für den normalen in der Werkstatt benutzten Keilwinkelbereich zwischen 50 und 75° der Unterschied des Kraftverbrauches nur gering ist, hingegen für den Bereich zwischen 20 und 30° eine wesentliche Kraftersparnis auftritt, die sich noch bis $\beta = 40^0$ bemerkbar macht (Keilwinkelkraftdiagramm.)

[1]) Simon, E.: Schneidstähle. 2. Aufl., S. 10f. Berlin: Julius Springer 1919. — Ausführlicher siehe Hippler, W.: Die Dreherei und ihre Werkzeuge. 3. Aufl. II. Teil: Die Werkzeuge. Berlin: Julius Springer. — Für Stellit siehe Werkst. Tech. 1925. S. 77; für Elektrometall Z. Maschinenbau 1925. S. 8.

Weil die bis jetzt in der Werkstatt verwendeten Stähle stets Keilwinkel $> 50^0$ haben, so ist es begreiflich und richtig, wenn Taylor den Schneidwinkeln keine besondere Bedeutung zuerkennt und sagt: „Entgegen der üblichen Meinung spielen die Schleifwinkel bezüglich des Einflusses auf die Schnittgeschwindigkeit und auf die zum Abheben des Spanes erforderliche Kraft nur eine untergeordnete Rolle[1]). Auch Klopstock bestätigt das, dessen Versuchswerte mit den von Taylor gemessenen Kraftwerten außerordentlich gute Übereinstimmung zeigen, trotzdem Taylor nur nach der Methode der aufgesetzten Seilbremse den Kraftverbrauch bestimmte.

Sehr wichtig ist der Brustwinkel γ[2]), er beeinflußt die Spanbildung und den Spandruck, denn er ist ein Maß, um wieviel der Span aus seiner ursprünglichen Bewegungsrichtung abgelenkt wird. Je schroffer der Span aus dieser Richtung abgelenkt wird, um so größeren Widerstand setzt er entgegen, um so größer wird V (Abb. 9). Die Spanablenkung wird aber um so schroffer, je kleiner der Brustwinkel γ ist. V hängt außer vom Werkstückmaterial und vom Spanquerschnitt also ganz besonders auch von γ ab. V wird um so größer, je kleiner γ ist.

Großer Brustwinkel γ erzeugt den günstigen Schälspan, kleiner Brustwinkel den wegen seiner schwankenden Schnittbelastung ungünstigen Brockenspan. Auch H_s und der Spanaufbiegungswiderstand wächst, wenn γ kleiner wird.

So ist allgemein über Größe und Wirkung des Brustwinkels γ zu sagen, daß die zum Loslösen und Aufbiegen des Spanes erforderliche Kraft bzw. Arbeit um so geringer ist, je größer γ genommen wird. Weil mit zunehmendem γ der Keilwinkel β kleiner wird und dadurch die Schneide zu schwach wird, darf γ einen gewissen Höchstwert nicht überschreiten. Mit zunehmender Härte des Werkstoffes muß γ kleiner werden.

Die Regel, daß mit zunehmendem Brustwinkel γ eine wachsende Krafterspamis auftritt, hat somit nur unter besonderen Voraussetzungen, in verhältnismäßig engem Umkreis, Gültigkeit, nämlich erst von einem solch großen γ ab, daß β nicht größer als ungefähr 40^0 wird. Bei einem Rückenwinkel $\alpha = 10^0$ würde das den Brustwinkel $\gamma = 40^0$ als unterste Grenze ergeben, evtl. kann noch bis $\gamma = 30^0$ gegangen werden. Erst von $\gamma = 30^0$ an aufwärts tritt also eine ins Gewicht fallende Leistungsersparnis auf, die mit zunehmendem γ ebenfalls wächst.

Die sich dann aber ergebenden kleinen Keilwinkel β schwächen die Widerstandskraft der Schneide so sehr, daß im allgemeinen nicht über $\gamma = 25^0$, höchstens bis 30^0, hinausgegangen werden kann. Nur der

---

[1]) Taylor-Wallichs: Über Dreharbeit und Werkzeugstähle. S. 63.

[2]) Ausführlich in Z. V. d. I., 1925, S. 227 f. unter „Wissenschaftliche Gestaltung der Werkzeuge".

Klopstockstahl hat einen größeren Brustwinkel, etwa $\gamma = 50^0$, ohne daß dadurch die Schneide geschwächt wird.

So halten wir als wichtige Erkenntnis fest: solange der Brustwinkel $\gamma < 35^0$, vermag er keinen nennenswerten Einfluß auf den Kraftverbrauch auszuüben, erst bei $\gamma > 35^0$ sinkt mit zunehmendem Brustwinkel der Kraftverbrauch.

Damit kennen wir die Rolle des Brustwinkels für eine leichte, günstige Lostrennung des Spanes, wonach er erst von 35^0 an aufwärts die schädliche Staucharbeit herabzumindern vermag. Die herabgesetzte Staucharbeit äußert sich durch geringere Wärmeentwicklung an der Schneide, erhöht somit deren Lebensdauer.

Da man den Schruppstählen — den Klopstockstahl ausgenommen — kaum einen größeren Brustwinkel als 25^0 geben kann, wobei die Schneide schon recht schwach wird, so würde demnach ein kleiner Brustwinkel von vielleicht nur 10^0 vorzuziehen sein, denn die Staucharbeit würde kaum merklich größer, was schon am Span selbst zu sehen ist, er wird nicht dicker. Weiter hätte man den Vorteil, daß bei $\gamma = 10^0$ die Schneide kräftiger wird, der Wärmefließquerschnitt größer ist. Trotzdem wäre solche Folgerung für die üblichen Baustoffe bis etwa 70—80 kg Festigkeit falsch. Würde man diese Schneide dem Dreher in die Hand geben, so würde er ihn entweder ablehnen oder ihn für einen größeren Brustwinkel umschleifen. Er würde dies damit begründen, daß bei $\gamma = 10^0$ der Stahl zu leicht vibriert, er „schnattert", und mit dieser Behauptung hat er durchaus recht. Trotzdem die Staucharbeit fast die gleiche geblieben ist, schneidet dieser Stahl doch schwerer. Der Grund ist wohl der, daß der Span zwar vom Werkstück wegfließt, dabei aber doch auch etwas das Bestreben hat, nach dem Werkstück hin zu drücken, wie Klopstock nachgewiesen hat [1]), und das natürlich um so mehr, je kleiner γ genommen wird. Dieser letzterwähnte Druck bringt die Schneide zum Zittern.

Aus diesen Erörterungen über den Brustwinkel und der Tatsache, daß die Form des Schneidkopfes und der Effekt der Zerspanung in erster Linie durch Rücken-, Keil- und Brustwinkel festgelegt werden, ergibt sich die große Bedeutung der Winkel an der Schneide. Ihre sachgemäße Bemessung bedeutet für den Schnittvorgang alles, Erfolg oder Mißerfolg, ihre Wahl bestimmt sozusagen den Manometerstand der Zerspanung.

Wenn die Schnittkante wagrecht ist, Abb. 10, dann tritt der Brustwinkel γ nur einmal auf. Wir haben aber überhöhte Schneide als Grundsatz aufgestellt; hier tritt γ dann auf als Hauptbrustwinkel, als seitlicher Brustwinkel (Seitenschleifwinkel) und als vorderer Brustwinkel (Hinterschleifwinkel), Abb. 11 und 12.

---

[1]) Klopstock, Dr. Ing.: „Die Untersuchung der Dreharbeit", Werkstatts-Tecknik 1923. Fig. 30b.

Der Hinterschleifwinkel nach Abb. 11 wirkt schädlich, denn er erzeugt die vorhin besprochene „Schnabelschneide“ mit ihrem steten Bestreben, ins Werkstück einzureißen. Trotzdem ist er noch in der Ausführung Abb. 11 in vielen Werkstätten heimisch. Dies hat seinen Grund darin, daß Taylor überall den Hinterschleifwinkel als Schnabelschneide predigt, wie seine Schneide Abb. 21 zeigt, während er die von uns geforderte negative Überhöhung verwirft.

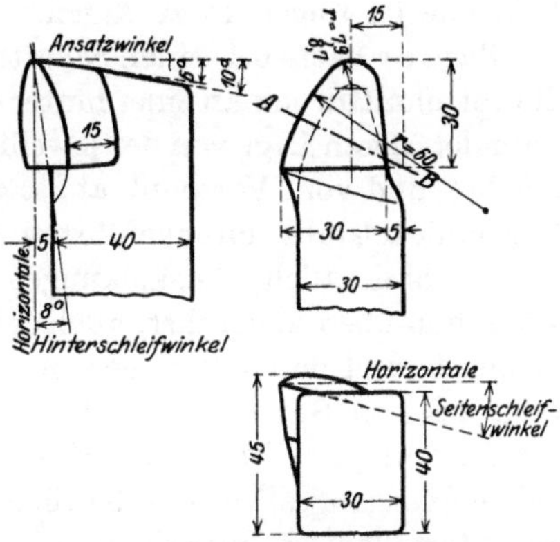

Abb. 21. Taylor-Schneide.

Die Taylorsche Schnabelschneide ist schlecht und in jedem Falle zu vermeiden, da die Nase statt entlastet belastet wird. Der Hinterschleifwinkel ist vielmehr negativ auszubilden, wodurch wir die schon geforderte negativ überhöhte Schneide erhalten, die den Spanabfluß erleichtert. Auch Klopstock hat als Normalform negativen Hinterschleifwinkel benutzt. Dieser darf aber immer nur klein sein.

Entsprechend der Wichtigkeit des Brustwinkels kommt der richtigen Gestaltung der Brustfläche die größte Bedeutung zu. Soll sie als ebene Hinterarbeitung ausgebildet sein oder als Hohlkehle (Abb. 22)? Für gleichen Brustwinkel ist eine gute Hohlkehle unbedingt vorzuziehen, trotzdem die Staucharbeit dadurch kaum beeinflußt wird. Mit Hohlkehle arbeitet der Stahl besser, das ist eine alte, feste Werkstattserfahrung. Der Grund dürfte wieder darin zu suchen sein, daß infolge der besseren Anpassung der gewölbten Brustfläche an das Aufrollbestreben des Spanes der Druck nach dem Werkstück hin geringer ausfällt. Mit zunehmender Härte des Baustoffes muß die Wölbung geringer werden, um bei ganz harten Materialien (Chromnickelstahl) ganz zu verschwinden, weil hier an die Festigkeit und den Wärmefließquerschnitt der Schneide erhöhte Anforderungen gestellt werden, die bei der Hohlkehle nicht mehr zu erreichen sind[1]. Nur die Klopstockschneide vermag auch hier den gleichen Brustwinkel und ihre kräftige Hohlkehle beizubehalten.

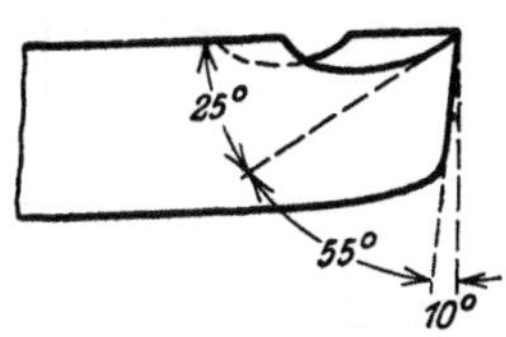

Abb. 22. Hohlkehlen-Brustfläche.

[1]) Hippler, W.: Die Dreherei und ihre Werkzeuge. 2. Aufl. S. 105/6.

E. Die Klopstock-Schneide.

Über Art, Wirkungsweise und praktische Nutzanwendung dieser Schneide ist folgendes zu sagen.

Taylor hatte bei seinen Schnittversuchen bereits festgestellt, daß der Hauptschnittdruck an einer hinter der Schneidkante gelegenen Stelle sich befindet, deren Lage von der jeweiligen Festigkeit des betreffenden Werkstückes und vom Vorschub abhängt. Die Beobachtungen bei den auf Chromnickelstahl durchgeführten Versuchsreihen Klopstocks zeigten besonders deutliche Auskolkungen auf der Brustfläche des Stahles, die, wie schon oben angeführt, auch schon von Schlesinger und Kurrein bemerkt, und deren Verlagerung während der zunehmenden Abstumpfung des von Schlesinger benutzten Stahles im Bilde wiedergegeben worden waren. Die von Klopstock gemachten Aufnahmen des Schneidvorganges[1]) lassen deutlich erkennen, daß dieser in vier Phasen zu unterteilen ist, von denen die der Zusammenstauchung des in Abscherung befindlichen Spanelementes für die bei der Zerspanung aufzuwendenden Kraft einen wesentlichen Anteil ausmacht. Aus der Lage des sich abschälenden Spanelementes zur Brustfläche war ersichtlich, daß die Stauchwirkung an einer in gewissem Abstand hinter der Schneide liegenden Stelle erfolgt. Um die schädliche Deformationsarbeit bei der Zerspanung und die starke Abnutzung der Stahlbrust auf ein Mindestmaß herabzusetzen, gab Klopstock der Brustfläche von vornherein eine Form, die der Span sich sonst erst zwangläufig aus der Stahlbrust herausarbeiten mußte.

Abb. 23—26 zeigen die neue Brustfläche. Besondere Wichtigkeit mißt Klopstock der hinteren Schneidkante, der sog. Nebenschneide[2]) bei, die einen wesentlichen Anteil an der Zerspanung trägt. Die Klopstock-

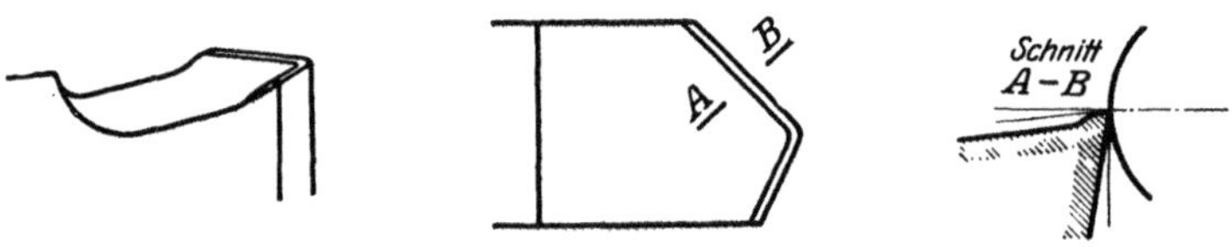

Abb. 23—25. Klopstock-Schneide.

Schneide zeigt demzufolge einen längs beider Schneidkanten laufenden schmalen Flächenstreifen, Abb. 24, der eine unter bestimmter Krümmung gegen diesen anlaufende, versenkte ebene Brustfläche einschließt. Die Bemaßung der neuen Form ist einer Reihe von Bedingungen unterworfen, die einen Kompromiß zwischen einzelnen Lösungen darstellen. Um den Stahl

[1]) H. Klopstock, Dr. Ing.: Die Untersuchung der Dreharbeit. Werkst.-Techn. 1923, Fig. 25 und 26.

[2]) Hippler, W.: Die Dreherei und ihre Werkzeuge. 2. Aufl., S. 90f. Berlin: Julius Springer 1919.

für schwerste Schrupparbeit widerstandsfähig zu machen, muß eine bestimmte Breite des Flächenstreifens eingehalten werden. Es muß das Optimum des Wärmefließquerschnittes an der Spitze gewährleistet sein, um zu starke Erwärmungen zu vermeiden. Die Ausbildung der gebrochenen Brustfläche will die Bedingungen größter Festigkeit, guten Wärmefließquerschnitts und leichter Spanabfuhr erfüllen. Durch die unter bestimmter Krümmung gegen den Flächenstreifen anlaufende Brustfläche erhält der Stahl einen Brustwinkel beim Schnitt von $\sim 50^0$, während der Keilwinkel des schmalen Flächenstreifens gegen die Rückenfläche 70^0 beträgt[1]). Der beim Schneiden mit der neuen Form maßgebende Keilwinkel wird gebildet durch die Tangente an den Krümmungsradius im Auslaufpunkt der versenkten Brustfläche gegen den Flächenstreifen und der Rückenfläche des Stahles. So erklärt sich eine Leistungsersparnis. Es bedarf besonderer Erwähnung, daß die Verlagerung des Hauptstauchdrucks, was Taylor nicht beobachtet hat, vornehmlich vom Vorschub abhängig ist, und daß nur dieses Moment bei Dimensionierung der neuen Form ausschlaggebend ist. Versuche im praktischen Betrieb haben gezeigt, daß der „Klopstock-Effekt" bei drei Stählen, nach der neuen Form geschliffen, sich nur an einem der drei Stähle zeigte, während die Lebensdauer der beiden anderen Stähle, da sie nicht richtig geschliffen waren, nur genau so groß war wie die der gewöhnlichen Stähle. Die Versuche haben gezeigt, daß von 1 mm Vorschub ab für alle höheren Vorschubbereiche die gleiche Bemaßung der Form angewandt werden kann, so daß nur unterhalb von 1 mm Vorschub verschiedene innerhalb gewisser Grenzen erforderliche Bemaßungen notwendig sind. Zweifellos ist das ein erheblicher Nachteil für die Einführung dieses Stahles. Durch den längs beider Kanten laufenden schmalen Flächenstreifen ist die Schneidenform befähigt, schwerste Späne zu nehmen und besitzt durch das Zusammenstoßen beider Flächenstreifen an der Spitze (*a* in Abb. 12) genügende Festigkeit und Wärmeabfuhr.

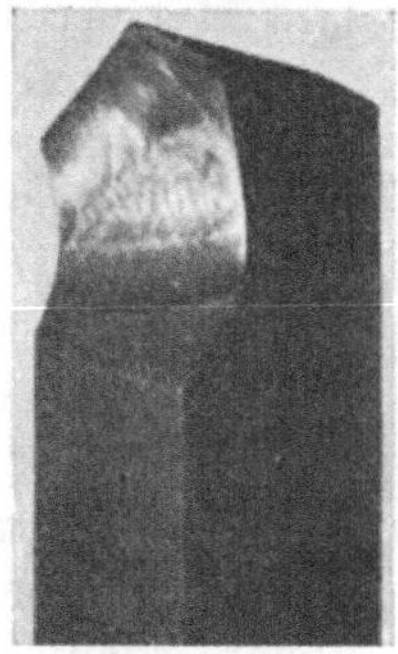

Abb. 26. Klopstock-Schneide.

Ob allerdings die Klopstockschneide in Wirklichkeit alles hält, was man sich, theoretisch besehen, von ihr versprechen muß, ob das Verlockende ihrer Gestaltung sich auch in der normalen Werkstatt genügend bewähren wird, wird die Praxis erst noch zu erweisen haben. Eine längere Lebensdauer kann ja jetzt schon als durchweg sicher angesehen werden. Bei normalen, richtigen Schnittverhältnissen nutzt sich die

[1]) Hippler, W.: Wissenschaftliche Gestaltung der Werkzeuge. Z. V. d. I. 1925. S. 227f.

Klopstockschneide von der Brustfläche nach der Schneidkante hin ab, d. h. die Auskolkung des längs der Schneidkante laufenden schmalen Flächenstreifens, der je nach Erfordernis eine Breite von 0,5, 1, 1,3, 1,5 und 2 mm aufweist, beginnt an der nach dem Schaft zu gelegenen Kante, und breitet sich allmählich bis zur Schneidkante aus. Im Schnitt *A B*, Abb. 24 und 25, stellt sich die Auskolkung als ein ungefähres Dreieck dar. Hat sie die Schneidkante erreicht, dann unterscheidet sich die Klopstockschneide nicht mehr von der üblichen Schruppschneide, beide sind sich von da ab gleichwertig. Die Klopstockschneide wird um soviel länger standhalten, als der Span Zeit braucht, das erwähnte Dreieck herauszuwetzen. Je nach der Schnittgeschwindigkeit wird diese Zeit zwischen 30—60 Minuten betragen, bei sehr harten Werkstoffen und hoher Geschwindigkeit aber reduziert sich die größere Standhaftigkeit u. U. ganz erheblich. Für die harten und scharfen Verhältnisse, in denen heute die Werkstatt lebt, genügt aber eine größere Lebensdauer allein bei weitem nicht, sie fordert von der neuen Schneide vor allem erhöhte Spanmenge durch Steigerung des Vorschubes oder der Schnittgeschwindigkeit. Hier aber scheint die Schwierigkeit zu liegen. Wurde die Bank mit der üblichen Schruppschneide schon voll ausgenutzt, so dürfte es mit dem Klopstockstahl trotz seiner Ersparnis an Kraftverbrauch schwer werden, einen größeren Vorschub zu nehmen, die Bank zieht nicht mehr durch. Mehr Aussicht hat die Erhöhung der Geschwindigkeit, weil hier — bis zu einer gewissen Grenze — die Durchzugskraft des Riemens eher etwas zunimmt, aber auch dieses Mittel versagt meist, da beispielsweise bei Einscheibenantrieb die Riemengeschwindigkeit unverändert bleibt.

Wir kommen also in bezug auf Kraftverbrauch endgültig zu der negativ überhöhten Schneide (Abb. 12 mit gewölbter bzw. bei harten Baustoffen ebener Brustfläche oder mit Klopstockscher Brustfläche) als der für geringsten Kraftverbrauch wirtschaftlichsten, besten Schruppschneidenform.

Unsere Aufgabe, eine Schneidenform zu entwickeln, die geringsten Kraftverbrauch gewährleistet, haben wir nunmehr gelöst.

F. Schnittgeschwindigkeit und Schneidenform.

Mit der Forderung nach geringem Kraftverbrauch sind aber die an die Schneide zu stellenden Anforderungen noch nicht erschöpft, sie soll auch so ausgebildet sein, daß sie hohe Schnittgeschwindigkeiten ertragen kann, denn die Schnittgeschwindigkeit, die das Werkzeug ohne Schaden aushalten kann, ist, wie schon auseinandergesetzt, nicht bloß vom Stoff des Werkzeuges abhängig, sondern auch von der Gestaltung der Schneide, und das sogar in sehr erheblichem Maße, wie Taylor und Ripper nachgewiesen haben. Das wird in der Werkstatt so gern übersehen, sie denkt bei der Schnittgeschwindigkeit immer nur an die Stahlqualität, nie an die Schneidenform, sie vergißt so leicht, daß der gleiche Spanquerschnitt mit größerer oder geringerer Schnittgeschwindigkeit abgetrennt wird, je nachdem die Schneide eine vorteilhafte oder ungeeignete Form hat.

Bei wirtschaftlicher Ausnutzung der Maschine wird diese höchstzulässige Schnittgeschwindigkeit, wie wir wissen, nicht gebraucht, sondern eine niedrigere. Dadurch wird die Schneide geschont, ihre Lebensdauer bis zum Nachschleifen wird größer, ein Umstand, der für die Werkstatt wichtig ist.

Natürlich dürfen wir mit der sie ablösenden niedrigeren Schnittgeschwindigkeit nicht beliebig tief gehen, da würde schließlich das Moment der Schonung der Schneide gegenüber der verlängerten Schnittzeit nicht mehr genügend durchdringen; es gibt hier eine Grenze, und wo diese Grenze ist, sagt uns unser im vorigen Aufsatz besprochenes Leistungsdiagramm.

Auch dürfen wir uns durch diese Erörterungen nicht irre machen lassen darin, daß wir die Schneide so auszubilden haben, daß sie höchstmögliche Schnittgeschwindigkeit ertragen kann. Damit sie das kann, muß sie, wie wir schon wissen, den Span auf einem möglichst großen Schnittbogen abtrennen, mit anderen Worten die Schneide muß an sich schon möglichst lang sein, also nicht senkrechte Schneide, sondern schräge Schneide.

Als wir eingangs die Bedingungen für möglichst günstige Spanabtrennung aufstellten, stießen wir auf 2 diametrale Forderungen: für geringsten Kraftverbrauch möglichst kurzen Schnittbogen, also senkrechte Schneide mit geringster Abrundung an der Nase, für höchste Schnittgeschwindigkeit langen Schnittbogen, also schräge Schneide mit gut abgerundeter Nase. Infolge dieses Gegensatzes zogen wir einen Kompromiß in Erwägung, der aber einmal schon durch die Klopstockschen Forschungen gegenstandslos wird, sodann auch, wie sich im weiteren Verlauf zeigte, gar nicht nötig wird, weil uns ein glücklicher Umstand zu Hilfe kam, nämlich der, daß bei senkrechter Schneide die für das Abstumpfen der Schneide verantwortliche Kraft ihren größten Wert erreicht. So mußten wir die senkrechte Schneide als diejenige mit geringstem Kraftverbrauch doch fallen lassen und an ihre Stelle die schräge setzen, also die mit längerem Schnittbogen.

Die Forderung nach kurzem Schnittbogen fällt aus und es bleibt nur noch der lange Schnittbogen, der eingangs konstruierte Gegensatz verschwindet und der Konflikt hört auf. Es herrscht die schräge Schneide und bleibt nur noch die Frage, ob sie der Taylorschen Bogenschneide Abb. 4 weichen soll.

So fassen wir zusammen:

Die Rücksicht auf den Kraftverbrauch führte uns zur schrägen Schneide unter 40° mit negativer Überhöhung, die Rücksicht auf die Schnittgeschwindigkeit führt uns zur gleichen Schneide.

Noch besser in bezug auf die Schnittgeschwindigkeit würde die Schneide bei Winkeln kleiner als 40°, aber dann würden wir unnötig kräftigen Stahl erhalten, also Materialverschwendung.

Mit unserer bis jetzt als wirtschaftlich erkannten Schneide entsprechen wir auch in jeder Hinsicht unserer Bedingung nach guter Wärmeableitung.

Legen wir zum Schluß noch den Maßstab leichter Herstellung und Instandhaltung an, so entspricht auch hier die zur wirtschaftlichsten Schneide erhobene allen Anforderungen bis auf die negative Überhöhung. Diese darf nur klein sein, der Dreher wird aber beim Nachschleifen nach Augenmaß oft und leicht über die zulässige Größe hinausgehen. Jedem Dreher eine Schleifschablone in die Hand zu geben, dürfte in vielen Fällen nicht gut angängig sein, es ist daher aus praktischen Gründen der Instandhaltung bei all den Werkstätten, wo der Dreher seine Stähle bis zu einem gewissen Grade selbst nachschleift, zu erwägen, ob die Schneide mit negativer Überhöhung nicht korrigiert werden soll in eine solche mit wagrechter Schneide nach Abb. 10, und nur für harte Werkstoffe Stähle mit negativ überhöhter Schneide bereitgehalten werden.

Das wird in das Ermessen der Betriebsleitung gelegt werden müssen. Wir formulieren unsere wirtschaftliche Schneidenform, die wir als Normalschneide bezeichnen wollen, deshalb dahin:

Schräge Schneide unter 40°, entweder mit negativer Überhöhung oder wagrecht, mit gewölbter Brust für weiche und mittelharte Baustoffe, mit ebener Brust für harte Baustoffe, oder mit Klopstockscher Brustfläche.

Mit dieser Normalschneide befinden wir uns gegenüber der senkrechten Schneide in durchaus guter Gesellschaft, denn Ripper hat in seinen großangelegten Versuchen nachgewiesen, daß bei gleichem Spanquerschnitt die längere Schneide eine größere Schnittgeschwindigkeit zuläßt, und zwar fast genau im Verhältnis der Verlängerung der wirksamen Schneidenlänge, oder bei gleicher Schnittgeschwindigkeit haben Stähle mit langen Schneidkanten längere Lebensdauer.

Nun stehen wir noch vor der Frage: Wird unsere bis jetzt entwickelte Normalschneide nicht vielleicht noch von der Bogenschneide übertroffen?

In bezug auf Kraftverbrauch haben wir die Frage schon entschieden zugunsten der geradlinigen Schneide.

In bezug auf die Schnittgeschwindigkeit besteht zweifelsfrei eine Überlegenheit der Bogenschneide, denn sie hat doch einen erheblich längeren Schnittbogen. Demgegenüber ist wieder nicht zu verstehen, daß Taylor von der Halbkreisschneide zu der Flachbogenschneide mit ihrer kürzeren Schnittbogenlänge überging, weil letztere nach seinen Beobachtungen größere Schnittgeschwindigkeit zulasse[1]). Der Grund kann doch wohl nur darin zu suchen sein, daß die Flachbogenschneide erschütterungsfreier arbeitet, Taylor mithin in die Lage versetzt war, mit Hilfe dieser Schneide die Geschwindigkeiten zu steigern, wenn auch die Lebensdauer dieser Schneide in keinem Falle größer ist als die der Halbkreisschneide.

Da die Bogenschneide auch in der Wärmeableitungsfähigkeit der schrägen Schneide nicht nachsteht, sie eher noch übertrifft, so kann mit den schon früher gerühmten Vorzügen zusammen die Bogenschneide doch Vorteile ins Feld führen, die eine Entscheidung zwischen ihr und der schrägen nicht ganz leicht machen. Ihren Nachteil, daß sie infolge des größeren Schnittbogens leichter zittert, kennen wir ebenfalls. Da wir nun aber einmal zwischen beiden wählen müssen, so geben wir doch immer wieder wegen der leichteren Herstellung der geraden Schneide nach Abb. 10 oder 12 bzw. 23—26 den Vorzug und erheben sie damit uneingeschränkt zur wirtschaftlichsten Schneidenform, zur Normalform für Schruppen.

Will demgegenüber eine Werkstatt die Bogenschneide zur Normalform erheben, dann aber niemals wie Taylor mit Hinterschleifwinkel (Abb. 21), also positiver Überhöhung, sondern wagrecht oder mit negativer Überhöhung.

Damit sind wir am Ziel, wir haben die gesuchte wirtschaftliche Schneidenform. Unwillkürlich fällt uns als Gegensatz zu ihrer einfachen Formulierung: „Schräge Schneide unter 40° und negativer Überhöhung oder wagrechter Schneide, mit hohler oder ebener oder Klopstockscher Brustfläche“, der ziemlich lange Weg auf, der zu gehen war, bis wir zu dieser Formulierung kamen.

Mit Absicht wurde hier nur ein Grundplan der Schneidengestaltung entwickelt, von konkreten Werten über Bemaßung der Schneide usw. ist abgesehen, um den Rahmen dieses Aufsatzes nicht zu überschreiten.

Die Werkzeugmaschine ist nichts, vermag nichts ohne das Werkzeug; letzteres gibt der Arbeit so recht den besonderen Charakter, ihren Stil, die Werkzeuge sind, wie Hellmich sagt, die Seele der Fabrikation[2]).

---

[1]) Taylor-Wallichs: Über Dreharbeit und Werkzeugstähle. S. 59. Berlin: Julius Springer 1920.

[1]) Hellmich, Dr. Ing. W.: Der Gedanke der Wertarbeit in der deutschen Gütererzeugung. Z. V. d. I. 1923. S. 966.

Einen Betriebsmann kann man mit am besten am Aussehen seiner Werkzeuge, an der zweckmäßigen und vorteilhaften Form ihrer Schneiden, beurteilen: „Zeige mir dein Werkzeug, und ich sage dir, wer du bist.“ Lange, lange Jahre stand es um das Problem der günstigsten Gestaltung der Werkzeugschneide sehr schlecht, es fehlte an jeglichen Richtlinien. Das Verdienst, das so wichtige Problem ins Dock genommen zu haben, um alt und morsch Gewordenes zu entfernen, anderes neu zu nieten und zu hämmern, gebührt den beiden Reedern Taylor und Klopstock, sie haben das Schiff geschaffen, das nun hinausziehen kann, neue Meere und neue Küsten zu suchen.

Fräser und Messerköpfe.

Von Prof. Dr.-Ing. **O. Schmitz**, Braunschweig.

A. Geschichtliches.

Die weitgehende Verwendung von Fräsern als Bearbeitungswerkzeuge ist erst in den letzten Jahrzehnten aufgekommen. Trotzdem ist der Fräser keineswegs ein junges Werkzeug, sein Alter ist im Gegenteil, an der Entwicklungsdauer unserer Werkzeugmaschinen gemessen, ziemlich hoch, wenn auch über seine Jugendzeit wenig bekannt ist. Soviel scheint jedoch festzustehen, daß die ersten wirklichen Fräser Formfräser zum Schneiden von Uhrrädern gewesen sind. Eine Räderfräsmaschine soll bereits 1716 durch Henry Sully in England gebaut worden sein. Ebenso hat Vaucanson (1709—1782) Fräser zur Herstellung seiner berühmten Instrumente verwendet, die z. T. jetzt noch erhalten sind. Diese ersten Fräser (Abb. 1) sind durchweg mit vielen kleinen

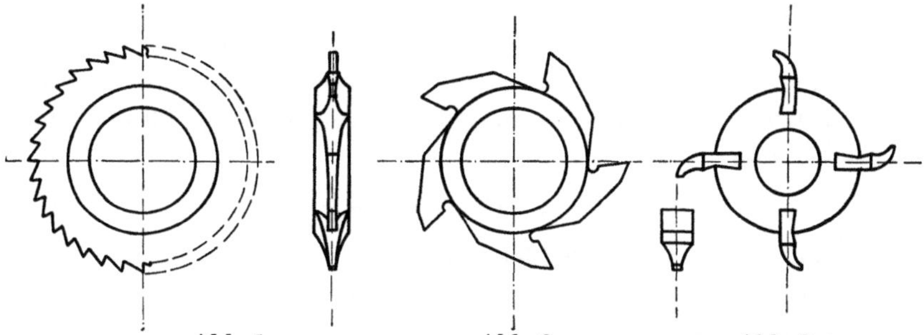

Abb. 1. Abb. 2. Abb. 3.

Abb. 1—3. Uhrenfräser aus dem 18. Jahrhundert.

Zähnen versehen, bei denen ein Nachschleifen nicht möglich war. Ihre Leistung und Lebensdauer war infolgedessen sehr gering, so daß ihre Verwendung für andere Zwecke als die der Feinmechanik kaum in Frage kam. In der Cyklopaedia von Rels (1819) ist aber bereits eine Räderfräsmaschine von Rehe beschrieben, deren Fräser (Abb. 2) nur wenig Zähne hat, die so geformt sind, daß der Fräser als Vorläufer des modernen hinterdrehten Fräsers aufgefaßt werden kann. An dieser Stelle wird auch schon eine Schleifmaschine dargestellt, auf der die Brust und die Flanken der Fräser geschliffen werden können und die auch schon einen Stützfinger zum richtigen Einstellen der Zähne an der

Schleifscheibe besitzt. Auch ein Fräser mit eingesetzten Zähnen wird abgebildet, Abb. 3, bei dem die Schwierigkeiten des Härtens und Verziehens größerer Stahlstücke vermieden werden sollen, so daß im ganzen die Grundlinien der Entwicklung schon hier festgelegt sind. Wenn trotzdem diese Werkzeuge zunächst keine größere Bedeutung bekamen, so lag das wohl wesentlich daran, daß die Mittel zum Scharfschleifen nach dem Härten und ebenso zum Nachschleifen ungenügend waren.

Erst um die Mitte des vorigen Jahrhunderts führten Brown und Sharpe Schmirgelscheiben als Schleifmittel ein, wodurch die neuzeitliche Entwicklung des Fräsers überhaupt erst ermöglicht wurde. Jetzt konnte der Fräser nach dem Härten fertig geschliffen und ebenso beliebig scharf geschliffen werden, sobald er abgenutzt war. Vor allem war man aber nicht mehr an die feine Zahnteilung gebunden, sondern er konnte jetzt mit einer groben, nach wirtschaftlichen Gesichtspunkten bestimmten Zahnteilung hergestellt werden.

Brown und Sharpe erfanden dann auch das Hinterdrehen der Formfräser, das von weittragender Bedeutung wurde. Solche Fräser wurden zum ersten Male auf der Weltausstellung in Wien 1873 vorgeführt.

Hiermit waren die wesentlichen Grundlagen der Fräserkonstruktion geschaffen. Der Ausbau des Erreichten, die Einführung des Fräsers als wertvolles Werkzeug für fast alle Bearbeitungszwecke erfolgte verhältnismäßig schnell, und zwar war es zunächst der Formfräser, der durch die Erfindung des seitlichen Hinterdrehens von Reinecker vervollkommnet wurde und dann der Fräser mit gefrästen Zähnen zum Bearbeiten ebener Flächen, der immer größere Anwendung im Maschinenbau fand.

B. Einteilung.

Grundsätzlich unterscheidet man
 spitzgezahnte oder gefräste Fräser.
 hinterdrehte Fräser.

Bei ersteren erfolgt die Herstellung der Zähne nur durch Fräsen, während bei letzteren zwar die Nuten gefräst werden, der Zahn aber seine besonderen Eigenschaften durch das Hinterdrehen erhält.

Gefräste Fräser (Abb. 4). Beim gefrästen Fräser erfolgt das Schärfen der Zähne durch Schleifen der Fase f. Hierdurch ist ein genaues Rundschleifen des Fräsers möglich, was zur Folge hat, daß alle Zähne gleichmäßig das Material angreifen und deshalb gleichmäßig belastet sind. Man benutzt ihn vorwiegend zur Herstellung ebener und solcher abgesetzter Flächen, die sich aus ebenen Flächen zusammensetzen. Für gekrümmte Flächen ist er nur ausnahmsweise verwendbar, wenn die Form einfach ist und besonders große Arbeitsgenauigkeit gefordert wird. Das Nachschleifen der Formfräser mit gefrästen Zähnen ist sehr schwierig, weil es an der

Fase geschehen muß und nur mit Hilfe von besonders für diesen Zweck gebauten Vorrichtungen möglich ist. Dem Vorteil des genauen Arbeitens steht der Nachteil gegenüber, daß sich die Zahnform beim Nachschleifen ändert. Die Zahnhöhe nimmt bei jedem Schleifen ab und der zur Aufnahme der Späne zwischen den Zähnen liegende Raum wird kleiner. Der Fräser wird daher um so schneller unbrauchbar, je feiner seine Teilung ist. Das Streben nach möglichst großer Ausnutzung des Fräsers führte also an sich schon dazu, die Teilung grob zu machen; dazu kam aber noch der Vorteil, daß der Wirkungsgrad

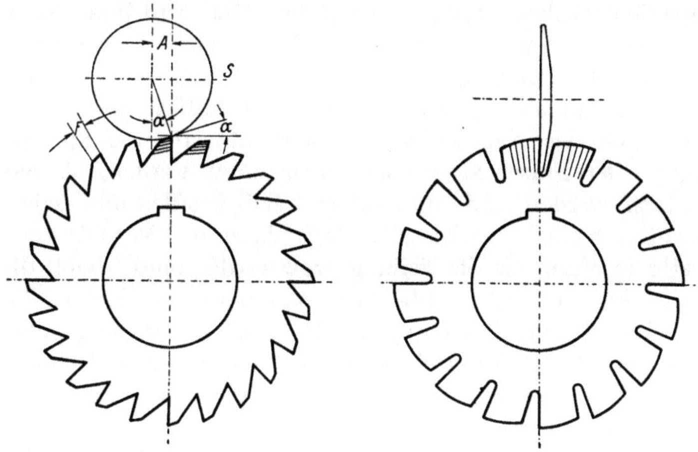

Abb. 4 u. 5. Gefräster und hinterdrehter Fräser.

des Fräsers hierdurch nicht unerheblich verbessert wurde. Bei richtiger Bauart spielt also der Nachteil der Abnahme der Zahnhöhe keine große Rolle, zumal die Werkstoffabnahme beim Schleifen des Spitzfräsers an sich gering ist.

Hinterdrehte Fräser (Abb. 5). Der hinterdrehte Fräser wird dagegen nur an der Brust geschliffen, und zwar so, daß die Brustfläche immer radial verläuft. Die Höhe des Zahnes und sein Profil dürfen sich daher nicht ändern. Dies wird dadurch erreicht, daß der Zahnrücken und die Seiten auf besonderen Drehbänken abfallend gedreht, d. h. hinterdreht werden. Der Abfall darf nicht beliebig, sondern muß nach einer logarithmischen Spirale erfolgen, wenn die Bedingung der gleichbleibenden Profile streng erfüllt werden soll. Man kann sich dann den Zahn aus vielen Scheiben gleichen Profiles entstanden denken. Sobald eine Scheibe fortgeschliffen ist, kommt die nächste zum Vorschein. Das Schleifen an der Brust hat aber andererseits den Nachteil, daß die Werkstoffabnahme nie ganz gleichmäßig sein kann und infolgedessen auch die Zähne nicht auf genau gleiche Höhe gebracht werden können. Der Fräser wird also nie genau rundlaufen, auch wenn das Schleifen noch so sorgfältig erfolgt. Dazu kommt, daß beim Härten Formveränderungen auftreten können, die ebenfalls das Rundlaufen ungünstig beeinflussen und durch das Schleifen an der Brust nicht beseitigt werden können. Die Folge davon ist eine ungleiche Belastung der einzelnen Zähne, die den Fräser für schwere Schnitte ungeeignet erscheinen läßt. Wenn trotzdem in einzelnen Fällen Schruppfräser hinterdreht werden, so hat das seinen Grund lediglich darin, daß der hinterdrehte Zahn bei richtiger Konstruktion sehr kräftig ausgebildet werden kann. Die Nachteile des Fräsers spielen jedoch gegenüber dem großen Vorteil des unveränderlichen Profils keine Rolle. Man wird ihm also dort, wo es sich um das Fräsen schwieriger Profile handelt, unbedingt vor dem Spitzfräser den Vorzug geben.

Im Gegensatz zum Spitzfräser wird die Zahnlücke des hinterdrehten Fräsers durch das Nachschleifen größer, also für die Spanaufnahme günstiger. Der Fräser kann somit ausgenutzt werden, bis die Zähne zu schwach werden und ausbrechen. Bei Profilen mit sehr großen Höhenunterschieden werden allerdings dann die Verhältnisse wieder ungünstig insofern, als die Teilung groß werden muß, damit die Zähne nicht zu schwach werden. Die Folge davon ist eine kleine Zähnezahl, die zu schwankender Belastung des Fräsers Veranlassung geben kann, wenn die Zahl der im Eingriff befindlichen Zähne wechselt. Die Genauigkeit der Arbeit leidet dann leicht, wenn der Vorschub nicht entsprechend klein genommen wird.

Die Lebensdauer des hinterdrehten Fräsers ist bei sachgemäßer Instandhaltung sehr groß. Wesentlich ist dabei, daß der Fräser immer scharf gehalten wird. Stumpfe Zähne und die Beschädigung der hinterdrehten Zahnrücken verlangt immer ein starkes Abschleifen der Zahnbrust, damit wieder eine einwandfreie Schneidkante entsteht.

Die Fräser beider Herstellungsarten lassen sich in Gruppen einteilen, die sich durch ihre durch den jeweiligen Verwendungszweck bedingte Form unterscheiden. So unterscheidet man Walzenfräser (Abb. 6), Stirnfräser (Abb. 7), Walzenstirnfräser (Abb. 8), Winkelfräser (Abb. 9), Winkelstirnfräser (Abb. 10), Nutenfräser (Abb. 11), Satzfräser u. dgl. Allgemein gilt, daß die Spanabnahme günstiger wird, wenn der Zahn nicht senkrecht zur Bewegungsrichtung, sondern schräg dazu gestellt wird. Bei breiten Walzenfräsern wird daher die Schneidkante spiralig verlaufend angeordnet. Der Fräser wirkt dann schälend auf den Werkstoff ein, wobei das ruhige Arbeiten durch den gleichzeitigen Eingriff mehrerer Zähne, je nach der Breite des Fräsers und der Steigung der Spirale, bewirkt wird.

Eine besondere Rolle spielt dabei die gute Abführung der Späne, die durch die Steigung der Schnittkanten seitlich abgeschoben werden. Der Wirkungsgrad der Fräser wird hierdurch erheblich verbessert.

Stirnfräser schneiden freier als Walzenfräser und sind deshalb für Flächenbearbeitung wirtschaftlicher. Hierbei müssen aber ebenfalls die Schneidkanten so gestellt werden, daß die Späne gut abgeführt

Abb. 6. Walzenfräser.

Abb. 7. Stirnfräser.

Abb. 8. Walzenstirnfräser.

Abb. 9. Winkelfräser.

Abb. 10. Winkelstirnfräser.

Abb. 11. Nutenfräser.

werden. Die Kanten dürfen also nicht radial verlaufen, sondern müssen um einen bestimmten Winkel von der Mitte abweichen. Versuche haben ergeben, daß mit solchen Fräsern um 50 % höhere Leistung für die PS/min erzielt werden, als bei radial verlaufenden Schneiden.

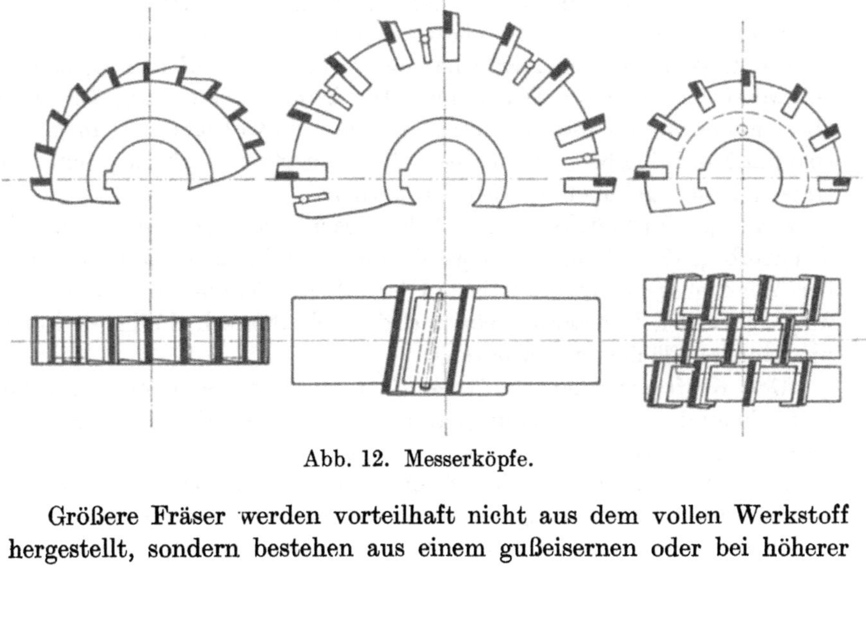

Abb. 12. Messerköpfe.

Größere Fräser werden vorteilhaft nicht aus dem vollen Werkstoff hergestellt, sondern bestehen aus einem gußeisernen oder bei höherer

Beanspruchung stählernen Körper, in dem Messer aus Schnellstahl befestigt sind (Abb. 12). Die Grundsätze für die Anordnung der Schneiden im Messerkopf, also Schrägstellung der Messer zur Verbesserung des Wirkungsgrades, sind die gleichen wie vorher erwähnt.

C. Arbeitsweise.

Allgemeines: Vor der Besprechung der Fräserkonstruktion soll zunächst auf die Arbeitsweise etwas näher eingegangen werden. Während der Dreh- oder Hobelstahl Späne gleichbleibender Stärke abnimmt, ist der beim Fräsen entstehende Span kommaartig (Abb. 13), also für den Anschnitt wesentlich ungünstiger. Der Span ist zu Beginn sehr dünn, so daß der Zahn auch infolge des 90° betragenden Schneidwinkels nicht sofort faßt, sondern erst eindringt, wenn der Druck zwischen Zahn und Werkstoff eine gewisse Grenze überschritten hat. Hierbei wird einerseits der Werkstoff zusammengedrückt und andrerseits der Fräser infolge der immer vorhandenen Nachgiebigkeit zwischen Tisch und Frässpindel abgedrängt. Wenn der Span lang und dünn ist, können diese Verhältnisse so ungünstig werden, daß ein unruhiger Gang der Maschine eintritt. Sobald andrerseits der Span am Ende zu dick wird, kann die Beanspruchung der Maschine so wachsen, daß ebenfalls der ruhige Gang und demgemäß die Sauberkeit der gefrästen Fläche leidet. Hieraus geht hervor, daß Vorschub und Schnittgeschwindigkeit im bestimmten Zusammenhang stehen müssen und bestimmte Grenzen nicht überschreiten dürfen, wenn wirtschaftlich gearbeitet werden soll.

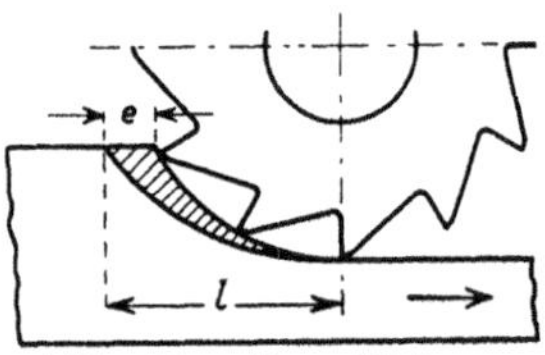

Abb. 13. Spanbildung beim Fräsen.

Die Eigenart des Eingriffs bedingt ferner, daß auf das Werkstück ein wesentlich höherer Druck als z. B. beim Hobeln ausgeübt wird. Hieraus ergibt sich die bekannte Tatsache, daß Stücke, die möglichst spannungsfrei bleiben sollen oder die einen starken Druck nicht vertragen, besser gehobelt als gefräst werden.

Schnittgeschwindigkeit: Bei Schrupparbeiten wird allgemein der Vorschub groß und die Schnittgeschwindigkeit klein gewählt, da dann der Wirkungsgrad am günstigsten ist. Beim Schlichten nimmt man umgekehrt den Vorschub klein und die Schnittgeschwindigkeit höher, um saubere Flächen zu erhalten.

Der Kraftverbrauch ist wesentlich von der Schnittgeschwindigkeit abhängig. Der Wirkungsgrad sinkt, wenn die Geschwindigkeit über eine gewisse Grenze steigt. Versuche haben ergeben, daß es nicht wirtschaftlich ist, in gleicher Weise wie beim Drehen und Hobeln die Leistungsfähigkeit des Schnellstahls durch Steigerung der Geschwindigkeit auszunutzen. Die günstigste Schnittgeschwindigkeit liegt für gewöhnlichen Werkzeugstahl und Schnellstahl auf gleicher Höhe etwa bei 12 m/min. Die in vielen Zahlentafeln zu findende Angabe, wonach die Geschwindigkeit für Schnellstahl doppelt so groß wie für Werkzeugstahl sein soll, widerspricht den Versuchsergebnissen, da hierbei die Spanleistung für die PS/min wesentlich sinkt. Dagegen gestattet der Schnellstahl die Anwendung größerer Vorschübe, wobei seine Vorzüge in der größeren Schneidhaltigkeit, also seltenerem Nachschleifen zur Geltung kommen. Wenn aber die Frage des Kraftverbrauches gegenüber der Herstellungsmenge zurücktritt, ist die Steigerung der Schnittgeschwindigkeit zulässig. Besonders vorteilhaft arbeitet dann der neue Werkstoff Stellit, eine Kobaltlegierung, die nach Versuchen eine Erhöhung der Schnittgeschwindigkeit auf das Mehrfache der bei Werkzeugstahl zulässigen bei gleichzeitiger Erhöhung des Vorschubes ermöglicht. Mit einer entsprechend kräftigen Maschine lassen sich dann Mehrleistungen gegenüber Schnellstahl von über 500% erzielen, wobei aber naturgemäß der Wirkungsgrad entsprechend sinken muß. Bei normalen Geschwindigkeiten zeigt sich dagegen der Vorzug des Stellits in der wesentlich längeren Lebensdauer des Werkzeuges.

Vorschub. Über die Größe des Vorschubes lassen sich allgemein gültige Angaben nicht machen, da hier zuviel verschiedene Momente, wie die Art des zu fräsenden Werkstoffes, seine Form und Aufspannung, die Leistungsfähigkeit und der Zustand der Maschine, die Kühlung usw. mitsprechen. Die Wirtschaftlichkeit in Verbindung mit den Anforderungen an die Genauigkeit ist ausschlaggebend, ferner auch die Art der Arbeit, ob Schruppen oder Schlichten. Im allgemeinen wird man möglichst an die obere Grenze gehen, d. h. den Vorschub soweit als zulässig steigern. Anhaltswerte sind in den Zahlentafeln der Handbücher von Schuchardt und Schütte u. a. zu finden.

Schnittiefe. Die Schnittiefe ist ebenfalls nur aus der Erfahrung zu bestimmen. Der starke Druck des Fräsers auf das Werkstück, der von der Schnittiefe wesentlich abhängig ist, macht es unvorteilhaft, die Schnittiefe zu groß zu wählen. Für das Schruppen wird man je nach Größe und Starrheit der Maschine und nach der Zahnteilung des Fräsers 3—6 mm und zum Schlichten 0,3—0,6 mm wählen. Bei weichem Werkstoff lassen sich diese Werte wesentlich erhöhen. Bei Messerköpfen kann durch verschiedene Einstellung der einzelnen Messer dagegen die Schnittiefe unter Umständen bis zu 20 mm vergrößert werden.

Kühlung. Ausreichende Kühlung ist in jedem Falle erforderlich, um die Schneiden kühl zu halten und schneller Abstumpfung vorzubeugen. Je energischer die Kühlung, um so höher kann die Leistung gesteigert werden, wie Versuche in Amerika gezeigt haben, wo die Schnittgeschwindigkeit auf Maschinenstahl von etwa 40 kg Festigkeit mit Walzenfräsern bis zu 140 m/min gesteigert wurde. Hierbei wurde allerdings eine sehr starke Überflutung und Kühlung des Fräsers durch eine besondere Vorrichtung bewirkt. Es kommt also nur darauf an, die Schneidhaltigkeit des Fräsers zu schützen, was sich einfacher noch durch Anwendung von Stellitmessern erreichen läßt.

D. Entwerfen und Herstellung der Fräser.

Schnitt- und Anstellwinkel: Das Eindringen der Zähne in den Werkstoff erfolgt um so leichter, je kleiner der Schnittwinkel ist. Wenn trotzdem die Zahnbrust radial gestellt und der Schnittwinkel 90° gemacht wird, so hat das seinen Grund darin, daß der Widerstand senkrecht zur Brust stehen soll, damit der Fräser nicht in das Material hineingezogen oder von diesem fortgedrückt wird. Beim gefrästen Fräser ist der Zahnrücken eine gerade oder annähernd gerade Fläche. Der Winkel zwischen Tangente und der angeschliffenen Fase heißt Hinterschliff- oder Anstellungswinkel. Dieser Winkel darf nicht zu groß sein, da sonst erfahrungsgemäß zu schnelle Abstumpfung und unruhiges Arbeiten eintritt. Er darf aber auch nicht zu klein sein, da hierdurch die Reibung und entsprechend der Arbeitsverbrauch vermehrt wird, also nicht der Wirkungsgrad. Man wählt ihn zwischen 3° und 7°, wobei für Schruppen größere, für Schlichten kleinere Werte gewählt werden. Je elastischer der Werkstoff, um so größer der Winkel, was mit dem Zurückfedern des unter dem Druck des Fräsers komprimierten Materials zusammenhängt, also für Schruppen in Gußeisen etwa 5°, für Schmiedeeisen und Stahl etwa 7°. Der Zuschärfungswinkel ist dann der Unterschied zwischen Schneid- und Anstellungswinkel. Die Radialstellung der Brust wird dagegen aufgegeben, sobald es sich um Holz-, Aluminium-, Leder- oder Hartgummibearbeitung handelt. Die Zahnbrust wird dann geneigt, so daß der Schnittwinkel kleiner als 90° wird. Vereinzelt wird auch bei gefrästen Fräsern für Metalle ein Spanwinkel von 5° angewendet. Beim hinterdrehten Fräser ist dies wegen der daraus folgenden Profilverzerrung nicht angängig.

Teilung. Beim Entwurf eines Fräsers geht man zweckmäßig von der Teilung aus. Diese darf, wie vorhin schon erwähnt, zur Erzeugung glatter Flächen nicht zu grob sein, andererseits erhöht eine feinere Teilung den Kraftverbrauch um so mehr, je mehr Zähne gleichzeitig im Eingriff sind. Ferner verkleinert sie den Spanraum und infolge der geringen Zahnhöhe auch die Lebensdauer. Sie ist nur zulässig für Fräser, die lediglich zum Schlichten benutzt werden sollen, und für die Mengenherstellung kleiner Teile, bei der es hauptsächlich auf Sauberkeit der Bearbeitung ankommt. Da in der Praxis der Fräser meist für die verschiedensten Arbeiten benutzt wird, zum Schruppen, Schlichten und auch für die verschiedensten Werkstoffe, so tut man gut, eine mittlere Teilung zu wählen. Für ausgesprochene Schruppfräser ist dagegen eine grobe Teilung wegen des besseren Wirkungsgrades vorzuziehen. In diesem Falle steigt bei gleichbleibendem Vorschub die Spanleistung des einzelnen Zahnes und damit auch seine Beanspruchung umgekehrt proportional zur Abnahme der Zähnezahl. Für solche Fräser wird vorteilhaft nur hochwertiger Werkstoff, also guter Schnellstahl, verwendet. Bei Stirnfräsern, die Flächen senkrecht zu ihrer Achse bearbeiten, spielt die Teilung nicht die Rolle wie beim Walzenfräser. Die Schnittkanten bewegen sich in der Arbeitsfläche selbst, und nicht, wie vorher gezeigt, in Zykloidenbahnen, die die Fläche nur tangieren. Die Fläche muß also sauber auch bei grober Teilung und großem Vorschub ausfallen. Dazu kommt noch die schon erwähnte bessere Spanabführung. Anhaltswerte für die Teilung geben die Formeln:

$$t = 2{,}8\, ln D \text{ für mittlere Teilung}$$

$$t = 3{,}5\, ln D \text{ für große Teilung.}$$

Eine brauchbare Zahlentafel findet sich in dem Handbuch von Schuchardt und Schütte. Bei den modernen Hochleistungsfräsern geht man über die Formel- und Tabellenwerte noch erheblich hinaus. Maßgebend wird immer die praktische Erfahrung sein.

Durchmesser: Der Durchmesser der Fräser wird ebenfalls innerhalb gewisser Grenzen durch die Erfahrung bestimmt. Maßgebend ist die Größe der Spanarbeit, die der Fräser zu leisten hat, also Spantiefe und Spanstärke. Die auftretenden Kräfte wirkend biegend und verdrehend auf den Fräserdorn, mit dessen Durchmesser auch der Außendurchmesser des Fräsers wachsen muß, damit genügend Fleischquerschnitt vorhanden ist.

Die Berechnung des Dornes und der Fräser auf Festigkeit hat geringen Wert, da weniger die Haltbarkeit als die Starrheit des Systems für die Güte der Arbeit eine Rolle spielt. Der Dorn muß so bemessen sein, daß auch elastische Verbiegungen und Schwingungen nur in einer praktich belanglosen Größe möglich sind. Für die Fleischstärke muß dann noch in Betracht gezogen werden, daß infolge des Härtens Spannungen im Fräser entstehen, die sich jeder Berechnung entziehen. Der Fräser muß so bemessen sein, daß er auch die unvermeidlichen Stöße beim Betriebe vertragen kann. Hieraus ist zu schließen, daß die Durchmesser nicht zu klein gewählt werden sollen. In den meisten Fällen sind bei der Maschine Dorne und Fräser vorhanden, die die Wahl der Durchmesser erleichtern. Die Fabrikanten ordnen jedem Dorndurchmesser eine bestimmte Anzahl Außendurchmesser zu, um die Zahl der Dorne nicht zu groß werden zu lassen, wobei zu jedem Außendurchmesser auch verschiedene Dorndurchmesser gehören. Die Grenzen sind im allgemeinen so, daß man in der Wahl des Außendurchmessers weitgehend freie Hand hat. Die Durchmesser der Dorne selbst sind in den DI-Normen festgelegt. Die Durchmesser sollen nicht größer als notwendig sein, da einerseits der Werkstoff teuer ist, andererseits doch so, daß die Zahnteilung zweckmäßig und die Zähnezahl nicht zu klein wird, um gleichmäßige Belastung und ruhiges Arbeiten zu erzielen.

Fase: Die Fase des Fräserzahnes wird beim neuen Fräser schmal gehalten, da sie beim Nachschleifen von selbst größer wird, als eigentlich erwünscht ist. Man wählt sie bei kleinen Fräsern unter 1 mm Breite. Zu erwähnen ist noch, daß die Zahnlücke im Grunde abgerundet sein muß. Die Widerstandsfähigkeit des Fräsers wird hierdurch erhöht, denn scharfe Ecken würden leicht Veranlassung zur Rißbildung infolge von Härtespannungen oder auch der Beanspruchung im Betrieb geben.

Spiralzahnung: Das bisher Bemerkte gilt nun nicht nur für Fräser, deren Zähne parallel zur Achse verlaufen, sondern auch für Spiralzähne. Der Einstellwinkel zum Fräsen der Spirale kann auf zeichnerischem Wege nach Abb. 14 erfolgen oder durch Rechnung: $\operatorname{tg} \alpha = \frac{D \cdot 3{,}14}{S}$

Das Fräsen der Spirale erfolgt mit Hilfe eines Teilkopfes auf die bekannte Weise. Die Vorteile der Spiralzähne wachsen mit der Steigung, der Span wird kürzer, die schälende Wirkung besser, ebenso das Abfließen des Spans. Man hat deshalb Hochleistungsfräser vielfach mit starken Steigungen versehen. Im allgemeinen wählt man den Steigungswinkel zu 15^{0}, bei Schaftfräsern größer, bei Satzfräsern häufig nur 10—12^{0}. Der infolge der Steigung auftretende Axialdruck hat auf das Arbeiten des

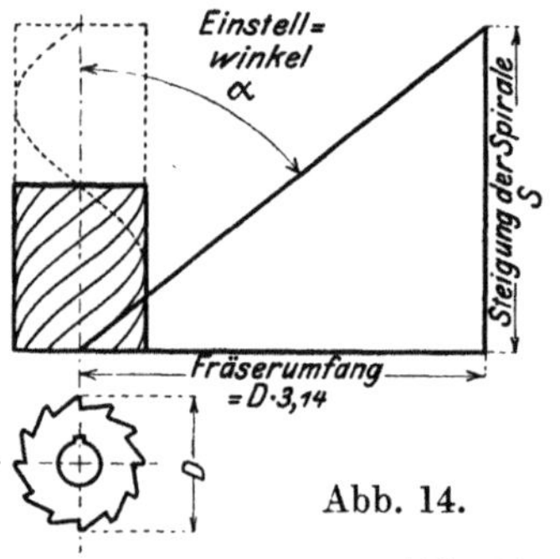

Abb. 14.

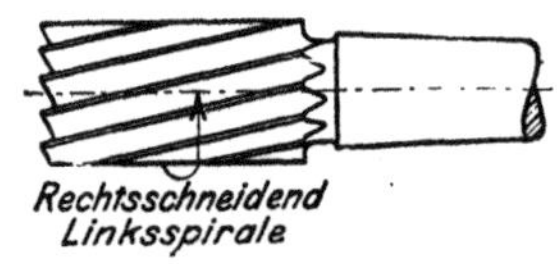

Abb. 15.

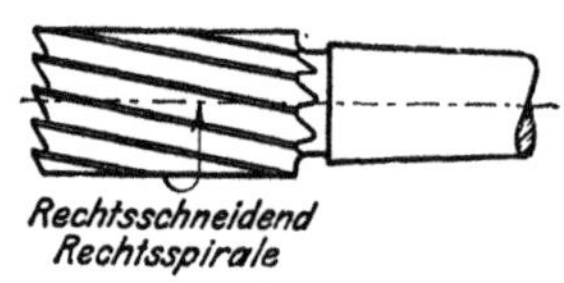

Abb. 16.

Abb. 14—16. Spiralfräser.

Fräsers keinen nachteiligen Einfluß. Der Axialdruck läßt sich durch Teilen des Fräsers in 2 Hälften quer zu seiner Achse und durch entgegengesetzte Spiralsteigung ausschalten. Statt dessen können auch beide Steigungen gleichzeitig auf dem Mantel verwendet werden, so daß die Gänge sich kreuzen oder den Zähnen abwechselnde Rechtssteigung oder Linkssteigung geben.

Die Art der Steigung, ob rechts oder links, soll immer so gewählt werden, daß der Axialdruck von der Fräsmaschinenspindel aufgenommen wird, z. B. Linksspirale für rechtsschneidenden Fräser (Abb. 15). Der Fräser arbeitet dann ruhiger und besser. Wenn hiervon abgewichen wird und Schneidrichtung mit Spiralsteigung gleichgerichtet ist (Abb.16), muß bei der Befestigung des Fräsers hierauf besonders Rücksicht genommen werden. Der Vorteil der Spiralzähne ist so groß, daß im allgemeinen alle Fräser über 15 mm Breite mit schrägen Zähnen versehen werden. Die Brust der Spiralzähne soll ebenfalls stets gegen die Fräsermitte gerichtet sein. Dabei wird der Schneidwinkel gemessen im Schnitt senkrecht zur Achse mit wachsender Steigung etwas kleiner als 90^{0}, was jedoch praktisch belanglos ist.

Wenn der Walzenfräser auch an den Stirnseiten mit Zähnen zu versehen ist, darf der Steigungswinkel der Spirale nicht zu groß gewählt werden, wie erwähnt nur 10—12^{0}. Dies hat seinen Grund darin, daß der radial verlaufende Stirnzahn dort, wo er mit dem Mantelzahn zusammentrifft, je nach der Richtung der Steigung einen Schneidwinkel bildet, der größer oder kleiner als 90^{0} ist, also im ersten Falle ungünstig wäre. Die Steigung muß so gewählt werden, daß die Abweichung nicht zu groß wird. Wenn die Stirnzähne nur einseitig sitzen, ist natürlich auch die Spirale so zu wählen, daß stets der kleinere günstigere Schnittwinkel herauskommt. Zur Bearbeitung von Profilen aus ebenen Flächen dienen Satzfräser (Abb. 17), die durch Zusammenfügen mehrerer Fräser auf einem Dorn entstehen. Hierbei ist, wie bei jedem zusammengesetzten Fräser, darauf zu achten, daß die Teile so über-

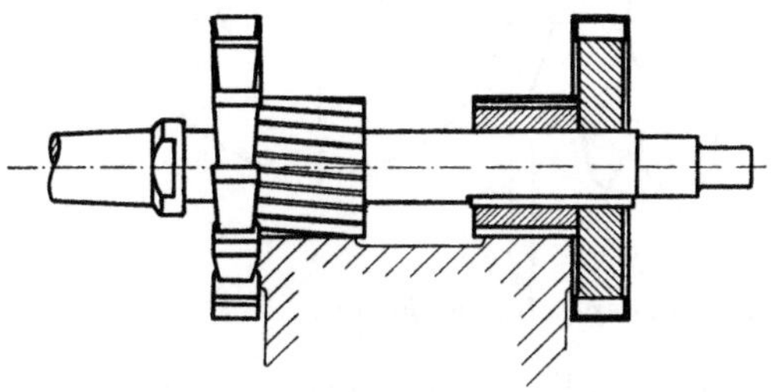

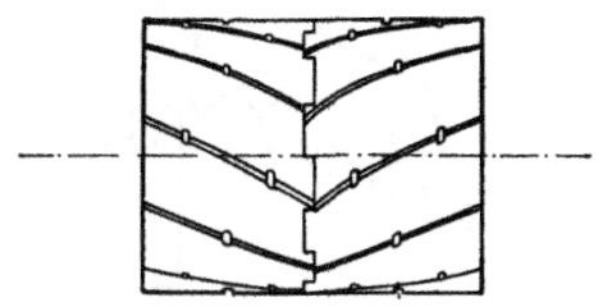

Abb. 17 u. 18. Zusammengesetzte Fräser.

einandergreifen, daß Gratbildung vermieden wird. Die Steigungen werden dann ebenfalls so bestimmt, daß kein axialer Druck auftritt.

Spanbrechernuten: Bei breiten Fräsern werden im allgemeinen die Schneidkanten durch sogenannte Spanbrechernuten unterbrochen (Abb. 18). Schnittwiderstand und Kraftverbrauch der Maschine werden hierdurch günstig beeinflußt, wenn die Nuten sachgemäß angebracht sind. Die in den Nuten entstehenden neuen Schneidkanten müssen genau so wie die Fräserzähne den richtigen Anstellungswinkel haben und soweit hinterschnitten sein, daß sie nicht drücken.

Fräsen der Verzahnung: Die Herstellung der Verzahnungen am Umfang geschieht mittels Winkelstirnfräsern, deren eine Seite um 12—20° zur Fräserachse geneigt ist. Diese Neigung ist notwendig, da sonst auf der Brust bogenförmige Schleifrisse auftreten würden, die die Schneid-

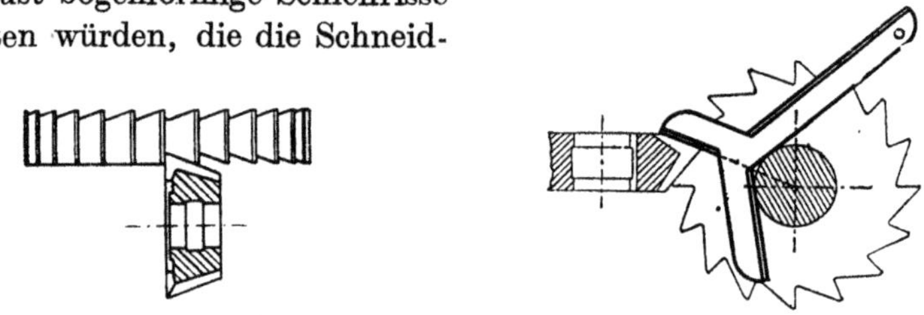

Abb. 19 u. 20. Fräsen der Fräser.

kante unsauber machen. Bei Spiralzahnungen würde außerdem ein Abwälzen des Fräsers in der Nut entstehen, was zur Folge haben würde, daß die Zahnbrust nicht eben, sondern gekrümmt wird, wobei sich ein ungünstiger Spanwinkel ergibt. Anders liegen dagegen die Verhältnisse bei Stirnzahnungen, wo ein einseitig abgeschrägter Winkelfräser verwendet wird (Abb. 19). Damit die radiale Stellung der Brustfläche gesichert ist,

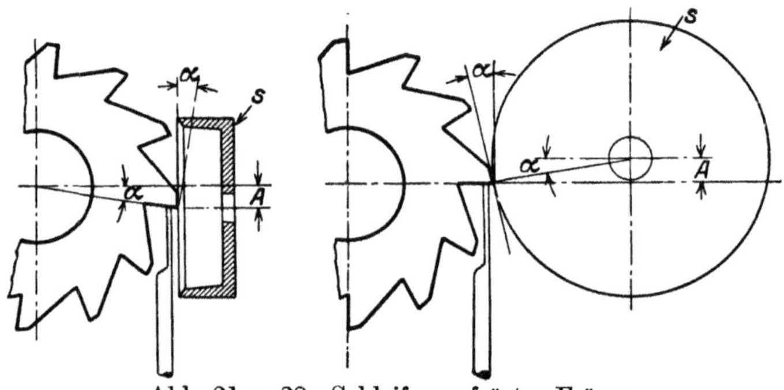

Abb. 21 u. 22. Schleifen gefräster Fräser.

wird die Einstellung zweckmäßig mit Hilfe einer Lehre vorgenommen (Abb. 20). Die Fräser werden zum Fräsen der Zähne gehärtet und scharf geschliffen. Vielfach wird vor dem Härten die Fräserbrust glatt geschliffen, hierdurch werden zwar die Herstellungskosten erhöht, aber gleichzeitig der Fräser erheblich verbessert. Die Schneidkante wird sauberer und der Kraftverbrauch geringer, da der Span auf der glatten Brust leichter abfließen kann. Notwendig ist diese Verbesserung jedoch nicht.

Schleifen: Nach dem Härten, auf das hier nicht näher eingegangen werden soll, erfolgt das Schleifen der Bohrung, der Stirnseiten und das Scharfschleifen an der Fase, nachdem die Fräser vorher genau rund geschliffen sind. Zum Schleifen werden Flach- (Abb. 21) oder Topfscheiben (Abb. 22) benutzt. In jedem Falle soll so geschliffen werden, daß die aufwärts — also gegen den Zahn laufende Kante der Scheibe schleift, um Gratbildung an der Schneide zu verhüten und die Gefahr des Anlaufens zu vermindern. Topfscheiben sind in allen Fällen vorzuziehen, da die Fase durch eine Tellerscheibe, wenn auch nur im geringen Maße, hohl geschliffen wird. Beim Schleifen mit der Topfscheibe wird die Fräserachse gegenüber der Zahnauflage und beim Schleifen mit der Flachscheibe die Schleifscheibenachse gegenüber der Fräserachse um den Betrag $A = \frac{1}{2} \cdot D \cdot \sin \alpha$ gehoben, wobei α der Schliffwinkel und D bei Topfscheiben der Durchmesser des Fräsers und bei Flachscheiben der Durchmesser der Scheibe ist. Wie schon bemerkt, ist die Größe

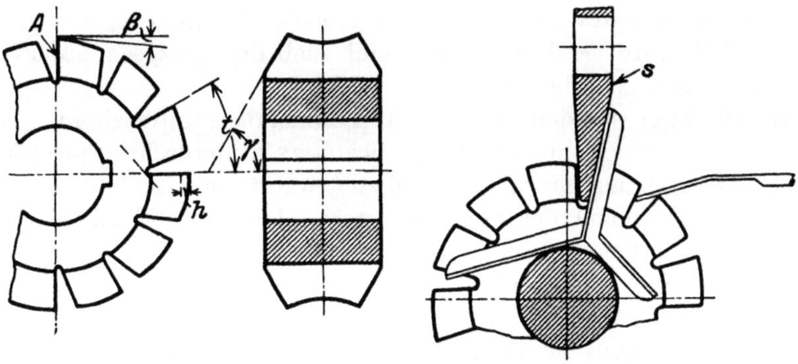

Abb. 23 u. 24. Schleifen hinterdrehter Fräser.

des Hinterschleifwinkels wesentlich von der Elastizität des Materials abhängig; zu groß gewählt verursacht er leicht schnelles Stumpfwerden und unsauberes Arbeiten.

Hinterdrehte Fräser (Abb. 23). Für die Konstruktion des hinterdrehten Fräsers sind seine besonderen Eigenschaften maßgebend. Man benutzt ihn immer, sobald es sich um Formen handelt, die sich nicht aus ebenen Flächen zusammensetzen. Die für die Teilung des gefrästen Fräsers angegebenen Regeln sind höchstens für hinterdrehte Nuten- und Walzenfräser, die ebensogut als gefräste Fräser hergestellt werden könnten, verwendbar, aber nicht für Formfräser, bei denen das Profil für Teilung und Zahnhöhe entscheidend ist. Bei Formfräsern muß immer darauf Rücksicht genommen werden, daß der Zahnfuß nicht geschwächt wird. Die Größe der Hinterdrehung h ist von der Teilung und dem Anstellungswinkel β abhängig; der letztere richtet sich wieder nach dem Profil. β muß um so größer sein, je mehr sich die Formtangenten an irgendeiner Stelle des Profils der Senkrechten nähern. Wenn γ nahezu

90^0 oder $= 90^0$, so wird der Zahn an dieser Stelle nicht schneiden, sondern drücken. Derartige Fräser müssen schräg hinterdreht werden, was aber zur Folge hat, daß das Profil sich beim Nachschleifen um so stärker ändert, je größer der seitliche Hinterschliff ist. Diesem Übelstand läßt sich in der Weise abhelfen, daß der Fräser geteilt und dünne Blechscheiben dazwischen gelegt werden, wobei die Fräserhälften übergreifende Kupplungszähne besitzen müssen, die den sonst entstehenden Grat fortnehmen. Die Zahnbrust muß beim hinterdrehten Fräser immer radial stehen, da nur dann das Profil unveränderlich ist. Die Einstellung mit der Lehre zeigt Abb. 24.

Die Nutentiefe soll etwa 2—3 mm größer als der Kurvenfall sein, damit genug Raum für die Späne vorhanden ist. Im allgemeinen ist 2/3 der Teilung, bei größeren Teilungen 1/2 ausreichend.

Der Durchmesser des Fräsers wird manchmal so klein, z. B. bei kleinen Schneckenfräsern, daß kein Raum für die Bohrung bleibt. In diesem Falle wird der hinterdrehte und auch der spitzgezahnte Fräser als Schaftfräser ausgebildet.

Walzenfräser werden nur in Ausnahmefällen hinterdreht. Ausgenommen ist der Schneckenfräser, der stets hinterdrehte Spiralzähne erhält. Die Neigung der Spirale wird so gewählt, daß die Nut senkrecht zum Steigungswinkel der Schnecke steht, damit die Flanken keinen zu ungünstigen Schnittwinkel erhalten.

Hinterdrehte Walzenfräser können nach dem Härten zylindrisch geschliffen werden, was bei Formfräsern nicht möglich ist. Bei größerer Breite versieht man sie ebenfalls mit Spanbrechernuten. Das Hinterdrehen wird meist durch das in diesem Falle genügend genaue Hinterfräsen ersetzt.

Besonders wichtig sind die Zahnformfräser, die meist zur Herstellung von Evolventenverzahnungen verwandt werden. Die Fräser werden nach dem Modul- oder Pitchsystem abgestuft. Für größere Modul, etwa von 4 an, verwendet man vorteilhaft Vor- und Fertigfräser, um den Fertigfräser zu schonen. Die Fräser können Scheiben-, Finger- und Walzfräser sein. Bei den letzteren ist darauf zu achten, daß die Teilung des zu fräsenden Rades der Teilung des Fräsers in der Schnittnut entsprechen muß, da der Fräser um den Steigungswinkel seiner Spiralzähne gegen die Mittelebene des zu schneidenden Rades versetzt wird.

Die handelsüblichen Stirnrad-Walzfräser sind bereits in die Normung einbezogen, die sich auf die Durchmesser, Längen und Nuten bezieht. Bei der Prüfung der günstigsten Abmessungen wurde festgestellt, daß ein Anschnittwinkel von $\beta \geqq 10^0$ und eine Zähnezahl von 8—10 Zähnen zweckmäßig ist. Versuche mit größeren Zähnezahlen, also feinerer Teilung, ergaben keinen Vorteil gegenüber der groben Teilung.

Hinterdrehte Fräser werden nur an der Brust geschliffen, und zwar immer so, daß die radiale Zahnbrust erhalten bleibt. Bei Fräsern mit geraden Zahnlücken werden Tellerscheiben verwandt. Bei Spiralzähnen ist dagegen ebenso wie bei den gefrästen Fräsern eine besondere Schleifscheibe notwendig, die mittels einer Lehre eingestellt wird. Andernfalls tritt infolge der Abwälzung zwischen Scheibe und Zahnbrust eine Verzerrung des Profils ein. Die Stützung des Zahnes muß am Rücken geschehen, um Teilungsfehler auszuschalten. Der genaue Rundlauf wird dadurch erzielt, daß der einzelne Zahn nicht auf einmal fertiggeschliffen wird, sondern erst im mehrmaligen Umgange, um die Abnutzung der Schleifscheibe auf alle Zähne gleichmäßig zu verteilen.

Messerköpfe (Abb. 25 bis 29). Sobald die Größe der Fräser ein gewisses Maß überschreitet, werden sie zweckmäßig durch den sog. Messerkopf ersetzt. Man spart dann den teueren Werkzeug- oder Schnellstahl, schaltet die Gefahren des Härtens aus und hat die Möglichkeit einer leichten Erneuerung der Messer. Der Kopf besteht je nach der Leistung aus Gußeisen oder Stahl. Die Messer sind in ihm so befestigt, daß sie auswechselbar sind. Die Herstellung eines solchen Kopfes ist natürlich nur bei einer bestimmten Größe wirtschaftlich, was durch die Kalkulation zu entscheiden ist. Am häufigsten werden große Walzen- und Stirnfräser als Messerköpfe ausgebildet, selten hinterdrehte Fräser. Für die Schneidwinkel gilt das vorher Gesagte. Bei schmalen Nuten- und Scheibenfräsern stehen die Schneidkanten parallel zur Achse. Nach amerikanischen Versuchen wird der Kraftverbrauch günstig beeinflußt, wenn die Zähne am Umfang unter etwa 7° schräg zur Achse (Abb. 25) und die Stirnzähne im Winkel von 15° (Abb. 26) zur Mitte verlaufen. Aus Herstellungsrücksichten werden, wenn die Breite des Kopfes es zuläßt, auf den Mantel keine Spiralzähne, sondern schrägstehende Messer angeordnet, deren Anbringung und Befestigung leichter und sicherer ist. Hierbei tritt aber der Nachteil ein, daß der Brustwinkel des Messers nicht konstant ist. Wenn er in der Mitte des Fräsers 90° ist, so nimmt er nach einer Seite zu, nach der anderen ab. Die Abweichungen sind jedoch belanglos, solange die Breite des Fräsers nicht zu groß ist. Die Befestigung kann auf verschiedene Arten erfolgen (Abb. 25 bis 29). Immer muß das Messer tadellos anliegen, damit die Wärmeableitung gut ist und Erzitterungen vermieden werden. Der Querschnitt der Messer soll daher

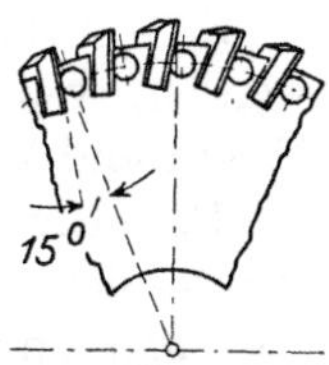

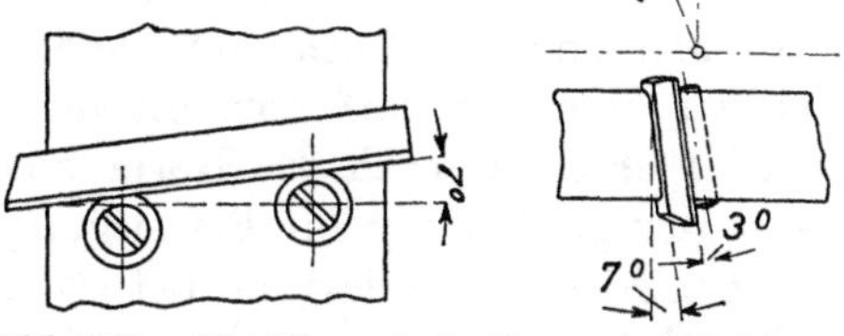

Abb. 25 u. 26. Messerbefestigung bei Fräsern.

nicht zu klein sein, und die Flächen, die zur Anlage kommen, müssen nach dem Härten tadellos geschliffen werden.

Zur Werkstoffersparnis werden die Messer häufig nur aus gutem Werkzeugstahl hergestellt, auf dem Plättchen aus Schnellstahl oder

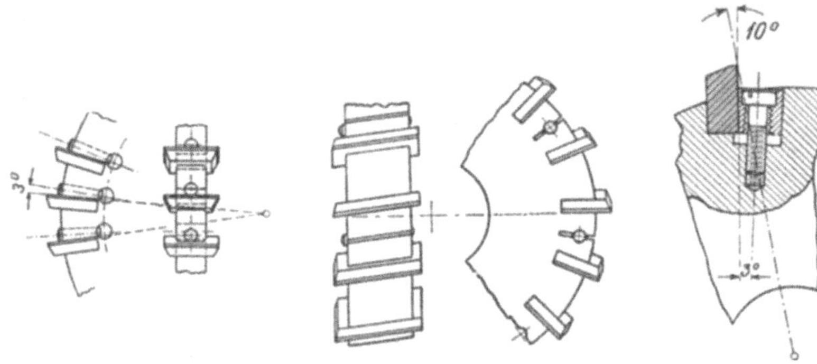

Abb. 27—29. Messerbefestigung bei Fräsern.

Stellit aufgeschweißt oder aufgelötet werden (Abb. 12). Messerköpfe für große Durchmesser erhalten statt der flachen Messer Stähle mit drei- oder viereckigem Querschnitt, ähnlich Hobelstählen. Sogenannte Kreishobel werden bis zu 2 m Durchmesser gebaut.

E. Fräserbefestigung.

Zum Schluß soll noch kurz die Befestigung der Fräser gestreift werden, wofür der Normenausschuß die DI-Norm 138 „Bohrungen, Nuten und Mitnehmer für Fräser, Reibahlen und Senker“ aufgestellt hat.

Die meisten Fräser haben eine Bohrung für den Dorn, die bei großer Breite des Fräsers ausgespart wird. Die Bohrungen sind mit Nut versehen und die Dorne mit Feder. Die Feder darf nicht keilartig wirken, d. h. sie darf nur mit den Seitenflächen anliegen. Die Nut wird rechteckig nach DI-Norm ausgeführt. Nur bei schmalen Fräsern genügt Reibung zur Befestigung allein.

Bei Stirnfräsern darf die Befestigung nicht über die Ebene der Stirnschneiden hinausragen. An der Stirn ist daher eine Aussparung für den Schraubenkopf erforderlich. Als Mitnehmer dienen entweder Schlitze an der hinteren Stirnseite oder auch Nut und Feder. Wenn die Fleischstärke des Fräsers für die Nut nicht ausreicht, wird die Bohrung ausnahmsweise auch mit Gewinde versehen. Hierbei muß die Art des Gewindes, ob Rechts- oder Linksgewinde, immer so gewählt werden, daß der Fräser auf dem Dorn durch den Arbeitsdruck fester gezogen wird. Damit der Fräser genau rund läuft, muß er auf dem Dorn scharf geschliffen werden. Besser ist es auf jeden Fall, die Befestigung mittels Gewinde zu vermeiden.

Die Spindeln der Fräsmaschinen sind im allgemeinen mit Hohlkegeln versehen, in welche der Fräsdorn oder Schaftfräser durch eine Spannschraube hineingezogen wird. Bei kleinen Fräsern verwendet man Einsatzhülsen als Zwischenstücke, da der Durchmesser des Schaftes über den größten Durchmesser des Fräsers möglichst nicht hervorragen soll. An Stelle der Einsatzhülse werden auch Spannfutter für Schaftfräser mit zylindrischem Schaft verwendet. Stirnfräser von großem Durchmesser erhalten eine kegelige Bohrung mit Nut. Sie werden mittels einer in die Bohrung passenden geschlitzten Büchse auf die Frässpindel aufgeschraubt. Diese Befestigungsart hat sich besser bewährt, als das Aufschrauben des Fräsers auf die Frässpindel, da sich der Fräser unter dem Drehmoment des Arbeitsdruckes leicht zu fest schraubt und dann schwer zu lösen ist.

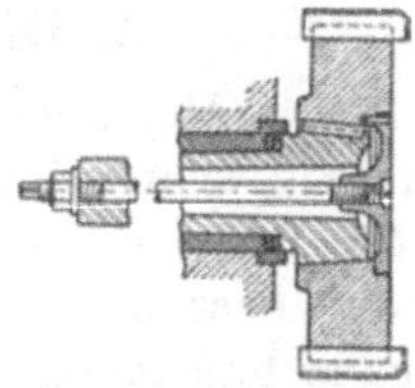

Abb. 30. Fräserbefestigung.

Noch besser ist die Fräserbefestigung auf Frässpindeln, die mit einem glatten Außenkegel und mit Nut und Feder versehen sind (Abb. 30). Die Fräser lassen sich hier ohne Zwischenfutter leicht aufbringen und abnehmen. Die Schnittrichtung spielt dabei keine Rolle und der genaue Rundlauf des Fräsers ist gesichert.

Hinsichtlich der Werkzeugbefestigung an Fräsmaschinen steht die Normung vor dem Abschluß. Näheres ist zu finden in „Werkstattstechnik“ 1923, H. 1, S. 1 und 1924, H. 1, S. 1. In letzterer Nummer sind Entwürfe enthalten, die als endgültige Festlegung zu betrachten sind.

Bohrer, Senker und Reibahlen.

Von Prof. Dr.-Ing. **O. Schmitz**, Braunschweig.

A. Die Herstellung lehrenhaltiger Löcher.

Die Herstellung genauer, lehrenhaltiger Bohrungen ist verhältnismäßig schwieriger, als die Herstellung genauer Außendurchmesser. Die Frage des wirtschaftlichen Bohrens ist daher für die Einführung von Passungssystemen und somit auch für den Austauschbau von ganz besonderer Bedeutung. Beides ist nur möglich, wenn der wirtschaftliche Aufwand für die Erzielung der notwendigen Genauigkeit in entsprechenden Grenzen bleibt, wobei zu berücksichtigen ist, daß das Bohren einen wesentlichen Teil aller Werkstattarbeiten überhaupt ausmacht.

Grundbedingung für die Genauigkeit von Bohrungen ist Genauigkeit und Widerstandsfähigkeit der Maschine. Der erste Punkt ist selbstverständlich, der zweite muß besonders beachtet werden. Jede Maschine federt unter dem Druck des Bohrers, wie in Abb. 1 gezeigt wird. Die Folge ist ein unrundes Loch, der Bohrer verläuft mehr oder weniger. Es muß also der Bohrerdruck der Maschine angepaßt werden. Das kann sowohl durch Wahl eines entsprechend kleinen Vorschubes als auch durch Vorbohren erreicht werden. Wie Sommerfeld nachgewiesen hat, kann hierdurch der Druck ganz erheblich herabgesetzt werden. Es können also auf diese Weise vorhandene Maschinen besser ausgenutzt und genaue Löcher selbst auf leichteren Maschinen erzielt werden.

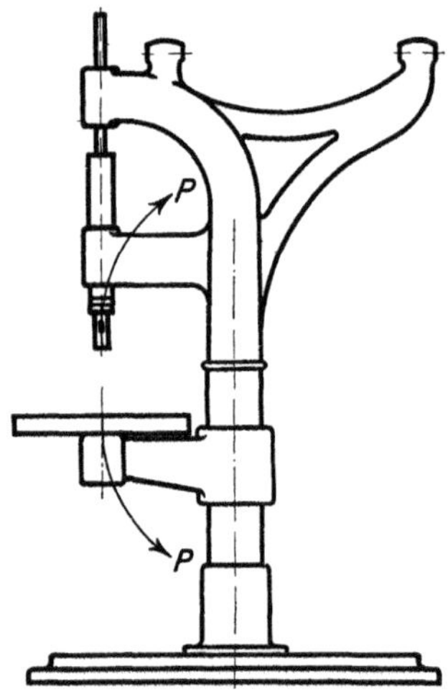

Abb. 1. Durchfedern der Maschine unter dem Vorschubdruck.

Der Einfluß der Art des Bohrens bezieht sich wesentlich darauf, wie die Späne aus dem Bohrloch abgeführt werden. Je besser die Spanabfuhr, um so genauer wird die Bohrung ausfallen können und um so weniger leicht verläuft der Bohrer. Das Bohren von unten würde daher zweckmäßig sein, wo es technisch ohne Erschwerung der Arbeit ausführbar ist. Für die Endgenauigkeit der Bohrung gilt wie für jede

Bearbeitung der Satz, daß sie von der fortzunehmenden Werkstoffmenge wesentlich abhängig ist. Je feiner der Span, um so genauer wird die Fläche an das Sollmaß herankommen. Für gute, lehrenhaltige Bohrungen sind daher 3—5 verschiedene Werkzeuge notwendig.

Man unterscheidet grundsätzlich zwei verschiedene Arten von Bohrungen: 1. Bohren in den vollen Werkstoff. 2. Aufbohren vorgegossener Löcher. Im ersteren Falle wird im allgemeinen folgender Arbeitsgang eingehalten: 1. Vorbohren (eventuell Zentrierbohren). 2. Nachbohren mit Spiralbohrer oder auch mit dem Bohrstahl auf der Revolverbank. 3. Senker mit dem Untermaß für Vorreibahle. 4. Vorreibahle (Festreibahle). 5. Fertigreibahle (verstellbare Reibahle, Pendelreibahle). Mit dem Spiralbohrer kann nicht ohne weiteres ein schlagfreies Loch erzeugt werden. Es ist deshalb notwendig, daß mit dem Senker nachgeschnitten wird, der sich wegen seiner größeren Schneidenzahl besser führt und weniger leicht abgedrängt wird. Statt des Senkers wird ab und zu auch ein Spiralbohrer mit dem gleichen Untermaß verwendet.

Die Herstellung einer genauen Bohrung aus dem vorgegossenen Loch ist schwieriger als aus dem Vollen, da meistens Schlag vorhanden ist. Zur Beseitigung des Schlages kommt der Spiralbohrer nicht in Frage, ebenso kann der Senker allein den Schlag nicht beseitigen. Zweckmäßig ist es daher immer, mit dem Bohrstahl oder Bohrmesser die Bohrung bis auf das Untermaß für den Senker oder die Vorreibahle aufzubohren, wobei bei starker Einseitigkeit eventuell zweimal geschnitten werden muß. Die Werkzeugfolge wäre dann: 1. Bohrmesser. 2. Senker. 3. Vorreibahle. 4. Fertigreibahle. Die Endgenauigkeit ist wesentlich abhängig vom Vorbohren. Je größer die Genauigkeit des Vorbohrens, um so größer ist auch die Endgenauigkeit des Loches. Zweckmäßig ist es, wenn in den Fällen, wo es möglich ist, die Stirnflächen des Loches vorher abgefräst werden. Nach diesem Verfahren ist natürlich das Bohren nur bis zu einem bestimmten Durchmesser möglich. Im allgemeinen wird man nicht über 100 mm gehen, da für größere Durchmesser die Beschaffung der Senker und Reibahlen zu kostspielig sein würde. Die Herstellung größerer Bohrungen verlangt folgendes Verfahren: 1. Vorbohren mit dem Spiralbohrer. 2. Nachbohren mit dem Bohrstahl. Besser ist die Verwendung eines Hohlbohrkopfes, bei der der Kern stehen bleibt. Bei kleinen Löchern von großer Länge kann man Spitzbohrer oder Spiralbohrer verwenden. Senker oder Reibahlen sind hier nicht brauchbar. Am besten bohrt man mit einem Spiralbohrer mit Ölkanälen vor und mit dem Kanonenbohrer nach. Auf diese Weise kann große Genauigkeit ohne Schwierigkeit erzielt werden. Gewehrläufe werden mit besonderen Gewehrlaufbohrern aufgebohrt. Wenn man mit Bohrlehre bohrt, geht man im allgemeinen in der gleichen Weise wie ohne Bohrlehre vor; man muß aber die Reibahlen beide gelenkig machen. Statt des Senkers verwendet man auch den Spiralbohrer mit dem gleichen Untermaß, weil dieser sich in der Lehre besser führt.

B. Bohrwerkzeuge zur Vorbearbeitung genauer Löcher.

Bohrer: Das älteste Instrument zum Bohren ist der Spitzbohrer (Abb. 2—5). Der Schneidwinkel beträgt 90—140°, wobei die größeren Werte für hartes Material gelten. Als Durchschnittswert ist 116° für alle Fälle brauchbar. Die Schneiden sind mit etwa 5—6° Hinterschliff versehen (Abb. 2). Größer macht man den Hinterschliff nicht, da sich sonst erfahrungsgemäß zu schnelle Abnutzung ergibt. Andererseits erhöht ein kleinerer Winkel den Vorschubdruck. Man gibt auch den Spitzbohrern etwas seitliche Führung dadurch, daß man die seitlichen Kanten ein kleines Stück parallel laufen läßt (Abb. 3). Bei größeren Bohrungen werden Spanbrechernuten zur Zerteilung des Spans verwendet (Abb. 3).

Abb. 2. Abb. 3. Abb. 4. Abb. 5.

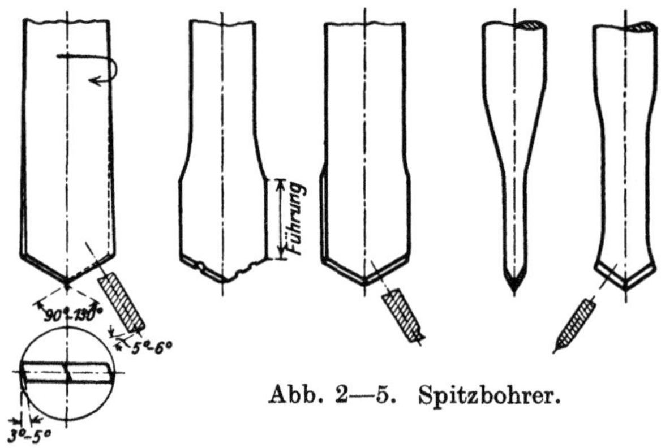

Abb. 2—5. Spitzbohrer.

Bei zähem Material wird der Schneidwinkel dadurch verbessert, daß an der Schneide, wie aus der Abbildung ersichtlich, eine Hohlkehle angeordnet wird (Abb. 4). Die Querschneide, die sich als Schnittlinie der beiden Schneidflächen ergibt, kann infolge des stumpfen Schneidwinkels nur drückend auf das Material wirken. Sie ist deshalb so schmal wie möglich zu halten, was häufig in der Weise gemacht wird, daß der Bohrer nach der Querschneide hin verjüngt wird. Für die Genauigkeit der Bohrung ist es sehr wesentlich, daß die Querschneide genau in der Mitte liegt. Die Schneiden müssen gleiche Länge haben und mit der Achse gleiche Winkel bilden, sonst wird der Bohrer seitlich abgedrückt. Der Vorzug des Spitzbohrers liegt darin, daß er wenig empfindlich gegen Schiefhalten, also für Bohrknarren und ähnliche Vorrichtungen sehr geeignet ist. Ferner läßt er sich der Härte des Materials gut anpassen. Besonders harte Werkstoffe, wie z. B. Hartguß, können überhaupt nur mit Spitzbohrern gebohrt werden; der Spiralbohrer versagt hier meistens. Nachteilig ist beim Spitzbohrer, daß das Nachschleifen der Schneiden im allgemeinen auch den Durchmesser ändert, so daß also vor dem Nachschleifen ein Nachschneiden notwendig ist. Dieser Nachteil kann, wie oben erwähnt, durch Anordnung paralleler Führungskanten verringert werden. Diesen Nachteilen steht aber der große Vorteil gegenüber, daß der Bohrer sehr leicht herstellbar und wenig empfindlich ist, vor allem bsi sorgfältiger Herstellung auch genaue Bohrungen erzielt. Man kann sagen, daß in der Praxis der Spitzbohrer gegenüber dem Spiralbohrer zu Unrecht gering geschätzt wird, und daß in vielen Fällen die Verwendung des Spitzbohrers durchaus zweckmäßig ist.

Eine besondere Abart des Spitzbohrers ist der Drillbohrer (Abb. 5), der infolge der Eigenart seines Antriebes doppelseitig schneiden muß. Er kann also nur einen stumpfen Schneidwinkel haben und daher nur schabend wirken. Er wird vor allem bei kleinen Bohrungen in solchen Fällen gebraucht, wo die Bohrung mit der Maschine nicht herstellbar ist.

Der Spiralbohrer, Abb. 6, besteht aus einem Zylinder, der mit einer Spiralnut von solchem Querschnitt versehen ist, daß die entstehenden Schneidlippen gerade Linien sind, die die Bohrerseele tangieren. Die Form des Fräsers für die Nuten ist abhängig vom Spiralsteigungswinkel, der im allgemeinen 30° beträgt. Der Schneidwinkel ist dann beim Spitzenwinkel von 116° etwa 60°. Der Steigungswinkel nimmt nach der Seele hin ab, infolgedessen wird der Schneidwinkel ungünstiger, also die Vorschubkraft größer. Dieser Nachteil würde geringer, wenn der Drall stärker würde. Es wird dann aber der Bohrer zu sehr geschwächt gegenüber dem Vorschubdruck. Die Torsionsfestigkeit der Seele, deren Stärke meist zu 0,13 d gewählt wird, wird nach dem Schaft zu durch Zurücknahme des Nutenfräsers verstärkt. Damit aber der Querschnitt der Nut für die Spanabführung nicht verkleinert wird, wird gleichzeitig entweder der Drall vergrößert oder bei gleichbleibendem Drall eine Winkelverstellung des Fräsers vorgenommen. Die Spiralbohrer werden mit einer Führungsphase von 1—4 mm Breite je nach dem Durch-

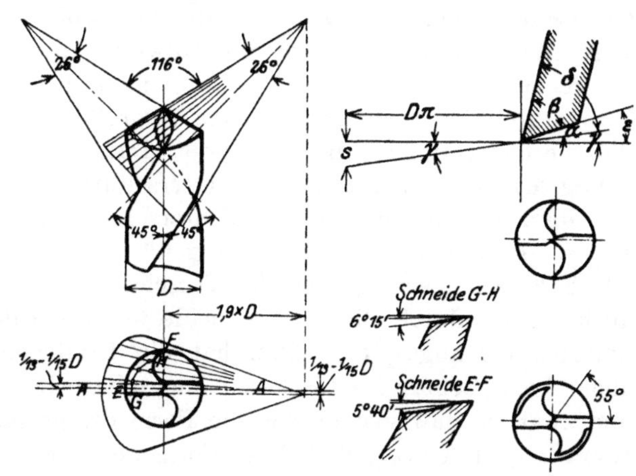

Abb. 6. Spiralbohrer.

messer des Bohrers versehen, die durch Hinterfräsen erzeugt wird. Der Bohrer wird nach dem Härten rund geschliffen, so daß er nach dem Schaft zu sich verjüngt. Die Verjüngung beträgt bei 100 mm ∅ 0,1—0,15 mm. Der Nachteil, daß der Bohrer mit zunehmender Abnutzung kleiner wird, ist praktisch belanglos. Den Spitzenwinkel wählt man 116—118°, als Mittelwert für harte und weiche Werkstoffe. Der einmal gewählte Winkel ist für den Bohrer unveränderlich, da sonst die Bedingung nicht eingehalten wird, daß die Schneidlippen gerade Linien sind. Dies würde aber ungleiche Belastung der Schneidkanten zur Folge haben. Bei nicht zu starkem Drall ist eine Änderung in engen Grenzen belanglos. Je größer der Winkel, um so stärker ist natürlich der Vorschubdruck und damit die Gefahr des Abbrechens und die Federung der Bohrmaschine. Große Winkel bis zu 140° sind nur zu wählen, wenn der Werkstoff, z. B. Hartguß, es verlangt.

Die Schneidwirkung wird durch einen entsprechenden Hinterschliff der Schneidkanten erzeugt.

Die Größe des Hinterschliffs ist weniger von Einfluß auf das Drehmoment, als auf den Vorschubdruck. Der Unterschied ist groß bei Gußeisen, weniger groß bei Flußeisen, wobei die Unterschiede im wesentlichen nur durch die Schneidwinkel der Querschneide hervorgerufen werden. Die Querschneide bildet mit den Schneidkanten einen Winkel von 55°; jede andere Lage vergrößert die Vorschubkraft, ohne daß sie das Drehmoment verringert. Daraus folgt, daß die Beanspruchung der Schneidkanten vom Hinterschliff unabhängig ist. Es würde also keinen Zweck haben, den Hinterschliffwinkel zu groß zu nehmen. Er ist im allgemeinen am Anfang 6° und steigt nach der Mitte auf 20—24°. Zur Verringerung des Vorschubdruckes, der im wesentlichen auch wieder durch die Querschneide hervorgerufen wird, werden die Spiralbohrer angespitzt. Man hat die Erfahrung gemacht, daß vor allem beim Bohren im Flußeisen ungespitzte Bohrer leicht ausbrechen, und zwar so, daß sich hierbei die Form des gespitzten Bohrers ergibt. Hieraus geht hervor, daß diese Form augenscheinlich die für die Beanspruchung beim Bohren günstigste ist. Das Anspitzen wird mit einer schmalen Schleifscheibe bei Bohrern von über 50 mm Durchmesser vorgenommen. Das Anschleifen der Bohrer erfolgt auf besonderen Maschinen, da es außerordentlich wichtig ist, daß die Kegelflächen, die die Hinterschliffflächen bilden, genaue Lage erhalten. Es entstehen bei schlechtem Anschleifen leicht Fehler, die ungenaue Bohrungen zur Folge haben. Als solche Fehler können auftreten 1. Ungleiche Schnittkantenlänge. 2. Ungleiche Schnittkantenwinkel. 3. Gleiche Länge, aber ungleiche Winkel. 4. Einseitiges Anspitzen.

Zur Prüfung der Bohrer hat Zeiß eine optische Vorrichtung gebaut, mit der in sehr bequemer Weise die Lage der Querschneide und die Gleichmäßigkeit der Spitzenanschlüsse festgestellt werden kann (Abb. 7 u. 8).

Die Spiralbohrer werden im allgemeinen in der Weise hergestellt, daß die Nuten in vollem Rundstahl eingefräst werden. Hierbei wird

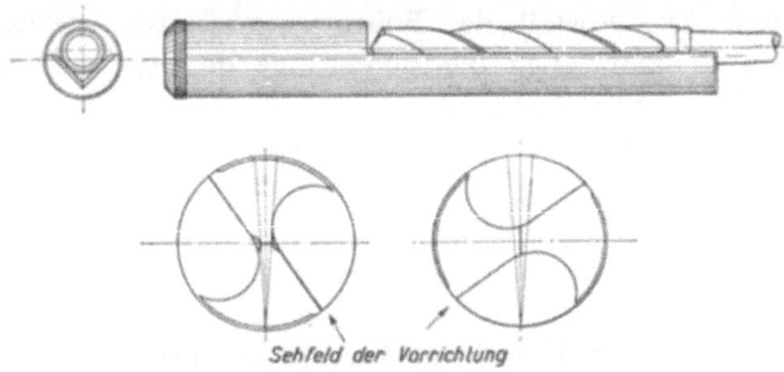

Abb. 7 u. 8. Prüfvorrichtung für Spiralbohrer.

natürlich die Faser des gewalzten oder geschmiedeten Stahls durchschnitten. Deshalb werden auch vielfach die Bohrer so hergestellt, daß Flachstahl spiralig gebogen wird, oder in der Weise, daß der Stahl im warmen Zustande durch Schmieden oder Pressen mit Spiralnuten versehen wird, die nachträglich auf genaues Maß nachgearbeitet werden Die aus Flachstahl gewundenen Bohrer haben gegenüber dem aus dem Vollen gefräste Stahlbohrer den Nachteil einer etwas größeren Durchfederung.

Für besonders zähe Metalle von geringer Festigkeit, wie z. B. Messing, Aluminium usw., verwendet man auch gerade genutete Bohrer, wie sie in Abb. 9 dargestellt sind.

Abb. 9. Messingbohrer.

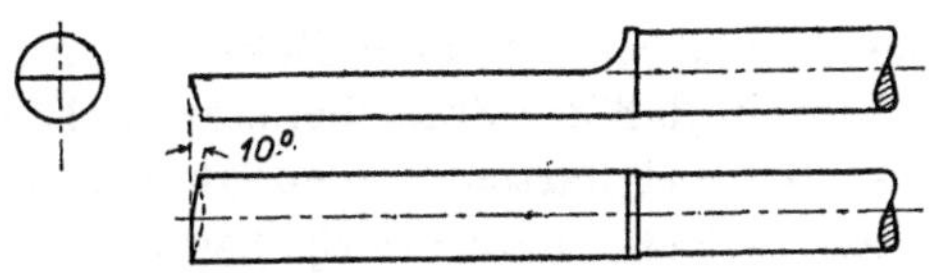

Abb. 10. Kanonenbohrer.

Zum Bohren sehr langer und enger Löcher verwendet man den sogenannten Kanonenbohrer (Abb. 10), der mit einem Hinterschliff von 6—10° versehen wird. Je größer der Durchmesser, um so kleiner wird der Vorschub und der Hinterschliffwinkel. Die Leistungsfähigkeit des Bohrers ist sehr gering, er hat aber den großen Vorteil, sehr genaue Arbeit zu liefern, da gar kein Seitendruck ausgeübt wird. Ähnlich ist der Gewehrlaufbohrer (Abb. 11 u. 12) ausgebildet, der ebenfalls einlippig ist. Dieser Bohrer wird der Länge nach durchbohrt, um Kühlflüssigkeit an die Schneide heranbringen und zugleich die Beseitigung des als feine Locke gebildeten Spans unterstützen zu können.

Für vorgebohrte Löcher wird, wie oben erwähnt, das Bohrmesser oder der Bohrstahl verwandt. Für die Genauigkeit der Bohrung ist die gute Führung des Werkzeugs wesentlich. Die Bohrstange darf nicht zu dünn sein, damit sie nicht durchfedert, außerdem muß sie gut fluchten. Der Vorteil des Bohrmessers besteht darin, daß die Schneiden und damit auch die Bohrstange im Gegensatz zum Bohr-

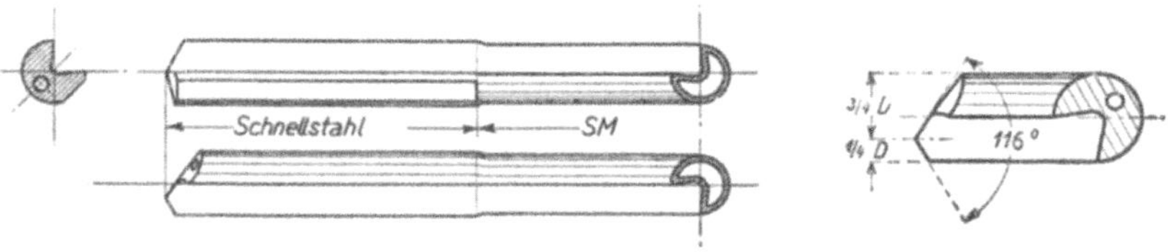

Abb. 11 und 12. Gewehrlaufbohrer.

stahl gleichmäßig belastet sind, daß also ein einseitiges Abdrücken der Stange nicht vorkommen kann. Im allgemeinen schneiden die Quermesser nur an der Stirnseite. Wenn gleichzeitig auf Maß geschlichtet werden soll, kann man dem Messer auch seitliche Schnittkanten geben. Das hat aber wieder den Nachteil, daß die Bohrstange beim Auftreten harter Stellen im Werkstoff seitlich abgedrückt werden kann. Man erhält dann zwar immer noch ein rundes, aber schräges Loch. Besser ist es immer, das Bohrmesser als reines Quermesser zu verwenden, bei dem die Seitenflächen nicht schneiden, sondern lediglich Führung geben, und die Bohrung mit dem Senker nachzuschneiden. Der Hinterschliff an den Schneidkanten beträgt 10—15°. Für die Genauigkeit ist es natürlich sehr wesentlich, das Messer in der Bohrstange genau einzustellen. Beide Schneiden müssen gleich lang sein und gleiche Neigung haben, so daß wirklich auch der Druck auf beide Schneiden und damit die Belastung der Bohrstange gleichmäßig verteilt ist. Es ist sehr zweckmäßig, den Senker und eventuell auch noch die Reibahle mit dem Messer auf die gleiche Bohrstange zu setzen. Man macht dies vielfach beim Horizontal-Bohrwerk, aber auch bei Revolverbänken.

Das Ausbohren mit dem Bohrstahl an Stelle des Quermessers hat den Nachteil, daß der Stahl bei starker Einseitigkeit des vorgegossenen Loches oder bei harten Stellen abgedrängt wird. Der Nachteil verschwindet jedoch, wenn die Spanstärke nicht zu groß genommen wird und der Bohrstahl mehrfach nachschneidet. Es wird deshalb vielfach der Bohrstahl dem Quermesser vorgezogen. Für die Ausbildung der Schneidkanten des Bohrstahls gelten die gleichen Grundsätze wie beim Außenstahl. Wichtig ist, die Entfernung der Schneidkanten vom Schaft nicht zu groß zu bemessen, um das Durchfedern des Schaftes zu verhüten. Die Unterstützung des Stahles kann jedoch nie so gut sein wie beim Außenstahl, so daß die Genauigkeit der Arbeit auch niemals so groß sein wird, wie beim Arbeiten mit Außenstählen. Unter Umständen wird bei beschränkten Raumverhältnissen bereits der Stahlhalter als Bohrstange ausgebildet, in die der Stahl eingesetzt wird. Je weiter der Stahl herausragt, um so leichter wird die Bohrstange zittern und ungenaue Arbeit liefern.

Löcher in das Volle hinein kann man mit dem Spiralbohrer nur bis zu einem bestimmten Durchmesser herstellen, für den wirtschaftliche Gesichtspunkte maßgebend sind. Meistens werden Senker und Reibahlen nur bis zum Durchmesser von 100 mm im Magazin vorrätig gehalten. Größere Löcher kann man mit dem Bohrstahl bohren und dann aufreiben. Besser ist es jedoch immer, dann einen Hohlbohrkopf nach Abb. 13 mit eingesetzten Messern zu verwenden. Der Hohlbohr-

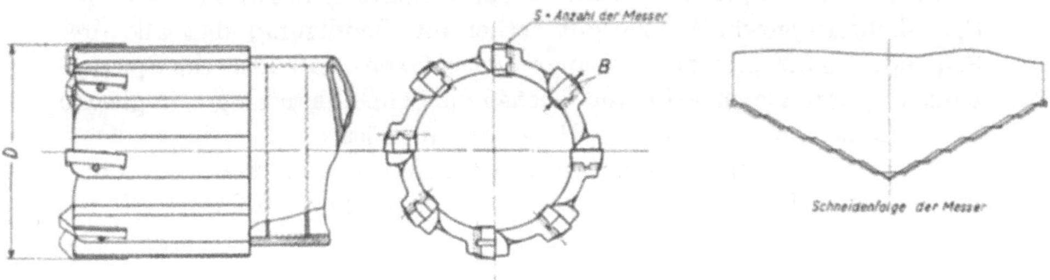

Abb. 13 und 14. Messerkopf für Kernbohrungen.

kopf läßt einen Kern stehen, der bei durchgehenden Bohrungen zum Schluß einfach herausfällt. Geht die Bohrung nicht durch, so muß der Kopf so eingerichtet sein, daß der stehengebliebene Kern am Fuß durch Verschieben der Messer eingekerbt werden kann. Der Kern wird dann nach Herausziehen des Hohlbohrers durch Eintreiben von Keilen abgesprengt und aus der Bohrung herausgezogen. Bei der Anordnung der in den Bohrkopf eingesetzten Messer ist zu beachten, daß die Messer in der richtigen Weise übereinander greifen, damit die Arbeit auf die einzelnen Schneidzähne gleichmäßig verteilt wird. In Abb. 14 ist die Schneidenfolge in einer besonderen Figur dargestellt. Bei langen Bohrungen ist kräftige Spülung notwendig, damit die Späne von der Angriffsstelle des Bohrers gut entfernt werden. Die Wirksamkeit des Werkzeuges ist hiervon wesentlich abhängig. Damit der Bohrer richtig eingesetzt werden kann, muß zunächst eine Führungszone von entsprechender Länge vorgebohrt werden. Der Vorschub wird klein gewählt, damit dünne Späne von höchstens 1 mm Dicke und Breite entstehen, deren Abführung in dem engen Zwischenraume zwischen Rohr und Lochwandung möglich ist. Das Einsetzen und Befestigen der Messer wird verschieden vorgenommen. Bei dem abgebildeten Bohrkopf sind die Messer mit einer Führungsleiste im Rücken versehen, die ein seitliches Verschieben verhindert. Die Befestigung wird durch einen konischen, abgeflachten Stift bewirkt, der fest eingetrieben wird.

Senker: Zum Aufbohren von Löchern von 12—52 mm Durchmesser wird der Spiralsenker (Dreischneider, Abb. 15) benutzt. Dieses Werkzeug ist ähnlich wie ein Spiralbohrer konstruiert, besitzt aber statt zwei Nuten drei Nuten. Dies hat den Vorteil, daß er infolge der dreifachen Führung nicht leicht verläuft. Eine Spitze besitzt der Dreischneider nicht. Dagegen werden der Drall und die Spitzen-, Schneid- und Hinterschliffwinkel wie bei Spiralbohrern gewählt. Es gilt ferner die Bedingung, daß alle drei Schneiden ganz gleichmäßig angreifen müssen, daß also die Spitzenwinkel genau gleich sein und ebenso die Schneidkanten genau gleiche Länge haben und in gleicher Höhe liegen müssen.

Abb. 15. Senker

Für größere Durchmesser von 24—100 mm benutzt man den vierlippigen Aufstecksenker, der ebenfalls in Abb. 16 dargestellt ist. Der Senker hat einen Drall von 12—15° und ist an den Führungsflächen rund geschliffen. Nach hinten wird er um einige Hundertstel Millimeter schwächer, um die Reibung in der Bohrung zu verringern. Die vorn liegenden Schneiden sind unter 30 bis 45° schräg angeschliffen, und zwar wählt man für hartes Gußeisen den kleineren Winkel. Der Hinterschliff beträgt 6°. Beim Nachschleifen des Senkers ist besondere Sorgfalt notwendig, da alle vier Schneiden vollständig übereinstimmen müssen, wenn der Senker genaue Arbeit liefern soll. Die Untermaße werden ebenso gewählt wie beim Spiralbohrer.

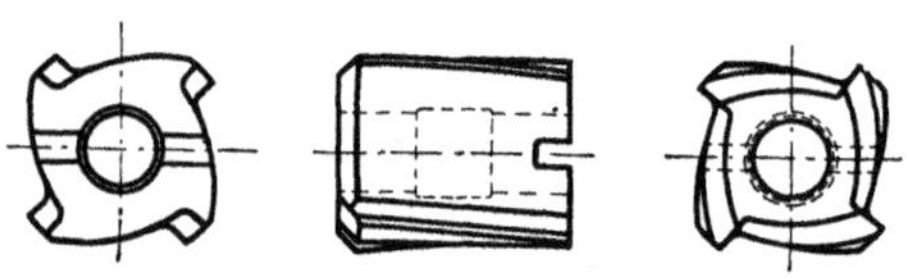

Abb. 16. Vierlippiger Aufstecksenker.

C. Werkzeuge zur Endbearbeitung genauer Löcher.

Mit den bisher besprochenen Werkzeugen werden genaue Bohrungen lediglich vorgearbeitet. Sollen die Bohrungen genau passen und außerdem glatt sein, so müssen sie mit einer Reibahle nachgerieben werden. Die Art der Reibahle ist um so besser, je geringer die Werkstoffmenge ist, die sie fortzunehmen hat. Bei starker Belastung kann auch die Reibahle wirklich genaue Arbeit nicht liefern. Die Untermaße, die zulässig sind, sind dabei auch vom Werkstoff abhängig. Wesentlich ist natürlich, daß die Reibahle mit den übrigen Bohrwerkzeugen genau fluchtet.

Handreibahlen: In Abb. 17 ist die einfache Handreibahle dargestellt. Man führt die Reibahlen mit geraden und Spiralnuten aus. Man hat früher die Spiralnut für zweckmäßig gehalten, weil man der Ansicht war, daß durch die Steigung die Bildung von sogenannten Rattermarken verhindert würde. Diese Marken entstehen dadurch, daß harte Stellen in der Bohrung auftreten, die die Reibahle einseitig abdrücken und den Angriff der Schnittkanten in der Bohrung markieren. Die Erfahrung hat gelehrt, daß durch die Spiralsteigung der Zähne die Bildung der Marken nicht verhindert werden kann, daß andererseits die Steigung Nachteile hat insofern, als bei Rechtsdrall die Reibahle gewaltsam in das Loch hineingezogen wird, während bei Linksdrall ein besonderer Druck notwendig ist, um die Reibahle einzupressen. Gleichzeitig wird durch den Linksdrall die Spanabführung verschlechtert. Der einfachste und zweckmäßigste Weg, gute Löcher zu erzielen, ist der, die Zähne gerade zu machen und dafür die Teilung der Zähne ungleichmäßig, so daß beim Auftreffen eines Zahnes auf eine harte Stelle die übrigen Zähne immer an verschiedenen Stellen angreifen und so etwa entstehende Marken beseitigt werden. Ein weiterer Vorteil der geraden Nuten ist der, daß eine mehr schälende Wirkung der Zähne bei der Bildung des Spanes erzielt wird. Ferner können die Durchmesser bequem gemessen werden, was bei den großen Genauigkeiten, die heute verlangt werden, wesentlich ist.

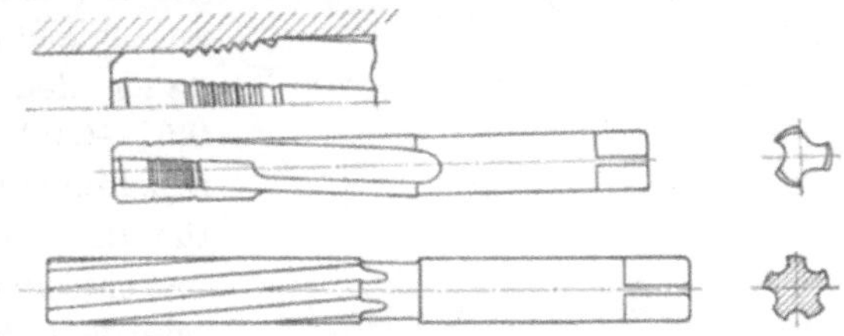

Abb. 17. Handreibahle.

Ungeschliffene Handreibahlen eignen sich nur für grobe Arbeit. Man kann genaue Löcher damit nicht herstellen; außerdem ist der Kraftbedarf sehr groß. Gerade für Reibahlen ist es wichtig, die Schneidkanten möglichst scharf zu halten. Je leichter die Reibahle schneidet, um so besser ist ihre Führung und um so genauer die entsprechende Bohrung. Man wird deshalb für genaue Löcher nur geschliffene Reibahlen verwenden. Die ungleiche Teilung wird dabei so gehalten, wie sie in Abb. 18 dargestellt ist. Es stehen immer zwei Zähne sich radial gegenüber, um das Messen mit Hilfe der Lehre zu ermöglichen. Dabei sind die Zähne jedesmal um ein Geringes in der Teilung versetzt, so daß sie niemals gleichzeitig an der gleichen Stelle angreifen. Der Durchmesser der Reibahle ist in gewisser Beziehung auch von dem Werkstoff abhängig, für den sie verwandt werden soll. Jeder Werkstoff federt unter dem Schnittdruck der Reibahle, so daß die entstehende Bohrung immer etwas kleiner als der Durchmesser der Reibahle sein wird. Je zäher der Werkstoff, um so größer muß der Reibahlendurchmesser sein, um diesen Einfluß auszugleichen. Für Stahl erhöht man daher den Durchmesser um etwa 0,01—0,02 mm. Für Präzisionsarbeiten muß man aus diesem Grunde für die gleichen Durchmesser bei verschiedenen Werkstoffen auch verschiedene Reibahlen benutzen.

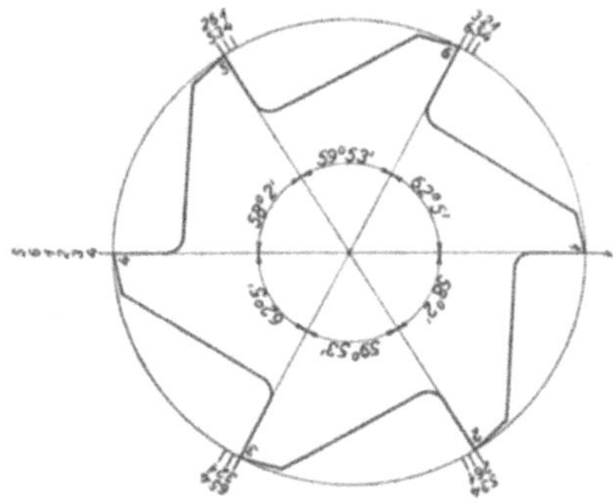

Abb. 18. Ungleichteilung von Handreibahlen.

Die eigentliche Schneidarbeit wird bei der Reibahle nur vom Anschnitt geleistet. Man macht bei den Handreibahlen den Anschnitt l_a etwa $= {}^1/_4$ der Zahnlänge l_f, Abb. 19. Erfahrungsgemäß wird das Loch sauberer mit wachsender Länge des Anschnitts. Allerdings steigt dann auch der Kraftbedarf, so daß es im allgemeinen zweckmäßiger ist, das Maß von ${}^1/_4$ der Zahnlänge nicht zu überschreiten.

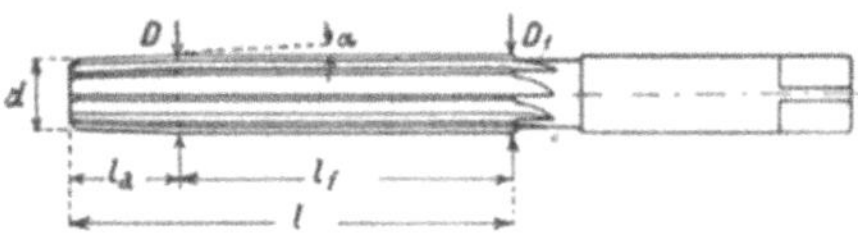

Abb. 19. Ausschnitt der Reibahlen.

Der Anschnitt wird je nach dem größten Durchmesser um 0,2—0,5 mm kegelförmig gehalten. Nach hinten zu wird die Reibahle ebenfalls konisch verjüngt, damit sie hinter dem Anschnitt keine Schneidarbeit mehr leistet, andernfalls wird leicht ein zu großer Durchmesser erzielt. Der Schaft wird dann um 0,1—0,2 mm dünner gehalten, damit die Reibahle nach dem Durchschneiden durchfallen kann. Der genaue Durchmesser D, der nur an der Stelle, wo der kegelförmige Anschnitt mit dem Führungsteil zusammentrifft, vorhanden ist, wird durch Rundschleifen der Reibahle hergestellt. Nach dem Rundschleifen werden die Zähne sowohl im Anschnitt als auch im Führungsteil um 5—6° hinterschliffen, um Schneidfähigkeit zu erhalten. Der Hinterschliff wird so vorgenommen, daß noch eine Phase von 0,2—0,3 mm Breite übrigbleibt, die der Reib-

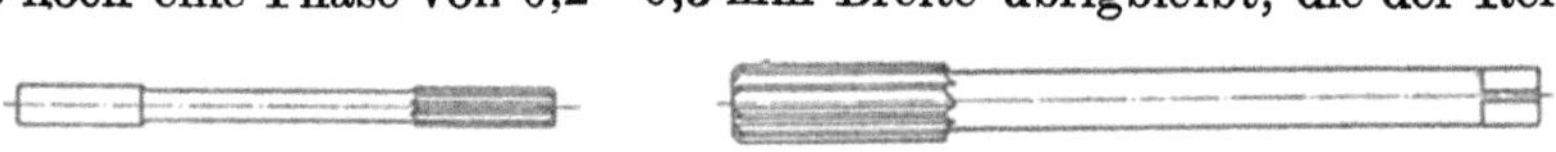

Abb. 20 und 21. Maschinenreibahlen.

ahle die nötige Führung gibt. Zum Scharfhalten der Reibahle muß in erster Linie der Anschnitt nachgeschliffen werden, da dieser die Spanarbeit erledigt.

Maschinenreibahlen: Für die Maschinenreibahlen (Abb. 20 u. 21) gelten im Grunde die gleichen Bedingungen, jedoch wird der Anschnitt kürzer gehalten. Man ersetzt ihn häufig durch eine abgerundete Kante, die erfahrungsgemäß einen sehr sauberen Schnitt liefert, aber nur mit Sondervorrichtungen scharf geschliffen werden kann. Einfacher ist es, den Anschnitt um 40—50° zur Achse zu neigen. Der

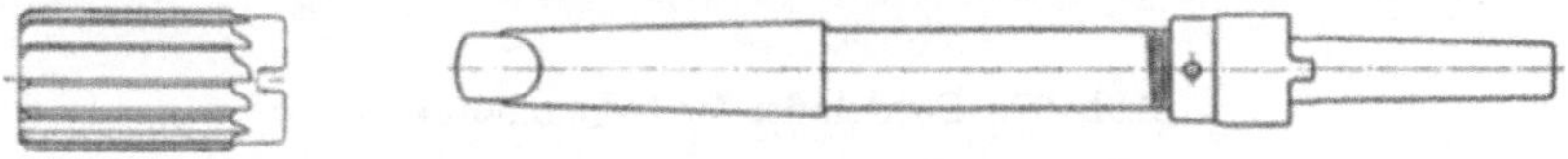

Abb. 22 und 23. Aufsteckreibahle und Halter.

Anschnitt fällt hierbei nur ganz kurz aus, was aber bei Maschinenreibahlen ausreicht, da eine besondere Führung ja hierbei nicht notwendig ist.

Aufsteckreibahlen: Bei größeren Durchmessern verwendet man sogenannte Aufsteck-Reibahlen (Abb. 22), die ähnlich wie Fräser auf einen Schaft (Abb. 23) aufgesteckt werden.

Bei der Herstellung einer genauen Bohrung ist es wichtig, daß die Achse der Reibahle mit der Achse der Bohrung genau fluchtet. Da diese Bedingung nicht immer streng zu erfüllen ist (Abb. 24), verwendet man für die Fertigbohrung häufig sogenannte Pendel-Reibahlen (Abb. 25). Die Pendel-Reibahlen sind so konstruiert, daß sie sich leicht in die richtige Flucht von selbst einstellen. Zu diesem Zweck baut man in den Schaft ein Kugellager ein oder bildet die Befestigung der Reibahle als Kreuzgelenk aus, um der Reibahle Beweglichkeit zu geben. Die Konstruktion muß aber immer so sein, daß der Vorschubdruck und das Drehmoment übertragen wird. Die Abb. 26, 27 u. 28 zeigen bekannte Ausführungsforman solcher Reibahlen.

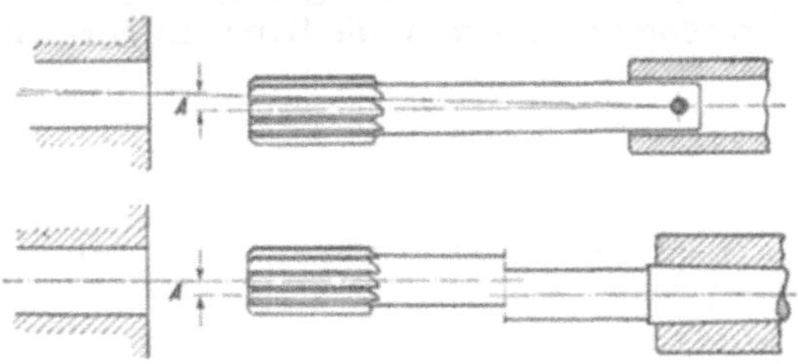

Abb. 24 und 25. Wirkungsweise der Pendelreibahle.

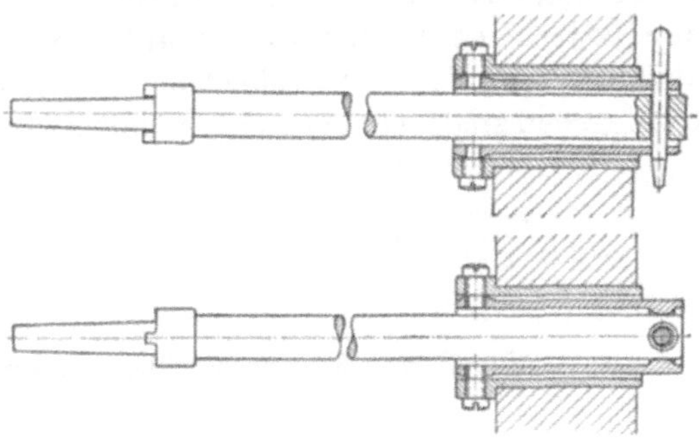

Abb. 26. Pendelnde Reibahlenhalter (Bauart Dr. Kühn).

Nachstellbare Reibahlen: Für genaue Löcher werden dann vielfach nachstellbare Reibahlen verwendet. Diese Reibahlen haben ihre Ver-

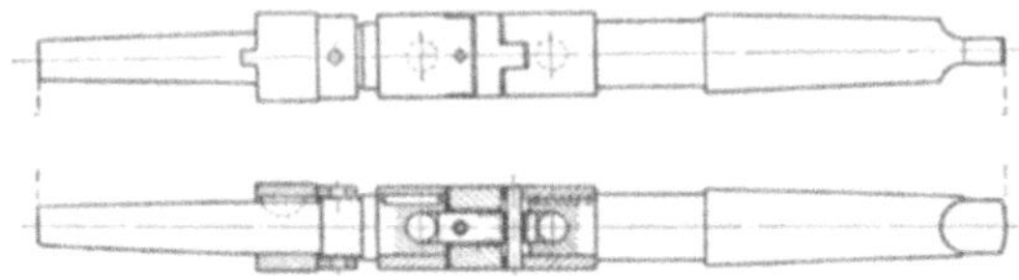

Abb. 27. Pendelnder Reibahlenhalter.

stellbarkeit keineswegs zu dem Zweck, Löcher von verschiedenen Durchmessern aufzureiben, sondern lediglich zur Nachstellung auf den genauen Durchmesser bei eingetretener Abnutzung der Reibahle. Die Verstellbar-

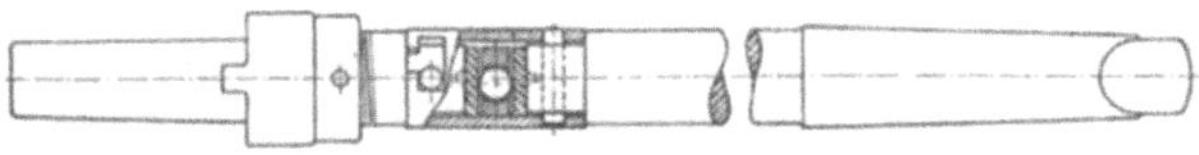

Abb. 28. Pendelnder Reibahlenhalter.

keit liegt deshalb durchweg in ganz geringen Grenzen. Das einfachste Werkzeug dieser Art ist die Einzahnreibahle Abb. 29, bei der nur eine

Abb. 29. Einzahnreibahlen.

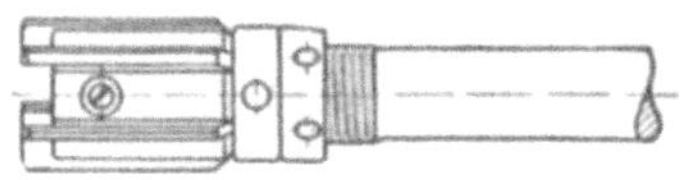

Abb. 30. Nachstellbare Maschinenreibahle.

ganz kleine Spanabnahme möglich ist, die also nur zum Glätten von Löchern benutzt werden kann. Sobald die Spanabnahme größer wird, treten Rattermarken auf, die die Genauigkeit herabsetzen. Die Maschinen-Reibahlen, von denen verschiedene Konstruktionen in den Abb. 30 bis 32 gegeben sind, werden meistens mit aufgeschraubten Messern

Abb. 31 und 32. Nachstellbare Maschinenreibahlen.

versehen. Die Abnutzung der Messer wird hier durch passende Unterlagen ausgeglichen. Auch hier hat man bei größeren Durchmessern aufsteckbare Reibahlen.

In Abb. 33 ist eine Schleppmesser-Reibahle dargestellt. An einem zweiarmigen Hebel *d*, der um *a* drehbar ist, sitzt an einem Ende das

Messer *b* und am andern drückt die Feder *h* derart, daß *b* von der zu reibenden Fläche abgedrückt wird. Der Keil *i*, der mit Hilfe von

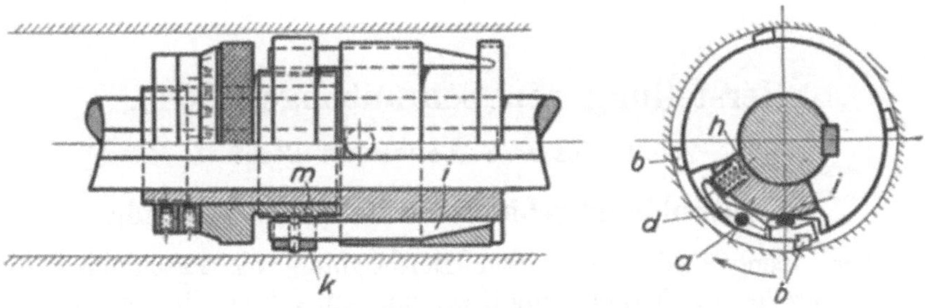

Abb. 33. Schleppmesser-Reibahle.

k und *m* verschoben werden kann, gestattet eine Veränderung des Durchmessers.

Herstellung von Schraubengewinden.

Von Professor E. Toussaint, Berlin.

A. Anwendungsgebiete der Schraubengewinde.

Schraubengewinde dienen zur Befestigung von Maschinen- oder Apparateteilen aufeinander, zur Erzeugung einer Einstellbewegung oder zum Messen.

Die Befestigungsgewinde sind genormt und ihre Abmessungen auf den Blättern DIN 11, 12 Whitworth —, 13, 14 Metr. —, 239, 240 Whitworth Fein —, 241, 242, 243, 516, 517, 518, 519, 520, 521 Metr. Fein —, 259, 260 Whitworth Rohrgewinde angegeben. Sie werden entweder für Schrauben verwendet, die Teile miteinander verbinden, oder sie werden auf den Teilen selbst angebracht, die verbunden werden sollen. Bei der zweiten Art der Ausführung sind zu unterscheiden Feingewinde, die zur Verbindung von eigentlichen Maschinenteilen dienen, Gas- und Rohrgewinde, die beim Bau der Leitungen für Gase und Flüssigkeiten zur Anwendung kommen.

Einstellgewinde kommen in Frage für Stellschrauben an Dreifüßen von geodätischen, astronomischen und von Meßinstrumenten verschiedener Art. Sie finden außerdem Anwendung bei verstellbaren Federspannungen, zum Verstellen der Keilleisten bei Gleitführungen im Werkzeugmaschinenbau usw.

Bewegungsspindeln finden Verwendung im Armaturenbau, im allgemeinen Maschinenbau, im Werkzeugmaschinenbau und dienen zur Bewegung von Teilen gegeneinander, ohne daß an die Genauigkeit der Einstellung höhere Anforderungen gestellt werden. Bewegungsspindeln höherer Ordnung sind die Leitspindeln, die bei der Erzeugung von Gewinden Verwendung finden. Bewegungsspindeln, die zur genauen Spananstellung bei Werkzeugmaschinen dienen oder bei Einstellung der Schleifscheibe gegenüber dem Werkstück angewendet werden, müssen nach denselben Grundsätzen wie Leitspindeln behandelt werden. Die höchsten Anforderungen an die Genauigkeit sind bei Meßspindeln zu stellen.

B. Theoretische Grundlagen für die Gewindeformen.

Die Grundlage eines guten Gewindes ist die Herstellung einer genauen Steigung. Abb. 1 zeigt eine Schraubenlinie, die auf dem Zylinder vom

Durchmesser d_1 mit der Steigung s hergestellt ist und die abgewickelt eine Gerade ergeben soll, die als Hypotenuse in einem rechtwinkligen Dreieck mit der Steigung s und dem Umfang $d_1 \cdot \pi$ als Kathete erscheint. Der Steigungswinkel ist mit σ_1 bezeichnet, und es besteht die Beziehung

$$\frac{s}{d_1 \cdot \pi} = \operatorname{tg} \sigma_1.$$

Wird eine Gerade senkrecht in die Achse des Zylinders hineingesteckt und dann so bewegt, daß einer ihrer Punkte auf dem Zylinder mit dem Durchmesser d_1 und ein anderer Punkt auf dem Zylinder mit dem Durch-

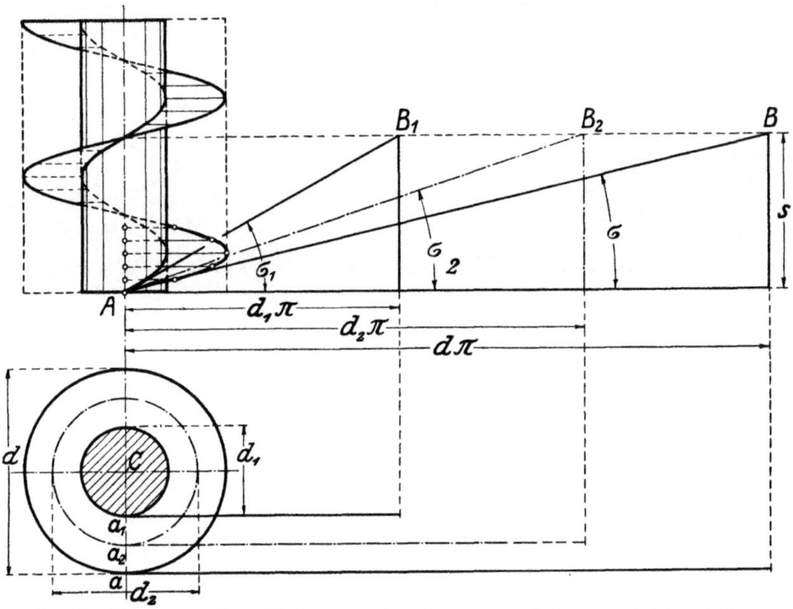

Abb. 1. Bestimmung der Steigung, des Steigungswinkels und Darstellung der Schraubenfläche.

messer d Schraubenlinien beschreiben und wird dafür Sorge getragen, daß die beiden Schraubenlinien dauernd gleiche Steigung behalten, so entsteht eine Schraubenfläche, wie sie ebenfalls in Abb. 1 dargestellt ist. Der Steigungswinkel der äußeren Schraubenlinie ist dann σ und der einer mittleren Schraubenlinie auf einem Zylinder mit dem Durchmesser $d_2 = {}^1/_2 (d + d_1)$ ist σ_2. Die zugehörigen Winkel gehen aus den Gleichungen $\operatorname{tg} \sigma = \frac{s}{d\pi}$ und $\operatorname{tg} \sigma_2 = \frac{s}{d_2 \cdot \pi}$ hervor.

In Abb. 2 linke Hälfte ist die erzeugende Gerade nicht unter 90°, sondern unter einem spitzen Winkel gegen die Achse geneigt und die Schraubenlinien haben ebenfalls gleiche Steigung. Es entsteht so eine geneigte Schraubenfläche, und zwar eine zentrische Schraubenfläche, weil die erzeugende Gerade in der Achsenebene liegt. In Abb. 2, rechte Hälfte, ist eine exzentrische Schraubenfläche dargestellt, die dadurch entsteht, daß die Erzeugende tangential an einen Kreis gelegt ist, dessen Durchmesser größer ist als Null; im vorliegenden Falle liegt sie tangential an den Kernzylinder. Wird in beiden Fällen ein Schnitt durch die Achse gelegt, so ergibt sich ein Unterschied der Schnittlinien im Aufriß, der aus den Bildern hervorgeht, und zwar muß, weil im ersten Falle die Erzeugende in der Schnittebene liegt, die Schnittlinie eine Ge-

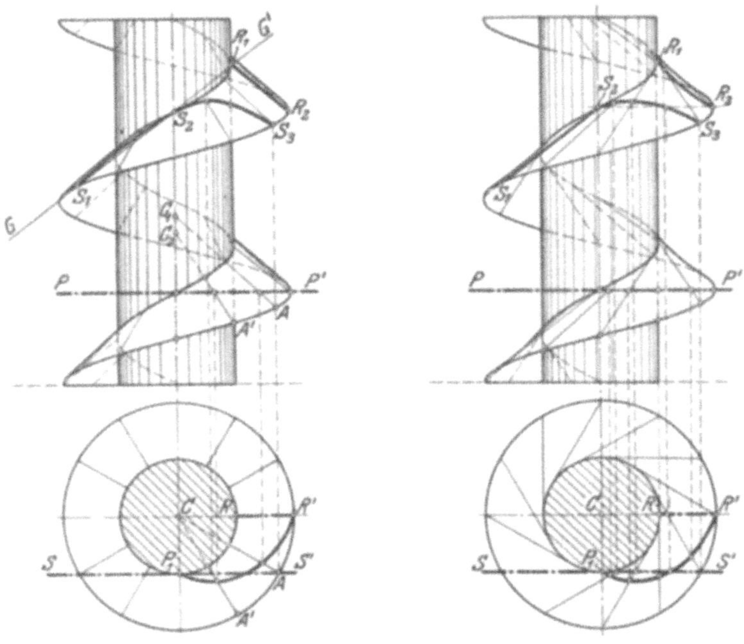

Abb. 2. Zentrische und exzentrische Schraubenfläche; Schnitte durch die Achse und tangential an den Kern.

rade ($R_1 R_2$) sein, während im anderen Falle eine gekrümmte Linie $R_1 R_2$ entsteht.

Wird in beiden Fällen ein Schnitt tangential an den Kernzylinder gelegt, so ergibt sich im ersten Falle eine Kurve, die man sich als Verzerrung einer Hyperbel, die bei dem entsprechenden Kegelschnitt entsteht, vorstellen kann. Die Kurve ist mit $S_1 S_2 S_3$ im Bilde gezeichnet, und die Gerade $G G'$ durch die Punkte $S_1 S_2$ läßt die Abweichung des Kurvenastes $S_1 S_2$ von der Geraden erkennen. Bei der exzentrischen Schraubenfläche ergibt sich zunächst eine Gerade $S_1 S_2$, weil der Schnitt auf diesem Stück der erzeugenden Mantellinie folgt. Diese Gerade ist Tangente an die kurvenförmige Fortsetzung $S_2 S_3$.

Im allgemeinen werden genaue Steigungen dadurch erzeugt, daß man, von der Steigung der Leitspindel ausgehend, mit Hilfe von Wechselrädern den Support um so viel verschiebt, daß sich bei einer Umdrehung des Werkstückes die Schraubensteigung ergibt. Größere Abweichungen der Schraubensteigungen sind durch entsprechende Änderung der Wechselräder im allgemeinen herstellbar, doch können Fälle vorkommen, in denen die Abweichungen von der normalen Steigung so gering sind, daß sie mit Wechselrädern nicht ohne weiteres zu erzeugen sind, wenn auch gewisse Annäherungen nach dem Verfahren von Knappe[1]) erreicht werden können. Liegt der Fall vor, daß z. B. ein Gewindebohrer von 14 Gang je Zoll auf einer Leitspindel mit 8 Gang je Zoll geschnitten werden soll, und liegt die Werkstatterfahrung vor, daß der vorliegende Werkstoff um 0,04 mm je Zoll Länge beim Härten schrumpft, so würde nicht eine Steigung von $25{,}4:14 = 1{,}8143$, sondern eine von $(25{,}4 + 0{,}04):14 = 1{,}8174$ mm geschnitten werden müssen. Diese Steigung ist nach dem Verfahren von Knappe mit den Wechselrädern 48, 35, 53 und 127 zu schneiden, so daß sich eine Steigung ergibt:

$$s = \frac{48 \cdot 53}{35 \cdot 127} \cdot \frac{25{,}4}{8} = 1{,}81714 \text{ mm}.$$

Die Räder mit 48 und 53 Zähnen sind im allgemeinen im Satz nicht vorhanden, und es läßt sich infolgedessen ein Verfahren anwenden,

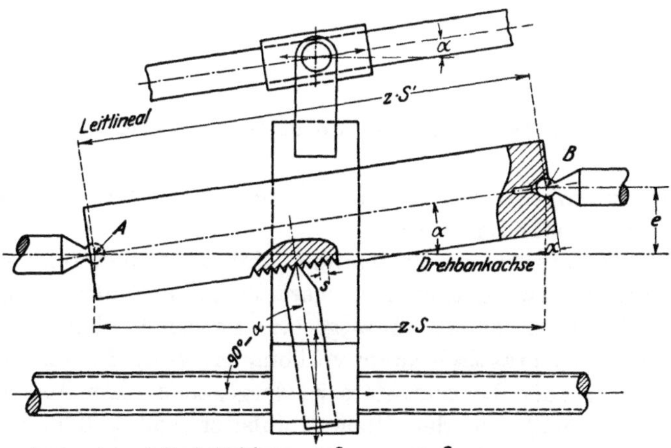

Abb. 3. Schneiden anormaler Gewindesteigungen.

wie es in Abb. 3 dargestellt ist. Der Reitstock wird seitlich um einen Betrag e herausgerückt, so daß die Schraube beim Schneiden schräg liegt, und der Support wird durch ein unter dem gleichen Winkel α

[1]) Georg Knappe, Wechselräderberechnung, Werkstattbücher. Eugen Simon Heft 4, Berlin: Julius Springer. 1921.

schräg gelegtes Leitlineal gezwungen, den Stahl parallel zur Schraubenachse AB zu führen. Die gewünschte Steigung der Schraube sei mit S' bezeichnet, die Steigung der Leitspindel mit S, und z bedeutet die Anzahl der Gänge, die mit S' multipliziert die Strecke AB ergeben. Es besteht dann die Beziehung $\cos\alpha = \frac{z \cdot S}{z \cdot S'} = \frac{S}{S'}$; S' ist also die korrigierte Steigung der Schraube, und aus dieser und der Leitspindelsteigung ist der Winkel α zu errechnen. Das Maß, um das der Reitstock herausgerückt werden muß, ergibt sich zu $e = AB \cdot \sin\alpha$. Zu bemerken ist, daß der Schneidstahl mit seiner Mittellinie um $(90^0 - \alpha)$ zur Leitspindelachse geneigt sein muß, und daß ferner statt der üblichen Drehbankspitzen Kugeln zur Führung verwendet werden müssen, weil bei An-

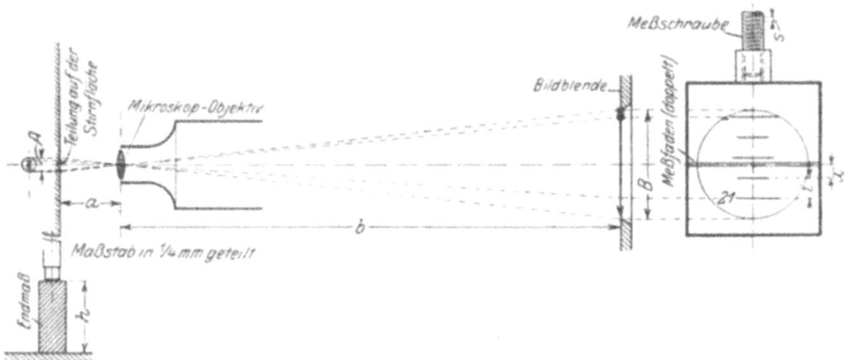

Abb. 4. Schematische Darstellung des Dickentasters der Firma Carl Zeiß in Jena.

wendung gewöhnlicher Spitzen sich die Achse der Schraube während der Umdrehung ständig verlegt.

Werden Schrauben in Verbindung mit Mikrometerokularen für Feinmessungen verwendet, so ist es gestattet, den Fehler der Steigung unberücksichtigt zu lassen, vorausgesetzt natürlich, daß er nicht zu groß ist, was aber praktisch kaum vorkommen wird. In Abb. 4 ist eine Skizze des Zeißschen Dickentasters wiedergegeben. Der Maßstab, der auf einem Endmaß von der Höhe h aufsitzt, soll z. B. eine Teilung von 0,25 mm haben. Das Mikroskopobjektiv hat eine 10fache Vergrößerung, so daß in der Bildebene ein Intervall der Teilung des Maßstabes einem Betrag von $i = 2{,}5$ mm entspricht. Wird eine Mikrometerschraube von genau 0,5 mm Steigung verwendet, so wird diese den Meßfaden bei 5 Umdrehungen genau von einem Teilungsstrich bis zum nächsten bewegen. Wird die Trommel der Schraube in 50 Teile geteilt, so entspricht die Drehung der Trommel um ein Teilungsintervall einer Verschiebung des Fadens (in der Zeichnung ist ein Doppelfaden gezeichnet) in der Bildebene um 0,5:50 = 0,01 mm. Wird diese Bewegung auf den Maßstab projiziert, so entspricht sie dort einer Bewegung um 0,05:50 = 0,001 mm.

Es werde nun angenommen, daß die Schraube statt 0,5 mm nur 0,4 mm Steigung habe, ein Fehler, der praktisch natürlich nie vorkommen wird; es ist dann trotzdem möglich, mit dem Mikrometerokular ebenso genaue Messungen auszuführen, als ob eine Schraube von richtiger Steigung verwendet würde. Man hat nämlich nur nötig, das Mikroskop so einzustellen, daß in der Bildebene die Originalteilung mit einer achtfachen Vergrößerung erscheint, d. h. daß ein Intervall in der Bildebene einem Betrag von $i = 0{,}25 \cdot 8 = 2$ mm entspricht. Wird jetzt die Schraube mit 0,4 mm Steigung wie vorher 5 mal herumgedreht, so

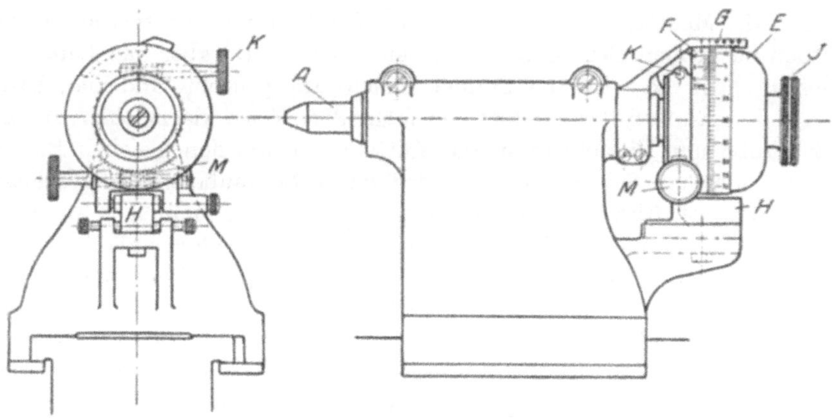

Abb. 5. Die Meßmaschine von Hommel, Korrektur des fortschreitenden Steigungsfehlers.

bewegt sie den Faden des Mikrometerokulars um 5 mal 0,4 = 2 mm, d. h. in der Bildebene von einem Teilstrich zum anderen, und dieses Intervall wird bei einer Teilung der Trommel in 50 Teile auch wieder durch 50 dividiert, was wieder einer Unterteilung des Maßstabintervalls von 0,25 mm in 5 × 50 Teile, also einem Betrage von 0,001 mm entspricht.

Der Betrag x in der Abbildung gibt den Überschuß der Einstellung über ein volles Teilungsintervall an und wird an der Trommel der Schraube, unter Berücksichtigung der vollen von ihr zurückgelegten Umdrehungen abgelesen.

Aus dem Gesagten ist zu erkennen, daß gerade bei den Schrauben für die genauesten Messungen der Einfluß des Steigungsfehlers ausgeschaltet werden kann.

Liegen nicht optische, sondern rein mechanische Meßverfahren vor, wie z. B. nach Abb. 5, so muß ein etwa noch vorhandener Steigungsfehler in anderer Weise unschädlich gemacht werden. Das Bild zeigt den Reitstock der Meßmaschine von Hommel. *A*, der Kopf der verschiebbaren Pinnole, trägt vorn eine Meßfläche, die z. B. um ganz kleine Beträge (0,002 oder 0,001 mm) bewegt werden soll, wenn sich die geteilte Trommel *E* um ein Intervall gegenüber dem Indexstrich gedreht hat. Die Korrektur der Steigung ist in folgender Weise vorzunehmen: Die Pinnole, die an der Rückseite ein Muttergewinde trägt, in das die Meßchraube eingreift, ist nicht, wie dies beim Drehbankreitstock der Fall ist, in der gewöhnlichen Weise an der Drehung um ihre Achse gehindert, sondern sie gleitet an einem schräg gelegten Führungsstück *H* entlang, gegen das sie sich mit einem Mitnehmer stützt. Würde das Führungsstück genau parallel zur Schraubenachse liegen so würden bei einer zu großen Steigung der Schraube die Pinnole und die Meßfläche an *A* bei jeder Umdrehung der Schraube um einen zu großen Betrag vorgeschoben werden. Da aber das Leitstück schräg liegt, so wird die Pinnole gleichzeitig gedreht, und man kann sich den Einfluß der Drehung in folgender Weise klarmachen: Wenn Schraube und Pinnole (d. h. die Mutter) sich um den gleichen Betrag und in gleichem Sinne drehen, so wird, da die Schraube am Fortschreiten gehindert ist, überhaupt keine Längsbewegung der Meßfläche an *A* erfolgen. Wird die Pinnole im gleichen Sinne wie die Schraube, aber um einen kleineren Betrag gedreht, so kommt nur eine Verschiebung zustande, die der Differenz der beiden Winkeldrehungen, multipliziert mit der Gewindesteigung, entspricht. Dreht sich die Mutter im entgegengesetzten Sinne wie die Schraube, so entsteht eine Längsverschiebung, die sich aus der Summe der beiden Winkeldrehungen, multipliziert mit der Steigung der Schraube ergibt. Es ist also zu erkennen, daß durch richtige Wahl der Neigung des Leitstückes *H* der Steigungsfehler der Schraube unschädlich gemacht werden kann. Bei der Hommel-Maschine ist tatsächlich die Anordnung noch etwas anders durchgeführt, doch wurde vorstehende Erklärung gewählt, weil sie leichter verständlich ist.

Während es so verhältnismäßig einfach ist, den Steigungsfehler oder fortschreitenden Fehler einer Schraube, der sich bei jeder weiteren Drehung multipliziert, unschädlich zu machen, muß außerordentlich große Aufmerksamkeit auf das Herausschaffen des periodischen Steigungsfehlers verwendet werden. Es war schon eingangs gesagt worden, daß die Schraubenlinie abgewickelt eine Gerade ergeben soll, doch kann infolge von mechanischen Unzulänglichkeiten der erzeugenden Maschine und ihrer Leitspindel, infolge von Fehlern in der Teilung der Wechselräder, infolge von exzentrischer Aufbringung dieser Räder zur Achse usw. der Fall eintreten, daß die abgewickelte Schraubenlinie eine Kurve ergibt, und zwar liegt der Fall in der Praxis meist so, daß, wenn nach einer Umdrehung die Mutter um einen bestimmten Betrag h vorwärtsgeschoben worden ist, nach 2 Umdrehungen eine Verschiebung um $2h$ usw. erfolgt ist, während innerhalb jeder einzelnen Umdrehung Schwankungen um den richtigen Wert herum erfolgen.

In Abb. 6 ist nach dem Vorgang von Karl Reichel zunächst theoretisch dargestellt, wie dieser periodische Steigungsfehler herausgeschafft werden kann. In der oberen Hälfte des Bildes zeigt die Schraubenlinie nach einer halben Umdrehung wieder die richtige Steigung, bei 90° das Höchstmaß des Fehlers nach unten und bei 270° das Höchstmaß nach oben, so daß ein Gesamtfehler zwischen den größten Abweichungen im negativen und positiven Sinn von a (Fehleramplitude) entsteht. Ein

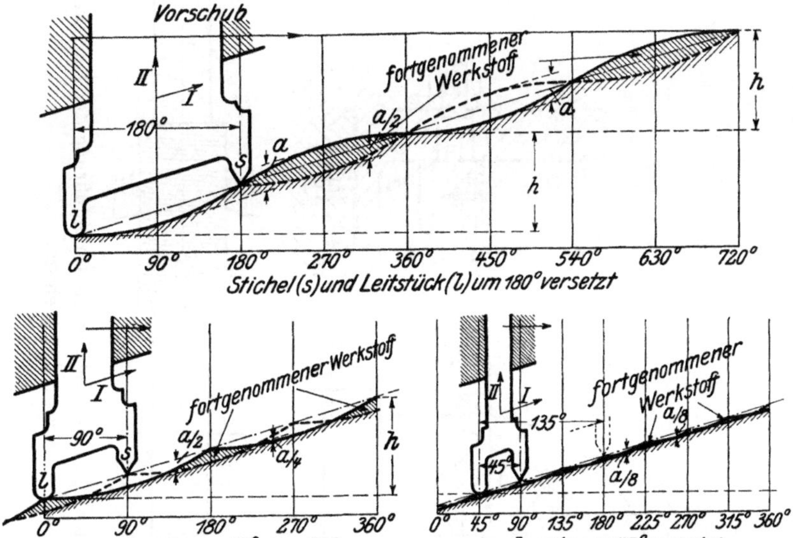

Abb. 6. Fortschaffen des periodischen Steigungsfehlers nach Carl Reichel.

Werkzeughalter, der mit einem Leitstück l sich auf der fehlerhaften Kurve führt, trägt auf der anderen Seite, und zwar zunächst um 180° gegen l versetzt, einen Stichel s, und das Werkzeug wird so über die Schraubenlinie hinweggezogen, daß es sich in der Richtung I vorwärtsbewegt und gleichzeitig in der Richtung II in seiner Führung hochsteigt. l sorgt dann dafür, daß s, wenn l selber nach unten geht, sich ebenfalls nach unten bewegt und sich hebt, wenn l ansteigt; d. h. s bewegt sich dann auf der gestrichelt eingezeichneten Geraden und nimmt die engschraffierten Teile fort, so daß eine neue Kurve entsteht, die nur noch die Abweichungen von der Geraden nach unten enthält. Die Fehleramplitude ist dabei auf $^1/_2\,a$ heruntergesetzt.

Wird nun s so nahe an l herangebracht, daß der Abstand nur 90^0 beträgt (unten links in der Abbildung), und bewegt sich jetzt l auf der Kurve, die beim ersten Arbeitsgang entstand, so wird s wieder so viel von der neuen Kurve fortschneiden, daß nur noch die Fehleramplitude $^1/_4\ a$ verbleibt, und man ändert nun weiter den Abstand zwischen s und l, z. B. auf 45^0 (oder 135^0), $22^1/_2{}^0$ (oder $112^1/_2{}^0$) usw. Jede neue

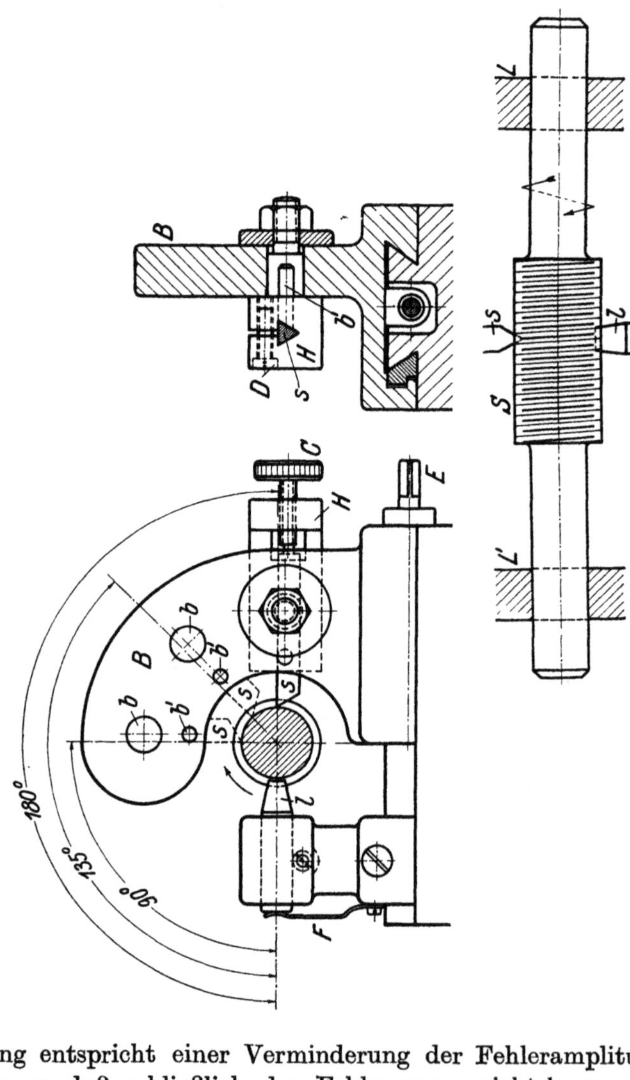

Abb. 7. Apparat von Reichel zur praktischen Durchführung der Korrektur des periodischen Fehlers.

Stellung entspricht einer Verminderung der Fehleramplitude auf die Hälfte, so daß schließlich der Fehler zwar nicht herausgebracht ist, aber einen so kleinen Betrag angenommen hat, daß er praktisch ohne

Bedeutung ist. Reichel hat die letzten Fehler dann in der Regel dadurch herausgebracht, daß er die Mutter mit einem ganz feinen Schleifmittel (Polierrot) ausgeglichen hat.

In Abb. 7 ist die Vorrichtung dargestellt, deren sich Reichel für den vorliegenden Zweck bediente. Ein Stück ganz weichen astfreien Lindenholzes (l) legt sich gegen die Gänge der Schraube, ihnen so als Mutter dienend, und der Stichel s greift in den Schraubengang hinein; die Schraube ist in den Lagern (L und L') aufgenommen und wird von Hand gedreht, wobei ihr die Lindenholzmutter l als Führung dient. Ist einmal durchgeschnitten worden — unter Umständen, wenn der Fehler groß ist, wird unter allmählicher Anstellung des Stichels s mehrmals geschnitten, so ist das erreicht, was in Abb. 6 (obere Hälfte) dargestellt wurde, d. h.

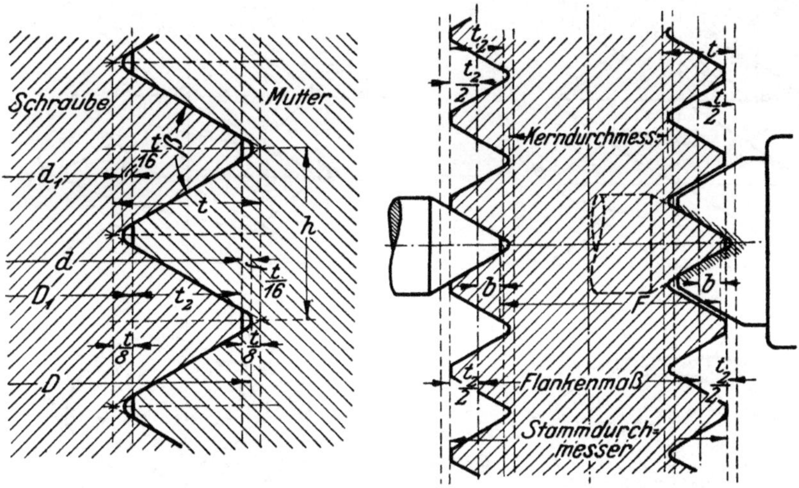

Abb. 8. Abmessungen des metrischen Gewindes und Bestimmung des Flankenmaßes.

die Fehleramplitude ist auf die Hälfte verkleinert worden. Wird der Stichel um 90° versetzt und das Verfahren wiederholt, so erfolgt eine abermalige Halbierung des Fehlers. Der Stahlhalter wird dabei in die oberste Bohrung b eingesetzt. Wird statt der Bohrungen eine kreisförmige Nut verwendet, die mit Teilung versehen ist, so lassen sich natürlich auch sämtliche anderen Zwischeneinstellungen bewerkstelligen. In der Regel genügt es, mit 3 Lagen des Stichels zu arbeiten, wobei die Fehleramplitude auf $^1/_2 \times {}^1/_2 \times {}^1/_2 = {}^1/_8$ verringert wird.

Abb. 8 zeigt in der linken Hälfte das metrische Gewinde in seinen ursprünglichen Abmessungen. Die Teilung der Schraube (bei eingängigen Schrauben die Steigung) ist h, die mit Hilfe des Flankenwinkels β aus h abzuleitende theoretische Gewindetiefe ist t, und die Tragtiefe des Gewindes t_2. Der Betrag $^1/_{16}\,t$ gibt das Spiel zwischen Schraube und Mutter einerseits und Mutter und Schraube andererseits an.

In Abb. 8 rechte Hälfte ist eine Erklärung des Flankenmaßes gegeben. Wird gleiche Abflachung am Außenzahn der Schraube und am Innenzahn der Mutter angenommen, so ist das Flankenmaß $d_f = \frac{d + D_1}{2}$. Will man von den Maßen d und D_1, d. h. dem Stammdurchmesser der Schraube und dem Kerndurchmesser der Mutter unabhängig werden, so kann man das Flankenmaß auch so definieren: das

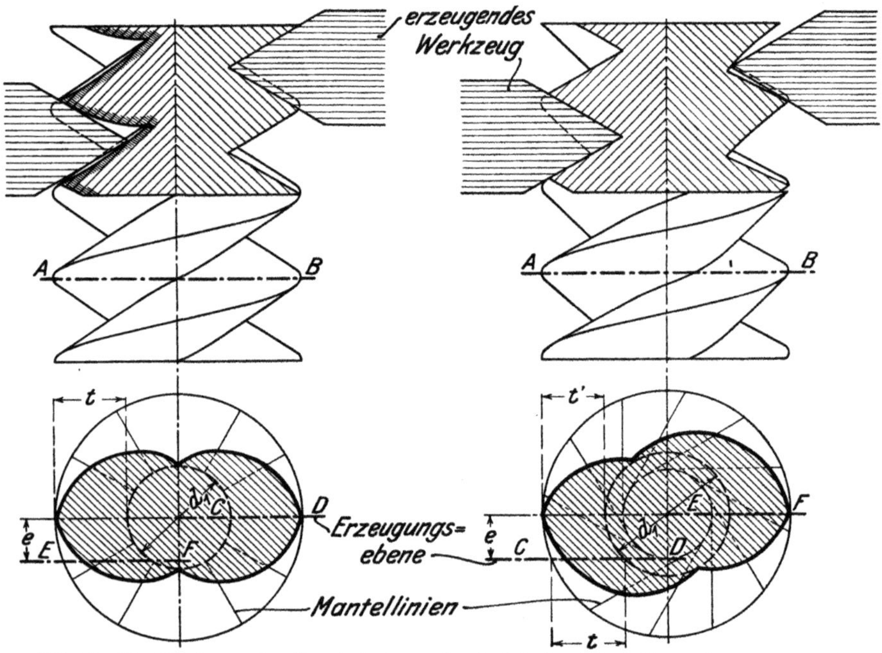

Abb. 9. Verfälschung der Gewindeform durch falsche Einstellung des erzeugenden Gewindestahles.

Flankenmaß ist gleich der Entfernung der beiden Flankenpunkte auf beiden Seiten der Schraubenachse, in denen eine senkrecht zur Achse gelegte Ebene die gegenüberliegenden Flanken schneidet. Eine rohe Messung des Flankenmaßes kann mit dem Flankenmikrometer vorgenommen werden, das mit seinem Sattel, der sich in der Steigungsrichtung einstellen kann, den Schraubengang auf der einen Seite umfaßt, während die Spitze der Mikrometerschraube in die gegenüberliegende Lücke der Schraube eingreift. Wird als Nullstellung die Lage von Sattel und Spitze angesehen, in der sie ineinander eingreifen, so ermittelt man in der erstbeschriebenen Lage das Flankenmaß, das an der Teilung der Mikrometerschraube abzulesen ist.

In neuerer Zeit wird vielfach der Flankendurchmesser mit Drähten gemessen, und die Firma Zeiß hat hierzu einen sehr brauchbaren Apparat auf den Markt gebracht. Auch mit Kugelspitzen (Zeiß-Lupe) ist eine Messung der Gewinde möglich.

C. Erzeugung der Schraubengewinde mit Einzahn und Strehler.

Abb. 9 soll zeigen, welche Verfälschung des Gewindes entsteht, wenn die Brust des Schneidstahles nicht in derselben Ebene liegt wie die Achse der zu erzeugenden Schraube. Die linke Hälfte der Abbildung zeigt rechts von der Mittellinie das erzeugende Werkzeug im Aufriß und die Erzeugungsebene CD im Grundriß. Wird, was links von der Mittellinie ausgeführt ist, der zum Schneiden verwendete Stahl um den Betrag e gegen die Schraubenachse verschoben, so kann er an den Gewindeflanken nicht zur Anlage kommen, was auch an Hand von Abb. 9, linke Hälfte, zu erkennen ist.

In der rechten Hälfte der Abb. 9 ist das erzeugende Werkzeug nicht in die Achsenebene gelegt worden, sondern es wurde um e gegen diese

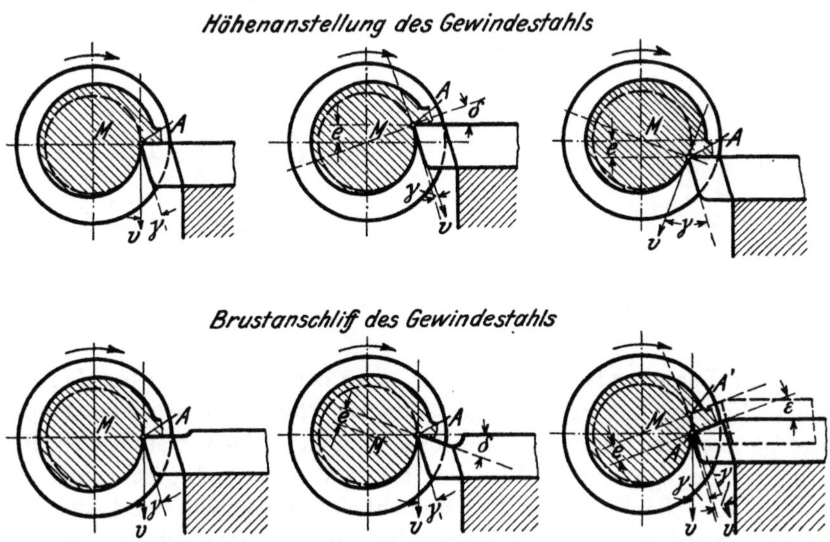

Abb. 10a—f. Fehler der Höheneinstellung und des Anschliffes von Gewindestählen.

Ebene verschoben. Zum Vergleich ist das Werkzeug rechts von der Mittellinie in die Achsenebene hineingebracht worden, und es ist zu erkennen, daß die Lückenform vollständig verfälscht wurde, daß eine wesentlich geringere Gangtiefe t' vorhanden ist und daß eine Sägenform entstand, wie sie sonst nur bei falscher Anstellung des Gewindestahles sich ergibt. Es ist also unbedingt die Forderung zu erheben, daß der Gewindestahl stets so angestellt wird, daß seine Schneidbrust sich in der Ebene der Schraubenachse befindet.

In den folgenden Abbildungen soll gezeigt werden, wie der an Hand von Abb. 9 besprochene Fehler durch falsche Höheneinstellung oder durch falschen Anschliff des Gewindestahles entstehen kann.

In Abb. 10a ist die richtige Stellung des Stahles gezeigt. Steht der Stahl zu hoch, wie in Abb. 10b, oder zu tief, wie es in Abb. 10c gezeigt ist, so erzeugt er eine exzentrische Schraubenfläche, die den in Abb. 9 dar-

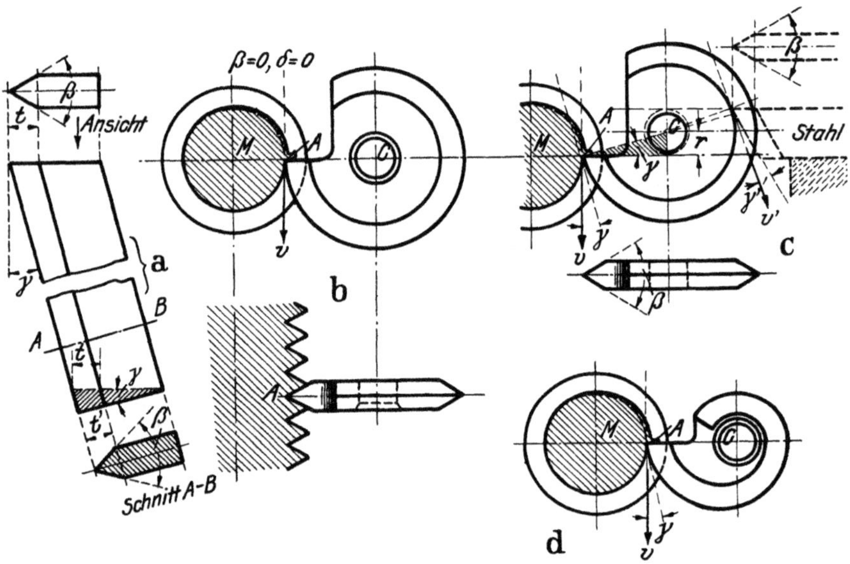

Abb. 11a—d. Ausbildung der Gewindestähle.

gestellten Fehler aufweist, und zwar ist es belanglos, ob er um den Betrag e über oder unter Mitte angestellt wird. Neben der richtigen Höhenlage ist auch der richtige Anschliff zu berücksichtigen, was in Abb. 10c und f wiedergegeben ist. Wird der Stahl geil unter sich geschliffen, wie in Abb. 10e oder, was aus Bequemlichkeit oft gemacht wird, der Anschliff mit abfallender Brust hergestellt, wie Bild 10f zeigt, so entstehen die gleichen Verfälschungen wie bei unrichtiger Höhenlage, weil die Ebene, in der die Brustfläche liegt, in einem mehr oder minder großen Abstand an der Schraubenachse vorbeigeht. Es ist infolgedessen vorteilhaft, die käuflichen genauen Schneidstähle zu verwenden, die namhafte Firmen schon seit Jahren auf den Markt bringen und von denen einer in Abb. 11a dargestellt ist.

Auf Revolverbänken werden vielfach gedrehte Gewindestähle verwendet, die indessen häufig falsch angeschliffen werden. Abb. 11b zeigt einen solchen unrichtig angeschliffenen Stahl, der zwar die Gewindeform nicht verfälscht, aber an der Schneidstelle A stumpf ist und deshalb drückt. Der Gewindestahl muß so geschliffen werden, daß die Schneidbrust um den Betrag r unter dem Mittelpunkt C liegt. Ist AC der Halbmesser des Schneidwerkzeuges, so ergibt $\frac{r}{AC}$ den Sinus des Rückenwinkels. Dieser Schneidstahl, der in Abb. 11c dargestellt ist, darf allerdings dann im Radialschnitt nicht das Gewindeprofil erhalten, weil sonst eine Profilverzerrung eintreten würde. Der Fehler ist zu umgehen, wenn der das Werkzeug erzeugende Stahl um den gleichen Betrag r über Mitte eingestellt wird, um den sich die Brust unter dem Mittelpunkt C befindet. Abb. 11d zeigt einen hinterdrehten Gewindestahl, bei dem der verwendete Hinterdrehstahl das richtige Gewindeprofil erhalten kann. Ausführungen der in Frage kommenden Werkzeuge sind in Abb. 12 wiedergegeben, während Abb. 13 einen hinterdrehten Gewindestahl wiedergibt. Abb. 14, linke Hälfte, zeigt die Anwendung der bekannten Einstellehre zur Sicherung richtiger Anstellung der Schneidbrust des Gewindestahles

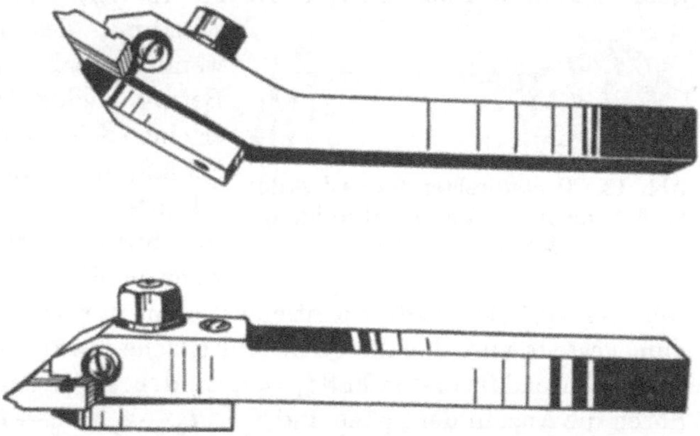

Abb. 12a. Gerader und gekröpfter Stahlhalter für Gewindestähle von Ludw. Loewe & Co., Berlin.

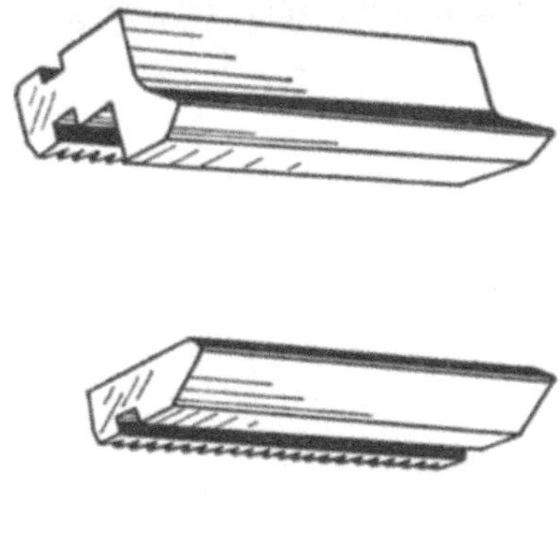

Abb. 12b. Gerader und gekröpfter Stahlhalter für Gewindestähle von Ludw. Loewe & Co., Berlin.

gegenüber dem Werkstück und Abb. 14, rechte Hälfte, eine Schleiflehre für Gewindestähle nacb Abb. 10c.

In Abb. 15 sind Schneidschemata dargestellt, die das Schneiden mit dem Einzahn auf der Leitspindelbank erläutern. a zeigt die allmähliche Zunahme des Spanquerschnittes, wenn der Stahl stets um den gleichen Betrag nachgestellt wird, nachdem er einen Schnitt vollendet hat. Zum Schluß, wenn das Gewinde ausgeschnitten ist, hat der Stahl den größten Span zu nehmen, also dann, wenn er die sauberste Arbeit leisten soll. b zeigt, wie sich die Spantiefenstellungen verteilen, wenn die Bedingung gestellt wird, daß die Querschnittfläche des Spanes konstant bleiben soll. Während im ersten Fall $t_1 = t_n : n$, d. h. gleich der Schlußtiefe geteilt durch die Anzahl der Späne und $t_1 = t_2 - t_1 = t_3 - t_2$ usw. ist, wird bei der zweiten Anordnung die erste Spantiefe $t_1 = t_n : \sqrt{n}$, dann $t_2 = t_1 \cdot \sqrt{2}$, $t_3 = t_1 \sqrt{3}$ usw., d. h. die Spantiefenstellung muß nach dem Gesetz der Parabel allmählich immer geringer werden. In Wirklichkeit sind nun

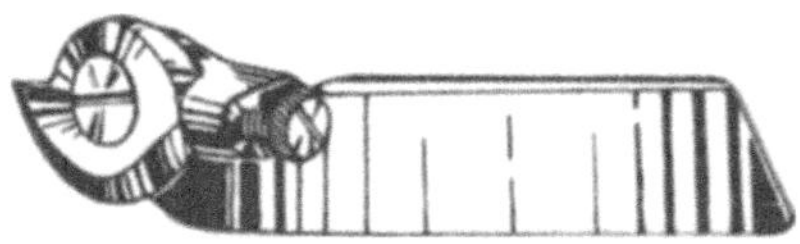

Abb. 13. Hinterdrehter Gewindestahl nach Armstrong, Firma Schuchardt & Schütte, Berlin.

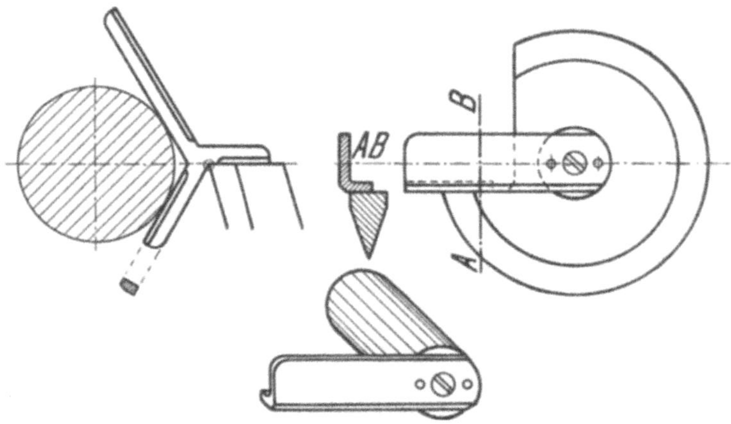

Abb. 14. Einstellehre und Schleiflehre für Gewindestähle.

aber die Gänge in der Tiefe nicht spitz, sondern ausgerundet wie Abb. 15e zeigt, doch hat dies auf die Wahl der Schnittiefen keinen wesentlichen Einfluß. In Abb. 15d ist das allmähliche Fertigstellen einer Gewindelücke mit abgerundetem Schneidstahl wiedergegeben.

Abb. 15e zeigt den Vorschub des Gewindestahles parallel zur Gewindeflanke, was insofern vorzuziehen ist, als dabei nur die eine Flanke des Stahles die Hauptschneidarbeit auszuführen hat und die andere nur zum Nachglätten dient.

Abb. 16 zeigt den Schrägsupport von Auerbach, der auf den normalen Support aufgesetzt wird und die ebenbesprochene Schrägführung

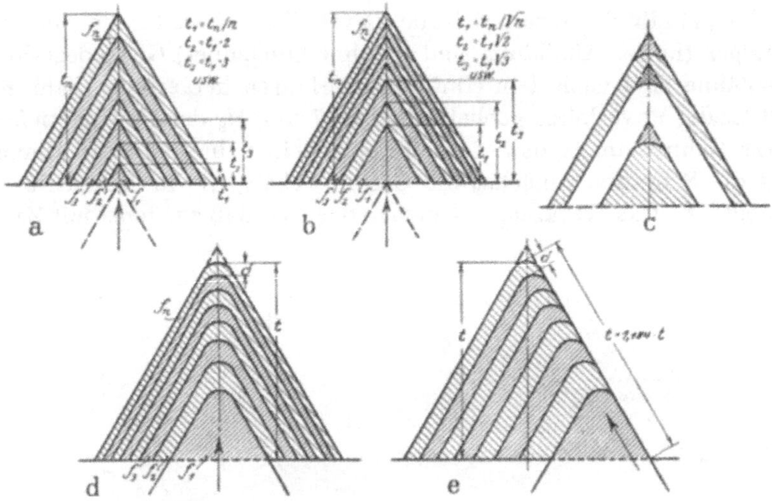

Abb. 15. Schneidschemata verschiedener Art.

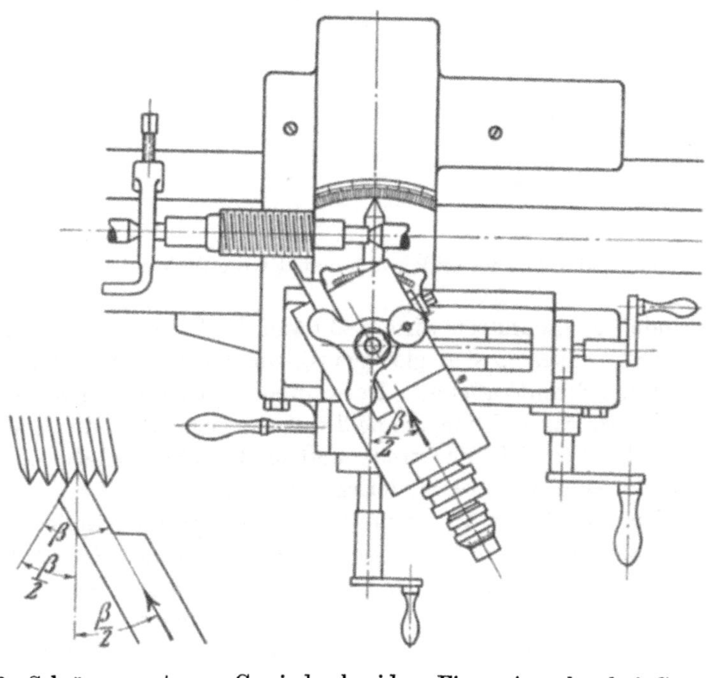

Abb. 16. Schrägsupport zum Gewindeschneiden, Firma Auerbach & Co., Dresden-Pieschen.

des Gewindestahles übernimmt. In der linken unteren Ecke ist der zugehörige Schneidstahl nach Angabe der Firma Auerbach dargestellt.

Abb. 17 gibt die Arbeitsweise des Rivett-Stahles wieder, der ein mehrzahniger (in der Abbildung sind 8 Zähne gezeichnet) Gewindestahl ist. Die Zähne sind nach dem Hinterdrehverfahren hergestellt. Zahn 8 ist vollständig unverkürzt geblieben, Zahn 7 um $^1/_8$ der Gewindetiefe gekürzt, Zahn 6 um $^2/_8$ usw. so daß Zahn 1 einen breiten Span abnimmt und die Schraube zunächst die Gestalt erhält, die im Grundriß dargestellt ist. Das Werkzeug arbeitet in der Art, daß zunächst mit Zahn 1

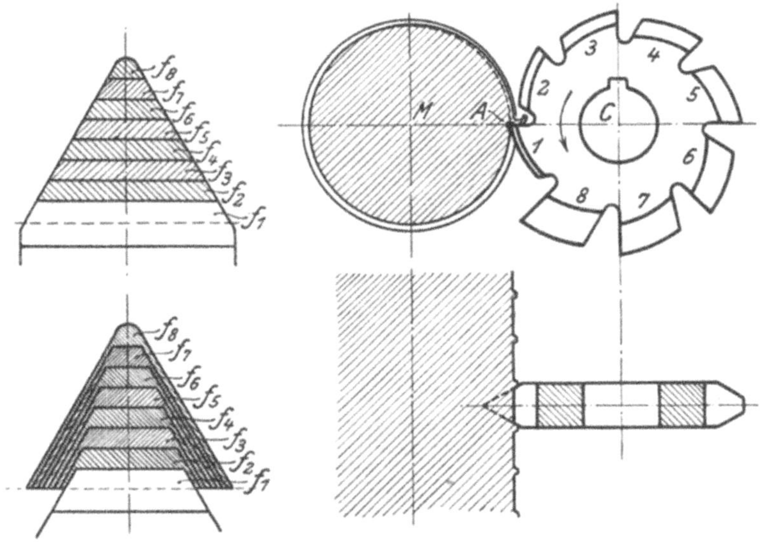

Abb. 17. Schneiden mit dem Rivett-Docktool.

das Gewinde vorgeschnitten wird, daß dann der Stahl aus dem Eingriff gezogen wird, wobei er sich gleichzeitig um so viel herumdreht, daß Zahn 2 für den Schnitt ansteht. Der Support wird zurückgefahren und dann wieder in die richtige Schneidstellung gegenüber der Schraube gebracht, Zahn 2 vertieft die Furche, und das Verfahren wird wiederholt, bis schließlich Zahn 8 die Gewindetiefe vollendet.

Das Werkzeug leidet an einem Übelstand. Wenn nämlich infolge Verziehens beim Härten der eine oder andere der Zähne 1 ÷ 8 nach links oder rechts aus der theoretischen Lage herausgekommen ist, so werden treppenartige Furchen in der Gewindeflanke entstehen. Das Werkzeug ließe sich in der Art verbessern, daß man die Zähne 7, 6, 5 usw. so herstellt, daß sie um immer zunehmende Beträge der Achse des Werkzeuges genähert werden, so daß ein Schneidschema entsteht, wie es in dem links unten wiedergegebenen Bilde gezeigt ist. Erst der letzte Zahn (8) schneidet dann die Lücke an ihren beiden Seitenflanken vollkommen aus, und Härtefehler werden insofern ohne Einfluß sein, als die einzelnen Zähne in ihrer Arbeitsstellung sich seitlich nicht genau decken.

In Abb. 18 sind drei der gebräuchlichsten Schneidstahlarten dargestellt, und zwar zunächst der Spitzstahl, der Verwendung findet, wenn Schrauben hergestellt werden sollen, daneben der Schulterstahl, der in Anwendung kommt, wenn Gewindebohrer (Mutterbohrer) zu fertigen sind und schließlich der Gabelstahl, der insofern Vorteile bietet, als die Flanken des Schneidwerkzeuges den Gewindezahn von außen umfassen, so daß die Späne ungehindert abfließen können, während bei den beiden anderen Stahlarten rechts und links an der Rückenflanke Späne entstehen, die, wie die Pfeile zeigen, in der Mitte zusammenstoßen, sich hier stauen und ein Schnarren des Werkzeuges verursachen. Die praktische Ausführung des Gabelstahles ist in Abb. 19 dargestellt, und zwar in der Ausführung, wie sie die Firma Loewe verwendet.

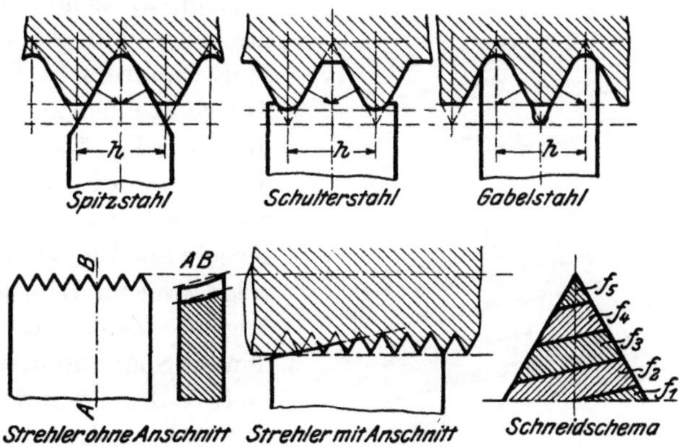

Abb. 18a—f. Schneiden mit dem Einzahn und dem Strehler.

In Abb. 18d ist ein Strehler dargestellt, wie er für rohe Arbeiten, besonders beim Gewindeschneiden von Hand, noch vielfach Verwendung findet. Das Werkzeug leidet an dem Nachteil, daß der erste Zahn die ganze Schneidarbeit verrichten muß und deshalb bald stumpf wird oder ausbricht. Besser ist infolgedessen der in Abb. 18e wiedergegebene Strehler mit Anschnitt, bei dem eine ähnliche Verteilung auf die einzelnen Zähne erfolgt, wie sie der Rivett-Stahl zeigt. Abb. 18f zeigt das zugehörige Schneidschema.

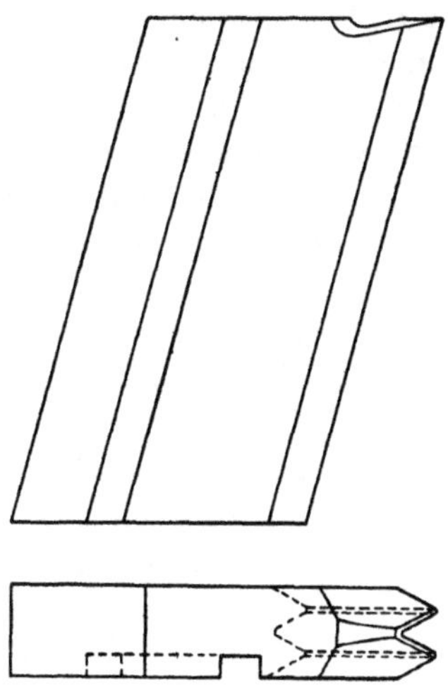

Abb. 19. Gabelstahl der Firma Ludw. Loewe & Co., Berlin.

Die gleichen Überlegungen, wie bei diesem Strehler, sind ebenfalls bei den Schneidbacken der Gewindeschneidköpfe anzustellen.

In Abb. 20 sind 3 Strehlereinsätze für Stahlhalter, wie sie schon in Abb. 12 vorgeführt wurden, dargestellt.

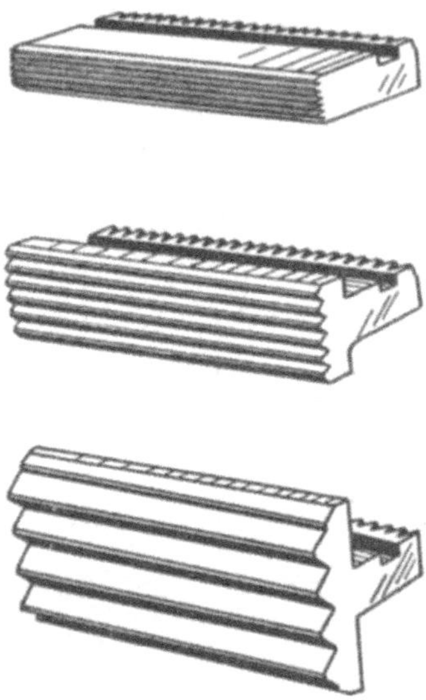

Abb. 20. Strehlereinsätze für die Stahlhalter von Loewe nach Abb. 12.

D. Die Gewindebohrer.

Abb. 21 zeigt die Gesetze, die für die Entwicklung der Abmessungen eines Mutterbohrers in Frage kommen. Abb. 21a stellt einen zylindrisch geschnittenen und kegelig überdrehten Mutterbohrer dar; A ist die Anschnittlänge, die sich aus der Gewindetiefe und dem halben Kegelwinkel γ ermitteln läßt. Abb. 21b zeigt zwei im Längsschnitt aufeinanderfolgende Zähne des Gewindebohrers, bei dem 4 Spannuten vorgesehen sind. Der erste Zahn ist mit x, der folgende mit $x + 4$ bezeichnet, und zwischen beiden liegen 3 Schneidezähne, der eine hinter der Zeichenebene, der nächste unten und der dritte vorn. Diese drei mit dem gezeichneten Zahn $x + 4$ nehmen den Werkstoff heraus, der durch die 4 schraffierten Streifen gekennzeichnet ist. Wird die Dicke dieses Streifens, in senkrechter Richtung gemessen, mit τ bezeichnet, so ist die Gesamtdicke der von den Zähnen $x + 1$ bis $x + 4$ fortgenommenen Schicht gleich $n \cdot \tau$, worin n die Zahl der Schneidlippen bedeutet.

Aus den Abb. 21a und b lassen sich für tg γ zwei Formeln ableiten, und zwar einmal tg $\gamma = t:A$ und einmal tg $\gamma = n \cdot \tau : h$. Der Wert $\tau : h$ soll $= \sigma$ sein und eine Konstante angeben, die von dem bearbeiteten Werkstoff und von der Art des Gewindebohrers abhängt.

Es ist klar, daß die Späne, die jeder einzelne Zahn nehmen kann, um so kräftiger ausfallen, je gröber das Gewinde, je größer also seine Ganghöhe ist. Trägt man die Ganghöhen der genormten Gewinde über den Kerndurchmessern auf, so wird man sich überzeugen, daß das Verhältnis Gewindesteigung: Kerndurchmesser oder Gewindetiefe: Kerndurchmesser allmählich immer kleiner wird, weil die gröberen Gewinde im Verhältnis zum Kern geringere Steigungen aufweisen als die feineren Gewinde.

Die in der Praxis üblichen Werte für σ sind:

für	Handgewindebohrer . . .	$0{,}01 \div 0{,}012$
,,	Maschinenbohrer	$0{,}004 \div 0{,}006$
,,	Schneideisenbohrer	$0{,}002 \div 0{,}003$

Es geht aus der Aufstellung hervor, daß man bei Handgewindebohrern, bei denen mit dem Gefühl des Arbeiters zu rechnen ist, gröbere Späne von jedem Schneidzahn entfernen lassen darf als bei Maschinenbohrern, da der Maschine das feine Gefühl abgeht. Bei Schneideisenbohrern sind deshalb die kleinsten Werte zu wählen, weil es sich stets um Schneiden von Gewinden in Werkzeugstahl handelt und weil die Gänge, dem gedachten Zweck entsprechend, ganz besonders glatt sein müssen.

Die Gesamtlänge des mit Gewinde versehenen Teils ist in den Normblättern DIN 351÷363 und 510÷512 genormt. In Abb. 21c ist das Schneidschema des Mutterbohrers mit zylindrisch geschnittenem Ge-

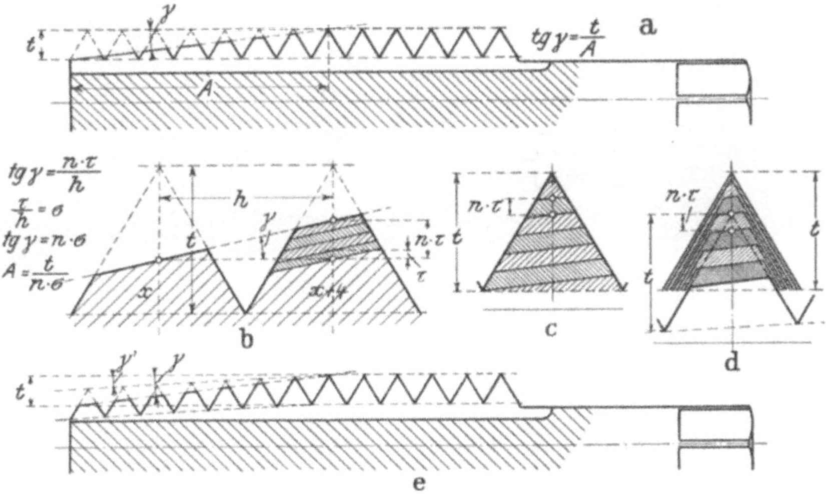

Abb. 21. Entwickelung der Form des Mutterbohrers.

winde wiedergegeben, und zwar bedeutet jeder der schraffierten Streifen die Menge von Werkstoff, die bei einem Umgang des Gewindebohrers, also normal durch 4 Zähne entfernt wird.

Da es infolge von Härteverziehungen vorkommen kann, daß der Gewindebohrer in seinen verschiedenen Teilen um eine Wenigkeit voneinander verschiedene Steigungen aufweist, so ist es möglich, daß die Gewindeflanken zum Schluß treppenartig abgesetzt erscheinen, weil die einzelnen Zähne nicht immer in der Abwicklung einer Geraden (siehe auch Abb. 6) entsprechen. Um diese Härteverziehungen auszugleichen, benutzt man die Vorsicht, daß man den Anschnitt des Gewindebohrers nicht nur konisch überdreht, sondern auch das Gewinde schon konisch schneidet. Dadurch zieht man die vorderen Zähne des Gewindebohrers etwas gegen die Zahnlücke zurück, entlastet die ersten Zähne, wie es in Abb. 21d gezeichnet ist und erreicht außerdem, daß die von den vordersten Schneidzähnen stehen gelassenen Stollen in der erzeugten Mutter so kräftig sind, daß sie den Gewindebohrer in das Loch hineinzuziehen vermögen. Abb. 21e zeigt einen in der gekennzeichneten Art hergestellten Bohrer.

Handelt es sich um Satzbohrer, d. h. um Vor-, Mittel- und Nachschneider, die nacheinander in das Gewindeloch hineingeschnitten werden, so spielen ebenfalls die Härteschrumpfungen eine Rolle. Doch kann außerdem noch der Fall eintreten, daß der folgende Gewindebohrer nicht richtig angesetzt wird und daß aus diesem Grunde auch noch die oben schon erwähnten treppenförmig durchgebildeten Flanken

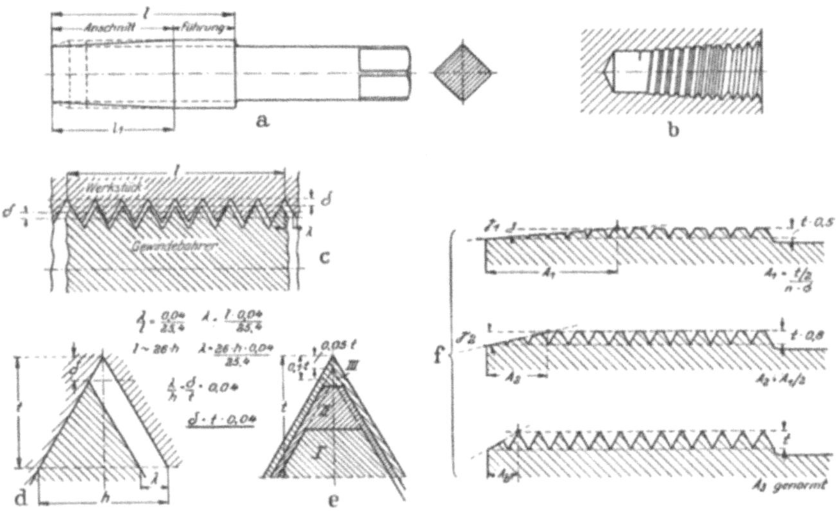

Abb. 22a—f. Grundgewindebohrer, Entwickelung des verschiedenen Flankenmaßes für Vor-, Mittel- und Nachschneider.

entstehen. Wird angenommen (Abb. 22c), daß die normale Schneidlänge eines Gewindebohrers gleich 26 · Ganghöhe ist, was im Mittel bei den genormten Gewindebohrern zutrifft, so ist $l = 26 \cdot h$. Wird ferner angenommen, daß die Schrumpfung beim Härten 0,04 mm auf 1 Zoll beträgt, so ist die Schrumpfung $\lambda = l \cdot 0{,}04 : 25{,}4$ und wenn $l = 26 \cdot h$ eingesetzt wird, so ist $\lambda \cong 0{,}04 \cdot h$ also $\lambda : h = 0{,}04 = \delta : t$, worin t die Gewindetiefe und δ den Betrag bezeichnet, um den der Gewindebohrer im Radius schwächer sein muß als die Außenabmessung der Schraube. Die Beziehungen zwischen h und λ, τ und δ sind in Abb. 22d noch einmal dargestellt, während Abb. 22e zeigt, wie sich die drei mit römischen Zahlen bezeichneten Gewindebohrer eines Satzes bezüglich ihrer Kernabmessungen oder auch ihrer Flankendurchmesser verhalten. Abb. 22f zeigt Vor-, Mittel- und Nachschneider nach den erwähnten Regeln durchgebildet.

Die Querschnitte der Gewindebohrer werden in den Abb. 23 bis 25 dargestellt, und zwar zeigt Abb. 23a und b den mit halbkreisförmigen Nuten versehenen Gewindebohrer, zu dessen Herstellung ein hinterdrehter Fräser einfachster Form verwendet werden kann. Der Gewindebohrer schneidet am Umfang gut, weil der Spanabgangswinkel ε eine Größe von über 15^0 erhält. Im Gewindegrund dagegen drückt der Zahn. Besser ist infolgedessen die in Abb. 23c und d dargestellte deutsche Form, die aus je einem geraden Bruststück und 3 Kreisbögen gebildet ist. Das Bruststück weicht um 5^0 von der radialen Lage ab, und infolgedessen ist freies Schneiden bis zum Gewindekern gewährleistet. Es kann

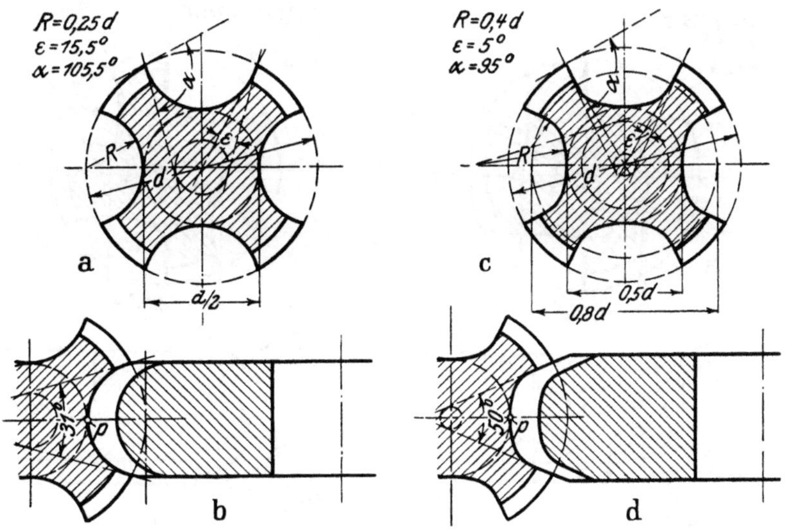

Abb. 23a—d. Ausbildung der Spannuten an Gewindebohrern, symmetrische Nutenform.

bei diesem Gewindebohrer nicht vorkommen, daß beim Rückwärtsdrehen zwecks Entfernung aus dem Loch sich Späne zwischen den Rücken des Gewindebohrers und den geschnittenen Mutterteil klemmen. Andererseits sind bei dieser Konstruktion die stehenbleibenden Stollen etwas schwach; Abb. 23d zeigt den hinterdrehten Fräser zur Herstellung dieses Gewindebohrers.

In Abb. 24a und b ist ein sowohl von amerikanischen wie deutschen Firmen noch vielfach hergestellter Gewindebohrer wiedergegeben. Dieser Bohrer zeigt den Nachteil, daß der Rückenwinkel α, der bei dem zuletzt besprochenen Bohrer größer als 90^0 war, nur einen Betrag von etwa 59^0 annimmt, so daß die Gefahr vorliegt, daß die Späne sich in der oben gekennzeichneten Weise beim Rückwärtsschrauben des Gewindebohrers festklemmen. Da außerdem die Zahnlücke kleiner ist als bei den anderen zur Besprechung kommenden Gewindebohrern und da zur Herstellung ein schräg hinterdrehter Fräser Verwendung finden muß, so wird von der Wahl dieses Querschnittes abgeraten. Ein sehr guter Querschnitt, der sich in der Praxis in jeder Beziehung bewährt hat, ist in Abb. 24c dargestellt. Die Nut ist nicht symmetrisch, bietet aber für die Späne reichlichen Raum. Der Rückenwinkel α hat zwar nicht 90°, ist aber mit 80÷85° auf alle Fälle so groß, daß ein Einklemmen der Späne nicht erfolgen kann. Zur Herstellung dieses Gewindebohrers wird es allerdings auch nötig sein, den Fräser seitlich zu hinterdrehen, wie dies in Abb. 24d wiedergegeben ist.

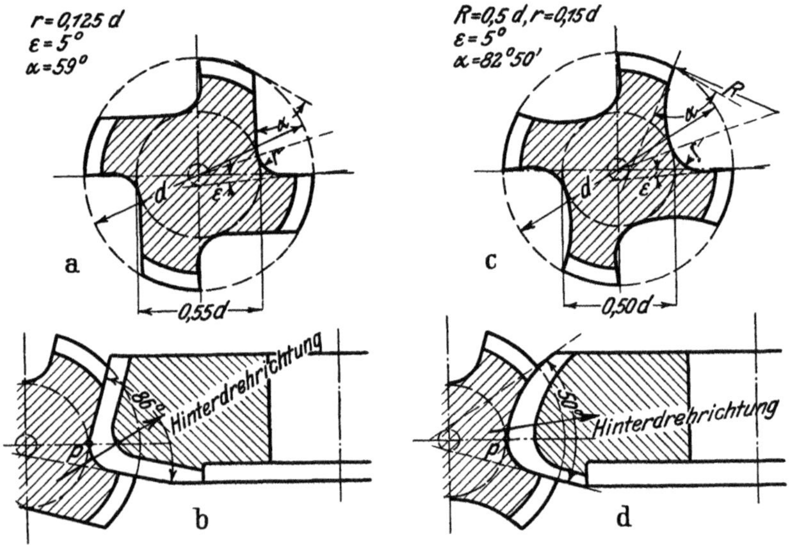

Abb. 24a—d. Ausbildung der Spannuten an Gewindebohrern, unsymmetrische Nutenform.

Abb. 25a zeigt den Nachschneiderteil eines Gewindebohrers, der am Rücken hinterarbeitet ist. Dieses Verfahren, das häufig angewendet wird, muß als ganz besonders bedenklich angesehen werden. Kann man bei dem konisch durchgebildeten Anschnittsteil des Gewindebohrers zur Verteidigung der Hinterarbeitung des Schneidrückens anführen, daß beim Herausdrehen des Gewindebohrers der konische Teil sich mehr und mehr von den Wänden der Mutter entfernt, so gilt dies für den hinteren zylindrischen Teil des Gewindebohrers keineswegs, und an diesem ist also jede Hinterarbeitung am Rücken streng zu vermeiden, wenn es sich nicht um solche Gewindebohrer handelt, die ohne Rückwärtsdrehen nun in einer Richtung durch die Mutter hindurchgeschnitten werden.

Abb. 24 b und c zeigt die Hinterarbeitung des Anschnittes an den Gewindebohrern nach Abb. 23a und c. Dieser Anschnitt wurde früher vielfach angefeilt und wird auch heute noch vielfach freihändig mit der Schmirgelscheibe angeschliffen. Für die neuzeitliche Fertigung wird es sich empfehlen, diesen Anschnitt ebenfalls maschinell, entweder schon am weichen Gewindebohrer durch Fräsen oder am harten durch Schleifen

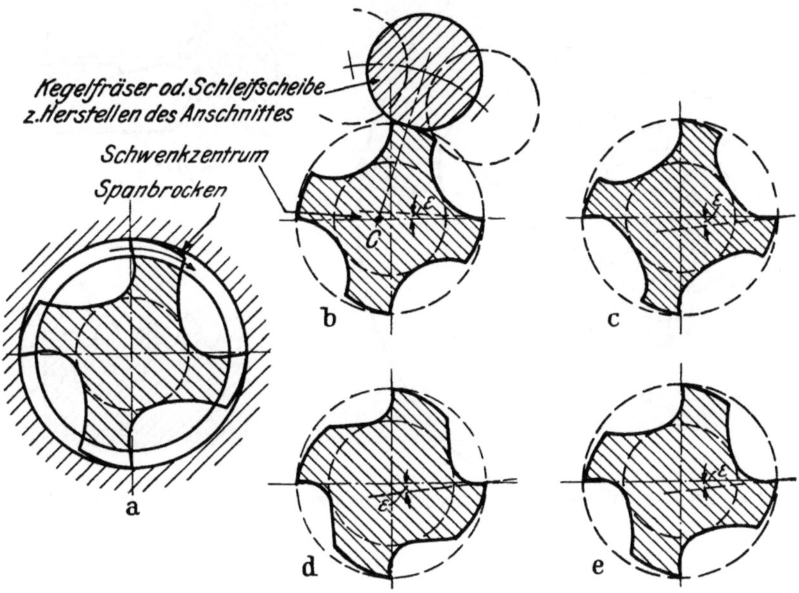

Abb. 25a—e. Hinterarbeiten der Gänge des Gewindebohrers, im besonderen am Anschnitteil.

herzustellen. Wird die Schleifscheibe um die exzentrisch gelegte Schwenkachse C herumbewegt, so entsteht ein Kreisbogen, der gegenüber dem Umfangskreis bei genügender Exzentrizität von C so viel abfällt, daß die gewünschte Hinterarbeitung herauskommt. Natürlich läßt sich diese Hinterarbeitung auch mit einer Hinterdreh-Vorrichtung ausführen.

E. Die Schneideisen.

Bei der Herstellung der Schneideisen kommen ähnliche Gesichtspunkte in Frage, wie sie bereits bei den Gewindebohrern erwähnt worden sind. Abb. 26a zeigt einen normalen Drehstahl, der als Muster für die richtige Ausbildung von Brust und Rücken am Schneideisen dienen soll. Das Schneideisen selbst ist in Abb. 26b dargestellt. Der Spanabgangswinkel ε in Abb. 26a findet sich auch in Abb. 26b wieder. Die Brust liegt so, daß sie tangential an einen kleinen Kreis mit dem Halbmesser δ gelegt ist. Die Öffnung des Spanloches entspricht dem Winkel 2η und der Mittelpunkt C des Spanloches muß so weit herausgerückt werden, daß bis zum Außendurchmesser der Schraube die Schneidbrust des Eisens geradlinig verläuft. Bei der Herstellung der Schneideisen ist es vorteilhaft, wenn die Abmessung A so groß gewählt wird, daß die

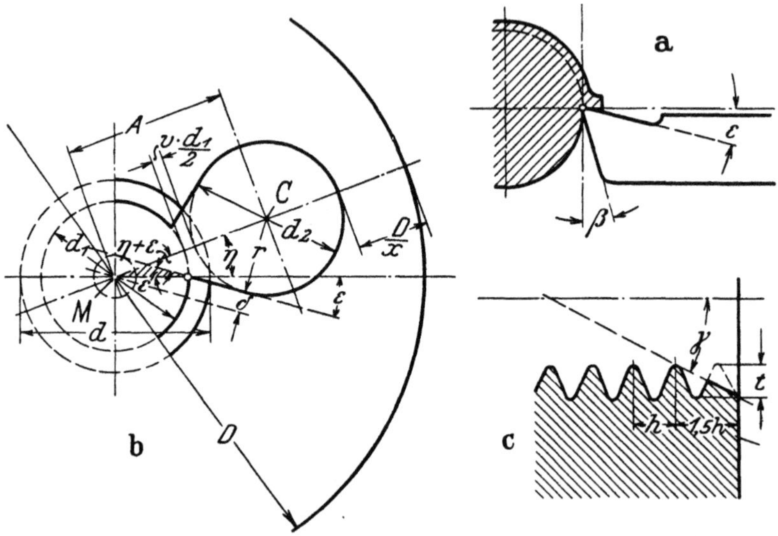

Abb. 26a—c. Theoretische Entwickelung der Abmessungen der Schneideisen.

beiden Löcher, d. h. das Spanloch und das Kernbohrungsloch, nicht übereinander greifen. Der Betrag, um den die Kreise voneinander abstehen sollen, ist in der Abb. mit $^1/_2 \cdot v \cdot d_1$ bezeichnet, worin d_1 den Kerndurch-

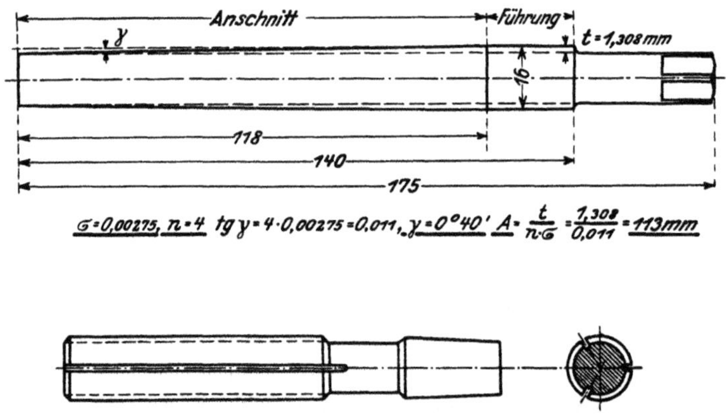

Abb. 27. Schneideisenbohrer und Ausputzer für Schneideisen.

messer des Gewindes und v einen variablen Faktor angibt. Beim Durcharbeiten der Schneideisen ist es allerdings nicht immer möglich, diesen Wert positiv zu halten, und es wird in solchen Fällen erforderlich, zuerst um die Achse C ein kleines Loch vorzubohren und dieses mit einem Flachsenker auf das richtige Maß zu bringen.

Über die Entwicklung der einzelnen Schneideisen und über die aus der Berechnung entstandenen Formeln hat der Verfasser seinerzeit in der Zeitschrift Maschinenbau[1]) eine ausführliche Abhandlung veröffentlicht, auf die hiermit verwiesen werden soll.

In Abb. 26c ist der Anschnitt des Schneideisens wiedergegeben, der in der Regel so gewählt wird, daß $\operatorname{tg} \gamma = t : 1{,}5 \cdot h$ ist. Die Ausführung des Anschnittes wird meist auf der Hinterdrehbank mit einem Schrägstahl ausgeführt. Zu diesem Zweck sind besondere Hinterdrehbänke durchgebildet worden.

Abb. 27 zeigt oben einen normalen Schneideisenbohrer für 16 mm Stammdurchmesser und unten einen sogenannten Ausputzer, der dazu bestimmt ist, in das gehärtete Schneideisen eingeführt zu werden, um den Zunder und etwa noch vorhandenen Grat fortzunehmen.

F. Die Gewindekluppen.

In Abb. 28 zeigen die Bilder a und b Backen, die in der älteren, leider heute noch manchmal üblichen Art mit einem Backenbohrer hergestellt sind, der die Abmessungen der Schraube aufweist, während in c und d der verwendete Backenbohrer um die doppelte Gangtiefe dicker ist. Die Vorteile der zweiten Ausführung sollen an Hand der gegebenen Skizzen besprochen werden. Bei der alten Ausführung 28a liegen die Schneidecken 1—4 zu Beginn den Schneiden hohl auf, was eine Reihe von Nachteilen mit sich bringt, und zwar ist es erstens nicht gesagt, daß alle 4 Punkte je Umgang gleichmäßig anliegen und damit genügende Führung gewährleistet ist. Weiter sind zwar die

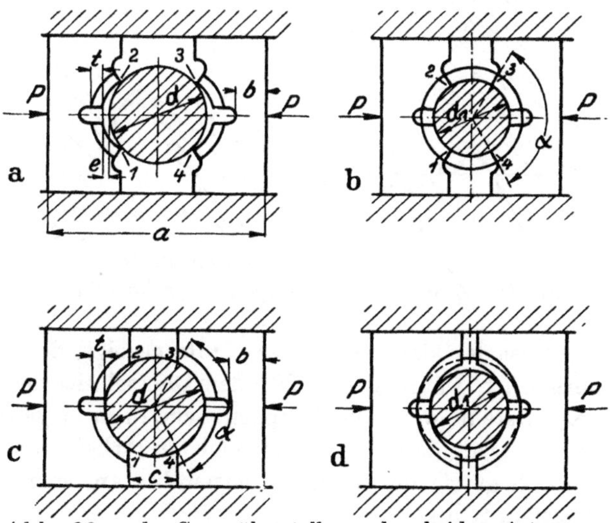

Abb. 28a—d. Gegenüberstellung der beiden Arten von Schneidbacken für Gewindeschneidkluppen.

[1]) Jahrgang 1921, Heft 15, S. 215ff.

Schneidecken 1 und 3 unter sich und ebenso 2 und 4 unter sich um eine halbe Steigung in der Achsenrichtung gegeneinander verschoben, doch liegen wie Abb. 28b zeigt, die Punktpaare 1 und 4 und 2 und 3 um weniger als eine viertel Steigung auseinander, so daß es unmöglich ist, daß sie alle bei der durch 27a gekennzeichneten Anlage eine ununterbrochene Schraubenfurche erzeugen. Infolgedessen wird sehr leicht der Fall eintreten, daß durch die Schneidecken 1 und 3 eine und die Ecken 2 und 4 eine andere Schraubenfurche erzeugt wird. Da außerdem die Schneidecken sich auf dem Kernzylinder der Schneidbacken befinden und zunächst auf dem Stammzylinder der Schraube angreifen, so haben sie einen Steigungswinkel, der größer ist, als er der hier zu erzeugenden Schraubenlinie entspricht. In vielen Fällen entsteht also nicht nur ein doppeltes, sondern sogar ein vierfaches Gewinde von größerer als der normalen Steigung. Diesen Fehler kann der Schlosser nur dadurch ausgleichen, daß er die Kluppenbacken etwas lose einpaßt, so daß sie sich auf den richtigen Steigungswinkel einstellen.

Außerdem liegen, wie oben schon erwähnt wurde, die Backen um den Betrag e hohl, und es liegt die Gefahr vor, daß die Schrauben, die sie zusammenspannen, die Backen an der schwächsten Stelle mit der Abmessung b zum Zerplatzen bringen. Zum Schluß des Schneidens liegen die Backen saugend um die ganze Schraube an, und ein Freischneiden kann nicht mehr eintreten; man betrachte hierzu die Abb. 28a und b.

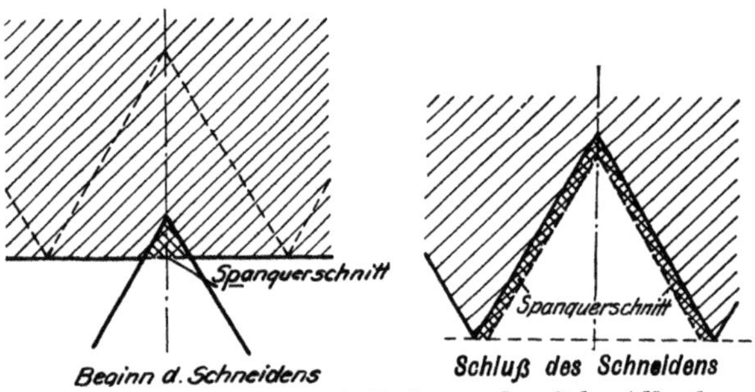

Abb. 29. Anfangs- und Endspan der Schneidbacke.

In 29 ist der kleine Spanquerschnitt gezeigt, der beim Anschnitt erforderlich ist, während Abb. 29b den Querschnitt des letzten Spanes zeigt, der entsteht, wenn die Kluppenbacke in ihrer ganzen Flankenlänge anliegt; gerade dann, wenn am meisten Arbeit von der Backe gefordert wird, liegt sie der Schraube gegenüber am ungünstigsten ohne jeden Freischnitt an.

In Abb. 28c und d sind die Backen, wie oben schon erwähnt, mit einem Backenbohrer geschnitten, der um die doppelte Gangtiefe dicker ist als die Schraube. Der Kerndurchmesser der Backen ist also gleich dem Stammdurchmesser der Schraube, so daß nicht nur die Punkte 1, 2, 3, 4, sondern die ganzen Schneidenlängen der Backen auf dem Stamm anliegen und durch den Pressungsdruck der Schrauben 4 Stücke einer vollen Schraubenlinie entstehen, die bei einer kleinen Winkeldrehung einen vollen ununterbrochenen Umgang herstellen. Es muß zugegeben werden, daß die Backe zu Anfang nicht frei schneidet. Doch hat sie dann, wie aus Abb. 29a hervorgeht, auch nur eine geringere Schneidarbeit zu leisten. Je tiefer die Backe eindringt, um so größer wird der Spanquerschnitt, um so besser schneidet aber auch die Backe frei, was an der Schlußstellung in 28d klar zu erkennen ist. Man sieht aus dieser Betrachtung, daß ein wesentlich besseres Gewinde entstehen muß, wenn man den Kunstgriff anwendet, den Durchmesser der Backenbohrer nach dieser Vorschrift zu wählen. Die Gefahr des Zerplatzens der Backen durch den Schraubendruck liegt kaum vor, denn sie sind von Beginn des Schneidens bis zum Schluß sehr nahe an der Stelle des höchsten Druckes unterstützt.

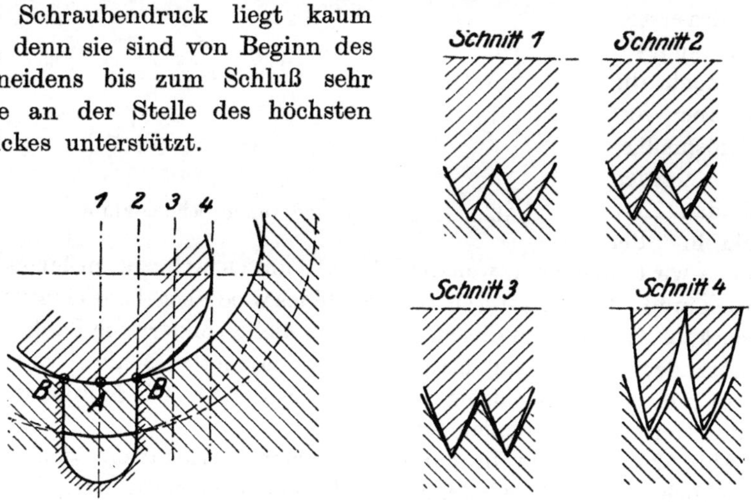

Abb. 30. Schnitte durch die Schraube und die Schneidbacke.

Gegen die vorliegende Backenform ist häufig der Vorwurf erhoben worden, daß sie zwar zu Anfang keine Verfälschung der Gewindesteigung bewirke, daß eine solche aber bei fortschreitendem Eindrehen der Backen in den Schraubenstamm nach und nach doch eintreten müsse. Diese Bedenken sollen an Hand von Abb. 30 zerstreut werden. Weil der Fehler zum Schluß des Schneidens am stärksten auftreten müßte, ist die Backe in die fertige Schraube hineingelegt worden und dann wurden die Schnitte 1 ÷ 4 durch Schraube und Backe gleichzeitig gelegt. Die Schnitte zeigen, wie sich die Backe mehr und mehr, zum Schluß sogar recht beträchtlich, aus der Schraube herauszieht, woraus hervorgeht, daß die Gefahr der Steigungsverfälschung keineswegs vorliegen kann.

Abb. 31 zeigt oben die normale schräge Schneidkluppe, die schon seit etwa einem Jahrhundert in Gebrauch ist. Zunächst fällt auf, daß die Achse *C* der Schraube ganz erheblich exzentrisch liegt, so daß der Kluppe die Feinfühligkeit beim Gewindeschneiden unbedingt abzusprechen ist. Ferner muß bei dem üblichen Kluppendurchbruch ein Raum *a* zugegeben werden, durch den man nach vollständigem Zurückdrehen der Druckschraube zunächst das Druckstück *D* und dann die Backen 1 und 2 herausnehmen kann. Ferner ist das Herstellen der Führungsleisten unbequem und teuer. Infolge des ersten Umstandes muß auch die Schraube verhältnismäßig lang werden und das Auswechseln der Backen wird unbequem, weil die Schraube um viele Gänge zurückgedreht werden muß. Die im unteren Teil des Bildes wiedergegebene einseitig abgeschrägte Kluppe zeigt diesen Übelstand nicht, sondern die Backen sind herauszunehmen, indem man die mit Bajonettverschluß versehene Platte *P* in der Pfeilrichtung dreht und sie abhebt. Die Kluppe ist aber in der Herstellung ziemlich teuer.

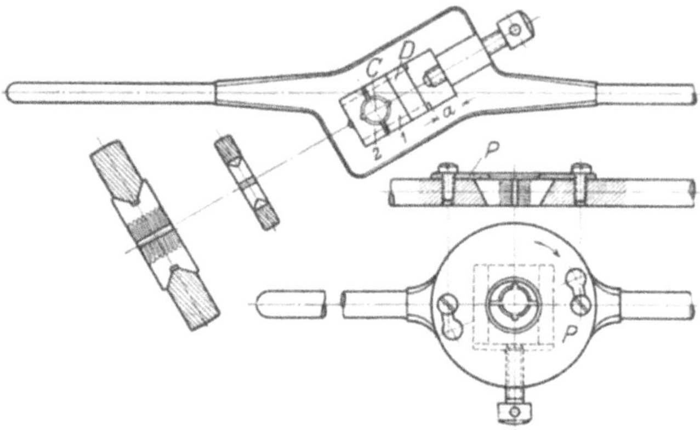

Abb. 31. Schräge und runde Schneidkluppe.

Abb. 32 zeigt eine in feinmechanischen Werkstätten vielfach gebräuchliche leichte Gewindekluppe. In einem Querstück Q_1 sind zwei Säulen aus Stubstahl befestigt, die den Kluppenbacken, wie im Schnitt

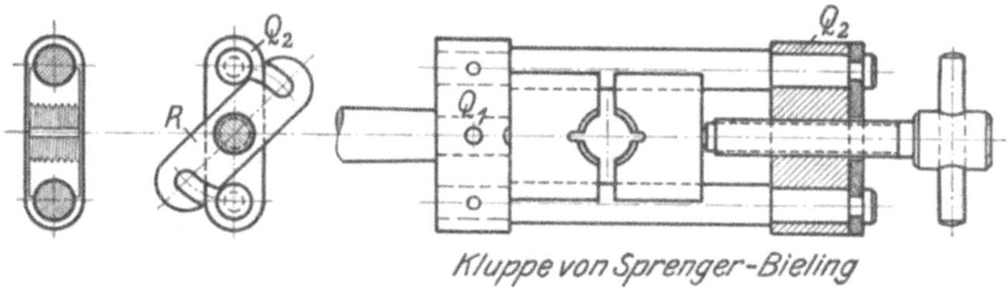

Abb. 32. Mechanikerkluppe von Sprenger-Bieling.

links dargestellt ist, zur Führung dienen. Das Entfernen der Backen geschieht dadurch, daß man einen auf dem Querstück Q_2 drehbar angeordneten Riegel *R* herumdreht und nun Schraube, Riegel und Querstück Q_2 von dem angedrehten Zapfen herunterstreift. Die Backen lassen sich dann ohne Mühe entfernen und durch andere ersetzen. Ein Vorteil der Kluppe besteht ferner darin, daß man von beiden Seiten frei bis an die Backen heranschneiden kann. Die Kluppen werden so billig, daß sich vielfach der Gebrauch eingebürgert hat, die Backen nicht auszuwechseln, sondern für jede Backengröße eine besondere Kluppe bereitzuhalten, in der die Backen dauernd eingespannt bleiben.

Abb. 33. Gewindeschneidkluppe der Firma Ludw. Loewe & Co.

Dasselbe Prinzip der runden Führung ist an der von der Firma Loewe ausgeführten Schneidkluppe (Abb. 33) angewendet worden. Durch Herausziehen eines in der Abbildung ersichtlichen Stiftes *S* entfernt man die eine Führung und kann die Backen nach der Seite herausdrehen.

Abb. 34 zeigt die Carpenter-Kluppe, die von der Firma Schuchardt & Schütte, Berlin, zu beziehen ist. Bei dieser Kluppe ist eine Gabel mit quadratischem Querschnitt in das Kluppengehäuse eingeschoben, die, wie die Abb. zeigt, durch Eingreifen in je einen Schlitz der Backen die

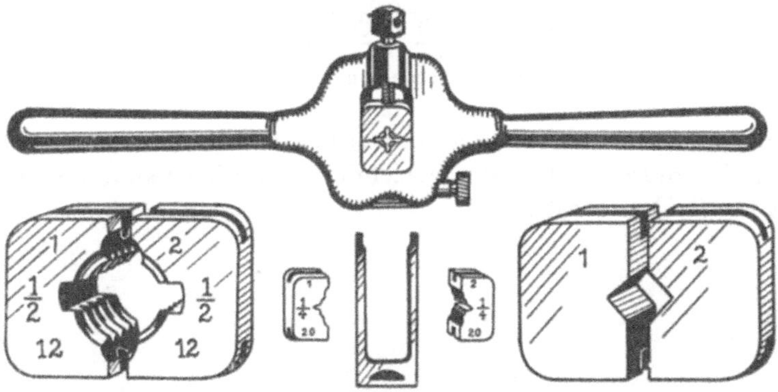

Abb. 34. Gewindeschneidkluppe von Schuchardt & Schütte, Carpenterkluppe.

nötige Führung sichert. Besonders vorteilhaft ist es, daß bei dieser Ausführung die Backen in den Durchbruch des Gehäuses genau eingepaßt werden können, so daß sie noch mehr in ihrer Lage gesichert werden als durch die Gabel allein.

Abb. 35 zeigt eine während des Krieges im Fabrikationsbureau in Spandau entstandene Kluppe, bei der ein ähnlicher Gedanke zur Ausführung gekommen ist, wie er der Carpenter-Kluppe zugrunde liegt. Die Führungsgabel besteht bei dieser Kluppe aus einem einfachen Stück Stubstahl, das U-förmig gebogen ist und nach unten so weit herausgezogen werden kann, daß es die Backen frei gibt, und das nach Einschieben die Backen zuverlässig sichert.

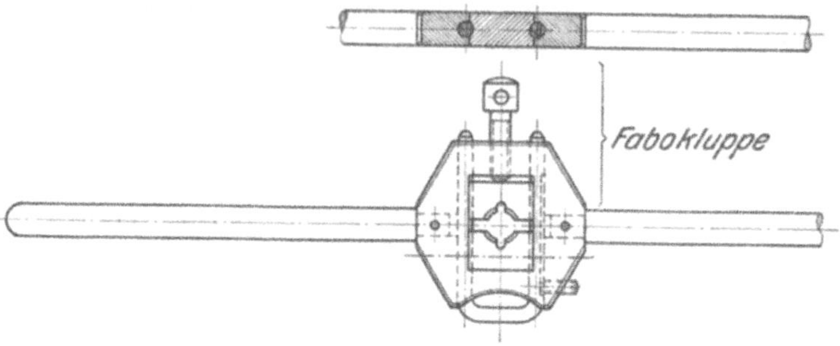

Abb. 35. Fabo-Kluppe des Fabrikationsbureaus, Spandau.

Ein weiterer Vorteil der Kluppen nach Abb. 32, 33 und 35 besteht darin, daß — wie in Abb. 36 gezeigt wird — die Backen aus Quadratstahl hergestellt werden können, der nach einer Bohrlehre eine Reihe von

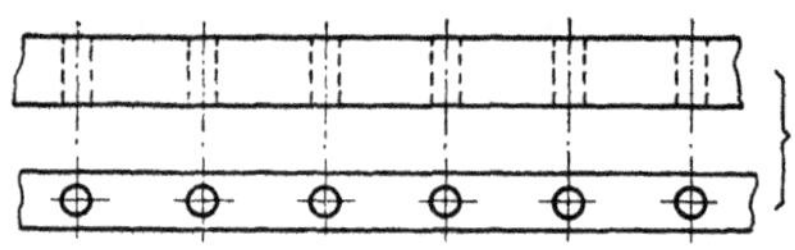

Abb. 36. Backenherstellung aus Quadratstahl.

Bohrungen, die später ausgerieben werden, erhält und der in Richtung der strichpunktierten Geraden zerschnitten werden kann, wodurch die einzelnen Backen entstehen.

Automaten- und Revolverbank-Werkzeuge.

Von Ingenieur **Emil Herbst**, Berlin.

Die nachstehenden Ausführungen beziehen sich auf normale Werkzeuge und Werkzeughalter, sogenannte Normalwerkzeuge, die auf Revolver-Drehbänken und Automaten vorteilhaft verwendet werden. Beide sind, wie kaum eine andere Maschine, geeignet, durch Zeitersparnis bei der Fertigung die Herstellungskosten zu verringern. Die besten Maschinen verfehlen aber ihren Zweck, wenn sie nicht bis zur Grenze ihrer Leistungsfähigkeit beansprucht werden. Eine richtige Ausnutzung findet nur statt, wenn Maschine und Werkzeug der vorliegenden Arbeit entsprechend ausgewählt werden. Gerade an der Revolverbank und noch viel mehr am Automaten zeigen sich die Folgen gedankenlosen Arbeitens am deutlichsten und schnellsten.

A. Revolverköpfe:

Nach Art der Lagerung werden unterschieden: Senkrecht und wagerecht gelagerte Revolverköpfe.

Der senkrecht gelagerte Revolverkopf ist in den 50er Jahren in Amerika entstanden und hat sich im Laufe der Zeit weiterentwickelt. Es haben sich die in Abb. 1 angedeuteten Formen herausgebildet:

Der runde Kopf A,
der sechseckige Kopf B,
der hohle Kopf C,
der halbhohle Kopf D,
der dreieckige Kopf E,
der Tischrevolverkopf F.

Für jeden dieser Köpfe müssen die Werkzeuge verschiedenartig ausgebildet werden, da schon die Befestigung derselben an jeder Kopfart eine andere ist und die Größe der Maschinen entsprechend Bild 1 bis E ansteigt. Es würde z. B. nicht genügen, ein Werkzeug der kleinen Maschine schematisch für eine größere zu übertragen; das Werkzeug wird vielmehr eine andere Ausführungsform erhalten müssen. Die Befestigung bei den Köpfen A B D und E erfolgt durch Schrauben oder Druckstücke, bei B für größere Werkzeuge durch seitliche Schrauben. Im letzteren Falle kann der Schaft fortfallen und wird durch den Zentrierring ersetzt. Die Bohrung ist also leer und kann für durchgehende Arbeitsstücke verwendet werden. An hohle Köpfe nach C werden die Werkzeuge von innen angeschraubt. Für Schaftwerkzeuge ist dann ein besonderer Halter vorzusehen.

Bei Köpfen nach Bild E dienen die drei Breitseiten zur Aufnahme der Drehwerkzeuge und die drei Schmalseiten zur Befestigung der Bohr-

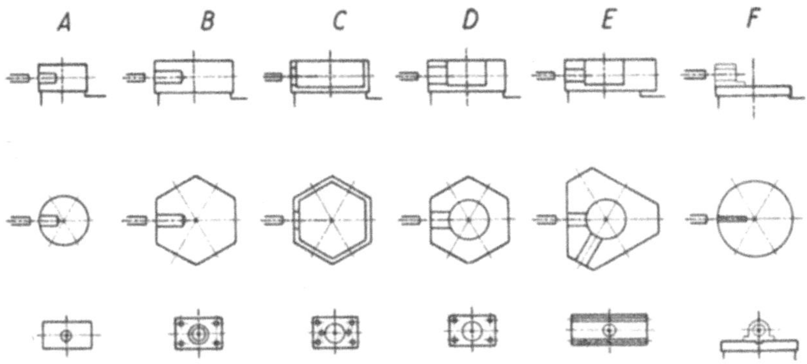

Abb. 1. Senkrecht gelagerte Revolverköpfe.

stangen bzw. der Schaftwerkzeuge. Diese Ausführung kommt fast nur bei schweren Bänken in Frage.

Bei Bild F, dem Tischrevolverkopf, werden die Werkzeuge auf den Tisch aufgeschraubt, das Werkzeugloch liegt also über der Aufspannfläche, während bei den anderen Kopfarten das Werkzeugloch mit der Materialspindel gleiche Achse hat. Die Drehachse des Revolverkopfes steht senkrecht zur Maschinenbettführung. Häufig wird in diesem Falle auch von einem horizontalen Revolverkopf gesprochen; richtiger ist es aber, bei der Unterscheidung die Lage der Achse heranzuziehen und den Revolverkopf „senkrecht gelagert" zu nennen. Allgemein werden diese Köpfe „Sternrevolver" oder „amerikanische Revolver" genannt. Häufig werden sie auch Loewe-Revolver benannt, da diese Firma sie zuerst in Deutschland herstellte.

Der wagerecht gelagerte Kopf (Abb. 2) wurde in den 60er Jahren in Deutschland von Gustav Kärger erfunden. Die Werkzeuge werden hier, außen auf den Flächen befestigt (A), das Material liegt über der Auflagefläche. Dieser Kopf ist ebenso wie der in Bild B angedeutete Boley-Kopf in mechanischen Werkstätten sehr verbreitet. Bei letzterem werden die Drehstähle durch Bolzen gegen den Kopf gezogen. Das Material liegt ebenfalls außerhalb des Werkzeugloches.

Bild C zeigt den Kopf von Hasse, der in den 70er Jahren entstand. Die Bohrungen im Revolverkopf liegen außerhalb der Materialachse und bedingen gekröpfte Werkzeuge. Das Plandrehen erfolgt durch Querbewegung des Schlittens. Bild D zeigt den Kopf von Pittler, der in den 90er Jahren entstand. Der Revolverkopf ist größer ausgebildet und hat 8 große und 8 kleine Werkzeuglöcher. Bei diesem liegt das obere Werkzeugloch in der Materialachse, so daß beispielsweise dieses zum Bohren, die daneben liegenden Werkzeuglöcher zum Drehen benutzt werden können. Das Plandrehen wird durch Drehen des Kopfes, nicht durch Querbewegung, erreicht. Das letzte Bild E zeigt die Ausführung der Magdeburger Werkzeugmaschinenfabrik. Der Kopf liegt im Gegensatz zu den anderen Arten, die alle parallel zur Arbeitsspindel liegen, rechtwinklig zu dieser. Bei allen diesen Maschinen, deren Grundprinzip erhalten blieb und die dann weiter ausgebaut wurden, kann von

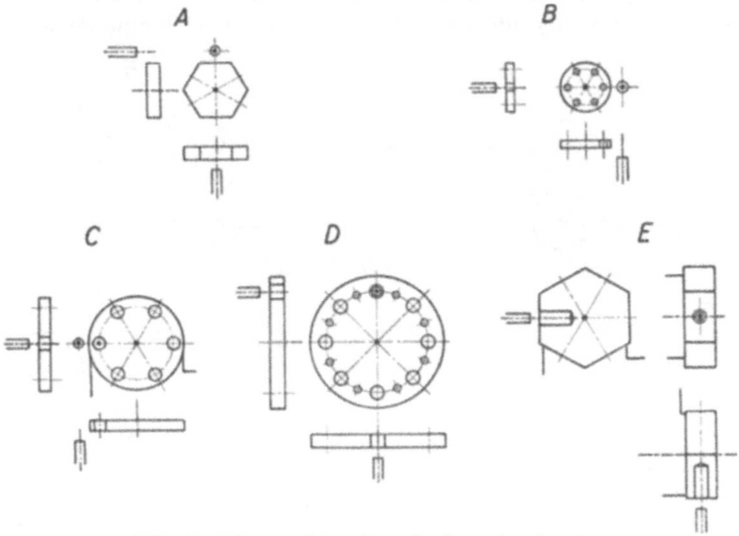

Abb. 2. Wagerecht gelagerte Revolverköpfe.

Systemen gesprochen werden, z. B. System Kärger, Boley, Hasse, Pittler, Lauff (M. W. F.).

Revolverköpfe für Automaten (Abb. 3). Die Automaten entstanden später als die Revolverbänke. Die ersten baute Spencer in den 80er Jahren in Amerika. Die Köpfe sind denen für Revolverbänke nachgebildet. Die meisten Automaten haben daher den einfachen, senkrecht gelagerten runden Revolverkopf nach Bild A.

Beim Brown- & Sharpe-Automaten, nach Bild B, dagegen, der in den 90er Jahren entstand, liegt die Achse des Kopfes wagerecht und rechtwinklig zur Arbeitsspindel. Bild C zeigt den Kopf des Cleveland-Automaten, der wagerecht und parallel zur Arbeitsspindel gelagert ist. Bei diesem System liegt das unterste Werkzeugloch in Höhe der Arbeitsspindel, die Achse des Kopfes liegt darüber.

Bei dem System Gridley, nach Bild D, sitzt das Werkzeugloch über dem Aufspanntisch, ähnlich dem Tischrevolver F in Abb. 1.

Die Achse des Kopfes liegt ebenfalls wagerecht und parallel zur Materialspindel. Der Vorteil dieses Systems besteht darin, daß die Auflage und Befestigung des Werkzeuges unter der Schnittstelle liegt, also ganz offensichtlich günstig, besonders für schwere Arbeiten.

Das letzte Bild E zeigt den Kopf des Acme-Automaten. Bei diesem System steht jedem Werkzeug eine Materialspindel gegenüber, so daß bei jedem Schlittenvorschub gleichzeitig 4 Werkzeuge vom Revolverkopf aus arbeiten. Die 4 Punkte bei D deuten gleichzeitig den Gridley-Vierspindel-Automaten an. Die Überlegenheit dieser mehrspindeligen Maschinen gegenüber den einspindeligen ist ohne weiteres ersichtlich.

Außer diesen angeführten Automaten gibt es noch eine Anzahl ande-

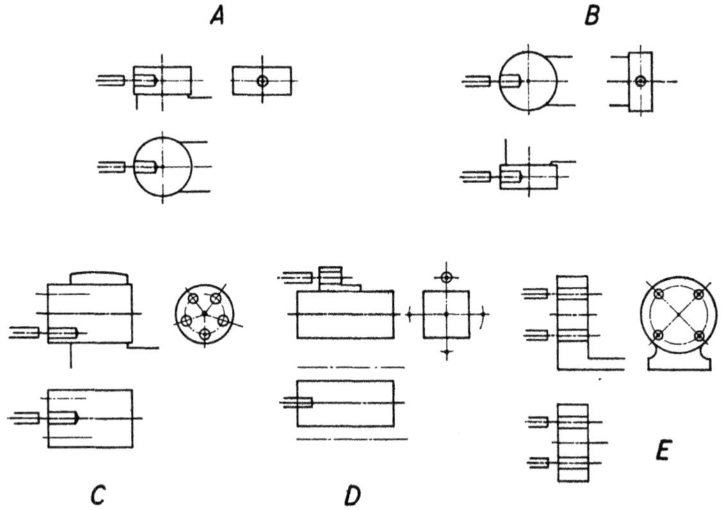

Abb. 3. Revolverköpfe der Automaten.

rer Arten, deren Beschreibung zu weit führen würde. Es seien nur noch die deutschen Systeme von Hau, Steinhäuser, Schwertfeger und Wuttig, die ebenfalls sehr gut arbeiten, sowie der Schweizer Stehli-Automat erwähnt. Diese alle arbeiten aber nicht mit Revolverköpfen, es kommen also nur einfache Drehstähle in Frage.

Revolverköpfe für Halbautomaten (Abb. 4). Bisher besaßen alle Halbautomaten den senkrecht gelagerten Revolverkopf nach A, und zwar waren es die Potter & Johnston- und die Herbert-Halbautomaten, die jahrelang das Feld beherrschten.

Vor einigen Jahren entstand der neue Monforts-Halbautomat, dessen Kopf horizontal und rechtwinklig zur Arbeitsspindel gelagert ist. Diese Anordnung würde sich mit der des Brown- & Sharpe-Automaten oder der Magdeburger Revolverbank decken, jedoch ist er doppelseitig gelagert, wie B zeigt.

Werkzeugbefestigung in den Revolverköpfen (Abb. 5). Auch die Befestigungsart ist von Einfluß auf die Ausführungsform der Werkzeuge. Abb. 5 zeigt bei A einfache Druckschrauben, bei B ein Druckstück, bei C ein Druckstück als Keil ausgebildet, bei D zwei Druckstücke,

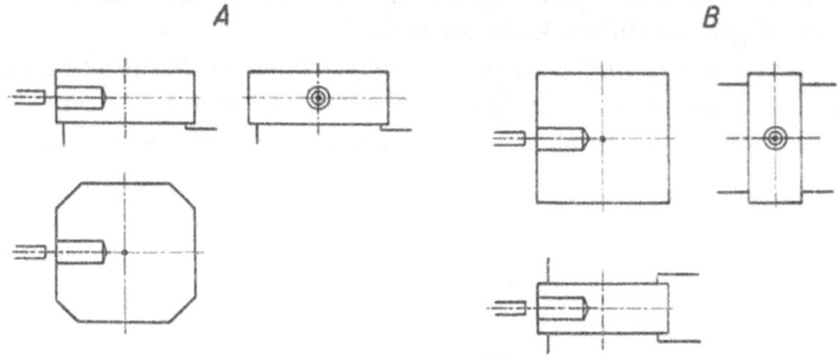

Abb. 4. Revolverköpfe der Halbautomaten.

von denen eines als Schraubenkopf ausgebildet ist, bei E zwei Druckstücke, die durch eine Schraube zusammengezogen werden, und bei F endlich eine eingelegte Büchse, die durch ein Druckstück zusammen-

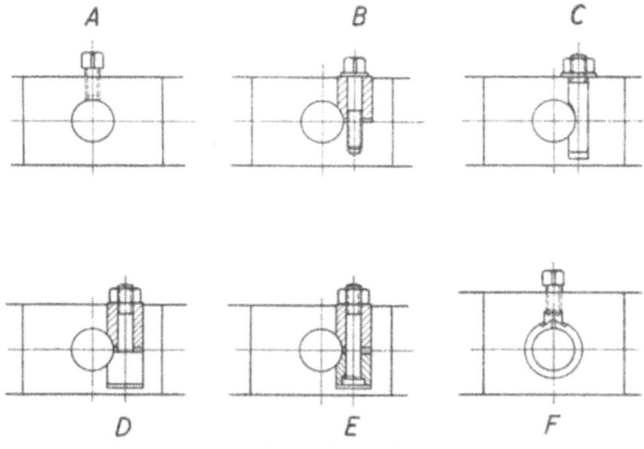

Abb. 5. Werkzeugbefestigungen.

gezogen wird. Bei A müßten die Werkzeuge Druckflächen erhalten, bei BCD müßten sie gehärtet sein, während es bei E und F denkbar wäre, sie weich zu lassen, empfehlenswert ist es natürlich nicht.

B. Spann- und Vorschubeinrichtungen.

Spannpatronen (Abb. 6). Die Spannpatronen arbeiten auf Druck (Ausführung ABC) oder auf Zug (Ausführung D). Ihre Verwendung ist nur für gezogenen Werkstoff vorteilhaft. Da der Spannbereich sehr gering ist, muß für jeden Durchmesser eine Patrone vorgesehen werden, wodurch eine große Lagerhaltung bedingt ist. Besonders nachteilig wirkt noch der Umstand, daß die Patronen der einzelnen Firmen selbst bei gleichen Maschinengrößen immer verschieden sind. So ist erklärlich, daß die Betriebsleiter gerne bei einem Fabrikat bleiben, um ihr Spannpatronenlager möglichst klein zu halten.

Um nun bei Anfertigung der Spannpatronen an Material zu sparen, wird eine Patrone mit Einsätzen versehen, die durch Schrauben festgehalten werden. Es entstanden so die Einsatzbacken, die nach L

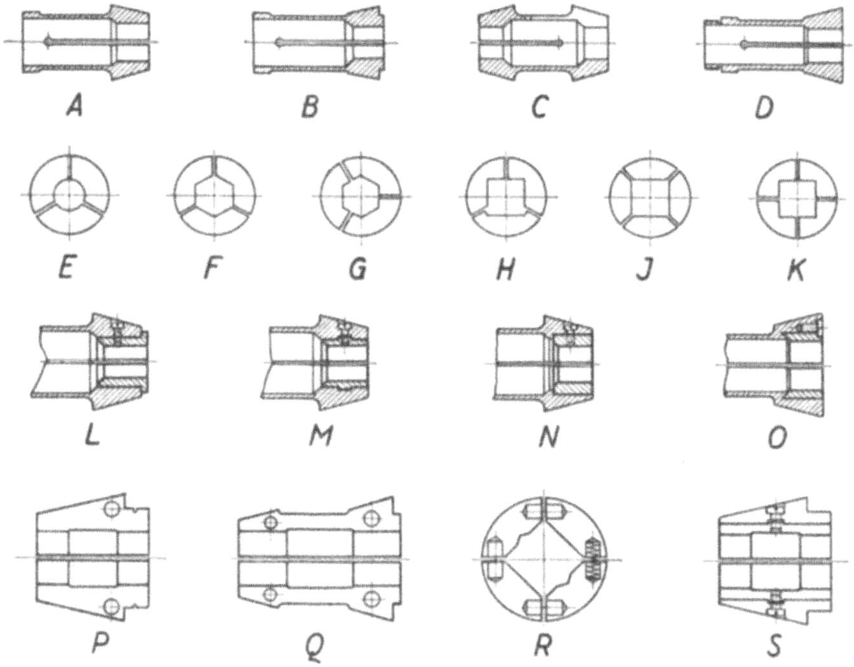

Abb. 6. Spannpatronen.

bis O ausgeführt werden. Jede Ausführung ist verschieden: Bei L liegt der Bund an, bei M ist eine Nute vorgesehen, N liegt am Grund auf und O hat den Vorteil, daß die Backen entfernt werden können, ohne den Spannpatronenkörper herauszunehmen. Die für diesen Zweck vorgesehenen Spannpatronen werden als Spannpatronenkörper, bezeichnet, die entsprechend ebenfalls mit oder ohne Rillen ausgeführt werden. Es braucht also nur ein Körper mit den notwendigen Einsätzen auf Lager gehalten zu werden, mithin ist eine bedeutende Materialersparnis dadurch zu erreichen. Falls ein genaues Laufen des Materiales erforderlich ist, dürfte aber eine massive Spannpatrone vorzuziehen sein. Ebenso muß bei größeren Durchmessern, wenn die Buchse zu schwach werden würde, die massive Patrone verwendet werden.

Die Patronen werden auf genaues Maß gedreht und entweder 3 oder 4 mal geschlitzt. Auch hierfür haben die verschiedenen Firmen verschiedene Ausführungen. Die runden oder sechseckigen Patronen werden wohl alle 3 teilig ausgeführt; aber schon bei den sechseckigen, F und G, können die Schlitze auf die Ecken oder die Flächen verlegt werden. Die Vierkantpatronen können ebenfalls 3 Schlitze erhalten, werden aber meistens mit 4 Schlitzen über Eck oder Fläche, J und K, ausgeführt. Nach dem Schlitzen werden die Patronen am Schlitz abgeflächt, aufgefedert und gehärtet. Als Material wird Patronenstahl oder auch Ein-

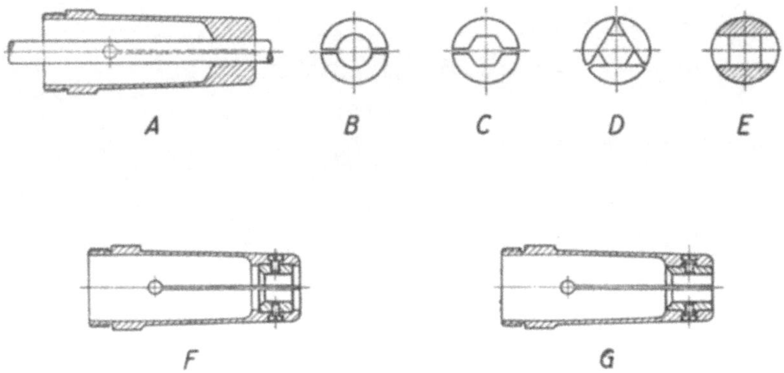

Abb. 7. Vorschubpatronen.

satzmaterial verwendet. Alle Patronen sollen stets vorne an der Stirn mit ihrem Durchmesser bezeichnet sein, so daß schon in der Maschine das Maß festgestellt werden kann.

Bei größeren Maschinen werden an Stelle der Spannpatroneneinrichtungen Spannköpfe verwendet und hier die unter P, Q und S gezeigten Spannbacken, die ebenfalls für Einsatzbacken eingerichtet werden können, wie S zeigt.

Die Spannbacken werden fast immer 4teilig angefertigt und, um ein Zusammenfallen zu verhindern, durch Druckfedern auseinandergehalten. Für Sechskantmaterial werden dann zwei gegenüberliegende Teile mit dreieckigen Ausschnitten versehen, wie R zeigt, oder es wird eine Backe entfernt und die 3 Zwischenräume werden durch federnde Zwischenlagen ausgeglichen.

b) Vorschubpatronen (Abb. 7). Diese werden ebenfalls massiv oder mit Einsatzbacken versehen. Sie werden ihrem Verwendungszweck entsprechend nicht aufgefedert, sondern zusammengedrückt, um das Material vorschieben zu können. Sie werden nur zweimal geschlitzt. Für Sechs- oder Vierkantmaterial werden sie vielfach auch mit 2 bzw. 3 Flächen ausgebildet, sie können natürlich auch Vier- oder Sechskantformen erhalten.

c) Spann- und Vorschubeinrichtungen (Abb. 8). Zur Erläuterung der Wirkungsweise ist in A eine auf Druck arbeitende Vorrichtung dargestellt.

Durch Zwischenschieben der Spannmuffe 1 wird der Spannhebel 2 bewegt, der durch seinen kurzen Hebel 3 das Druckstück 4 und das Druckrohr 5 nach vorn schiebt und so die Spannpatrone 6 in den

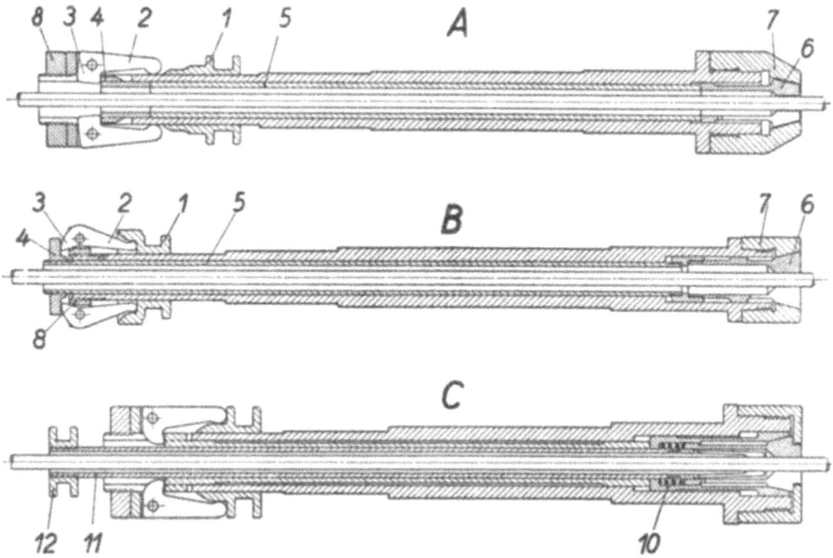

Abb. 8. Spann- und Vorschubeinrichtungen.

Konus der Spindelhaube 7 drückt, wodurch das Material festgespannt wird. Die Größe der Spannung kann durch die Mutter 8 eingestellt werden.

Ausführung B zeigt eine auf Zug wirkende Einrichtung. An dieser sind die Finger umgekehrt angeordnet, wodurch eine ziehende Wirkung erzielt wird.

Bei C ist die Spanneinrichtung eines Automaten wie oben bei den Revolverbänken dargestellt, nur daß hierbei als Beispiel nicht die Patrone bewegt wird, sondern eine besondere Druckhülse 10 vorhanden ist. Hierbei liegt die Patrone gegen die Spindelhaube an und man erreicht dadurch, daß die Patrone und damit das Material immer dieselbe Lage beim Spannen behält. Aus dem Bild ist ferner die Wirkung der Vorschubpatrone ersichtlich. Diese hält das Material infolge ihrer nach innen wirkenden Federung fest und schiebt es nach Öffnen der Spannpatrone durch das Vorschubrohr 11 und die Vorschubspule 12 vor, worauf wiederum das Spannen erfolgt.

d) **Spannköpfe** (Abb. 9). Bei größeren Maschinen und zum Verarbeiten schwarzen Materials kommen vorteilhaft die Spannköpfe in Anwendung.

In A ist ein Spannkopf mit Kniehebel dargestellt. Durch Verschieben der Spannmuffe 1 werden die Kniehebel 2 betätigt und dadurch die

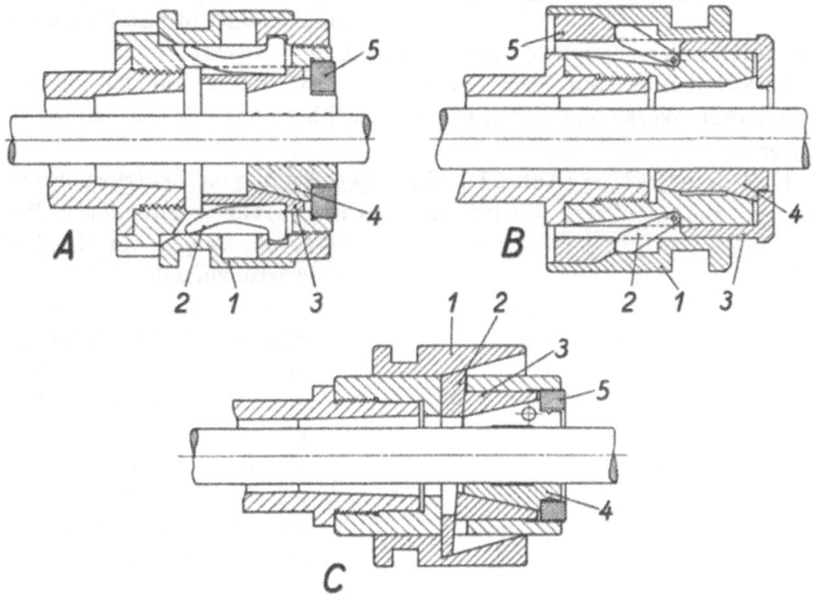

Abb. 9. Spannköpfe.

Spannhülse 3 vorgeschoben, wodurch die Spannbacken 4 das Material festklemmen.

Abb. B zeigt einen Spannkopf mit Knebeln, dessen Wirkungsweise genau wie bei A ist; nur werden die Spannbacken 4 durch die Spannhülse 3 hineingedrückt, um das Material festzuklemmen.

Bei dem bekannten Keilspannfutter Abb. C wird durch Vorschieben der Spannmuffe 1 der Keil 2 infolge der schrägen Flächen abwärts bewegt und so die Spannhülse 3 vorgeschoben und die Spannbacken 4 zum Festhalten gebracht.

Bei sämtlichen 3 Ausführungen können die Spannbacken 4 durch den Gewindering 5 für die verschiedenen Durchmesser — innerhalb einer Toleranz von 2 bis 3 mm — eingestellt werden.

C. Stangenwerkzeuge.

Diese dienen zur Bearbeitung von Teilen, die von der Stange hergestellt und abgestochen werden.

a) Materialanschlag. Der Materialanschlag ist zwar kein spanabhebendes Werkzeug oder Aufnahmeelement für ein solches; doch ist ein Revolverkopf für Stangenarbeit ohne ihn nicht gut denkbar, er soll daher hier nicht vergessen werden. Er wird als einfacher Dorn ausgeführt oder mit Stellschraube und Mutter versehen, wie Abb. 10 bei A und B zeigt.

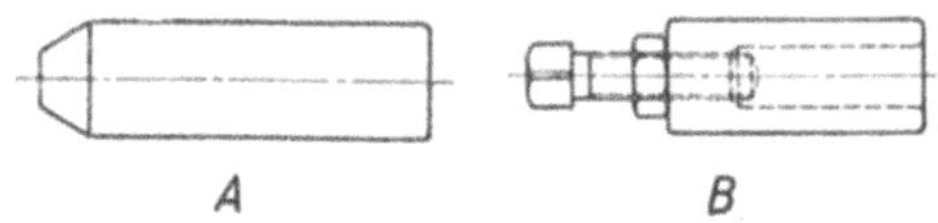

Abb. 10. Materialanschläge.

b) Stahlhalter sind Stangenwerkzeuge zur Aufnahme der spanabnehmenden Werkzeuge (Bohrer, Drehstähle, Schneideisen, Gewindebohrer.

1. Bohrerhalter (Abb. 11). Zum Befestigen von Zentrierbohrern, Bohrern und Senkern werden die Bohrerhalter verwendet. Bild C bis F zeigen verschiedene Ausführungen:

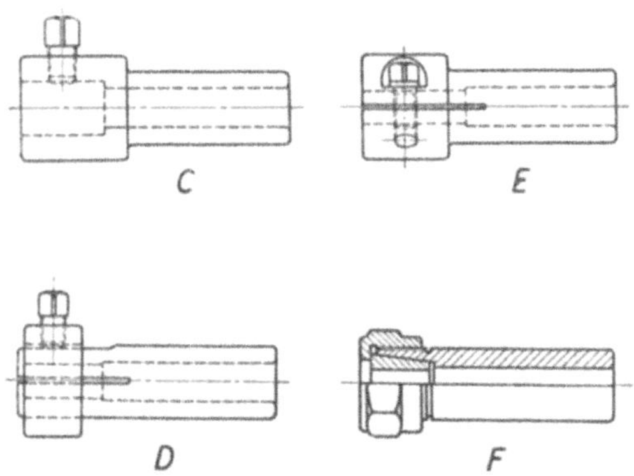

Abb. 11. Bohrerhalter.

C ist massiv mit Druckschraube, D ist geschlitzt mit Spannring, E ist geschlitzt mit 2 Klemmschrauben, F mit Spannpatronen. Während D und E für jeden Bohrerdurchmesser besonders angefertigt werden müssen, können C und F durch eingesetzte Spannbüchsen für jedes Maß verwendet werden. Die Halter und die dazu nötigen Spannbüchsen nach C sind bedeutend einfacher als nach Ausführung F.

2. Bohrerhalter mit Drehstahl (Abb. 12). Durch Anbringen eines einfachen Drehstahles kann das Verwendungsgebiet der vorher beschriebenen Bohrerhalter bedeutend erweitert werden. In Abb. 12, A und B sind zwei derartige Ausführungen gezeigt, bekannt als Bohrerhalter mit Drehstahl.

Bei A kann der Stahlhalter beliebig verschoben oder abgenommen werden, ohne Einfluß auf den Bohrer. Die Drehstähle können für leichte Arbeiten zum Andrehen, Kantenbrechen, Abflächen oder für ähnliche Arbeiten benutzt werden. Der Stahl wird entweder gerade nach A oder schräg nach B angebracht. Bei C ist außerdem ein Messer eingelegt, so daß dieses Werkzeug zum Überdrehen und Stirndrehen, z. B. einer Nabe benutzt werden kann.

3. Drehstahlhalter (Abb. 13). Für dieselben Arbeiten und außerdem zum Drehen kurzer Zapfen oder für andere leichte Arbeiten

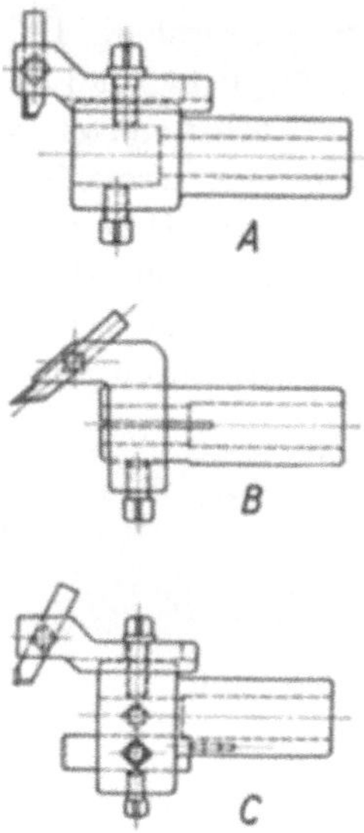

Abb. 12. Bohrerhalter mit Drehstahl.

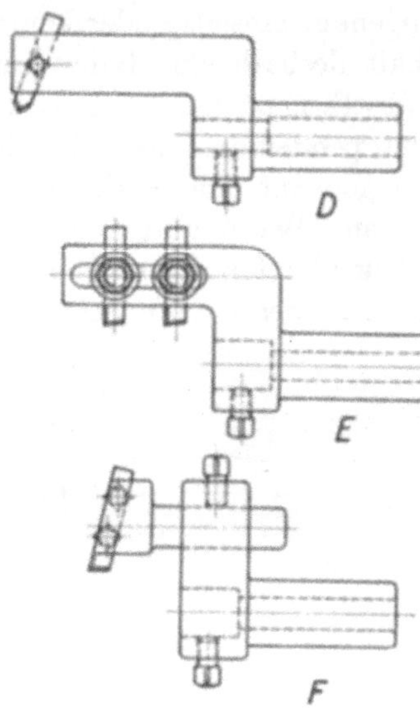

Abb. 13. Drehstahlhalter.

können auch die in Abb. 13 unter D, E und F abgebildeten Stahlhalter Verwendung finden, die als Drehstahlhalter bekannt sind. An dem Halter E ist der Stahl verstellbar, bei F der ganze Halter. Sie können außer dem Drehstahl noch einen Bohrer oder ein ähnliches Werkzeug aufnehmen.

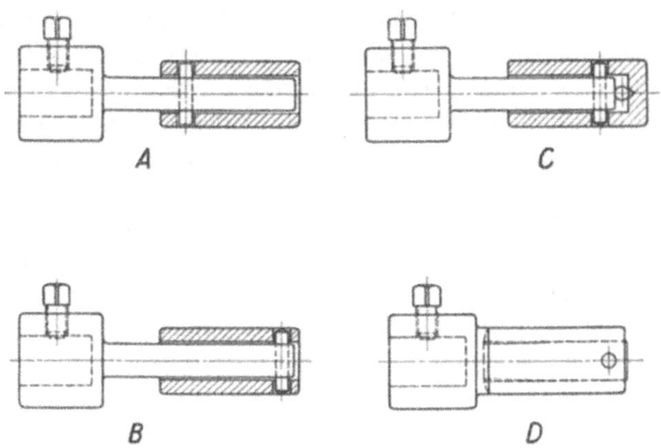

Abb. 14. Reibahlhalter.

4. Reibahlenhalter (Abb. 14). Zum Aufreiben der Bohrungen bedient man sich entweder der normalen Maschinenreibahlen mit festen Zähnen oder (besonders zum

Nachreiben) solcher mit eingesetzten Messern, die den Vorteil der Nachstellbarkeit haben. Es hat sich als notwendig erwiesen, der Reibahle eine kleine Bewegungsmöglichkeit zu geben, sie also nicht feststehend wie den Bohrer, sondernd pendelnd anzuordnen. Ein genau und ohne Schlag vorgebohrtes Loch würde durch eine feststehende Reibahle sehr leicht ungenau, einseitig oder konisch nachgerieben werden. Die Reibahle erhält deshalb eine Befestigung, die es ermöglicht, daß sich ihre Achse selbsttätig nach der Achse des zu bohrenden Loches einstellen kann.

Solche pendelnden Reibahlhalter werden in den verschiedensten Ausführungen auf den Markt gebracht, A, B, C, und D zeigen einige dieser Arten. Bei A und B ist die einfachste Ausführung dargestellt, hier wird der Halter mit einigem Spiel in einer Hülse durch einen Stift festgehalten. Dieser Stift kann entweder vorn oder hinten angeordnet

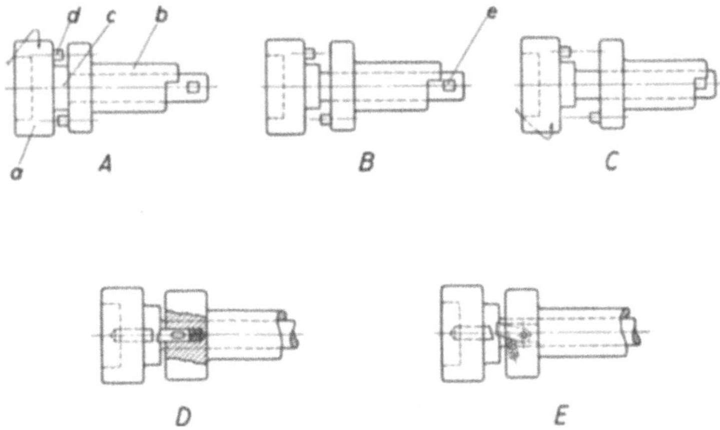

Abb. 15. Schneideisenhalter.

werden. Bild C bringt eine Ausführung mit eingelegter Kugel. Der Stift dient hier nur als Halter für die Rückwärtsbewegung. In Ausführung D kann sich der Vorderteil des Halters auf einer Kugelfläche um den Mittelpunkt des Stiftes drehen. Die Bilder zeigen nur schematische Skizzen. Die Ausführungen selbst sind entsprechend verfeinert.

5. Schneideisenhalter (Abb. 15). Zur Aufnahme der Schneideisen im Revolverkopf, bedient man sich der Schneideisenhalter. Diese bestehen aus zwei Teilen, u. zw. dem beweglichen Teil *a*, welcher das Schneideisen aufnimmt, und dem Halter *b*, der im Revolverkopf befestigt wird. Bei Beginn des Gewindeschneidens liegt das lose Vorderteil bei *c* an, wie Bild A zeigt, und wird beim Schneiden durch die beiden Mitnehmerstifte *d* mitgenommen. Ist das Gewinde fast fertig geschnitten, so bleibt der Revolverschlitten auf Anschlag stehen, das Schneideisen schraubt sich, da das Vorderteil lose ist, um einige Gewindegänge

herauf, bis es von den Mitnehmerstiften abläuft und sich mit der geschnittenen Schraube leer dreht, wie Bild B zeigt. Soll nun das Schneideisen von dem geschnittenen Gewinde abgedreht werden, so wird der Linksgang der Maschine eingeschaltet und der feste Halter mit Hilfe des Revolverschlittens zurückgezogen. Jetzt wird das Schneideisen mit dem losen Vorderteil durch den Stift *e* festgehalten, wie Bild C zeigt, und dreht sich infolgedessen von dem geschnittenen Gewinde ab. Der Revolverschlitten muß der Steigung des Gewindes entsprechend ebenso wie beim Aufschneiden von Hand mitbewegt werden.

In der Stellung, wie sie Bild B zeigt, macht sich das An- oder Aufeinanderstoßen der Stifte unangenehm bemerkbar. Um dieses zu verhindern, kann der eine Stift federnd angeordnet werden, so daß er zurückspringen (nach D) oder ausschwingen kann, wie bei E.

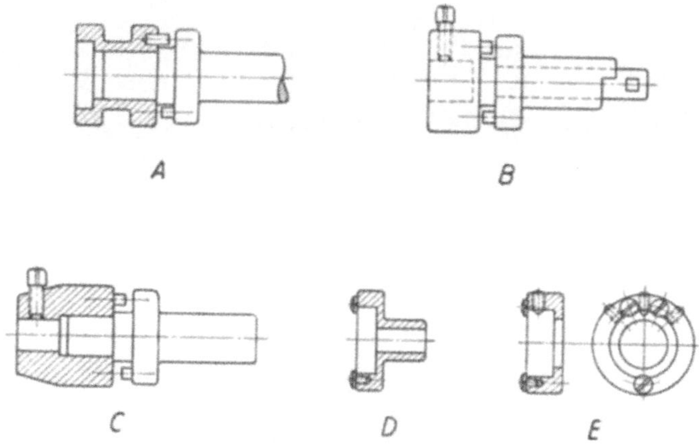

Abb. 16. Gewindebohrerhalter.

Für den Fall, daß bei einer Arbeit mehrere Schneideisen oder Gewindebohrer gebraucht werden und nur ein Loch des Revolverkopfes dafür frei ist, wird das Vorderteil nach Abb. 16 A oder C ausgebildet. In diesem Falle dienen die Mitnehmerstifte zum Auf- und Abschneiden.

Zum Befestigen der Schneideisen werden die Halter mit 3 Schrauben versehen. Die mittlere erhält Spitze und dient zum Verstellen (Spreizen), die beiden seitlichen als Mitnehmer und zum Verstellen (Zusammendrücken). Diese beiden erhalten Spitzen oder Flächen, je nachdem wie die Schneideisen ausgeführt sind. Um ein Herausziehen zu verhindern, wird vorn eine Scheibe aufgesetzt, oder es werden drei Schrauben angeordnet, die auch zum Regulieren der geschlitzten Schneideisen mit benutzt werden können.

Von großem Vorteil ist es, das einmal eingestellte Schneideisen in der gleichen Stellung zu behalten. Hierfür wird der auch für kleinere

Schneideisen zur Vergrößerung vorgesehene Einsatzring Abb. E benutzt. Das in diesem Ring sitzende regulierte Schneideisen wird also mit diesem zusammen aufgehoben.

6. Gewindebohrerhalter (Abb. 16). Zum Festhalten der Gewindebohrer werden Gewindebohrerhalter verwendet. Sie entsprechen in Ausführung und Arbeitsweise genau den vorher besprochenen Schneideisenhaltern, nur haben sie kleinere Bohrungen, wie B und C zeigen. Sie können durch Verwendung eines geeigneten Vorderteiles nach D ohne weiteres auch als Schneideisenhalter verwendet werden.

c) Drehwerkzeuge oder Stichelhäuser. Für die eigentliche Dreharbeit bei der Schrauben- oder Bolzenherstellung kommen die sogenannten Drehwerkzeuge oder Stichelhäuser zur Anwendung. Sie werden in den verschiedensten Ausführungen und Abarten hergestellt, und fast

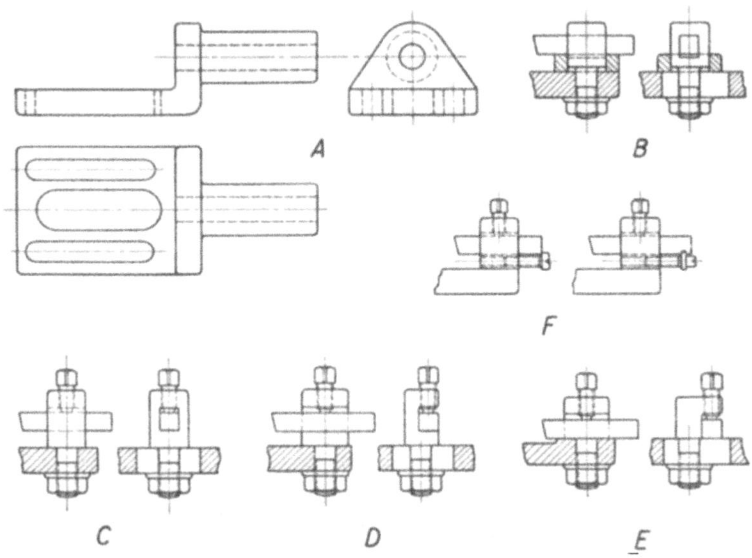

Abb. 17. Stahlbefestigungen.

jede der namhaften Firmen, die Revolverbänke herstellen, hat ihre eigene Konstruktion. Sie sind zur Aufnahme eines oder mehrerer Drehstähle eingerichtet und besitzen vielfach im Schaft noch eine Bohrung zur Befestigung eines Bohrers oder Abrundestahles für die Schraubenspitze.

Die einfachsten Drehwerkzeuge bestehen aus einer winkelförmigen Platte mit einem Zapfen als Halter. In der Mitte ist eine Aussparung zum Durchfallen der Späne vorgesehen. Ein solches Werkzeug zeigt Abb. 17. Es würde dem einfachen Drehstahlhalter, Abb. 13 E, entsprechen, jedoch in doppelseitiger Ausführung. Die beiden seitlichen

Schlitze dienen zur Aufnahme der erforderlichen Drehstähle, die je nach Bedarf verschoben werden können.

Die Halter der Drehstähle können rund oder vierkantig ausgeführt werden. B, C, D, E sind einige der am meisten vorkommenden Ausführungen. Bei B sind Halter und Stahl gleichzeitig durch eine Mutter angezogen, während bei C, D, E Halter und Stahl einzeln angezogen werden. Beim Herausnehmen des Stahles, z. B. zum Schleifen, verändert sich die Lage des Halters also nicht. Die Halter nach B und C sind rund, während D und E vierkantig sind, jedoch mit verschiedener Stahlauflage. Zur Feineinstellung oder Sicherung versieht man die Drehstähle vielfach mit einer Stellschraube. Bild F zeigt zwei derartige Ausführungen. Abb. 18 weist noch zwei weitere Ausführungen auf. Bei A wird der Stahl durch den Halter festgedrückt, bei B und C wird der Stahl allein festgehalten. Beide Halter haben Langloch zur Verstellung des Stahles.

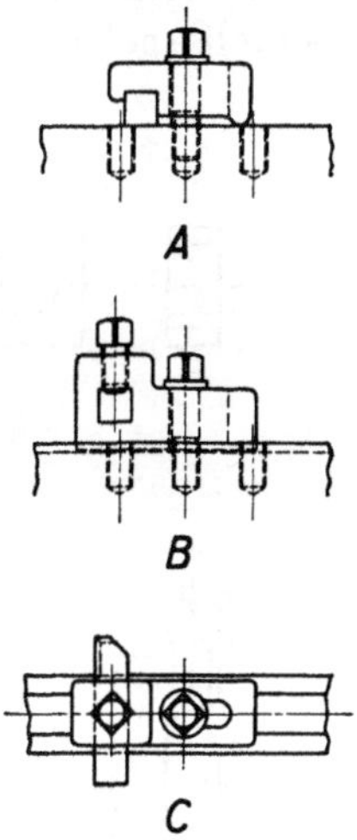

Abb. 18. Stahlbefestigungen.

Als Drehstähle werden bei allen vorstehend beschriebenen Werkzeugen gewöhnliche Vierkantstähle verwendet. Die Schnittwinkel dieser Stähle entsprechen denjenigen normaler Drehstähle, wie sie auch in der Tabelle auf Abb. 35 angegeben sind. Über die Drehstähle selbst sind in einem späteren Abschnitt Ausführungen gemacht.

Lünetten (Abb. 19). Um ein Abbiegen des Materials durch den Drehstahl, besonders beim Drehen schwacher Teile zu verhindern, wird meistens dem ersten Stahl eine Unterstützung oder Lünette gegenübergesetzt. Diese erhält eine winkelförmige Ausarbeitung (feste Lünette), wie Abb. 19 bei A zeigt. Sie wird aus Gußstahl angefertigt; die Gleitflächen müssen glashart sein, fein geschliffen und poliert. Sie werden als runde Scheiben oder flach ausgeführt. Da das genaue Anliegen der Führungsflächen am Arbeitsstück die Hauptbedingung ist, wenn sie als Führung überhaupt ihren Zweck erfüllen sollen, werden die flachen Lünetten geteilt ausgeführt und die einzelnen Hälften mit Stellschrauben versehen, die sowohl zur Abstützung als auch zur Feineinstellung dienen. Bei den runden Lünetten wird dasselbe erreicht, wenn sie mit zwei Flächen versehen werden, an die je eine Stellschraube angreift. Die Bilder B, C, D und E zeigen verschiedene Ausführungen.

Die Stellung der Lünette zum Drehstahl ist so anzuordnen, daß sie demselben um 1—2 mm nacheilt, je nach der Größe des Stichelhauses. In einzelnen Fällen, natürlich nur bei gezogenem oder vorgedrehtem Material, eilt auch die Lünette bis zu ihrer ganzen Breite dem Stahl vor. Sie wird so eingestellt, daß sie auf das Werkstück einen leichten Druck ausübt; da sonst der Stahl doch das Werkstück aus der Mitte herausdrücken würde. An Stelle der winkelförmigen Führungen werden auch vielfach ganze oder halbe Büchsen verwendet. Diese Führungsbüchsen werden entweder gehärtet oder auch aus Bronze oder gar Gußeisen angefertigt.

An Stelle der vorstehend beschriebenen festen Lünetten werden in neuerer Zeit vielfach mit bestem Erfolg Rollenlünetten verwendet, d. h. statt der geschliffenen Winkelflächen werden zur Unterstützung des Materiales zwei Rollen wie bei A (Abb. 20) benutzt, die naturgemäß ebenfalls gehärtet und gut geschliffen sein müssen. Sie können ent-

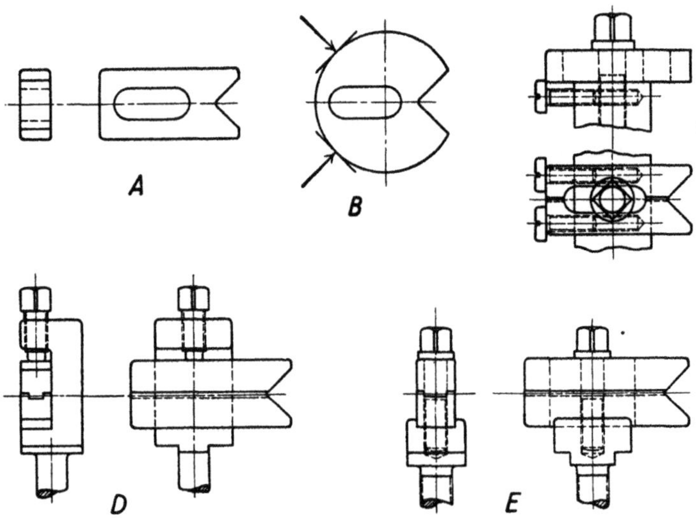

Abb. 19. Feste Lünetten.

sprechend dem aufzunehmenden Stahldruck eingestellt werden und setzen sich dadurch beim Arbeiten in Umdrehung. Hierdurch kann ein größerer Druck auf das Werkstück ausgeübt werden, und die Rollen glätten die Oberfläche des gedrehten Ansatzes, ohne daß sie ebenso leicht wie die festen Führungen zum „Fressen" neigen.

Die Rollen werden entweder auf Platten befestigt, wie Abb. 20 bei E zeigt, oder es erhält jede Rolle einen besonderen Halter, der einzeln verstellt werden kann, wie die weiteren Bilder zeigen. Bei F sind die Halter scherenförmig ausgebildet und werden durch eine Klemmschraube festgezogen. G weist einzeln verstellbare Halter auf, die unten prismatisch sind und durch ein Klemmstück festgehalten werden. Die Ausführung nach H hat dagegen einzelne Halter, die einzeln anzuziehen sind. Bei J sind die Halter segmentartig ausgebildet. Die Pfeile deuten die Stützschrauben an.

Die Rollen werden vorteilhaft so groß wie möglich ausgeführt, um durch Verlängerung ihrer Umfangsfläche und Verringerung ihrer Umdrehungszahl die einzelnen Berührungsstreifen möglichst selten angreifen zu lassen. Es wird dadurch die Oberfläche geschont, und der Hebelarm zur Überwindung der Lagerreibung wird vergrößert. Der Rollenbolzen wird dagegen möglichst dünn gemacht, um eine geringe Lagerfläche zu erhalten. Die Rollenbolzen werden entweder einseitig oder doppelseitig gelagert, wie Bild B und C zeigen.

1. Zusammenstellung eines einfachen Stichelhauses. Abb. 21 zeigt in übersichtlicher Zusammenstellung ein einfaches Stichelhaus

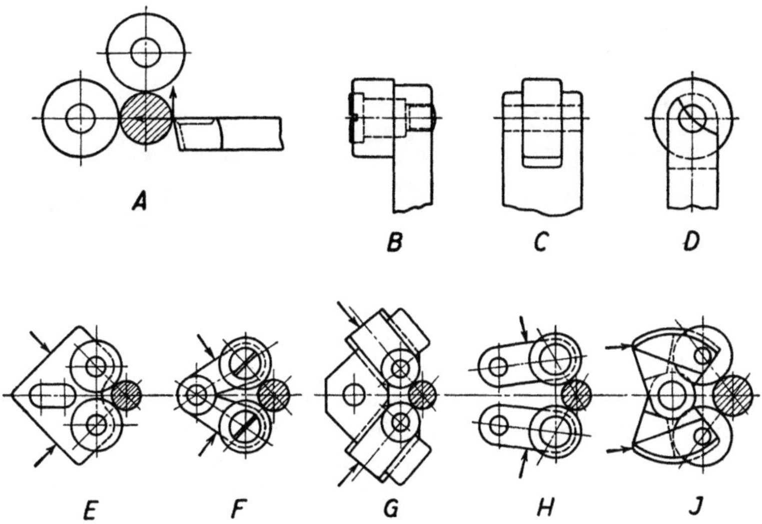

Abb. 20. Rollenlünetten.

mit dem dazugehörenden Arbeitsstück. Die späteren Bilder werden dieses nicht derartig deutlich darstellen, bzw. werden zu klein sein, um alle Einzelheiten genau erkennen zu lassen.

A ist die Ansicht von oben, B von der Seite, C von vorn, d ist der erste Drehstahl, dem die Lünette e, eine feste wie hier oder eine Rollenlünette, gegenübersitzt, dem Stahle nacheilend. Die beiden Stähle f und g drehen die beiden anderen Ansätze, h ist der End- oder Abfasestahl für die Schraubenspitze. Falls die Schraube kürzer ist, wird einer der beiden letzten Stähle, die natürlich verschiebbar angeordnet sind, zum Abrunden eingerichtet und, falls die Schraube ganz kurz ist, muß ein besonderer Halter mit schrägstehendem Stahl angefertigt werden, oder noch besser, die hinteren Stahlhalter werden rund und drehbar ausgeführt. Wenn die Spanstärken anders verteilt wären, so daß z. B.

der erste Stahl nur wenig, der zweite dagegen mehr Werkstoff fortzunehmen hätte, könnte die Lünette dem zweiten Drehstahl gegenüber und voreilend gesetzt werden.

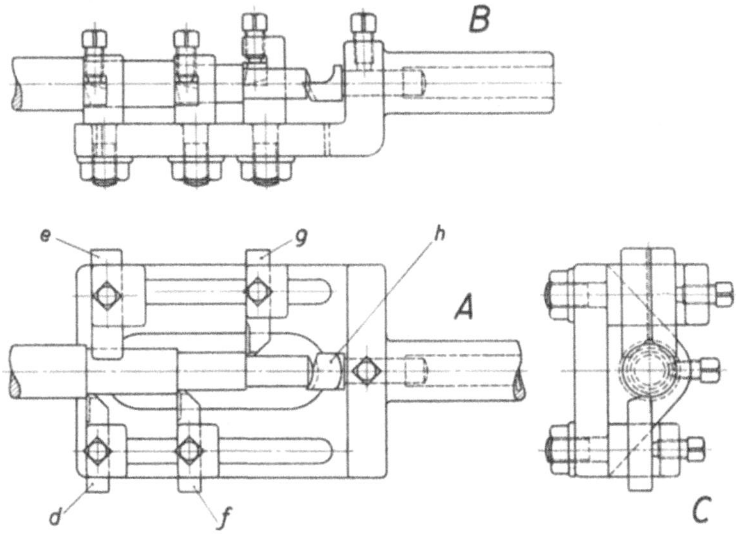

Abb. 21. Drehwerkzeug (Stichelhaus).

2. Schruppstichelhäuser. Abb. 22 zeigt einige Stichelhäuser verschiedener Firmen, die alle abweichend voneinander ausgeführt sind. Und zwar sind es Schruppstichelhäuser. Sie besitzen nur einen Drehstahl, u. zw. einen Tangentialstahl, der zum Schruppen nur eines Ansatzes verwendet wird. Für ein Arbeitsstück mit mehreren Ansätzen

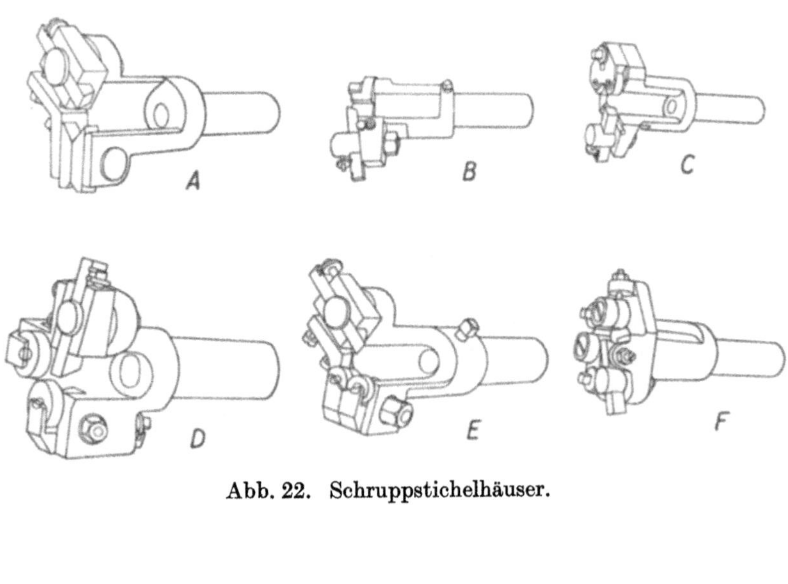

Abb. 22. Schruppstichelhäuser.

müssen demnach mehrere derartige Werkzeuge benutzt werden. Da die Stähle beim Schruppen entsprechend schneller stumpf und gewechselt werden müssen als beim Schlichten, hat sich die Benutzung eines Stahles als vorteilhafter erwiesen. Es ist für den Dreher leichter, einen Stahl einzustellen und evtl. mit dem Anschlag der Maschine zu regulieren, als in einem Stichelhaus mehrere Stähle nachzustellen, aber wohlgemerkt nur beim Schruppen.

Bei genauer Betrachtung der Ausführung der einzelnen Stichelhäuser, in diesem und den nächsten Bildern, werden die einzelnen Stahl- und Rollenbefestigungen von vorhin wiederzufinden sein, und es kann beobachtet werden, wie verschieden die einzelnen Firmen diese Werkzeuge ausführen. Bild A und B haben feste Lünetten, B runde, A hat

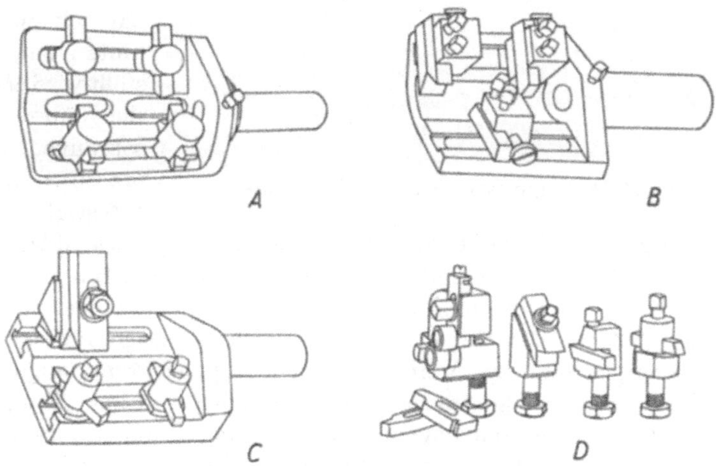

Abb. 23. Schlichtstichelhäuser.

flache Ausführung. Die übrigen haben Rollenlünetten, aber jede in anderer Ausführung. Bei C z. B. sitzen sie im Block, bei D einzeln, bei E nebeneinander und bei F in einzelnen Hebeln.

3. Schlichtstichelhäuser. Abb. 23 zeigt einige Schlichtstichelhäuser. Hierbei ist auffallend, daß alle mit Radialstählen und festen Lünetten ausgebildet sind. Das ist aber leicht erklärlich, da die Stichelhäuser nur für leichte Späne vorgesehen sind und daher keine großen Drücke und Abnutzungen der Stähle hervorgerufen werden, ein so häufiges Nachschleifen wie beim Schruppen kommt also nicht in Frage. Beachtenswert ist noch die verschiedene Befestigungsart der Lünetten und Stähle. Bild D zeigt z. B. die Stahlhalter eines ähnlichen Stichelhauses wie C, zu dem feste und Rollenlünetten austauschbar mitgeliefert werden.

4. Schrupp- und Schlichtstichelhäuser. Abb. 24 zeigt einige Schrupp- und Schlichtstichelhäuser, sogenannte Universalstichelhäuser. Sie haben bis auf C als ersten Stahl einen Tangentialstahl, dessen Befestigungsart die Bilder deutlich zeigen. Außerdem sind die Stichelhäuser mit 1 bis 2 weiteren Stählen ausgerüstet, die aber radial schneiden.

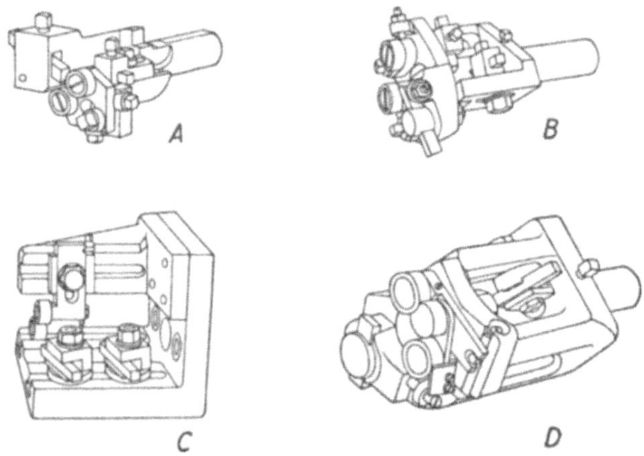

Abb. 24. Schrupp- und Schlichtstichelhäuser.

Der Tangentialstahl nach A sitzt im massiven Gehäuse und liegt auf einem Stift hinten auf, eingestellt wird er durch die untere Stellschraube, durch die obere wird er befestigt. Bei Bild B und D sind die Rollenhalter scherenförmig ausgebildet, bei C sitzt eine Rolle unten, die andere auf einem besonderen Halter darüber.

5. Schwere Drehwerkzeuge. In Abb. 25 sind einige vornehmlich auf größeren Maschinen benutzte Drehwerkzeuge für schwerste Schnitte dargestellt. Bei A sind die Rollen segmentförmig angeordnet. Die Einstellung erfolgt durch die Schrauben *e*. Der Tangentialstahl sitzt in einem sehwingenden Halter, um *a* drehbar. Seine Einstellung zum Schnitt erfolgt durch die Schraube *b*, deren Mutter durch einen Exzenter des Hebels *c* mit dem Stahlhalter verbunden ist. In der gezeichneten Stellung befindet sich der Stahl in Schnittstellung. Durch Zurückdrehen des Hebels *c* hebt sich der Stahl vom Arbeitsstück ab, so daß beim Zurückziehen des Revolverkopfschlittens nach erfolgtem Schnitt der Stahl nicht mehr nachschneiden kann.

Bild B zeigt das bekannte Herbertstichelhaus. Der Drehstahl arbeitet, wie die Abbildung deutlich zeigt, nicht tangential, sondern radial. Es ist ein Ausnahmefall und die guten Erfolge dieses Werkzeuges sind wohl auf den verhältnismäßigen stark Stahl zurückzuführen. Er sitzt in einem Schlitten, der durch den Handgriff *a* mittels Schnecken und Zahntrieb verstellt werden kann. Mit Hilfe des Anschlages *b* kann der Stahl beliebig zurückgezogen werden, ohne den jeweils eingestellten Durchmesser des zu drehenden Bolzens zu verändern. Die Rollen sitzen auf einzelnen Schlitten, die durch die Klemmschraube *c* festgestellt werden. Die Feineinstellung und Aufnahme des Druckes erfolgt durch Stellschrauben. Nach Lösen der Klemmschraube und nach Anheben der Anschlagschrauben *d* können die Rollenhalter auch beliebig zurückgezogen werden. Der über dem Stahl angeordnete Trichter *e* ermöglicht eine gute Zufuhr der Kühlflüssigkeit zur Stahlschneide.

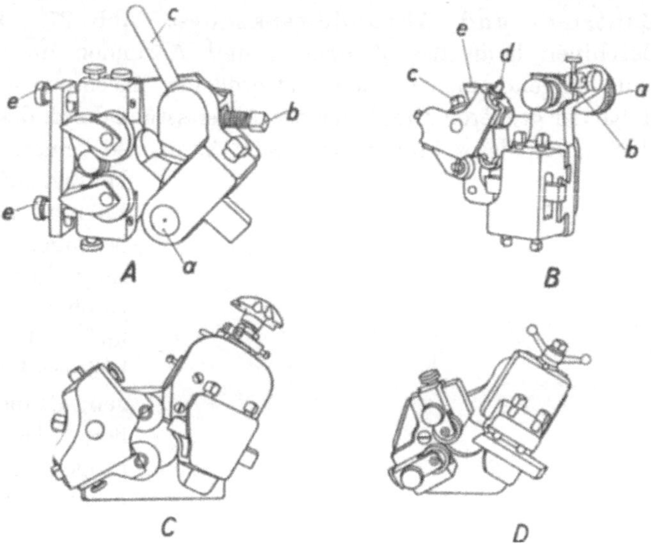

Abb. 25. Schwere Drehwerkzeuge.

Bild C zeigt das Drehwerkzeug der Fa. F. A. Scheu. Die Ausbildung der Führungen und Befestigungen der Rollen entsprechen dem Herbertstichelhaus, der Stahlhalter dagegen ist anders ausgeführt. Er ist als Schlitten mit Prismenführung ausgebildet und kann durch den Sterngriff mittels Gewindespindel eingestellt werden. An der Spindel ist ein Anschlag mit Feineinstellung vorgesehen, der gegen die leicht verstellbare Anschlagstange stößt. Der Stahl schneidet tangential.

Bild D zeigt das Stichelhaus der Fa. Franz Braun. Die Stahlanordnung ist ähnlich dem Bild C, die Rollenanordnung dagegen anderer Art.

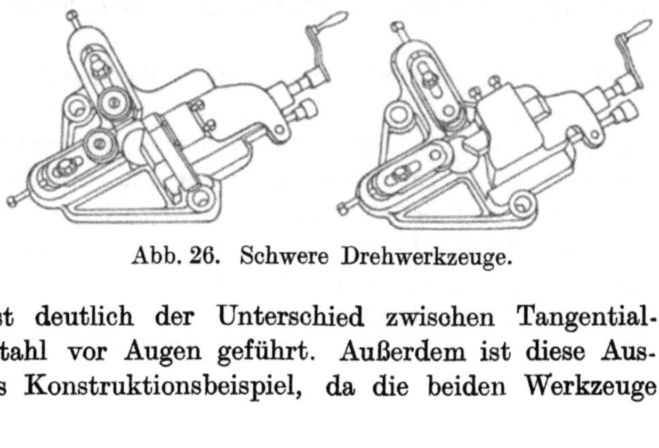

Abb. 26. Schwere Drehwerkzeuge.

In Abb. 26 ist deutlich der Unterschied zwischen Tangentialstahl und Radialstahl vor Augen geführt. Außerdem ist diese Ausführung ein gutes Konstruktionsbeispiel, da die beiden Werkzeuge auf vollständig gleichem Unterteil verschiedene Stahlhalter tragen. Die Rollen sitzen auf einfachen Haltern, die in Schlitzen geführt und durch Klemmschrauben von oben gehalten werden. Die Ausführung stammt von Gebr. Heinemann. A zeigt den Tangentialstahl und B den Radialstahl.

6. Zentrier- und Abrundewerkzeuge. Abb. 27. Bei kleineren Maschinen kann das Zentrieren und Abrunden im normalen Stichelhaus vorgenommen werden, bei größeren Maschinen muß aber, da ja infolge der größeren Drehlänge das Arbeitsstück durch das Stichelhaus gehen muß, dieses hinten offen sein, kann also keinen Zentrierbohrer aufnehmen. Es muß daher ein besonderes Werkzeug hierfür vorgesehen werden. A und B zeigen kleinere Ausführungen, C und D größere. Die Ausführungen A, B und D haben feste Lünetten zur Führung des Materials, C dagegen eine konische Büchse. Ausführung C besitzt ferner eine besondere kleine Bohrspindel für den Zentrierbohrer, die durch den seitlichen Hebel bewegt wird, so daß dieser nicht seinen Vorschub durch den schweren Revolverschlitten erhält. Außerdem ist dieses Werkzeug zur Aufnahme des Materialanschlages eingerichtet, wodurch dieser kein besonderes Werkzeugloch besetzt.

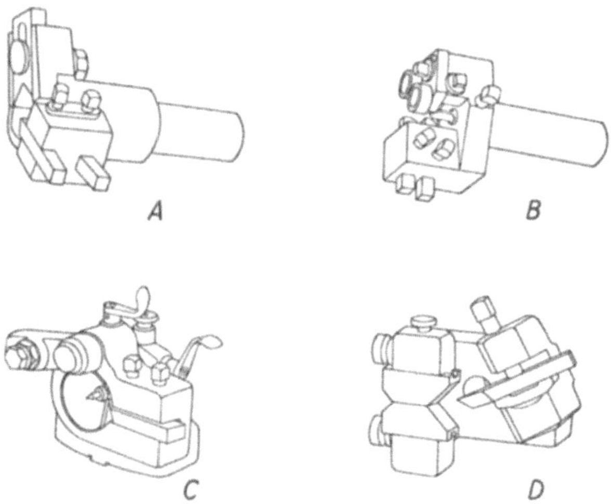

Abb. 27. Zentrier- und Abrundewerkzeug.

Außer zum Abrunden dienen diese Werkzeuge auch zum Anspitzen der Stangen, sobald dieses nicht vom Querschlitten mitgemacht werden kann. Gerade diese Operation wird vielfach vernachlässigt oder gar ganz vergessen, trotzdem sie für ein gutes Arbeiten des Stichelhauses von größter Wichtigkeit ist. Wird die Stange nicht angespitzt, so ist der Drehstahl gezwungen, beim Anschneiden sofort den ganzen Span abzunehmen, bevor die Rollen zur Unterstützung anfassen. Hierdurch federt das Material etwas ab, besonders bei langen Stücken oder wenn Schlag vorhanden ist. Bei angespitzter Stange dagegen wird der Span allmählich stärker und die Rollen greifen schon an, wenn der Span noch ganz schwach ist, sie liegen vollständig an, wenn der Span seine volle Breite erreicht hat.

7. Anfertigung der Stichelhäuser. Bevor wir nun die Stichelhäuser oder Drehwerkzeuge verlassen, wollen wir noch kurz einen Blick auf ihre Herstellung werfen. Sie werden aus Stahlguß bzw. S.-M.-

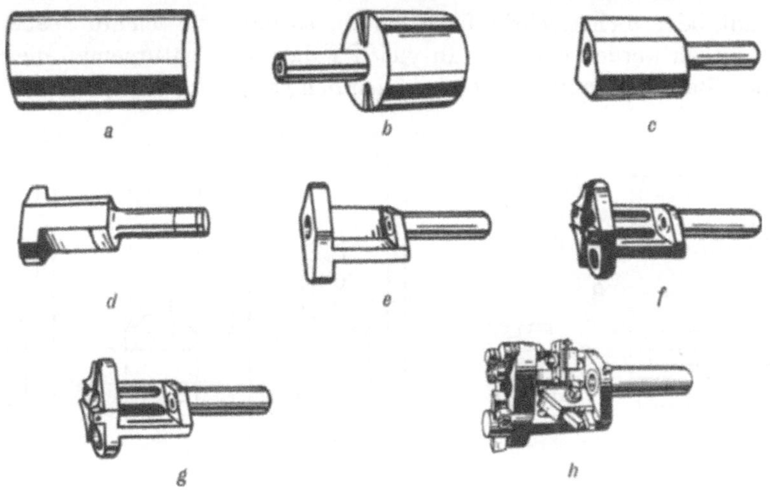

Abb. 28. Herstellungsgang eines Stichelhauses.

Stahl geschmiedet oder aus dem Vollen angefertigt. Allgemein hat sich das letztere Verfahren als vorteilhaft erwiesen. Abb. 28 zeigt den Herstellungsgang eines Universalstichelhauses. Bild a zeigt das abgestochene Rohteil, in Bild b ist es angedreht, in Bild c vorgefräst, in Bild d ist der Kopf angefräst, in Bild e ausgefräst, in Bild f mit eingefrästen Schlitzen, in Bild g gehärtet und geschliffen und Bild h zeigt das fertige Stichelhaus mit Stahlhalter und Rollen. (A. H. Schütte).

D. Futterwerkzeuge.

Zu den Futterwerkzeugen gehören im gewissen Sinne auch die Dreibackenfutter selbst. Sie können als eines der wichtigsten Werkzeuge der Revolverbank bezeichnet werden, da sehr viel von ihrer Brauchbarkeit abhängt. Von einem guten Futter wird außer genauem Laufen natürlich noch folgendes verlangt: Es muß kräftige Zahnform haben, doppelt gelagerte Triebe mit Innenvierkant, die ohne Auseinandernehmen des Futters entfernt werden können. Die Backen sollen besonders bei großen Futtern doppelte Führung im Körper haben, und es sollen außer Bohr- und Drehbacken auch Aufschraubbacken vorgesehen sein. Diese müssen nach beiden Richtungen, etwa wie A in Abb. 29 zeigt, gesichert sein.

a) Spannfutterbacken (Abb. 29). Die weichen Aufschraubbacken werden entsprechend dem zur Bearbeitung kommenden Stück ausgearbeitet. Besonders diese Backenfrage ist von größter Wichtigkeit in bezug auf die Genauigkeit und Bearbeitungszeit des betreffenden Teiles. Durch Probieren und Behelfen mit den normalen Backen geht unter Umständen viel Zeit verloren und die Teile werden leicht verspannt oder nicht richtig festgehalten, so daß nur leichte Späne abgenommen werden können. In vielen Fällen sind naturgemäß die normalen Backen genau so gut zum Spannen geeignet, wie Spezialbacken,

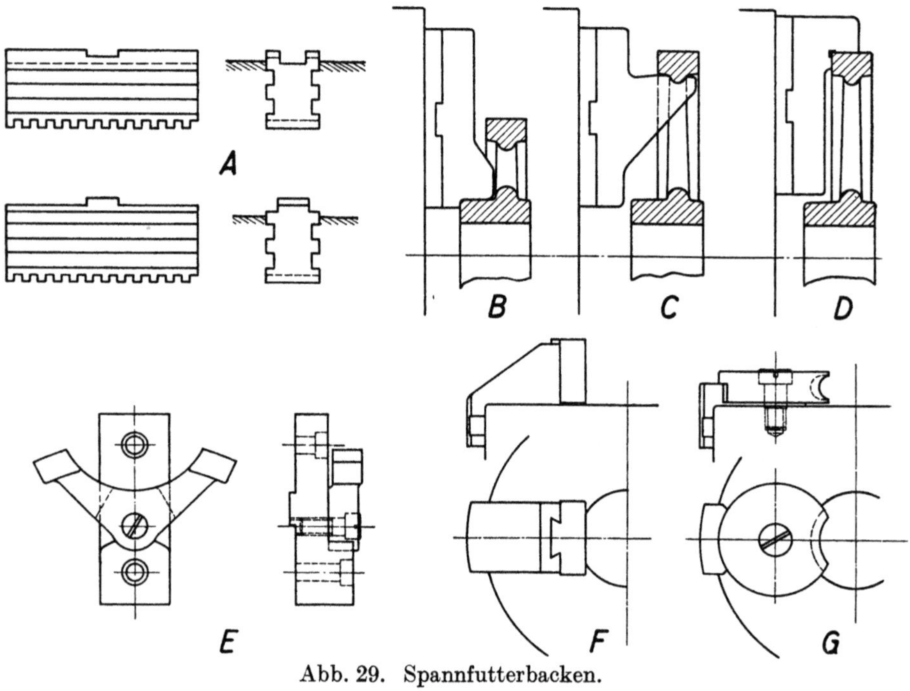

Abb. 29. Spannfutterbacken.

und es muß auch in diesen Fällen mit Überlegung und Verständnis entschieden werden.

Bei der Konstruktion der Spezialbacken ist darauf zu achten, daß möglichst ein Anschlag in Längs- und Drehrichtung untergebracht wird. Die Backen werden auf der Maschine unter Spannung ausgedreht und für rohe Arbeitsstücke gehärtet. Bei Teilen, die an der zu spannenden Fläche bereits bearbeitet sind und genau laufen müssen — dieses sind meistens Teile, an denen die 2. Seite bearbeitet werden soll —, bleiben die Backen weich und werden vor jeder neuen Serie auf der Maschine leicht nachgedreht, natürlich auch unter Spannung. Bei der Konstruktion der Backen ist darauf zu achten, daß die Spannfuttertriebe und die Spirale nicht immer auf denselben Stellen zum Eingriff kommen, da sie sich sonst schnell abnutzen, besonders wenn die zur Verlängerung der Futterschlüssel so beliebten Rohrenden gar zu lang genommen werden. Durch solche unsachgemäße Behandlung vorkommenden Abnutzungen werden sehr häufig beobachtet, die Schuld wird dann oft ungerechterweise dem Futterfabrikanten zugeschrieben.

Die Bilder B, C und D zeigen einige besondere Ausführungen von Spannbacken, und zwar Spannen auf der Nabe, Spannen am Kranz und Spannen der zweiten Seite außen. Derartige Beispiele könnten zu hunderten angeführt werden, da ja, wie bereits gesagt, die Form der Backen stets vom Arbeitsstück abhängt. Zum Spannen sollte immer die stärkste Stelle ausgesucht werden und ein Verspannen des Arbeitsstückes sorgfältig vermieden werden. Sehr schwache Teile werden zweckmäßig nicht allein auf drei Stellen, sondern z. B. auf sechs Stellen gespannt, indem die Backen mit breiten Spannstücken versehen und diese beweglich angeordnet werden, wie etwa Bild E zeigt.

Außer diesen normalen Dreibackenfuttern werden auf der Revolverbank mit Vorteil auch Zweibackenfutter verwendet, die dann entweder Backen mit Prisma nach F oder Rollen nach G erhalten, in welche die Form des Arbeitsstückes, meistens Armaturen etc., eingearbeitet werden. Bei sehr komplizierten Teilen können die Backen auch ausgearbeitet und mit Weißmetall ausgegossen werden.

b) Werkzeugträger. Eines der am meisten verwendeten Futterwerkzeuge ist der Werkzeugträger, wie ihn Abb. 30 bei A zeigt.

Der Werkzeugträger nimmt in seiner mittleren Bohrung *a* eine Bohr- oder eine Führungsstange, in den oberen Bohrungen *b* die Drehstahlhalter auf. Diese oberen Bohrungen sind von der Arbeitsmitte verschieden weit entfernt, so daß fast jeder Durchmesser damit gedreht werden kann. Die Anzahl der Löcher richtet sich nach der Größe der Maschine und schwankt zwischen zwei und sechs. Bild A zeigt eine größere Ausführung, die gleichzeitig mit Schlitzen *c* für zwei Stirnmesser versehen ist. Mit diesen Messern können Stirnflächen, Naben, Aussparungen oder ähnliche Planarbeiten ausgeführt werden, so daß mit Hilfe dieses Werkzeuges sowohl Plan- als auch Langarbeiten vorgenommen werden können.

Es werden immer zwei derartige Werkzeuge, nämlich eines zum Schruppen und eines zum Schlichten, benutzt, aber nie ohne Führungsstange. Die Führungsstange ist eine starke, gehärtete und zylindrisch geschliffene Stange, die sich in einer Büchse führt. Die Büchse ist im Spindelkopf oder Futter genau laufend befestigt, verschiedentlich wird die Büchse auch aus Gußeisen oder Bronze hergestellt. Bild B würde eine derartige Anordnung zeigen; *a* ist die Führungsbüchse, *b* die

Führungsstange. In vielen Fällen wird diese auch durch die Bohrstange ersetzt werden können.

Die Stahlhalter, die in den oberen Bohrungen sitzen, werden nach C entweder mit schrägem oder mit geradem Kopf nach D ausgeführt; diese Form würde als Normaldrehstahlhalter zu bezeichnen sein. Für besondere Fälle, d. h. sobald diese Stahlhalter nicht ausreichen, können leicht neue angefertigt werden, die entweder einen längeren Kopf oder einen längeren Schaft erhalten, oder für größere oder kleinere Durchmesser eingerichtet sind, wie E und F zeigt.

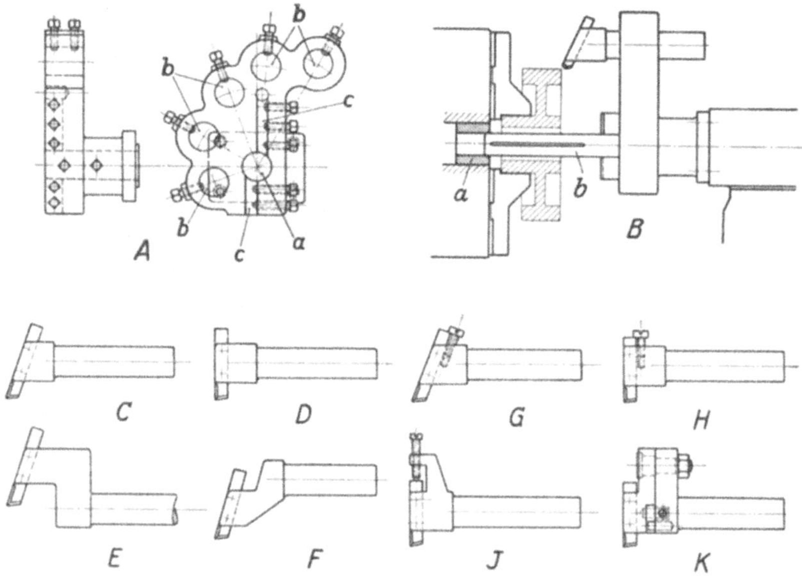

Abb. 30. Werkzeugträger.

Als Drehstähle werden gewöhnliche Vierkantstähle verwendet. Vorteilhaft ist es, wenn die Auflagefläche unter 5° geneigt ist. Die Befestigung erfolgt durch zwei Druckschrauben. Zur Feineinstellung können Stellschrauben nach G, H oder J vorgesehen werden, die aber nicht unbedingt nötig sind. Die Schnittwinkel dieser Stähle entsprechen denjenigen normaler Drehstähle, wie sie auch auf der Tabelle auf Abb. 35 angegeben sind.

Bei den einfachen Drehstahlhaltern macht sich beim Arbeiten ein Übelstand bemerkbar, nämlich das Nachschaben des Stahles beim Zurückziehen des Revolverkopfes nach erfolgtem Schnitt. Hierdurch entsteht ein Riß, bzw. wenn die Spindel noch läuft, eine spiralförmige Rille. Viele Firmen legen keinen Wert darauf, diese Rille zu vermeiden, sondern zeigen sie sogar gerne, da die betreffende Arbeit hierdurch gewissermaßen als Halbautomaten-Arbeit abgestempelt ist, was ja kein schlechtes Zeichen für die Herstellungsverfahren einer Fabrik ist. Soll aber dieser Übelstand vermieden werden, so muß ein abhebender Drehstahlhalter nach K verwendet werden. Bei diesem ist der Drehstahl in einem beweglichen Vorderteil aufgenommen und wird durch eine eingelegte Spiralfeder nach Beendigung des Schnittes vom Material abgehoben, so daß er dasselbe beim Zurückgehen nicht berühren kann. Die Höhe dieses Ausschlages richtet sich nach der Stärke des Spanes und kann durch eine Schraube eingestellt werden.

c) Messerköpfe. Fast demselben Zweck wie die oben besprochenen Werkzeugträger dienen die Messerköpfe nach Abb. 31. Sie werden

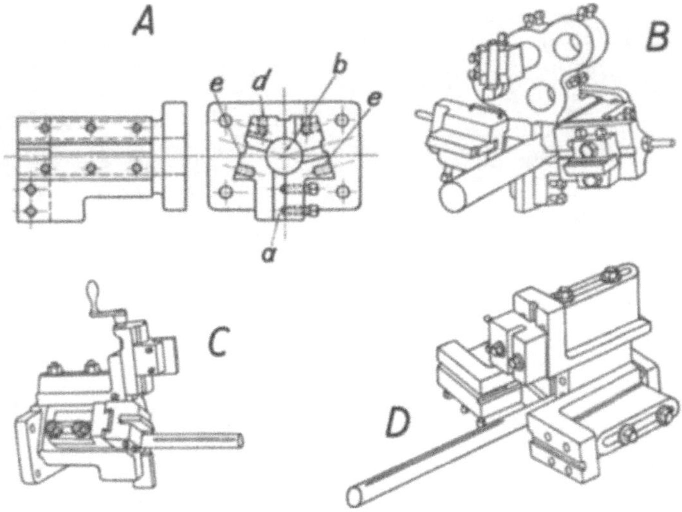

Abb. 31. Messerköpfe.

aber nur bei großen Maschinen benutzt, fallen daher auch immer entsprechend groß aus. Sie bestehen aus einem Körper A, in dessen unterem Schlitz *a* ein Messer befestigt werden kann, und dessen Bohrung *b* zur Aufnahme der Führungs- oder Bohrstange dient. Bei Ausführungsformen nach *c*, *d*, *e* werden verstellbare Messer oder Stahlhalter aufgesetzt. Die Ausführungen der einzelnen Firmen sind sehr verschieden, die Bilder B, C, D zeigen einige Abarten.

B, der Messerkopf der Fa. Warner & Swasey, hat seitlich zwei verstellbare Messer, oben einen Werkzeugträger; D, der Messerkopf der Fa. Heinemann hat drei Messerhalter; Form E der Fa. Alfred H. Schütte sieht ebenfalls drei Messer vor, von denen das obere durch Kurbel einstellbar ist.

d) Bohrstangen (Abb. 32). Die Bohrstangen sind ein altbekanntes Futterwerkzeug. Es werden Bohrstangen mit Führung und ohne Führung unterschieden nach A. Sie werden aus hartem Einsatzmaterial angefertigt und sind zum mindesten an der Führung gehärtet und geschliffen. Der Führungsteil läuft wieder in der bereits besprochenen Führungsbuchse, muß also geschliffen und mit Schmiernuten versehen sein.

Als Drehstähle werden einfache Rundstähle, Vierkantstähle oder Messer verwendet. Die Stähle werden gerade oder schräg eingesetzt nach B, die Messer ungeklinkt oder geklinkt nach C. Zum Schruppen werden zweckmäßig Stähle verwendet, da diese leicht nachzuschleifen

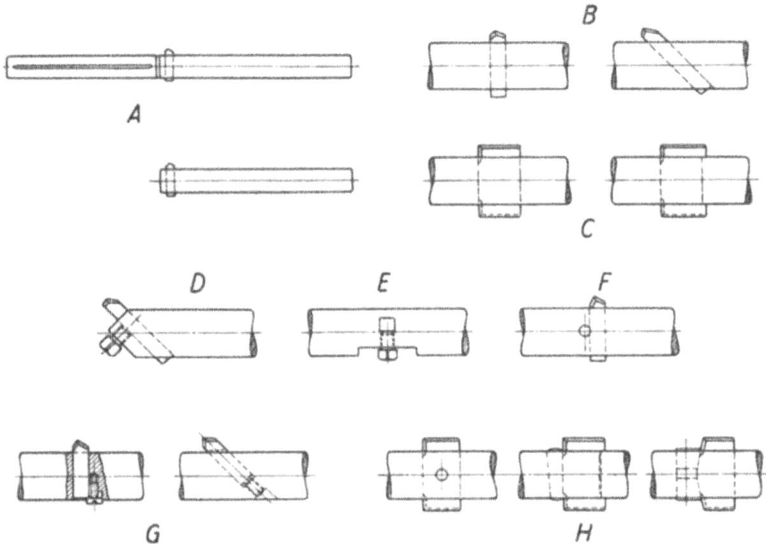

Abb. 32. Bohrstangen.

und nachzustellen sind. Zum Schlichten sind Messer vorteilhafter, da sie leichter auf genaue Durchmesser zu schleifen sind und bei den leichten Schlichtspänen länger genaues Maß halten.

Die Befestigung der Drehstähle erfolgt durch Druckschrauben, und zwar bei den Bohrstangen ohne Führung von vorne nach D, bei denen mit Führung von der Seite mit Kopf- oder Schlitzschrauben. Bei genügend starken Stangen kann eine Ausklinkung zur Aufnahme des Kopfes nach E vorgesehen werden. Eine sehr gute Befestigung wird durch einen konischen Stift erreicht, der eine Fläche erhält, wie F zeigt. Die Stähle können zur Feineinstellung auch Stellschrauben erhalten (nach G).

Die Befestigung der Bohrmesser kann durch konische Stifte, Keile oder Klemmstücke erfolgen (siehe H).

e) Einstechwerkzeuge. Zum Ausdrehen oder Freidrehen von Bohrungen oder zum Einstechen für Innengewinde und für ähnliche Arbeiten werden Einstechwerkzeuge, auch vielfach Ausbohrwerkzeuge genannt, verwendet, wie sie Abb. 33 zeigt. Bei kleineren Maschinen und verhältnismäßig leichten Schnitten werden dieselben zweckmäßig nach Bild A ausgeführt. Sie bestehen aus dem Vorderteil *a* und dem Halter *b*. Das Vorderteil ist um den Bolzen *c* drehbar angeordnet und wird durch eine eingelegte Spiralfeder gegen den Anschlag *d* gedrückt. Die Tiefe des Einstiches kann durch die Schraube *e* beliebig eingestellt werden.

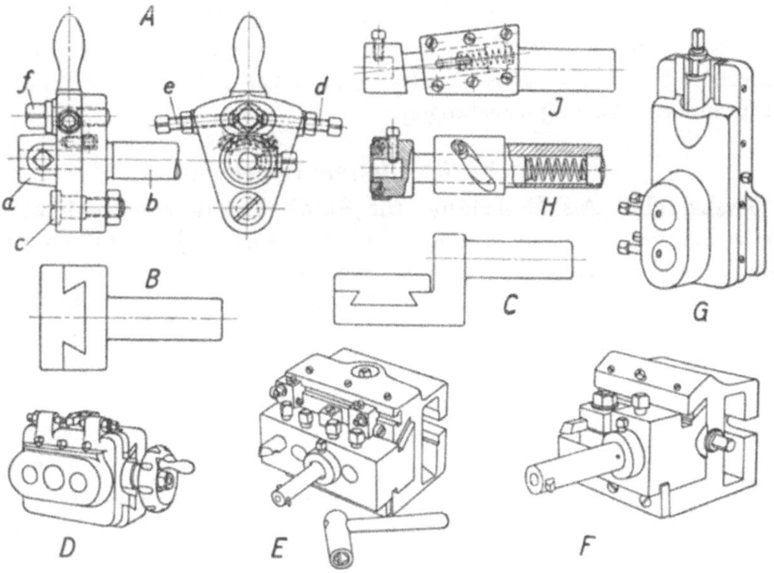

Abb. 33. Einstechwerkzeuge.

Soll das Werkzeug zum Ausdrehen einer Bohrung benutzt werden, so kann das Vorderteil durch die Klemmschraube *f* festgezogen werden, nachdem es bis zur Anschlagschraube und damit zur richtigen Spantiefe herübergedrückt ist. Ist nun die Länge der Aussparung erreicht, so wird die Schraube *f* gelöst, der Stahl springt zurück und das Werkzeug kann herausgezogen werden.

Bei größeren Maschinen und schwereren Schnitten kann mit dem kleinen Hebel nicht genügend Druck ausgeübt werden. Man verwendet dann Werkzeuge, bei denen der vordere Teil als Schlitten ausgebildet und nach B oder C angeordnet ist. Diese Schlitten können durch Spindel oder Zahnstange bewegt werden. Durch Anbringen mehrerer Löcher im Schlitten kann das Werkzeug zum Abdrehen von

Naben und kleinen Flächen eingerichtet werden. D, E, F und G zeigen einige Ausführungen verschiedener Firmen. D besitzt Spindel, E Zahnstangenbewegung. Beide haben mehrere Werkzeuglöcher, während F noch einen verstellbaren Stahlhalter hat. G zeigt ein großes Werkzeug, wie es bei schweren Maschinen verwendet wird. Die Spindel steht aufrecht, damit das nächste Werkzeug nicht behindert wird.

Bei H und J sind zwei Einstechwerkzeuge für Automaten dargestellt. Bei H ist der vordere Teil exzentrisch angeordnet. Der Kopf, der mit einem Kugellager ausgerüstet ist, stößt gegen das Arbeitsstück und dreht sich durch den Stift *a* in der Nute *b* exzentrisch, dadurch erfolgt der Einstich. Bei J sitzt der Stahlhalter in einer Schräge, beim Hereindrücken wird er um einige Millimeter aus seiner Mittellage entfernt. Der Kopf stößt ebenfalls gegen das Arbeitsstück oder wird durch einen Anschlag abgefangen.

E. Zugehörige Schneidwerkzeuge.

Drehstähle. Als Drehstähle für Stichelhäuser sowohl wie für die vorher beschriebenen verschiedenen Drehstahlhalter dienen gewöhnliche Vierkantstähle, die in normalen Abmessungen von etwa 6×6×30, 8×8×40, 10×10×50, 12×12×60, und 15×15×70, je nach Größe des Stichelhauses auf Lager gehalten werden können. Die Stähle der einfachen Stichelhäuser schneiden radial, d. h. ihre Schneidkanten stehen in Höhe der Achsmittenebene der Arbeitsstücke, wie Abb. 34 D andeutet. Bei größeren Stichelhäusern, und hier ja auch vornehmlich nur beim ersten Stahl, der wohl immer den schwersten Schnitt zu leisten hat, wendet man vielfach mit größtem Vorteil den unten abgeschrägten Stahl an, der unter E abgebildet ist. Durch diese untere Schräge wird eine bessere Lage des Stahles erreicht, er kann nicht so leicht herausgedrückt werden. Durch die weitere seitliche Schräge erhält der Stahl eine vorgearbeitete Schneidkante, die dann nur noch entsprechend nachgeschliffen werden braucht. Eine Weiterführung dieses Gedankens zeigt sich bei dem bekannten Jägerstahl, den Abb. 34

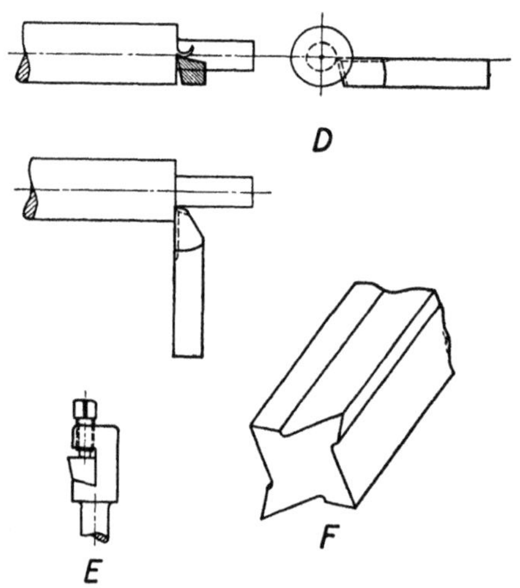

Abb. 34. Befestigungen und Radialstahl.

Bild F zeigt. Das Profil dieses Stahles ist derartig ausgebildet, daß jede der 4 Ecken als Schneide wirken kann und trotzdem eine feste Auflage vorhanden ist. Es ist also beim Stumpfwerden einer Ecke nur nötig, den Stahl zu lösen und die nächste Ecke anzusetzen.

Schneidwinkel. Wir kommen nun zu den Stahlschneiden. Diese werden dem zu verarbeitenden Material entsprechend geschliffen. Es läßt sich wohl hierfür keine besondere Form angeben, da in jedem Fall nicht nur die Zähigkeit des Werkstoffes, sondern auch die Güte des Drehstahles und die Verwendung einer geeigneten Kühlflüssigkeit u. a. von wesentlichem Einfluß sind. Es werden jedoch im allgemeinen die glei-

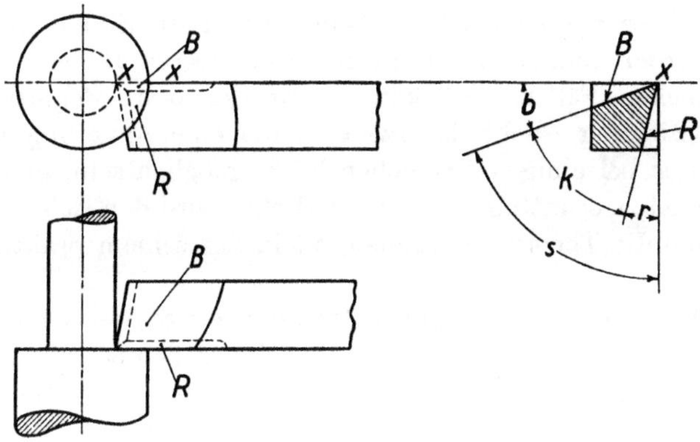

Material	r	b	k	s
S.M. weich — Schr. E	12	25	53	65
S.M. mittel — G. E.	10	15	65	75
S.M. hart — G.St.	8	10	72	80
Messing	12	5	73	85
Kupfer	15	30	45	60

Abb. 35. Stahlschneide und Winkel.

chen Schnittwinkel gelten können, die von bekannten Fachleuten in langen Versuchen als die vorteilhaftesten ermittelt wurden und in den verschiedenen Schriften, z. B. von Taylor, Schlesinger, Hippler, Simon u. a. angegeben werden. Es seien daher nur kurz einige der wichtigsten Bezeichnungen und Winkel genannt, die sich indiesem Fall naturgemäß nur auf die Stähle der Stichelhäuser und Drehstahlhalter beziehen.

Jeder Drehstahl wird entsprechend der oben stehenden Abb. 35 gebildet durch die Schneide $x \times x$, die Brust B, den Rücken R und die durch diese Flächen eingeschlossenen Winkel, für die dementsprechende Bezeichnungen gewählt wurden, und zwar: Brustwinkel b, Rückenwinkel r, Keilwinkel k und Schnittwinkel s. Die Werte dieser

Winkel schwanken ganz erheblich und sind bei den verschiedenen zur Verarbeitung kommenden Werkstoffen verschieden zu gestalten, wenn wirtschaftliche Zerspanung erzielt werden soll. Die Tabelle bei Abb. 35 gibt einige Werte an. Diese Angaben sind natürlich nur Mittelwerte und können nur einen Anhalt bieten, da, wie schon gesagt, die verschiedensten Momente in bezug auf Werkstoff, Stahleigenschaften, Kühlung und Maschine zu beachten sind. Schon die einfache Überlegung sagt dem Fachmann, daß der Brustwinkel und ebenso der Rückenwinkel um so größer sein müssen, je weicher das Material ist. Trotzdem wird dieser einfache Begriff in vielen Fällen von den Drehern nicht beachtet, und ein Gang durch die verschiedenen Drehereien, besonders nach Feierabend, wobei die Stähle in Ruhe betrachtet werden können, zeigt die interessantesten Bilder.

In manchen Fällen aber kann sogar der beste Schnittwinkel in anderer Beziehung Nachteile erzeugen, die eine Änderung verlangen. Doch wird es bei einigen Versuchen leicht möglich sein, den richtigen Schnittwinkel zu ermitteln. Ein guter Dreher wird den richtigen Winkel finden, ohne die Theorie zu kennen, allein aus seinem praktischen Gefühl heraus.

Hauptbedingung für ein gutes Arbeiten des Stahles ist immer eine scharfe Schneide. Diese soll nicht nur auf der großen Scheibe geschliffen, sondern auch mit dem Ölstein abgezogen werden. Die Hauptanforderungen, die an einen brauchbaren Drehstahl gestellt werden, sind folgende:

1. Der Stahl soll leicht schneiden, d. h. richtige Schnittwinkel haben, da durch zu schweres Schneiden, also stumpfe Winkel, unnötige Erwärmung und Wegdrücken erfolgt und durch zu scharfe Winkel Einhaken oder Saugen hervorgerufen wird.

2. Der Stahl soll lange Lebensdauer haben, d. h. richtige Härte besitzen und dadurch scharfe Schneiden behalten, ohne zu oft nachgeschliffen zu werden. Weiche Stähle werden zu schnell stumpf und verursachen schweres Schneiden und dadurch übermäßige Erwärmung und unsauberen Schnitt.

3. Der Stahl soll sauber schneiden, d. h. richtige Stellung und Stärke haben. Falsche Stellung oder zu schwache Stähle erzeugen unsaubere Flächen, d. h. sie rattern oder reißen.

Tangentialstähle. Während die bis jetzt betrachteten Schneidstähle der Stichelhäuser alle in radialer Richtung zur Arbeitsmitte angestellt wurden, wird nachfolgend der in letzter Zeit mit bestem Erfolg sehr viel verwendete „Tangentialstahl" behandelt. Der Stahl schneidet, wie Abb. 36 bei A zeigt, mit seiner Stirnseite, und dadurch wird der Hauptdruck in seiner Längsachse aufgenommen. Das Bild D zeigt die günstigste Aufnahme des Druckes, *s* den Schnittdruck, *v* den

Vorschubdruck und p zeigt die Resultierende, also den Gesamtdruck, der fast in die Stahlrichtung fällt. Hieraus ist ohne weiteres zu ersehen, daß dieser Stahl bedeutend größere Späne abnehmen kann als ein gewöhnlicher Stahl der gleichen Stärke, ohne daß sich das lästige Zittern einstellen wird. Die Schnittwinkel würden ebenfalls der Tafel von Abb. 35 entnommen werden können, bzw. können als Mittelwerte beim Tangentialstahl für den Brustwinkel 24°, für den Keilwinkel 54° und für den Rückenwinkel 12° angenommen werden, da ja die Schneide fast immer für Bearbeitung von Schraubeneisen oder S.-M.-Stahl in Frage kommt. Bei stärkeren Stählen kann die Stahlbrust auch hohl geschliffen werden, so daß beide Seiten des Stahles benutzt werden können. Die hintere Kante muß dann natürlich frei geschliffen werden, damit sie nicht drückt.

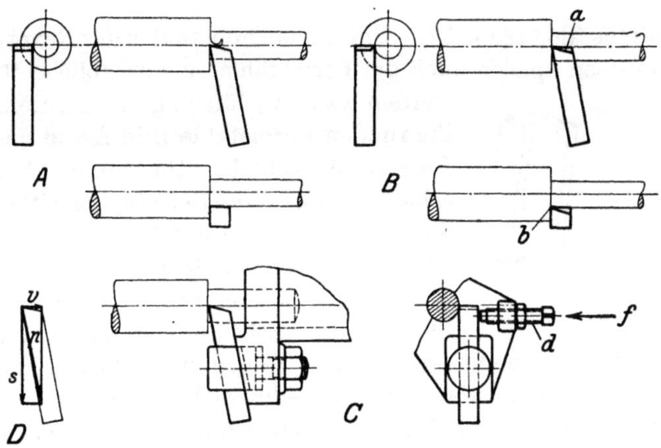

Abb. 36. Tangentialstähle.

Eine Verbesserung des einfachen Stahles wird erreicht, wenn derselbe auch an seiner zweiten, dem Arbeitsstück anliegenden Seite schneidet, d. h. mehr schabt. Zu dem Zwecke muß die Kante *a* nach Bild B stehen bleiben. Diese Kante schlichtet den Bolzen gleichzeitig mit der eigentlichen Schneide *b* und erzeugt so, besonders bei Zuhilfenahme der Rollenlünetten, einen äußerst sauberen und genaues Maß haltenden Bolzen. Durch die entstandene Kante wird noch nebenher ein gutes Abfließen und Rollen der Späne erzielt, so daß diese nicht so leicht das Stichelhaus verstopfen können.

Die Befestigung der Tangentialstähle muß naturgemäß von der Stirnseite des Stichelhauses erfolgen. Dadurch erhält dieses ein ganz anderes Aussehen, als die zuerst geschilderten. Der Stahl wird entweder durch einen Halter wie bei C gegen die Stirnwand gezogen, oder er wird durch einen besonderen Schlitten oder schwingenden Halter befestigt, wie die späteren Bilder deutlich zeigen. Das Anstellen des Tangentialstahles auf den zu drehenden Durchmesser sowie das Abstützen des Stahles erfolgt durch die seitliche Stellschraube *d*.

Es gibt heute noch Betriebe, in denen der Tangentialstahl gänzlich unbekannt ist, und wenn dann ein solches Werkzeug angeschafft wird, so heißt es einfach „unbrauchbar", da sich niemand erklären kann, wie dieser Stahl schneiden soll. Ich habe oft beobachtet, daß mit vieler Mühe der Stahl zum Radialstahl zurechtgeschliffen wird. Das ist aber falsch, denn es ist sofort zu erkennen, daß die zum Abstützen des Stahles vorgesehene Schraube *c* ihren Zweck nicht erfüllen kann und der Stahl nicht abgestützt ist. Er wird unweigerlich abgedrückt, da sich beim Arbeiten in dieser Weise eine ganz andere Druckrichtung ergibt, und der Stahl gar nicht fest genug angezogen werden kann.

Formdrehstähle (Abb. 37). Unter den Drehstählen der Revolverbänke und Automaten spielen auch die Formstähle eine erhebliche Rolle. Es werden zwei Ausführungsarten unterschieden, die runden Formstähle Bild A und die geraden Formstähle Bild B. Die runden Formstähle erhalten zur sicheren Befestigung seitlich Zähne; die flachen werden mit Prismen versehen und eingeklemmt oder aufgelegt und angeschraubt. Beide Arten werden nur an der ebenen Brustfläche nachgeschliffen; dadurch ändern sie ihre Schneidenform nicht und erzeugen immer die richtigen Profile. Sie lassen sich nach dem Nachschleifen sehr leicht einstellen, die runden durch Drehen um ihren Bolzen, die flachen durch Nachschieben in ihrer Führung.

A B

Abb. 37. Formstähle.

Eine weitere Besprechung dieser Stähle soll hier nicht vorgenommen werden, da das zu weit führen würde. Die Profile richten sich nach dem Arbeitsstück und kommen demnach in unzähligen Abarten zur Ausführung. Bei der Herstellung ist auf die Profilverzerrung Rücksicht zu nehmen und ebenso auf die Eigenart der Maschine, auf der der Stahl benutzt werden soll. Die später folgenden Arbeitsbeispiele zeigen einige Formstähle verschiedener Ausführung.

F. Normalwerkzeugsätze.

In den nächsten Bildern sind einige Normalwerkzeugsätze verschiedener Firmen aufgeführt, welche alle die Werkzeuge, die im vorhergehenden in einzelnen Bildern besprochen und erklärt worden sind, enthalten. Jedes der Bilder zeigt die Werkzeuge eines anderen Revolverkopfsystems.

1. Normalwerkzeugsatz für Wagerecht-Revolverkopf.

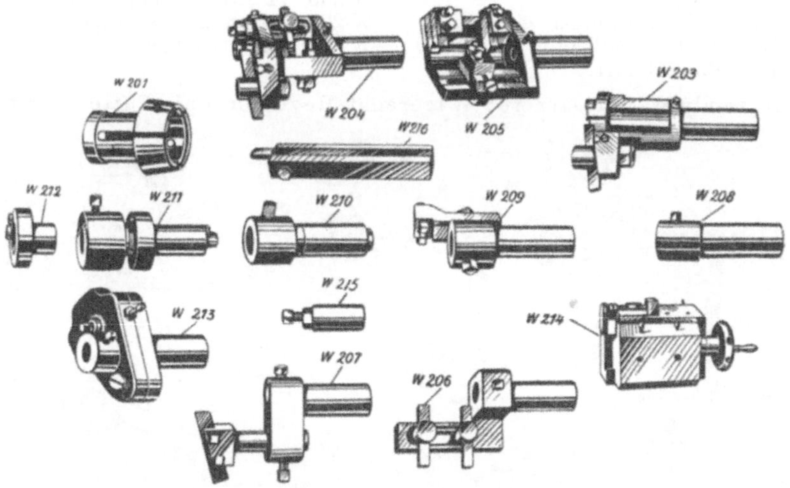

Abb. 38. Normalwerkzeuge für senkrecht gelagerte Revolverköpfe.

W 203: Einfaches Stichelhaus mit fester Gegenführung.
W 204: Universalstichelhaus mit Rollengegenführung.
W 205: Schlichtstichelhaus mit fester Gegenführung.
W 206: Drehstahlhalter mit 2 verstellbaren Stählen.
W 207: Drehstahlhalter mit verstellbarem Stahlhalter.
W 208: Bohrerhalter.
W 209: Bohrerhalter mit Drehstahlhalter.
W 210: Reibahlenhalter.
W 211: Gewindebohrerhalter.
W 212: Schneideisen - Vorderteil (zu W 211).
W 213: Hinterstechwerkzeug.
W 214: Universal-Plandreh- und Hinterstechwerkzeug.
W 201: Spannpatronenkörper für Einsatzbacken.

Fabrikanten dieses Satzes sind Schuchardt & Schütte.

2. Normalwerkzeugsatz für Wagerecht-Revolverkopf, Stangenarbeiten.

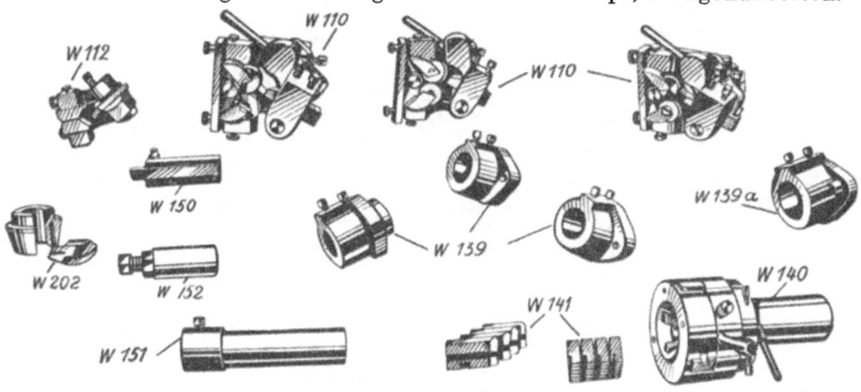

Abb. 39. Stangenwerkzeuge für Revolverbänke.

W 110: Universaldrehwerkzeug mit Rollengegenführung.
W 112: Zentrier- und Abrundewerkzeug.
W 140: Selbstöffnender Gewindeschneidkopf bis $1^1/_4''$.
W 141: Schneidbacken.

W 139: Werkzeughalter zum Gewindeschneidkopf.
W 139a: Werkzeughalter, einfach.
W 150: Abstechstahlhalter mit Stahl.
W 151: Bohrerhalter.
W 152: Materialanschlag.
W 200: Massive Spannpatrone.
W 201: Spannpatronenkörper.
W 202: Einsatzbacken.

3. Normalwerkzeugsatz für Wagerecht-Revolverkopf, Futterarbeiten.

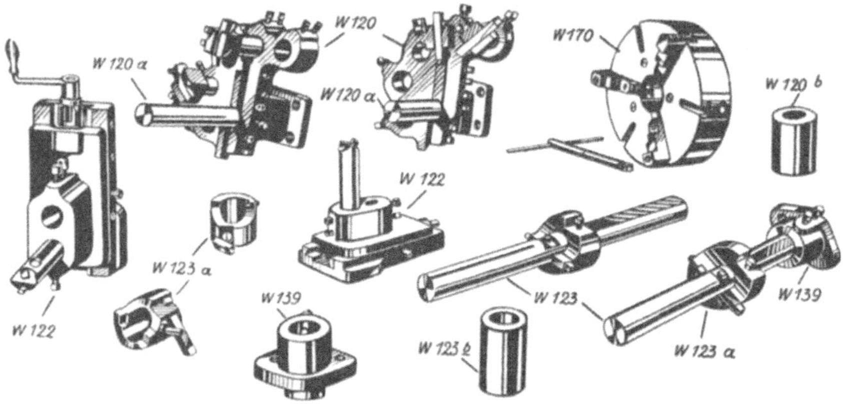

Abb. 40. Futterwerkzeuge für Revolverbänke.

W 170: Dreibackenfutter.
W 120: Universaldrehstahlhalter mit 2 geraden und 2 schrägen Stahlhaltern.
W 120a: Führungsstange.
W 120b: Führungsbuchse.
W 123: Bohrstange mit Stahl.
W 123a: Stahlhalter mit Stahl.
W 123b: Führungsbuchse für Spindel.
W 139: Werkzeughalter, einfach.
W122: Ausbohr- u. Hinterstechwerkzeug.

4. Normalwerkzeugsatz für schwere Revolverbank.

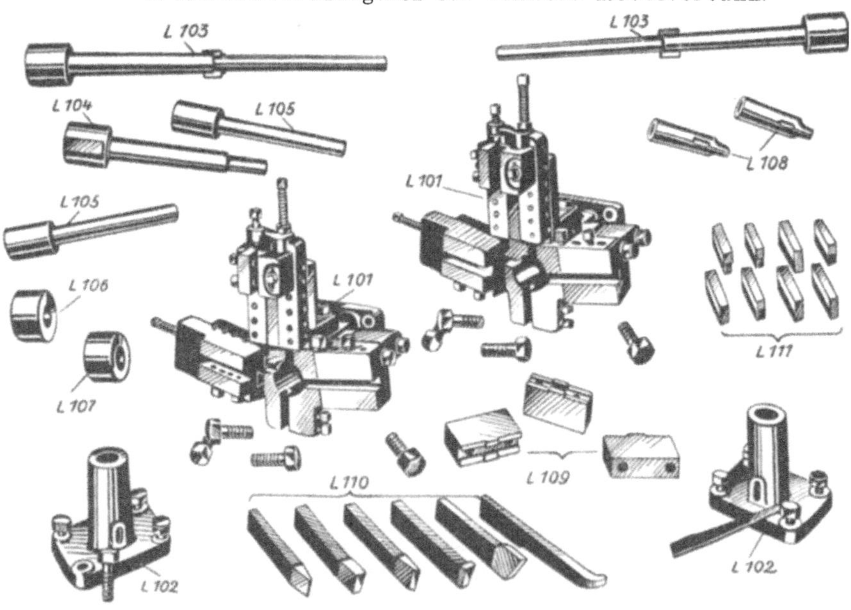

Abb. 41. Futterwerkzeuge für schwere Revolverbänke.

L 101: Universal-Messerköpfe.
L 102: Bohrerhalter.
L 103: Bohrstangen mit 2 Messern.
L 104: Reibahlenhalter, pendelnd.
L 105: Führungsdorne für Messerköpfe.
L 106: Bohrstangen-Führungsbüchse.
L 107: Messerkopf-Führungsbuchse.
L 108: Konische Einsätze mit Außenmorsekonus.
L 109: Weiche Futterbacken.
L 110: Drehstähle.
L 111: Messer für Messerköpfe.

5. Normalwerkzeugsatz für Tischrevolverkopf, Stangenarbeiten.

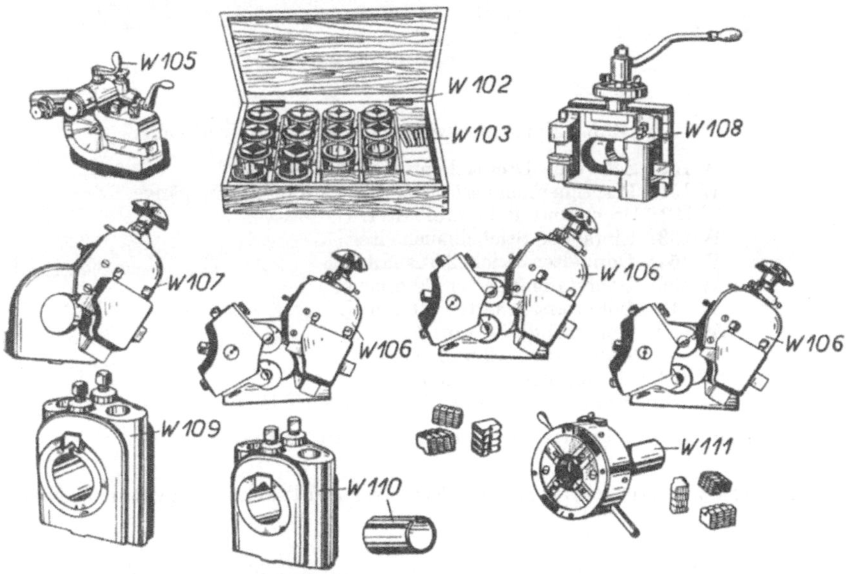

Abb. 42. Stangenwerkzeuge für Tischrevolverbänke.
W 102: Spannbacken für Rund-, Vier- und Sechskantmaterial.
W 103: Backenspreizer für Sechskantmaterial.
W 105: Abschrägwerkzeug mit Materialanschlag.
W 106: Universaldrehwerkzeuge mit Rollengegenführung.
W 107: Offenes Drehwerkzeug.
W 108: Form- und Abstechwerkzeug.
W 109: Bohrstangenhalter 80 mm Bohrung.
W 110: Bohrstangenhalter 50 mm Bohrung.
W 111: Gewindeschneidkopf, selbstöffn. mit Backen.

6. Normalwerkzeugsatz für Tischrevolver, Futterarbeiten.

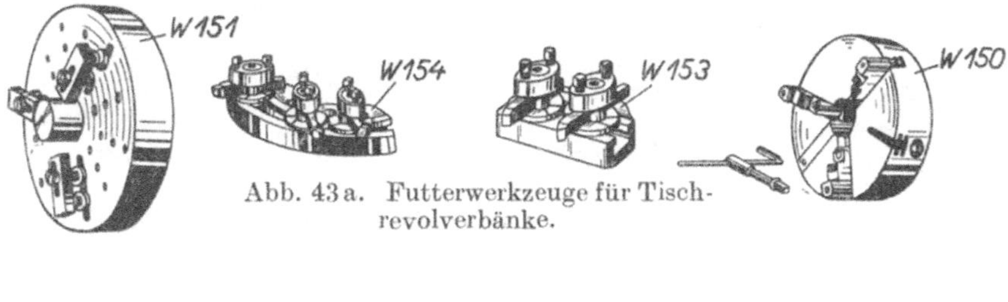

Abb. 43a. Futterwerkzeuge für Tischrevolverbänke.

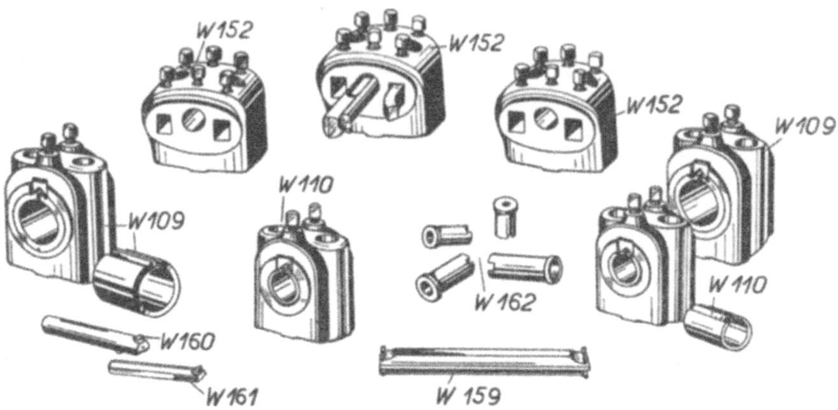

Abb. 43b. Futterwerkzeuge für Tischrevolverbänke.

W 150: Schweres Dreibackenfutter 325 mm ϕ.
W 151: Planscheibenausrüstung für zw eite Arbeitsgänge.
W 152: Dreh- und Bohrstahlhalter.
W 153: Einfacher Stichelhausha lter.
W 154: Doppelter Stichelhaushalter.
W 109: Bohrstangenhalter 80 mm ϕ.
W 110: Bohrstangenhalter 50 mm ϕ.
W 159: Bohrstange 80 mm ϕ.
W 160: Bohrstange 40 mm ϕ.
W 161: Bohrstange 30 mm ϕ.
W 162: Konushülsen, mit Morsekonus Nr. 1, 2, 3 und 4.

Fabrikant dieser beiden Sätze: F. A. Scheu. Berlin.

7. Normalwerkzeugsatz für Senkrecht-Revolverkopf, System Hasse.

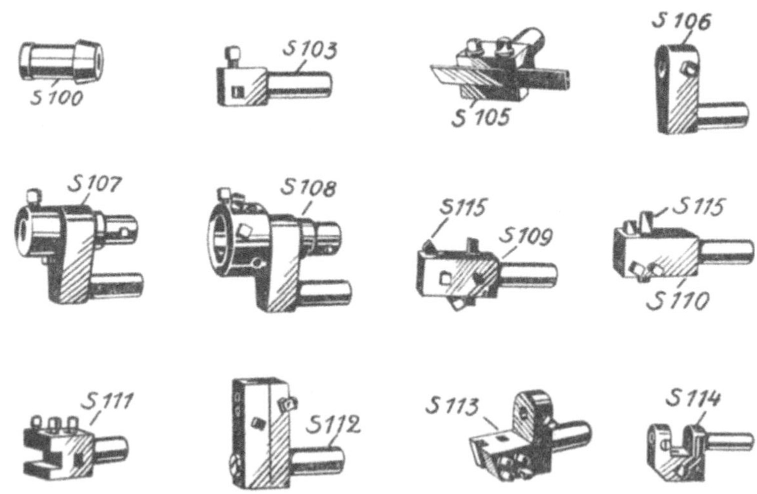

Abb. 44. Normalwerkzeuge für wagrecht gelagerte Revolverköpfe.

S 103: Werkzeughalter mit 1 geraden Loch.
S 104: Werkzeughalter mit 1 schrägen Loch.
S 109: Werkzeughalter mit 1 geraden und 1 schrägen Loch.
S 110: Werkzeughalter mit 2 geraden Löchern.
S 111: Werkzeughalter mit 2 geraden Löchern und 1 Längsloch.
S 105: Abstechstahlhalter mit Stahl.
S 106: Bohrerhalter.
S 107: Gewindebohrerhalter.
S 108: Schneideisenhalter.
S 112: Einstechwerkzeug.
S 113: Werkzeughalter mit 2 schrägen Löchern und 1 Rundloch.
S 114: Werkzeughalter mit Materialführung.
S 100: Massive Spannpatrone für Rundmaterial.

Fabrikant: Schuchardt & Schütte, A.-G., Berlin.

8. Normalwerkzeugsatz für Trommelrevolver, System Pittler.

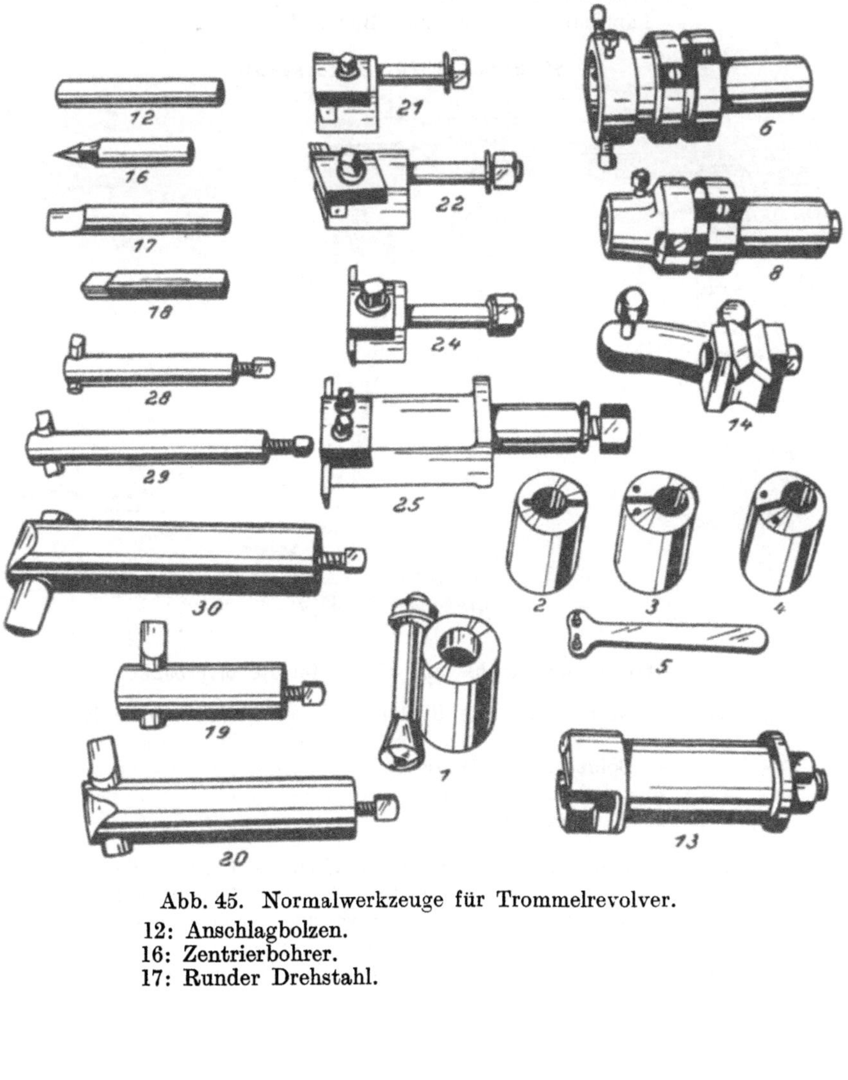

Abb. 45. Normalwerkzeuge für Trommelrevolver.

12: Anschlagbolzen.
16: Zentrierbohrer.
17: Runder Drehstahl.

18: Vierkantdrehstahl.
28: Kurze Bohrstange.
29: Lange Bohrstange.
30: Lange, besonders starke Bohrstange.
19: Stahlhalter für runde Drehstähle (gerade.)
20: Stahlhalter für runde Drehstähle (schräg).
21: Stahlhalter für Vierkantstähle (gerade).
22: Stahlhalter für Vierkantstähle (schräg).
24: Kurzer Abstechstahlhalter.
25: Langer Abstechstahlhalter.
6: Schneideisenhalter.
8: Gewindebohrerhalter.
14: Gegenführungen.
2: Zentrisch gebohrte Spannhülsen.
3: Exzentrisch gebohrte Spannhülsen.
4: Schräg gebohrte Spannhülse.
5: Spannhülsenschlüssel.

Fabrikant: Gildemeister, Bielefeld.

9. Stahlhalter für Jägerstähle.

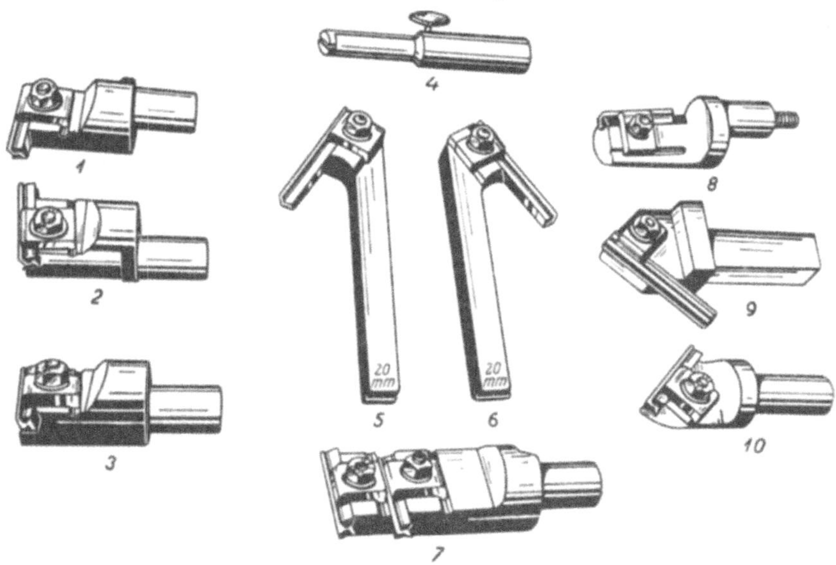

Abb. 46. Jägerstähle und Halter für Revolverbänke.

1, 2, 3: Normale Drehstahlhalter für wagerechtgelagerten Revolverkopf.
4: Bohrstahl mit Halter.
5, 6: Querschlittenhalter.
7, 8, 9, 10: Spezialstahlhalter.

Die nächsten Bilder zeigen einige Arbeitspläne oder Arbeitsbeispiele, bei welchen die Werkzeuge im Gebrauch, ihre Verteilung und Anstellung zum Schnitt gezeigt werden. Jedes der Bilder gibt die Werkzeuge für eine andere Revolverkopfart an. Es ist genau auf die verschiedenen Ausführungen zu achten, da nichts doppelt vorkommt und fast jedes Bild eine besondere Methode zeigt.

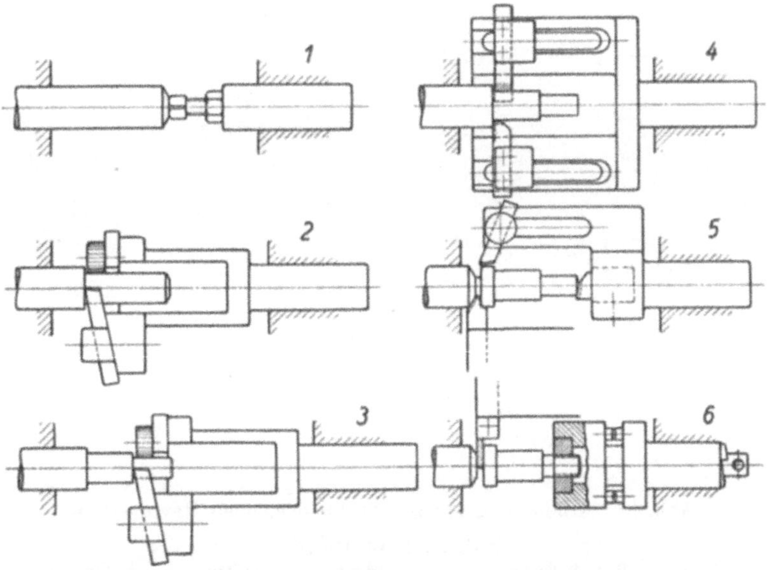

Abb. 47. Arbeitsplan für senkrecht gelagerten Revolverkopf.
Bolzen.
1. Anschlag. — 2. 1 Ansatz schruppen. — 3. 2 Ansatz schruppen. — 4. 2 Ansatz. schlichten. — 5. Bund überdrehen, Einstechen. — 6. Gewindeschneiden, Abstechen

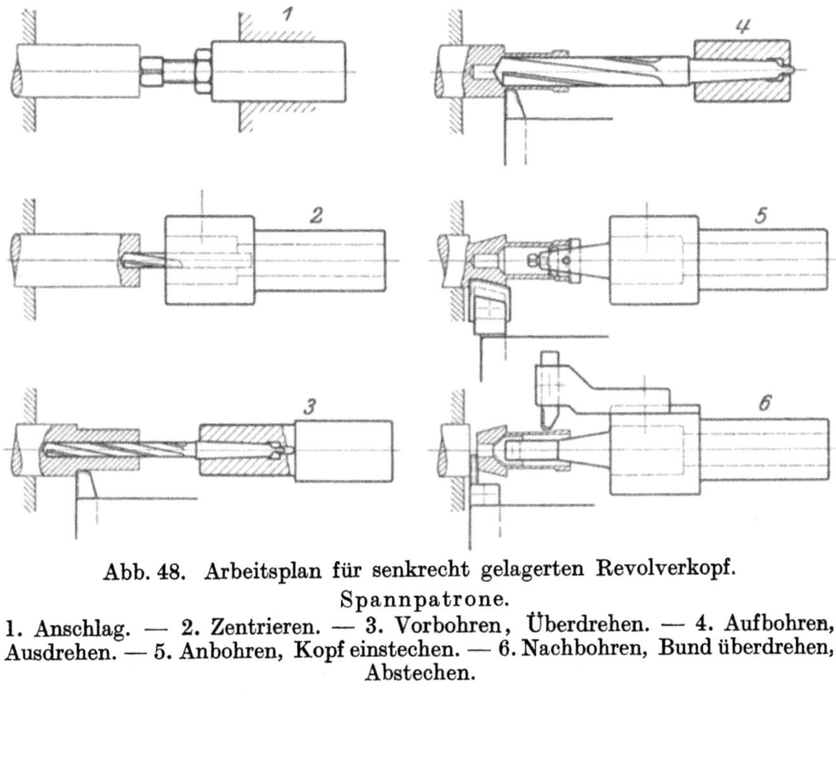

Abb. 48. Arbeitsplan für senkrecht gelagerten Revolverkopf.
Spannpatrone.
1. Anschlag. — 2. Zentrieren. — 3. Vorbohren, Überdrehen. — 4. Aufbohren, Ausdrehen. — 5. Anbohren, Kopf einstechen. — 6. Nachbohren, Bund überdrehen, Abstechen.

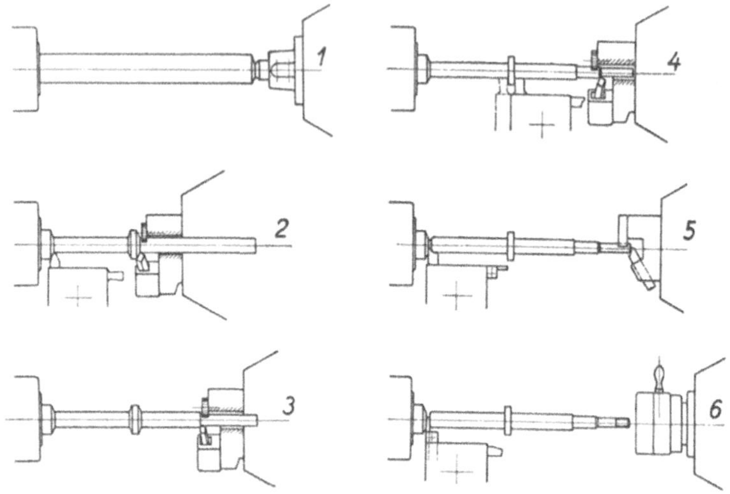

Abb. 49. Arbeitsplan für senkrecht gelagerten Revolverkopf.

Bolzen mit Bund.

1. Anschlag. — 2. Schruppen. — 3. Ausdrehen, Schruppen. — 4. Gewindeansatz drehen, Bund gerade drehen. — 5. Abrunden, Anstechen. — 6. Gewinde schneiden, Abstechen.

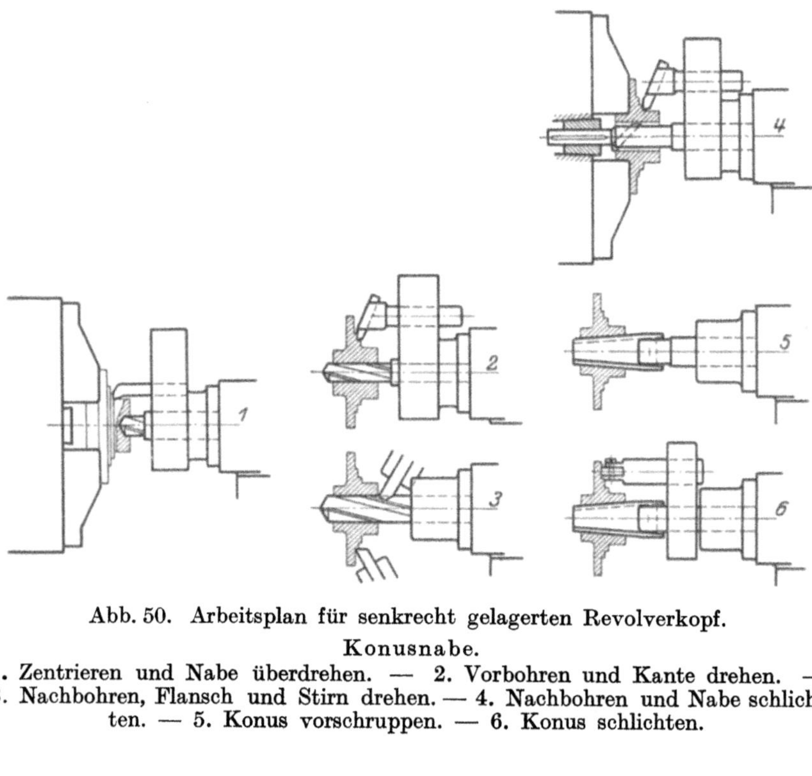

Abb. 50. Arbeitsplan für senkrecht gelagerten Revolverkopf.

Konusnabe.

1. Zentrieren und Nabe überdrehen. — 2. Vorbohren und Kante drehen. — 3. Nachbohren, Flansch und Stirn drehen. — 4. Nachbohren und Nabe schlichten. — 5. Konus vorschruppen. — 6. Konus schlichten.

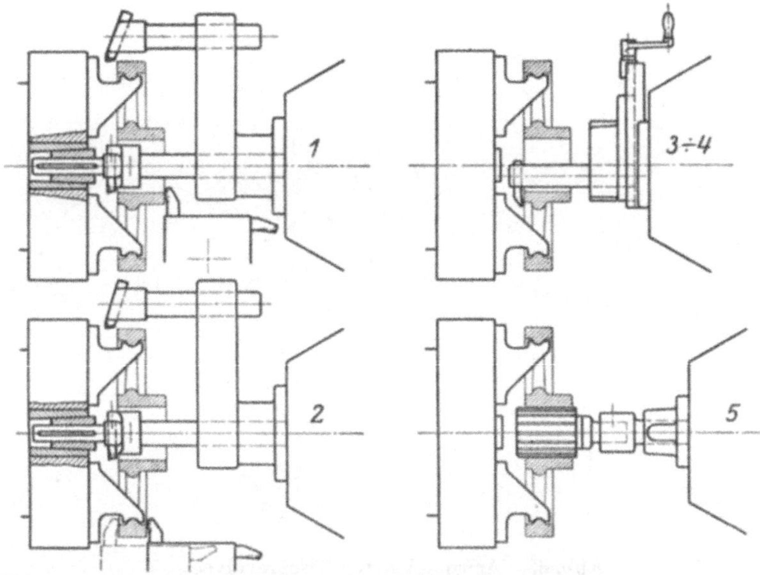

Abb. 51. Arbeitsplan für senkrecht gelagerten Revolverkopf — Futterarbeit. Zahnrad. 1. Loch vorbohren, außen überdrehen, Nabenstirn drehen. — 2. Desgl. schlichten, Kranzseiten drehen. — 3. Hintere Nabenstirn drehen. — 4. Hintere Nabenstirn schlichten. — 5. Loch reiben.

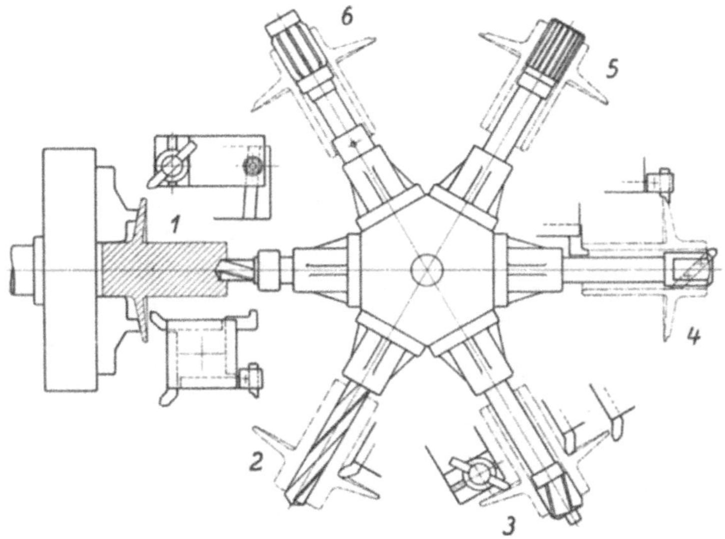

Abb. 52. Arbeitsplan für senkrecht gelagerten Revolverkopf (Sternrevolver) — Futterarbeit.

Fahrzeugnabe. 1. Zentrieren und Flansch schruppen. — 2. Bohren und Nabe drehen. — 3. Aufsenken und Nabe schlichten, Flansch konisch drehen, Flansch außen überdrehen. — 4. Loch ausdrehen, Kante am Flansch drehen. — 5. Loch vorreiben. — 6. Loch nachreiben.

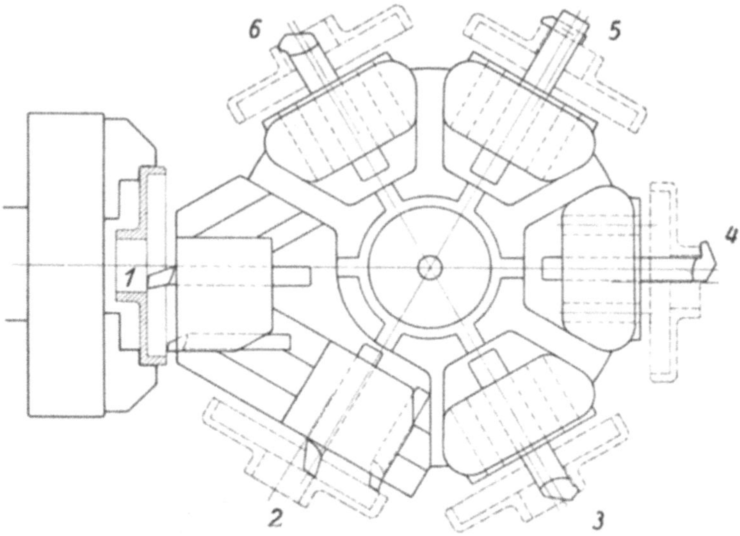

Abb. 53. Arbeitsplan für Tischrevolver.

Deckel. 1. Drehen des Bodens, der Kante und der Stirnfläche. — 2. Dasselbe schlichten. — 3. Loch vorbohren. — 4. Loch nachbohren. — 5. Hintere Stirnfläche drehen. — 6: Loch schlichten.

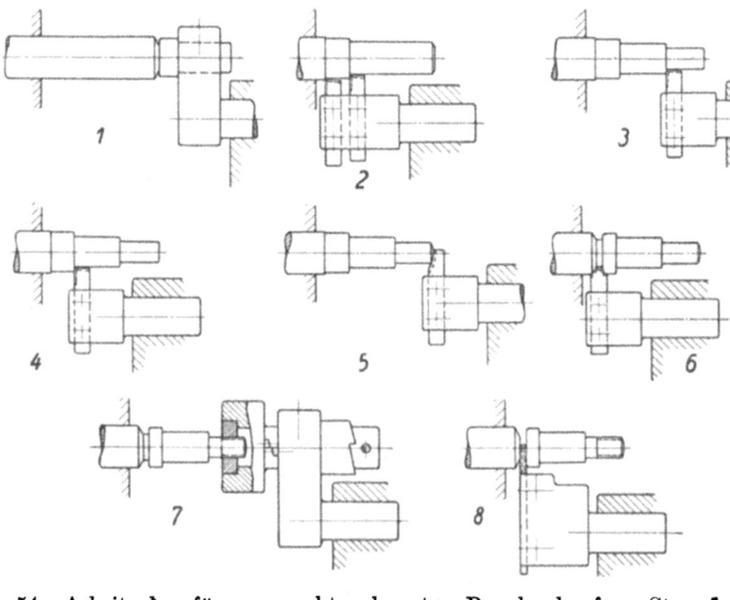

Abb. 54. Arbeitsplan für wagerecht gelagerten Revolverkopf — Stangenarbeit.

Bolzen. Diese Abbildung zeigt denselben Bolzen, der auf Abb. 47 auf einem senkrecht gelagerten Kopf bearbeitet wurde. — 1. Anschlag. — 2. 1. Ansatz und Bund drehen. — 3. Gewindezapfen drehen. — 4. Ansatz schlichten. — 5. Abrunden. — 6. Einstechen. — 7. Gewindeschneiden. — 8. Abstechen.

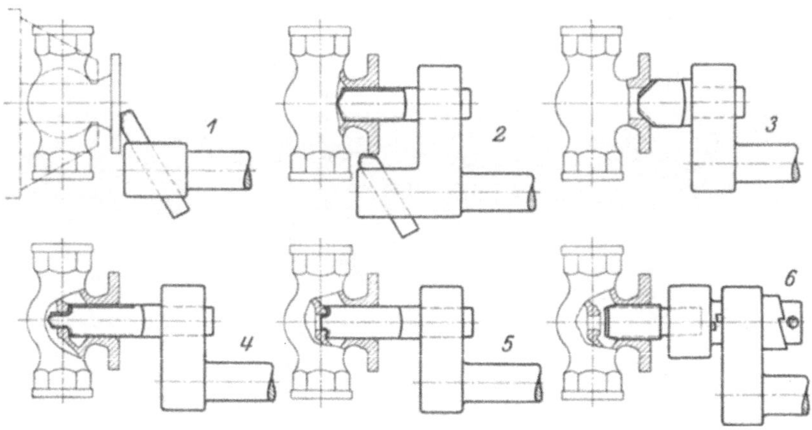

Abb. 55. Arbeitsplan für wagerecht gelagerten Revolverkopf — Futterarbeit.
Wasserhahn.
1. Flansch drehen. — 2. Loch bohren, Flansch überdrehen. — 3. Loch aussenken. 4. Ventilsitz bohren und abflächen. — 5. Ventilsitz ansenken. — 6. Gewinde schneiden.

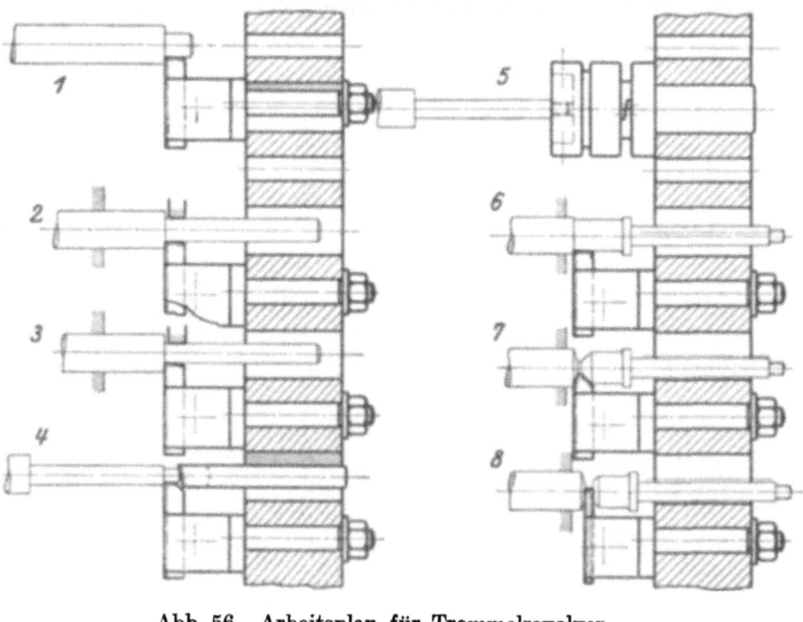

Abb. 56. Arbeitsplan für Trommelrevolver.
Halsschraube.
1. Andrehen. — 2. Weiterdrehen mit Lünette. — 3. Schlichten mit Lünette. — 4. Gewindezapfen und Kuppe drehen. — 5. Gewindeschneiden. — 6. Kopf drehen. — 7. Einstechen. — 8. Abstechen.

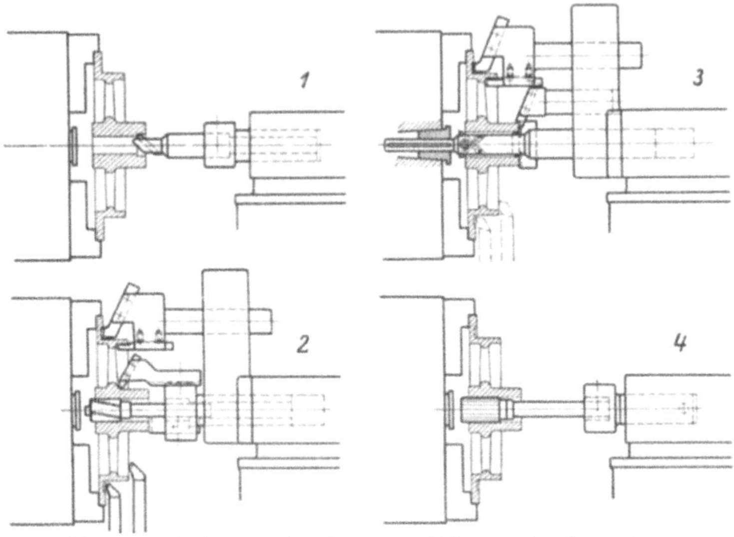

Abb. 57. Arbeitsplan für Potter & Johnston Halbautomat.
Rohhautradkörper. 1. Loch anbohren. — 2. Loch aussenken, Nabe drehen, außen drehen und einstechen, Flansch vom Querschlitten und Nabenstirn drehen. — 3. Dasselbe schlichten, Bohrung mit Kreuzstählen. — 4. Reiben.

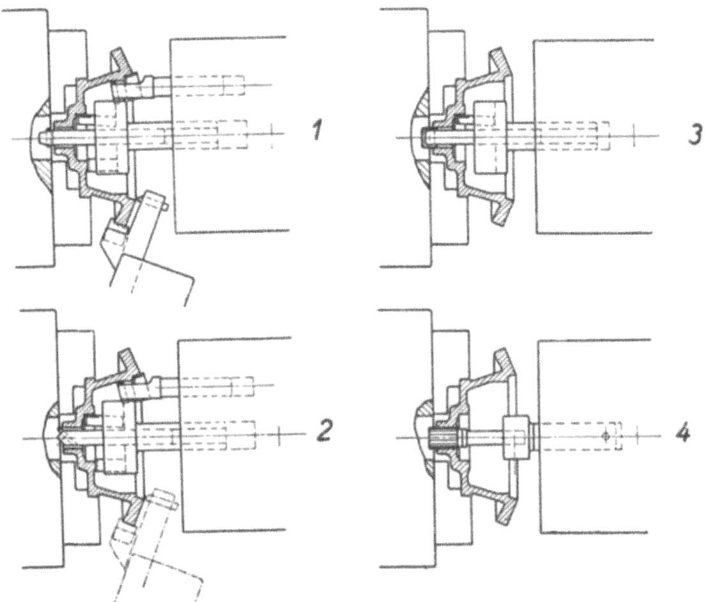

Abb. 58. Arbeitsplan für Monforts Halbautomat.
Kegelrad mit Kugellagersitz. 1. Vorbohren und innen drehen, schruppen vom Querschlitten. — 2. Dasselbe schlichten. — 3. Bohrung und Kugellagersitz schlichten. — 4. Reiben.

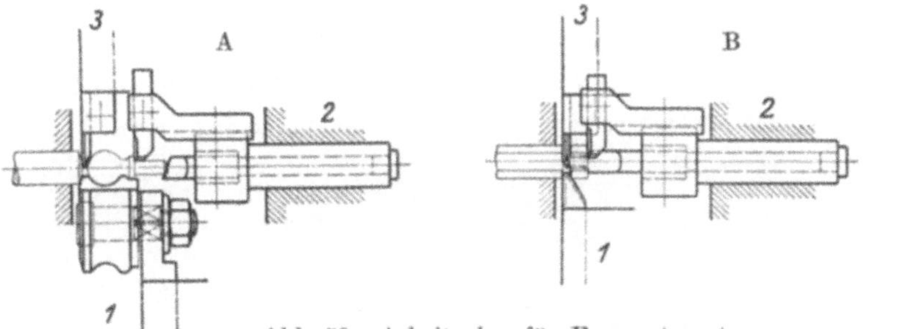

Abb. 59. Arbeitsplan für Formautomat.

A. Knopf. Formautomaten arbeiten nur mit 3 Schlitten. — 1. Einstechen. — 2. Drehen und Spitze abrunden. — 3. Abstechen.
B. Mutter. 1. Einstechen. — 2. Bohren und Stirnfläche drehen. — 3. Abstechen.

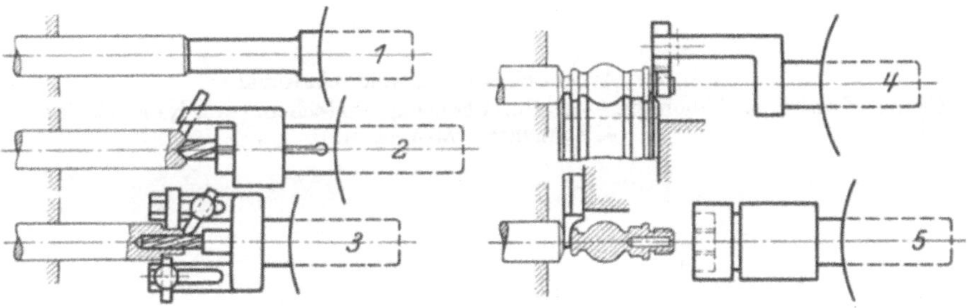

Abb. 60. Arbeitsplan für Einspindelautomat.
Bearbeitung eines Gashahnes. 1. Anschlag. — 2. Zentrieren, Kante brechen. — 3. Bohren und überdrehen. — 4. Einstechen und abstützen vom Revolver. — 5. Gewinde schneiden und abstechen.

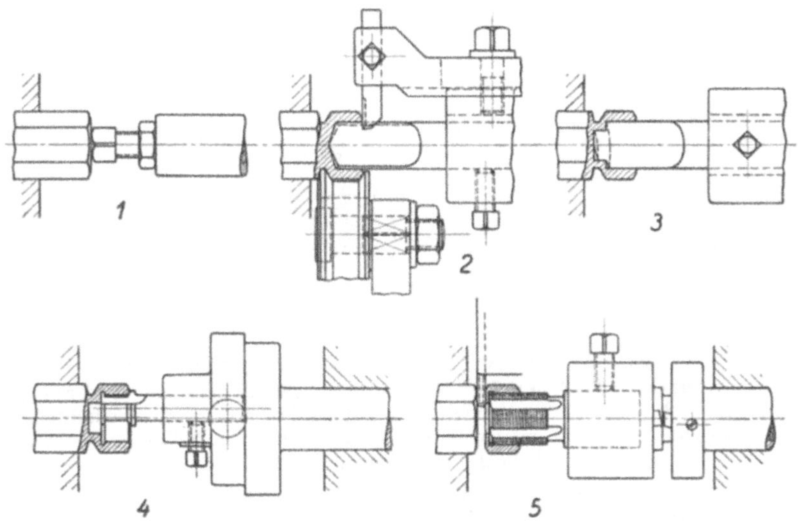

Abb. 61. Arbeitsplan für Clevland-Automat.
Überwurfmutter. 1. Anschlag. — 2. Einstechen, bohren und stirnen. — 3. Nachbohren. — 4. Einstechen. — 5. Gewindeschneiden, abstechen.

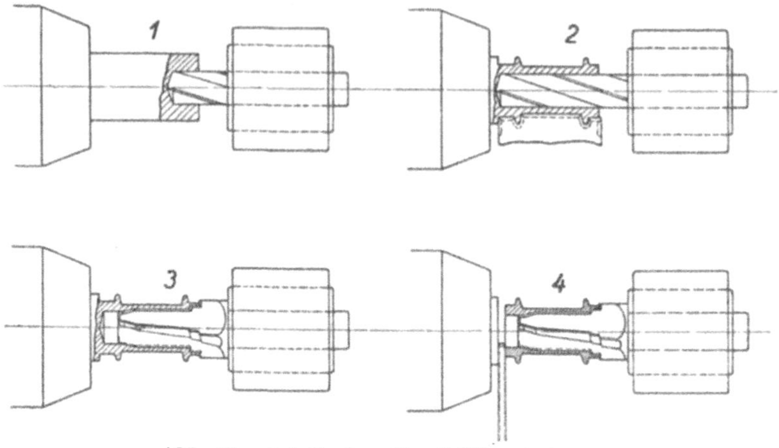

Abb. 62. Arbeitsplan für Gridley-Automat.
Fahrradnabe. 1. Anbohren. — 2. Durchbohren, einstechen. — 3. Nachbohren. — 4. Schlichten, abstechen.

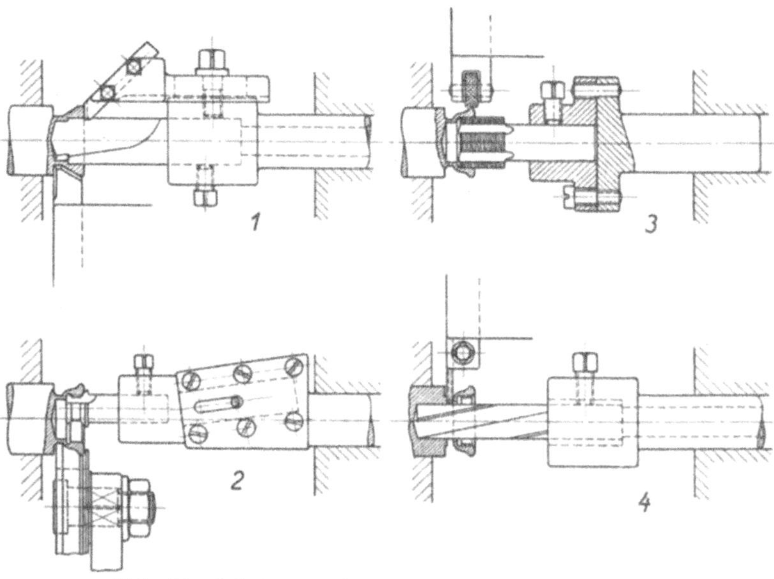

Abb. 63. Arbeitsplan für Acme-Vierspindelautomat.
Glockenmutter. 1. Nachbohren und stirnen, einstechen vom vorderen Querschlitten. — 2: Bohrung einstechen und Kante brechen, Form schlichten vom 1. Vertikalschlitten. — 3. Gewinde schneiden, kordieren vom 2. Vertikalschlitten. — 4. Loch vorbohren und abstechen.

Damit der Revolverdreher oder Einrichter bei Vornahme seiner Arbeit die zum Einrichten der Maschine nötigen Angaben besitzt, ist es zweckmäßig, wenn ihm vom Arbeitsbureau ein Einstellungsplan geliefert wird. Dieser muß die nötigen Angaben über Arbeitsstück, Werkzeuge, Maschine und Arbeitszeit enthalten.

Schleifen und Schleifscheiben.

Von Direktor Dr.-Ing. e. h. **J. Reindl,** Berlin.

A. Anwendungsgebiet des Schleifens.

Wenn früher in der Werkstatt das Schleifen in der Hauptsache als Behelf für die Bearbeitung harter Teile angewendet wurde, so ist es heute eine der wichtigsten Arten der Spanabnahme geworden. Dies war nur dadurch möglich, daß der früher übliche natürliche Sandstein durch die künstliche Schleifscheibe ersetzt wurde und die Schleifmaschine eine weitgehende Entwicklung fand. Die erzielbare hohe Genauigkeit des Maßes und der Form, die Güte und Sauberkeit der Oberflächenbeschaffenheit und der damit verbundene Fortfall von Handschlichtarbeit geben dem Schleifen an und für sich eine gewisse Überlegenheit. In den letzten Jahrzehnten trat aber z. B. die Rundschleifmaschine auch als nicht zu unterschätzende Leistungsmaschine auf den Plan. Wenn dem seinerzeit geprägten Werbewort: „Schleifen ist billiger als Drehen" auch nicht bedingungslos zugestimmt werden kann, so wird es doch eine erhebliche Reihe von Fällen geben, in denen die Rundschleifmaschine der Drehbank überlegen ist. Schließlich aber haben beide Maschinenarten ihr besonderes Anwendungsgebiet, und es wird Sache des Werkstättenleiters sein, für den jeweiligen Fall die Arbeit auf die vorhandenen Maschinen so zu verteilen, daß die beste Leistung erzielt wird.

In der Regel wird für die Abnahme großer Spanmengen die Drehbank und für die folgende Schlichtarbeit die Schleifmaschine vorzuziehen sein, soweit es sich um die Bearbeitung runder Teile handelt. Etwas anders liegen die Verhältnisse bei der Bearbeitung ebener Flächen. Hier wird in der Mehrzahl der Fälle eine Vorbearbeitung durch Hobeln entbehrlich sein. Darüber wird in diesen Ausführungen an geeigneter Stelle noch Näheres zu sagen sein.

B. Entwicklung der Schleifscheibe.

Schleifscheiben aus natürlichem und künstlichem Sandstein. Die Urform der Schleifscheibe ist der Sandstein, dessen Schleifmittel aus Quarzkörnern, Bimsstein usw. besteht, die durch Kalk zu festem Gestein verbunden sind. Dieses natürliche Gestein ist aber in seinem Gefüge ungleichmäßig; die daraus hergestellten Schleifsteine werden infolge der ungleichmäßigen Härte beim Arbeiten unrund und büßen so an Leistungsfähigkeit ein. Im Naturgestein auftretende Adern und Einschüsse bringen schon dem Steinbruch bei Auswahl der Stücke gewisse Schwierigkeiten, so daß das Bestreben nahe lag, mit Hilfe von Quarzsand und Kalk bzw. Zement künstliche Schleifsteine zu erzeugen, die gegenüber den natürlichen den Vorzug größerer Gleichmäßigkeit aufweisen und auch in ihren sonstigen Eigenschaften beeinflußbar sind.

Künstliche Schleifscheiben. Man hatte bald erkannt, daß das Schleifmittel an sich und seine Menge im Bindemittel die Wirkungsweise des Schleifsteines beeinflussen. Mit dieser Erkenntnis war der wichtigste Schritt zur Einführung der künstlichen Schleifscheibe getan. Man konnte das Werkzeug dem Arbeitszweck anpassen und als weiteren Fortschritt eine Erhöhung der Arbeitsgeschwindigkeit erzielen. Die künstliche Schleifscheibe erforderte andere Maschinen als dies beim Sandstein der Fall war; mit der dauernden Verbesserung der Schleifscheiben ging Hand in Hand die Entwicklung der Schleifmaschinen in ihren Sonderformen für die verschiedensten Arbeitszwecke. Der Sandstein hatte seine Berechtigung verloren. Wenn er trotzdem noch in mancher Werkstatt zu finden ist, so spricht dies nur für eine Rückständigkeit des Betriebes. Allerdings wird der Sandstein noch in erheblichem Maße in der Messerwarenfertigung und auch in Holzbearbeitungswerkstätten zum Schärfen der Werkzeuge benutzt. Doch beweist dies nicht die Daseinsberechtigung des der Vergangenheit angehörigen Schleifwerkzeuges. In der Messerwarenfabrikation, in der Kleineisenindustrie haben fortschrittliche Betriebe sich längst die Vorzüge künstlicher Schleifscheiben und geeigneter Schleifmaschinen zunutze gemacht, wenn die Ermittlung des Zweckmäßigen im Anfang vielleicht auch manchen Mißerfolg brachte. Auch in den Holzbearbeitungswerkstätten ist der Sandstein mit Vorteil durch die Schleifscheibe zu ersetzen; es handelt sich hier lediglich um die Auswahl der geeigneten Körnung, Härte und Bindung. Hierauf mögen etwaige Mißerfolge zurückzuführen sein, ebenso aber auch auf den Umstand, daß die Anpressung des zu schärfenden Werkzeuges an die Schleifscheibe vielfach mit dem gleichen Kraftaufwand vorgenommen wird wie beim Sandstein. Es darf wohl gesagt werden, daß es heute kein Gebiet des Schleifens gibt, auf dem nicht durch geeignete Schleifscheiben und zweckmäßige Arbeitsweisen gegenüber dem alten Sandstein ungleich höhere Leistungen zu erzielen wären.

C. Bestandteile der künstlichen Scheibe.

Die künstliche Schleifscheibe besteht aus dem Schleifmittel und der Bindung, die die Körner des Schleifmittels zusammenhält.

a) Schleifmittel.

Als Schleifmittel kommen heute fast nur mehr Schmirgel, natürlicher Korund, Kunstkorund und Silizium-Karbid in Betracht.

Schmirgel ist verunreinigter Korund, ein rötliches, graues bis blauschwarzes Gestein, das in bester Beschaffenheit auf der Insel Naxos gewonnen wird. An Güte nachstehend ist der Levantiner Schmirgel (Kleinasien) sowie der anderer Fundstellen. Seine Bestandteile sind:

50—70% krist. Tonerde (Al_2O_3)
20—30% Eisenoxyd
4— 7% Kieselsäure

Naturkorund: unterscheidet sich von Schmirgel durch die geringere Menge der Verunreinigungen. Korunde in reinem Zustande sind helle Kristalle, je nach der Färbung werden sie Korund (hell und gelblich), Rubin (rot), Saphir (blau) genannt. Das als Schleifmittel Verwendung findende Mineral ist mehr oder minder durch Eisenoxyd, Kieselsäure usw. verunreinigt. Analysen von hochwertigem Naxos-Schmirgel und mancher Naturkorunde weisen mitunter keine wesentlichen Unterschiede in bezug auf den in Betracht kommenden Hauptstoff, der krist. Tonerde auf, so daß eine einwandfreie, kennzeichnende Unterscheidung zwischen Schmirgel und Korund wohl nicht besteht, sofern man nicht einen Tonerdegehalt über 70% als solchen ansehen will.

Korund wird in Kanada, in den Vereinigten Staaten von Nordamerika, auf Madagaskar, in Indien usw. gewonnen; seine Färbung ist braungrau bis rötlich.

Kunstkorund: Wird aus Bauxit im elektrischen Ofen erschmolzen. Bauxit, nach dem Fundort Le Baux in Südfrankreich benannt, ist Tonerde (Aluminiumoxyd) von großer Reinheit und wird auch noch an vielen anderen Stellen gewonnen. Kunstkorund, auch Elektrokorund genannt, enthält etwa 90—95% krist. Tonerde und hat gegenüber dem natürlichen Korund den Vorzug wesentlich geringerer Verunreinigungen und gleichmäßigerer Beschaffenheit. Allerdings läßt sich Kunstkorund durch besondere Maßnahmen mit verschiedener Zähigkeit (Sprödigkeit) herstellen, wobei der zähere Kunstkorund zu Schleifscheiben für gehärteten und der sprödere zu Scheiben für weicheren Stahl zu verarbeiten wäre. Die großen Schmelzblöcke des Kunstkorunds werden zu Kornform zerkleinert. Die Körner zeigen eine mattglänzende braune Farbe.

Silizium-Karbid (auch Carborundum, Crystolon usw. genannt) ist ebenfalls ein Erzeugnis des elektrischen Ofens. Die Grundstoffe sind Koks, Quarzsand, Sägemehl, Salz; es findet weniger eine Schmelzung als eine chemische Reaktion statt. Das Schleifmittel ist in den Bruchstücken durch seine Kristallbildungen bekannt, die sich durch ihre Farbenpracht auszeichnen. Im gemahlenen und weiterverarbeiteten Zustande zeigt Silizium-Karbid eine rein graue Färbung.

Sowohl Kunstkorund wie Silizium-Karbid wird an verschiedenen Orten, an denen günstige Verhältnisse für den Bezug elektrischen Stroms vorliegen (Wasserkräfte, Braunkohlenlager) erzeugt, so an den Niagara-Fällen, am Rheinfall, in Schweden usw.

Von den einzelnen Werken werden Korund- wie Silizium-Karbid-Schleifmittel mit verschiedenen Phantasienamen auf den Markt gebracht. Diese Freude an klangvollen Bezeichnungen bringt aber weder den Schleifmittelwerken noch den Verbrauchern der Schleifscheiben Vorteile. Sie schaffen nur Verwirrung, weil sie die Erkenntnis der zu beschaffenden Schleifscheibenart erschweren. Der Verbraucher will lediglich wissen, ob das bei der Schleifscheibe verwendete Schleifmittel Schmirgel, Kunstkorund oder Silizium-Karbid ist. Die Korunde eignen sich zum Schleifen von Werkstoffen mit größerer Zugfestigkeit, Silizium-Karbid zum Schleifen von Werkstoffen mit geringerer Zugfestigkeit. Hierüber wird eingehend an anderer Stelle berichtet.

Der Wert bzw. die Leistungsfähigkeit einer Scheibe hängt vom Schleifmittel ab, so daß für hochwertige Schleifscheiben nur Kunstkorund und nicht Schmirgel verwendet wird.

Nachstehend sei eine Zusammenstellung der verschiedenen Phantasienamen der Schleifmittel gegeben:

Korund: Abrasit, Alowat, Aloxit, Alundum, Adamit, Boro Karbon, Karbo Alumina, Korowalt, Korraffin, Korubin, Diamantin, Novo Diamantin, Diamantit, Duralbit, Durubin, Elektrit, Elektrorubin, Heliosin, Sirobin, Veral usw.

Silizium-Karbid: Karborundum, Crystolon, Karbolon, Karbolit, Karborit, Karbosilit, Karbowalt usw.

b) Bindungen.

Die Körner des Schleifmittels werden durch ein Bindemittel zur Schleifscheibe zusammengehalten. Die Art des Bindemittels bzw. der Bindung ist dann von wesentlichem Einfluß auf die Wirkungsweise und das Anwendungsgebiet der Schleifscheibe.

Mineralische Bindung: Die in den ersten Jahren der künstlichen Schleifscheibenherstellung angewendete Magnesitbindung ist wegen ihrer Empfindlichkeit gegen Feuchtigkeit heute kaum mehr üblich. Vereinzelt wird noch Zementitbindung für Sonderzwecke benutzt. Größere Verwendung findet die Wasserglasbindung (Silikatbindung), die durch Zusatz von Zinkoxyd auch für Naßschliff geeignete Scheiben ergibt. Diese werden in Formen gepreßt und bei etwa 300 bis 350° C getrocknet. Sie eignen sich zur Erzielung eines feinen, zarten Schliffes.

Vegetabilische Bindung: Hierbei werden als Bindemittel Gummi, Öl, Schellack und ähnliche Harze verwendet. Diese Bindemittel geben der Schleifscheibe eine gewisse Elastizität, die sie gegen Stoß und Druck weniger empfindlich macht. Es werden daher hauptsächlich dünne Scheiben mit vegetabilischer Bindung hergestellt, doch finden diese auch als breitere Scheiben für bestimmte Werkstoffe und Schliffarten Anwendung.

Keramische Bindung (hochgebrannte Scheiben): Bei der keramischen Bindung wird das Schleifkorn durch Tonmischungen gehalten, in Formen gegossen oder gepreßt und in großen Brennöfen (Abb. 1) in Hochglühhitze gebrannt. Die Bindung selbst wird dadurch porzellanartig hart und ist imstande, bis zu einem gewissen Grade selbst Schleifarbeit zu verrichten. Die Scheiben erhalten durch den Brennvorgang eine große Porosität, die für die Schleifwirkung besonders bei Naßschliff sehr günstig ist. Hochgebrannte Schleifscheiben sind gegen Wasser unempfindlich; durch ihre Einführung war es erst möglich, die Leistung der Schleifmaschinen so zu steigern, daß das Schleifen eine der wichtigsten Bearbeitungsarten wurde.

Abb. 1. Schleifscheibenbrennofen.

Über das Anwendungsgebiet der verschiedenen Bindungen wird bei den Ausführungen über die Auswahl der Schleifscheiben Näheres gesagt.

D. Körnung.

Je nach Größe der Schleifscheibe und der Feinheit des Schliffes muß das Korn des Schleifmittels verschieden groß sein. Es gibt verschiedene Größenbestimmungen für Körnungen, die verbreitetste ist wohl die amerikanische Körnungstafel. Diese bestimmt die Körnung nach der Zahl der Maschen des Siebes auf 1 engl. Zoll = 25,4 mm Länge. Die feinsten Körnungen werden durch Schlämmen erzielt. Die Nummern entsprechen der Minutenzahl, die das Pulver benötigt, um sich bei bestimmtem Wasserstand am Boden abzusetzen.

Korngrößen:	sehr fein	200	380	150	
	fein	120	100	90	80
	mittelgrob oder mittelfein	70	60	50	46
	grob	36	30	24	20
	sehr grob	16	14	12	10

In Amerika ist die Normung der Körnungen bzw. der Körnungssiebe durchgeführt; sie deckt sich mit vorstehenden Angaben. In Deutschland ist die Normung der Körnungen in Vorbereitung.

Für viele Zwecke, besonders bei Leistungsarbeit zur Erzielung eines gewissen Feinschliffes, bei bestimmten Werkstoffen usw. wird zur Herstellung einer Schleifscheibe nicht eine Korngröße, sondern eine Mischung von 2 und mehreren Korngrößen verwendet. Hierfür wird die Bezeichnung „Verbundkörnung“ (kombinierte Körnung) gebraucht.

E. Härte.

Unter Härte wird bei Schleifscheiben nicht die Härte des Schleifmittels, sondern die Widerstandskraft des Schleifkornes gegen das Ausbrechen aus der Bindung verstanden. Je nach der Bindung könnte eine Scheibe mit einem verhältnismäßig weichen Schleifkorn hart und umgekehrt mit Schleifkorn hoher Härte weich erscheinen. Abb. 2 erklärt schematisch den Vorgang beim Schleifen. Das linke Bild zeigt scharfe Schleifkörner, die sich während der Schleifarbeit abstumpfen. Es kann nun der Fall eintreten, daß das Korn unter dem durch die Abstumpfung erhöhten Arbeitsdruck bricht und neue scharfe Schneidkanten erhält oder die Abstumpfung schreitet fort, bis der im rechten Bild dargestellte Zustand eintritt. Die Schneidfähigkeit der Körner *a* hat aufgehört, wenn nicht durch das Ausbrechen der abgenutzten Körner aus der Bindung *b* neue scharfe Schneidkanten zum Angriff kommen. Das rechtzeitige Ab- und Ausbrechen hängt nun außer vom Schleifmittel von der Bindung ab und wird wieder durch Werkstoff, Umfangsgeschwindigkeit der Schleifscheibe und des Werkstücks u. a. m. beeinflußt. Die Wahl richtiger Härte ist für die Wirkungsweise der Schleifscheibe maßgebend. Das Versagen einer Schleifscheibe für eine bestimmte Arbeit dürfte in den wenigsten Fällen auf mangelnde Güte, sondern meist auf ungenügende Auswahl der Härte und z. T. auch der Körnung zurückzuführen sein.

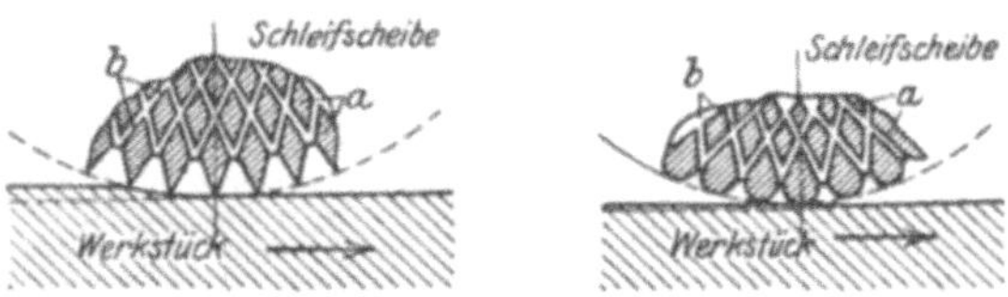

Abb. 2. Schematische Darstellung des Schleifvorganges.

Leider fehlten für die Bestimmnng der Scheibenhärte bis jetzt Grundlagen und Einheiten, ein Umstand, der den Verein Deutscher Werkzeugmaschinenfabriken in Gemeinschaft mit dem Verein Deutscher Schleifmittelwerke veranlaßte, ein Preisausschreiben zur Gewinnung eines einheitlichen Härteprüfverfahrens zu erlassen. Das Preisausschreiben hat zwar nicht den gewünschten Enderfolg erzielt, aber immerhin gegenüber den bisherigen Härteprüfverfahren erhebliche Fortschritte gebracht. Dieses besteht darin, daß der beim drehenden

Eindrücken einer Schraubenzieherklinge fühlbar werdende Widerstand an Schleifscheibe und Muster oder Urstück verglichen wird. Die Bestimmung dieser Urstücke war aber rein erfahrungsgemäß und an keinerlei Regeln gebunden.

F. Abhängigkeit der Scheibenwirkung.

Abhängigkeit vom Berührungsbogen: Von großem Einfluß auf die Scheibenwirkung ist die Größe der Berührung zwischen Schleifscheibe und Werkstück. Der Berührungsbogen ist beim Innenschleifen wesentlich größer als beim Außenschleifen und hier auch wieder bei kleinen Durchmessern von Schleifscheibe und Werkstück kleiner als bei großen. (Abb. 3). Je kleiner der Berührungsbogen, desto größer ist die Belastung des einzelnen Kornes; je größer der Berührungsbogen, desto mehr

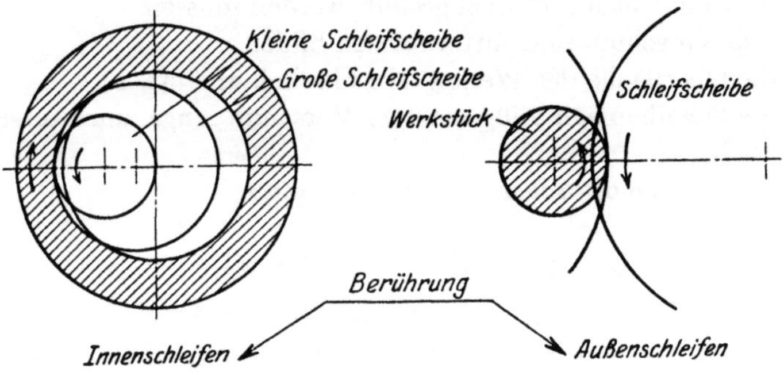

Abb. 3. Abhängigkeit der Schleifwirkung vom Berührungsbogen.

Schleifkörner sind gleichzeitig im Angriff und desto geringer ist die Belastung des einzelnen Schleifkornes. Doch ist dies nicht immer ein Vorzug. Je größer der Berührungsbogen, desto größer ist die Wärmeentwicklung und auch der Kraftbedarf beim Schleifen. Die ungünstigsten Verhältnisse zeigen sich hier beim Schleifen großer Flächen mit der Topfscheibe. Bei kleinem Berührungsbogen wird die Schleifscheibe härter, bei großer Berührung (großen Scheiben und großen Werkstücken) weicher zu wählen sein, wobei zu beachten ist, daß nur der Berührungsbogen, nicht aber die Scheibenbreite von Einfluß ist.

Abhängigkeit von der Umfangsgeschwindigkeit: Auch die Umfangsgeschwindigkeit ist von Einfluß auf die Scheibenwirkung. Eine langsam laufende Scheibe wirkt weicher als eine schneller laufende. Pockrandt[1]) weist darauf hin, daß Schleifscheiben weicher wirken, wenn sie stark abgeschliffen sind, weil bei gleicher Umfangsgeschwindigkeit das einzelne Schleifkorn öfter zum Angriff kommt, ferner weil der Berührungs-

[1]) Forschungsheft 105. Dr. Ing. Pockrandt: „Versuche zur Ermittlung der günstigsten Arbeitsweise der Rundschleifmaschine". Berlin: Julius Springer.

bogen kleiner und die Belastung des Korns daher größer ist, so daß es leichter ausbricht.

Abhängigkeit von der Härte: Weiche Scheiben bleiben länger scharf und rund als harte und liefern deshalb genauere Arbeit.

Harte Scheiben werden schnell stumpf und unrund. Sie erfordern großen Kraftaufwand, ergeben geringe Spanleistung und verursachen Zeit- und Schleifmittelverluste durch das oft notwendige Abrichten. Harte Scheiben sind daher nicht wirtschaftlicher als weiche.

In der von der Norton-Co. herausgegebenen Druckschrift „Grits and Grinds" wird im Märzheft 1914 eine Zusammenstellung der Kennzeichen gegeben, die auf zu harte Scheibenbindung schließen lassen.

Wann ist eine Schleifscheibe zu hart?

Wenn der Kraftverbrauch zu groß ist.
Wenn die Spindellager oft nachgestellt werden müssen.
Wenn sich Vorschub- und Zittermarken bilden.
Wenn die Oberfläche des Werkstücks bläulich anläuft.
Wenn die Scheibe nach stillgesetztem Vorschub lange zum Ausschleifen braucht.
Wenn die Scheibe oft abgerichtet werden muß.

G. Auswahl der Schleifscheibe.

Wahl des Schleifmittels: Maßgebend für die Art des Schleifmittels, Korund oder Silizium-Karbid, ist die Zerreißfähigkeit des Werkstoffes.

Korund für Werkstoffe von hoher Zerreißfestigkeit:
Kohlenstoffstahl
legierte Stähle
Schnellstahl
Temperguß
Schmiedeeisen
zähe Bronze
Wolfram usw.

Silizium-Karbid für Werkstoffe von geringerer Festigkeit:
Gußeisen
Hartguß

Messing
Rotguß
Aluminium
Kupfer
Marmor
Granit
Perlmutter
Gummi
Leder usw.

Für Gußeisen und Hartguß wurde lange Zeit fast ausschließlich Silizium-Karbid angewendet, in neuerer Zeit werden auch mit Kunstkorundscheiben geeigneter Härte und Körnung gute Erfolge erzielt.

Abb. 4 zeigt ein Grits and Grinds entnommenes Schaubild über die Verteilung der Anwendungsgebiete der beiden Schleifmittelarten in Bezug auf die erzielbare Leistung.

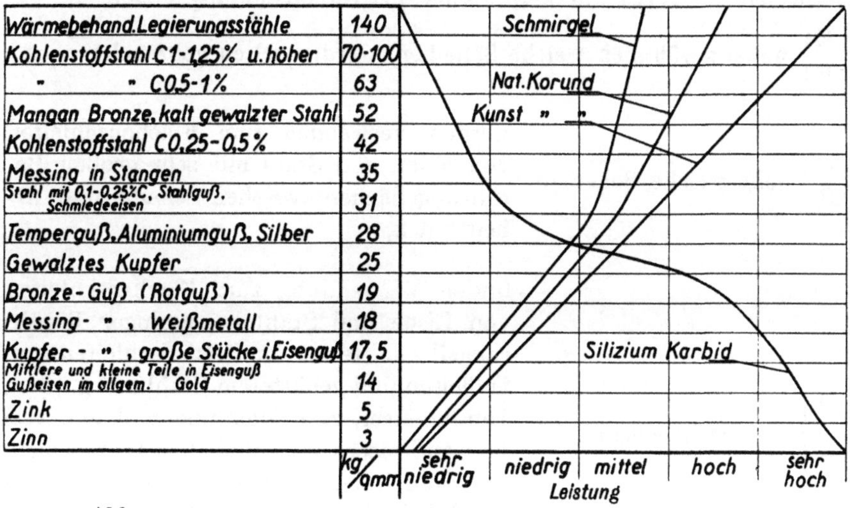

Abb. 4. Anwendungsgebiete von Korund und Silizium-Karbid.

Wahl der Körnung: Grobes Korn für hohe Leistung und starken Abschliff, z. B. zum Gußputzen.

Feines Korn für Fein- und Genauschliff.

Weiche Werkstoffe erfordern gröberes Korn als harte, dichte und spröde Stoffe.

Auf Rundschleifmaschinen kann durch entsprechende Wahl der Umfangsgeschwindigkeit von Schleifscheibe und Werkstück mit grobem Korn Feinschliff erzielt werden (siehe Schleifgeschwindigkeiten).

Wahl des Härtegrades: Harte Schleifscheibe für weiche Werkstoffe und umgekehrt. Je kleiner der Berührungsbogen (Seite 205) desto härter die Schleifscheibe. (Scheibenbreite ist ohne Einfluß.) So wird z. B. für Kugelschleifen der kleinen Berührung wegen die größte Härte gewählt. dagegen für Flächenschleifen mit Topfscheibe eine sehr weiche Scheibe.

Für hohe Umfangsgeschwindigkeiten des Werkstücks harte Bindungen und umgekehrt.

Für hohe Umfangsgeschwindigkeiten der Schleifscheibe weiche Bindungen und umgekehrt.

Schwache, in schlechtem Zustand befindliche, mit nicht gut nachgestellten Lagern versehene Maschinen erfordern eine größere Scheibenhärte als starre, gut gehaltene Maschinen.

Weiche Schleifscheiben sind bei richtiger Schleifgeschwindigkeit wirtschaftlicher als harte.

Die Härtebezeichnung wird von den verschiedenen Schleifscheibenwerken verschieden vorgenommen. Vielfach ist die Buchstabenbezeichnung nach Norton für keramische und Silikatbindung üblich.

E F	**außergewöhnlich weiche** Scheiben, werden selten gebraucht,	
G H	**sehr weiche** Scheiben	werden verwendet zum Flächenschleifen von Eisen und Stahl mit sehr großen Berührungsflächen zwischen Scheibe und Arbeitsstück,
I J K	**weiche Scheiben**	finden Verwendung zum Flächenschleifen von Eisen und Stahl bei geringer Berührungsfläche, ferner zum Rundschleifen von Gußeisen und gehärtetem Stahl mit großem Durchmesser, zum Maschinenschleifen von breiten Fräsern und ähnlichen Werkzeugen und zum Innenschleifen von Gußeisen und Stahl bei nicht zu hoher Umlaufzahl des Arbeitsstückes oder entsprechend größerer Geschwindigkeit der Scheibe,
L M N	**mittelharte** Scheiben	werden benutzt zum Rundschleifen von mittelhartem und weichem Stahl und Eisen bei kleinerem Durchmesser des betreffenden Arbeitsstückes, ferner zum Maschinenschleifen von Spiralbohrern, Dreh- und Hobelstählen, schmalen Fräsern, sowie ähnlichen Werkzeugen, Gewindebohrern, Sägen und Holzbearbeitungswerkzeugen.
O P Q R	**harte** Scheiben	dienen zum Freihandschleifen von Dreh- und Hobelstählen und ähnlichen Schleifarbeiten in Maschinenwerkstätten, zum Maschinenschleifen von Kreissägeblättern für Metall, sowie zum Freihandschleifen von kleinen und mittelgroßen, groben Arbeitsstücken aus Stahl und Eisen.

S T U V	**sehr harte** Scheiben	sind vorgesehen für die Bearbeitung größerer schwerer Arbeitsstücke aus Eisen und Stahl, gewöhnlich unter Verwendung eines großen Scheibendurchmessers, und werden ferner zum Maschinenschleifen von Nadeln verwendet; sie eignen sich zum Schleifen von sehr schweren, groben Arbeitsstücken aus Eisen und Stahl, sowie zum Grobschleifen harter, scharfer Kanten, wenn es sich um sehr kleine Berührungsflächen handelt und die dadurch auf die Scheibe hervorgerufene Wirkung derjenigen eines Abrunders gleicht,
W X Y Z	**außergewöhnlich harte**	Scheiben, werden zum Schleifen von Stahlkugeln verwendet.

Jeder Buchstabe von E bis Z bedeutet eine Steigerung der Härte. Ein Härtegrad hat nicht einen genau festgelegten Wert, sondern bedeutet, daß die Härte innerhalb gewisser Grenzen schwankt. Es liegt in der Natur der Herstellung der Schleifscheiben, daß diese Grenzen ineinander fließen.

Scheiben mit elastischer Bindung nach Norton werden in folgende Härtegrade eingeteilt:

1	$1\frac{1}{2}$	2	$2\frac{1}{2}$	3	$3\frac{1}{2}$	4	5	6	7
I	J	K	L	M	N-O	P-Q	R	S	T

Die Zahlen bezeichnen die Härtegrade der elastischen Scheiben, während die darunter aufgeführten Buchstaben die entsprechenden Härtegrade der Scheiben in keramischer und Silikat-Bindung angeben.

Wahl der Bindung: Dünne Schleifscheiben und solche, die Seitendrucke aushalten müssen, werden mit elastischer Bindung (Gummi, Schellack, Öl usw.) ausgeführt, ferner Scheiben für feinsten Schliff, wenn die Forderung großer Leistung nicht im Vordergrund steht. Schleifscheiben über 900 mm $\varnothing$ werden in der Regel mit Silikatbindung hergestellt. (Größere Haltbarkeit gegen Springen.) Das gleiche ist für feinen und zarten Schliff als Ersatz für Sandstein bei der Fertigung von Messerwaren u. dgl. der Fall.

Für starken Abschliff, für große Leistungen, für die überwiegende Zahl der Grob- und Feinschleifarbeiten des Maschinenbaues kommt die keramische Bindung in Frage.

Wahl nach dem Lofschen Schaubild: Eine gute Übersicht über die bei der Auswahl einer Schleifscheibe in Betracht kommenden Gesichtspunkte

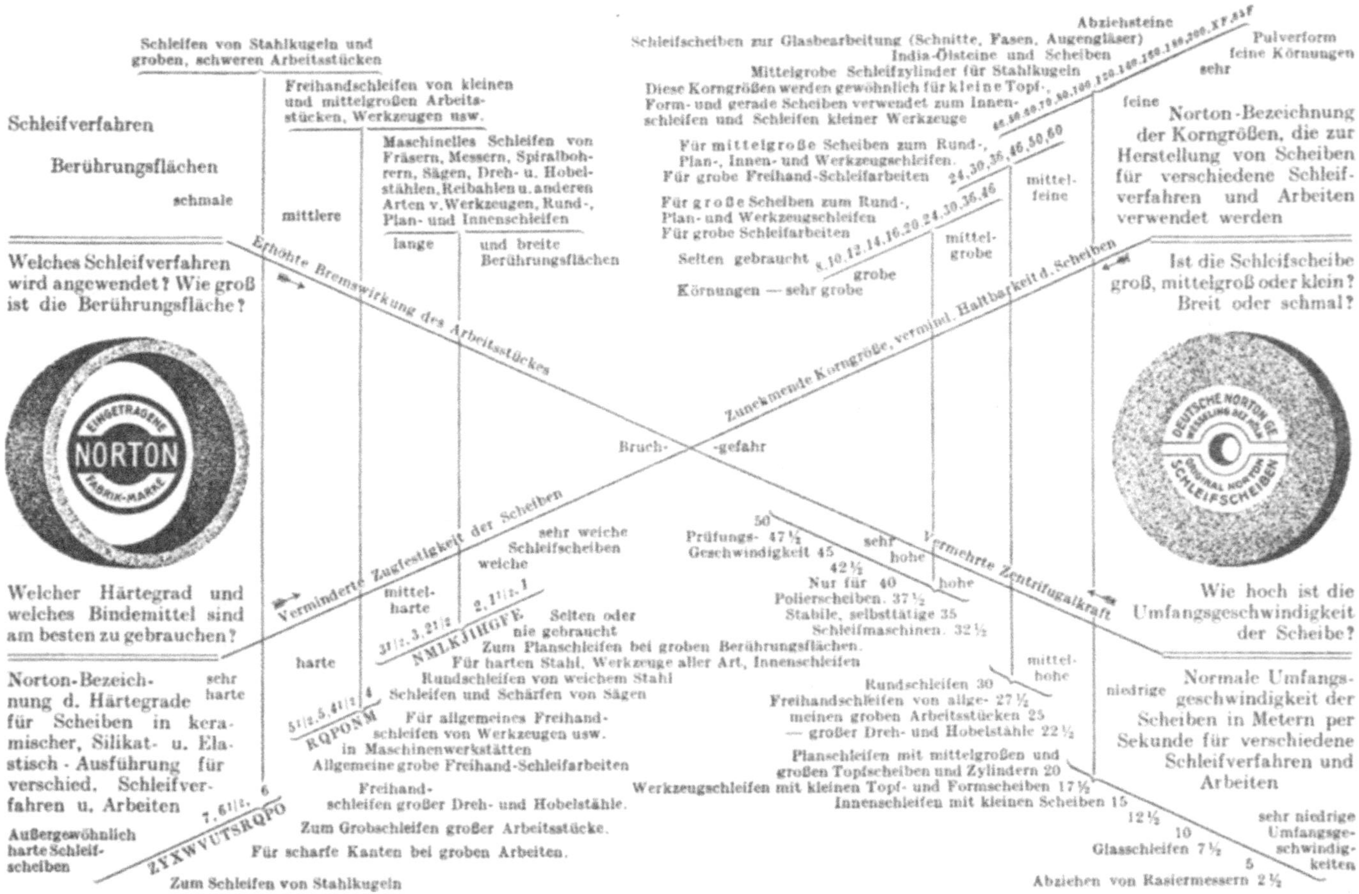

Abb. 5. Lofsches Schaubild.

gibt das von dem Schleiffachmann Otto I. Lof entworfene Schaubild (Abb. 5). Es gibt eine Übersicht über die bei verschiedenen Schleifzwecken bewährten Härten, Körnungen und Bindungen.

Wahl nach dem Fragebogen: Die meisten Schleifmittelwerke geben besondere Fragebogen heraus, um auf Grund ihrer Erfahrungen die geeignete Schleifscheibe liefern zu können. Sofern es sich nicht um Nachbeschaffung bewährter Schleifscheiben handelt, empfiehlt es sich sehr, die Fragen der Schleifmittelwerke zu beantworten. Wie bereits am Anfang dieser Ausführungen bemerkt, ist das Versagen von Schleifscheiben in den weitaus überwiegenden Fällen auf ungeeignete Auswahl von Härte und Körnung und nicht auf mangelnde Güte zurückzuführen. Ja manche als schlecht befundene Schleifscheibe würde sich mitunter vorzüglich bewähren, wenn nur die Umfangsgeschwindigkeiten von Scheibe und Werkstück geändert würden.

Für die Schleifscheibenfabriken ist es wichtig, zur Auswahl der geeigneten Scheibe die Art des zu schleifenden Werkstoffes, das Schleifverfahren, den Schleifzweck, den Zustand der Maschine, die Größe der Berührungsfläche zwischen Scheibe und Arbeitsstück, Gewicht desselben sowie Geschwindigkeit der Scheibe (beim Rundschleifen ebenfalls Geschwindigkeit des Arbeitsstückes) genau zu kennen.

Werden der Schleifscheibenfabrik diese Angaben gemacht, so kann sie auf Grund ihrer Erfahrungen, die sie mit ihrem Fabrikate gemacht hat, in der Regel die bestgeeignete Scheibe liefern und es bleiben dann nicht nur Beanstandungen, sondern auch Störungen im Betriebe erspart.

Falls für ein und dieselbe Scheibe mehrere Arten von Werkstoffen in Betracht kommen, so ist es zweckmäßig, diese genau anzugeben, damit nach Möglichkeit eine Schleifscheibe gewählt werden kann, die diesen verschiedenen Anforderungen entspricht.

Die Schleifscheibenfabriken legen außerdem bei Nachbestellungen Wert darauf, das Datum der letzten Lieferung zu erfahren oder die aufgeklebte Marke der zuletztbezogenen, befriedigend arbeitenden Scheibe zu erhalten.

Nachstehend ist eine Anzahl von Fragen aufgeführt, die meist in Form von Fragebogen von den Schleifscheibenfabriken gestellt werden.

Firma: Ort:

1. Anzahl, Durchmesser und Lochgröße oder maßstäbliche Skizze oder DI-Norm der Form laut Sonderkatalog:

2. Verwendung auf: Schleifbock, Werkzeug-, Flächen- oder Rundschleifmaschine.

3. Art des zu schleifenden Gegenstandes: a) Werkstoff: b) falls Stahl, gehärtet oder ungehärtet, c) große oder kleine Berührungsfläche zwischen Werkstoff und Scheibe, Schleifen von Flächen, Kanten, Ecken, Nähten oder Ansätzen (wichtig für Guß- und Schmiedestücke), d) zum Schleifen von Werkzeugen, Art derselben:

4. Art des Schleifens: Freihandschleifen mit Handauflage, selbsttätiges Schleifen, Rundschleifen, Innenschleifen, Flächenschleifen, Naß- oder Trockenschleifen.

5. Umlaufzahl der Schleifscheibe minutlich:

6. Bei Rund- oder Innenschleifen: Umlaufzahl des Arbeitsstückes: Durchmesser des Arbeitsstückes:

7. Vorschubgröße des Arbeitsstückes: oder der Schleifscheibe: (bei Flächen oder Rundschleifen).

8. Ist die Maschine für mehrere Umlaufzahlen eingerichtet und für welche?

9. Es werden große, mittelgroße, ganz kleine Stücke geschliffen.

10. Der zu erzielende Schliff soll sein: grob, mittel, fein, poliert, Hochglanz.

11. Welche Körnung und Härte von Schleifscheiben wurde bis jetzt benutzt, und wie haben sich diese bewährt?

12. Wird mehr Gewicht auf wirtschaftliches Schleifen bzw. schnelles Greifen oder aber auf lange Dauer der Schleifscheibe gelegt?

13. Sonstige Bemerkungen und Skizzen:

H. Schleifvorgang.

Umfangsgeschwindigkeit der Schleifscheibe: Durch den Erlaß des Ministeriums für Handel und Gewerbe vom 8. Okt. 1909 wurden in Beantwortung einer Eingabe des Vereins Deutscher Ingenieure folgende sekundliche Umfangsgeschwindigkeiten für Schleifscheiben angeraten[1]).

Für Scheiben mit mineralischer Bindung . . . . 15 m
Für Scheiben mit vegetabilischer und keramischer Bdg. und bei Zuführung des Arbeitsstückes von Hand (Handschleifmaschinen) . . . . 25 m
Bei Scheiben mit vegetabilischer und keramischer Bindung und bei mechanischer Zuführung des Arbeitsstückes (Supportschleifmaschinen) . . . . 35 m

Der Erlaß sagt dann noch u. a.: „Bei Nachweis eines entsprechend hohen Probelaufes und bei besonders starken Schutzvorrichtungen kann in Ausnahmefällen bei Supportschleifmaschinen bis zu 50 m Anfangsgeschwindigkeit gegangen werden“.

Wenn auch für Schleifscheiben mineralischer Bindung mit Rücksicht auf deren geringe Festigkeit eine Umfangsgeschwindigkeit von 15 m/sek. möglichst nicht überschriften werden soll, so darf nicht übersehen werden, daß Silikatbindung (Wasserglasbindung) auch unter mineralische Bindungen eingereiht wird und daß für die neuzeitlichen, nach diesem Verfahren hergestellten Schleifscheiben eine Umfangsgeschwindigkeit von 25 m unbedenklich ist. Andererseits haben Versuche von Pockrandt ergeben, daß Umfangsgeschwindigkeiten über 35 m/sek. keinen Vorteil bringen, weil zum Teil die Schleifwirkung unterbunden wird.

Bei Handschleifarbeiten hängt die Wahl der Umfangsgeschwindigkeit u. a. von dem Werkstoff, der Art der Schleifarbeit, der Bauart und

---

[1]) Vgl. Schlesinger: Versuche über die Leistung der Schmirgel- und Karborundumscheiben, Heft 43 der Forschungsarbeiten.

dem Zustand der Maschine ab. Für allgemeine Arbeiten wird man wohl eine Umfangsgeschwindigkeit von etwa 25 m/sek. nicht überschreiten; bei stabilen Schleifböcken mit gut passenden Lagern und kräftigen Schutzhauben dürften auch höhere Umfangsgeschwindigkeiten unbedenklich sein, wenn die Schleifarbeit von einem geübten Schleifer vorgenommen wird. Bei der Fertigung von bestimmten Eisenwaren und Handwerkzeugen werden vielfach Umfangsgeschwindigkeiten bis 32 m/sek. bei keramisch gebundenen Scheiben angewendet. Bedingung hierfür ist Vermeidung von seitlichen Stößen auf die Scheibe und gut eingestellte Handauflagen, die ein Zwängen zwischen Scheibe und Auflage unmöglich machen.

Während beim Außenrundschleifen Umfangsgeschwindigkeiten bis 35 m/sek. anwendbar und vorteilhaft sind, ist beim Innenschleifen die Umfangsgeschwindigkeit besonders bei kleinen Scheiben durch die höchstmögliche Umlaufzahl der Schleifspindel in ungünstiger Weise begrenzt. Entsprechende Auswahl der Schleifscheibenhärte (weiche Scheiben) und Körnung wird diese Nachteile bis zu einem gewissen Grade mildern.

Für das Scharfschleifen von Werkzeugen werden Umfangsgeschwindigkeiten von 18—25 m/sek. angewendet. Vielfach wird für das Schärfen von Schnellstahlwerkzeugen eine geringere Umfangsgeschwindigkeit empfohlen als für Gußstahlwerkzeuge. Es scheint sich hier aber weniger um eine grundlegende Regel für die Umfangsgeschwindigkeit der Schleifscheiben als um einen Ausgleich der Wirkung von Härte und Körnung zu handeln.

Immer ist zu beachten, daß jede Scheibe mit steigender Umfangsgeschwindigkeit härter wirkt. Mitunter wird eine Schleifscheibe als zu weich angesprochen, während sie in Wirklichkeit nur zu langsam läuft. Umgekehrt wirken harte Scheiben mit sinkender Umfangsgeschwindigkeit weicher.

Es ergibt sich daraus die Folgerung, bei abgenutzten Schleifscheiben die Umdrehungszahl der Abnutzung der Scheibe entsprechend zu ändern. Die Leistung der abgenutzten Schleifscheibe sinkt an und für sich durch die verminderte Berührung und soll nicht durch die verminderte Umlaufzahl weiter sinken, da bei gleichem Vorschub weniger Schneidkörner zum Angriff kommen.

Beim Rundschleifen von Schmiedeeisen und Maschinenstahl werden mit Vorteil hohe Umfangsgeschwindigkeiten bis 35 m/sek. gewählt, weil die spezifische Leistung mit der Umfangsgeschwindigkeit steigt. Bei Gußeisen bieten zu hohe Umfangsgeschwindigkeiten keinen Vorteil; zur Verminderung des Kraftverbrauches empfiehlt sich sogar eine geringere Umfangsgeschwindigkeit von etwa 25 m/sek. Auch Silizium-Karbidscheiben sollen etwas langsamer laufen als Korundscheiben.

Umfangsgeschwindigkeit des Werkstücks: Vielfach besteht die Ansicht, daß mit der Erhöhung der Drehgeschwindigkeit des Werkstückes die Schleifleistung steigt. Ziemlich das Gegenteil ist aber der Fall. Vorteilhaft ist es, mit geringer Drehgeschwindigkeit des Werkstücks und dafür mit größerer Schnittiefe der Schleifscheibe zu arbeiten. Hohe Geschwindigkeiten des Werkstückes haben starke Abnutzung der Schleifscheibe zur Folge. Dieser Umstand ist vielfach die Ursache, daß Scheiben richtiger Härte als zu weich beanstandet werden. Bei gleichem Schleifscheibendurchmesser muß sich das größere Werkstück unter entsprechender Verminderung der Schnittiefe schneller drehen, um die gleiche Wirkung zu erzielen.

Empfehlenswert sind folgende Umfangsgeschwindigkeiten für das Werkstück:

a) für Stahl und Schmiedeeisen:

Schruppen.		
Bei nicht zu langen Stücken über 100 mm Durchmesser und Vorschüben bis $^2/_3$—$^3/_4$ Schleifscheibenbreite für die Umdrehung	12—15	m/min
Bei langen Stücken über 120 mm Durchmesser und Vorschüben bis $^2/_3$ Schleifscheibenbreite für 1 Umdrehung	10—12	,,
Bei Stücken geringeren Durchmessers u. Vorschüben von $^1/_3$—$^1/_2$ Schleifscheibenbreite für 1 Umdrehung	10—12	,,
von $^1/_2$—$^3/_4$ Schleifscheibenbreite für 1 Umdrehung	8—10	,,
Feinschliff.		
Für Schlichtarbeiten	6—8	,,
Zur Erzielung sehr sauberen Schliffes	3—6	,,

b) für Gußeisen:

Bei starken und schwachen Stücken (Schruppen)	12—15	m/min
Für Schlichtarbeiten	6—10	,,
Zur Erzielung sehr sauberen Schliffes	3—6	,,

Vor dem Feinschleifen ist es erforderlich, die Schleifscheibe mit einem Diamanten unter Wasserzufuhr genau rundlaufend abzurichten. Zu beachten ist, daß in allen Fällen bei geringerer Umfangsgeschwindigkeit des Werkstückes auch mit gröberen Scheiben feiner Schliff erzielt wird.

Schnittiefe: Beim Schleifen nimmt jedes einzelne zum Angriff kommende Schleifkorn einen Span ab. Die Größe dieses Spanes ist abhängig von der Korngröße, d. h. eine grobkörnige Schleifscheibe kann größere Späne abnehmen als eine feinkörnige. Deshalb ist die Schnittiefe der Körnung anzupassen. Zu große Schnittiefe hat zu großen Scheibenverschleiß zur Folge. Bei harten Werkstoffen ist auch mit groben Scheiben geringe Spantiefe anzuwenden, da sonst die einzelnen Schleifkörner zu leicht ausbrechen. Bei Gußeisen sind zum Vorschleifen größere Spantiefen zweckmäßig, bei Schmiedeeisen und Stahl geringere. Diese hängen sehr von der Maschine ab. Auch bei schwersten Maschinen wird man sie stets unter 0,05 mm, meistens 0,01—0,03 wählen. Sehr große Durchmesser des Arbeitsstückes erfordern geringere Schnittiefen, da durch die größere Berührungsfläche mit der Schleifscheibe der Kraftverbrauch steigt und Gefahr vorliegt, daß der Riemen nicht mehr durchzieht. Ebenso sind bei langen und dünnen Werkstücken geringe Schnittiefen anzuwenden.

Längsvorschub (Tischvorschub): Für die Größe des Längsvorschubs ist die Scheibenbreite und die Umfangsgeschwindigkeit des Werkstückes maßgebend. Nach den neueren Erfahrungen wird empfohlen, den Vorschub für eine Umdrehung des Werkstückes möglichst bis nahe zur ganzen Scheibenbreite auszunutzen. Nur für Feinschliff sollen geringere Längsvorschübe gewählt werden. Beim Vorschleifen von Stahl und Schmiedeeisen wird man zweckmäßig nicht unter $^2/_3$—$^3/_4$ und bei Gußeisen nicht unter $^3/_4$—$^5/_6$ der Schleifscheibenbreite gehen. Vorteilhaft ist, nach Beendigung der Arbeit die Scheibe einige Male mit kleinem Vorschub zur vollständigen Glättung über das Werkstück laufen zu lassen.

Schleifdruck: Schwerd führt in der Z. d. V. d. I. 1915 Seite 193 aus, daß der Anpreßdruck der Schleifscheibe gegen das Werkstück das $1^1/_2$-fache, beim Schruppen häufig das 3fache oder mit zunehmender Härte der Scheibe ein Mehrfaches des Widerstandes in der Schnittrichtung beträgt. Es muß also die Schleifscheibe mit einem Druck von etwa 75 kg gegen das Werkstück gepreßt werden, um die Schnittiefe von 0,04 mm zu erreichen. Schwere Bauart der Schleifmaschine ist nicht des Schnitt- und Anpreßdrucks wegen erforderlich, sondern zur Vermeidung des Zitterns und zur Verminderung der Spannung beim Schleifen. Eine Gesamtbeistellung von $^1/_{10}$ mm genügt, um Scheibe und Werkstück, die sich gerade berühren, mit dem Höchstdruck von 75 kg gegeneinander zu pressen und so die Schnittiefe von 0,04 mm zu erreichen. Die Entspannungszeit der Maschine (Ausschleifen) beträgt bei starken Maschinen und guten Schleifscheiben 2—4 Hin- und Hergänge. Bei schwächeren Maschinen, weniger geeigneten Schleifscheiben 10 und noch mehr Hin- und Hergänge, bis die Funkenbildung aufhört.

Innenschleifen: Beim Innenschleifen treffen eine Reihe ungünstiger Umstände zusammen. Die Umfangsgeschwindigkeit der Schleifscheibe bleibt mit Rücksicht auf deren Durchmesser und die Drehungszahl der Schleifspindel oft weit unter der wirtschaftlichen. Bei größerem Durchmesser der Innenschleifscheibe kann der Berührungsbogen (siehe Abb. 3 auf Seite 205) in ungünstiger Weise zu groß werden (größere Wärmeentwicklung), während kleinere Durchmesser zu geringe Umfangsgeschwindigkeiten und starke Abnutzung zur Folge haben. Dabei gewinnt das Innenschleifen mit der fortschreitenden Entwicklung der Herstellungs-

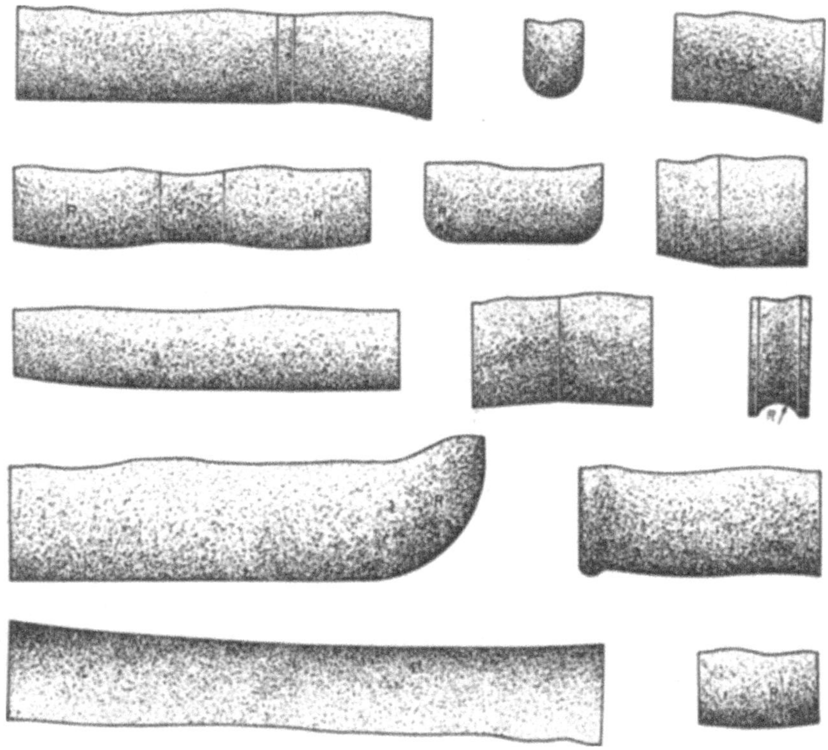

Abb. 6. Scheibenformen für Einstechschliff.

genauigkeiten und der steigenden Anwendung gehärteter Lagerstellen, sowie der Innenbearbeitung von Motorzylindern usw. erhöhte Bedeutung.

Allgemeine Regeln lassen sich hier schwer aufstellen, da ja letzten Endes die Arbeitsausführung von einer Reihe von Umständen und den jeweils vorliegenden Verhältnissen beeinflußt wird. Bei kleinen Löchern soll das Fräserscheibchen möglichst nicht mehr als $^2/_3$ des Lochdurchmessers betragen. Bei größeren Bohrungen wird man den Scheibendurchmesser der erforderlichen Umfangsgeschwindigkeit und einem günstigen

Berührungsbogen anzupassen versuchen. Da aber in allen Fällen mit großer Berührung und daher mit stärkerer Wärmeentwicklung zu rechnen ist, wird man die Innenschliffscheiben nicht zu hart wählen, sondern weichere, nicht zu feinkörnige Scheiben vorziehen. Der Längsvorschub soll mit Rücksicht auf das Ausschleifen an den Lochenden nicht zu groß gewählt werden. Große Längsvorschübe geben größere Vorweiten der Löcher, da durch die größere Schleifleistung die Durchfederung der Schleifspindel größer wird.

Einstechverfahren: Das Einstechverfahren (Schleifen nur mit Quervorschub) ist nur für Formschleifarbeiten empfehlenswert, für glatte Schliffe hat Pockrandt keine wirtschaftlichen Vorteile finden können. Vielfach wird das Einstechverfahren zum Abschneiden harter Werkstoffe (naturharter Stahl, Stellit, Akrit usw.) unter Verwendung dünner Schleifscheiben mit elastischer Bindung benutzt. Vielfach läßt sich dieses Abtrennen aber unter Verwendung einer einfachen Scheibe aus weichem Eisen nach Art der Mars-Trennscheiben vorteilhafter vornehmen. Das Formschleifen eignet sich nicht für alle Formen; es gelten hier noch in erhöhtem Maße die Beschränkungen, die dem Formfräser auferlegt sind. Scharfe Ecken sind möglichst zu vermeiden. Diese nutzen sich bei der Scheibe schnell ab und ergeben Abrundungen. Auch muß zu große Tiefe der Form vermieden werden, gleichviel ob das Werkstück vorgefräst ist oder nicht. Bei größeren Tiefenunterschieden ist die Schleifwirkung infolge der verschiedenen Umfangsgeschwindigkeit störend. Bedingung ist häufiges Nachdrehen der Form, das in der Regel mit Hilfe einer Schablone erfolgt. In Abb. 6 sind einige Formen gezeigt, die sich für Einstechschliff eignen.

I. Fehler beim Schleifen und ihre Ursachen.

Zittermarken: Eine der unangenehmsten beim Schleifen auftretenden Erscheinungen sind Zittermarken oder Rattermarken, unangenehm besonders dadurch, daß ihre Ursache oft schwer zu erkennen und ihre Vermeidung aus diesem Grunde mitunter sehr schwierig ist. Zum Teil sind die Zittermarken ohne weiteres sichtbar, zum Teil werden sie erst beim Feinschleifen erkennbar.

Nachstehend sei eine Reihe von Ursachen angeführt, die die Veranlassung von Zittermarken sein können:

Mißverhältnis zwischen Scheiben- und Werkstückgeschwindigkeit,
ungenügende Anzahl, schlechtes Anlegen der Setzstöcke,
lose Backen in den Setzstöcken,
schlecht verbundene, lose Riemen,
Fehler der Zahnräder im Spindelstock (selten),
lose oder unrunde Spitzen,
loser Sitz des Arbeitsstückes in den Körnern,

fehlende Übereinstimmung des Kegels bei Körnerspitze und Körnerloch,
ungenügende Schmierung der Körner,
abgenutzte Führungsflächen im Schleifscheibenschlitten,
zu schwere Arbeit auf leichten Maschinen,
schlecht abgedrehte, unrunde Schleifscheiben,
ungleichmäßige Oberfläche der Scheibe, etwa teilweises Schmieren,
lose Spindel,
schlecht ausgewuchtete Schleifscheiben,
große, nicht ausgewuchtete und zu schnell laufende Arbeitsstücke,
zu schwacher Mitnehmerstift,
lose Schleifscheibe,
Motore mit nicht ausgewuchteten Ankern,
bei Werkstücken mit Absätzen und Bunden: Streifen der Scheibe an den Bunden (Kurbelwellen).

K. Flächenschleifen.

Die Bearbeitung ebener Flächen durch Schleifen hat im Laufe der letzten Jahrzehnte steigende Bedeutung gewonnen und zum Bau einer Reihe von Maschinen für Flächenschliff geführt. Diese unterscheiden sich einerseits durch die Art der Schleifscheibe, Flach- oder Topfscheibe, und andererseits durch die Ausbildung des Aufspanntisches für rundlaufende oder hin- und hergehende Bewegung.

Innerhalb dieser groben Einteilungen der Maschinenarten findet noch eine weitere Gliederung entweder nach Richtung der Genauigkeit oder der Leistung statt. Freilich ist — Sondermaschinen z. B. für Gußbearbeitung ausgenommen — das Bestreben vorherrschend, beiden Richtungen weitgehend Rechnung zu tragen, um mit Fräs- und Hobelarbeit in erfolgreichen Wettbewerb zu treten. Es soll hier nicht untersucht werden, welche Bearbeitungsart wirtschaftlicher ist. Dies wird sich nicht allgemein, sondern nur von Fall zu Fall entscheiden lassen, da bei der Beurteilung dieser Frage eine Reihe von Nebenumständen mitspielen. Wie bei allen Fertigungsfragen ist neben der Eignung der Maschine die Eignung des Arbeitsstückes für das Arbeitsverfahren maßgebend. Je größer die Flächen, desto ungünstiger wird das Schleifverfahren. Man wird daher versuchen, große Flächen, wenn dies angängig ist, durch Unterbrechungen in eine Anzahl kleinerer Flächen aufzulösen, wie dies Abb. 7 zeigt. In vielen Fällen wird sich dies ohne weiteres durchführen lassen und obendrein noch eine Werkstoffersparnis bedeuten. Es wird dadurch die Berührungsfläche zwischen Schleifscheibe und Werkstück vermindert, die beim Flächenschleifen mit Topfscheibe am größten ist. Andererseits können auch durch geeignete Ausbildung der Topfscheibe als Segmentscheibe (Abbildung 8) die Arbeitsbedingungen günstiger

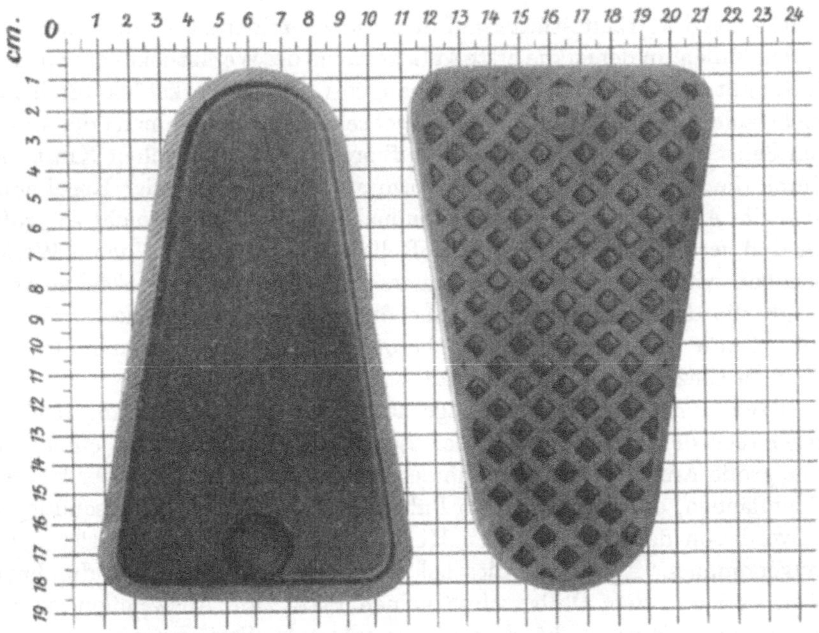

Abb. 7. Schleifmuster ADB 251a.

gestaltet werden. Im allgemeinen wird man bei Flächenschliff mit weichen Schleifscheiben arbeiten müssen, die allerdings dann oft eine sehr starke Abnutzung aufweisen. Diese starke Abnutzung bedeutet aber an sich nicht Unwirtschaftlichkeit, wenn die Leistung entsprechend ist.

Die durch das Schleifen erzielte Ersparnis an Arbeitszeit vermag fast in allen Fällen den höheren Schleifscheibenverbrauch auszugleichen, und es wäre durchaus falsch, zu härteren Scheiben überzugehen. Abgesehen von der geringeren Leistung tritt damit eine Erwärmung der Arbeitsstücke ein, die zu starken Verziehungen führt. Diese treten besonders bei dünnen und langen Stücken auf. Wird auf dem magnetischen Futter geschliffen, so kann man dieses Verziehen durch mehrfaches

Abb. 8. Segmentscheibe ADB 243 a.

Umdrehen des Arbeitsstückes auf dem Futter mildern, aber dies auch nur in den Fällen, in denen die erste Auflagefläche des Werkstückes am Spannfutter gut eben ist. Trifft dies nicht zu, so wird das Werkstück durch das mehrfache Umspannen nur immer wechselweise von der einen oder anderen Seite nachgezogen, um nach Aufhören der magnetischen Kraft die durch die Spannungen bedingte Form anzunehmen. In der Regel sind aber die Anforderungen an die Ebenheit der Werkstücke nicht so groß, als daß geringe Verziehungen eine Rolle spielen würden. Nur im Werkzeugbau wird mitunter eine besonders große Ebenheit der Flächen verlangt, die dann und wann beinahe diejenige der Meßblöcke erreichen soll. Dafür kommen aber wohl besondere Arbeitsverfahren in Frage, die dem Einzelfall anzupassen sind.

Recht umstritten ist die Frage des Schleifens von Führungsflächen gegenüber der Herstellung durch Schaben. Beim Schaben entstehen eine große Anzahl mehr oder minder nahe beieinander liegender kleiner Hochflächen, deren Ebenen die Führungsfläche bilden. Überschüssiges Öl wird von den zwischen den Hochflächen befindlichen Vertiefungen aufgenommen. Anders ist dies bei geschliffenen Flächen, die durchaus eben sind und dem Ölüberschuß keinen Platz zum Ausweichen lassen, sofern ein solcher nicht durch eingearbeitete Vertiefungen (Schabestriche) geschaffen wird. Diese Schabestriche sind natürlich bei gehärteten Führungsflächen undurchführbar. Schließlich ist ja auch die Frage noch ungeklärt, ob der geschabten Fläche in bezug auf die Schmiermittelverteilung wirklich die Vorzüge zukommen, die ihr gegenüber der geschliffenen Fläche nachgerühmt werden.

In neuerer Zeit ist man vielfach dazu übergegangen, Führungsflächen fertigzuschleifen, ohne daß hierfür besondere Ölnuten vorgesehen wurden. Diese haben sich durchaus bewährt. Beim Schleifen von genauen Geradführungen sind natürlich die Einrichtungen und Erfahrungen bei der Ausführung der Schleifarbeit von erheblichem Einfluß. Aber abgesehen von diesem Sondergebiet nimmt das Flächenschleifen in der neuzeitlichen Werkstatt einen immer breiteren Raum ein, und es gibt Maschinen, die sehr große Teile zu bearbeiten gestatten und mit Segmentscheiben bis 1700 mm ⌀ arbeiten. In das Gebiet des Flächenschleifens gehört auch das Schlichtschleifen. Das vom Arbeiter von Hand mit Hilfe von Schlichtfeilen und Schmirgelpapier vorgenommene Schlichten kann maschinell viel schneller und gleichmäßiger ausgeführt werden. Bereits in dem Buch „Austauschbau" wurden auf Seite 113 derartige Flächenschleif- und Schlichtmaschinen gezeigt. Es soll hier jedoch zur Ergänzung noch eine ähnliche Maschine der Diskuswerke angeführt werden, bei der die Schleifflächen nicht mehr einfache Schmirgelleinenbezüge sind. Die Stahlscheibe erhält Schleifplatten von entsprechender Dicke, die sich ähnlich wie eine Schleifscheibe mehrfach aufrauhen und nachdrehen läßt.

L. Naßschliff — Trockenschliff.

Bei Rundschleifmaschinen ist Naßschliff in allen Fällen anzustreben. Gußeisen und Kupfer werden vielfach trocken geschliffen, doch bietet der Naßschliff insofern auch hier Vorteile, als dadurch das Verziehen des Werkstückes vermindert wird. Die Temperatur des Schleifspanes ist sehr hoch; die Schleiffunken sind glühender Werkstoff. Die Wärmeentwicklung beschränkt sich bei der Ablösung des Spanes nicht auf diesen allein, sondern auch auf Werkstück und Schleifscheibe. Je besser die Kühlung, desto geringer ist der Einfluß der Erwärmung. Daraus folgt, daß die Zufuhr des Kühlmittels möglichst nahe an die Schleifstelle gebracht werden soll. Der Strahl soll auch die Schleifscheibe bespülen. Keramisch gebundene Schleifscheiben haben infolge ihrer Porösität den Vorzug, Flüssigkeit aufzunehmen, so daß die Schleifkörner an und für sich gut gekühlt sind, wenn die Wasserzuführung reichlich genug ist. Bei breiten Scheiben soll die Öffnung des Kühlwasserrohres so geformt sein, daß die ganze Breite der Schleifscheibe von dem Kühlmittel bespült wird. Außer dem Vorzug der guten Wärmeableitung bleibt bei Naßschliff die Schleifscheibe länger scharf. Die Schleiffläche wird sauberer und der Schleifstaub wird durch die Kühlflüssigkeit niedergeschlagen. Beim Scharfschleifen von Werkzeugen neigt man vielfach der Ansicht zu, daß die Frage des Naß- und Trockenschliffes von geringerer Bedeutung sei. Für den guten Arbeitsausfall wäre in der Hauptsache richtige Härte und Körnung der Schleifscheibe und nicht zu große Spanabnahme maßgebend. Wenn diesen Gesichtspunkten auch nicht widersprochen werden kann, so bietet der Naßschliff doch immerhin eine gewisse Sicherheit gegen unzulässige Erwärmung. Für manche Werkzeuge wird aber immer der Trockenschliff angewendet werden, wenn eine gute Beobachtung der Schleifstellen während des Schliffes wünschenswert ist. Zu harte Schleifscheiben werden sowohl bei Naß- wie auch bei Trockenschliff ungünstige Ergebnisse an feinen Schneiden zeigen.

Im allgemeinen dürfte Wasser, dem 3—5 % Soda zugesetzt ist, das zweckmäßigste Kühlmittel für das Schleifen sein. Der Sodazusatz soll die Rostbildung verhindern. Für Feinschliff wird vielfach Bohröl verwendet. Dies darf aber nicht bei Gußeisen angewendet werden, da es dann die Scheibe verschmiert.

Edw. K. Hammond empfiehlt in Machinery April 1917 eine Mischung von

34 kg Schmierseife
14 ,, kalz. Soda
68 Liter Wasser.

Unter Kochen werden 45 l Lardöl zugefügt und zur Desinfektion 30 g Kreosot. Nach Abkühlung wird 1 l des Kühlmittels mit 3 l Wasser vermischt, und diese Flüssigkeit eignet sich zum Naßschleifen von Stahl, Schmiedeeisen, Temperguß und Bronze. Für Kupfer wird Sodawasser jedoch in allen Fällen das Geeignetste sein. Pockrandt empfiehlt allgemein Sodawasser mit der Begründung, daß seifenartige Kühlmittel die Schleifscheibe glätten und die Schneidleistung beeinträchtigen. Für sehr feine Schliffe haben aber aus diesem Grunde seifenartige Kühlmittel gewisse Vorzüge. Immer ist aber zu beachten, Kühlmittel in genügender Menge zu verwenden. Je größer die Flüssigkeitsmenge ist, desto günstiger ist die Wirkung. Allerdnigs muß die Zufuhr gleichmäßig sein, wenn Unregelmäßigkeiten im Schliff vermieden werden sollen.

M. Schleifscheiben-Aufspannung.

Flansch: Die Aufspannung der Schleifscheibe erfolgt auf Flansche, die hohlgedreht bzw. ausgespart und von durchaus gleichem Durchmesser sein müssen. Abb. 9 zeigt richtig ausgeführte Flansche, Abb. 10 eine falsche Ausführung der Schleifscheibenaufspannung. Zwischen Flansch und Schleifscheibe sind Pappflansche anzuordnen, die etwas größer sein müssen als die Flansche. Der Flanschdurchmesser soll mindestens $1/_3$ bis zur Hälfte des Schleifscheibendurchmessers betragen. Die Schleifscheibe muß sich leicht auf die Spindel aufstecken lassen, ohne aufgezwängt zu werden, jedoch darf das Loch nicht zu groß sein, da sonst wieder eine schlechte Gewichtsverteilung stattfindet.

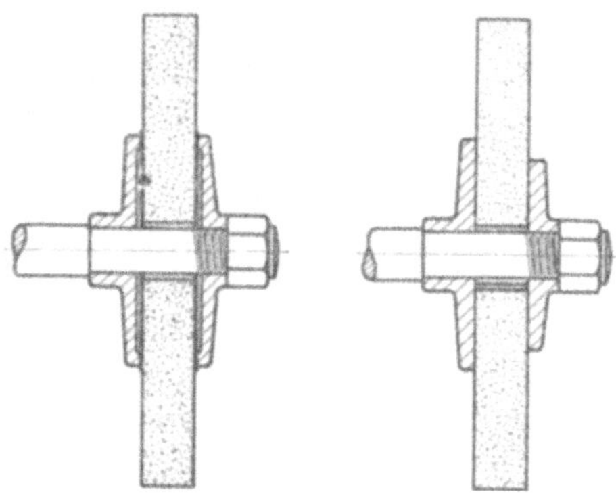

Abb. 9. Richtige Flansche. Abb. 10. Falsche Flansche.

Auswuchten: Gute Gewichtsverteilung ist von erheblichem Einfluß auf die Arbeitsleistung der Schleifscheibe, und es ist zweckmäßig, die Schleifscheibe gut auszuwuchten. Hierbei muß aber wieder darauf geachtet werden, daß Welle, Flansch und Schleifscheibe eine Einheit darstellen, die in ihrer Gesamtheit eine gleichmäßige Gewichtsverteilung aufweisen muß. Ist dies nicht der Fall, so wird selbst sorgfältiges Abrichten der Schleifscheibe keinen guten Schliff ergeben. Die Lagerstellen werden sich bald auslaufen, und die Schleifscheibe wirkt im gewissen Sinne hämmernd. Das Auswuchten wird in der Regel so vorgenommen, daß entweder im Flansch oder an der Bohrung nach Entfernung eines Teiles der Schleifscheibenmasse mehr oder minder große Bleistücke eingelegt werden.

Gewisse Schwierigkeiten bietet das Auswuchten von Schleifscheiben bei Rundschleifmaschinen. Hier ist aber schon viel gewonnen, wenn Welle und Flansche gut ausgewuchtet werden und die aufzusetzenden Schleifscheiben in der Bohrung nur geringes Spiel haben. Es ist selbstverständlich nicht durchführbar, bei jeder neuen Schleifscheibe die Welle aus den Lagern auszubauen, um sie mit Flansche und Schleifscheibe neu auszuwuchten. Ist aber die Massenverteilung der Aufnahmeelemente eine einwandfreie, so werden geringe Verschiedenheiten in der Dichtigkeit der Schleifscheibe kaum zur Wirkung kommen, wenn nicht die Schleifleistung als solche dadurch beeinflußt wird. Ist die Ungleichmäßigkeit der Gewichtsverteilung der Schleifscheibe erheblicher, so wird sich dies beim Schleifen durch einen unruhigen Lauf zeigen. Eine Schleifscheibe von richtiger Härte und Körnung soll beim Arbeiten einen gleichmäßig scharfen, zischenden Ton erzeugen. Ist dieser Ton von einem leichten Vibrieren begleitet, so kann man, wenn die Schleifscheibe genau rundlaufend abgerichtet ist, auf schlechte Gewichtsverteilung schließen. Vielfach wird eine einseitige Belastung auch durch einseitiges Vollsaugen mit Wasser hervorgerufen, und bei Naßschliff ist es empfehlenswert, beim Stillsetzen der Maschine nach Schluß der Arbeitszeit die Scheibe noch kurze Zeit laufen zu lassen, um die in der porösen Scheibe aufgesammelte Flüssigkeit abzuschleudern.

Untersuchung auf Sprünge: Vor Aufbringen der Schleifscheibe ist sie zweckmäßig durch Klopfen auf Sprünge zu untersuchen. Sprünge sind nicht in jedem Falle ohne weiteres zu erkennen. Ergibt eine Schleifscheibe beim Klopfversuch keinen reinen Ton, so kann man auf Sprünge schließen. Das Klopfen muß natürlich mit entsprechender Vorsicht vorgenommen werden, am besten mit Hilfe eines Stückes Hartholz, damit nicht durch die Untersuchung Sprünge entstehen.

Abrichten: Wichtig ist unbedingtes Rundlaufen der Schleifscheibe. Unrunde Schleifscheiben können nie gute Arbeit liefern. Sowie die ersten Spuren ungleichmäßigen Eingriffes auftreten, muß die Schleifscheibe sofort abgerichtet werden. Für feine Schleifscheiben wird unbedingt der Diamant vorzuziehen sein. Für größere Schleifscheiben gröberer Körnung sind auch die in Abb. 11 gezeigten Abrunder verwendbar, die das Korn aus der Bindung drücken. Je nach dem Korn werden Abrichter mit Spitzenrädchen, Zackenrädchen und Wellenrädchen verwendet, wobei die Abrichter mit Wellenrädchen für das gröbste Korn in Betracht kommen. Schleifscheiben für Rundschleifmaschinen sollen nur mit dem Diamant abgerichtet werden. Vielfach werden zum Abrichten von Schleifscheiben auch Stahlrohre verwendet, die mit Silizium-Karbid gefüllt sind. Diese Abrichter sind für das Nachrichten von Schleifscheiben sehr gut verwendbar, brechen aber die Schneidkörner der Schleifscheibe an der Spitze ab, so daß die Schleifscheibe nach dem Abrichten weniger gut schneidet. Es wird daher in vielen Fällen empfehlenswert sein, nach dem Abrichten kurz mit dem Diamant über die Schleiffläche zu gehen

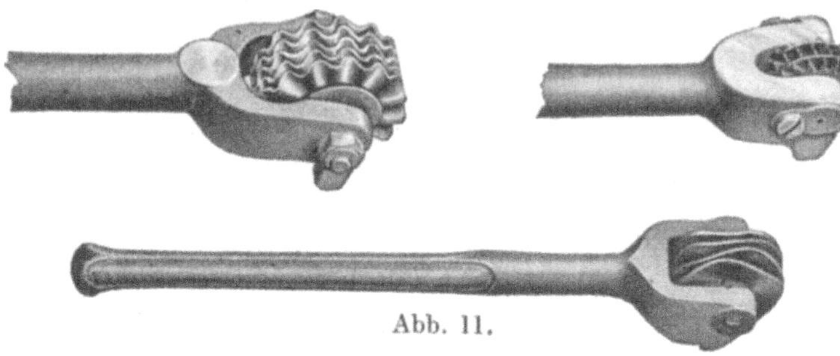

Abb. 11.

und damit die Schleifscheibe wieder zu schärfen. Zu beachten ist, daß beim Abdrehen mit dem Diamanten die Umfangsgeschwindigkeit der Schleifscheibe möglichst zu vermindern ist.

N. Arbeiterschutz.

Das Schleifen birgt für den Arbeiter manche Gefahren in sich. Vor allem kann die hohe Umdrehungszahl der Scheibe ein Zerspringen und damit eine Verletzung des Arbeiters mit sich bringen. Deshalb sind für die Schleifmaschinen entsprechende Schutzvorrichtungen vorgeschrieben, die im Falle des Zerspringens einer Schleifscheibe das Umherfliegen der Stücke verhindern sollen. Eine Beschreibung der verschiedenen Schutzhauben kann hier wohl unterbleiben.

Aber es soll auf einen wesentlichen Gesichtspunkt hingewiesen werden, der für Schutzhauben in Frage kommt, und das ist die geeignete Form, sowie die Möglichkeit des leichten Auf- und Anbringens. An mancher Werkzeugschleifmaschine entfernt der Arbeiter die Schutzhaube aus dem Grunde, weil sie ihm die Beobachtung des Arbeitsstückes verwehrt. Beim Entwurf der Schutzhaube wurde also diesem Gesichtspunkt nicht genügend Rechnung getragen. Daß die Schutzhauben nicht an der Maschine verwendet werden, hat aber auch vielfach darin seinen Grund, daß das Auf- und Abbringen der Schutzhaube umständlich ist. Bei Werkzeugschleifmaschinen ist sehr oft ein Schleifscheibenwechsel erforderlich und dieser wird sehr erschwert, wenn dabei noch eine Anzahl von Befestigungsschrauben der Schutzhaube zu lösen sind. Gerade auf diesen Gesichtspunkt muß von der Werkzeugmaschinenindustrie besonderer Wert gelegt werden, und das Problem, schnell auf- und abmontierbare Schutzhauben zu entwerfen, ist nicht allzu schwierig zu lösen. Besondere Aufmerksamkeit muß auch dem Augenschutz gewidmet werden, da beim Schleifen leicht Schleifkörnchen ab und in das Auge geschleudert werden. Die Unfallverhütungsvorschrift schreibt hier den Gebrauch von Schutzbrillen vor, die von der Industrie in geeigneter Form aus Leichtmetall und mit unzerbrechlichen Gläsern geliefert werden. Meist ist es aber schwer, die Arbeiter zum Gebrauch dieser Brille zu bewegen. Hier wird sachgemäße Aufklärung und entsprechende Überwachung empfehlenswert sein.

Im Rahmen dieses Vortrages ließ sich das Thema des Schleifens nur in großen Zügen behandeln. Außer den bereits angeführten Literaturstellen wird noch auf das von Prof. Dr.-Ing. Schlesinger herausgegebene Buch „Wirtschaftliches Schleifen" hingewiesen, das eine Reihe wertvoller Arbeiten aus der Zeitschrift Werkstattechnik 1917 bis 1921 enthält. Ferner sei das Buch „Schleifen" von Dr. Buxbaum empfohlen, das in der Reihe der Simonschen Werkstattbücher erschienen ist[1]). Der Betriebsmann wird dort in kurzer, leichtverständlicher Form über alle Fragen Auskunft erhalten.

---

[1]) Verlag beider Veröffentlichungen Berlin: Julius Springer.

Das Werkzeugschleifen.

Von Direktor Dr.-Ing. e. h. **J. Reindl**, Berlin.

A. Begriffsbestimmung.

Unter Werkzeugschleifen sind alle Arbeiten zu verstehen, die am Werkzeug mit der Schleifscheibe vorgenommen werden. In der Hauptsache wird aber doch dem Scharfschleifen die größte Aufmerksamkeit zugewendet, denn gerade die richtige Ausführung des Scharfschliffes ist für die Wirkung des Werkzeuges von ausschlaggebender Bedeutung. Dabei muß natürlich auch allen anderen Schleifarbeiten am Werkzeug entsprechende Wertung zugebilligt werden, denn eine zu große Fräserbohrung, ein nicht rechtwinklig zur Achse liegender Seitenschliff des Fräsers vermag ebenso schädlich zu wirken wie eine schlecht geschliffene Schneidkante. In der Hauptsache soll aber hier das Schärfen von Schneidwerkzeugen behandelt werden. Es ist zweckmäßig, die Mittel hierzu zunächst allgemein zu behandeln, da eine eingehende Erörterung bei den einzelnen Verfahren sich nicht umgehen läßt.

B. Schleifmittel zum Werkzeugschleifen.

Schleifscheiben: Für das Schärfen von Dreh- und Hobelstählen, Fräsern, Reibahlen, Bohrern, Gewindeschneidzeugen usw. kommen Schleifscheiben, und zwar Kunstkorundscheiben in Frage. Schleifscheiben aus Silizium-Karbid werden zum Schleifen von gehärtetem Stahl nicht verwendet, da sie sich hierfür nicht eignen.

Abziehsteine: Für manche kleine Nachhilfen kommen Abziehsteine in Frage, die in den verschiedensten Formen hergestellt werden. Es gibt verschiedene Arten von Abziehsteinen, und zwar solche aus Kunstkorund, aus Silizium-Karbid, dann die weißen Washita-Steine und die Arkansas- oder Mississippi-Steine.

Die Kunstkorund-Steine werden in der Hauptsache zur Nachhilfe bei Metallbearbeitungswerkzeugen verwendet. Sie entsprechen in ihrer Wirkung feinkörnigen Korundscheiben, wenngleich vielfach die Bindung so gewählt wird, daß die Porosität eine geringere ist, um das allzu schnelle Aufsaugen des Öles zu verhindern.

Abziehsteine aus Silizium-Karbid werden meist für Holz-Bearbeitungswerkzeuge verwendet, deren Werkstoff geringere Festigkeit aufweist. Für Holzbearbeitungswerkzeuge dienen auch vornehmlich die Washita-Abziehsteine. Sie greifen wesentlich milder an als Korundabziehsteine, dagegen schärfer als die in der Metallbearbeitung hauptsächlich gebrauchten Arkansas-Ölsteine, die für feinste Schnittkanten benutzt werden und mehr glätten als reiben.

Die Anwendung der Abziehsteine ist wohl so bekannt, daß darüber nicht ausführlich gesprochen zu werden braucht. Das zur Verwendung kommende Öl hängt sehr vom Verwendungszweck ab. Für feineren Schliff kann man dickeres Öl verwenden. Dieses hat nur sehr oft den Nachteil, daß es beim Eintrocknen die Schneidfähigkeit des Steines zu sehr beeinträchtigt und ein Auswaschen mit Petroleum erforderlich macht. Zu scharfen Angriff kann man auch durch Bestreichen des Abziehsteines mit Kreide vermindern. Um die Schneidfähigkeit gut zu halten, wird z. T. auch Glyzerin verwendet, das sich mit Wasser ohne weiteres abspülen läßt.

C. Schleifen von Dreh- und Hobelstählen.

Sandstein: Für das Schärfen von Dreh- und Hobelstählen war lange Zeit der Sandstein das allgemein Übliche, und es soll auch heute noch Betriebe geben, in denen er noch in hohen Ehren steht. Der Sandstein hat aber den Nachteil, daß er sehr leicht unrund wird und dann eine schlechte Arbeit, einen schlechten Schliff liefert, wenngleich er den Vorzug besitzt, das Werkzeug nicht auszuglühen.

Vom Sandstein haben die Werkleute wohl noch die Übung übernommen, das Werkzeug recht stark an die Schleifscheibe anzudrücken. Denn beim Sandstein ist das schließlich notwendig, um eine Schleifwirkung zu erzielen. Die Art des Schleifens von Dreh- und Hobelstählen hat sich aber gründlich geändert. Der Sandstein, der in irgendeiner abgelegenen Ecke der Werkstatt steht, und der beliebte Platz von Zusammenkünften ist, mußte der modernen Werkzeugschleifmaschine Platz machen.

Schleifmaschine: Der moderne Betrieb verwendet nur Stahl-Schleifmaschinen (Abb. 1), deren Betrieb so sauber ist, daß sie zwischen den Werkzeugmaschinen aufgestellt werden können, wenn es nicht vorgezogen wird, den Anschliff der Stähle in der Werkzeugmacherei vorzunehmen, so daß dem Dreher stets eine Anzahl scharfer Stähle zur Verfügung stehen, die er beim Stumpfwerden gegen frischgeschärfte austauscht. Die Vornahme des Anschliffes der Schneidstähle in der Werkzeugmacherei hat noch den Vorzug, daß hierzu besonders ausgebildete Arbeiter verwendet

Abb. 1. Stahlschleifmaschine.

werden können, denen die entsprechenden Winkeltafeln für die verschiedenen Werkstoffe zur Verfügung stehen. Das Nachprüfen der Schneidwinkel erfolgt zweckmäßig mit einem Schneidstahlwinkelmesser nach Abb. 2.

Der neue Stahl soll vor dem Härten in seiner Form fertig geschliffen werden, so daß nach dem Härten nur eine geringe Spanabnahme notwendig ist, die unter geringem Andruck vorgenommen werden muß. Verschiedene Firmen, die derartige Maschinen herstellen, bringen an sichtbarer Stelle eine Aufschrift an, die darauf hinweist, daß nur beim leichten Vorbeiführen des Stahles gute Ergebnisse erzielt werden können.

Es ist unbedingt notwendig, bei den Stahlschleifmaschinen ganz besonders auf genaues Rundlaufen der Schleifscheibe zu achten. Die

Abb. 2. Schneidstahlwinkelmesser.

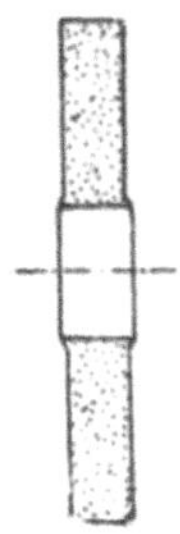

Abb. 3. Schleifscheibe mit Ansatz.

bisher bei diesen Maschinen üblichen Schleifscheiben hatten an der Bohrung einen Ansatz, der in eine entsprechende Aussparung des Flansches paßte (Abb. 3). Der Verein Deutscher Schleifmittelwerke hat sich bei der Normung dieser Schleifscheiben entschlossen, diesen Ansatz wegfallen zu lassen, und zwar mit der Begründung, daß er nur dann Vorteile bietet, wenn er wirklich genau in die Aussparungen der Flansche paßt. Ist das nicht der Fall, so ist er eher von Nachteil.

Derartige Maschinen werden von einer Reihe von Werkzeugmaschinenfabriken hergestellt, wie auch die Scheiben von allen Schleifmittelfabriken geliefert werden. Es besteht sehr wohl die Gefahr, daß trotz einer Normung die Übereinstimmung sehr oft nicht gegeben sein würde. Andererseits war noch zu erwägen, daß die Schleifscheiben durch die Flanschen in genügender und zuverlässiger Weise sicher auch ohne Ansatz gehalten sind und daß ferner die Schutzhaube die Gefahren bei Bruch wirksam abwendet. Der V. D. S. beschloß daher, diesen Ansatz wegzulassen. Die Scheiben werden nunmehr seit geraumer Zeit nur noch als glatte Scheiben geliefert.

D. Schleifen von Fräsern und Reibahlen.

Die Besprechung der Schleifscheiben für Fräser und Reibahlen wird gemeinsam vorgenommen, da Einstellung und Schleifart für beide Arten von Werkzeugen die gleichen sind. Der Verein Deutscher Schleifmittelwerke strebte auch hier eine Vereinfachung der vielfach gleichen Zwecken dienenden Schleifscheiben an.

Tellerscheibe: Abb. 4 zeigt die übliche Tellerscheibe, die sowohl ausgespart wie voll geliefert wird.

Bei den Normungsarbeiten wurde die volle Tellerscheibe als entbehrlich bezeichnet und besonders auf den Nachteil hingewiesen,

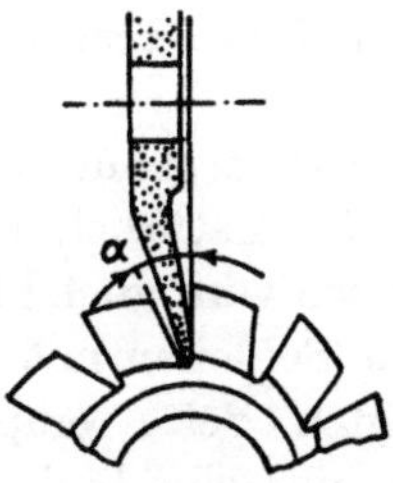

Abb. 4. Tellerscheibe ausgespart.

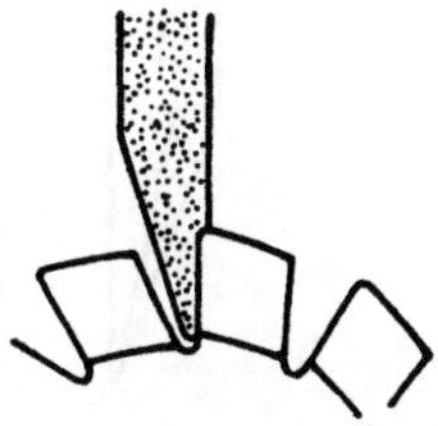
Abb. 5. Ansatzbildung bei der vollen Tellerscheibe.

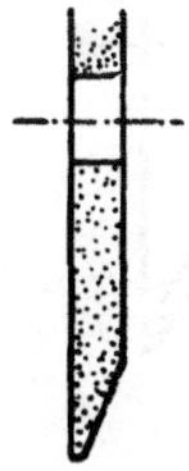
Abb. 6. Scheibe für gefräste Fräser mit Abschrägung.

daß sie beim Schärfen gleich hoher hinterdrehter Zähne leichter einen Ansatz ergibt (Abb. 5), der dann die Zahnspitze stumpf werden läßt, wenn nicht rechtzeitig mit dem Diamanten abgerichtet wird.

Schließlich ist zu bemerken, daß auch beim Schleifen mit der abgeschrägten Seite Ansätze entstehen, die dauernd beseitigt werden müssen. Diese Ansatzbildung ist aber nicht so schlimm, da in der Werkzeugmacherei doch dauernd Werkzeuge verschiedener Zahnhöhen verwendet werden, so daß die Ansatzbildung nicht in dem Maße auftritt, daß ein allzu oftmaliges Abrichten der Schleifscheibe notwendig wäre.

Dem gegenüber wurde angeführt, daß man zum Schärfen spitzgezahnter Fräser zweckmäßig diese Scheiben verwendet, wenn auch für den gleichen Zweck eine gewöhnliche flache Schleifscheibe genügt, die mit einer Abschrägung versehen ist, wie sie Abb. 6 zeigt.

Die volle Scheibe ist aber so eingeführt, daß sich der Verein Deutscher Schleifmittelwerke doch entschloß, auch sie als eine Parallelausführung beizubehalten.

Dagegen wurden verschiedene andere Parallelformen, die nachstehend in Abb. 7 zu sehen sind, als entbehrlich weggelassen. Die beiden ersten Formen ergeben nach mehrfachem Abschleifen die genormte Form, die letzte Form ist unpraktisch, da das Einführen der Schleifscheibe in schmale Zahnlücken bei hinterdrehten Fräsern Schwierigkeiten bieten dürfte.

Für spiralgenutete, hinterdrehte Fräser sind doppelt-abgeschrägte Schleifscheiben zweckmäßig, da hier mit der Schräge geschliffen werden muß (Abb. 8). Durch die Verwindung der Spiralnut würde die gerade Fläche eine Abwälzung und damit ein Zurückbiegen der Zahnbrust verursachen. Der Fräserzahn würde also in seinem oberen Teile sehr ungünstige Schneidverhältnisse aufweisen, während das Schleifen mit der abgeschrägten Fläche dieses vermeidet, wie aus dem Bilde rechts zu ersehen ist.

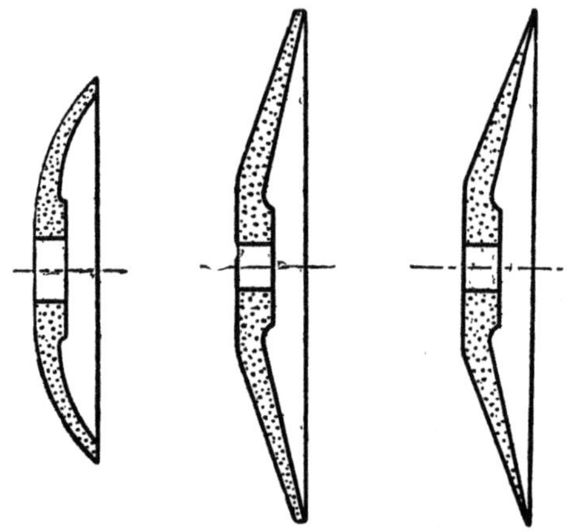

Abb. 7. Entbehrliche Formen von Tellerscheiben.

Für gerade genutete Fräser kommt das natürlich nicht in Frage, doch wird auch hier vielfach das Schleifen mit der abgeschrägten Seite empfohlen, da dann nur eine Linienberührung stattfindet und die Erwärmung des Fräsers wesentlich vermindert ist (Abb. 9). Das Schleifen mit der flachen Seite hat den Vorteil, daß die Schleifscheibe als Führung dient und eine Zahnauflage entbehrlich ist. Man würde zuweit gehen, das Verfahren, mit der flachen Seite zu schleifen, als falsch zu verwerfen. Es hängt sehr davon ab, wie die Schleifarbeit ausgeführt wird. Bei vorsichtiger Arbeitsweise sind die Nachteile entschieden in der Praxis nicht so groß, wie sie in der Theorie aussehen.

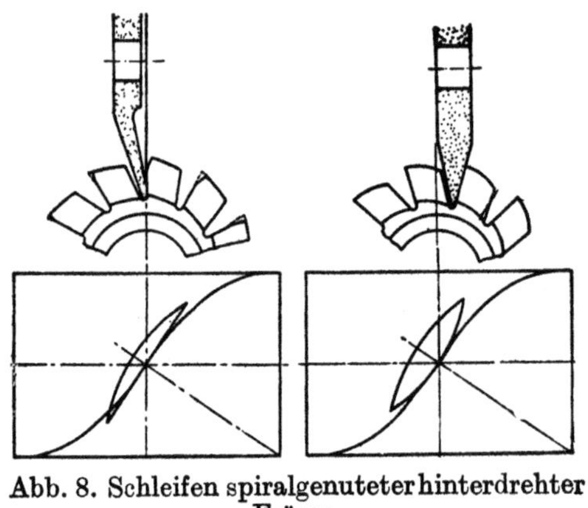

Abb. 8. Schleifen spiralgenuteter hinterdrehter Fräser.

Topfscheibe: Auch bei den Topfscheiben (Abb. 10) hat der Verein Deutscher Schleifmittelwerke die Normung auf zwei Formen beschränkt, und zwar dient als Normalform der gerade hochgezogene Topf, der den Vorteil hat, daß sich bei fortschreitender Abnutzung die Umfangsgeschwindigkeit nicht vermindert. Die konische Topfscheibe wäre für das Fräserschleifen entbehrlich. Sie wurde aber im Normenwerk beibehalten für Zwecke des Vorrichtungsbaues, bei denen es notwendig ist, an Ansätze dicht heranzuschleifen. Die Schneidkantenverringerung durch Abschrägen kann natürlich an beiden Formen angebracht werden.

Schließlich sei noch die ebenfalls genormte doppelseitige Topfscheibe erwähnt (Abb. 11), die zum Schleifen fen von dreiseitig schneidenden Messerköpfen und Scheibenfräsern dient, in der Weise, daß nur der Fräser geschwenkt wird. Allerdings muß die Scheibe dann auf ein Verlängerungsstück aufgesetzt werden.

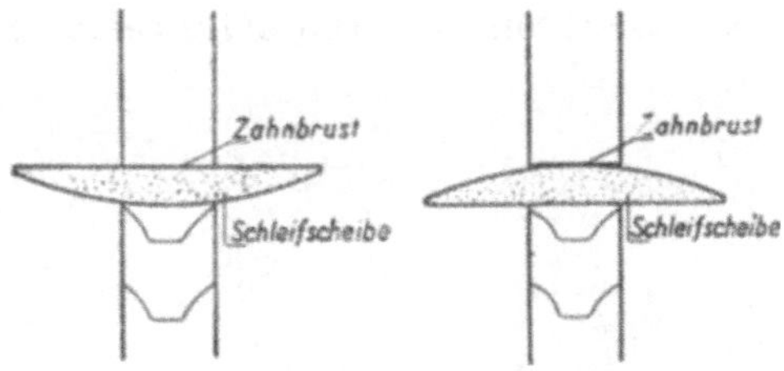

Abb. 9. Schleifen gerade genuteter Fräser.

Tellerscheibe—Topfscheibe (Einstellung des Hinterschliffes): Für Fräser und Reibahlenschliff kommen zwei Schleifverfahren in Frage, und

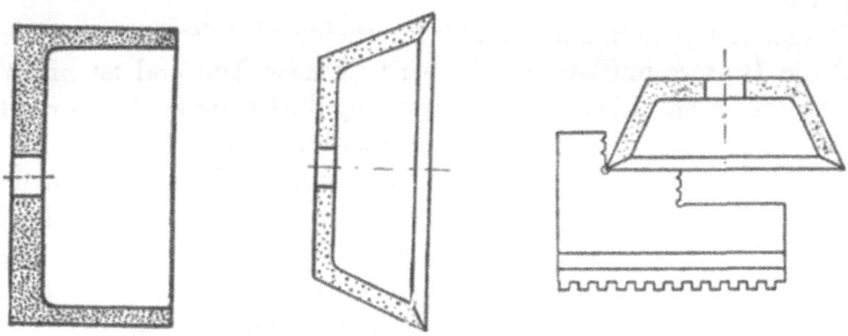
Abb. 10. Topfscheibenformen.

zwar mit der Topfscheibe und mit der Tellerscheibe (Abb. 12). — Der Hinterschliff der Fräser wird im Durchschnitt mit 5^0 angenommen. Für die Größe des Hinterschliffwinkels ist sowohl der Werkstoff wie die mehr oder minder starre Beschaffenheit der Maschine maßgebend. Für Schrupparbeiten soll er größer, für Schlichtarbeiten kleiner sein. Werkstoffe mit großer Zugfestigkeit verlangen einen geringeren, solche mit geringerer Zugfestigkeit einen größeren Hinterschliff. Man wird über 7^0 nicht hinausgehen. Zu großer Hinterschliff hat vielfach ein schnelles Stumpfwerden des Fräsers und eine ungenügende Arbeit zur

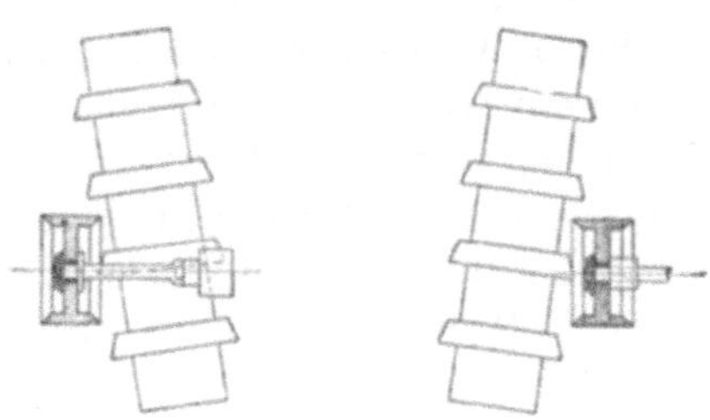
Abb. 11. Doppelseitige Topfscheibe.

Folge, abgesehen davon, daß zu großer Hinterschliff leicht unsaubere Arbeit erzeugt. Für sehr feine Schlichtarbeiten auf weichen Werkstoffen wie Messing wird man den Hinterschleifwinkel auf das Mindestmaß beschränken. Die Einstellung des Hinterschliffwinkels erfolgt durch Senken des Fräserzahnes um den Betrag A, der bei der Topfscheibe durch Heben und bei der Tellerscheibe durch Senken des Werkstücktisches bewirkt wird. Die Werte für das Maß A mit Bezug auf die verschiedenen Hinterschliffwinkel finden sich in nachfolgender Tafel.

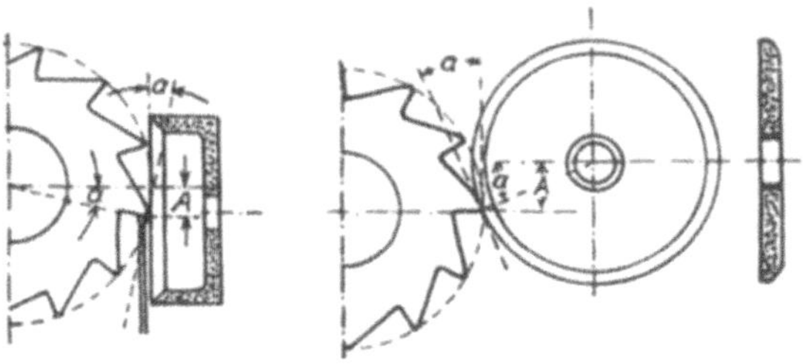

Abb. 12. Topfscheibe und Tellerscheibe.

Gegen das Schleifen mit der Tellerscheibe wird der Einwand erhoben, daß die Hinterschliffkante hohl wird. Dieser Einwand ist nicht allzu ernst zu nehmen. Die geringe Krümmung dürfte in der Praxis wohl ganz vernachlässigt werden können. Im übrigen findet auch bei der Topfscheibe eine geringe Krümmung statt, da die Topfscheibe in einer gewissen Schräge angelegt werden muß (Abb. 13). Die Krümmung entspricht dem Krümmungsradius der kleinen Achse einer Ellipse, deren große Achse gleich dem Schleifscheibendurchmesser D und deren kleine Achse gleich $D \cdot \sin \beta$ ist, wobei β den Winkel darstellt, um den die Topfscheibe schräg zum Fräser gestellt ist. Die Krümmung ist so verschwindend, daß sie als nicht vorhanden betrachtet werden kann.

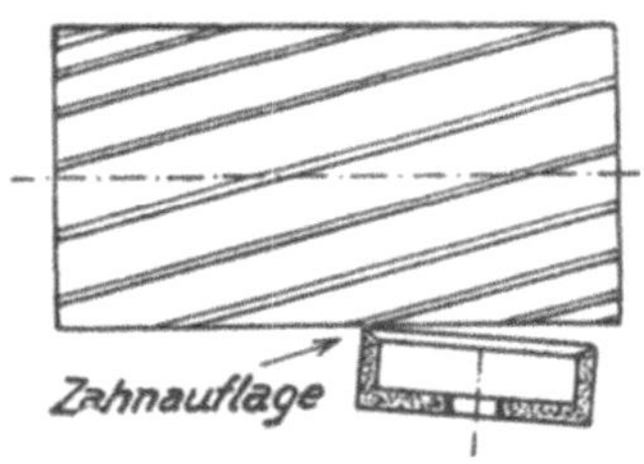

Abb. 13. Schräganlage der Topfscheibe.

Bei Tellerscheiben wird mitunter zur Verminderung der im Hinterschliff entstehenden Krümmung Fräser und Schleifscheibe so eingestellt, daß deren Achsen im Winkel zueinander stehen, sofern dies die Bauart der Werkzeugschleifmaschine zuläßt. Hierbei ist zu beachten, daß sich der für gleichlaufende Fräser und Schleifscheibenachse berechnete Hinterschleifwinkel proportional der Größe der Schrägstellung ändert.

Für achsengleiche Einstellung berechnet sich die Einstellhöhe $A = {}^1/_2 D \cdot \sin\alpha$. Bei Topfscheiben wird für D der Durchmesser des Fräsers und bei flachen und Tellerscheiben der Durchmesser der Schleifscheibe eingesetzt.

Die Einstellmaße für den am meisten zur Anwendung kommenden Schleifwinkel von 5° sind in der Tafel durch Fettdruck hervorgehoben.

Durchmesser *D*	Einstellmaß *A* für einen Hinterschliff von					Durchmesser *D*	Einstellmaß *A* für einen Hinterschliff von				
mm	3°	4°	5°	6°	7°	mm	3°	4°	5°	6°	7°
6	0,16	0,21	**0,26**	0,31	0,37	95	2,49	3,31	**4,14**	4,97	5,79
8	0,21	0,28	**0,35**	0,42	0,49	100	2,62	3,49	**4,36**	5,23	6,09
10	0,26	0,35	**0,44**	0,52	0,61	110	2,88	3,84	**4,79**	5,75	6,70
12	0,31	0,42	**0,52**	0,63	0,73	120	3,14	4,19	**5,23**	6,27	7,31
14	0,37	0,49	**0,61**	0,73	0,85	130	3,40	4,53	**5,67**	6,79	7,92
16	0,42	0,56	**0,70**	0,84	0,97	140	3,66	4,88	**6,10**	7,32	8,53
18	0,47	0,63	**0,78**	0,94	1,10	150	3,93	5,23	**6,54**	7,84	9,14
20	0,52	0,70	**0,87**	1,05	1,22	160	4,19	5,58	**6,97**	8,36	9,75
23	0,60	0,80	**1**	1,20	1,40	170	4,45	5,93	**7,41**	8,89	10,36
26	0,68	0,91	**1,13**	1,36	1,58	180	4,71	6,28	**7,84**	9,41	10,97
30	0,79	1,05	**1,31**	1,57	1,83	190	4,97	6,63	**8,28**	9,93	11,58
35	0,92	1,22	**1,53**	1,83	2,13	200	5,23	6,98	**8,72**	10,45	12,19
40	1,05	1,40	**1,74**	2,09	2,44	210	5,50	7,32	**9,15**	10,98	12,80
45	1,18	1,57	**1,96**	2,35	2,74	220	5,76	7,67	**9,59**	11,50	13,41
50	1,31	1,74	**2,18**	2,62	3,05	230	6,02	8,02	**10,02**	12,02	14,02
55	1,44	1,92	**2,40**	2,87	3,35	240	6,28	8,37	**10,46**	12,53	14,62
60	1,57	2,09	**2,61**	3,14	3,66	250	6,54	8,72	**10,90**	13,07	15,23
65	1,70	2,27	**2,83**	3,40	3,96	260	6,80	9,07	**11,33**	13,59	15,84
70	1,83	2,44	**3,05**	3,66	4,27	270	7,07	9,42	**11,77**	14,11	16,45
75	1,96	2,62	**3,27**	3,92	4,57	280	7,33	9,77	**12,20**	14,63	17,06
80	2,09	2,79	**3,49**	4,18	4,87	290	7,59	10,12	**12,64**	15,16	17,67
85	2,22	2,97	**3,70**	4,44	5,18	300	7,85	10,46	**13,07**	15,68	18,28
90	2,36	3,14	**3,92**	4,70	5,48						

Zahnauflage: Um dem Fräser beim Schleifen eine gewisse Führung zu geben, verwendet man Zahnauflagen, sogenannte Finger. Bei hinter-

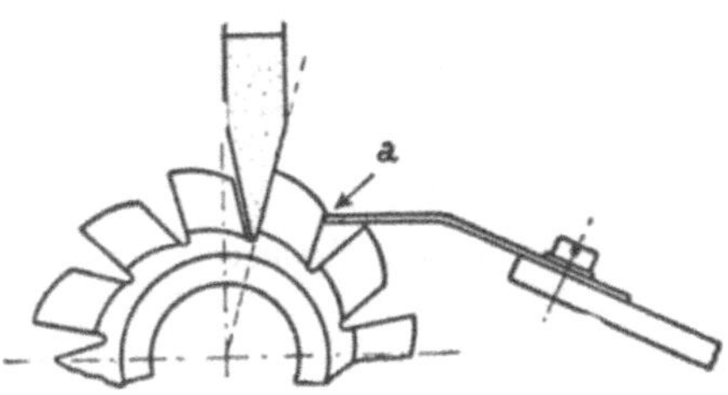

Abb. 14. Zahnauflage richtig.

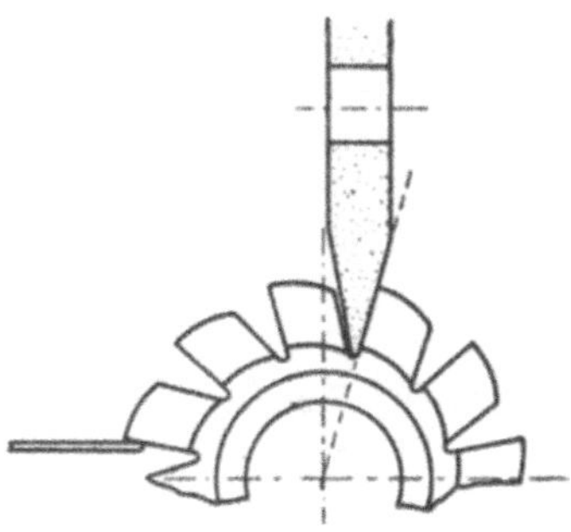

Abb. 15. Zahnauflage falsch.

drehten Fräsern muß die Zahnauflage stets am Rücken des zu schleifenden Zahnes anliegen (Abb. 14), um Ungleichheiten in der Teilung unschädlich zu machen. Es wäre durchaus falsch, die Zahnauflage an die Brust eines anderen Zahnes anzulegen (Abb. 15). Die Fräser würden dadurch unrund werden, d. h. die einzelnen Zähne erhielten ungleiche Zahnhöhen.

Bei Profilfräsern ist eine genau radiale Zahnbrust notwendig, da bei jeder anderen Lage der Zahnbrust sich das Profil verändert. Es ist deshalb notwendig, die Schleifscheibe beim Schleifen schon entsprechend einzustellen, was mit Hilfe der bekannten Lehre, die in Abb. 16 dargestellt ist, geschehen kann.

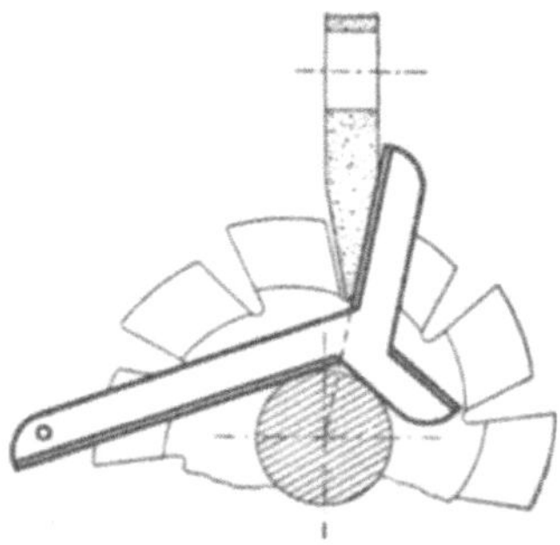

Abb. 16. Schleiflehre.

Abb. 17. Schleiflehre.

Die weiter gezeigte Lehre (Abb. 17) dient zur Ermittlung der radialen Lage der Zahnbrust und des Rundlaufs des Fräsers.

Bei spitzgezahnten Fräsern ist es notwendig, daß die Fingerführung stets am zu schleifenden Zahn und möglichst in der Nähe der Schleifstelle anliegt (Abb. 18).

Schleifrichtung: Es wäre noch einiges über die Schleifrichtung zu sagen (Abb. 19). Die unangenehmste Erscheinung bei der Herstellung von Schneidkanten ist das Abdrücken des Werkstoffes, der sogenannte

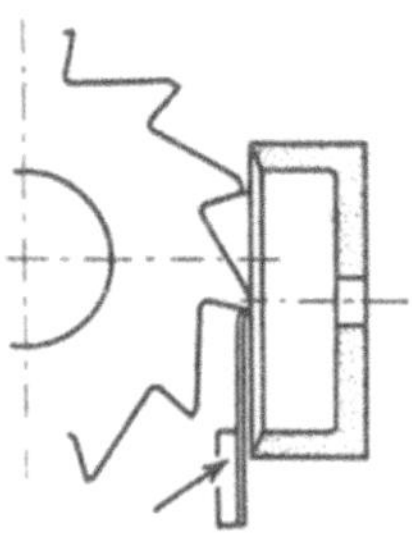

Abb. 18. Fingerführung.

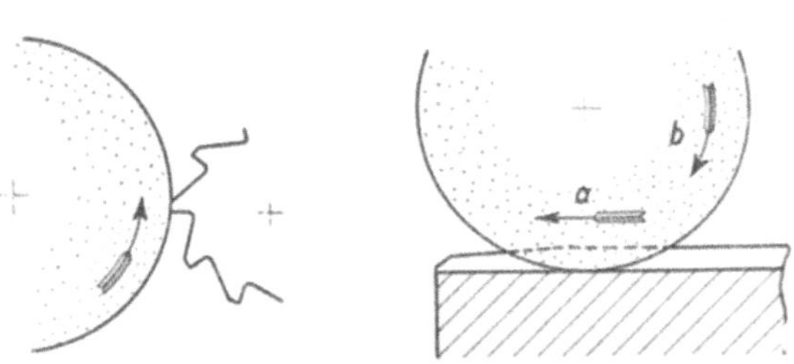

Abb. 19. Schleifrichtung.

Grat. Die Gratbildung kann vermieden werden, wenn die Schleifscheibe stets gegen die Schneidkante läuft. Dies hat den Nachteil, daß die Schleifscheibe den Fräserzahn von der Zahnauflage oder Fingerführung wegzudrücken versucht. Man hilft sich gern damit, daß man um den Schleifdorn ein dünnes Riemenstück schlingt, das an einem Ende ein Gewicht trägt. Der Gewichtszug drückt dann dauernd den Fräserzahn auf die Fingerführung, und ein leichtes Nachhelfen mit der Hand wird die Sicherheit geben, daß die Schleifscheibe den Zahn nicht zurückdrängt. Es erscheint dieses Hilfsmittel viel zweckmäßiger, als wenn die Schleifscheibe mit der Schneidrichtung des Fräsers läuft und dann der Grat durch Abziehen mit dem Ölstein entfernt werden muß.

Schleifen der Brustfläche des Zahnes: Vielfach sind Fräser und Reibahlen an der Brustfläche des Zahnes nicht geschliffen. Es ist bekannt, daß Fräser meist erst nach mehrmaligem Nachschleifen die beste Schnittleistung ergeben. Die durch das Härten mitgenommene Außenhaut ist dann entfernt. Wird nur am Rücken geschliffen, während die Zahnbrust so bleibt, wie der Fräser aus der Härterei kommt, so schneidet eigentlich immer nur die äußere Schicht, abgesehen davon, daß die ungeschliffene Brustfläche durch die Fräsriefen oft gar nicht die wünschenswerte Oberflächenbeschaffenheit hat. Selbst wenn man vor dem Härten die Brustfläche schleift, so bleibt doch stets etwas Härtezunder zurück, und es ist empfehlenswert, diesen in allen Fällen zu entfernen.

Schleifdorn: Daß Fräser nur auf genau passenden und genau rundlaufenden Dornen geschliffen werden sollen, darf wohl als bekannt vorausgesetzt werden und ebenfalls, daß die Seitenflächen der Fräser genau im rechten Winkel zur Fräserachse liegen müssen.

E. Besondere Gesichtspunkte beim Schleifen der Reibahlen.

Die allgemeinen Gesichtspunkte, die für das Schleifen von Fräsern in Betracht kommen, gelten auch für Reibahlen.

Handreibahlen: Bei der Handreibahle leistet nur der konische Anschnitt Arbeit. Der übrige Teil dient als Führung. Der Deutsche Präzisionswerkzeug-Verband hat die Länge dieses Anschnittes, der ja auch nach den verschiedenen Werkstoffen wechseln könnte, einheitlich mit $^1/_4$ der ganzen Schneidenlänge festgelegt. Die Verjüngung hängt von der abzunehmenden Werkstoffmenge ab. Nur soll mit einer Feinreibahle nicht mehr wie etwa 0,02—0,1 mm weggenommen werden, je nach dem Durchmesser des Loches. Man kann als Größtwert für den wegzunehmenden Werkstoff s die Formel anwenden:

$$s = 0{,}05\,d + 0{,}1 \text{ mm},$$

wobei d der Durchmesser des Loches ist.

Vielfach wird an der Reibahle noch vorn ein besonderer Anschnitt von 45° mit einem Hinterschliff von 5° angebracht, der lediglich eine Vorsichtsmaßregel für den Fall darstellt, daß im Loch doch mehr Werkstoff vorhanden sein sollte. Ist dieser Anschliff nicht vorhanden, so neigt die Reibahle an der vorderen Kante leicht zu einem Ausbrechen der Zähne.

Die Reibahle erhält ihr Vollmaß an der Kegelbasis des Anschnittes; nach hinten wird sie um einige tausendstel Millimeter kleiner geschliffen.

Dieses Kleinerschleifen soll ein Zwängen am Führungsteil verhindern und hat in der Hauptsache den Zweck, zu verhindern, daß die Verjüngung in umgekehrter Richtung geht, was unbedingt ein schweres Arbeiten des Werkzeuges verursachen würde.

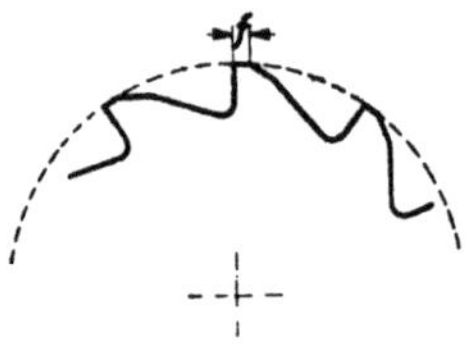

Abb. 20. Reibahlenführung.

Der hintere Führungsteil wird zylindrisch geschliffen. Es bleibt eine kleine Fase *f* stehen (Abb. 20), die etwa 0,2 ÷ 0,3 mm Breite hat. Es ist gleichgültig, ob diese Fase etwas schmaler oder breiter ist. Der Hinterschliff im Führungsteil dient lediglich zur Verminderung der Fasenbreite und hat keine Schneidarbeit zu leisten. Bei Reibahlen kann man wohl durchschnittlich den Hinterschliff mit 5° annehmen.

Maschinenreibahlen: Bei Maschinenreibahlen kommen die gleichen Gesichtspunkte wie bei den Handreibahlen in Frage. Wir haben vorn einen kurzen Anschnitt von 45°, der auch wieder bei Werkstoffen mit höherer Festigkeit größer sein, also bis 50 und 55° gehen kann, während er bei Werkstoffen mit geringerer Festigkeit schlanker verlaufen kann.

Auch hier kann man mit einem einheitlichen Hinterschliff von 5° auskommen, und die Gesichtspunkte, die beim Fräsen in Frage kommen, spielen hier der geringen Spanabnahme wegen keine wesentliche Rolle.

Für die Sauberkeit des Loches ist, soweit es sich auf das Schleifen bezieht, in der Hauptsache der Übergang vom Anschnitt zur Führung maßgebend. Der beste Übergang ist die Abrundung des Anschnittes. Dieser erfordert aber eine besondere schwenkbare Schleifvorrichtung. Man kann den Übergang auch durch eine kurze Zwischenabschrägung *a* vermindern (Abb. 21), die im Winkel aber 15° nicht überschreiten soll; am zweckmäßigsten dürften etwa 8—10° sein. Die Sauberkeit eines Loches, das mit einer Reibahle gerieben ist, die diesen Zwischenschliff besitzt, ist gegenüber anderen Löchern, die ohne diesen Zwischenanschliff gerieben wurden, in die Augen fallend.

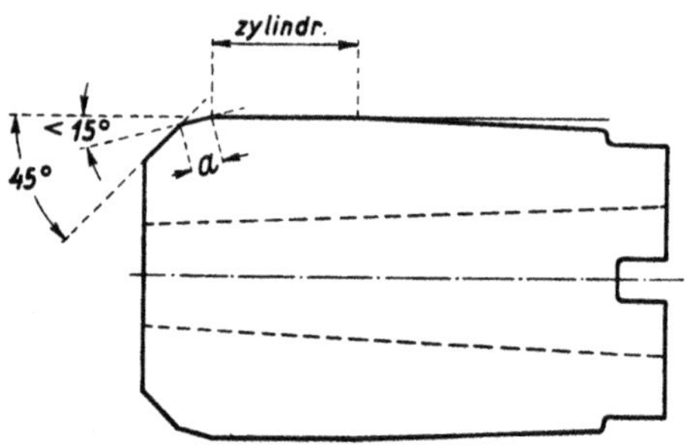

Abb. 21. Reibahlenanschliff.

Kegelreibahlen: Bei Kegelreibahlen, die mit Topfscheiben geschliffen werden, ändert sich die Verjüngung durch Senken des Zahnes. Tellerscheiben sind hier vorzuziehen.

Einstellring: Wichtig ist die Frage des Wetzens. Die Reibahlen werden von der Werkzeugfabrik so geliefert, daß ihr Durchmesser nach einem Einstellring bestimmt wird, der ein Übermaß von $^2/_3$ der Toleranz gegenüber dem Kleinstmaß der Bohrung aufweist (DJ Norm 369). Das Verhältnis der Einstellringbohrung zur Toleranz der Werkstückbohrung ist aus Abb. 22 zu ersehen.

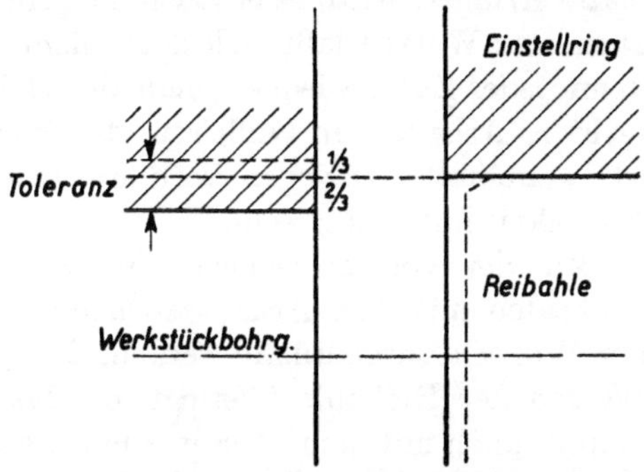

Abb. 22. Toleranzverteilung für die Einstellung.

Bei Festlegung dieser Norm ging der Deutsche Präzisionswerkzeug-Verband von der Erwägung aus, daß die Reibahle stets etwas kleiner, wie der Durchmesser des Einstellringes bleibt, daß dies aber wieder dadurch ausgeglichen wird, daß die Reibahle etwas größer reibt als ihr Maß ist. Der erforderliche Durchmesser der Reibahle hängt ja von verschiedenen Umständen ab, von Werkstoff, Maschine usw. Soll aber das Werkzeug für eine bestimmte Sitzbohrung lange verwendbar sein, so darf der Durchmesser der neuen Reibahle nicht in der Nähe des unteren Abmaßes liegen, wenngleich Einrichter und Werkzeugmacher vielfach aus begreiflichen Gründen die Reibahle so einstellen, daß die geriebene Bohrung in die Nähe des unteren Abmaßes fällt. Gewiß werden dadurch zu große Löcher vermieden; es liegt aber auch die Möglichkeit vor, daß unter Umständen schon nach kurzer Benutzung der Reibahle die Löcher zu klein werden und das zeitraubende Nachstellen der Reibahle neu vorgenommen werden muß.

Bei einer Normung waren natürlich alle die Gesichtspunkte, die für den Reibahlendurchmesser in Frage kommen, Vorschub, Werkstoffmenge, Zustand der Arbeitsmaschine nicht zu fassen. Es mußte ein Mittelwert festgelegt werden, und man hat sich für diese Verteilung der Toleranz entschieden, nachdem von verschiedenen Firmen die Anwendbarkeit dieser Einstellring-Bemessung bestätigt wurde.

Das Wetzen: Die Maschinenreibahle, die ebenso wie die Handreibahle in ihrem Führungsteil nach hinten um wenige tausendstel Millimeter konisch verläuft, ist also im neuen Zustand ohne weiteres brauchbar. Nun finden wir vielfach die Gepflogenheit, daß jede neue Reibahle sofort der Bearbeitung mit dem Ölstein unterworfen wird; sie wird gewetzt. Wenn das Wetzen so stattfindet, daß einfach die zylindrische Führung verkürzt und der Rest des Führungsteiles gegen den Schaft zu verjüngt wird, so wäre dagegen nichts einzuwenden. Die Reibahle büßt dadurch wohl etwas an Führung ein, die Führungsfläche ist aber verkleinert und die Reibahle wird weniger erwärmt. Die ganze Führungsfläche aber mit dem Wetzstein zu bearbeiten, erscheint doch nicht durchaus notwendig. Nicht nur, daß das mühsam mit dem Einstellring hergestellte Maß verringert wird, es ist auch die genaue zylindrische Form gefährdet. Denn das Wetzen läßt sich doch nicht so gleichmäßig vornehmen, daß dann jeder Zahn wieder genau die gleiche Höhe hat. Ob beim senkrechten Arbeiten in Gußeisen das Wetzen überhaupt erforderlich ist, ist zweifelhaft. Dagegen wird es sicher bei Werkstoffen mit größerer Festigkeit notwendig sein.

Mit der vorgeschriebenen Wetzarbeit soll nicht das Glätten der Schneiden mit dem Arkansas-Ölstein verwechselt werden, und es darf der Wunsch ausgedrückt werden, daß jeder Werkstattmann sich beim Wetzen der Reibahle überlegt, ob das, was er mit der Reibahle vornimmt, auch mit dem übereinstimmt, was er bezweckt.

Wenn in allen Fällen der zylindrische Teil der Reibahle so wesentlich verkürzt wird, so könnte man annehmen, daß es eigentlich eine Verschwendung ist, die Reibahle überhaupt so lang zu machen. Diese Frage wurde bei der Normung eingehend erwogen, und die Meinung der Fachleute sprach sich für die bisher übliche Ausführung aus. Trotzdem z. B. bei Revolverbänken Reibahlen verwendet werden, deren Schneiden- bzw. Führungsteil wesentlich kürzer ist.

Nachstellbare Reibahlen: Bei nachstellbaren Reibahlen ist es empfehlenswert, die Reibahle nach jedem Nachstellen rund zu schleifen, um ein gutes Rundlaufen und gleichhohe Zähne zu gewährleisten. Das Nachstellen allein bietet keine Gewähr. Daß das Nachklopfen der Messer nach Lösen der Schrauben oder Muttern mit einem Holzhammer erfolgen soll, darf wohl als bekannt vorausgesetzt werden.

F. Schleifen von Spiralbohrern.

Brustwinkel: Beim Spiralbohrer ist die Schneidwirkung ähnlich wie beim Drehstahl. Der Brustwinkel, der durch die Spirale gebildet wird, wird um so kleiner, je näher er an der Bohrerachse gemessen wird. Im Außendurchmesser beträgt er etwa 26—30°.

Hinterschliff: Auf die Hinterschliffbildung der verschiedenen üblichen Maschinen soll an dieser Stelle nicht eingegangen werden; Näheres ist in der Veröffentlichung von Wallichs in der Werkstattstechnik 1907 sowie in der Arbeit von Sommerfeld, Heft 161, der Forschungsarbeiten „Über den Hinterschliff von Spiralbohrern" zu finden.

Aus Abb. 23 ist zu ersehen, daß für den Hinterschliff ein Kegelmantel in Frage kommt; links ist die Lage des Hinterschliffes nach der Washburn-Maschine und rechts die nach der Weissker-Maschine dargestellt. Der Hinterschliff soll nicht sehr groß sein; etwa 6° im Außendurchmesser genügt, nach der Mitte zu wird er dann etwa auf 20—24° steigen.

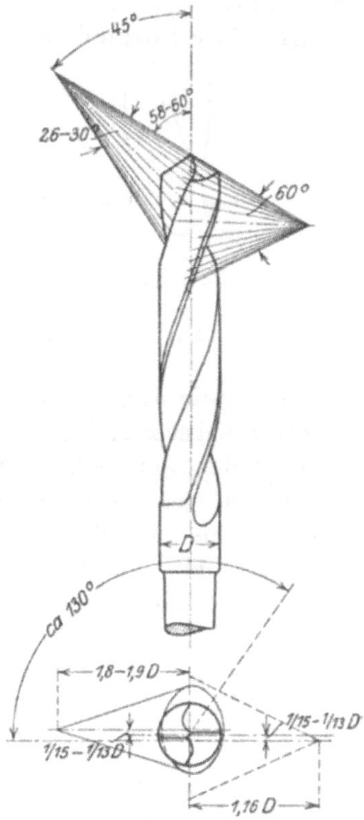

Abb. 23. Hinterschliff.

Querschneide: Von großem Einfluß ist die Lage der Querschneide, die nach den Untersuchungen Sommerfelds am günstigsten in einem Winkel von 55° mit einer parallel zu den Schneidkanten gezogenen Geraden steht (Abb. 24). Bei jeder anderen Lage vergrößert sich die Vorschubkraft, ohne jedoch das Drehmoment wesentlich zu beeinflussen.

Spitzenanschliff: Der Spitzenanschliff von 116 bis 118° ist durch die Maschine gegeben. Auch hier kämen die Gesichtspunkte in Frage, daß sich mit der mehr oder minder großen Zugfestigkeit des Werkstoffes dieser Spitzenanschliff vergrößern oder verkleinern sollte. 116 oder 118° ist aber ein Mittelwert, der wohl für alle Fälle genügt. Die Veränderung des Spitzenwinkels würde auch die Schneidkante verändern, die dann von der geraden Form mehr oder minder abweichen würde.

Abb. 25 zeigt die Wirkung eines fehlerhaften Spitzenanschliffs bei Spiralbohrern. Die hauptsächlich auftretenden Fehler sind:

a) Ungleiche Schnittkantenlängen; Mitte der Querschneide außerhalb der Bohrerachse. Die Schneiden sind ungleich belastet; das Bohrloch wird größer als der Bohrerdurchmesser. Der Bohrer verläuft.

b) Gleiche Schneidenlängen, jedoch ungleiche Kantenwinkel. Mitte der Querschneide liegt außerhalb der Bohrerachse. Ungleiche Belastung der Schneiden; Bohrloch meist größer als Bohrerdurchmesser. Der Bohrer verläuft.

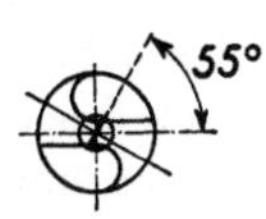

Abb. 24. Lage der Querschneide.

c) Ungleiche Schnittkantenwinkel; Mitte der Querschneide in Bohrerachse. Einseitige Belastung des Bohrers; das Loch wird zu groß. Der Bohrer verläuft.

Anspitzen: Allgemein wird bei Spiralbohrern eine gerade verlaufende Schneidkante angestrebt. Nun ist es aber notwendig, die Querschneide bei zähem Werkstoff wie Stahl und Schmiedeeisen zu verkürzen, einerseits um den Vorschubdruck zu vermindern, andererseits um die Widerstandsfähigkeit der Spitze zu erhöhen. Wird bei der gerade verlaufenden Schneide das Anspitzen nach Abb. 26 vorgenommen, so entsteht eine Ecke in der Schneidkante, von der vielfach angenommen wird, daß sie in Art einer Spanteilung günstig wirkt. Diese Ansicht ist unbedingt

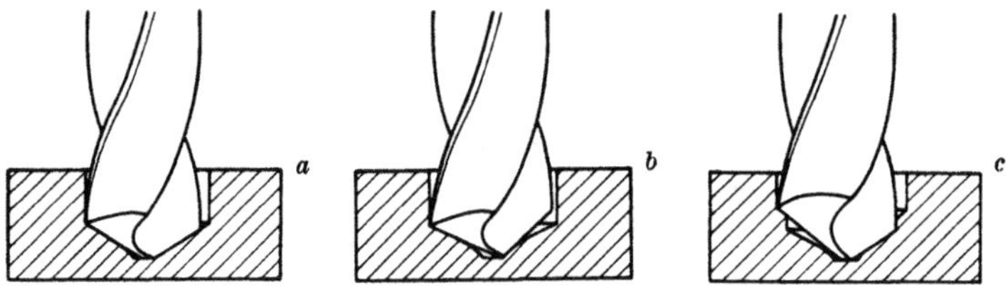

Abb. 25. Wirkung eines fehlerhaften Spitzenanschliff.

irrig. Gerade diese Ecke neigt am ersten zum Ausbrechen. Wird mit einem unangespitzten Spiralbohrer in Stahl oder Schmiedeeisen gebohrt, so zeigt der Spiralbohrer, wie auch Sommerfeld festgestellt hat, das Bestreben, sich selbst anzuspitzen. Die Querschneide bröckelt an der Schneidlippe aus. Ein ähnliches Ausbröckeln findet auch an Ecken in der Schneidlippe statt, die durch das Anspitzen entstehen. Man wird daher unbedingt versuchen müssen, scharfe Kanten zu vermeiden. Dies

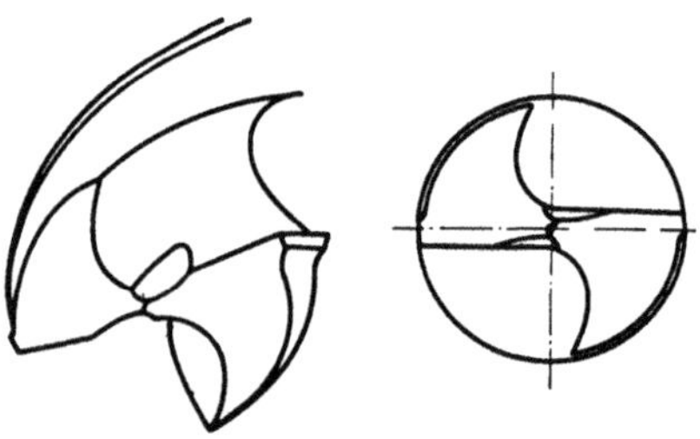

Abb. 26. Kurz in die Schneidkante verlaufende Anspitzung.

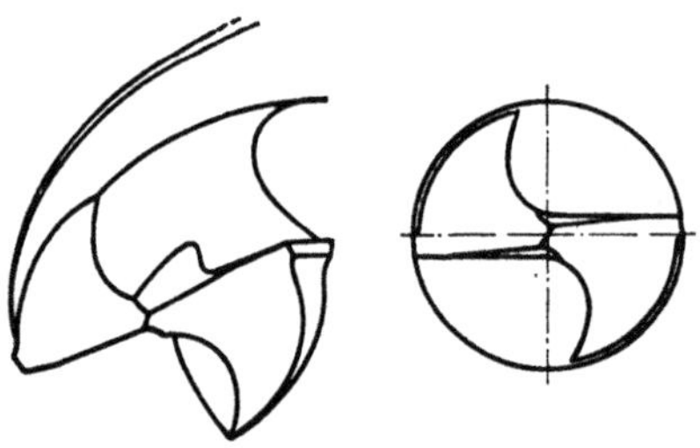

Abb. 27. Lang in die Schneidkante verlaufende Anspitzung.

läßt sich ohne weiteres durch ein Anspitzen nach Abb. 27 erzielen. Dieses Anspitzen erfordert allerdings gewisse Geschicklichkeit und ändert den Schneidwinkel etwas, ein Umstand, der aber ziemlich vernachlässigt werden kann. In der Regel wird der Arbeiter aber das Anspitzen nicht bis zum Spiralbohrerumfang durchführen, sondern früher aufhören, so daß eine etwas gekrümmte Fläche entsteht. Diese konvex gekrümmte Schneide hat aber erhebliche Nachteile. Die empfindlichste Stelle am Spiralbohrer ist der Fasenteil *b*, der an der Schneidlippe liegt (Abb. 28), und dieser Fasenteil zeigt bei starker Beanspruchung Riefen, die die Leistungsfähigkeit des Spiralbohrers sehr beeinträchtigen. Werden diese durch Glätten mit dem Ölstein beseitigt, so entsteht meist ein stumpfer Schnittwinkel an der Stelle *a* (Abb. 28) und das Übel ist nicht aus der Welt geschafft, abgesehen von der Störung, die durch die

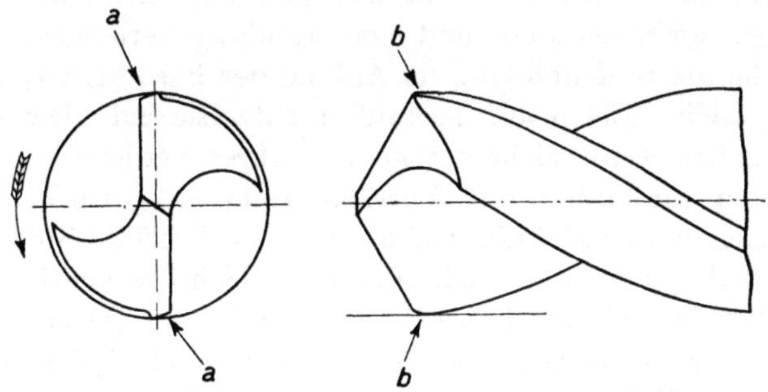

Abb. 28. Fehler am Spiralbohrer beim Glätten mit dem Ölstein.

Glättarbeit entsteht. Versuche haben nun ergeben, daß Spiralbohrer, bei denen die Schneidlippe leicht konkav gekrümmt ist (Abb. 30), eine viel höhere Leistungsfähigkeit aufweisen als solche mit geraden oder konvexen Schneidlippen. Bohrer, die an der Schneidlippe nach Abb. 29 verlaufen, werden sehr bald durch die Anfressungen an der Fase unbrauchbar, während Bohrer mit Schneidlippen nach Abb. 30 sich durch große Lebensdauer auszeichnen. Nicht allein die Güte des Stahles ist maßgebend, sondern die Form der Schneidlippen spielt mindestens eine ebenso erhebliche Rolle. Spiralbohrer mit Nutenform nach Abb. 30 lassen sich — wie die Abb. zeigt — in einwandfreier Weise anspitzen, ohne daß der Arbeiter bis an die Schneidkante am Umfang zu gehen

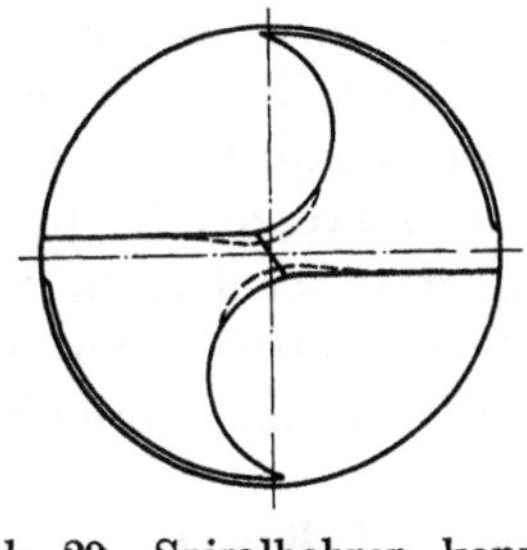

Abb. 29. Spiralbohrer, konvexe Schneidlippe.

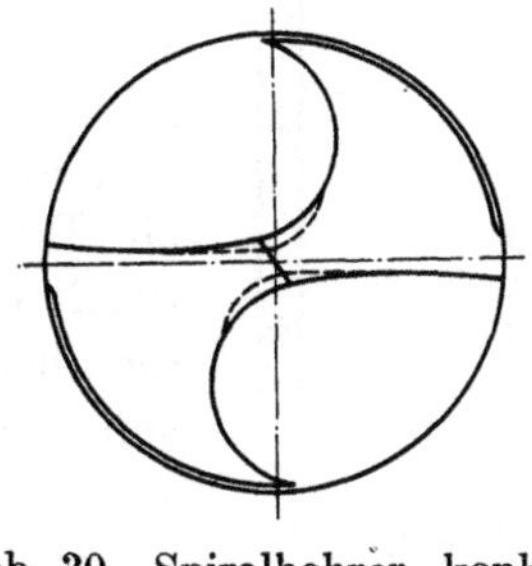

Abb. 30. Spiralbohrer, konkave Schneidlippe.

braucht. Die am meisten beanspruchten Stellen behalten also den durcn den Drall gegebenen Schneidwinkel unverändert bei. Die in dieser Hiih sicht unternommenen Versuche haben die bisherige Ansicht, daß de gerade Schneidlippe beim Spiralbohrer das allein Richtige wäre, zerstört. Es ist auch naheliegend, da eine leicht konkav gekrümmte Schneidkante ein Reiben des abfließenden Spanes an der Lochwandung verhütet. Aber auch die Schneidenform wird am Umfang des Spiralbohrers eine wesentlich günstigere. Der Span fließt leichter ab, losbröckelnde kleine Spanteile werden in die Drallnute gedrängt, und dadurch wird ein Einzwängen zwischen Fase und Lochwandung vermieden, die in der Hauptsache die Riefenbildung im Anfang der Fase verursacht. Treten trotzdem solche Riefen auf, so muß rechtzeitig mit dem Ölstein geglättet werden, wenn nicht der ganze Bohrer verdorben werden soll. Das Glätten muß aber mit Vorsicht stets so geschehen, daß der Schnitt nach hinten abläuft, nicht wie bei Abb. 28 an Stelle *a* gezeigt. Gegebenenfalls kann man auch eine kleine Schräge anarbeiten, wie es beim Senker der Fall ist. Diese Riefen sind die unangenehmste Begleiterscheinung beim Bohren, und es ist naheliegend, daß man das Entstehen dieser Riefen durch sachgemäßen Anschliff von vornherein zu vermeiden sucht. Einmal entstanden, entwerten sie den Bohrer ganz erheblich und alle Hilfsmittel, die dagegen angewendet werden, sind nur von sehr bedingtem Wert. Das Dünnerschleifen des Bohrers ist schwierig durchzuführen, da der Bohrer ja an der Spitze mit keinem Körnerloch mehr versehen ist. Entweder schleift man eine kleine Spitze an und nimmt ihn so in einen Hohlkörner auf, oder man nimmt ihn in einen größeren Hohlkörner oder in ein Prisma auf, ein Verfahren, das aber recht unbefriedigende Ergebnisse zeitigt. Die Leistungsfähigkeit des Spiralbohrers hängt sehr davon ab, daß er nach hinten entsprechend dünner geschliffen ist. Diese Verjüngung beträgt je nach der Größe etwa 0,3—0,5 mm. Ebenso wichtig dürfte es sein, auf eine gute Beschaffenheit der Befestigungskegel zu sehen und alle Beschädigungen durch Abziehen mit dem Ölstein zu beseitigen.

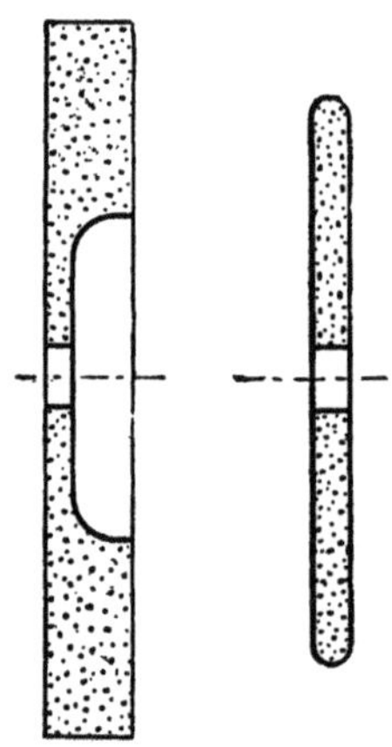

Abb. 31. Genormte Schleifscheibenformen für Spiralbohreranschliff.

Für den Spiralbohreranschliff sind vom Verein Deutscher Schleifmittelwerke die in Abb. 31 gezeigten beiden Schleifscheibenformen genormt, die allgemein bekannt sein dürften. Für die Anspitzscheibe wurde eine einfache Abrundung gewählt.

Für Senker kommen ähnliche Gesichtspunkte in Frage wie für den Spiralbohrer. Die Anschnittwinkel können ebenso je nach der Zugfestigkeit des Materials kleiner oder größer gewählt werden. Der Hinterschliff beträgt etwa 5—6°. Auch hier ist vor zu großem Hinterschliff zu warnen, der eine starke Schneidenabnutzung und ein Einhaken zur Folge hat. Wie beim Spiralbohrer müssen beim Senker Anfressungen sofort beim Entstehen mit dem Ölstein beseitigt werden.

G. Schärfen von Gewindeschneidzeugen.

Allgemeine Gesichtspunkte: Bei Werkzeugen, die zur Herstellung genauer Gewinde dienen sollen, sind eine Reihe von Gesichtspunkten zu beachten. Die Herstellung eines guten Gewindes ist eine Werkzeugfrage. Um dies zu erläutern, sollen hier — ohne auf die Frage der Gewindeherstellung selbst einzugehen — einige der wichtigsten Gesichtspunkte behandelt werden. Das Passen des Gewindes wird in der Hauptsache von der Steigung, dem Flankendurchmesser und der Gewindeform beeinflußt. Außen- und Kerndurchmesser haben beim Gewinde mit Spitzenspiel nebensächliche Bedeutung. Es muß nur vermieden werden, daß Schraube und Mutter sich im Grunde berühren. Bei voll ausgeschnittenem Gewinde wird man natürlich Außen- und Kerndurchmesser erhebliche Aufmerksamkeit widmen, aber gerade dann müssen Außendurchmesser, Flankendurchmesser und Kerndurchmesser durch das Werkzeug von vornherein richtig erzeugt werden können.

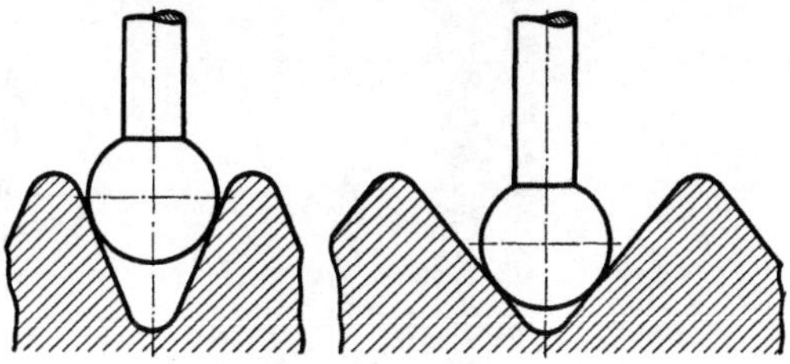

Abb. 32. Abtasten des Flankendurchmessers.

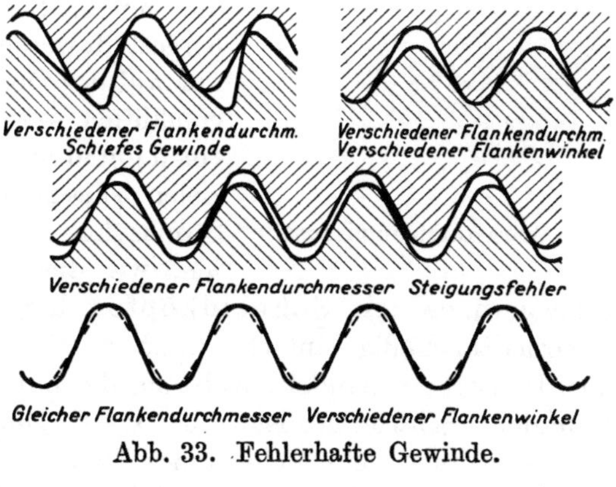

Abb. 33. Fehlerhafte Gewinde.

Dies ist nur möglich, wenn der Flankenwinkel genau eingehalten wird. In Abb. 32 sind schematisch 2 Schrauben von gleichem Außendurchmesser gezeichnet, bei denen einmal der Gewindewinkel zu klein und einmal zu groß ist. Die Prüfung mit dem Kugeltaster ergibt trotz gleichen Außen- und Kerndurchmessers verschiedenen Flankendurchmesser. In Abb. 33 sind die hauptsächlichsten Fehler bei der Gewindeherstellung gezeigt, die ein gutes Passen bzw. eine gute Wirkung des Gewindes verhindern.

Die 2. und 4. Skizze zeigen Fehler, die durch falschen Schliff der Werkzeuge entstehen können. Darum muß von vornherein das Werkzeug eine hohe Genauigkeit aufweisen, um die Gewindeform recht genau wiederzugeben.

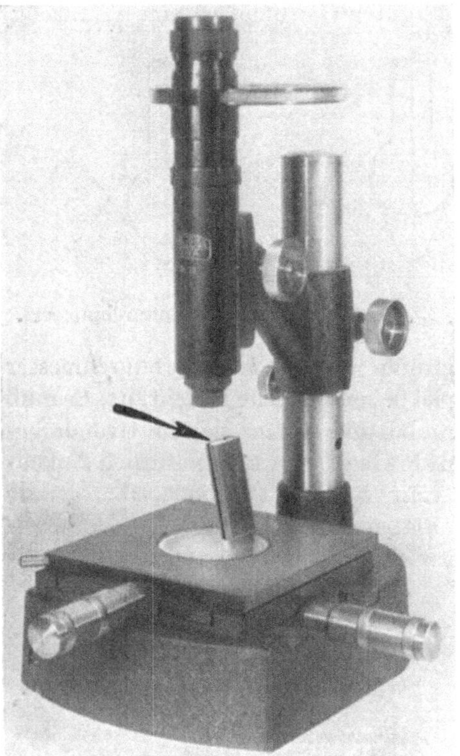

Abb. 34. Zeißsches Werkstattmeßmikroskop.

Anschleifen: Nun ist das Anschleifen der Gewindedrehstähle von Hand außerordentlich schwierig auszuführen. Ein Hilfsmittel hierfür ist das Zeißsche Werkstatt-Meßmikroskop (Abb. 34), das in seinem Oberteil mit einer Revolverstrichplatte versehen ist, die die genormten Gewinde enthält, Abb. 35. Abb. 36 zeigt das Sehfeld auf einen Formstahl eingestellt. Wesentlich erleichtert wird das Schleifen der Gewindestähle durch Verwendung von Strehlzähnen (Abb. 37), die mit hoher Genauigkeit hergestellt werden können und nur auf der Oberfläche nachgeschliffen werden. Um hier einen guten Spanabfluß zu erzielen, ist es zweckmäßig, diese Strehlzähne etwas einzuschleifen, wie dies Abb. 38 zeigt. — Werden Außengewinde mit Schneidköpfen hergestellt, so ist der Anschnitt verhältnismäßig einfach, wenn es sich um Backen nach dem Landissystem handelt, Abb. 39, die nur an der Stirnseite geschärft werden. Schwieriger ist es bei Radialbacken, sofern diese eingefrästes und nicht eingeschnittenes Gewinde zeigen. Das Nachschleifen erfolgt mit Vorrichtungen verschiedener Bauart. Eine davon ist in Abb. 40 gezeigt. Nun brechen beim Arbeiten vielfach Gewindezähne der Backen aus (Abb. 41), so daß der Schleifer notgedrungen außer dem Anschnitt auch noch die Brustfläche anschleifen muß. Abb. 42 zeigt die Wirkung. Die nachgeschliffene Backe ergibt eine verzerrte Gewindeform. Die Flankenwinkel werden dann nicht mehr eingehalten, und das mit einer derartigen Backe geschnittene Gewinde wird schlecht. Dies trifft natürlich nur auf gefräste Backen zu. Mit dem Backenbohrer hergestellte Werkzeuge verändern ihre Gewindeform durch das Nachschleifen der Brustfläche nicht. — Schneideisen werden vielfach im Spanloch geschärft, eine Arbeit, die teilweise schwie-

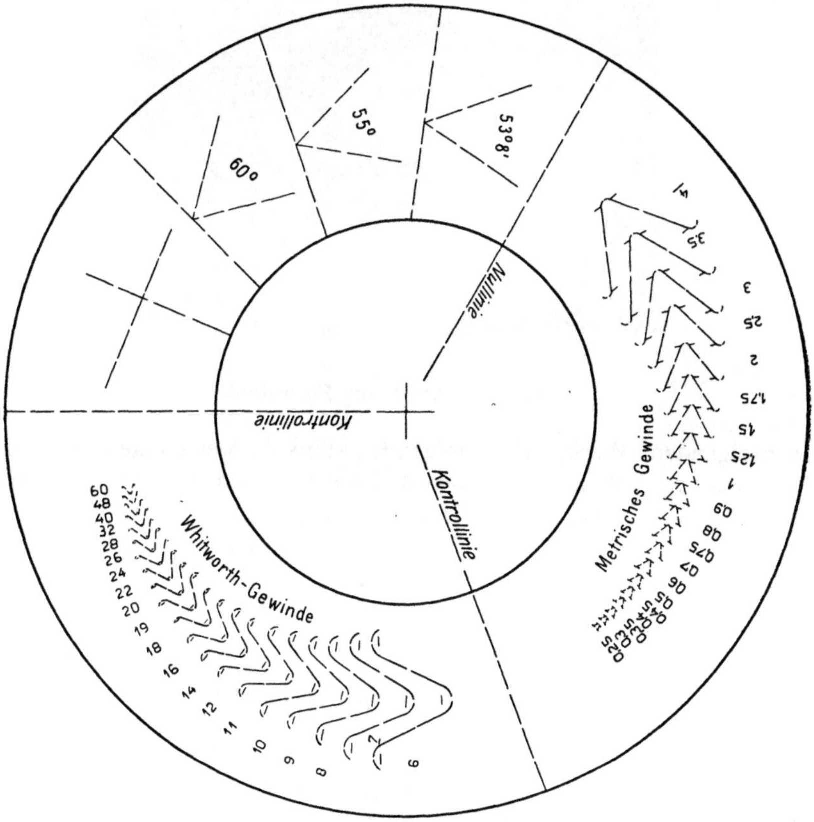

Abb. 35. Revolverstrichplatte.

rig auszuführen ist und bei nicht ganz sachgemäßer Ausführung die Leistung des Schneideisens wesentlich herabsetzt. Auch hier ist das Nachschleifen im Anschnitt empfehlenswert, und Abb. 43 zeigt eine Vorrichtung hierzu.

Bei Gewindebohrern kann das Schärfen in der Weise vorgenommen werden, daß die Schneidbrust in der Nut geschärft wird. Dadurch ist bis zu einem gewissen Grade die Möglichkeit gegeben, die Größen des Muttergewindes bei den verschiedenen Werkstoffen zu beeinflussen. Mit dem gleichen Gewindebohrer geschnitten, wird das Muttergewinde bei Messing größer als bei Gußeisen und Bronze. Es liegen hier einige Erfahrungswerte über die Größe des Winkels der Schneidbrust vor, und zwar gibt man zweckmäßig der Schneidbrust von Gewindebohrern bei

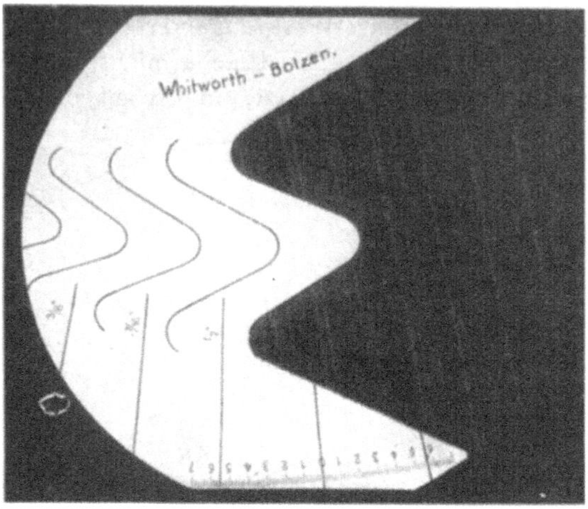

Abb. 36. Sehfeld mit Formstahl.

nachfolgenden Werkstoffen folgende Winkelabweichungen von der Radialen, so daß der Schneidwinkel spitzer wird.

Messing und Aluminium	15—20°
Stahl	10—15°
Gußeisen und Bronze	0—5°

Abb. 37. Halter für Strehlzähne (L. Loewe).

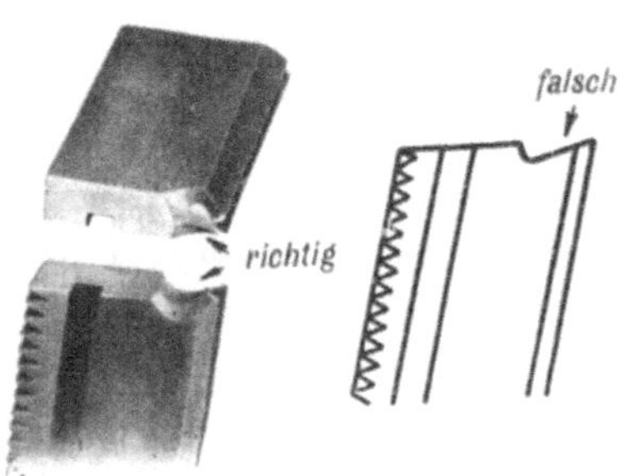

Abb. 38. Anschliff der Strehlzähne.

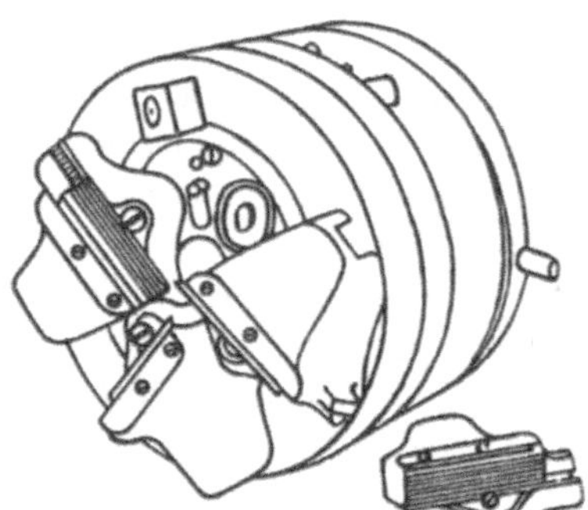

Abb. 39. Schneidkopf mit Landisbacken.

Es empfiehlt sich nun, den Gewindebohrern, die bestimmte Werkstoffe bearbeiten sollen, ein für alle Mal die angeführte Neigung zu geben und

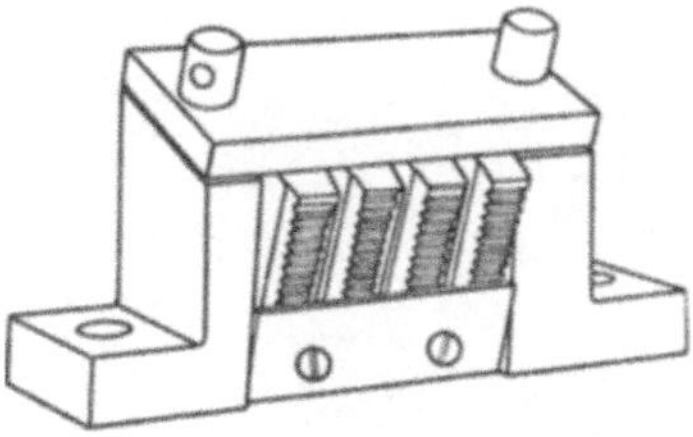

Abb. 40.

Abb. 41. Ausgebrochene Gewindezähne.

das Nachschärfen mit Hilfe einer Gewindebohrerschleifmaschine oder einer entsprechenden Vorrichtung vorzunehmen.

Nachschleifen des Anschnittes: Für die Wirkungsweise des Gewindebohrers ist der Anschnitt von erheblichem Einfluß. Im Anschnitt nachgefeilte Gewindebohrer haben den Nachteil, daß die Zähne nicht gleichmäßig hoch sind. Es wird daher wohl von allen besseren Werkzeugfabriken der Anschnitt des Gewindebohrers durch Hinterdrehen ausgeführt.

Das Schärfen des Gewindebohrers wird, wie bereits ausgeführt, entweder an der Schneidbrust oder an der Hinterdrehung des Anschnittes vorgenommen. Die Abnutzung verläuft aber, wie beim hinterdrehten Fräser, immer in der Richtung der Hinterdrehkurve, so daß bei einem stark abgenutzten Gewindebohrer verhältnismäßig viel von der Brustfläche weggeschliffen werden müßte, um die Abnutzungszone vollständig zu entfernen. Der Arbeiter wird sich dann in den meisten Fällen so helfen, daß er einen größeren Brustabschliff vermeidet und den Bohrer von Hand hinterschleift. Damit ist natürlich die Übereinstimmung der Schneidzähne meistens aufgehoben. Nicht nur, daß die Zahnhöhe im Anschnitt verschieden ausfällt, auch der Anschnittwinkel wird, wie das bei dem Hinterschleifen von Hand nicht anders zu erwarten ist, zwischen den einzelnen Zähnen Unterschiede aufweisen. Diese müssen unter allen Umständen vermieden werden. Wird einem Zahn eine größere

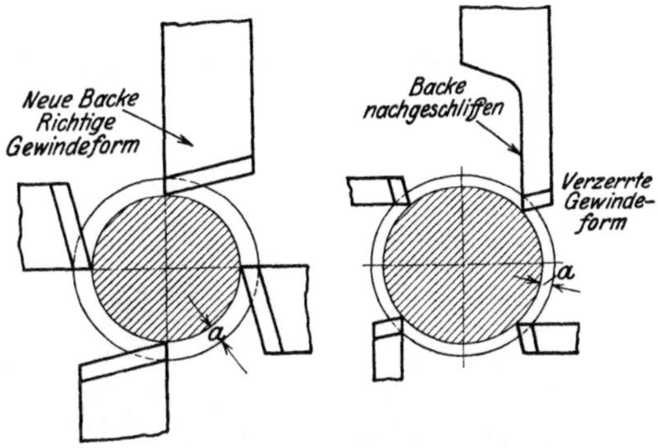

Abb. 42. Schleifen der Schneidkopfbacken.

Spanabnahme zugemutet, so wird der Bohrer einseitig beansprucht und ein größeres Loch herstellen. Ähnliche Wirkungen hat auch ein ungleichmäßiger Anschnittwinkel, wie die ungleichmäßige Ausführung des

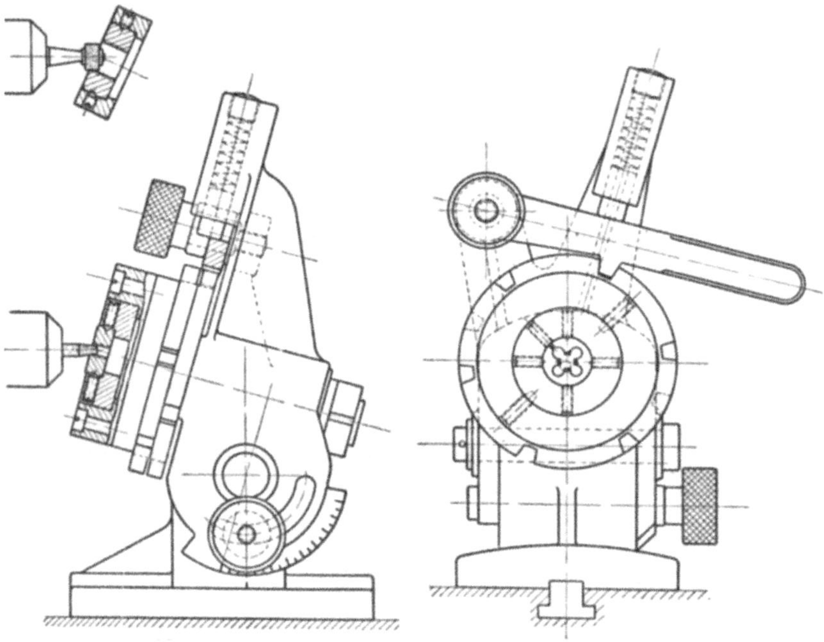

Abb. 43. Schleifvorrichtungen für Schneideisen.

Abb. 44. Gewindebohrerschleifmaschine.

Hinterschliffes. Es ist daher zweckmäßig, sich zum Schärfen der Gewindebohrer im Anschnitt einer Gewindebohrerschleifmaschine (Abb. 44) zu bedienen, die vollkommen selbsttätig arbeitet. Die Güte der Schneidkanten ist eine wesentlich höhere. Abb. 45 zeigt einen hinterfeilten, Abb. 46 einen hinterschliffenen Gewindebohrer.

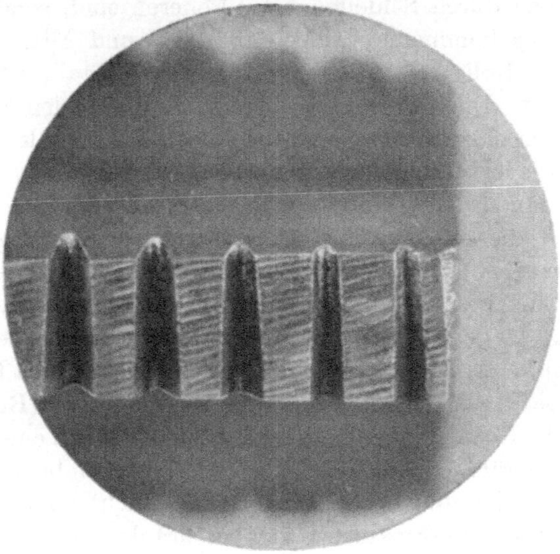

Abb. 45. Im Anschnitt hinterfeilter Gewindebohrer.

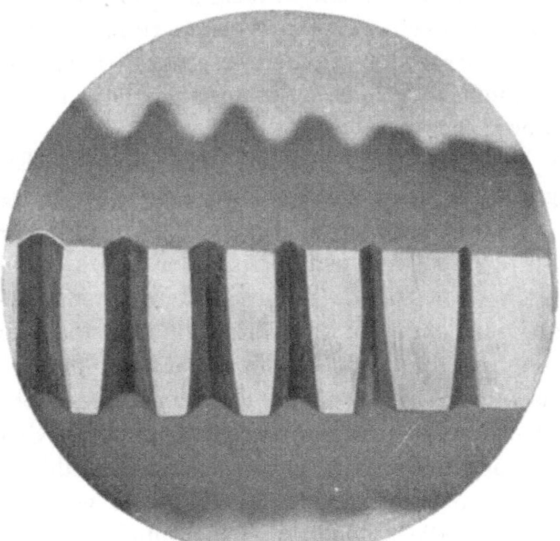

Abb. 46. Im Anschnitt hinterschliffener Gewindebohrer.

H. Feinschliff von Meßflächen.

Die Entwicklung des Meßwesens und der Meßgeräte hat die Bearbeitung der Meßflächen in den Vordergrund gerückt, so daß es zweckmäßig erscheint, diese Frage zu berühren. Vor allen Dingen muß darauf hingewiesen werden, daß gute Meßflächen nicht lediglich eine Frage der Bearbeitung durch Schleifen bzw. Polieren sind, sondern daß der zur Verwendung kommende Stahl, daß Härte und Alterungsverfahren eine erhebliche Rolle spielen. Beim Härten des Stahles treten Formänderungen auf. Diese Formänderungen, die durch den Härtevorgang unmittelbar ausgelöst werden, sind insofern belanglos, als sie durch das Schleifen ja wieder unschädlich gemacht werden können. Gefährlicher sind die Formänderungen, die im fertigen Stück oft noch nach Jahren auftreten und die nur durch einen künstlichen Alterungsprozeß mit mehr oder weniger großem Erfolg zu beheben sind. Es ist hier nicht beabsichtigt, die Frage der künstlichen Alterungsmethoden eingehend zu behandeln. In der Hauptsache wird eine Erwärmung des gehärteten und vorgeschliffenen Stückes auf etwa 150^0 um so besseren Erfolg geben, je länger diese Erwärmung durchgeführt wird. In der Regel genügen 10—14 Tage der Erwärmung um den gehärteten Stahl zu einer für die vorliegenden Meßgeräte genügenden Ruhe zu bringen, wobei natürlich auch die Art des Stahles und das Härteverfahren nicht ohne Einfluß sind. Diese nachträglichen Formänderungen beschränken sich nun nicht lediglich auf Längenänderungen, sondern sind in ihrer Auswirkung ganz verschieden. Die Meßflächen einer Rachenlehre können, unmittelbar nach der Bearbeitung mit dem Planparallelglas geprüft, eine einwandfreie Ebene ergeben, und nach wenigen Wochen ruhigen Lagerns zeigt das Planparallelglas anstatt der geraden, breiten Streifen ein Moirémuster. — Die nachträglich ausgelösten Spannungen haben die Ebenheit der Fläche vollständig zerstört.

Aus dem Gesagten geht hervor, daß für die Erzielung guter Meßflächen gewisse Vorbedingungen gegeben sein müssen. Die Bearbeitung zylindrischer Meßkörper, also der Meßflächen von Lehrdornen und von Lehrringen geht in der Weise vor sich, daß die Meßflächen nach dem Härten vorgeschliffen werden, so daß für das Fertigschleifen nurmehr wenig Werkstoff wegzunehmen ist. Dann setzt der Alterungsprozeß ein. Vielfach wird empfohlen, die Alterung durch abwechselndes Abkühlen und Erwärmen vorzunehmen. Die Erfahrung hat aber gezeigt, daß nur die Erwärmung die Spannungen auszulösen vermag, und daß durch die wechselnde Abkühlung lediglich der Alterungsvorgang verzögert wird. Auch wurde vorgeschlagen, durch Rüttelvorrichtungen die molekulare Spannung auszulösen, ein Verfahren, in dessen Wert und Wirkung man begründete Zweifel setzen darf.

Nach der entsprechend lang durchgeführten künstlichen Alterung erfolgt der Feinschliff und hier spielen die Schleifscheiben eine große Rolle. In jedem Fall wirken Erwärmungen schädlich und können zum Verziehen des Werkstückes führen. Die Schleifscheiben müssen daher unbedingt die richtige Härte und Körnung aufweisen, wenn ein guter Erfolg erzielt werden soll. Zu harte Scheiben sind unter allen Umständen zu vermeiden. Mitunter werden aber härtere Scheiben verwendet, weil der mit ihnen erzielte Schliff besser sein soll; in Wirklichkeit wird aber die harte Scheibe blank und gibt damit auch einen blankeren Schliff mit dem Nachteil, daß die Schleifwirkung sich verringert und das Arbeitsstück unzulässig erwärmt wird. Ein guter Blankschliff läßt sich auch mit einer weichen Scheibe erzielen, wenn die Umfangsgeschwindigkeit des Werkstückes sehr gering ist. Daß Naßschliff zweckmäßig ist, sei nur nebenbei bemerkt.

Häufig wird an Stelle von Wasser dünnflüssiges Öl verwendet, um einen höheren Glanz des Schliffes zu erzielen. Wenn dieser bei Anwendung geeigneten Öles auch eintritt, so hat es den Nachteil, daß selbst weiche Schleifscheiben leicht zum Verschmieren neigen. Man wird daher in diesem Falle mit einem öfteren Abrichten des Schleifscheiben-Umfanges rechnen müssen.

In manchen Werkzeugfabriken werden diese so vorgeschliffenen Teile nochmals einem künstlichen Alterungsvorgang unterworfen, und dann erfolgt der Endschliff mit Hilfe von Schleifkluppen. Als Schleifmittel kommen hier feingekörnter bzw. geschlämmter Schmirgel oder Kunstkorund in Frage, für Politur Polierrot, d. i. gebranntes und geschlämmtes Eisenoxyd. Auch Chromoxyd hat sich vorzüglich bewährt. Damit ist natürlich die Zahl der in Frage kommenden Poliermittel noch lange nicht erschöpft, aber die genannten Mittel sind wohl die in der Hauptsache mit bestem Erfolg verwendeten.

Bei dem Feinschliff von Meßflächen kommt es in der Hauptsache darauf an, gute Flächen zu erzielen, und das Bestreben, Hochglanz zu erreichen, hat nur so weit Berechtigung, als die Beschaffenheit der Fläche nicht darunter leidet. Dies ist meist dann der Fall, wenn Hochglanz nicht im natürlichen Feinschleifvorgang, sondern mit geringem Zeitaufwand lediglich durch Polieren angestrebt wird. Nicht der Glanz, sondern die Beschaffenheit der Fläche ist ausschlaggebend.

Zum Feinschleifen von Zapfen werden nachstellbare Schleifkluppen nach Abb. 47 angewendet, z. T. auch geschlitzte Ringe, die in einer runden Kapsel gehalten sind und sich durch Druckschrauben nachstellen lassen. Da der Feinschleifvorgang so vor sich gehen soll, daß sich das Schleifmittel in das Metall der Kluppe eindrücken soll und so schleifend wirkt, ist es zweckmäßiger, für die Kluppe Kupfer oder Messing zu verwenden. Sehr bewährt hat sich aber auch Gußeisen, das noch den Vorzug der Billigkeit hat. Für Bohrungen hat das in Abb. 48 dargestellte Polierwerkzeug den Vorteil, daß der kegelige Spann-

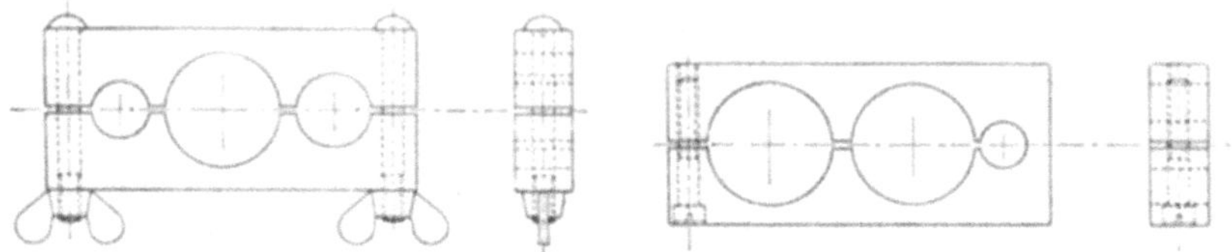

Abb. 47. Nachstellbare Schleifkluppen.

dorn beim Aufzwängen im Außendurchmesser nicht seine zylindrische Form einbüßt. Dieser Schleifdorn kann noch mit einer Spiralnut nicht zu kleiner Steigung versehen werden, die überschüssige Poliermittel aufnimmt und so das Aufweiten an den Bohrungsenden auf ein Mindestmaß beschränkt. Zu breite Schleifkluppen bieten keine Vorteile.

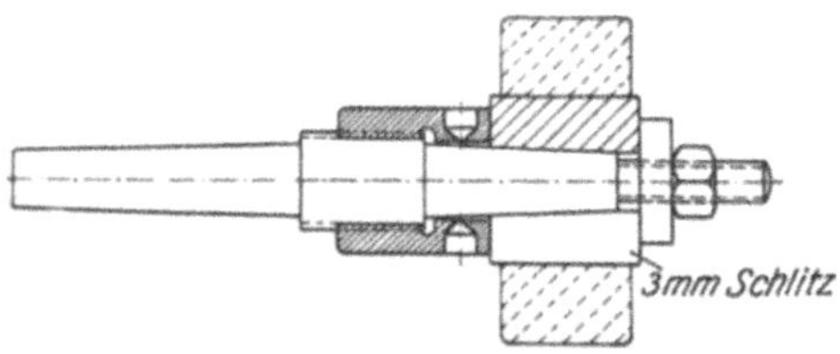

Abb. 48. Polierwerkzeug.

Schwieriger ist das Schleifen von ebenen Flächen, wie sie bei Rachenlehren und Endmaßen vorkommen. Hier ist nicht nur die Ebenheit der Fläche, sondern auch die Parallelität mit der Gegenfläche zu beachten. Bei den üblichen Rachenlehren-Schleifmaschinen wird die Parallelität dadurch angestrebt, daß beide Flächen bei der Aufspannung lediglich durch Verschieben des Supports geschliffen werden. Abb. 49 zeigt eine solche Schleifmaschine, auf der bei der einen Seite der Schleifspindel eine Schleifscheibe nach Abb. 50 aufgespannt ist, während die andere Seite eine Kupferscheibe zum Polieren aufweist. Zwischen Vorschleifen und Polieren ist es notwendig, die Rachenlehre einige Zeit liegen zu lassen, um eine etwaige, beim Schleifen entstandene Erwärmung unschädlich zu machen. Bei der in Abb. 49 gezeigten Maschine wird nun die Rachenlehre nicht direkt auf die Maschine, sondern

Abb. 49. Schleifmaschine für Rachenlehre.

auf ein Spannstück befestigt, und dieses Spannstück wird an der Maschine mit Exzenterdruck an einer Anlagefläche festgehalten, so daß die Lage des zu schleifenden Werkzeuges nach erfolgtem Wiedereinspannen unverändert bleibt.

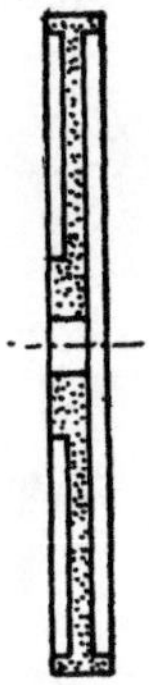
Abb. 50. Schleifscheibe f. Rachenlehre.

Beim Polieren der Meßflächen muß unbedingt ein starker Druck, der wieder eine unzulässige Erwärmung bedeuten würde, vermieden werden. Auch die Hin- und Herbewegung an der Polierscheibe mit Hilfe des Handhebels soll nicht zu schnell erfolgen. Diese Art des Schleifens wird aber bei aller Güte der Meßflächen immer noch Schleif- oder Polierstriche erkennen lassen. Vielfach wird deshalb die Rachenlehre dann noch von Hand auf einer entsprechenden Weichmetall- oder Gußeisenscheibe justiert. Dieses Verfahren setzt aber eine gewisse Geschicklichkeit des Arbeiters voraus, wenn die Parallelität der Meßflächen gewahrt werden soll.

Die Anwendung rundlaufender, mit den Seitenflächen arbeitender Polierscheiben für ebene Flächen hat den Nachteil, daß die Schleifgeschwindigkeit am Außenumfang der Polierscheibe am größten ist und nach der Mitte zu abnimmt. Diese Verschiedenheit der Schleifgeschwindigkeit hat auch eine Verschiedenheit der Schleifwirkung zur Folge, die die Erzielung von ebenen Flächen höchster Genauigkeit verhindert. Wenn auch die mit der rundlaufenden Polierscheibe erreichbare Genauigkeit für Meßflächen an den Rachenlehren usw. vollkommen ausreicht, so werden bei Parallel-Endmaßen wesentlich höhere Anforderungen an die Ebenheit gestellt. Diesen wird die oszillierende Polierscheibe gerecht. Abb. 51 zeigt schematisch eine oszillierende Polierscheibe. Auf einer Welle, deren Körner sich außerhalb der Mitte befinden, ist eine Polierscheibe frei beweglich angeordnet. Wird nun die Schleifwelle in Umdrehung versetzt, so übernimmt zunächst die Polierscheibe den Unrundlauf der Schleifwelle, wird aber durch eine angepreßte Fläche, z. B. einer Rachenlehre, im Rundlauf gehindert. Der erforder-

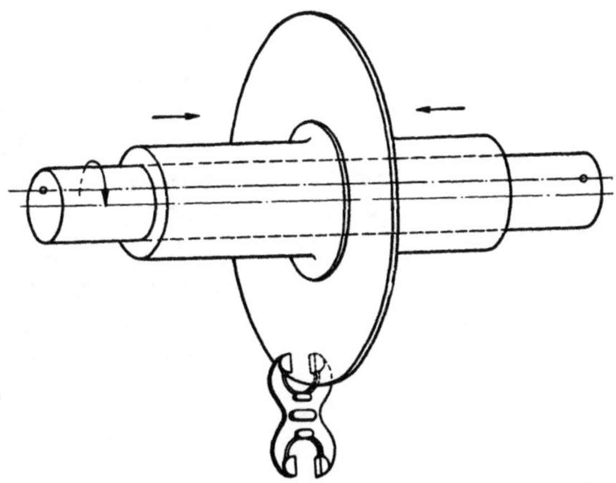
Abb. 51. Oszillierende Polierscheibe.

liche Gegendruck kann durch entsprechend angeordnete Spiralfedern usw. geschaffen werden. Durch die Bremsung wird die Scheibe auf der Meßfläche hin- und hergezogen, und zwar entsprechend dem Exzenterausschlag der Körner. An Stelle der rund laufenden Schleif- bzw. Polierbewegung tritt also ein Hin- und Hergleiten. Die Scheibe bleibt aber nicht an einer Stelle stehen, sondern nimmt eine außerordentlich langsame Rundlaufbewegung an, die auf die Gleichmäßigkeit des Schleifstriches praktisch ohne Einfluß ist. Durch dieses Verfahren lassen sich außerordentlich gute Meßflächen erzielen. Die Anwendung zweier auf einer Welle sitzender Polierscheiben, die z. B. beim Schleifen von Endmaßen eine genaue Parallellage geben können, ist von der Firma Pratt & Whithney in Hartford Conn. zum Patent angemeldet worden.

Abb. 52. Schwenkvorrichtung zum Schleifen von Kugelendmaßen.

Gewisse Schwierigkeiten bietet das Feinschleifen von Endmaßen mit Kugelflächen. Die Meßfläche muß ein genauer Ausschnitt aus der Kugelfläche sein und darf an den Rändern nicht abfallen. Verhältnismäßig einfach ist das Vorschleifen. Es können hierzu auf Rundschleifmaschinen besondere Vorrichtungen aufgesetzt werden. Abb. 52 zeigt eine Schwenkvorrichtung, deren Rundlauf vom Deckenvorgelege angetrieben wird, während die Schwenkbewegung mittels eines Hebels von Hand erfolgt. Bei dieser Art der Schwenkvorrichtung, die sich durch besondere Einfachheit auszeichnet, ist das Messen etwas erschwert, da die Vorrichtung hinderlich ist. Erheblichen Vorzug bietet eine Schleifvorrichtung nach Abb. 53, bei der eine Drehbewegung um die Längsachse und um eine durch die Längsmitte des Endmaßes gehende Querachse erfolgt. Es sind also zwei Drehbewegungen, deren Achsen im rechten Winkel zueinander stehen. Der Antrieb der Querachse erfolgt durch den Mitnehmer der Rundschleifmaschine. Eine mit Arretierstange versehene lose Hülse trägt am gekap-

Abb. 53. Schleifvorrichtung und Drehbewegung um Längs- und Querachse.

selten Ende ein Kegelrad, das in ein die Drehbewegung bewirkendes an das Endmaß anschließendes Kegelrad eingreift. Zum Messen kann die Vorrichtung von der Maschine schnell abgenommen werden, so daß das Endmaß nicht ausgespannt zu werden braucht. Der auf diese Weise erzielte Vorschliff weist aber nicht die für das Endmaß erforderliche Oberflächengenauigkeit auf. Für das Polieren der Meßflächen sind nun verschiedene Verfahren im Gebrauch, von denen nur zwei erwähnt werden sollen.

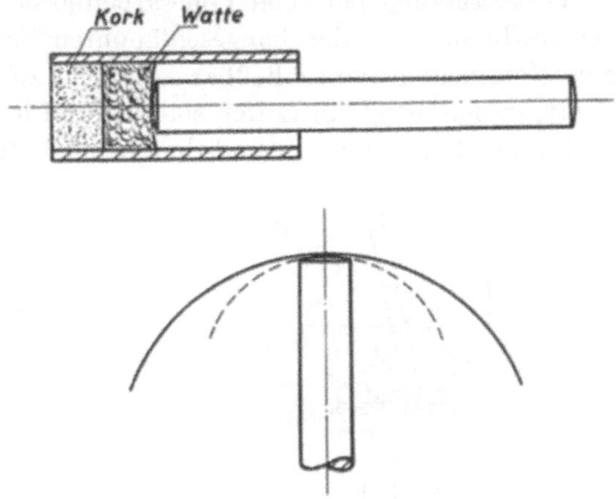

Abb. 54. Polieren von Kugelendmaßen.

Das in Abb. 54 dargestellte Verfahren, bei dem einfach das vorgeschliffene Endmaß in das Zangenfutter einer schnellaufenden kleinen Drehbank eingespannt wird, und das Polieren mit Hilfe einer einseitig verschlossenen Röhre erfolgt, die innen auf Watte oder Filz das Schleifmittel trägt, kommen für die jetzt vorgeschriebene Genauigkeit der Kugelendmaße nicht mehr in Frage. Wenn das Verfahren auch sehr einfach ist, so lassen sich damit doch nie genaue Kugelflächen, die der Länge des Endmaßes entsprechen, erzielen. Die Flächen werden nach dem Rand zu immer abfallen, und der Vorzug des Kugelendmaßes geht damit verloren.

Ein einwandfreies Verfahren ist in Abb. 55 dargestellt, bei dem das Schleifen mit Hilfe sogenannter Kugelschalen erfolgt. Diese Schleifart stammt aus der optischen Glasschleiferei und erzielt hohe Genauigkeit der Kugelflächen bei hervorragender Oberflächenbeschaffenheit. Es muß beim Schleifen nur vermieden werden, die Endmaßachse fluchtend mit der Achse der unteren Kugelschale zu stellen.

Die obere Kugelschale hat eine dem Kugelendmaß entsprechende genau passende Bohrung; beim Schleifen oder in diesem Falle richtiger beim Polieren kann das Endmaß von Zeit zu Zeit etwas gedreht werden. Die Drehgeschwindigkeit der unteren Kugelschale darf nicht zu hoch sein, damit kein Abschleudern erfolgt. Es sind 3—4 Schleifeinrichtungen erforderlich, die zweckmäßig in einer Reihe mit gemeinsamem Antrieb aufgestellt werden, so daß Vor-, Mittel- und Feinpolieren mit besonderen Schalenpaaren ausgeführt werden. Zum Messen läßt sich das Endmaß schnell entfernen, wobei zu beachten ist, daß ihm Zeit gelassen wird, sich von der angenommenen Handwärme des Arbeiters abzukühlen.

Dieses Schleifverfahren, das hohe Genauigkeit gewährleistet, erfordert naturgemäß besondere Einrichtungen zum genauen Ausdrehen der Schalen, außerdem muß für jeden Nenndurchmesser ein Schalensatz vorhanden sein. Mit diesem lassen sich Kugelendmaße mit allen Abmaßen eines Nenndurchmessers schleifen, da die geringen Krümmungsunterschiede praktisch vernachlässigt werden können.

Voraussetzung bei allen Polierarbeiten ist peinlichste Sauberkeit in der Aufbewahrung der feingeschlämmten Schleifmittel. Die Behälter müssen unbedingt verschließbar sein. Das zum Entnehmen verwendete Gerät, in der Regel ein Löffel, soll dauernd in dem Behälter verbleiben. Es ist unzulässig, mit ein und demselben Löffel aus den Behältern, die

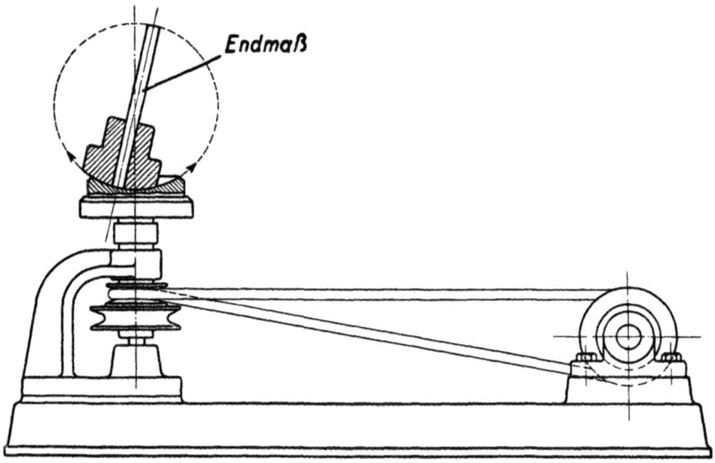

Abb. 55. Schleifen mit Kugelschalen.

Poliermittel verschiedener Feinheitsgrade enthalten, Entnahmen zu machen. Die Behälter müssen außen den Feinheitsgrad des Poliermittels deutlich erkennbar tragen, damit der Arbeiter nicht versucht wird, nacheinander in die verschiedenen Behälter zu greifen, um sich mit der Hand von der Feinheit des Inhaltes zu überzeugen. Die oft an polierten Flächen auftretenden „Kritzer" sind vielfach auf nicht streng genug durchgeführte Trennung der Poliermittel zurückzuführen. Ein in ein feinstgeschlämmtes Poliermittel geratenes Korn einer gröberen Schlämmung vermag viel Unheil anzustiften.

Im Rahmen dieses Vortrages ließ sich das Werkzeugschleifen nur in verhältnismäßig groben Zügen behandeln, und es war auch nicht beabsichtigt, hier Rezepte zu geben. Das Werkzeugschleifen gibt die Schneide, und von ihr hängt Leistungsfähigkeit und Wirtschaftlichkeit eines Betriebes in erheblichem Maße ab. Der Werkstattmann, der dem Werkzeugschleifen seine ganze Liebe und Aufmerksamkeit schenkt, schafft damit eine der Hauptgrundlagen erfolgreicher Fertigung.

Handelsübliche Spannvorrichtungen.

Von Ingenieur **K. Güldenstein,** Berlin.

Die handelsüblichen Spannvorrichtungen lassen sich in 3 Hauptgruppen einteilen:

1. Mechanisch wirkende Spannvorrichtungen,
2. Elektromagnetisch wirkende Spannvorrichtungen,
3. Durch Preßluft wirkende Spannvorrichtungen.

Die erste der Hauptgruppen unterteilt sich wiederum in 3 Untergruppen, und zwar in:

a) Handwerkzeuge,

b) Spannvorrichtungen für Werkzeuge und Werkstücke mit gradliniger Bewegung (Stahlhalter, Maschinenschraubstöcke) und

c) Spannvorrichtungen für kreisende Werkzeuge und Werkstücke (Spannfutter).

Mechanisch wirkende Spannvorrichtungen.

I. Handwerkzeuge.

Die bekanntesten Spannvorrichtungen sind wohl die mechanisch wirkenden, die wegen ihrer wertvollen Dienste, die sie der Industrie jahrzehntelang erwiesen haben, ihren alteingesessenen Platz behaupten, von dem sie trotz großer Vorteile der neuzeitlichen Spannvorrichtungen schwerlich verdrängt werden können.

Das erste Handwerkzeug, das selbst heute noch der gröbsten Kritik standhält, ist die menschliche Hand mit den sinnreichen Bewegungen ihrer Glieder. Wir sehen in ihr eine automatische Universal-Spannvorrichtung verkörpert, wie sie die neuzeitliche Technik bisher nicht aufzuweisen hat, geschaffen, um Fremdkörper festzuhalten, um irgendeinen Gegenstand selbsttätig zu erfassen und zu spannen. Aus dem natürlichen Vorgang des Erfassens und Festhaltens durch die Hand ist das erste mechanisch wirkende Spannwerkzeug entstanden, die Zange.

Der Hauptwert einer jeden Zange liegt abgesehen von der Güte des verwendeten Werkstoffes in der Ausführung ihres Zangengewerbes, d. h. des Gelenks oder Scharniers. Das einfachste Gewerbe ist das aufliegende, nach Abb. 1 und 2. Die Zangenschenkel liegen hier flach aufeinander und sind durch einen beiderseits vernieteten Gelenkbolzen miteinander verbunden. Diese Bauart birgt eine große Schwäche in sich, die sich besonders bei einseitiger Beanspruchung des Zangen maules zeigt. Wie Abb. 1 andeutet, wird der Gelenkbolzen nicht nur auf Scherung, sondern auch stark auf Biegung beansprucht, wodurch das Zangengewerbe bald klapprig und damit der Wert der Zange herabgedrückt wird. Deshalb wird diese Ausführung nur für Zangen verwendet, die für minderwertigere Arbeiten, wie z. B. das Herausziehen von Nägeln u. dgl. bestimmt sind. — Eine hochwertigere Zangenart

Abb. 1. Abb. 4.

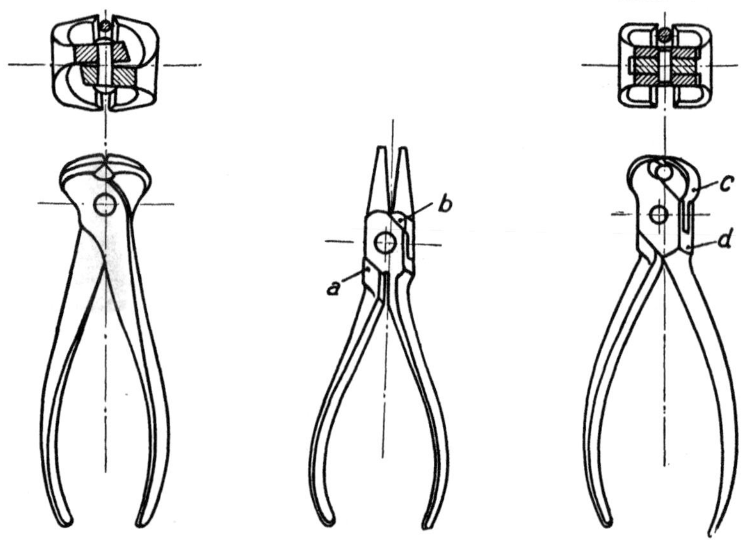

Abb. 2. Aufliegendes Gewerbe. Abb. 3. Einliegendes Gewerbe. Abb. 5. Durchgestecktes Gewerbe.

Abb. 1—5. Schenkelzangen.

ist die in Abb. 3 gezeichnete, die mit einem einliegenden Gewerbe ausgebildet ist. Das Wesen des einliegenden Gewerbes ist dem aufliegenden sehr ähnlich; doch geben die ausgeklinkten Schenkel an den Stellen *a* und *b* sich gegenseitig eine bessere Führung, so daß das Auseinanderbiegen des Gewerbes eher verhütet wird. — Das wertvollste Zangengewerbe ist das durchgesteckte, das in Abb. 4 und 5 dargestellt ist. Bei dieser Bauart ist der Zangenschenkel *c* durch den anderen mit *d* bezeichneten Schenkel durchgesteckt und mittels eines schwach vernieteten Gelenkbolzens mit diesem verbunden. Dadurch wird eine genaue Führung der beiden Schenkel und eine solide, doppelte Lagerung des Gelenkbolzens erzielt (siehe Abb. 4). Der Nachteil der

Biegungsbeanspruchung bei den erstgenannten Zangen ist also in dieser Konstruktion auf ein Minimum beschränkt; es treten praktisch nur Scherkräfte auf, die sich auf 2 Bolzenquerschnitte verteilen. Natürlich geht dieser Vorteil der Zange auf Kosten des Preises, der sich um etwa 30—40 v. H. gegenüber der einfacheren Ausführung steigert.

Das durchgesteckte Gewerbe wird bei sämtlichen Parallelzangen benutzt, die zwar allseitig bekannt, aber verhältnismäßig wenig in Gebrauch sind. Mit der Gegenüberstellung der Schenkelzange und der Parallelzange in Abb. 6 und 7 sind zwei grundlegende Spannbegriffe gegeben, die sich in den Konstruktionen fast sämtlicher Spannwerkzeuge wiederholen. Bei der einfachen Schenkelzange (Abb. 6) berührt das Zangenmaul das Werkstück beim Festhalten nur in zwei Linien, und die auftretenden ursprünglichen Druckkräfte A der beiden zweiarmigen Zangenschenkel teilen sich in je 2 Seitenkräfte B_1 und B_2, von denen die in der Abbildung mit B_1 bezeichneten diejenigen

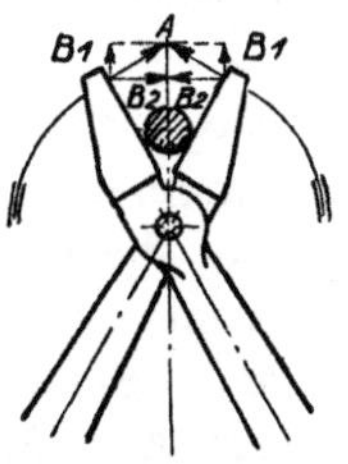

Abb. 6. Schenkelzange. Kräfteschema.

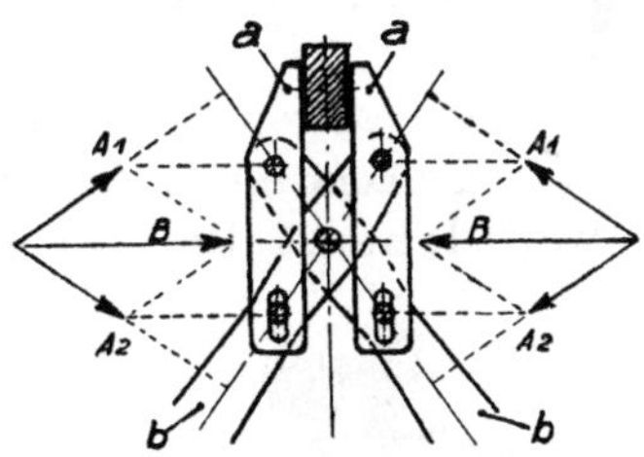

Abb. 7. Parallelzange. Kräfteschema.

sind, welche den Wirkungsgrad der einfachen Schenkelzange ungünstig beeinflussen. Diese versuchen das Werkstück aus dem Zangenmaul herauszudrängen und beeinträchtigen dadurch die Sicherheit der Spannwirkung. — Betrachten wir dagegen ein Werkstück mit rechteckiger Querschnittsform im Maul der Parallelzange (Abb. 7), so sehen wir, daß aus der Linienberührung der Spannflächen mit dem Werkstück eine volle Flächenberührung geworden ist, und außerdem die ungünstige Zerteilung der Spannkräfte der beiden Zangenschenkel in Fortfall kommt. Der Deutlichkeit halber sind die auftretenden Kräfte schematisch aus dem Bilde herausgezeichnet. Die um den Mittelpunkt des Zangengewerbes wirkenden Ursprungskräfte A_1 und A_2 vereinigen sich zu einer resultierenden Kraft B, welche beiderseits stets genau senkrecht zu den Spannflächen des Zangenmaules wirkt. Die Parallelzangen besitzen demnach einen erheblich größeren Wirkungsgrad als die gewöhnlichen Schenkelzangen und kann ihre Einführung in den Betrieben nur bestens empfohlen werden.

Neben den vorerwähnten Zangen, die in der Werkstatt allgemeinen Zwecken dienen, sind als Sonderzangen, die Rohrzangen zu erwähnen, deren verschiedenartige Ausführungen als bekannt vorausgesetzt werden dürfen. Einen besonderen Vorteil dieser Zangenart bieten die Kettenrohrzangen, deren Spannkräfte nicht nur an zwei Stellen des Rohres, sondern durch Umlegen einer Blockkette am ganzen Umfang desselben tangential angreifen. Ein Zerschrammen bzw. Eindrücken des Rohres wird bei richtiger Handhabung dieser Zangen vermieden.

Der Wert des Feilklobens gegenüber der Zange liegt im Fortfall der Anspannung der Armmuskeln während des Spannvorganges. Ein Kraftaufwand ist nur beim Ein- und Ausspannen des Werkstücks erforderlich, während das Werkstück im eingespannten Zustand durch die Selbsthemmung des Spannschraubengewindes festgehalten wird.

In der Feinmechanik ist der Stielfeilkloben zum Spannen kleiner Werkstücke allgemein gebräuchlich. Diese Klobenart ist mit einem Handheft versehen und in den verschiedensten Ausführungen erhältlich.

Ähnlich den Zangen unterteilen sich die größeren Feilkloben in solche mit schenkelartig zueinander wirkenden Spannbacken und in Parallelfeilkloben. Die ersteren sind allgemein bekannt, doch wegen der ungünstigen Spannwirkung (vgl. Abb. 6) weniger beliebt als der in Abb. 8 gezeigte Parallelfeilkloben. Die Stahlblechschenkel tragen je eine drehbare Backe. Diese haben 4 Spannflächen, die für das Spannen der verschiedenartigsten Werkstücke ausgebildet sind und sich jeweils durch ihre drehbare Anordnung der Werkstückoberfläche anpassen. Zum Spannen längerer Gegenstände in der dargestellten Art ist die Spannschraube des Feilklobens durchbohrt.

Abb. 8. Parallelfeilkloben.

Das Anwendungsgebiet der Schraubzwingen ist in den meisten Fällen dem der Feilkloben ähnlich. Der Unterschied besteht darin, daß der Feilkloben zum Spannen von einzelnen Teilen dient, die in der Hand bearbeitet werden sollen, wogegen die Schraubzwinge meist zum Zusammenspannen zweier und mehrerer Werkstücke verwendet wird.

Abb. 9 zeigt eine Bügelschraubzwinge mit Schnellspannung, deren Wirkungsweise aus Abb. 10—12 ersichtlich ist. Die Druckspindel b ist eine gewöhnliche rechtsgängige Spitzgewindeschraube, deren Querschnitt auf ihrer ganzen Länge auf eine Form nach Abb. 11 gebracht ist, so daß also von den vollen Gewindegängen nur noch die kleinen, nicht schraffierten Gewindezähnchen übrig bleiben. Wie aus Abb. 12 zu ersehen ist, bewegt sich diese Spindel in einer Bundmutter *a*, die wiederum mit einem rechtsgängigen Flachgewinde in der Bügelnabe *c* verstellbar ist. In Abb. 10 ist gezeigt, daß das innere Spitzgewinde der Mutter *a* ähnlich dem der Druckspindel auf seiner ganzen Länge durch 2 Nuten unterbrochen ist, so daß z. B. von einem Gewindegange ebenfalls nur die beiden in der Abbildung nicht schraffierten Gewindezähne stehen bleiben. In den inneren Längsnuten der

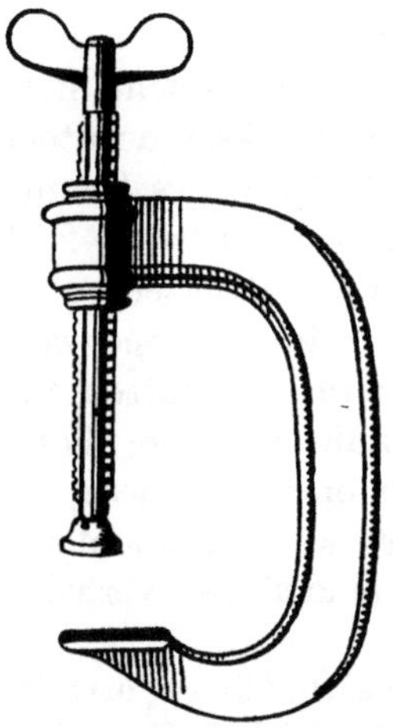

Abb. 9. Bügelschraubzwinge mit Schnellspannung.

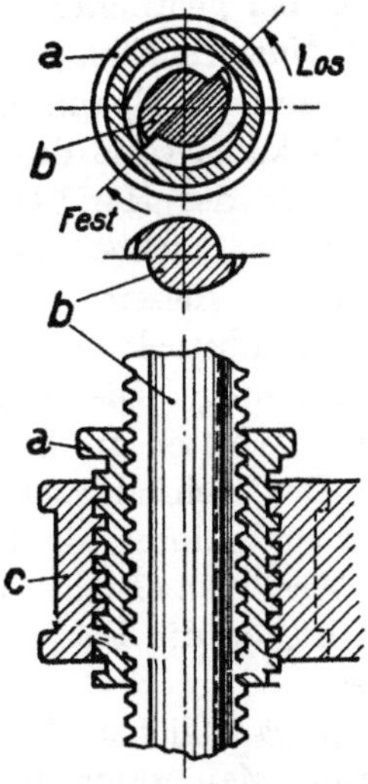

Abb. 10—12. Bügelschraubzwinge, Schnitte.

Mutter ist bei der gezeichneten Stellung der Druckschraube *b* eine ungehinderte Achsialverschiebung derselben möglich, die zum schnellen Einstellen der Schraubzwinge für verschiedene Spannweiten benutzt wird. Soll das Werkstück nach der Grobeinstellung der Spindel gespannt werden, so wird diese rechts herum gedreht bis sich die kleinen Gewindezähnchen der Druckschraube in die der Mutter einlegen und diese in der Drehrichtung mitnehmen. Dadurch wandert das ganze Spannelement in dem rechtsgängigen Flachgewinde der Bügelnabe *c* nach innen und spannt das Werkstück fest. Beim Losspannen wird die Druckschraube nur um eine halbe Umdrehung zurückgedreht und achsial nach außen gezogen. Die Zwinge läßt sich dann mit Leichtigkeit für eine andere Spannweite einstellen.

Die bekannten Parallelschraubzwingen werden vielfach für feinere Spannungen besonders im Werkzeug- und Vorrichtungsbau benutzt. Die Bezeichnung Parallelschraubzwinge ist nicht ganz berechtigt, da die Backen in den seltensten Fällen zu einer wirklich parallelen Anlage mit dem Werkstück kommen. Sie werden neuerdings auch als Schnellspannschraubzwingen ausgeführt, die das Zurückdrehen der Spannschrauben bei der Einstellung der Zwinge für verschiedene Spannweiten ausschalten. Die Spannschrauben werden bei dieser Zwinge nicht unmittelbar in das Backengewinde geschraubt, sondern sie sind in halben Mutterstücken geführt, die sich durch kleine Hebel öffnen und schließen lassen. Durch einen Druck auf die Hebel werden die Mutterhälften geöffnet und lassen die Spannschrauben frei durch. Die Zwinge wird also bei geöffneter Mutter für das Werkstück grob eingestellt, dann die Mutterhälften geschlossen, und das Werkstück wie üblich mit Hilfe der hinteren Spannschrauben festgespannt.

Die Wirkungsweise des Bankschraubstocks weicht nicht besonders von der des Handfeilklobens ab. Der Bankschraubstock ist im Grunde weiter nichts, als ein an die Werkbank geschraubter Feilkloben. Seine vielseitigen Bauarten teilen sich wieder in 2 Gruppen: 1. Bankschraubstock mit Schenkelspannung, 2. Bankschraubstock mit Parallelspannung. Die Ausführungen der ersten Gruppe werden nur für grobe Arbeiten in Schmieden, Reparaturwerkstätten u. a. verwendet. Der Achsialdruck der Spannschraube wird bei diesen Bankschraubstöcken durch ein Kugellager aufgenommen. Diese Anordnung hat den Vorteil, daß trotz größter Spanndrücke die Spindel stets leicht zu lösen ist, da die Flächenpressung am Spindelbund verhältnismäßig gering ist.

Viel gebräuchlicher sind die Bankschraubstöcke mit Parallelspannung. Man unterscheidet sie je nachdem sich die lose Backe nach vorn bzw. nach hinten, d. h. auf die Werkbank zu öffnet. Die letztere Ausführung hat den Vorteil, daß der Arbeiter trotz verschieden großer Spannweiten denselben Standort behält, also stets in gleicher Entfernung von der Werkbank stehen bleibt. Das Werkstück breitet sich bei dieser Bauart über die Werkbank aus. Bei der nach vorn öffnenden Konstruktion dagegen hängt das Werkstück je größer es ist, desto mehr über die Werkbank hinaus.

In Abb. 13 ist ein nach vorn öffnender Bankschraubstock mit Parallelspannung gezeigt. Die feste Backe ist hinten starr mit dem Hauptkörper verbunden. Die lose Backe bewegt sich nach vorn öffnend in einer Rundführung des Gehäuses und wird durch ein am Hauptkörper angegossenes Konsol gestützt. Die Spindel ist gegen das Eindringen von Staub und Spänen geschützt.

Bei einer ähnlichen Bauart wird die Rundführung des losen Backenteils durch eine rechteckige Führung ersetzt. Außerdem wird das Spannen von kegeligen Werkstücken ermöglicht. Die hintere Backe, die bei obiger Ausführung als feste Backe am Hauptkörper angegossen ist, ist hier vom Hauptkörper getrennt und mittels einer halbrunden, T-förmigen Führung in der Wagerechten drehbar angeordnet. Ein kegeliger Bolzen hält die Backe in der Normalstellung fest. Durch das Einhaken der T-förmigen Führung in den Hauptkörper ist das Ankippen des Backenteils beim Spannen zwar beschränkt, aber keines-

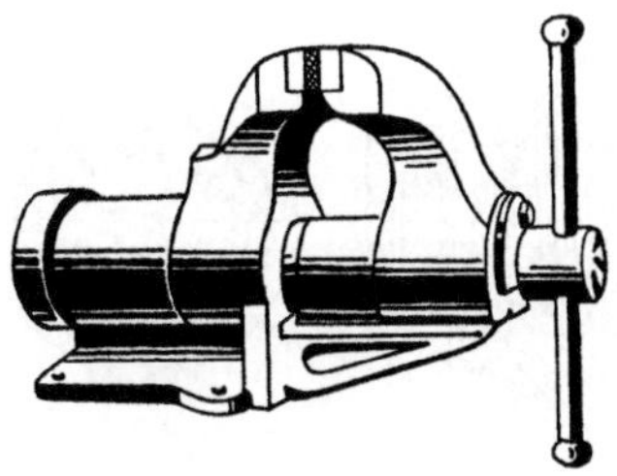

Abb. 13. Bankschraubstock, nach vorn öffnend.

Abb. 14. Bankschraubstock, nach hinten öffnend.

falls behoben. Man tauscht, wie meistens, das Universelle des Schraubstocks mit einer schlechten Wirkungsweise ein.

Ein nach hinten öffnender Bankschraubstock ist in Abb. 14 gezeigt. Die feste vordere Backe ist mit einem starken Bügel am Hauptkörper angegossen. Die lose nach hinten öffnende Backe ist in einem schwalbenschwanzförmigen Prisma geführt. Das Spannelement wirkt hier im umgekehrten Sinne wie im Schraubstock nach Abb. 13. Während bei der nach vorn öffnenden Bauart sich die Spindel mit der losen Backe in der feststehenden Mutter achsial bewegte, ist hier die Spindel achsial fest gelagert und die Mutter macht mit der losen Backe die Achsialbewegung. In Abb. 15 und 16 sind zwei verschiedene Prismaführungen des losen Backenteils dargestellt, deren letztere die günstigere ist, da der von der Spindel ausgeübte Spanndruck zu einer besseren Wirkung kommt. — Der Schraubstock nach Abb. 14 ist in der Wagerechten drehbar angeordnet, wogegen der in Abb. 13 gezeigte als feststehender Schraubstock ausgebildet ist.

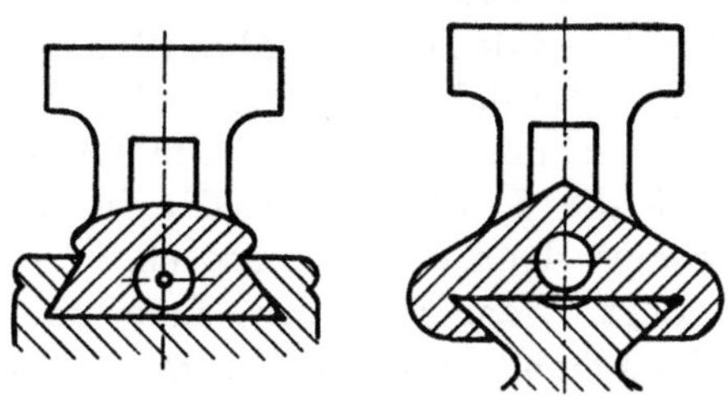

Abb. 15 und 16. Prismaführungen der losen Backen von Bankschraubstöcken, Schnitte.

Ähnlich der Bügelschraubzwinge mit Schnellspannung Abb. 9 ist auch ein Bankschraubstock im Handel, welcher ein schnelles

Einstellen verschieden großer Spannweiten gestattet (Abb. 17 und 18). Die Bauart ist nach vorn öffnend und mit einer Rundführung des losen Backenteils ähnlich dem Schraubstock Abb. 13 ausgeführt. Aus Abb. 17 ist ersichtlich, daß die in der losen Backe achsial fest gelagerte Spindel *a* mit einem Flachgewinde in die Mutter *b* eingreift und durch einen aufgestifteten Ring *c* am völligen Herausdrehen aus dem Muttergewinde verhindert wird. Abb. 18 zeigt den Schnitt $A \div B$ in der Aufsicht. Der Bund der Mutter *b* ist sternartig ausgebildet; die Ansätze

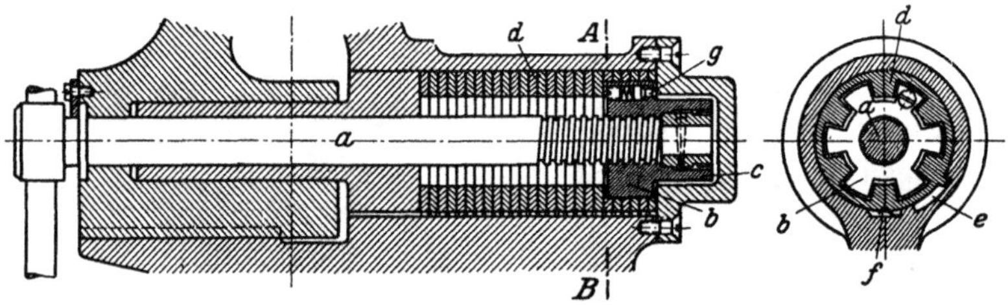

Abb. 17 und 18. **Bankschraubstock mit Schnellspannung, Schnitte.**

sind in entsprechende Schlitze der 26 Scheiben *d* leicht eingepaßt, so daß in der gezeichneten Stellung die Spindel mit der Mutter und dem losen Backenteil achsial leicht bewegt werden kann. Ist die lose Backe für eine bestimmte Spannweite roh eingestellt, so wird die Spindel wie üblich rechts herumgedreht. Dabei werden zunächst die Mutter und die mit ihr im Eingriff stehenden 6 Scheiben *d* soweit mitgenommen, bis die Nasen der Scheiben *d* im Schlitz *e* (Abb. 18) des Hauptkörpers eine weitere Drehung der Mutter verhindern. Die Spindel schraubt sich demnach bei weiterer Drehung durch die Mutter hindurch und spannt das Werkstück in den Schraubstockbacken fest. Die Flachfedern *f* (Abb. 18) halten die Scheiben *d* in ihren beiden Endstellungen fest. Der federnde Index *g* (Abb. 17) sorgt dafür, daß selbst bei einer ungünstigen Achsialstellung der Mutter *b* die Scheibe *d* in ihrer vollen Breite mitgenommen wird. — Beim Lösen der Spannung werden die Mutter und die 6 Scheiben wieder in ihre Anfangsstellung zurückgedreht, worauf dann das Herausdrehen der Spindel aus dem Muttergewinde erfolgt. Zum Fest- bzw. Losspannen des Werkstücks wird etwa eine Umdrehung der Spindel benötigt. Die Einstellung der Spannweite erfolgt durch Achsialverschiebung der Spindel bzw. des losen Backenteils.

Zum sicheren Festspannen von uneben geformten Teilen im Bankschraubstock dienen die Schraubstöcke mit Reaktionsbacken, deren Wirkungsweise bei den Maschinenschraubstöcken (s. S. 267) näher besprochen wird.

Als besondere Bankschraubstöcke sind noch die Gasrohrschraubstöcke zu erwähnen, welche als parallel spannende Schraubstöcke anzusprechen sind. Neben dem in Abb. 19 dargestellten Gasrohrschraubstock in geschlossener Ausführung sind auch solche in offner Ausführung erhältlich, d. h. der Hauptkörper ist nach einer Seite hin durchbrochen, so daß längere Rohre auch seitlich in die Spannbacken eingeführt werden können. Die offenen Gasrohrschraubstöcke sind

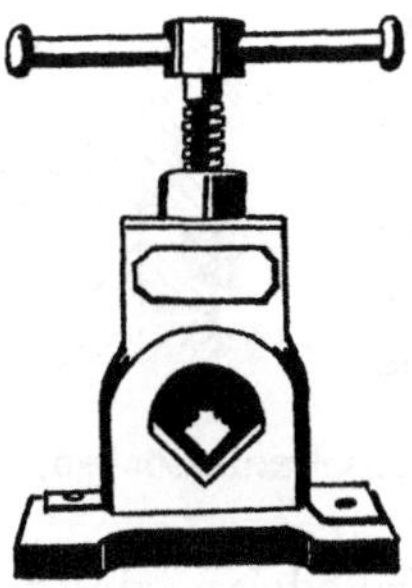

Abb. 19. Gasrohrschraubstock.

Abb. 20. Spannkluppe.

meistens noch in der Vertikalen schwenkbar angeordnet, so daß die eingespannten Rohre in jeden beliebigen Winkel zur Horizontalen gestellt werden können.

Für das Spannen fertig bearbeiteter Werkstücke im Schraubstock werden Spannkluppen verwendet. Gegenüber den bekannten Spannkluppen mit zwei vollen Hartholzbacken hat die in Abb. 20 gezeigte Kluppe den Vorteil, daß die Backen nach Abnutzung ausgewechselt und längere Werkstücke senkrecht eingespannt werden können. Zum Einspannen runder Werkstücke können die Spannbacken prismatisch oder halbrund ausgebildet werden.

II. Spannvorrichtungen für Werkzeuge und Werkstücke mit geradliniger Bewegung.

Alle Werkzeuge, welche maschinell nicht kreisend, sondern geradlinig bewegt werden (Stahl auf Drehbank, Shaper u. a.), werden im allgemeinen in Stahlhaltern, alle Werkstücke, abgesehen von Sondervorrichtungen, mittels Spanneisen oder Maschinenschraubstöcken auf der Maschine festgespannt.

Die Maschinenschraubstöcke werden in verschiedenen Ausführungen hergestellt:

1. Feststehende Schraubstöcke (nicht drehbar).
2. Feststehende Schraubstöcke mit untersetzbarem Drehsockel.
3. Drehbare Schraubstöcke mit angebautem Drehsockel.

a) In der Wagerechten drehbar.
b) In der Senkrechten drehbar.
c) In der Wagerechten und Senkrechten drehbar.

Jede dieser Bauarten kann wiederum in 3 Ausführungen hergestellt werden, welche sich nach Abb. 21—23 in der Führung des losen Backenteils bzw. in der Lage der Spindel oberhalb oder unterhalb der Werk-

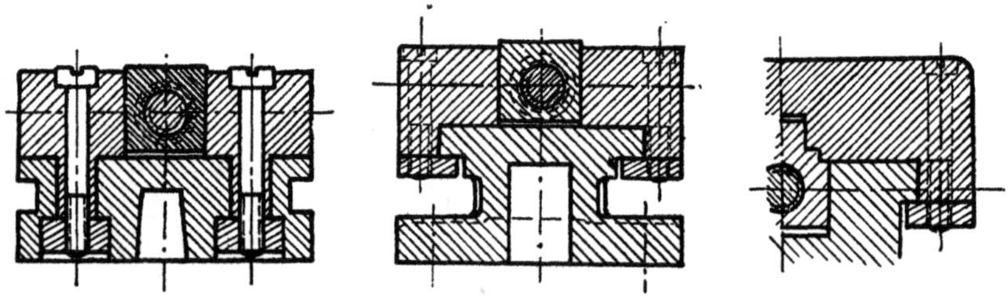

Abb. 21—23. Führungen der losen Backen von Maschinenschraubstöcken, Schnitte.

stückauflage unterscheiden. Während die Spindelanordnung nach Abb. 21 und 22 im allgemeinen für Schraubstöcke mit geringen Spannweiten gewählt wird, lassen die Schraubstöcke nach Abb. 23 meist größere Spannweiten zu. Die Spindel ist bei dieser Ausführung an beiden Enden gelagert. Die Spannwirkung ist jedoch ungünstig, da beim Zuspannen des Schraubstocks das lose Backenteil ankippt und das Werkstück von seiner festen Auflage abgehoben wird. Bei allen Maschinenschraubstöcken sind die Spindelmuttern stets drehbar im losen Backenteil gelagert. Spindel und lose Backe haben in ihren Führungen seitlich etwas Luft, so daß letztere bei geringen Ungenauigkeiten in der Parallelität des eingespannten Werkstückes etwas nachgeben kann.

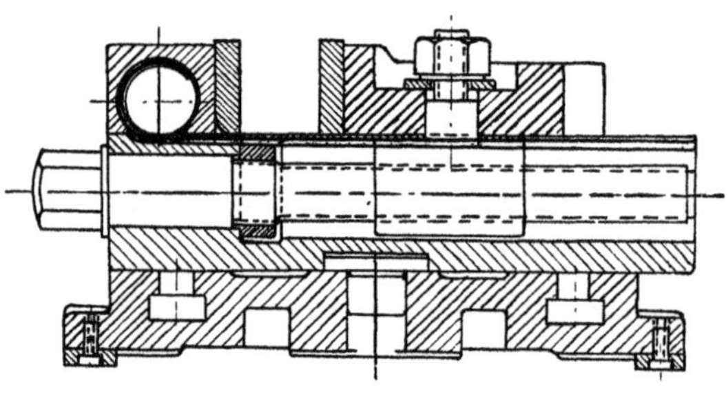

Abb. 24. Maschinenschraubstock mit drehbarer Backe, Schnitt.

Sollen keilförmige oder kegelige Werkstücke für die Bearbeitung festgehalten werden, so ist die Anwendung eines S c h r a u b s t o c k e s mit d r e h b a r e r B a c k e erforderlich. Abb. 24 zeigt den Schnitt durch einen solchen Maschinenschraubstock, der außerdem gegenüber anderen Bauarten den Vorteil hat, daß die Spannschraube von der festen Backe aus zu betätigen ist. Der Vorteil dieser Bauart tritt am deutlichsten beim Gebrauch auf einer Shapingmaschine in Erscheinung. Der Stößel arbeitet gegen die feste Backe, und es ist trotzdem ohne Behinderung bei dieser Anordnung möglich, den Schraubstock von außen mit Hilfe eines Schlüssels zu spannen. Vor dem Festspannen eines Werkstückes wird die Sechskantmutter auf der losen Backe so eingestellt, daß letztere sich leicht verschieben läßt. Beim Festspannen wird dann das Ankippen von Backe und Werkstück dadurch behoben, daß die Sechskantmutter mit der losen Backe nachträglich angezogen wird, so daß Backe und Werkstück mit der oberen Schraubstockfläche wieder zur Anlage kommen. Dieser Spannvorgang läßt sich mit der Wirkungsweise eines Kniehebels vergleichen, woraus sich ergibt, daß das Werkstück in diesem Schraubstock äußerst sicher festgespannt wird. Die unterhalb der Backenauflage liegende Spindel ist gegen das Eindringen von Spänen und Staub durch ein Schutzblech gesichert, welches beim Zuspannen des Schraubstockes selbsttätig in einer Querbohrung der

Abb. 25. **Reaktionsbacken-Maschinenschraubstock.**

festen Backe in sich aufrollt und sich beim Aufspannen wieder abwickelt. Die lose Backe kann bei einer Drehung von 180° auch zum Festspannen runder Werkstücke in senkrechter Stellung dienen, da die hintere Spannfläche prismatisch ausgebildet ist.

Uneben geformte Werkstücke wie Mutterschlüssel, gekrümmte Hebel u. a. lassen sich vorteilhaft im Reaktionsbacken-Maschinenschraubstock (Abb. 25) sicher festspannen. Die Anordnung der Spindel ist ähnlich dem Schraubstock Abb. 24; sie kann von der Seite der festen Backe aus bedient werden. Das Reaktionsbackensystem erfaßt jedes beliebig geformte Werkstück allseitig durch das Anpassungsvermögen seiner Backenteile. Es ist deshalb ein unbedingtes Festhalten gesichert und durch die günstige Verteilung des Spanndruckes ein Verspannen bzw. Zerdrücken des Werkstückes ausgeschlossen. Die einmal für eine bestimmte Form eingestellten Backenteile können durch Anziehen der Halteschrauben fixiert werden. Die schwenkbaren Backenteile sind scharfkantig gehalten, so daß die Störungsgefahr bei der Selbsteinstellung durch Verschmutzen der Backenteile tunlichst behoben ist.

In Abb. 26 ist ein Universalschraubstock dargestellt, der sowohl um eine senkrechte wie um eine wagerechte Achse verstellbar ist und durch entsprechende Klemmschrauben in jeder beliebigen Gradstellung festgehalten wird. Die lose Backe ist auf ihrer Spannfläche mit einer kleinen prismatischen Nut versehen, die zum Spannen von Rundmaterial dient.

Abb. 26. Universal-Maschinenschraubstock.

Im Gegensatz zu den bisher gezeigten Bauarten stellt Abb. 27 einen Schraubstock mit 2 losen Backen dar, die durch das Drehen einer Spindel mit Links- und Rechtsgewinde gleichzeitig zueinander verstellt werden. Durch die Verwendung einer solchen Schraubstockspindel wird ein bedeutend festeres Spannen bei gleichem Kraftaufwand, außerdem bei gleicher Gewindesteigung ein doppelt so schnelles Auf- und Zuspannen und schließlich unabhängig von der Stärke des Werkstückes ein genau zentrisches Spannen auf ein und dieselbe Mitte des Schraubstocks erzielt (günstig beim Fräsen von Längsnuten in verschieden starke Wellen). Diese 3 Vorzüge sind unantastbar; doch haben die nicht seltenen Spindelbrüche in der Mitte der Spindel gezeigt, daß die während des Spannens auf dem Spindelquerschnitt wirkenden Zugspannungen die Brauchbarkeit des Schraubstocks ungünstig beeinflussen. Die schrägen Backeneinsätze sind leicht mit den Backen verschraubt, so daß sie in ihrer Höhenstellung nachgeben können; vier senkrecht angeordnete Druckfedern pressen die Einsätze nach oben gegen die schräge Anlage mit den Backenteilen. Das Werkstück wird demnach beim Festspannen auf die Schraubstockauflage nach unten gepreßt.

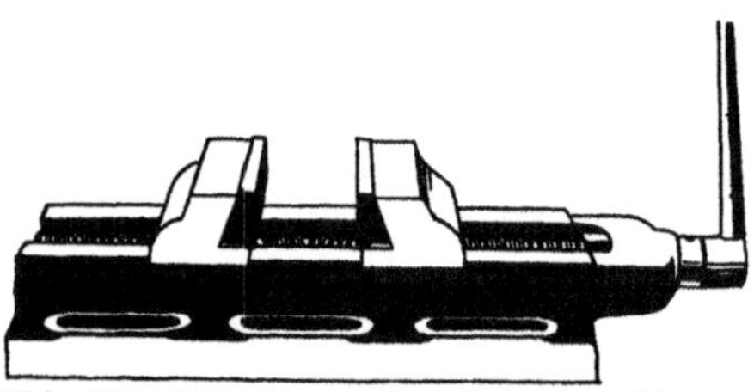

Abb. 27. Maschinenschraubstock mit zwei losen Backen.

Die spindellosen Schraubstöcke werden hauptsächlich in der Einzelherstellung von Werkstücken voll ausgenützt, wo sich eine dauernde

Verstellung der Spannweite notwendig macht. In Abb. 28 ist die Wirkungsweise eines solchen Schraubstocks dargestellt. Die lose Backe *c* liegt auf der Oberfläche des Schraubstocks auf und wird durch zwei T-Nutschrauben, deren Köpfe in entsprechende Längsnuten des Hauptkörpers eingreifen, gehalten. Durch eine leichte Einstellung dieser

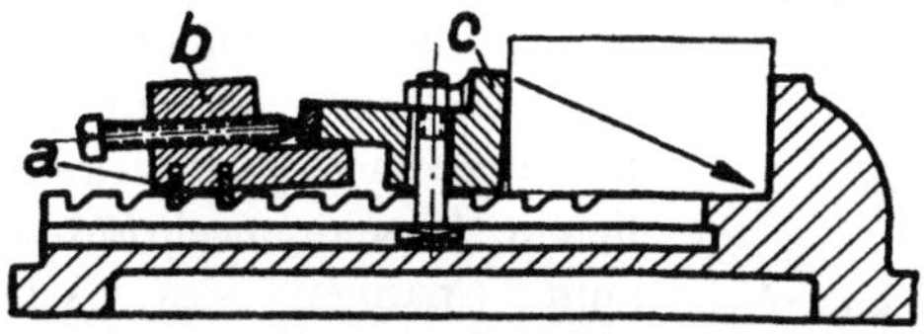

Abb. 28. Spindelloser Maschinenschraubstock, Schnitt.

Abb. 29. Ungünstige Spannwirkung.

Schrauben kann die lose Backe schnell von Hand für die verschiedenen Spannweiten verschoben werden. Die Spannung erfolgt durch drei Vierkantkopfschrauben, welche in einem Spannklotz *b* eingeschraubt sind. Letzterer greift mit einem Ansatz unter die lose Backe und wird mittels zweier Lineale *a* in seiner Stellung auf der Schraubstockauflage blockiert. Beim Anziehen der Spannschrauben wird *b* in der grob angedeuteten Weise angekippt, so daß die lose Backe *c* das Werkstück nicht nur festspannt, sondern gleichzeitig gegen die Auflage des Schraubstocks nach unten drückt. Eine ungünstige Spannung, wie in Abb. 29 angedeutet, ist bei diesem Schraubstock unmöglich. Durch die Beweglichkeit der losen Backe und die Anordnung der drei nebeneinander liegenden Spannschrauben können auch leicht kegelige Werkstücke gespannt werden. Den Vorteilen dieses spindellosen Schraubstocks steht jedoch der Nachteil gegenüber, daß beim Spannen und Entspannen des Werkstücks jeweils drei Schrauben mit einem Schlüssel nacheinander zu bedienen sind und außerdem bei Verstellung der Spannweite das Umstecken der Lineale erforderlich ist.

Eine andere Bauart der spindellosen Schraubstöcke, deren Wirkungsweise die gleiche, deren Handhabung aber bedeutend einfacher ist, zeigt Abb. 30. Die lose Backe und der Spannklotz sind hier in einer durchgehenden T-Nut im Hauptkörper geführt. Eine schräg angeordnete Spannschraube wirkt direkt gegen das lose Backenteil, wodurch ein Ankippen des eingespannten Werkstücks vermieden wird. Prismatische Backeneinsätze, ähnlich Schraubstock

Abb. 30. Spindelloser Maschinenschraubstock.

Abb. 27, sorgen ebenfalls für eine genaue Auflage des Werkstücks im Schraubstock.

Abb. 31 zeigt einen gewöhnlichen Parallelschraubstock in Arbeitsstellung auf einer Fräsmaschine. Der Fräser ist linksschneidend; der Fräsdruck liegt gegen die feste Backe. Diese Anordnung ist eine der gebräuchlichsten in der Fräserei, sie hat jedoch bei Verwendung des gewöhnlichen Maschinenschraubstocks zum Spannen des Arbeitsstücks einen nicht unerheblichen Nachteil. Da bei einem linksschneidenden Fräser das Werkstück im Frässchlitten von links nach rechts transportiert, also nach beendetem Schnitt zum Ausspannen wieder in die äußerste Linksstellung gebracht wird, ist damit auch die Stellung des Bedienungsmannes auf der linken Seite der Arbeitsspindel bedingt. In dieser Ruhestellung des Frässchlittens steht der Fräser ungefähr über dem Lager der Schraubstocksspindel, der Bedienungsschlüssel dieser Spindel sogar rechtsseits des Fräsers. Wird der Fräserdorn wie üblich im Gegenhalter geführt, so ergibt sich eine recht umständliche und unhandliche Spannmöglichkeit für den Schraubstock.

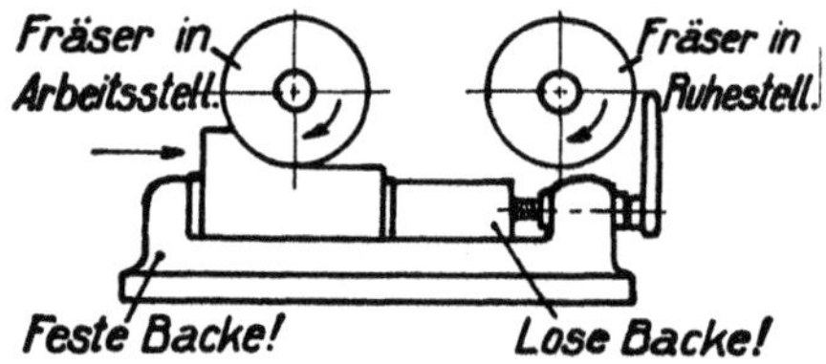

Abb. 31. Schema der Fräserstellung zum gewöhnlichen Maschinenschraubstock auf der Fräsmaschine.

Dieser Übelstand wird unter Beibehaltung sämtlicher Vorteile des gewöhnlichen Schraubstocks bei Verwendung von Unterzugschraubstöcken völlig behoben. Eine der neuesten Bauarten ist in Abb. 32 dargestellt. Die feste Backe e ist als Brücke über die breite, rechteckige Bahn des Hauptkörpers a geschraubt, in der der Unterzug leicht hin- und hergleiten kann. Das rechte Ende dieses Unterzuges bildet die lose Backe f, das linke Ende trägt eine Gewindebuchse c, in der sich die Spannspindel b bewegt, die im Lager a nochmals geführt, jedoch achsial frei beweglich ist. Die Spindel drückt mit einer harten Spitze gegen eine eingesetzte Nasenklinke d, die an der festen Backe e drehbar angeordnet ist und nach dem Herausschalten ein schnelles

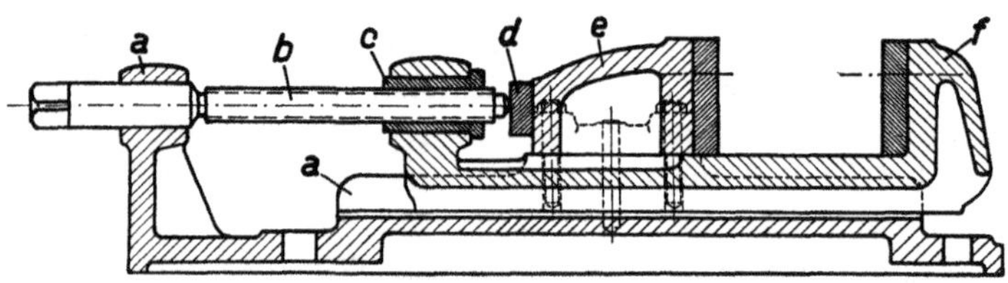

Abb. 32. Unterzugschraubstock mit Gewindespindel, Schnitt.

Öffnen des Schraubstocks bewirkt. Wird die Rechtsgewindespindel *b* rechts herum gedreht, so wandert, nachdem sich die Spindelspitze gegen die Klinke *d* gelegt hat, die Gewindebuchse *c* und mit ihr der ganze Unterzug *f* nach links, d. h. der Schraubstock wird zugespannt. Zum Entspannen des Werkstücks wird die Spindel in entgegengesetzter Richtung nach links herausgeschraubt, bis die Nasenklinke *d* freiliegt und herausgeklappt werden kann. Der Unterzug wird dann um die Klinkenbreite nach rechts geschoben. Dadurch öffnen sich die Backen jedesmal um dieses Plusstück mehr, und es ist eine bequeme Säuberung der Backen selbst beim Spannen schwächerer Stücke ohne großen Zeitverlust möglich. Der Hauptvorteil des Unterzugschraubstocks liegt jedoch in der günstigen Anordnung der Schraubstockspindel. Wenn z. B. in Abb. 31 der Unterzugschraubstock für dieselben Verhältnisse verwendet wird, so arbeitet der Fräser gegen die feste Backe, die Spindel ist jedoch von der günstigen linken Seite, also vom Stande des Arbeiters aus, zu bedienen.

Eine ähnliche Bauart zeigt Abb. 33 mit dem Unterschied, daß die Spindel durch einen Exzenter ersetzt ist. Die Exzenterspannung eignet sich nur für Spannungen gleichgroßer Arbeitsstücke, da der Hub des Exzenters sich nur in kleinen Grenzen bewegt. Aus diesem Grunde kommt dieser Schraubstock ausschließlich für die Massenherstellung in Frage. Der Unterzug ist auf seiner Oberfläche mit sägenartigen Querrillen versehen und außerdem der Länge nach von einer T-Nut durchzogen, in der sich die Achsenschraube für den Exzenterhebel führt. Über die Achsenschraube ist eine Bundbuchse gesteckt, deren untere Bundfläche mittels Zähnen in die entsprechenden Zähne des Unterzuges eingreift. Diese Bundbuchse und die Achsenschraube werden durch einen Mutterhebel in den verschiedenen Stellungen auf dem Unterzug festgespannt. Um den Durchmesser der Bundbuchse bewegt sich der Exzenterhebel, der in achsialer Richtung zwischen dem Bund und dem Mutterhebel fixiert wird. Macht sich z. B. eine Verstellung der Spannweite von 5 auf 120 mm notwendig, so wird die Mutter der Achsenschraube gelöst, das gesamte Spannelement mit der Buchse aus den Zähnen des Unterzuges gehoben, in der T-Nut so weit es nötig ist verschoben und das Ganze in der

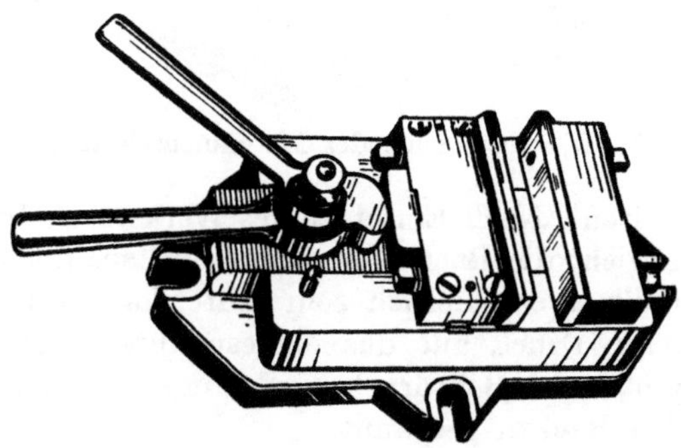

Abb. 33. Unterzugschraubstock mit Exzenterhebel.

gewünschten Entfernung wieder festgeschraubt. Es ist jedoch ausdrücklich zu bemerken, daß die verhältnismäßig einfache und schnelle Exzenterspannung bei ungleich starken Werkstücken den Mangel der Unsicherheit besitzt. Beim Spannen roher Gußstücke ist z. B. von der Verwendung der Exzenterschraubstöcke abzuraten, weil der Guß meistens zu große Abweichungen in seinen Abmessungen besitzt. Der Exzenterschraubstock spannt nur da sicher, wo es sich um lehrenhaltige Werkstücke mit geringen Toleranzen handelt, bei denen man die Gewißheit hat, daß der Exzenterhebel stets wieder dieselbe Stellung einnimmt und zwar, daß er stets auf Spannung kurz vor Erreichung seiner Höchstlage steht.

Der selbstspannende Schraubstock (Abb. 34) ist hauptsächlich für die Verwendung auf Bohrmaschinen geeignet. Er arbeitet ohne Anwendung von Spindeln, Schrauben oder Federn. Die für die verschiedenen Spannweiten abgestuften Backen öffnen sich durch Drehen des Hebels, indem sie an den schrägen Flächen des Körpers nach oben gleiten. Nach Einsetzen des Werkstücks drückt dieses durch das Eigengewicht die Backen herunter und spannt sich dadurch selbsttätig fest. Falls es erforderlich sein sollte, kann durch den Hebel noch ein weiterer Druck auf das eingespannte Werkstück ausgeübt werden. Je größer der Bohrdruck wird, um so fester wird das Werkstück zwischen den Backen gespannt.

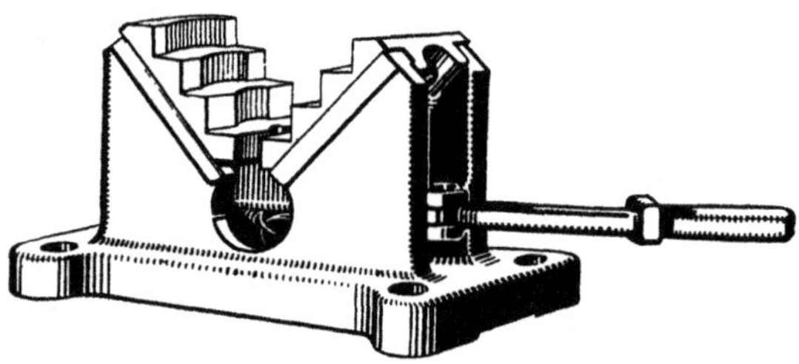

Abb. 34. Selbstspannender Maschinenschraubstock.

In Abb. 35 sind drei Wellen verschiedener Durchmesser angedeutet, die mittels Fingerfräsern radial genutet werden sollen. Das Bild zeigt einen senkrecht gestellten Spindelschraubstock mit einer festen und einer losen Backe, die mit prismatischen Einsätzen zur Aufnahme der Wellen versehen sind. Bei dieser Anordnung muß der Nutfräser bezw. der Arbeitstisch für jede Wellenstärke in der Höhe neu eingestellt werden, was für ein genaues und wirtschaftliches Arbeiten von Nachteil ist. Die Radial-Einstellung für einen bestimmten Durchmesser ist verhältnismäßig umständlich und verlangt eine große Geschicklichkeit des Arbeiters. Abb. 36 zeigt die Wirkungsweise eines neuzeitlichen zentrisch spannenden Schraubstockes, der diesen Übelstand beseitigt. Das Aufnahmeprisma liegt hier der Stirnseite des Fräsers gegenüber. Der Fräsdruck wird von den zentrierenden Auflageflächen des Prismas aufgenommen. Bei Wellen verschiedener Durchmesser ist die Höheneinstellung des Fräsers nur einmal notwendig, wodurch eine genaue gleichmäßige Arbeit erzielt wird. Die zwei rechtwinkligen Aufspannflächen (Abb. 37) sichern dem Schraubstock

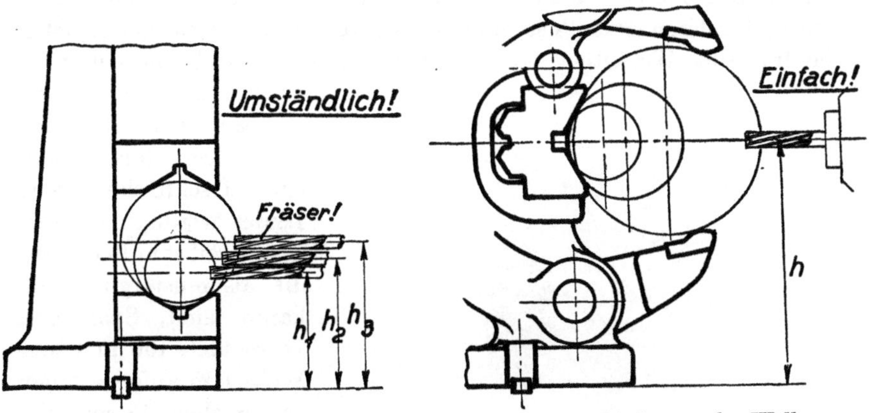

Abb. 35 und 36. Das Fräsen von Längsnuten in verschieden starke Wellen.

eine vielseitige Verwendbarkeit auf Wagerecht- wie auch auf Senkrecht-Fräsmaschinen. Das runde Werkstück liegt in einem doppelseitig prismatischen Klotz, der je nach Wellenstärke umgedreht werden kann, so daß jeweils das kleine oder große Prisma für die Aufnahme des Werkstücks benutzt werden kann. Ein verstellbarer Anschlag gibt dem Arbeitsstück eine sichere Einstellung in der Längsrichtung. Die doppelarmigen Spannbacken sind schwenkbar angeordnet und werden auf der Rückseite des Schraubstocks durch eine Rechts- und Linksgewindespindel betätigt. Das Spindelgewinde ist nicht in die Backen, sondern in 2 Stahlbolzen geschnitten, die in den Backen drehbar gelagert sind. Achsial ist die Spannspindel in ihrer Mitte durch eine lose Gabelführung gehalten, so daß das ganze Spannelement die zur Betätigung notwendige Beweglichkeit erhält. Durch Drehen des Handrades wird das Zu- oder Aufschrauben der Backen gleichmäßig zentrisch auf die Prismamitte erzielt.

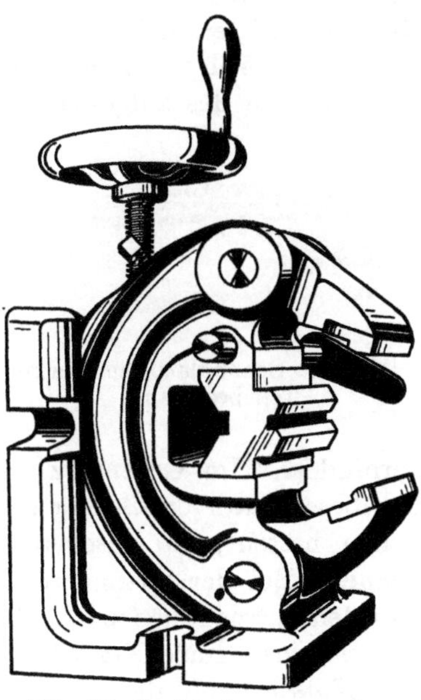

Abb. 37. Zentrisch spannender Maschinenschraubstock.

Spanneisen oder Spannklauen werden überall da angewendet, wo sich der Maschinenschraubstock trotz der vielseitigen Ausführungsarten nicht bewährt. Sie finden in der Hauptsache Verwendung für die Spannung größerer Werkstücke oder solcher mit unregelmäßigen Formen und müssen deshalb so eingerichtet sein, daß sie sich mit Leichtigkeit für jedes Werkstück passend einstellen lassen, d. h. die Unterlage muß in der Höhe so verstellbar sein, daß das Spanneisen stets parallel zur Tischfläche steht. Leider werden noch sehr häufig selbst in Betrieben, die als mustergültig bekannt sind, Spanneisen verwendet, die in keiner Weise den Anforderungen entsprechen. Es wird vielfach aus Mangel an geeigneten Spannwerkzeugen die Schrotkiste hervorgeholt und schnell ein geeignetes Stück für das fehlende Spanneisen hergerichtet. Als Unterlage dient dann vielfach in Ermangelung des für die Werkstückhöhe passenden Untersatzes ein Turmbau von Scheiben, Muttern, Rohren und ähnlichen Sachen, der bei jedesmaligem Spannen zunächst in sich zusammenstürzt und nach mühseligem Wiederaufbau das Aussehen des aufgespannten Werkstücks nicht gerade verschönert.

Abb. 38. Spannklaue, aus 3 Teilen bestehend.

Diese Übelstände werden durch die handelsüblichen Spannklauen behoben, die durch Umstellung des Untersatzes in ihrer Höhenlage verstellt werden können.

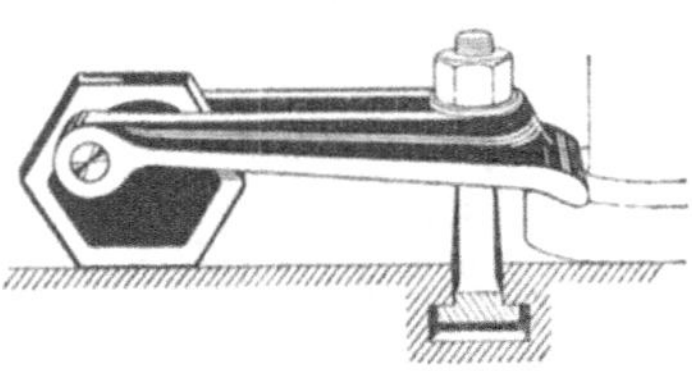

Abb. 39. Spannklaue, aus einem Teil bestehend.

In Abb. 38 ist ein in der Höhe verstellbarer Untersatz für Spanneisen dargestellt, der jegliches Ecken und einseitiges Aufliegen des Spanneisens verhindert. Im Gegensatz zu der in Abb. 39 gezeigten Spannklaue hat diese Spannvorrichtung den Nachteil, daß sie aus mehreren losen Teilen besteht, die auseinander gerissen werden und verloren gehen können. Bei der Spannklaue nach Abb. 39 wird die Einstellung verschiedener Spannhöhen durch die exzentrische Drehpunktlage des Spanneisens ermöglicht. Die eigentliche Spannung geschieht durch eine Nutschraube, die im Schlitz des drehbaren Spanneisens verstellbar ist und am vorteilhaftesten unmittelbar am Werkstück sitzt.

Während sich die vorher beschriebenen Spannklauen nur für Spannungen eignen, die in Richtung des Druckes der Spannschraube liegen, zeigen die nächsten Abbildungen Spannkloben für seitliche Spannungen, d. h. solche, die rechtwinklig zur Spannschraubenachse wirken. Diese Art Spannkloben werden bei der Bearbeitung glatter Werkstücke benutzt, die sich von oben nicht spannen lassen. In Abb. 40 ist ein seitlich wirkender Spannkloben mit einer kreuzweis prismatischen Backe dargestellt. Er dient in der Hauptsache zum Spannen runder Werkstücke, die senkrecht oder auch wagerecht gegen einen Winkel gespannt werden sollen. Außer der stählernen Backe besteht diese Spannvorrichtung aus dem schrägen gußeisernen Unterteil, das auf dem Tisch der Werkzeugmaschine in einer entsprechenden Entfernung vom Werkstück festgespannt wird. Die Backe liegt mit ihrer schrägen Fläche gegen die ebenfalls abgeschrägte Fläche des Untersatzes und wird mittels Gewindebolzen senkrecht angezogen, wodurch ein zwangsweises Verschieben der Backe gegen das Werkstück und dessen gleichzeitiges Niederdrücken auf die Tischfläche erreicht wird.

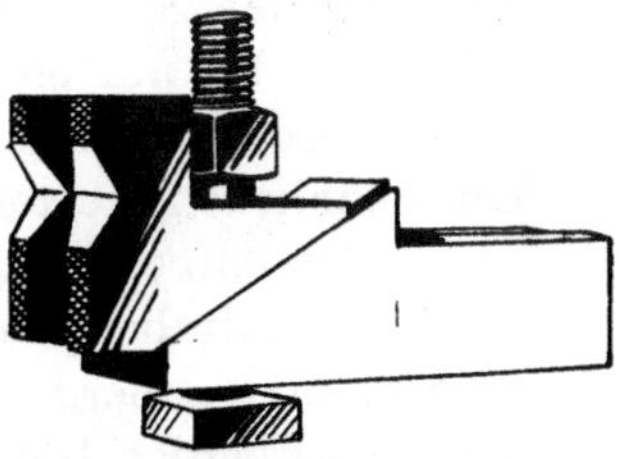

Abb. 40. Spannkloben für seitliche Spannungen.

Abb. 41 zeigt die Bauart und Wirkungsweise eines für seitliche Spannungen sehr zu empfehlenden Werkzeugs. Die Aufspannung ist eine außerordentlich feste und gleichmäßige, da die von der Spannschraube ausgehende Kraft nicht mittelbar, sondern erst durch ein

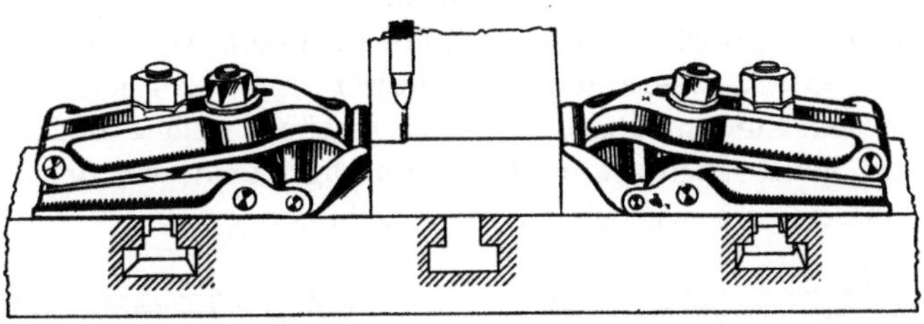

Abb. 41. Spannkloben für seitliche Spannungen.

Hebelverhältnis begünstigt auf das Werkstück übertragen wird und dieses auf die Tischfläche preßt. Bei Verwendung zweier derartiger Spannklauen beiderseits des Werkstücks ist dessen Ankippen an irgendeiner Stelle selbst bei stärksten Schnittdrücken unmöglich gemacht.

Während bisher nur Spannvorrichtungen zum Festhalten von Werkstücken besprochen wurden, sollen jetzt eine Reihe von Spannvorrichtungen beschrieben werden, die ausschließlich zum Spannen von

Schneidwerkzeugen dienen. Es handelt sich in der Hauptsache um handelsübliche Stahlhalter für Dreh- und Hobelbänke.

Der Hauptvorteil des Stahlhalters gegenüber dem aus einem Stück geschmiedeten Vollstahl liegt auf dem Gebiete der Sparsamkeit. Während der Vollstahl aus einem Stück besteht und beim Nachschärfen in seiner ganzen Höhe an der Schnittfläche abgeschliffen werden muß, benützt man den Stahlhalter hauptsächlich zum Spannen kurzer Einsatzstähle, die bis auf ein kleines Abfallstück sehr wirtschaftlich aufgebraucht werden können.

Einen ähnlichen Vorteil gegenüber den Vollstählen haben die aufgelöteten oder aufgeschweißten Stähle, jedoch mit dem Nachteil, daß erstens der Schaft bei jedesmaligem Nachschleifen des Stahle mit verkürzt wird, und außerdem das aufgeschweißte Messer selten die gewünschte, notwendige Härte besitzt.

Wesentlich besser sind die Verhältnisse bei Verwendung guter Stahlhalter. Der Halter erfordert eine einmalige Anschaffung und wird bei sorgfältiger Behandlung durch das Schleifen des Stahles weder beschädigt noch abgenutzt. Es ist nicht erforderlich, nach dem Stumpfwerden des Einsatzstahls den ganzen Halter aus dem Support auszuspannen und den Stahl im Halter zu schleifen, wobei letzterer oft angeschliffen und verdorben wird; vielmehr ist es unbedingt notwendig, nach dem Stumpfwerden des Stahls den Stahlhalter in seiner eingestellten Lage zu belassen und stets nur den Einsatzstahl herauszunehmen, um ihn in einem besonderen Schleifhalter zu schleifen. Für die verhältnismäßig kleinen Einsatzstähle wird hochwertiger Schnellstahl bezw. Stellit u. a. verwendet. Wollte man dem Betrieb Vollstähle aus gleichwertigem Material geben, so wäre in diesen Werkzeugbeständen Kapital investiert, was anderweitig besser verwendet werden könnte.

Aus diesem kurzen Überblick ist zu ersehen, welche Bedeutung die Stahlhalter heute besitzen, und wie durchgreifend wir uns ihrer bedienen müssen, um wirtschaftlich zu arbeiten.

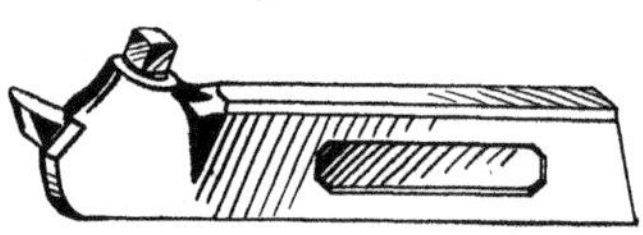

Abb. 42. Dreh- und Hobelstahlhalter mit quadratischem Einsatzstahl.

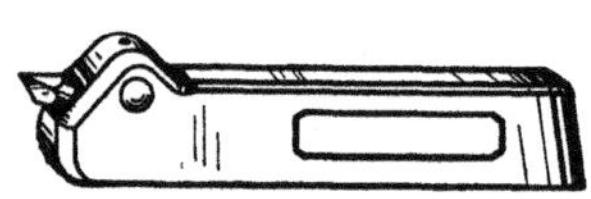

Abb. 43. Dreh- und Hobelstahlhalter mit rundem Einsatzstahl.

In Abb. 42 ist ein Dreh- und Hobelstahlhalter mit quadratischem Einsatzstahl dargestellt, der durch eine Vierkant-Druckschraube festgehalten wird. Durch die Schrägstellung wird dem Einsatzstahl ein günstiger Schnitt und ein gutes Abrollen der Späne gesichert.

Abb. 43 zeigt einen Stahlhalter für runde Einsatzstähle. Der Stahl kann durch Drehen im Halter leicht auf richtigen Schnitt- und Anstellwinkel eingestellt werden und wird bei dieser Bauart mit einem kegeligen Tangentialstift festgeklemmt. Dieser Stift muß bei jeder Einstellung des Stahles mit einem Durchschlag herausgeschlagen und wieder hineingepreßt werden, was verhältnismäßig umständlich erscheint. Bei Verwendung runder Schneidstähle ist einerseits ihre leichte Verdrehbarkeit sehr vorteilhaft, doch liegt stets die Gefahr vor, daß der runde Einsatzstahl bei zu hohem Schnittdruck in seiner Stellung nachgibt und der Schnittwinkel ungünstig wird.

Zum Spannen von Abstechstählen hat sich der Stahlhalter nach Abb. 44 gut bewährt. Die Spannung des in einem Prisma geführten Abstechstahls erfolgt durch ein Klemmstück, welches den Stahl trotz

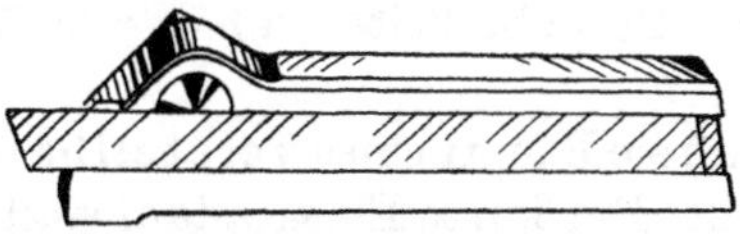

Abb. 44. Abstechstahlhalter für lange Einsatzstähle.

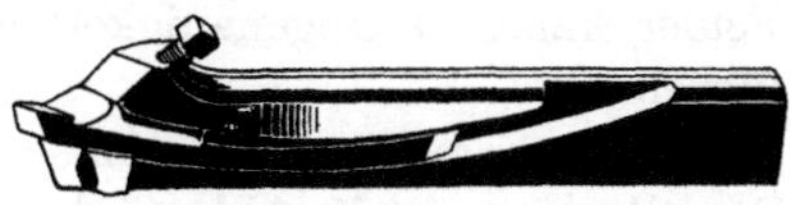

Abb. 45. Drehstahlhalter für lange Einsatzstähle.

seiner Länge sicher und schwingungsfrei festspannt. Er ist auf seinem größten Teil sehr breit unterstützt und verhindert dadurch das Zittern beim Arbeitsvorgang. Die vorerwähnten Stahlhalter sind sowohl rechts- wie auch linksgekröpft im Handel erhältlich.

Abb. 45 stellt einen Stahlhalter dar, in dem lange, quadratische Stähle, leicht kreisförmig gebogen, festgespannt werden können. Diese Stähle haben gegenüber den geraden Flachstählen den Vorteil, daß sie bedeutend widerstandsfähiger sind, und außerdem durch ihre Rundung dem Span ein besseres Abrollen gestatten. Zum Schärfen der Stähle ist nur nötig, daß sie von vorn nachgeschliffen werden, während bei Einsatzstählen von gerader Form der Brust- und Anstellwinkel mit nachgeschliffen werden müssen. Letzteres birgt die Gefahr in sich, daß die Winkel falsch angeschliffen werden. Außerdem wird der Stahl durch den Hinterschliff im Querschnitt geschwächt, so daß die Spitze leicht abbricht. Da beim Nachschleifen auch schließlich das Maß von der Schnittkante bis zur Unterkante des Stahlhalters zu klein wird, so muß öfter ein verhältnismäßig großer Teil von der Länge nachgeschliffen werden, um mit der Stahlschneide wieder auf die ursprüngliche Höhe zu kommen. Bei dem in Abb. 45 gezeigten Einsatzstahl fallen alle diese Mängel fort. Die Spannung erfolgt durch eine Spannschraube. Neu ist hier der Spannschuh, der den auf die Schraubenspitze konzentrierten Druck aufnimmt und ihn dem Schneidstahl durch seine breite Berührungsfläche mitteilt. Durch diese Anordnung ist ein äußerst festes Spannen der Schneidstähle gewährleistet.

Abb. 46 zeigt einen verstellbaren Dreh- und Hobelstahlhalter für leichte Arbeiten, der sowohl als gerader wie auch als rechter und linker Seitenstahlhalter benutzt werden kann. Die Einstellung nimmt nur kurze Zeit in Anspruch. Durch die leichte Kröpfung des Halters nach oben bekommt die Spannschraube und der sie durchdringende Schneidstahl eine Schrägstellung, die das Abrollen des Spanes erleichtert. Trotz des offensichtlichen Vorteils der leichten Einstellbarkeit hat dieser verstellbare Stahlhalter einen großen Nachteil. Der Schnittdruck wird nicht von einer festen Auflage aufgenommen, sondern beansprucht vielmehr dauernd das Spannbolzengewinde, wodurch ein allmähliches Lockern des Stahls eintritt. Dieser Fehler kann zu Ungenauigkeiten und Unsauberkeiten am Werkstück führen.

Abb. 46. Verstellbarer Dreh- und Hobelstahlhalter.

Die umgekehrte, technisch einwandfreie Bauart eines verstellbaren Stahlhalters ist in Abb. 47 dargestellt. Der kurze Einsatzstahl sitzt in einem runden Spannstück, das um seine Achse drehbar ist und durch eine Mutter angezogen werden kann. Mit der Unterkante liegt der Einsatzstahl in Nuten, die in den Halterschaft eingefräst sind und ihm seine Lage sichern. Der Schnittdruck wird hier von den genuteten Sitzflächen des Halters aufgenommen. Durch diese Aufnahme ist jegliche Federung des Stahls verhindert, das Spannelement wirkt als festes Ganzes.

Ebenso wie die Spannwerkzeuge für Dreh- und Hobelstähle verdrängen die Bohrstahlhalter den vollen Bohrstahl mehr und mehr. Abb. 48 zeigt den einfachsten Bohrstahlhalter, der in einer wegen ihrer Einfachheit viel gebräuchlichen Spannvorrichtung fest-

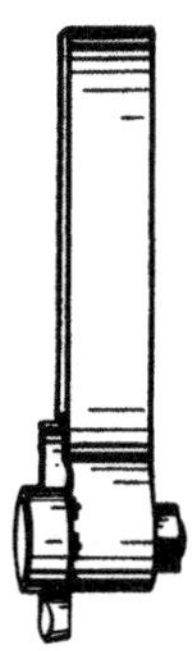

Abb. 47. Verstellbarer Hobelstahlhalter.

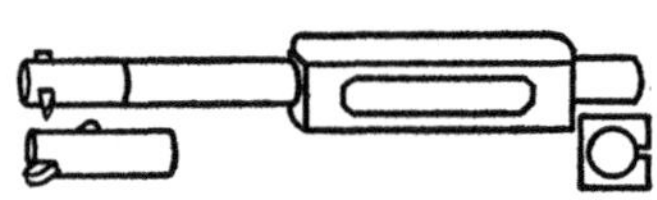

Abb. 48. Einfacher Bohrstahlhalter.

geklemmt ist. Wie in der rechtsliegenden Skizze deutlich ersichtlich, ist die vierkantige Spannvorrichtung an einer der schwächsten Stellen der ganzen Länge nach aufgeschlitzt, so daß beim Zusammenklemmen, durch die große Reibungsfläche in der Bohrung, dem Stahlhalter ein sicheres Festhalten gewährleistet ist. Auf diesen Punkt ist bei einer guten Spannvorrichtung von Bohrstahlhaltern das größte Gewicht zu legen; bei minderwertigen Konstruktionen kommt es sehr häufig vor, daß auf Grund des tangential angreifenden Schnittdruckes der ganze Bohrstahlhalter sich bei der Arbeit mitdreht. Der Stahl ist bei dieser einfachen Ausführung des Halters mit einer kleinen Raupe festgehalten.

Diese kleine Druckschraube kann aber den Bohrstahl nicht sicher im Loch des Stahlhalters festhalten, so daß er bei größeren Schnittdrücken zurückweicht und dann im Werkstück anstatt zylindrisch kegelig bohrt. Um diesen Übelstand bei der Verwendung von Spannraupen in Bohrstangen fast restlos zu beseitigen, wird die Spannfläche auf dem Bohrstahl nicht parallel, sondern schwach kegelig gefeilt, so daß nach dem Festziehen der Spannraupe ein Zurückweichen des Bohrstahles verhindert wird. — Ein Bohrstahlhalter, der dem Wesen nach denselben Zweck verfolgt wie die kegelige Spannfläche an dem vorher beschriebenen Bohrstahl, ist in Abb. 49 dargestellt. An Stelle der kleinen Spannraupe ist eine stärkere Sechskantkopfschraube am hinteren Ende des Bohrstahlhalters angeordnet, die mittels einer langen Druckstange den Bohrstahl festspannt. Diese Spannart hat sich in der Praxis gut bewährt und ist wegen der Einfachheit beim Ein- und Ausspannen des Bohrstahles und wegen der sicheren Spannwirkung nur zu empfehlen.

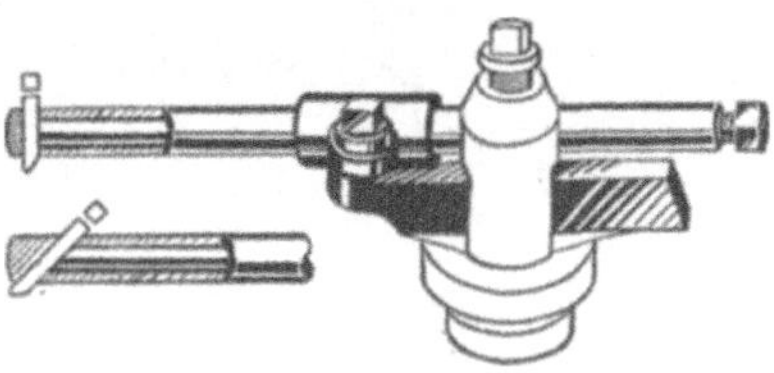

Abb. 49. Bohrstahlhalter, Stahlspannung am hinteren Ende.

Abb. 50. Bohrstahlhalter, in der Höhe leicht verstellbar.

In Abb. 50 kommt es weniger auf die Spannung des Bohrstahles, als vielmehr auf die Spannvorrichtung der Bohrstange an. Die vierkantige Spannhülse in Abb. 48 verzichtet auf jegliche Höheneinstellung des Stahlhalters. Bei einer Höhenverstellung des Stahles müssen stets Blechstreifen und ähnliches als Unterlagen unter dem Stahlhalter verwendet werden. — Abb. 49 stellt den Bohrstahlhalter, eingespannt in einem Stichelhaus mit schwenkbarer Unterlage dar. Durch diese Anordnung wird die Stahlhöhe ohne Hinzunahme von Blechunterlagen in gewissen Grenzen verstellt, doch bringt eine Höhenverstellung in der Weise stets die Schrägstellung des Werkzeuges zur Werkstückachse mit sich. — Der Bohrstahlhalter nach Abb. 50 beseitigt diese Nachteile durch die einfache und gediegene Bauart des Stangenhalters. Er besteht aus 2 Teilen: einem mit flachem Außengewinde versehenen, durchbohrten Untersatz, um den sich der Stangenhalter durch das Flachgewinde in jeder Höhe einstellbar dreht. Festgespannt wird der ganze Halter mittels einer T-Nut-Schraube, die durch die Bohrung des Untersatzes geht und mit Mutter und Unterlegscheibe auf den äußeren Stangenhalter und durch das Flachgewinde auf den Untersatz drückt. Diese Bauart hat den

Vorteil, daß die Bohrstange in jeder Höhenstellung wagerecht liegt und die Bohrung das Werkstück nicht beschädigen kann.

Eines der gebräuchlichsten Spannwerkzeuge für ausgeschmiedete runde Bohrstähle ist in Abb. 51 dargestellt. Der lange Rundstahl liegt in einer prismatischen Nut des Halters und wird mittels Spannschraube

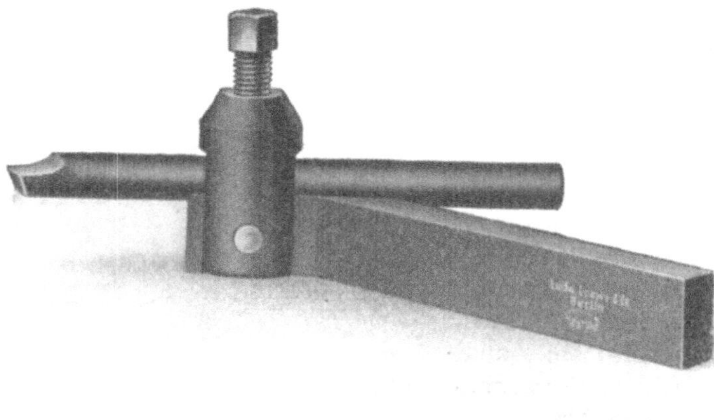

Abb. 51. Bohrstahlhalter, links und rechts gekröpft zu benutzen.

festgehalten. Diese Schraube sitzt in einem drehbaren Schwenkstück, das der Schraube eine Selbsteinstellung für die Unebenheiten der rohen Bohrstähle gestattet. Bei Verstellung um 180^0 ist es möglich, den Stahl in einer auf der Unterseite des Halters eingefrästen Prismanut zu span-

Abb. 52. Bohrstange.

nen. Der Bohrstahlhalter kann demnach je nach Bedarf in dem vorderen oder hinteren Support der Drehbank eingespannt werden.

In Abb. 52 ist eine Bohrstange dargestellt, die zum Unterschied von den bisher gezeigten Bohrstahlhaltern nicht im Support, sondern im Reitstock der Drehbank mit ihrem kegeligen Schaft festgehalten wird. Die Bohrstangen werden auch viel auf Bohrwerken verwendet, wo sie mit dem Kegel in der Arbeitsspindel sitzen. Die vorliegende Bauart hat einen besonderen Vorzug in der Befestigung des kleinen Bohrstahles. Die Druckschraube ist hier in einem breiten Ring angeordnet, der auf den zylindrischen Teil des Stangenschaftes aufgepreßt ist. Die flache Schraubenspitze drückt auf einen kurzen Stahlputzen, der an dem anderen Ende unter 45° abgeschrägt ist und in eine Bohrung stößt, die der Länge nach die Bohrstange durchzieht. In dieser Längsbohrung bewegt sich ein zweites Druckstück, das einerseits gegen den Stahl und an dem anderen Ende ebenfalls mit einer schrägen Fläche von 45° gegen die Winkelfläche des kurzen Druckputzens anliegt. Beim Anziehen der Vierkantschraube werden also die Winkelflächen der beiden inneren Druckstücke gegeneinander gedrückt und dadurch das Anpressen des langen Druckbolzens gegen den Bohrstahl erzielt. Diese Anordnung hat den Vorteil, daß die verhältnismäßig stark beanspruchte Spannschraube den Verhältnissen entsprechend groß genug gewählt werden kann und außerdem in ihrer Lage am Stangenschaft zugänglicher ist als ein kleines Schräubchen am Bohrstahl selbst.

III. Spannvorrichtungen für kreisende Werkzeuge und Werkstücke.

Die einfachste Spannvorrichtung für kreisende Werkstücke ist das Spannherz, dessen gewöhnliche Ausführungsarten mit geradem und gebogenem Mitnehmerzapfen allgemein bekannt sein dürften.

Abb. 53 zeigt ein Parallel-Spannherz, das durch die besondere Ausstattung des Mitnehmerzapfens mit einem verstellbaren Klemmstück für Arbeiten mit hoher Genauigkeit verwendbar ist (Teilkopfarbeiten). Der Mitnehmer am Teilkopf ist bekanntlich als eine doppelseitige Gabel ausgebildet, in welcher der gebogene Mitnehmerzapfen des Spannherzes durch eine Schraube festgeklemmt wird. Bei Verwendung eines gewöhnlichen Spannherzes würde die Spannschraube stets auf die gerundete Oberfläche des Mitnehmerzapfens drücken, wodurch

Abb. 53. Parallel-Spannherz.

das zwischen den Spitzen sauber laufend eingespannte Werkstück in seiner Lage verspannt wird. Bei Anwendung des Parallel-Spannherzes nach Abb. 53 ist ein Verspannen des Werkstückes in seiner Spitzenlage völlig ausgeschlossen. Die Druckschraube der Mitnehmergabel wirkt hier zunächst auf das Klemmstück, welches sich auf dem runden Zapfen des gebogenen Mitnehmers der jeweiligen Lage entsprechend einstellen kann.

Abb. 54. Universal-Spannherz.

In Abb. 54 ist ein Universal-Spannherz dargestellt, welches auch zum Festspannen kegeliger Werkzeuge und Werkstücke geeignet ist. Die untere Backe ist mit runden Zapfen in den Spannschrauben drehbar gelagert, welche leicht durch entsprechende Bohrungen der oberen Backe hindurchgehen. Durch diese Bauart ist ein einseitiges Anliegen und Ecken der Backen in allen Fällen ausgeschlossen.

Während die Mitnahme des Werkstückes bei Arbeiten zwischen den Spitzen einer Werkzeugmaschine sich durch die Verwendung der Spannherze verhältnismäßig einfach gestaltet, war das Festspannen des freilaufend oder fliegend eingespannten Arbeitsstückes noch vor einigen Jahrzehnten mit Schwierigkeiten verbunden. Nicht immer ist es möglich, das Werkstück zwischen den Maschinenspitzen zu bearbeiten; so ist z. B. das Abstechen einer Welle oder das Drehen einer sehr großen dünnen Scheibe zwischen den Spitzen undenkbar. Es war also erforderlich, auch für diese Arbeiten, die doch in der Technik früherer Zeiten nicht gerade selten vorkamen, irgendwelche Spannmöglichkeiten zu schaffen. So entstand für die Bearbeitung freilaufender Wellen das sogenannte Achtschraubenfutter (Abb. 55) und für Werkstücke mit größeren, flachen Formen die Planscheibe (Abb. 56).

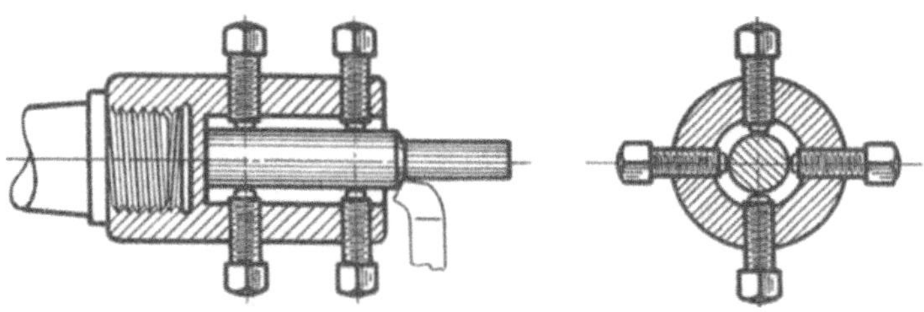

Abb. 55. Achtschraubenfutter, Schnitte.

Das Achtschraubenfutter ist wohl eine von denjenigen Spannvorrichtungen, die dem Dreher bei seiner Arbeit die meisten Schwierigkeiten bereiteten. Wie aus Abb. 55 ersichtlich, besteht es aus einer einfachen runden Hülse, die auf die Arbeitsspindel der Maschine aufgeschraubt wird. Durch die Wandung der Hülse sind in gleichen Abständen 8 Gewindelöcher gebohrt, in denen sich die Spannschrauben des Futters in einfachster Weise verstellen lassen. Das Arbeitsstück wird mittels dieser 8 Schrauben ausgerichtet und durch Nachziehen jeder einzelnen festgespannt. Diese Arbeitsmethode hielt man seinerzeit für die einzig richtige, obgleich sie uns heute lächerlich anmutet. Es dauert natürlich geraume Zeit, bis das Werkstück in dieser Spannvorrichtung laufend eingestellt ist. Die Spannung selbst ist durch die doppelreihige Anordnung der Spannschrauben recht gut, und man greift selbst bei neueren Futtern zu der Anordnung des Achtschraubenfutters zurück.

In Abb. 56 ist eine Planscheibe neuerer Bauart, auch unabhängiges Drehbankfutter genannt, dargestellt. Die 4 nach innen abge-

Abb. 56. Planscheibe oder unabhängiges Dreibackenfutter.

stuften Backen sind einzeln durch Gewindespindeln in radialer Richtung verstellbar, so daß Werkstücke mit symmetrischen Formen exzentrisch oder unsymmetrische Werkstücke zentrisch gespannt werden können. Die Stirnseiten der unabhängigen Futter sind mit eingedrehten konzentrischen Rillen versehen, welche die zentrische Einstellung der Backen erleichtern sollen. Um das Herausspringen des Werkstückes aus den Backen während des Arbeitsvorganges zu vermeiden, hat eine amerikanische Firma auf der Außenseite der Spannbacken Prismen angebracht, auf denen sich Spannwinkel durch Schrauben in der Höhe verstellen lassen. Nach dem Einspannen mittels der Backen wird das Werkstück zwischen den Spannwinkeln und den Grundflächen der Backen durch Anziehen der Schrauben derart festgehalten, daß es in keiner Richtung selbst bei größeren Schnittdrücken aus dem Spannfutter herausspringen kann. Diese Spannung ist zwar zeitraubend, doch für gröbere Schruppschnitte an größeren Werkstücken sehr geeignet.

Die Abb. 57 u. 58 zeigen die Unterschiede der alten Planscheibe im Gegensatz zum heutigen unabhängigen Drehbankfutter. Die alte und neue Bauart unterscheiden sich in der Backenführung und in der Spindelanordnung. Während in Abb. 57 die Backe nur in einer einfachen Nut seitlich geführt und durch Scheibe und Mutter nur an einer Stelle gegen Ankippen gesichert ist, ist die Führung in Abb. 58 wesentlich besser, da hier die Backe auf ihrer ganzen Länge in einer T-Nut gehalten ist. Diese Backenführung hat weiter den Vorteil, daß sich das Festschrauben der Backe mittels der Mutter nach jeder Spannung beim unabhängigen Futter erübrigt, ohne die Spannwirkung irgendwie zu beeinträchtigen. Die Spindel geht bei der alten Planscheibe durch den Schaft der Backe, wodurch dieser geschwächt wird und auch an dieser Stelle gewöhnlich abreißt. Beim unabhängigen Drehbankfutter greift die rechtsgängige Flachgewindespindel nur mit einem Teil ihres Umfanges, jedoch auf ihrer ganzen Länge in die Gewindezähne der Backe ein, während der untere Teil in einer glatten Bohrung des Futterkörpers ruht. Sie wirkt also wie eine Schnecke, die ein abgewickeltes Schneckenrad antreibt. Es ist für alle vorkommenden Arbeiten nur ein Satz Backen notwendig, die durch Umsetzen in den Führungen als Bohr- und als Drehbacken verwendet werden können. Die Befestigung des unabhängigen Futters auf der Arbeitsspindel geschieht durch einen Flansch, der auf den Spindelkopf aufgeschraubt wird und mit dem Futter mittels der in Abb. 56 gezeigten Schraubenbolzen fest verbunden wird. Um das Futter näher an das vordere Spindellager heranzubringen, wird vielfach auch die Planscheibe ohne Flansch direkt auf das Gewinde des Spindelkopfes aufgeschraubt.

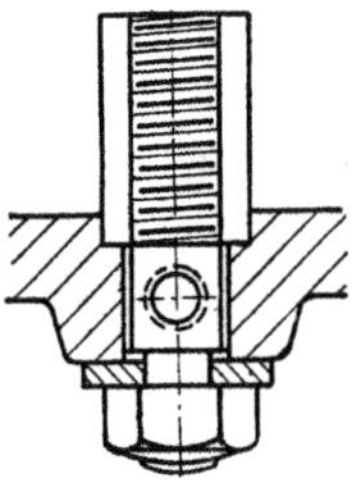

Abb. 57. Backenführung der alten Planscheibe. Schnitt.

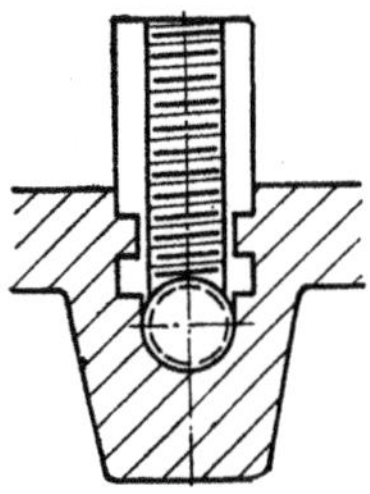

Abb. 58. Backenführung des neuen unabhängigen Drehbankfutters. Schnitt.

Um einerseits die Anschaffung von Planscheiben oder unabhängigen Futtern zu ersparen, und andererseits für völlig unsymmetrische Werkstücke die Spannbacken an den Stellen wirken zu lassen, wo sie am günstigsten angreifen, werden vorteilhaft aufsetzbare Planscheibenbacken benutzt, von denen eine der gebräuchlichsten Bauarten in Abb. 59 dargestellt ist. Diese Backen werden auf einer runden Futterscheibe mittels Spannschrauben, die durch die Laschen des Backengehäuses gehen, festgeschraubt, und zwar so, daß sie sich den Spannflächen des Werkstückes möglichst günstig anpassen. Selbstverständlich können je nach Bedarf 2 oder mehrere solcher Spannbacken auf der Futterscheibe verwendet werden, so daß Werkstücke sicher festgespannt werden können. An dieser Stelle möchte ich auf einen Fehler hinweisen, der bei den meisten Backenführungen der verschiedensten Futterarten zu finden ist. In Abb. 60 u. 61 sind zwei Backenführungen gegenübergestellt, die diesen Fehler deutlich veranschaulichen. In Abb. 60 ist eine Stahlbacke gezeichnet, die in Gußeisen mittels einer T-Nut geführt wird. Die Gesamtführungshöhe ist mit h bezeichnet, und diese in $2 \times h/2$ geteilt, so daß die Steghöhe des Gußeisenkörpers gleich der der harten Stahlbacke ist. Da die Scherbeanspruchung bei beiden Querschnitten die gleiche ist, liegt bei dieser Bauart, die sich leider bei den meisten der handelsüblichen Futter wiederholt, ein offensichtlicher Fehler vor, der das öftere Ausbrechen des Steges im gußeisernen Futterkörper zur Folge hat. Wesentlich günstiger ist die Backenführung in Abb. 61, in welcher der gußeiserne Steg im Futterkörper doppelt so hoch ist als der des harten Backenmaterials. Hier können bei Verwendung fehlerfreien Werkstoffes die Futter erheblich höheren Beanspruchungen ausgesetzt und die Stegbrüche im Körper, die ihn unbrauchbar machen, wesentlich eingeschränkt werden. Dieser Erkenntnis ist bei neuzeitlichen Spannfuttern die größte Beachtung zu schenken.

Abb. 59. Aufsetzbare Planscheibenbacke.

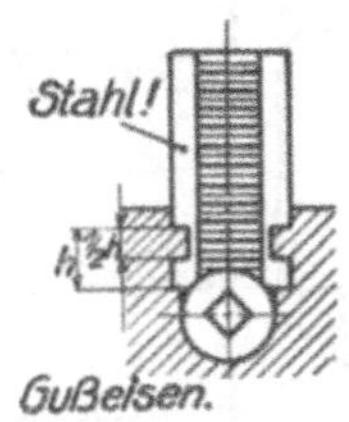

Abb. 60. Falsche Backenführung.

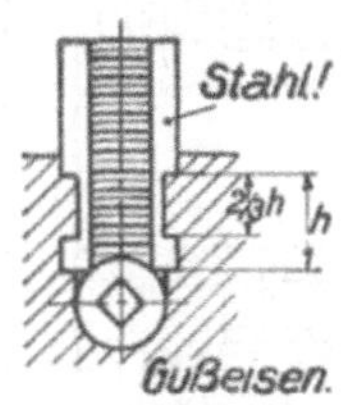

Abb. 61. Richtige Backenführung.

Die bisher erwähnten unabhängigen Drehbankfutter oder Planscheiben bedingen die Einstellung jeder der 4 Backen einzeln und nacheinander, was natürlich viel Zeit in Anspruch nimmt und daher nur für ganz bestimmte Spannungen in Frage kommt.

Vor etwa 35 Jahren entstand in Amerika das erste **selbstzentrierende Spannfutter**, das den heute bei uns handelsüblichen sehr ähnlich ist. Die Selbstzentrierung der Backen hat den Vorteil, daß sich mit einem Schlüssel von einer Stelle aus sämtliche Backen gleichzeitig und gleichmäßig zueinander betätigen lassen und das runde Werkstück mit einem Griff zentrisch eingestellt und festgespannt wird. Diese Errungenschaft brachte in damaliger Zeit eine umstürzende Bewegung in den Industrien sämtlicher Länder mit sich. Das Futter durcheilte unter dem Namen seines Erfinder Cushman die ganze Welt, und wurde überall da, wo es in Gebrauch genommen wurde, als eine Wohltat für den Dreher und Fabrikanten gefeiert.

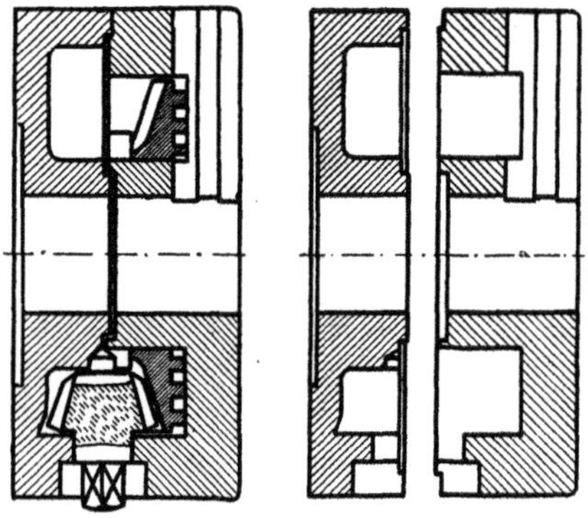
Abb. 62. Selbstzentrierendes Drehbankfutter mit geteiltem Futterkörper. Schnitt.

Die Bauart und Wirkungsweise des gewöhnlichen Cushman-Drehbankfutters dürfte als bekannt vorausgesetzt werden, so daß ich mich nur auf einzelne Andeutungen beschränken werde. In Abb. 62 ist ein Cushman-Futter mit geteiltem Futterkörper, in Abb. 63 ein solches mit ungeteiltem Futterkörper dargestellt. Die Verzahnung ist in zwei sehr verschieden großen Kegelmänteln eingearbeitet. Trieb und Zahnkranz bilden ein Kegelräderpaar. Die Zähne werden eingefräst, da das genauere Hobeln für diesen Zweck zu kostspielig würde. Der Fräserform sollte bei hochwertigen Futtern eine genau berechnete Korrektur zugrunde gelegt sein, deren Erklärung hier nicht weiter entwickelt werden soll, die jedoch bei richtiger Anwendung eine Verzahnung ergibt, die für die in Betracht kommende langsame Bewegung zwischen Trieb und Zahnkranz vollkommen genügt. Leider kann man bei Drehbankfuttern häufig die unmöglichsten Zahnformen entdecken, die unter den ungünstigsten Eingriffsverhältnissen ineinander arbeiten und dann bald einer starken Abnützung ausgesetzt sind.

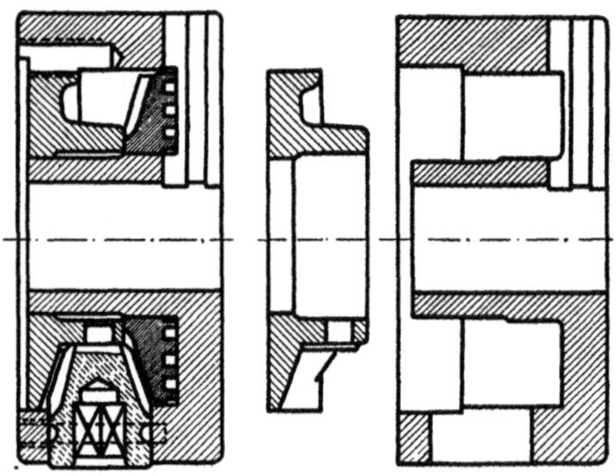
Abb. 63. Selbstzentrierendes Drehbankfutter mit ungeteiltem Futterkörper. Schnitt.

Ein noch höherer Wert ist auf die Herstellung des Plangewindes zu legen. Die Spirale muß vor allem genau zur Bohrung laufen und an jeder

Stelle die gleiche Stärke haben, selbst an den gefährlichsten Stellen ihres An- und Auslaufes, wo das Schneidwerkzeug gewöhnlich zu Abweichungen neigt. Nur auf Sondermaschinen ist es möglich, diese Grundbedingungen für gutlaufende hochwertige Futter zu erreichen. Das Plangewindefutter kann aber noch so hervorragend hergestellt sein, der Geburtsfehler, der im Wesen der Planspirale begründet ist, kann niemals überwunden werden. Abb. 64 ist übertrieben gezeichnet, um die Schwächen des Plangewindes deutlicher zu machen. In der senkrecht nach unten stehenden Backe sind deren Spiralzähne eingezeichnet, die sich nicht dem Krümmungsradius der Spirale in jeder Stellung voll anpassen, sondern vielmehr mit den Spiralgängen sich nur in einer verhältnismäßig geringen Anlage berühren. Diese kurze Anlage, die streng genommen nur linear ist, ist selbstverständlich der größten Abnützung unterworfen, und treibt den Wert der Flächenpressung in eine unberechenbare Höhe. In vielen Fällen ist die zu übertragende Spannleistung so groß, daß die Mitnahme des Werkstückes nur durch Einkneifen der sägenförmig ausgebildeten Backen in die Oberfläche des Werkstückes möglich ist. Wenn dann die Spannung vermittels eines auf den Schlüssel aufgesteckten Gasrohres ausgeführt wird, so wird im Innern des Cushmanfutters zunächst das Schmiermittel zwischen den schmalen Berührungsflächen der Spirale und der Backenzähne herausgequetscht, Backe und Plangewinde beginnen zu fressen und der Wirkungsgrad des Futters geht mit zunehmendem Druck auf eine zuletzt nicht mehr in Betracht kommende Größe zurück, d. h. die am Schlüssel vom Arbeiter geleistete Spannarbeit setzt sich nicht um in Spannleistung zwischen Backe und Werkstück, sondern geht in Reibung und Deformation zwischen Backe und Plangewinde verloren. Daher das baldige Klappern der Backen im Futter und das damit verbundene Schlagen des eingespannten Werkstückes. Eine weitere Schwäche des Plangewindes liegt in der Gefahr des Verschmutzens. Während allgemein bei zwei gegeneinanderlaufenden Flächen die Kanten scharf ausgebildet werden, um das Eindringen von Schmutz zu verhüten, ergibt die notwendige Zahnform der Backen beim Plangewindefutter das Gegenteil. Der Fehler wiegt um so schwerer, als in den äußersten Backenstellungen die Planspirale z. T. freiliegt, so daß sie durch Eindringen von Spänen u. a. gefährdet ist.

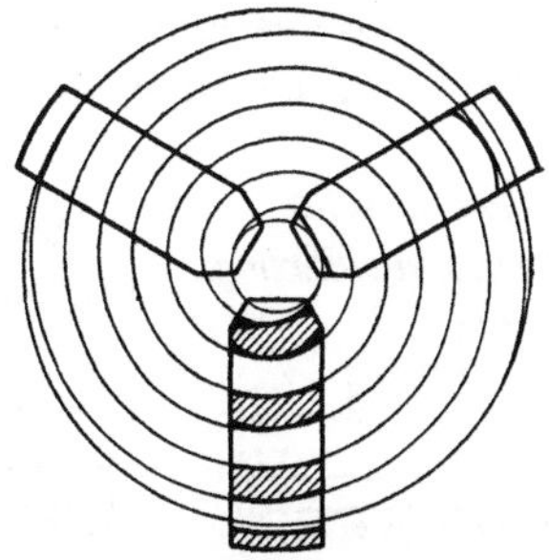

Abb. 64. Plangewinde und Backenzähne des Cushman-Futters.

Diese vielfachen Schwächen des Plangewindefutters sind durch die Neukonstruktion des Forkardt-Futters fast restlos beseitigt worden, dessen Bauart und Wirkungsweise später besprochen werden soll.

Die Abb. 65 u. 66 zeigen die verschiedensten Spannbackenarten von Cushmanfuttern, welche für die entsprechenden Verwendungszwecke gebräuchlich sind.

Das Befestigungsmittel des Futters auf der Drehbank, der Futterflansch, ist eine der Hauptfehlerquellen bei schlagenden Futtern.

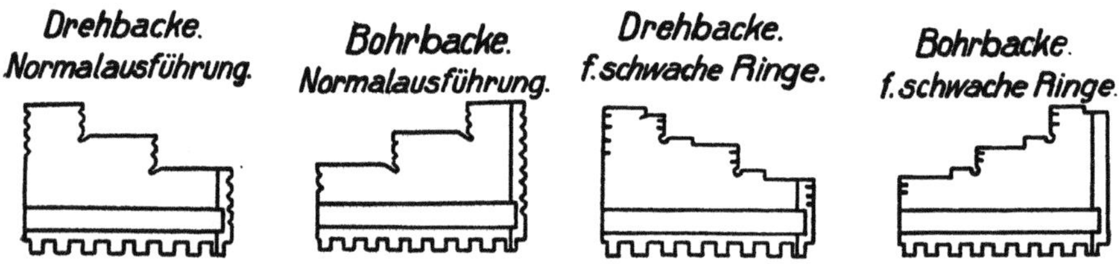

Abb. 65. Verschiedene Spannbackenarten.

Früher sah man von der Verwendung des Futterflansches ab und schnitt das Spindelgewinde in den Futterkörper ein. Bei dieser Befestigungsart lief das Futter selten genau rund. In Abb. 67 links oben ist eine alte Flanschbefestigung skizziert, die heute als falsch bezeichnet werden muß. Die Arbeitsspindel trägt hier einen Bund, an dem ein Gewinde ohne zylindrische Zentrierung ansetzt. Wird der Futterflansch auch noch so fest auf das Gewinde geschraubt, er wird stets bei größeren Beanspruchun-

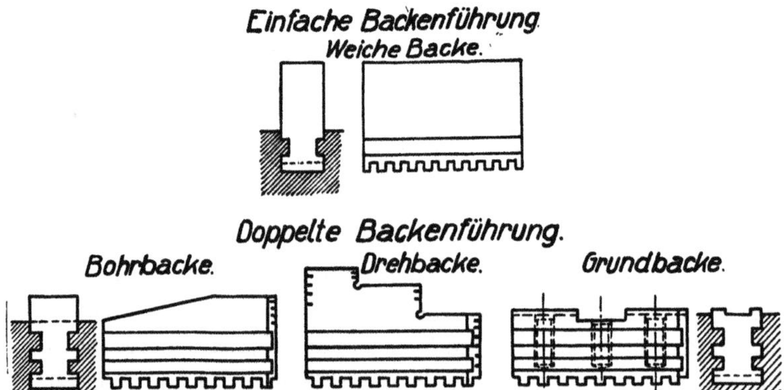

Abb. 66. Verschiedene Spannbackenarten.

gen des Futters nachgeben. In Abb. 67 rechts unten ist dagegen das Gewinde leicht aufgepaßt, die Zylinderstellen gehen saugend, so daß der beim Drehen auftretende Arbeitsdruck durch die Zylinderflächen auf die Arbeitsspindel übertragen wird und ein Ausweichen des Flansches unmöglich ist. Durch diese Anordnung ist ein wirklich guter Sitz des Flansches auf dem Spindelkopf gesichert. Diese Befestigungsart wird bei allen neuzeitlichen Drehbänken angewendet. Vergleicht man die Verbindung zwischen Flansch und Futterkörper, so sieht man bei der veralteten Befestigungsart, daß der Flansch in eine Ausdrehung des Futterdeckels eingepaßt ist, der dann erst wieder im eigentlichen Futterkörper eingesetzt ist. Dadurch entstehen natürlich Ungenauigkeiten, die ein Schlagen der Futterbacken veranlassen können. Wesentlich besser ist die Aufnahme des Futters auf dem Flansch bei der neuen Befestigungsart. Hier ist der Flansch mit einem schmalen Ansatz versehen, der den Futterkörper direkt aufnimmt. Zur Anlage kommt nur der äußere Rand des Futters, während der Deckel den Flansch nicht berührt. Dadurch ist das genaue Anliegen des Futterkörpers an dem äußeren Rand des Flansches gewährleistet und bei genau laufendem Ansatz auch das genaue Rundlaufen des Futterkörpers gesichert. Beim Drehen eines Flansches ist folgendes zu beachten: Zunächst ist die hintere Seite im Dreibackenfutter fertig zu drehen, das Spindelgewinde in die Bohrung zu schneiden und die Zylinderstellen fertig zu bohren. Danach ist die Stirnseite der Nabe nochmals mit einem feinen Span hochzuziehen und der halbfertige Flansch unter sauberster Behandlung besonders der Nabenstirnseite auf die Arbeitsspindel, für die er bestimmt ist, aufzuschrauben. Nachdem die große Stirnseite plangedreht ist, wird der Ansatz fertig gedreht, und zwar so stark im Durchmesser, daß das Futter bequem mit der Hand aufzudrücken ist. Auf keinen Fall darf das Futter aufgeklopft werden, da dann zweifelhaft ist, ob die Befestigungsschrauben die Berührungsflächen an allen Stellen gegeneinander festziehen. Außerdem ist noch wichtig, daß die Löcher für die Befestigungsschrauben im Flansch mindestens 0,5 mm größer gebohrt werden, um seitliches Drücken der Schraubenhälse zu vermeiden.

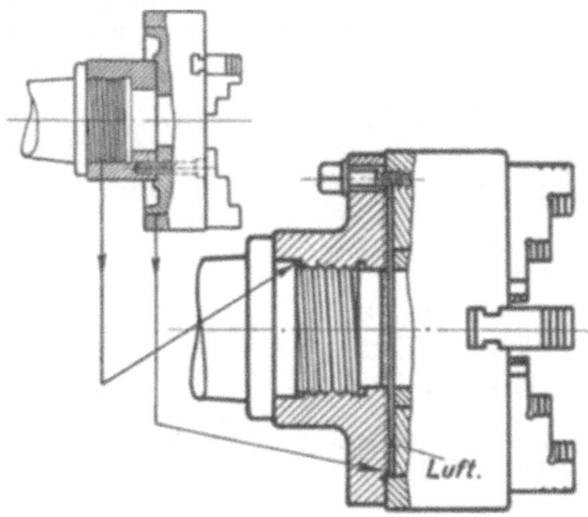

Abb. 67. Futterflansch. Veraltete und neuzeitliche Befestigung.

Bei richtiger Beachtung dieser Angaben wird man vielen Unstimmigkeiten mit den Futterlieferanten aus dem Wege gehen.

Ein Futter, daß dem Cushmanfutter nicht nur an Genauigkeit, sondern auch an Spannkraft wesentlich überlegen ist, zeigt Abb. 68. Die Eigenart dieses Kraftspannfutters liegt in der Schrägstellung der Backen und in der schräg nach innen in den Zahnkranz eingeschnittenen Spirale. Aus dem Plangewinde mit rechteckigem Querschnitt beim Cushmanfutter (Abb. 69) ist hier ein Sägengewinde mit dreieckiger Querschnittsform geworden (Abb. 70). Betrachtet man zunächst die Zahnbreite B und die Steigung S in den beiden Bildern, so ist zu sehen, daß beim Flach- wie beim Sägengewinde die Zahnbreite B die gleiche ist, jedoch

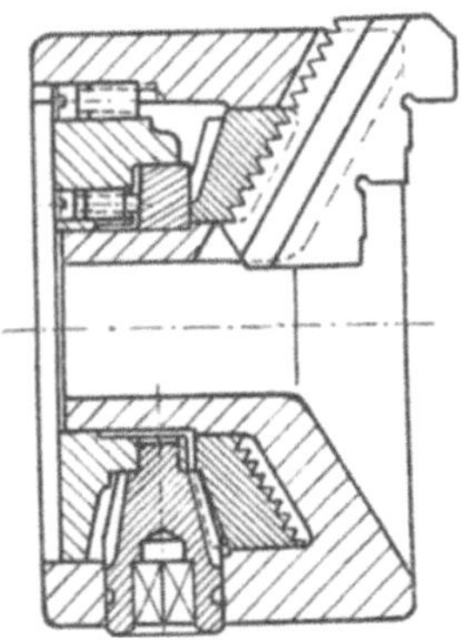

Abb. 68. Kraftspannfutter. Schnitt.

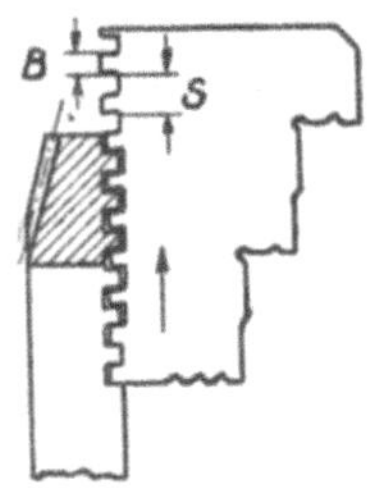

Abb. 69. Backe und Spiralring des Cushman-Futters.

Abb. 70. Backe und Spiralring des Kraftspannfutters.

die Steigung S beim Sägengewinde durch die Schrägstellung nur halb so groß wie beim Flachgewinde. Daraus ergibt sich, daß auf derselben Breite des Spiralringes die doppelte Anzahl Zahnquerschnitte erscheinen, die dem Futter die doppelte Beanspruchung ermöglichen. Diese erhöhte Leistung wird noch durch den geringeren Steigungswinkel der Spirale gesichert, der sich aus der nur halb so großen Steigung gegenüber der Cushmanspirale ergibt. Der Spanndruck wird beim Kraftspannfutter auch günstiger aufgenommen. Er wirkt in der angedeuteten Pfeilrichtung (Abb. 70) gegen die Flanke der Spirale. Es treten in der Hauptsache nur Druckkräfte auf. In Abb. 69 ist deutlich erkennbar, daß der Spanndruck die Backenzähne stark auf Biegung und auch auf Abscherung beansprucht, was nach einiger Zeit die Zerstörung der Zähne mit sich bringt. — Um den erhöhten Anforderungen in vollstem Maße gerecht zu werden, ist der Spiralring des Kraftspannfutters gehärtet, und, um das genaue Rundlaufen zu erreichen, in den Spiralgängen wie in der Bohrung in einem Sitz geschliffen. Die Futter sind mit je 1 Satz Dreh- und Bohrbacken ausgerüstet. Das Zusammenarbeiten der Einzelteile geht aus dem Schnitt Abb. 68 hervor.

Bei den bisher erwähnten selbstzentrierenden Futtern wurde die Selbstzentrierung der Backen durch einen Spiralring erzeugt, der mittels einer Kegelverzahnung durch im Futterkörper gelagerte Trieblinge bewegt wird. Bei dem **Kranzspannfutter** (Abb. 71) wird der Spiralring direkt von Hand angetrieben. In den Futterkörper *d*, in dem sich die Backen *c* in T-Nuten führen, ist der hintere Deckel *b* nicht wie bei gewöhnlichen Futtern zylindrisch eingedrückt, sondern durch Rechtsgewinde mit diesem verschraubt. Zwischen dem Deckel und dem Futterkörper ist der Spiralring *a* leicht drehbar eingepaßt, der, in seinem Durchmesser durch einen angeschmiedeten Rand vergrößert, am hinteren Ende des Futters aus dem Körper hervortritt, so daß durch Drehen dieses gerippten Randes von Hand oder mittels Spannstiftes die Backen sich zentrisch zueinander bewegen lassen. Die Kranzspannfutter sind hauptsächlich für leichtere Arbeiten auf mittleren Dreh-und Mechanikerbänken bestimmt, und werden auch nur in kleineren Abmessungen bis etwa 200 mm ∅ hergestellt. Ihr Hauptvorteil besteht neben der schmalen, flachen Form in der bequemen und schnellen Verstellbarkeit der Backen von Hand.

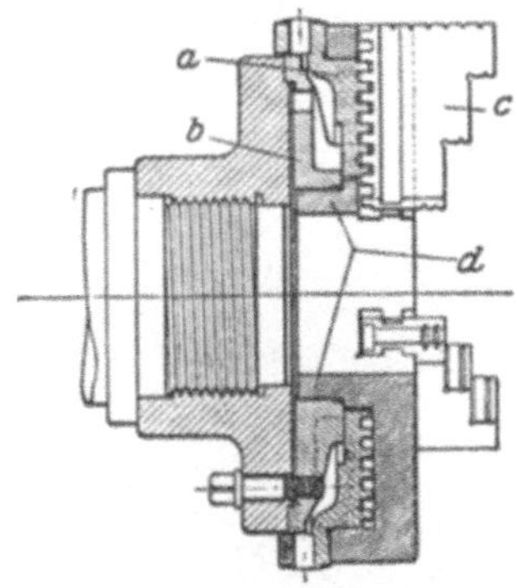

Abb. 71. Kranzspannfutter. Schnitt.

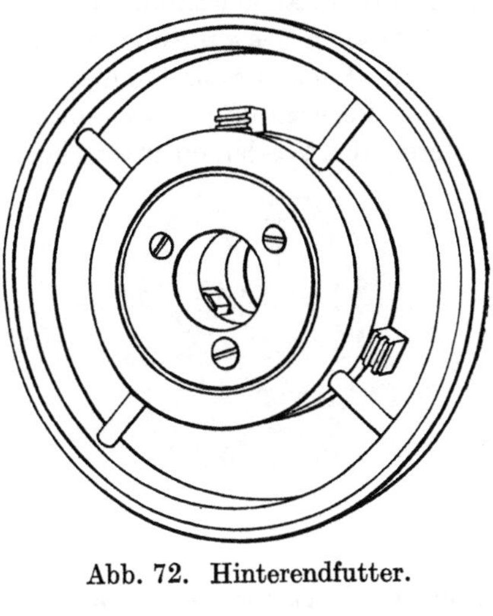
Abb. 72. Hinterendfutter.

Ähnlich dem Kranzspannfutter ist die Bauart des **Hinterendfutters** auf Abstechmaschinen (Abb. 72). Bekanntlich besteht das Spannorgan auf Abstechbänken aus zwei Spannfuttern. Das **Vorderendfutter** ist ein gewöhnliches selbstzentrierendes Dreibackenfutter mit Bohrbacken. Es sitzt auf dem Spindelkopf der Maschine und spannt das Werkstück unmittelbar an der Arbeitsstelle. Das **Hinterendfutter** soll das Schleudern langer Werkstücke während des Arbeitsvorganges verhindern. Es ist auf das hintere Ende der Arbeitsspindel aufgeschraubt und spannt das Werkstück ebenfalls durch drei selbstzentrierende Backen, die ähnlich dem Kranzspannfutter betätigt werden. Die Bauart und Wirkungsweise des Futters ist aus Abb. 73—75 zu ersehen. Abb. 75 zeigt den Futterkörper, der auf der Arbeitsspindel befestigt wird. In einfachen Führungen bewegen sich drei Backenteile, die mit den üblichen Plan-Spiralzähnen versehen sind. Diese greifen in den Spiralring (Abb. 74) ein, der nach außen zu einem großen Handrad ausgebildet ist. Er wird mit seiner Bohrung auf den

Abb. 73.

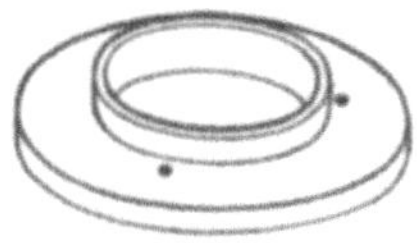

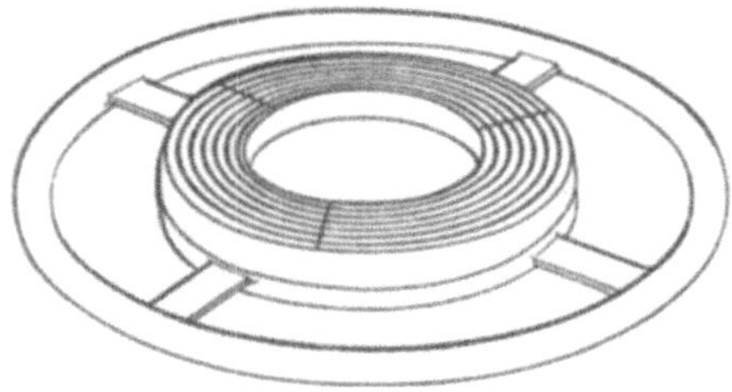

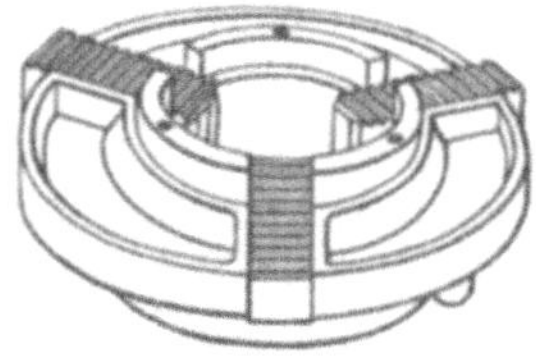

Abb. 75.

Abb. 74.

Abb. 73—75. Hinterendfutter. Einzelteile.

zylindrischen Ansatz des Futterkörpers aufgesetzt und durch den Deckel (Abb. 73) axial gehalten. Bei dieser Anordnung ist es ermöglicht, durch Drehen des am Außendurchmesser des Futters freiliegenden Handrades die Backen ohne Schlüssel auf- und zuzuspannen.

Die Verwendung eines einfachen selbstzentrierenden Dreibackenfutters als Vorderendfutter hat den Nachteil der verhältnismäßig

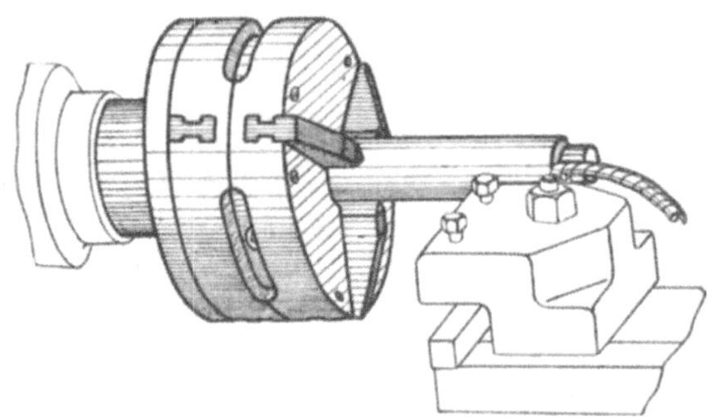

Abb. 76. Doppelspannendes Dreh-, Bohr- und Abstechfutter.

kurzen Spannflächen der Backen. Bei langen runden Werkstücken, die so weit abgestochen sind, daß das hintere Ende vom Hinterendfutter nicht mehr gefaßt wird, besteht die Gefahr des Schleuderns innerhalb der Arbeitsspindel. Die Spannbacken des Vorderendfutters werden überlastet, das Werkstück lockert sich beim Arbeiten, es fängt an zu schlagen, und der schmale Abstechstahl bricht ab. Dieser Übelstand wird durch die Anwendung eines doppeltspannenden Dreh-, Bohr- und Abstechfutters nach Abb. 76 beseitigt. Aus Abb. 77 ist zu sehen, daß das Futter das Werkstück durch zwei hintereinander liegende Backengruppen festhält, so daß bei Verwendung auf einer Abstechbank selbst bei Ausschaltung des Hinterendfutters das Schleudern des Werkstückes verhindert und dessen gleichmäßiges Festspannen gesichert ist. Außerdem ist durch die Anordnung der nebeneinanderliegenden Backengruppen das Spannen leicht kegeliger und selbst abgesetzter Werkstücke, wie in Abb. 78 gezeigt, möglich. Dünnwandige Rohre und Buchsen können fest und sicher eingespannt werden, da aus den 3 Spannflächen des einfachen Dreibackenfutters hier 6 Flächen geworden sind, welche die Spannkraft günstiger verteilen, und dadurch das Verspannen dünnwandiger Werkstücke ausgeschaltet wird. Der Hauptwert des Futters besteht darin, daß die 6 Backen gleichzeitig, und in jeder Gruppe selbstzentrierend, von einer Stelle aus gespannt werden können. Aus Abb. 77 u. 80 geht hervor, daß die Triebe nicht im Futterkörper, sondern in zwei Ringhälften c und d gelagert und axial gehalten sind. Diese beiden Ringhälften werden nach dem Einlegen der Triebe fest zusammengeschraubt, und zwar derart, daß die Triebe sich leicht drehen lassen. Im Gesamtschnitt des Futters (Abb. 77) ist der Eingriff der Triebe mit den beiden Spiralringen *e* und *f* ersichtlich, die beim Drehen eines Triebes um seine Achse in entgegengesetzter Drehrichtung bewegt werden. Aus diesem Grunde hat der eine Ring eine Links-, der andere eine Rechtsspirale. In die Spiralgänge der Ringe greifen die Backen jeweils mit entsprechenden Spiralzähnen ein und führen beim Drehen der Spiralringe

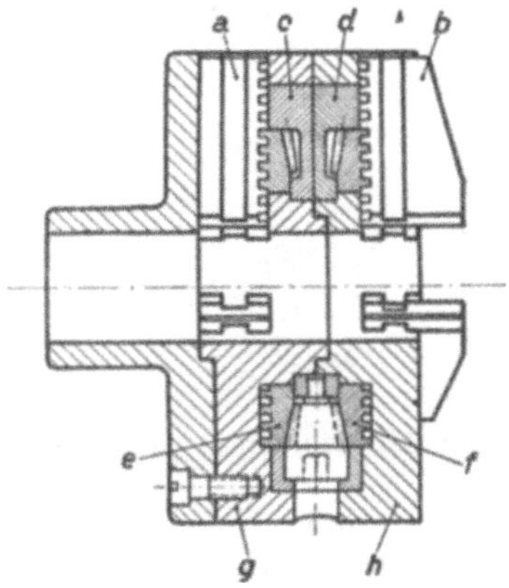

Abb. 77. Doppelspannendes Dreh-, Bohr- u. Abstechfutter. Schnitt.

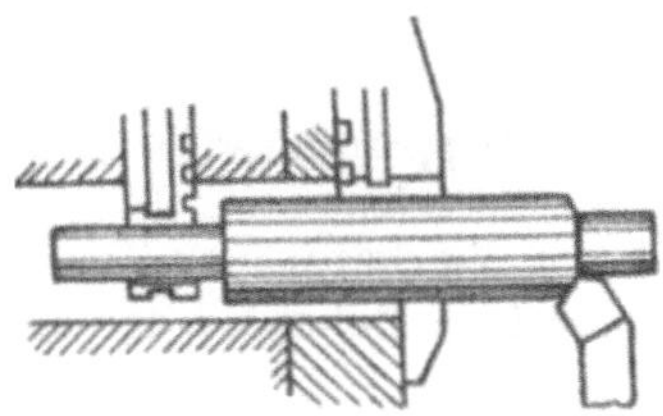

Abb. 78.

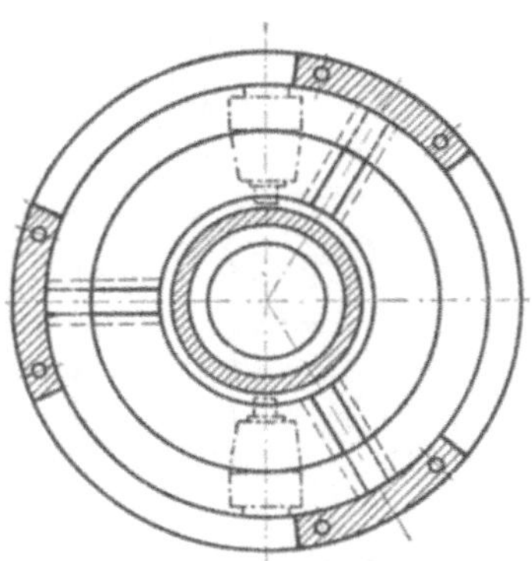

Abb. 79. Doppelspannendes Dreh-, Bohr- und Abstechfutter. Lage der Triebe zu den Schlitzen im Futterkörper.

eine selbstzentrierende, radial gerichtete Bewegung aus. Der Futterkörper besteht aus 2 Teilen *g* und *h*, die mit starken Schrauben miteinander verbunden und am Umfang mit 3 Langlöchern versehen sind, wo-

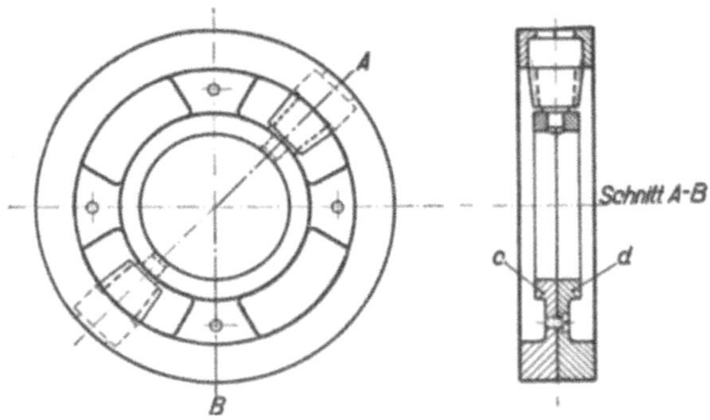

Abb. 80. Doppelspannendes Dreh-, Bohr- und Abstechfutter. Trieblagerung.

durch die Vierkante der Triebe freigelegt werden. In Abb. 79 ist die Lage der Langlöcher zu den axial zueinander liegenden Trieben deutlich erkennbar.

Beim Einspannen einer abgesetzten Welle nach Abb. 78 werden entgegen der üblichen Spannart bei Plangewindefuttern der Trieb, mit ihm der Ring *cd* und die beiden Spiralringe *e* und *f* mittels eingesteckten Futterschlüssels so weit verschoben, bis das eine Backenpaar den stärkeren Durchmesser des Werkstücks berührt. Alsdann wird erst durch Drehen des Triebes um seine Achse das zweite Backenpaar zugespannt, wobei die Triebe auf der Verzahnung des feststehenden Spiralringes abrollen und den anderen bis zur endgültigen Festspannung des Werkstückes mitnehmen. Das Losspannen des Werkstückes geschieht in derselben Weise nur im umgekehrten Sinne.

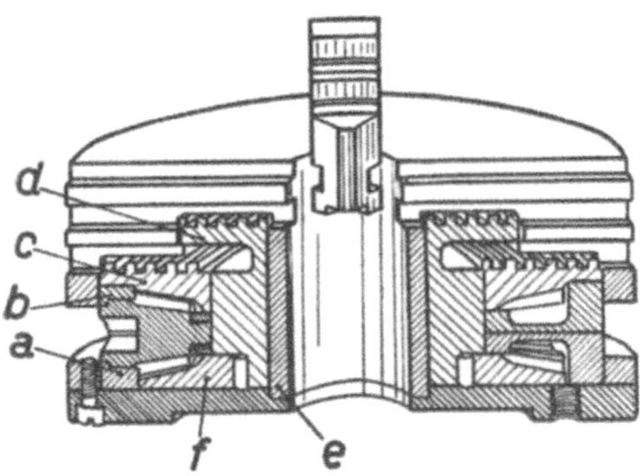

Abb. 81. Selbstzentrierendes Vierbackenfutter. Schnitt.

Ein selbstzentrierendes Vierbackenfutter mit ähnlicher Spannwirkung ist in Abb. 81 dargestellt. Es spannt und zentriert runde, ovale und alle symmetrischen Querschnittsformen, mit grader Seitenzahl der Backen ohne jede besondere Einstellung (Abb. 82). Auch zum Exzentrischspannen kann das Futter vorteilhaft verwendet werden. Wie aus Abb. 81 ersichtlich, sind die Triebe in 2 Ringhälften *a* und *b* gelagert und greifen in zwei übereinander liegende Spiralringe *c* und *d* ein, welche je 2 gegenüberliegende Backen betätigen. Die Spannung erfolgt in der vorher beschriebenen Weise, und zwar wird das Werkstück zweifellos mit allen vier Backen gleichmäßig festgespannt, was bei einem gewöhnlichen Vierbacken-Plangewindefutter selten zutrifft.

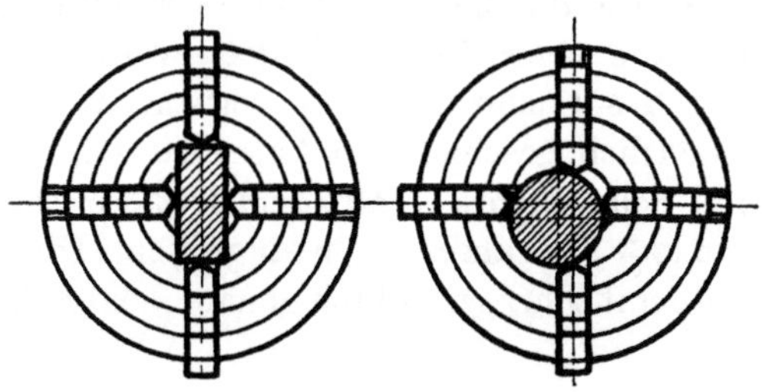

Abb. 82. Selbstzentrierendes Vierbackenfutter. Arbeitsbeispiele.

Das kombinierte Drehbankfutter der Bauart Westcott besitzt an Stelle der Kegeltriebe einen Triebling mit Stirnzähnen. Dieser greift in gleichartige Zähne am Außendurchmesser des Spiralringes ein und betätigt ihn in gleicher Weise. Die Backen werden auf ungefähre Spannweite mittels Steckschlüssels voreingestellt und mit einem Sechskantschlüssel, den man durch einen Langschlitz am Außendurchmesser des Futters einführen kann, festgespannt. Die Stirnverzahnung im Westcottfutter hat gegenüber der Kegelzahnung des Cushmanfutters den Vorteil, daß die Abwälzung der Stirnzähne bei billigster Herstellung doch eine genauere ist. Die ungünstige Lage des Triebes war wohl dafür ausschlaggebend, daß das Cushmanfutter von diesem Futter nicht verdrängt worden ist. Erwähnenswert ist beim Westcott-Futter noch die Teilung der Spannbacke in eine Unter- und eine Oberbacke. Sie sind beide übereinander in derselben T-Nut geführt und durch eine Flachgewindespindel gegeneinander verstellbar, so daß das Futter als selbstzentrierendes und auch als unabhängiges Futter verwendet werden kann. Bei dieser Anordnung der Backen kann auch exzentrisch gedreht bzw. gebohrt werden.

Neben der Betätigung des Spiralringes mittels Kegel- und Stirntrieb ist auch der Schneckentrieb gebräuchlich.

Die bisher beschriebenen Bauarten von selbstzentrierenden Drehbankfuttern sind die bei uns gebräuchlichsten, und trotzdem kann man mit Recht behaupten, daß sie in keiner Weise den Ansprüchen, die an sie gestellt werden, genügen. Als das erste Plangewindefutter der Bauart Cushman erfunden war, hatte das Futter als Spannelement auf der Drehbank nur sehr geringe Leistungen zu übertragen. Inzwischen wurde der Werkstattbetrieb auf Schnellstahl und andere Schneidmetalle wie Stellit-, Akrit u. a. umgestellt, was eine Leistungssteigerung der Maschinen um das 10 bis 20fache gegenüber früher bedeutet. Wenn auch die neuzeitlichen Schnelldrehbänke diesen Anforderungen z. T. gerecht werden, so hat sich das Spannfutter gegen früher nicht wesentlich verändert. Mit dem anwachsenden Bedarf an Spannfuttern ist eine Industrie entstanden, die heute preislich in scharfem Wettbewerb steht und das Futter als solches völlig aus dem Rahmen konstruktiver Betrachtungen herausfallen läßt.

Durch das bereits erwähnte Forkardt-Futter ist in jüngster Zeit ein ganz neuer Weg beschritten worden, wodurch der ungünstige Spiralring des Cushmanfutters verworfen wird. Wie aus Abb. 83 und 84 ersichtlich, geschieht der Antrieb des Spannorgans mittels Schneckentrieb und Schneckenrad. Mit dem letzteren fest verbunden ist ein Stirnrad, in das 3 Keilzahnstangen eingreifen. Diese sind auf ihrer oberen flachen Seite mit schräggestellten genau linearen Stegen versehen, die den eigent-

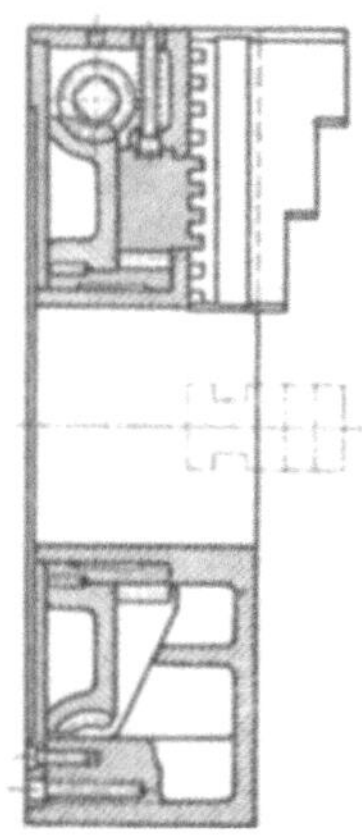

Abb. 83. Forkardtfutter. Schnitt.

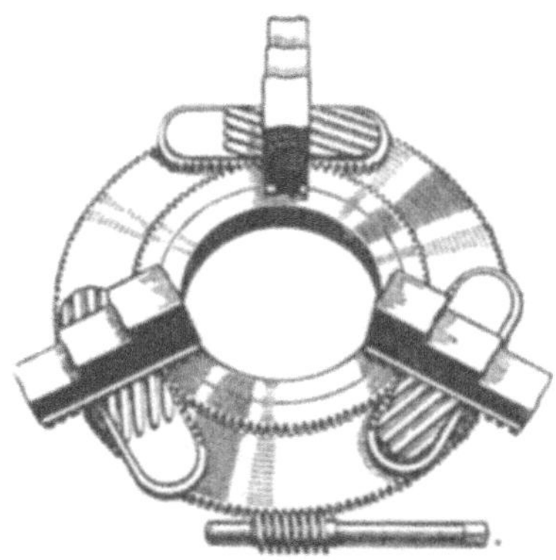

Abb. 84. Forkardtfutter. Einzelteile.

lichen Ersatz der Cushmanspirale bedeuten. Die Stege der Keilzahnstange sind gewissermaßen eine Planspirale von unendlichem Durchmesser, die durch das sie verbindende Zahnrad in die Endlichkeit zurückgeführt worden ist. Die Backenzähne sind genau der Schräge der Keilzahnstangen angepaßt und ebenfalls linear, so daß eine vollkommene Berührung der Backenzähne mit der Keilzahnstange und ein dadurch bedingter geringer Flächendruck gewährleistet ist. In der linearen Ausbildung der Backenzähne liegt außerdem noch der Vorteil, daß sich die Backen zum Außen- und Innenspannen verwenden lassen. Die Stege der Keilzahnstangen sind an einem Zahnstangenende abgefräst und an dieser Stelle mit federnden Backenhaltern versehen, die bei der radialen Handverschiebung der Backen diese stets in Eingriffsstellung halten. Durch scharfe Kanten der Backen und Keilzahnstangen ist das Eindringen von Schmutz verhindert.

Die Wirkungsweise der Futterspannung ist folgende: Durch Drehen des Schneckentriebes wird der Schnecken- und mit ihm der Stirnzahnkranz in eine kreisende Bewegung versetzt, wodurch die 3 Keilzahnstangen, die im Futterkörper sauber geführt sind, tangential an den Zahnkranz entlanggeführt werden. Diese Tangentialbewegung wird in eine radiale der Backen umgewandelt durch ihren Eingriff in die schrägen Stege der Keilzahnstangen. Werden diese bis zur äußersten Endstellung tangential bewegt, so ist das Verschieben der Backen von Hand möglich.

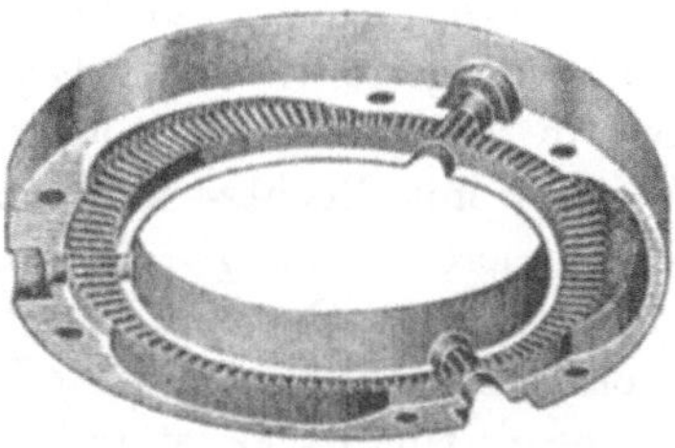

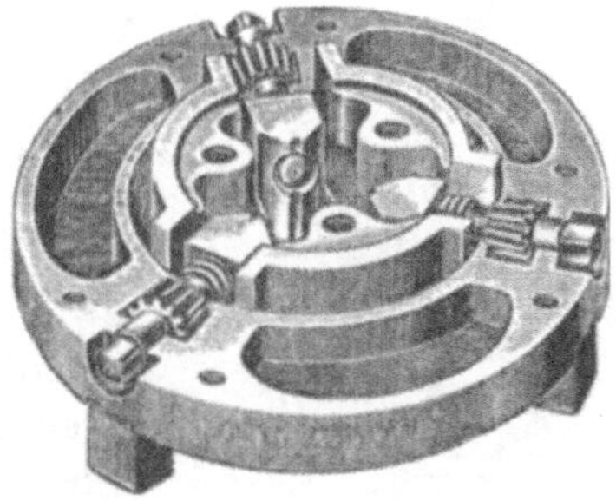

Abb. 85 u. 86. Selbstzentrierendes Drehbankfutter ohne Spiralring (Bauart Horton).

Deshalb läßt sich jedes beliebige Werkstück mit Leichtigkeit exzentrisch einspannen und bearbeiten; außerdem können die Backen für verschiedene Spannweiten schnell eingestellt werden.

Das selbst zentrierende Futter, Bauart Horton, nach Abb. 85 u. 86 ist das theoretisch genaueste Drehbankfutter. Der ungünstige Spiralring wird hier ebenfalls verworfen. Die Backen sind nach unten ansatzförmig verlängert und von Flachgewindespindeln durchdrungen, die am Schaftende als Kegeltriebe ausgebildet sind. Letztere greifen in einen Zahnkranz ein, der bei der Drehung eines Triebes die Bewegung auf die beiden übrigen überträgt, und somit die Selbstzentrierung der Backen erzielt. Die Flächenpressung ist hier äußerst gering, da die Spindeln auf der ganzen Länge der Backengewinde zu voller Berührung kommen.

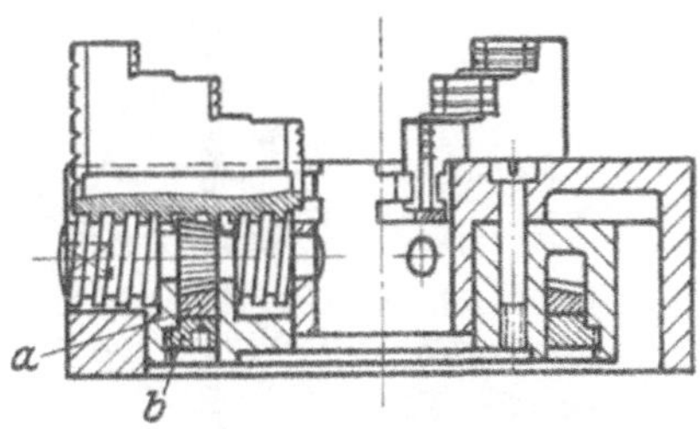

Abb. 87. Kombiniertes Drehbankfutter ohne Spiralring. Schnitt.

Ein kombiniertes Drehbankfutter ähnlich der vorbeschriebenen Bauart Horton, ist in Abb. 87 dargestellt. Die 3 Flachgewindespindeln greifen hier mit einem Teil ihres Umfanges in entsprechende Gewindegänge der Spannbacken, die in T-Nuten des Futterkörpers geführt sind. Diese Anordnung entspricht der Bauart eines unabhängigen Drehbankfutters bzw. einer neuzeitlichen Planscheibe. Zur Selbstzentrierung der Spannbacken kann der Zahnkranz *a* durch Anziehen des

Stellringes *b* in Eingriff mit den Triebzähnen der 3 Gewindespindeln gebracht werden. Die Wirkungsweise ist die gleiche wie beim Hortonfutter.

Auf Revolverbänken werden meist selbstzentrierende Zweibackenfutter verwendet. Die rechteckige Form des Futterkörpers ist veraltet und vom runden Futterkörper ganz verdrängt worden, da die eckige Form eine stete Gefahr für den Arbeiter bedeutete.

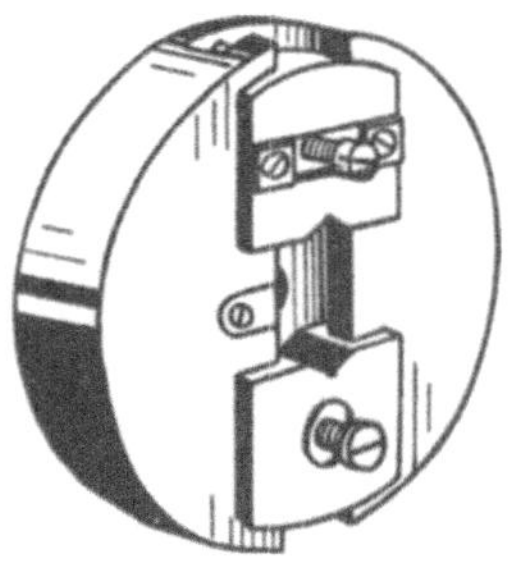

Abb. 88. Selbstzentrierendes Zweibackenfutter mit einstellbarer Aufsatzbacke.

Ein Revolverbankfutter neuester Bauart ist in Abb. 88 dargestellt. Die 2 Grundbacken werden in einer kräftigen Führung durch eine Spindel mit Rechts- und Linksgewinde selbstzentrierend bewegt. Die obere Grundbacke ist mit einer Quernut versehen, deren Steine dem Aufsatzstück eine feste Lage sichern. Die untere Grundbacke ist mit einer Aussenkung versehen, in der sich das Aufsatzstück mit einem runden Ansatz je nach der Form des Werkstückes bei der Spannung einstellen kann. Die Aufsatzstücke werden mit den Grundbacken verschraubt und können entweder mit einer Prismanut zum Spannen runder oder symmetrischer Werkstücke oder als quadratische, weiche Spannklötze ausgeführt werden. Die weichen Aufsatzbacken können durch Einarbeiten entsprechender Profile für 4 verschiedene Werkstücke ausgenützt werden.

Die Anzahl der in die Aufsatzstücke eingearbeiteten Profile läßt sich noch erhöhen, wenn die Aufsatzbacke statt einer rhombischen eine Zylinderform erhält, und die Profile in die Mantelfläche eingearbeitet werden.

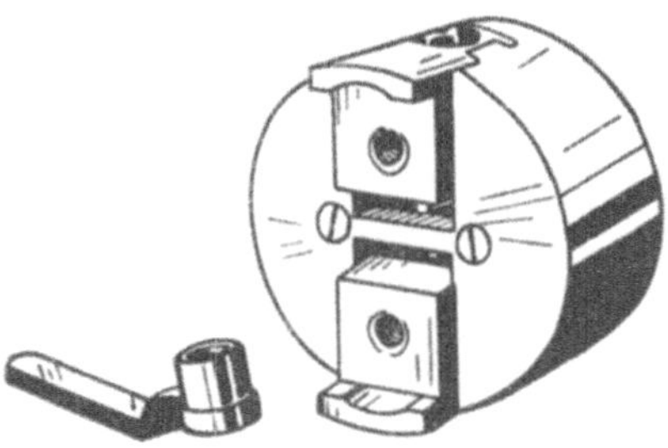

Abb. 89. Selbstzentrierendes Rollenfutter mit mittlerer Spindel.

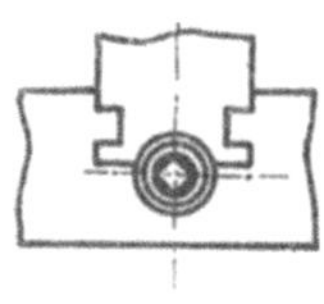

Abb. 90. Spindel in der Mitte der Backenführung.

Diese Ausführungsart kennzeichnet das Rollenfutter; so genannt, weil auf den Grundbacken des Futters rollenartige Aufsatzstücke verwendet werden. Dieses Futter ist in der Bauart ähnlich dem vorher beschriebenen Zweibackenfutter.

In Abb. 89 ist ein Rollenfutter für Armaturenteile gezeigt, dessen Spindel nach Abb. 90 durch die Mitte des Futters geht. Stangenarbeiten können mit diesem Futter nicht ausgeführt werden. Zur besseren Abstützung der Aufsatzrollen sind die Grundbacken außen durch Ansätze erhöht, welche den auf die Rollen wirkenden Spanndruck aufnehmen.

Ein Rollenfutter für Stangenarbeiten ist in Abb. 91 dargestellt, dessen Spindel nach Abb. 92 seitlich angeordnet ist, so daß das Futter einen lichten Durchlaß hat.

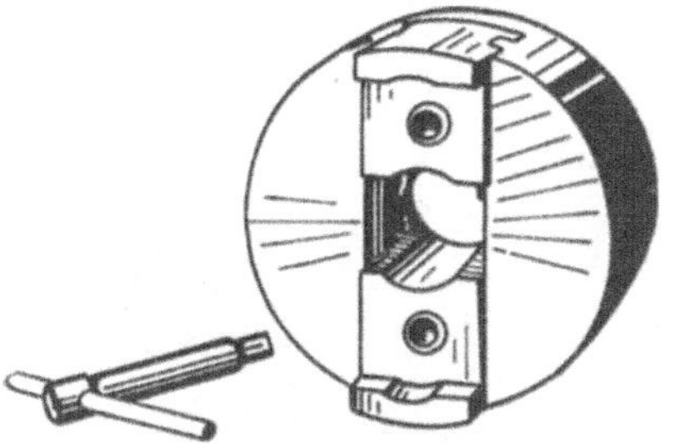

Abb. 91. Selbstzentrierendes Rollenfutter mit seitlicher Spindel.

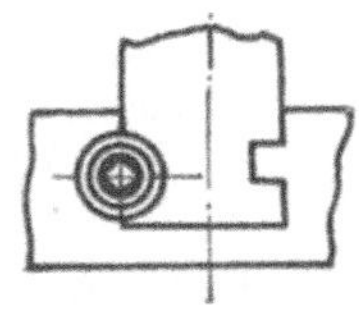

Abb. 92. Spindel seitlich der Backenführung.

Um Armaturenteile auf Revolverbänken in einer Spannung von mehreren Seiten bearbeiten zu können, bedient man sich des selbstzentrierenden Zweibackenfutters nach Abb. 93. Das Werkstück wird zwischen zwei drehbar gelagerten Flanschen aufgenommen, die axial durch Kugellager abgestützt sind, so daß trotz fester Zuspannuug des Futters das Werkstück um seine Achse leicht drehbar ist. Die einzelnen Arbeitsstellungen werden durch Teilscheibe und Index fixiert.

Abb. 93. Selbstzentrierendes Zweibackenfutter für Armaturenteile.

Wenngleich das Rollenfutter es ermöglicht, in einem Spannrollenpaar eine ganze Anzahl Formen einzuarbeiten und verschiedene Formstücke zu spannen, so lag doch der Gedanke der Konstruktion eines Backenpaares nahe, die sich selbsttätig den Formen der Werkstücke anzupassen vermögen. Ähnlich dem Reaktionsbackenschraubstock ist daher das Reaktionsbacken-Drehbankfutter entstanden, dessen Bauart und Wirkungsweise aus Abb. 94—96 hervorgeht.

Die beiden Reaktionsbackensätze lassen sich durch je eine Spindel (Abb. 94) unabhängig voneinander einstellen, durch eine Rechts- und Linksgewindespindel dagegen gleichzeitig auf- und zuspannen, so daß

Werkstücke mit beliebigen Formen zentrisch oder exzentrisch festgehalten werden können. Die Konturen des Werkstückes werden durch Anziehen der Fixierschrauben festgehalten. Die Anschlagschienen sind in einer T-Nut auf der Stirnseite des Futters leicht einstellbar und

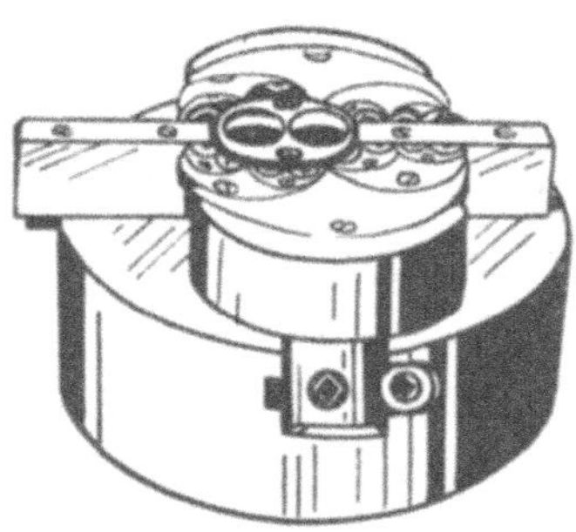

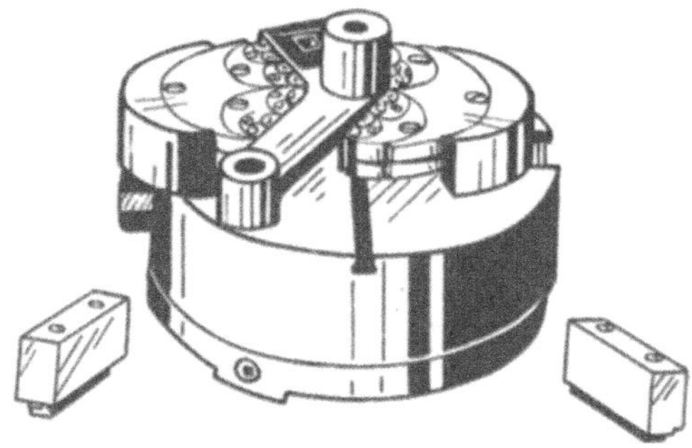

Abb. 94 und 95. Reaktionsbacken-Drehbankfutter.

dienen gleichzeitig bei kleineren Werkstücken zur Aufnahme der Schnittdrücke. — In Abb. 96 ist der dem Futter beigegebene Zentrierflansch dargestellt, der ein genaues Zentrieren des Werkstückes nach erfolgter Einspannung zuläßt.

Die einfachste und billigste Spannung für Spiralbohrer, Reibahlen, Senker oder ähnliche Schneidwerkzeuge geschieht durch die Gestaltung des Werkzeugschaftes als Morse- oder metrischen Kegel, der an seinem schwachen Ende zu einem Mitnehmerlappen ausläuft. Zur Reduzierung des in der Maschinenspindel befindlichen Kegels für den des einzuspannenden Werkzeuges dienen entsprechende Kegelhülsen, die einzeln oder satzweise verwendet und mittels Keiltreiber einzeln auseinander getrieben werden.

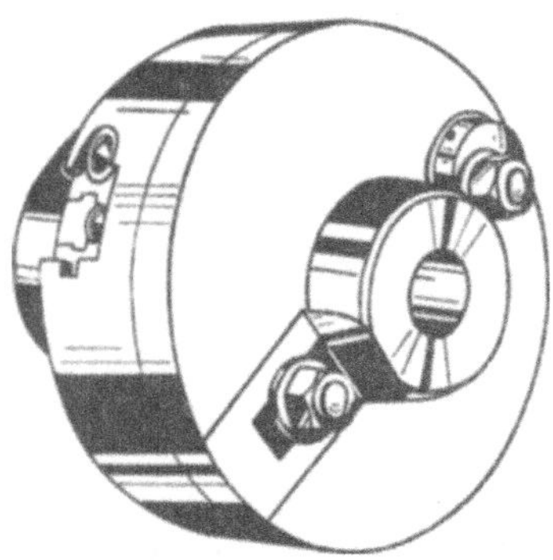

Abb. 96. Reaktionsbacken-Drehbankfutter. Zentrierflansch.

Abb. 97 zeigt einen Satz Kegelhülsen, der durch einen Schlag auf den Keiltreiber vollkommen auseinander fällt.

Es kommt aber häufig vor, daß nicht alle Hülsen, sondern nur eine aus der Mitte entfernt werden soll. Dies ist nur möglich bei Verwendung von Kegelhülsen nach Abb. 98. Diese sind, außer mit einem Langloch für den Keiltreiber, an ihrem stärksten Ende mit einem Außengewinde versehen, auf dem eine Mutter zum Lösen der zugehörigen Hülse aufgeschraubt ist.

Bei Verwendung von Werkzeugen mit kegeligem Schaft bricht oft der Mitnehmerlappen ab. Durch zu große Beanspruchung besonders beim Arbeiten mit stumpfen Werkzeugen wird der Schnittdruck derart groß, daß das Werkzeug sich im Kegel löst, der Gesamtdruck auf den verhältnismäßig schwachen Mitnehmerlappen wirkt und diesen abschert (Abb. 99). Das am Schaft beschädigte Werkzeug, das sonst noch gut erhalten ist, wird man nicht in den Schrot werfen; andererseits ist es falsch, das Werkzeug in diesem Zustand weiter zu benützen und es mit Hammerschlägen in die Spindel einzutreiben; denn bei dem nächsten größeren Widerstand, den das Werkzeug zu überwinden hat, dreht es sich mit, frißt in der Mantelfläche der kegeligen Bohrung fest und macht das Übel nur größer. Das beschädigte Werkzeug kann auf einfache Art wieder gebrauchsfertig gemacht werden. Dies bedingt allerdings die An-

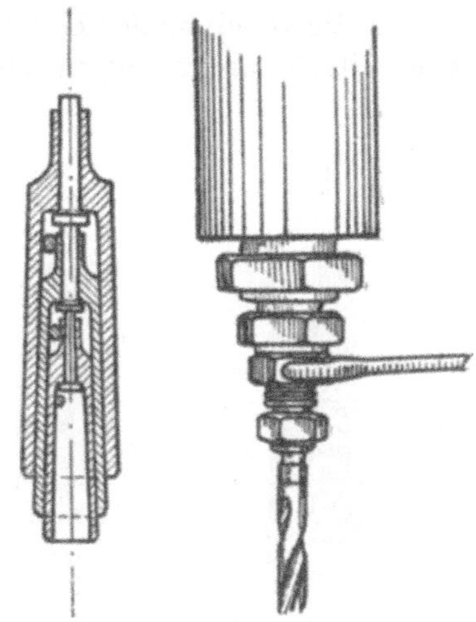

Abb. 97, 98. Kegelhülsen.

Abb. 99. Normale Kegelhülse. Mitnehmer des Bohrers abgebrochen.

Abb. 100. Spezial-Kegelhülse. Mitnehmer des Bohrers neu angesetzt.

schaffung von Spezial-Kegelhülsen, die sich bei richtiger Anwendung jedoch bald bezahlt machen.

Die in Abb. 100 dargestellte Hülse hat einen verkürzten Innenkegel, so daß die Aufnahme eines abgescherten und neu hergerichteten Werkzeugschaftes leicht ermöglicht wird.

Die Verwendung der Hülse nach Abb. 101 erfordert das Ausschleifen einer Fläche am kegeligen Werkzeugschaft, die so groß sein soll, daß sie unter keinen Umständen mit der in der Hülse voll zur Anlage kommt, da sonst ein Schlagen des Werkzeuges eintritt. Die Mitnahme des Werkzeuges mittels dieser Hülse wird bei größtem Schnittdruck unbedingt sicher gewährleistet.

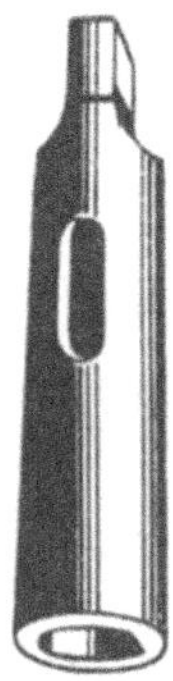

Abb. 101. Spezial-Kegelhülse.

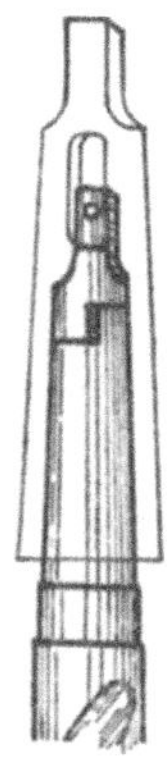

Abb. 102. Spezial-Mitnehmer in normaler Kegelhülse.

Das beste und billigste Hilfsmittel ist wohl das nach Abb. 102. Hier erübrigt sich eine besondere Kegelhülse. Das Werkzeug wird an der Bruchstelle einstufig abgeschliffen. In die normale Hülse wird ein Einsatzstück eingedrückt, das sich jederzeit mit Leichtigkeit wieder entfernen läßt und als neue Mitnahme für das Werkzeug dient. Diese Anordnung hat noch den Vorteil, daß das Einsatzstück eine gewisse Sicherheit gegen nochmaligen Bruch des Werkzeuglappens bietet, da eher das Einsatzstück bricht als der neu angeschliffene Ansatz am Werkzeug.

Zum Spannen von Werkzeugen mit zylindrischen Schäften dienen meist Patronenfutter, deren Schäfte als Kegel ausgebildet sind, die in der Maschinenspindel befestigt werden. In Abb. 103 wird ein solches Futter gezeigt, das mit einer Spannpatrone ausgerüstet ist. Die Patrone ist für einen bestimmten Durchmesser ausgebohrt und kann beliebig durch andere ersetzt werden. Die Spannschraube *a* wird gewöhnlich durch die Bohrung der Arbeitsspindel geführt und am hinteren Spindelende durch ein aufgesetztes Handrad betätigt. Die Ringmutter *b* dient zum Herausdrücken des Futters aus dem Spindelkegel. Beachtenswert ist bei dieser Bauart, daß die Patrone nur im Kegel zentriert ist, was zum Schlagen des eingespannten Werkzeuges führen kann.

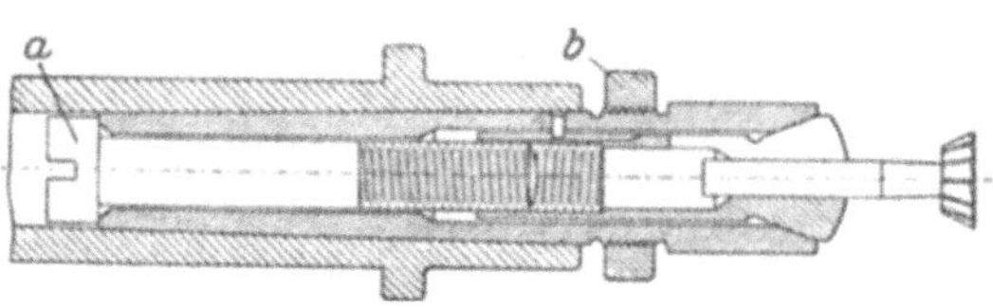

Abb. 103. Patronenfutter. Patronenanzug durch Spannschraube.

Abb. 104 stellt ein Patronenfutter dar, dessen Patrone hinten zylindrisch geschliffen und gut geführt ist, wodurch ein sauberes Laufen des eingespannten Werkzeuges gewährleistet ist. Die Überwurfmutter legt sich mit einer geschliffenen Stirnfläche gegen den vorderen Rand der Patrone und drückt diese beim Anziehen in die kegelige Bohrung des Schaftes hinein. Die Patrone ist gegen Drehung durch einen Stift gesichert.

Abb. 104. Patronenfutter. Patronenanzug durch Überwurfmutter.

Die Ausführung der vorerwähnten Spannpatronen setzt voraus, daß die Schaftdurchmesser der Werkzeuge, die mit ihnen gespannt werden, dem Durchmesser der Patronenbohrung genau entsprechen müssen. Bei größeren Unterschieden würden die Spannbacken nur auf einer Kreislinie anliegen, was die Sicherheit der Spannung und die Genauigkeit des Laufens beeinträchtigt.

Der Doppelkegel (Abb. 105) sichert der Patrone eine gleichmäßige Verteilung ihrer Spannkraft über die ganze Länge des eingespannten

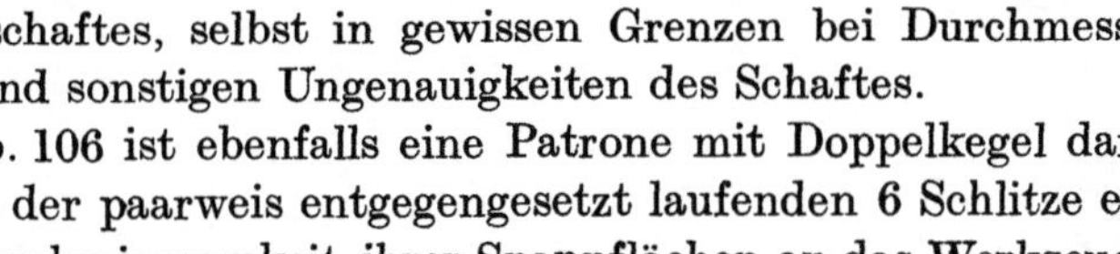

Abb. 105. Patronenfutter. Patrone mit Doppelkegel und Führungszylinder.

Werkzeugschaftes, selbst in gewissen Grenzen bei Durchmesserunterschieden und sonstigen Ungenauigkeiten des Schaftes.

In Abb. 106 ist ebenfalls eine Patrone mit Doppelkegel dargestellt, die infolge der paarweis entgegengesetzt laufenden 6 Schlitze eine noch größere Anschmiegsamkeit ihrer Spannflächen an das Werkzeug zuläßt. Allerdings besteht bei dieser Bauart die Gefahr des Schlagens des eingespannten Werkzeuges, da die Patrone nur in den beiden Spannkegeln gehalten ist, und sonst auf jegliche Führung verzichtet. Eine Patrone nach Abb. 105 mit Anordnung der 6 Schlitze nach Abb. 106 würde recht gute Erfolge zeitigen und ist deren Anwendung zu empfehlen.

Außer den Patronenfuttern kommen vor allem die selbstzentrierenden Zweibackenbohrfutter zum Spannen zylindrischer Werkzeuge in Frage. — Bauart und Wirkungsweise des gebräuchlichsten Bohrfutters, Bauart Oneida, dürfte zur Genüge bekannt sein, so daß ich mich auf einige typische Merkmale von handelsüblichen Futtern dieser Bauart beschränken will.

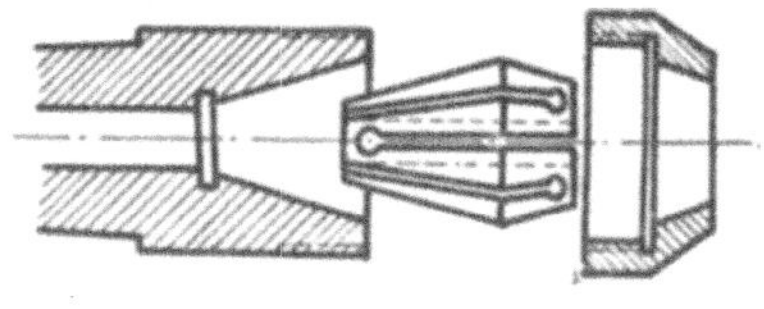

Abb. 106. Patronenfutter. Patrone mit Doppelkegel ohne Führungszylinder.

In den Abb. 107 bis 112 sind die verschiedenartigsten Backenführungen dargestellt. Abb. 107 zeigt eine veraltete Führung der Backen, welche ohne jeden Schutz an der Stirnseite des Futters frei liegen. Die Führungen nach Abb. 108 u. 109 sind dagegen an der Stirnseite des Futters völlig abgedeckt, so daß das Werkzeug durch eine Bohrung des Deckels hindurchgesteckt werden muß. Die bekannteste Ausführung ist die mit Backenschutzring nach Abb. 110 bis 112. Die Backen sind hier ebenso gut geschützt wie durch den Deckel; die Werkzeuge lassen sich jedoch besser einführen, da die Spannflächen der Backen frei liegen.

Eine große Schwäche des Oneida-Bohrfutters sind die häufigen Spindelbrüche. Abb. 113 zeigt eine solche Spindel, deren gefährlicher Querschnitt bei den auftretenden Zugbeanspruchungen in der Mitte, also grade an ihrer schwächsten Stelle liegt. Diese Erkenntnis war der leitende Gedanke bei der Konstruktion des Harry-Bohrfutters. Die Spindel ist, wie aus Abb. 114 ersichtlich, im gefährlichen Querschnitt

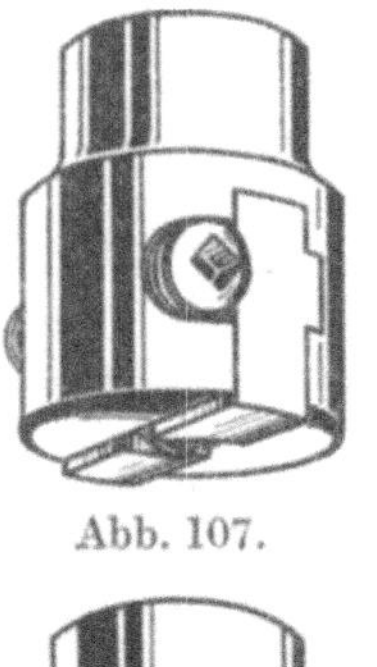

Abb. 107.

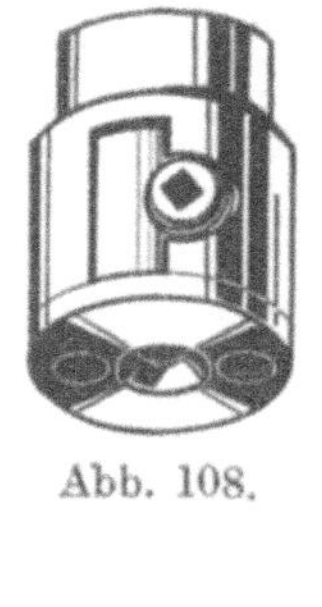

Abb. 108.

Abb. 109.

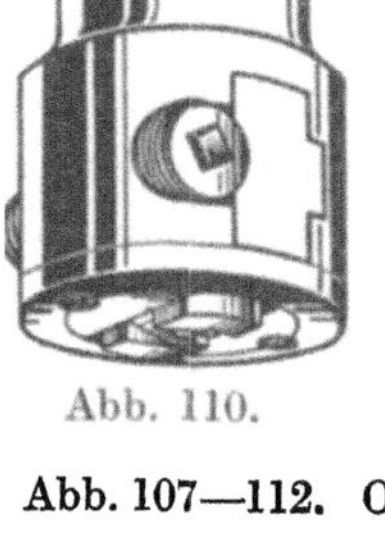

Abb. 110.

Abb. 111.

Abb. 112.

Abb. 107—112. Oneida-Bohrfutter. Verschiedene Backenführungen.

so stark als nur möglich gehalten; ihre Axiallagerung nach dem äußeren Ende verlegt. Durch einen seitlichen Backenansatz ist das Spindelgewinde tiefer in die Backen eingeschnitten, so daß auch die Flächenpressung zwischen Spindel und Backen geringer wird. Außerdem ist der Futterkörper mit halben Naben versehen, die das Abbiegen der Spindel an den sonst freiliegenden Spindelenden verhindern. Diese verstärkte Bauart gewährleistet dem Bohrfutter gute Spannkraft und große Dauerhaftigkeit.

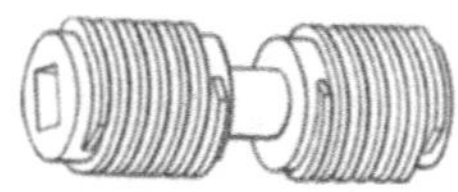

Abb. 113. Spindel des Oneida-Bohrfutters.

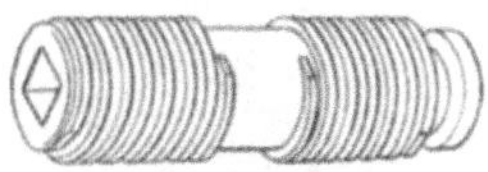

Abb. 114. Spindel des Harry-Bohrfutters.

Die Erhöhung der Spannwirkung wird beim Westcott-Bohrfutter (Abb. 115) mit Hilfe einer zweiten Spannschraube erzielt. Ist das Werkzeug mittels der üblichen Spindel *a* zwischen den Backen eingespannt, so wird die Spannung durch Nachziehen der Schraube *b* noch wesentlich erhöht. Ein Nachgeben des Werkzeugschaftes im Futter ist hier selbst bei großen Schnittdrücken fast unmöglich.

Wächst der beim Bohren auf das Werkzeug wirkende Schnittdruck derart, daß die Spannkraft der Futterspindel zur Mitnahme des Bohrers nicht ausreicht, so verwendet man vorteilhaft Bohrfutter mit zwangläufiger Mitnahme.

Eine Bauart, die sich besonders zum Spannen von Gewindebohrern eignet, zeigt Abb. 116. Die zwangläufige Mitnahme wird hier mit 2 flachen, abgeschrägten Stahlstücken erzielt, die auf die Backen fest aufgeschraubt sind. Der Mitnehmerlappen am Werkzeug muß sich demnach mit zunehmendem Durchmesser des Schaftes verstärken. Schnellstahlbohrer mit zylindrischem Schaft und Mitnehmerflächen sind genormt und handelsüblich.

Abb. 117 zeigt ein Bohrfutter, bei dem die Mitnahme des Werkzeuges für jede Stärke des Mitnehmerlappens für sich verstellbar ist. Außer der Spindel *b*, welche wie üblich die Spannbacken für den Werkzeugschaft betätigt, ist eine zweite Spindel *a* angeordnet, die ebenfalls 2 kleine Backenteile in derselben Weise bewegt. Mittels dieser kleinen Backen wird der Mitnehmerlappen des Werkzeuges festgehalten.

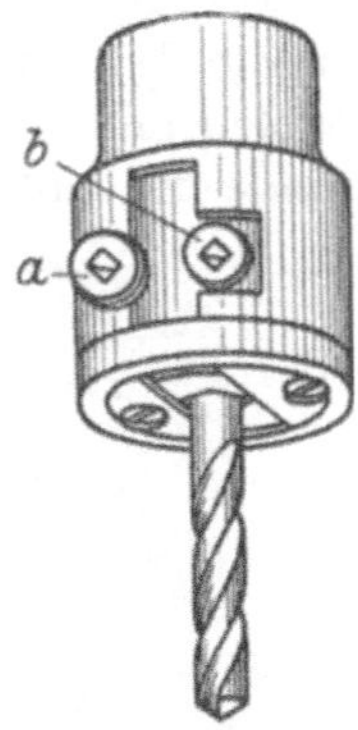

Abb. 115. Westcott-Bohrfutter.

Die von der Horton-Company ausgeführten Bohrfutter zeichnen sich durch die runde Backenführung (Abb. 118) aus. Die Betätigung der Backen ist genau die gleiche wie bei den bisher erwähnten Bohrfuttern. Der Außenvierkant an der Spannspindel ist veraltet; von deutschen Herstellern wird die Spindel stets mit einem Innenvierkant ausgeführt. Die runde Backenführung hat gegenüber der rechteckigen den Vorteil, daß die Backen mit Leichtigkeit und großer Genauigkeit eingeschliffen werden können. Auch ist der Futterkörper erheblich kräftiger, da er nicht aufgeschlitzt ist, sondern nur eine Querbohrung erhält. Der sonst übliche Schutzring fällt bei dieser Bauart fort. Das Futter wird billiger und in seiner Form gefälliger, hat jedoch den Nachteil einer verhältnismäßig kurzen Spannfläche der Backen.

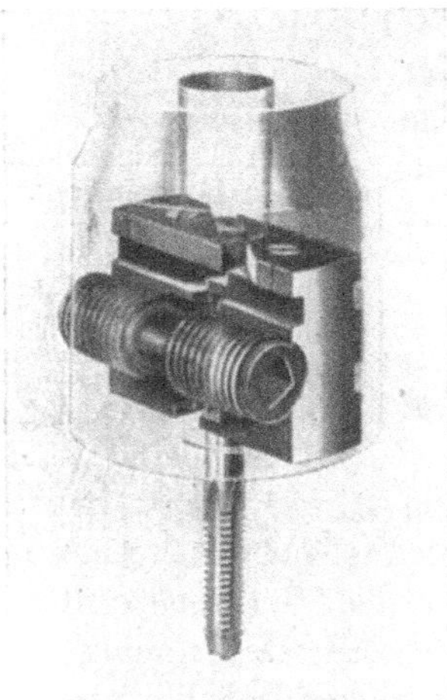

Abb. 116. Bohrfutter mit zwangläufiger, fester Mitnahme.

Außer den selbstzentrierenden Zweibacken-Bohrfuttern, bei denen die Spannung durch eine Links- und Rechtsgewindespindel erzielt wird, gibt es eine ganze Reihe von Bohrfuttern, die auf die Anwendung dieser Spannspindel verzichten und einer besseren Zentrierung wegen mit 3 Spannbacken ausgerüstet sind.

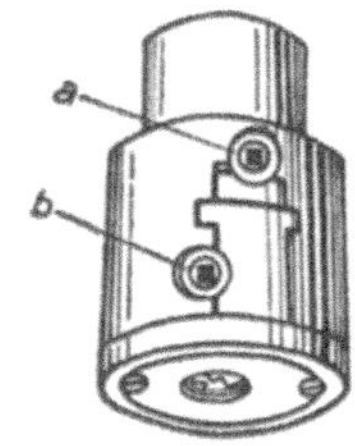

Abb. 117. Bohrfutter mit zwangläufiger, verstellbarer Mitnahme.

Die einfachste Bauart eines solchen Dreibacken-Bohrfutters ist in Abb. 119 dargestellt. Um den Hauptkörper, der durch einen kegeligen Zapfen mit der Arbeitsspindel verbunden ist, dreht sich in einem Gewinde die außen kordierte Hülse. Diese ist innen mit einer kegeligen

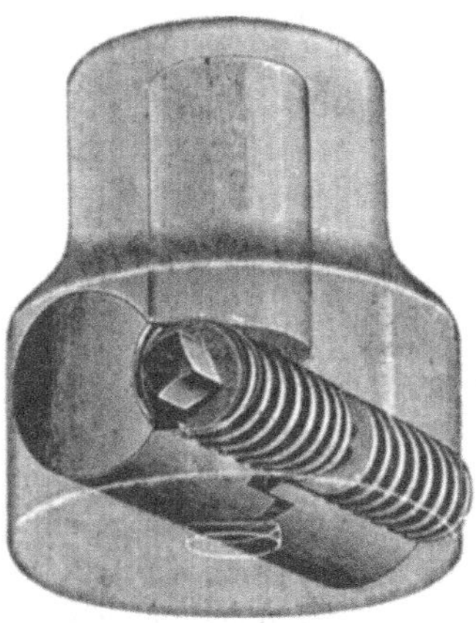

Abb. 118. Horton-Bohrfutter.

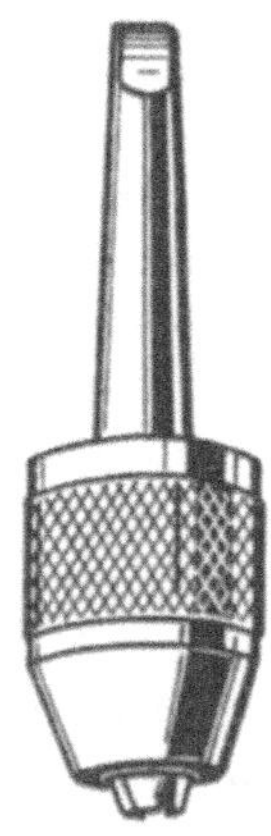

Abb. 119. Selbstzentrierendes Dreibacken-Bohrfutter.

Bohrung versehen, gegen die sich die 3 Backen mit ihrer angedrehten Schräge federnd anlegen. Die Backen sind weder befestigt noch geführt; sie stehen mit ihrer Grundfläche auf der Stirnfläche des Hauptkörpers. Wird nun die Außenhülse um den Hauptkörper gedreht, so bewegt sie sich durch das Gewinde in axialer Richtung und drückt die Backen gleichzeitig und gleichmäßig zusammen, so daß der eingeführte Werkzeugschaft zentrisch gespannt wird. Um ein festes Spannen zu ermöglichen, ist die Hülse mit Stiftlöchern versehen.

In den Abb. 120 bis 122 sind mehrere Bauarten von Dreibackenbohrfuttern dargestellt, deren Backen durch einen Spiralring betätigt werden.

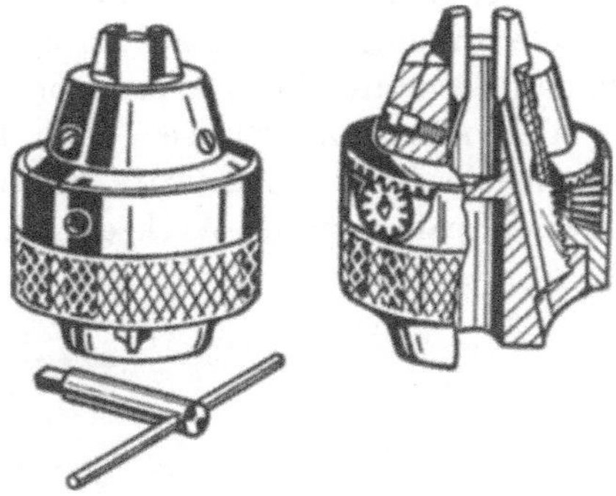

Abb. 120. Dreibacken-Bohrfutter mit Spiralring und Kegeltrieben.

In Abb. 120 kann der Spiralring von Hand durch Drehen des gekordelten Außenringes oder auch durch einen Schlüssel bewegt werden, der zunächst einen kleinen Triebling dreht, welcher mittels einer Kegelverzahnung den Spiralring antreibt. Die Backen sind in einem Winkel zur Futterachse geführt und an ihrem Außenrande mit Flachgewindezähnen versehen, die in die entsprechenden Gänge der in den Ring schräg eingeschnittenen Spirale eingreifen. Eine kegelige Hülse schließt die in den Futterkörper eingestoßenen Backenführungen nach außen hin ab und hält gleichzeitig den Spiralring in axialer Richtung fest.

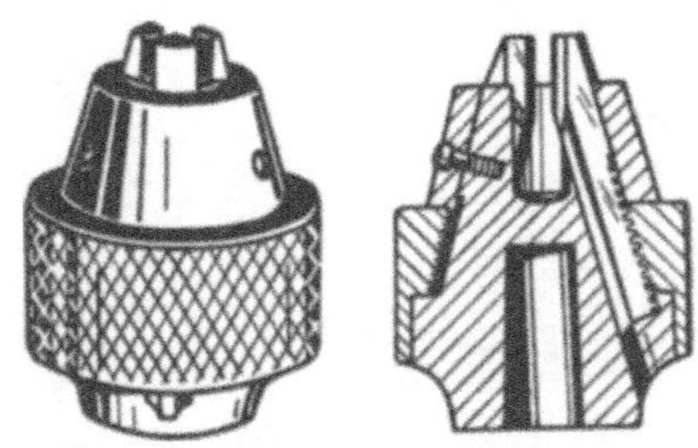

Abb. 121. Dreibacken-Bohrfutter mit Spiralring (Flachgewinde).

Das Futter nach Abb. 121 ist dem vorher erwähnten sehr ähnlich, jedoch mit dem Unterschied, daß die 3 Kegeltriebe fehlen. Dadurch wird die Bauart in ihrer Festigkeit wesentlich günstiger. Der Spiralring hat hier die dreifache Zähnezahl gegenüber dem Futter nach Abb. 120, so daß die Flächenpressung

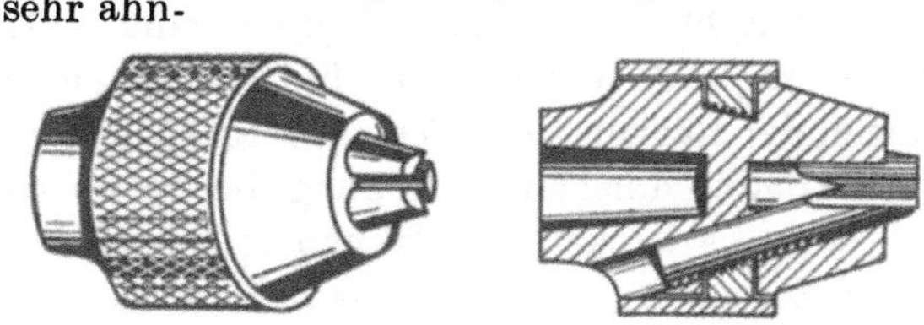

Abb. 122. Dreibacken-Bohrfutter mit Spiralring (Spitzgewinde).

und die dadurch bedingte Abnutzung wesentlich herabgedrückt wird.

In Abb. 122 ist ein Bohrfutter mit spitzzahnigem Spiralring dargestellt, der an die Bauart des Drehbank-Kraftspannfutters erinnert. Bei den gezeigten Dreibacken-Bohrfuttern ist zu beachten, daß die Winkelstellung der Backen falsch ist, da der Axialdruck, der beim Bohren auf das Werkzeug wirkt, die Backen auseinanderdrückt. Bei einem neuzeitlicheren Bohrfutter, das später beschrieben wird, sind die Backen gerade in entgegengesetzt schräg gestellten Führungen angeordnet, so daß sie während des Arbeitsvorganges das Werkzeug fester spannen.

Das Albrecht-Futter (Abb. 123) ist unter dem Namen selbstspannendes Klemmbohrfutter bekannt. Der Name verrät bereits die Art der Spannung; der Werkzeugschaft klemmt sich beim Bohren selbsttätig zwischen den 3 Backen fest, und zwar um so fester, je größer der Schnittdruck wird. Abb. 125 zeigt einen Radialschnitt durch den unteren Teil des Futters und Abb. 124 einen solchen durch den oberen Teil. Im oberen Teil liegt zwischen dem Futterkörper *a* und der Außenhülse *b* eine aufgewickelte Bandstahlfeder, welche die Hülse stets in der angedeuteten Pfeilrichtung in ihre äußerste Stellung dreht. Im unteren Teil sind die 3 Backen *d* drehbar um die Stifte *c* angeordnet, die fest im Futterkörper eingepaßt sind. Die Spannflächen der Backen verlaufen exzentrisch um ihre Drehpunkte und verändern dadurch bei einer Drehung die Spannweite des Futters. Außerdem sind die Backen mit Zähnen versehen, die in entsprechende Zahnlücken der Außenhülse eingreifen. Wie schon erwähnt, dreht die Feder die Hülse in Richtung des Pfeiles. Dadurch werden die Backen sich stets in ihrer kleinsten Spannweite einstellen. Soll ein Bohrer eingespannt werden, so wird die Hülse der Federwirkung entgegen so weit herumgedreht, bis sich der Bohrer leicht einführen läßt. Dies kann während

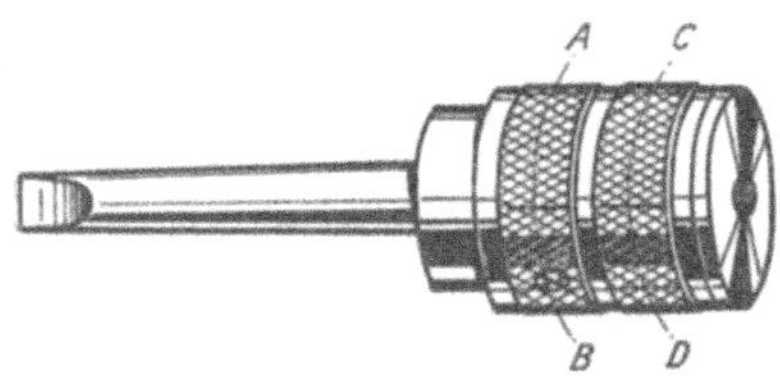

Abb. 123.

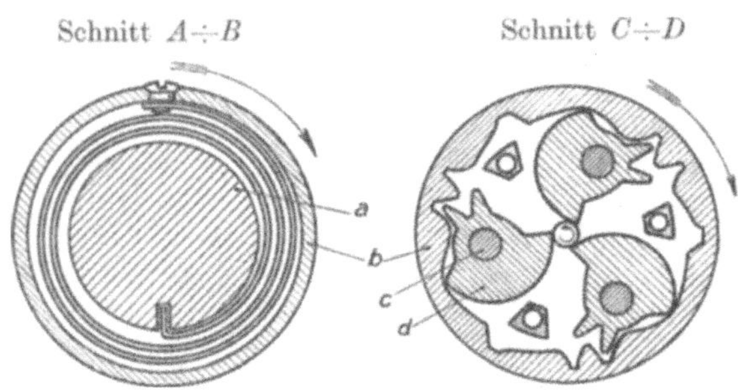

Abb. 124 u. 125. Selbstspannendes Albrecht-Bohrfutter.

des Ganges der Maschine durch Abbremsen der Außenhülse mittels der Handfläche geschehen. Durch Loslassen der Hülse wird der Bohrer zunächst unter Federwirkung zwischen den Spannflächen der 3 Backen zentrisch festgehalten. Ein richtiges Festspannen tritt erst ein, wenn das Werkzeug das Arbeitsstück berührt. Der im eingespannten Werkzeugschaft (Abb. 125) angedeutete Pfeil gibt den der Drehrichtung entgegenwirkenden Schnittdruck an, der die selbsttätige Klemmwirkung des Werkzeuges zwischen den 3 exzentrischen Spannbacken erzeugt.

Das schwedische Grönkvist-Futter (Abb. 126) ist dem Albrecht-Futter im Wesen ähnlich. Während beim Albrecht-Futter die Spannung durch exzentrische Backenflächen erzielt wird, sind beim Grönkvist-Futter innen in die Hülse Kurvenflächen mit großer Genauigkeit eingeschliffen (Abb. 127). Gegen diese Kurvenflächen liegen 3 harte Walzen, die genau gleich stark und zylindrisch geschliffen sind. Die unteren Ränder der Walzen sind abgeschrägt, um das Einführen des Werkzeuges zu erleichtern. Die Walzen liegen völlig unbefestigt in 3 halbrunden Nuten, die in den Hauptkörper eingefräst sind und verhindern, daß die Walzen nach innen in die Bohrung des Futterkörpers fallen. Die Bandstahlfeder dreht die Hülse in derselben Richtung wie beim Albrecht-Futter und stellt die Walzen stets in ihrer kleinsten Spannweite ein. Die Hülse wird in dieser

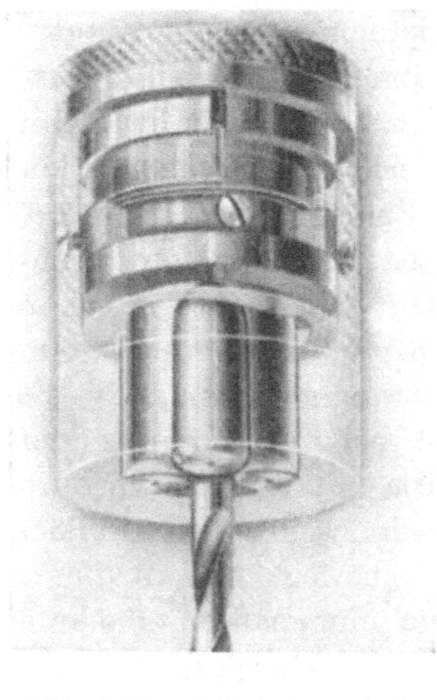

Abb. 126. Selbstspannendes Grönkvist-Bohrfutter.

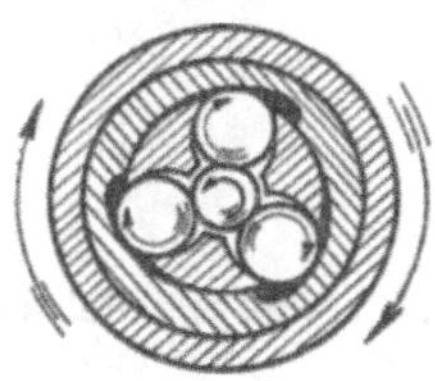

Abb. 127. Selbstspannendes Grönkvist-Bohrfutter, Schnitt.

Stellung durch eine Stiftschraube arretiert. Das Einspannen eines Werkzeuges erfolgt in genau der gleichen Weise wie beim Albrecht-Futter. Die hier erzielte Zentrierung ist genauer, da alle Flächen geschliffen sind, und die nicht unmittelbar auf den Werkzeugschaft wirkenden Kurven nur einer geringen Abnutzung ausgesetzt sind.

Trotz der günstigen Spannwirkung haben diese Futter einen Nachteil, der in ihrer Bauart begründet ist. Durch die Höhe der Spannkurven sind den Klemmbohrfuttern ganz bestimmte Spannweiten vorgeschrieben, die teilweise derart bescheiden sind, daß für ein gewöhnliches Zweibacken-Bohrfutter 3 oder gar 4 Klemmbohrfutter erforderlich sind. Abgesehen von der Mehrausgabe bei der Anschaffung ist auch ihre Verwendung auf der Maschine dadurch recht umständlich.

In dieser Erkenntnis ist das Kupke-Bohrfutter entstanden, das sich einer großen Beliebtheit erfreut. Es ist das erste Bohrfutter, das es ermöglicht, drei radial verschiebbare Backen in erheblich größeren Spannunterschieden selbsttätig zu spannen und die Spannwirkung durch die Arbeitswiderstände zu erhöhen.

Abb. 130 zeigt einen Gesamtschnitt des Futters, aus dem die Bauart und Wirkungsweise klar erkennbar ist. In den Futterkörper *a*, der mit der Arbeitsspindel durch einen Kegelzapfen verbunden wird, ist innen ein steilgängiges Flachgewinde geschnitten, in dem sich eine Schraube *f* bewegt, die mit der Außenhülse *d* durch ein Gewinde fest verbunden ist. Die Schraube *f* ist mit 3 Schlitzen versehen, in welche die Backenstücke *e* eingeschliffen sind, so daß sie sich leicht radial verschieben lassen. In der gezeichneten Backe *e* ist ein kleines Loch angedeutet, das in alle 3 Backen gebohrt ist und zur Aufnahme eines feinen, gebogenen Stahldrahtes dient, der durch seine Spannung die Backenstücke stets auseinanderdrückt. Mit ihrer schrägen Fläche legen sich die Backen gegen die kegelige Bohrung der Büchse *c*, die in den Futterkörper leicht drehbar eingepaßt und axial zwischen einem Kugellager und einem eingelegten Spreizring gehalten ist. — Es ist klar, daß bei der Drehung der Außenhülse die mit ihr fest verbundene Flachgewindeschraube in axialer Richtung sich bewegt und in dieser Bewegung die eingepaßten Backenstücke mitnimmt. Durch die schräge Anlage der Backen in der kegeligen Büchse verstellen sie sich aber bei einer Axialbewegung gleichzeitig radial zueinander, wodurch sie das Werkzeug zentrisch spannen.

Abb. 128. Selbstspannendes Kupke-Bohrfutter.

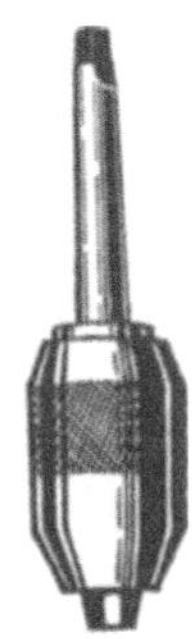

Abb. 129. Selbstspannendes Kupke-Bohrfutter, spitze Form.

Soll nun ein Bohrer eingespannt werden, so wird die Außenhülse soweit aufgedreht, bis sich der Bohrerschaft leicht bis auf den Grund des Futters einführen läßt. Wird die Hülse hierauf bis zur Berührung der Backen mit dem Werkzeug zurückgeschraubt, so wird es zunächst durch die auftretende Reibung zwischen Backen und Werkzeugschaft leicht festgehalten. Gespannt wird es in dem Moment, wo der Arbeitsdruck auf das Werkzeug wirkt. Der Bohrer versucht während des Arbeitsvorganges entgegen seiner Drehrichtung die Backen und mit diesen die

Flachgewindeschraube in den Futterkörper, also auch in die kegelige Büchse, hineinzuschrauben, wodurch die Backen den Schaft festklemmen, und zwar um so fester je größer der Schnittdruck wird. Durch die Anordnung des Kugellagers ist es trotz größter Spannwirkung ermöglicht, die Backen mit Leichtigkeit zu lösen und den Bohrer aus dem Futter zu entfernen. In Abb. 128 ist ein Kupke-Bohrfutter für größere Bohrer dargestellt. Der Konstrukteur hat die größte Sorgfalt darauf gelegt, das Futter außen völlig rund zu gestalten, um jegliche Gefahr während des Arbeitsganges zu vermeiden. Außer dieser Form ist das Bohrfutter in den kleineren Abmessungen auch in spitzer Ausführung handelsüblich, die in Abb. 129 dargestellt ist und beim Bohren mit schwachen, kurzen Bohrern den Vorzug hat, da die Arbeit besser beobachtet werden kann.

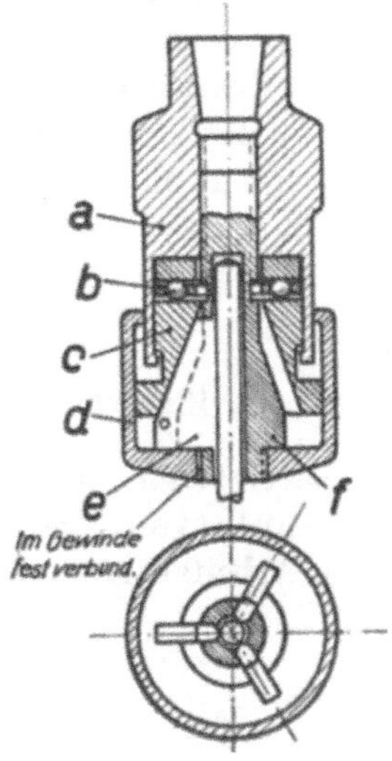

Abb. 130. Selbstspannendes Kupke-Bohrfutter, Schnitt.

Schnellwechselfutter werden hauptsächlich für Arbeiten benutzt, wo es sich darum handelt, in bunter Reihenfolge untereinander Bohrwerkzeuge aller Art in einer Maschinenspindel zu verwenden (Bearbeitung großer Werkstücke auf Bohrwerken). Das Auswechseln der Werkzeuge in der Arbeitsspindel muß dabei auf ein Zeitminimum beschränkt werden unter Gewähr einer sicheren und festen Spannung.

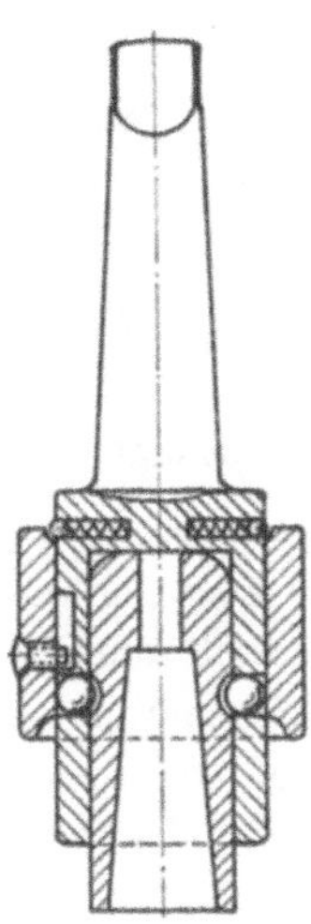

Abb. 131. Schnellwechselfutter. Hülsenmitnahme durch Kugeln.

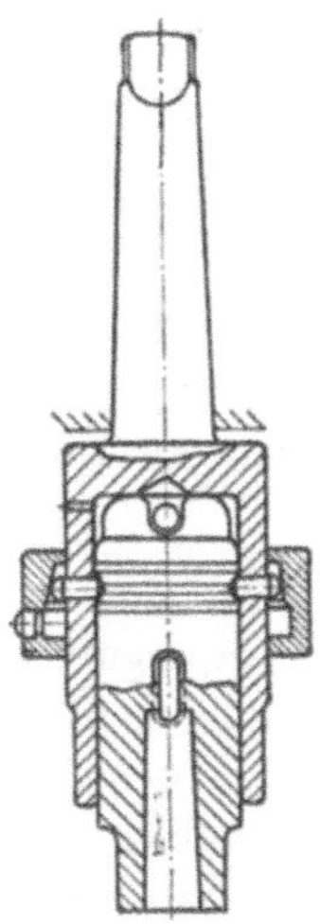

Abb. 132. Schnellwechselfutter. Hülsenmitnahme durch Stift.

In den Abb. 131 und 132 sind zwei Schnellwechselfutter dargestellt, die sich in der Art der Mitnahme ihrer Einsatzhülsen unterscheiden. Während in Abb. 131 der in das Futter eingeführte Einsatz durch 2 Stahlkugeln mitgenommen wird, die in entsprechende Ausfräsungen des Einsatzes durch den äußeren Ring eingedrückt werden, erfolgt in Abb. 132 die Mitnahme des Einsatzes durch einen in der Futterbohrung radial angeordneten Stift, welcher in einen entsprechenden Schlitz des Einsatzes eingreift. Zum Festhalten des Einsatzes in der gezeichneten Lage dienen 2 kleine Bolzen, die, in der Wandung des Futters angeordnet, durch den äußeren Ring in eine Rille des Einsatzes eingedrückt werden. Die Aufnahme des auf das Werkzeug wirkenden Schnittdruckes ist bei dem Futter nach Abb. 132 günstiger.

Elektromagnetisch wirkende Spannvorrichtungen.

Diese lassen sich in 2 Hauptgruppen unterteilen, und zwar in Aufspannplatten, die auf dem Maschinentisch aufgespannt werden und beim Arbeitsvorgang eine geradlinige Bewegung ausführen bzw. über sich ergehen lassen, zum Unterschied von Rundfuttern, die auf der Arbeitsspindel der Maschine befestigt werden und mit ihr kreisend bewegt werden.

Abb. 133. Elektromagnetische Aufspannplatte. Normal-Polteilung.

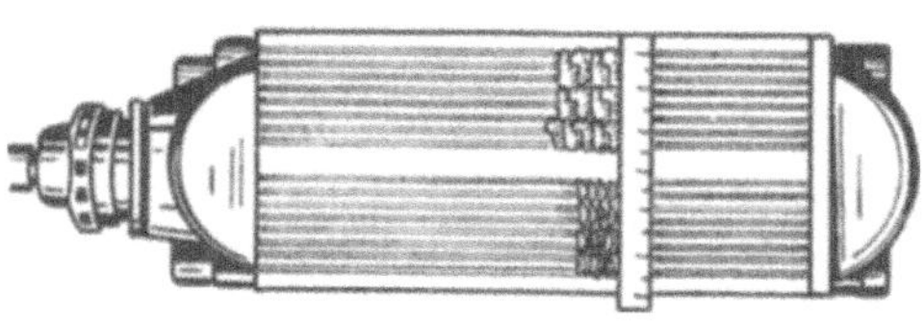

Abb. 134. Elektromagnetische Aufspannplatte. Engpolteilung.

Die Aufspannplatten finden vielseitige Anwendung auf Schleifmaschinen, Fräs- und Shapingmaschinen. Durch schwenkbare Untersätze können keilförmige Werkstücke aller Art, soweit der Werkstoff eine magnetische Spannung zuläßt, auf diesen Aufspannplatten festgehalten werden. — Das Gehäuse besteht meistens aus Stahl- oder Temperguß, am besten jedoch aus geschweißten Fluß- oder Weicheisenteilen, da die magnetische Sättigung des Weicheisens eine höhere, dagegen der Stromverbrauch ein geringer ist. — Der Deckel (Polplatte) des Gehäuses besteht aus Stahl und ist mit dem Gehäuse wasserdicht verschraubt, so daß die Aufspannplatten auch für Naßschliff verwendet werden können. Entsprechend dem Verwendungszweck ist die Polplatte in bestimmte Magnetfelder eingeteilt, die durch unmagnetische Metalle wie Messing, Blei u. a. voneinander getrennt sind. Man unterscheidet die Normal-Polteilung (Abb. 133) von der sogenannten Engpolteilung (Abb. 134). Die erstere wird zum Spannen größerer Werkstücke verwendet, während die Engpolteilung auch die kleinsten und schwächsten Werkstücke sicher festhält, wodurch sie besonders für die Massenherstellung geeignet ist. — Entsprechend den Magnetfeldern der Polplatte sind im Innern des Gehäuses Polkerne angeordnet, um die eine große Anzahl dünner Drahtwindungen gewickelt ist, deren Enden am Anschluß der Platte in zwei Kontakte zusammenlaufen. Um Störungen durch etwa eindringende Feuchtigkeit tunlichst zu vermeiden, ist der Innenraum mit einer harzartigen Kompoundmasse durch Vakuum ausgefüllt bzw. mit einer Bleilegierung ausgegossen, so daß die Spule selbst gegen äußere Einflüsse isoliert ist.

Eine Schwäche der Aufspannplatten liegt in der Art des Anschlusses der Zuleitung mit den aus der Isolierung austretenden Drähten. An dieser Stelle entstehen bei Platten, die für Naßbearbeitung verwendet werden, die meisten Kurzschlüsse. Es ist also auf eine gute Isolierung der Anschlußstelle und des Zuleitungskabels ganz besonderer Wert zu legen.

Die elektromagnetischen Aufspannplatten können nur mit Gleichstrom gespeist werden[1]. Die Netzspannung muß mit der Spannung der Platte übereinstimmen. Ist Wechsel- bzw. Drehstrom vorhanden, so ist die Anschaffung einer kleinen Dynamo oder eines Gleichrichters erforderlich. Die erstere Stromquelle ist dem Gleichrichter vorzuziehen, da die Dynamo fast kostenlos von der betreffenden Werkzeugmaschine aus angetrieben wird, während der Gleichrichter dauernd den teuren Netzstrom verarbeitet.

Zum Ein- und Ausschalten der Aufspannplatte dient der Entmagnetisierschalter, dessen Hebel, als Kurbel ausgebildet, sich in volle Umdrehungen versetzen läßt. Bei einer Umdrehung ändert sich die Stromrichtung in der Platte zweimal. Durch diese plötzliche Richtungsänderung wird jeglicher Magnetismus sowohl in der Platte wie im aufgespannten Werkstück vernichtet, wenn der Hebel nach Vollendung der Drehung auf den gekennzeichneten Nullpunkt gestellt wird.

Bei Verwendung einer Dynamo als Stromquelle ist die Zwischenschaltung eines Regulators (Nebenschlußregler) zu empfehlen, um den Unterschied zwischen Wattleistung der Dynamo und dem Wattverbrauch der betreffenden Platte auszugleichen. Der Anschluß muß dem Schema nach Abb. 135 entsprechend erfolgen. Zur Prüfung des Ausgleiches ist bei geschlossenem Stromkreis an den Klemmen des Regulators die Spannung zu messen und diese durch Verstellen des Reglers auf die vorgeschriebene Höhe zu bringen. Die Einstellung des Reglers wird als Normalstellung für die betreffende Platte vorteilhaft durch eine Marke

[1] Aufspannplatten für alle Stromarten sind bereits ausgeführt worden, jedoch bisher nicht handelsüblich, da die Herstellungskosten den Preis einer Normalplatte plus Dynamo weit übersteigen.

gekennzeichnet. Tritt an Stelle der Aufspannplatte eine andere, so macht sich in der vorher beschriebenen Weise eine Neueinstellung des Reglers notwendig.

Zur völligen Vernichtung des remanenten Magnetismus, der den auf Spannplatten bearbeiteten Werkstücken selbst nach Entmagnetisierung durch den Schalter teilweise anhaftet, dienen besondere Apparate. Diese Entmagnetisier-Apparate sind zum Anschluß an sämtliche Stromarten handelsüblich. Ihre Wirkungsweise beruht auf dem gleichen Prinzip wie der oben beschriebene Entmagnetisier-Schalter.

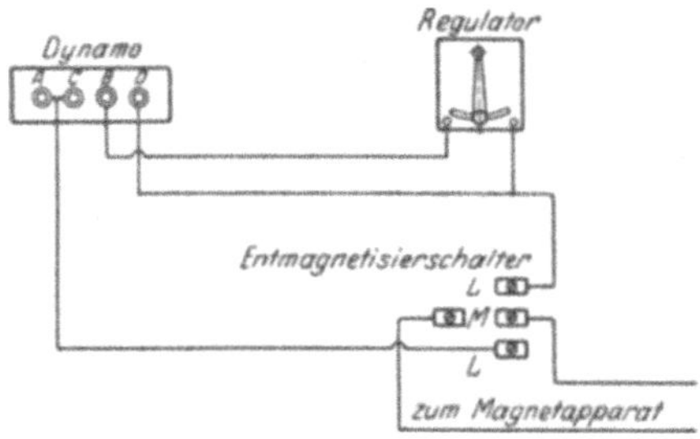

Abb. 135. Schaltungsschema.

Die Rundfutter werden auf Drehbänken wie auf Schleifmaschinen, und zwar für Trocken- und auch für Naßschliff verwendet. Die Wirkungsweise der Rundfutter ist der der Aufspannplatten ähnlich. Man unterscheidet auch hier zwei verschiedene Polteilungen. Die Sternpolteilung nach Abb. 136 entspricht der Normalpolteilung der Aufspannplatten und dient zum Spannen größerer Werkstücke, wie Fräser, Sägeblätter, Kolbenringe u. a., die mehr oder weniger eine zentrische Aufspannung verlangen. Die Polplatte ist deshalb mit mehreren zentrisch laufenden Rillen zur leichteren Einstellung des Werkstückes versehen. Die Ringpolteilung nach Abb. 137 eignet sich zum Spannen kleiner Massenteile und entspricht der Engpolteilung der Aufspannplatte.

Abb. 136. Elektromagnetisches Rundfutter. Sternpolteilung.

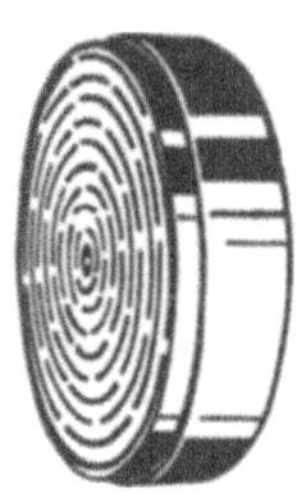

Abb. 137. Elektromagnetisches Rundfutter. Ringpolteilung.

In den Abb. 138—140 sind die Aufspannmöglichkeiten der 3 üblichen Ausführungen von elektromagnetischen Rundfuttern gezeigt. Das Rundfutter in Abb. 138 ist mittels Flansches auf dem Spindelkopf einer Stufenscheibenbank befestigt. Die Oberfläche des Futters ist sowohl an der Stirn wie auf dem Umfang vollkommen geschlossen, so daß diese Ausführung für Trocken- und Naßschliff geeignet ist. Der Schleifringkörper, der mittels Bürsten den elektrischen Strom vom Netz dem rotierenden Futter zuführt, sitzt am Ende der Spindel, wo er leicht zu bedienen und vor Beschädigungen geschützt ist. Die Anschlußdrähte zum Magnetfutter werden durch die Hohlspindel geführt.

Für Maschinen ohne Hohlspindel werden Rundfutter nach Abb. 139 und 140 benutzt, bei denen die Schleifringe in den Futterkörper eingelegt sind. Die Bürsten werden durch einen Halter an der Maschine

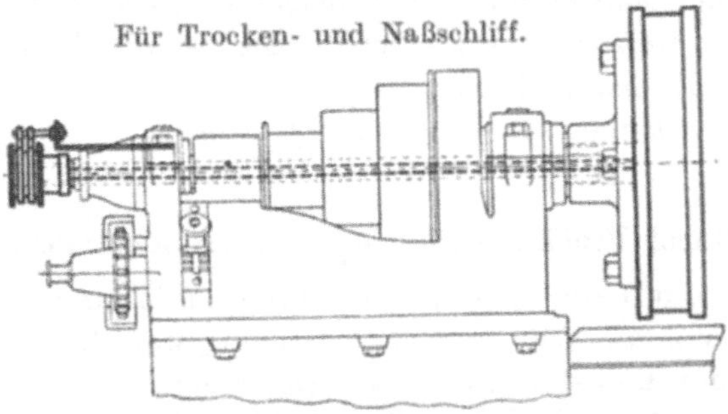

Abb. 138. Anschluß des Rundfutters bei einer Maschine mit durchbohrter Spindel.

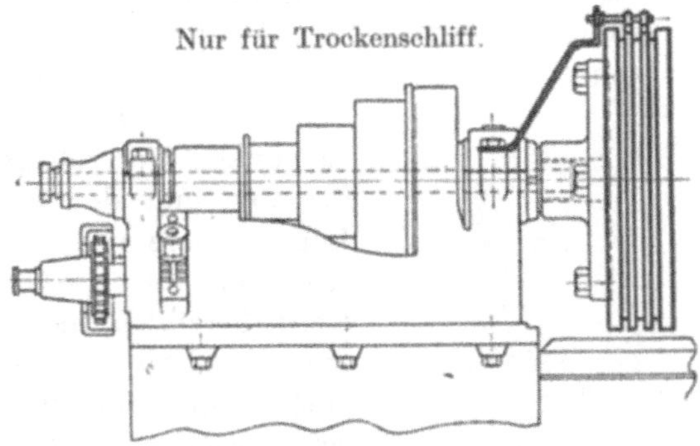

Abb. 139.

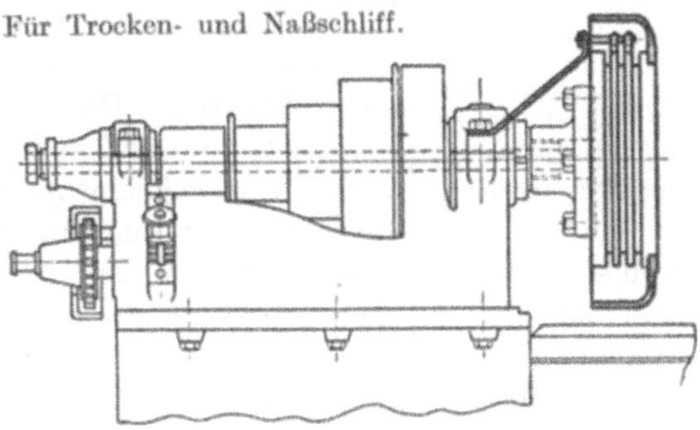

Abb. 140.

Abb. 139 u. 140. Anschlüsse von Rundfuttern bei Maschinen ohne Hohlspindel.

befestigt und liegen bei der Ausführung Abb. 139 völlig frei oberhalb des Futters. Aus diesem Grunde ist es nur für trockene Arbeiten zu verwenden. Abb. 140 zeigt die gleiche Anordnung mit einer Schutzkappe, wodurch sich das Futter auch für Naßschliff eignet.

Die bei den Aufspannplatten gemachten Angaben über Stromart und Spannung treffen ebenfalls für Rundfutter zu. Auch ist die Verwendung von Entmagnetisierschaltern und Apparaten die gleiche wie bei den elektromagnetischen Aufspannplatten.

Durch Preßluft wirkende Spannvorrichtungen.

In Amerika bedient man sich der Preßluft in einem viel höheren Maße als bei uns aus dem einfachen Grunde, weil die Finanzlage des Landes und der Industrie es zuläßt. Der Gebrauch von Preßluft für Spannzwecke stellt sich jedenfalls erheblich teurer als die übrigen Spannarten, so daß sich das Preßluft-Spannwerkzeug bisher in Deutschland sehr spärlichen Einlaß verschaffen konnte.

In Abb. 141 ist ein kombiniertes Preßluft-Drehbankfutter dargestellt, das von einer amerikanischen Firma für den Handel hergestellt wird. Dei Einfachheit halber ist von der Darstellung der Luftzuführung und der Anordnung des Luftzylinders abgesehen. Das Bild zeigt nur das eigentliche Spannelement, das außen einem gewöhnlichen Drehbankfutter ähnlich ist und mittels eines Flansches auf der Arbeitsspindel aufgeschraubt wird. Der Luftzylinder sitzt auf dem hinteren Ende der Spindel, durch deren Bohrung die axiale Kolbenbewegung mittels einer Stange *a* dem Futter zugeführt wird. Diese Stange ist mit der Spannhülse *b* verbunden, die in die Futterbohrung zylindrisch eingeschliffen ist, und an den 3 Stellen der Backenführungen mit Quernuten versehen ist. In diese Nuten greifen die langen Schenkel der Hebel *c* mittels drehbar angeordneter Gleitstücken ein. Die Hebel sind durch Bolzen im Futterkörper gelagert und bewegen sich in eingegossenen Hohlräumen. An den kurzen Hebelschenkeln sind ebenfalls drehbare Gleitstücke angebracht, die in Nuten der Grundbacken schiebend eingepaßt sind. Auf den Grundbacken sitzen die Aufsatzbacken, mit den Grundbacken gemein-

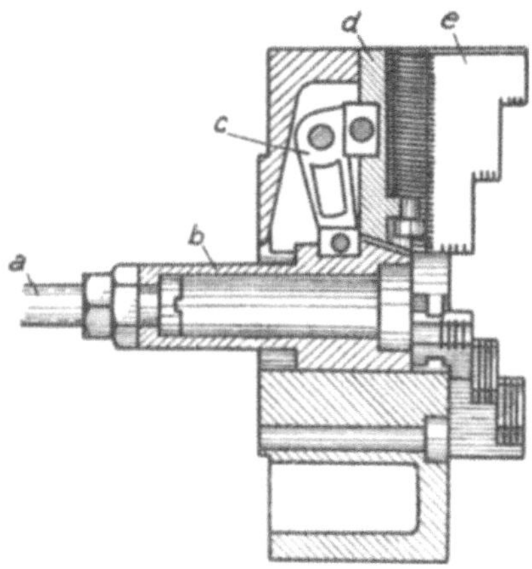

Abb. 141. Kombiniertes Preßluft-Drehbankfutter, Schnitt.

sam in doppelten T-Nuten des Futterkörpers geführt, und sind gegeneinander durch Flachgewindespindeln verstellbar, so daß das Futter als kombiniertes Drehbankfutter bezeichnet werden kann.

Denkt man sich die Spannhülse *b* in axialer Richtung bewegt, so werden die 3 Backen gleichmäßig und gleichzeitig radial zueinander verstellt. — Die Spannung eines Werkstückes wird erzielt durch Einführung eines Preßluftstromes in den Zylinder. Sie kann je nach Bedarf, in Atmosphären gemessen, eingestellt werden. Durch Öffnen des Luftzylinders wird das Werkstück entspannt.

Bei der Mengenherstellung, wo es sich immer wieder um die gleiche Spannweite handelt, ist diese Art der Spannung derart günstig, daß man das Preßluftfutter mit Recht als die wirtschaftlichste Spannvorrichtung der Neuzeit bezeichnen kann.

Vorrichtungen und ihre Konstruktionsgrundgesetze bei der Spanabnahme[1]).

Von Ingenieur R. Bussien, Berlin-Weißensee.

A. Aufgabe der Vorrichtungen.

Die normalen käuflichen Spanneinrichtungen wie Futter, Planscheiben, Schraubstöcke in ihren verschiedensten Ausführungen genügen nicht den Anforderungen, die bei einer wirtschaftlichen Fertigung in Reihen besonders in Hinsicht der Austauschbarkeit gestellt werden müssen.

Um diesen Anforderungen zu genügen, und um der bedienenden Person die Arbeit des Ein- und Ausspannens sowie des Ausrichtens zu erleichtern, schafft man Vorrichtungen.

Vorrichtungen sind Einrichtungen, die die menschliche Arbeit bei einem Arbeitsvorgange auf die kürzeste Zeit bei geringster Kraftentfaltung abkürzen und eine Austauschbarkeit der einzelnen Werkstücke, besonders bei verlangter hoher Genauigkeit, bei der Bearbeitung ermöglichen.

Die Aufgabe der Vorrichtung, besonders der bei der Spanabnahme benötigten, ist deshalb die folgende:

1. Die Vorrichtung gibt dem zu bearbeitenden Werkstücke gegenüber dem bearbeitenden Werkzeug vor Beginn der Arbeit die Richtung, die zur Erzielung einer bestimmten Genauigkeit geeignet ist.
2. Sie hält es darin fest bis zum Ende der Spanabnahme.
3. Sie verringert die zum Ein- und Ausspannen des Werkstückes unbedingt nötigen Handgriffe, auch bei dem Beseitigen der Späne.
4. Sie verringert die hierzu aufzuwendende Kraftleistung.

Die Wirtschaftlichkeit einer Vorrichtung erhöht sich mit der Abkürzung der Arbeiten, die vor und nach jeder Spanabnahme an einem Werkstück erforderlich sind. Im schematischen Beispiel Abb. 1 ist deutlich ersichtlich, bei welchen Arbeitselementen Zeit durch Ver-

[1]) Siehe auch: Bussien und Friedrichs: Vorrichtungsbau. Verlag: M. Krayn, Berlin, und Betriebshütte, 24. Abschnitt von Bussien. Verlag: Wilhelm Ernst & Sohn, Berlin.

wendung von Vorrichtungen erspart werden muß. Ferner sollen die Vorrichtungen so beschaffen sein, daß mit ihrer Hilfe geringwertige ungeschulte, ungelernte Arbeitskräfte bei der Fertigung genügen, ohne daß die Güte des Erzeugnisses darunter leidet. Deshalb sind aber

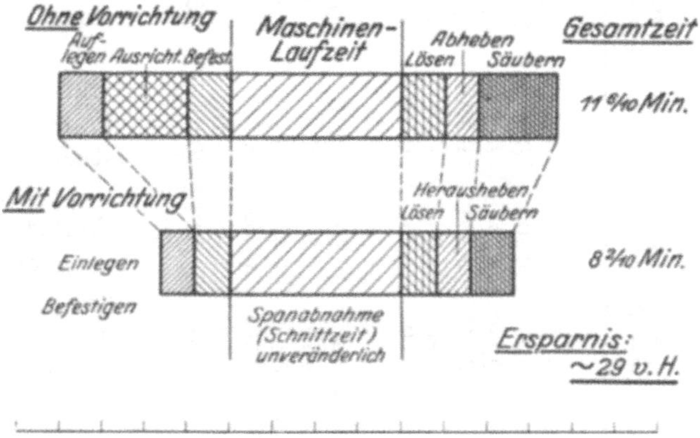

Abb. 1. Schema der Wirtschaftlichkeit von Spannvorrichtungen.

keinesfalls die hochwertigen Facharbeiter entbehrlich, im Gegenteil, sie werden dringend nötig an der Stelle gebraucht, die die Werkstatteinrichtungen, Vorrichtungen und Werkzeuge herstellt, beim Werkzeug- und Vorrichtungsbau.

B. Der Entwurf der Vorrichtungen.

1. Arbeitsplan. Die Grundlage für den Entwurf von Vorrichtungen bildet der Arbeitsplan, d. h. die Aufstellung der Reihenfolge der einzelnen Arbeiten, die notwendig sind, um ein Werkstück vom rohen Zustand in die Fertigbearbeitung überzuführen. Mit der Festlegung des Arbeitsplanes soll die billigste und bestmöglichste Bearbeitungsweise unter besonderer Berücksichtigung der zur Verfügung stehenden Betriebseinrichtungen ermittelt werden.

Bei der Aufstellung dieses Planes sind folgende Gesichtspunkte einer eingehenden Überlegung zu unterwerfen:

Der erste Arbeitsgang muß so festgelegt werden, daß das Werkstück bei etwa folgenden Arbeitsgängen stets an der zuerst bearbeiteten Fläche oder Bohrung von den weiter zu verwendenden Vorrichtungen oder Werkzeugmaschinen aufgenommen werden kann. Deshalb soll der erste Arbeitsgang eine Fertigbearbeitung sein oder, wenn das nicht möglich ist, soll die Zugabe, die für ein späteres Schleifen usw. erforderlich ist, in einer bestimmten engen Toleranz ausgeführt werden.

Zahlentafel I. Schleif- und Glühzugaben[1].

Art der Arbeit	Bezeichnung auf d. Zeichn.	Lehre		Durchmesserbereich in Millimeter 3—6	über 6—10	über 10—18	über 18—30	über 30—50	über 50—80	über 80—120	über 120—180	über 180—260
				Bohrung:								
ohne nochmalige Aufnahme	*zr*	Gutseite	—	0,10	0,10	0,10	0,15	0,15	0,20	0,20	0,20	0,20
		Ausschußseite	—	0,15	0,18	0,20	0,30	0,30	0,40	0,40	0,50	0,50
f. nochm. Aufnahme z. weit. Bearbeitung	*zc*	Gutseite	—	0,120	0,125	0,135	0,180	0,180	0,275	0,275	0,375	0,375
		Ausschußseite	—	0,140	0,145	0,160	0,215	0,215	0,320	0,320	0,425	0,425
Glühzugabe	*zgl*	Gutseite	—	—	—	0,20	0,30	0,30	0,45	0,45	0,55	0,55
		Ausschußseite	—	—	—	0,30	0,50	0,50	0,65	0,65	0,75	0,75
				Welle:								
ohne nochmalige Aufnahme	*zra*	Gutseite	+	0,20	0,25	0,30	0,40	0,40	0,50	0,50	0,60	0,60
		Ausschußseite	+	0,12	0,15	0,15	0,20	0,20	0,30	0,30	0,50	0,50
f. nochm. Aufnahme z. weit. Bearbeitung	*zca*	Gutseite	+	0,140	0,170	0,195	0,290	0,290	0,390	0,390	0,390	0,390
		Ausschußseite	+	0,120	0,150	0,170	0,255	0,255	0,335	0,335	0,335	0,335
Glühzugabe	*zgla*	Gutseite	+	—	—	0,60	0,80	1,00	1,20	1,20	1,20	1,20
		Ausschußseite	+	—	—	0,30	0,40	0,60	0,60	0,60	0,60	0,60

[1]) Nach einer bewährten Werknorm.

Abb. 2 zeigt eine schematische Darstellung einer Zentrierung, wie sie im Vorrichtungsbau des öfteren vorkommt. Es muß auf einem Zapfen das Werkstück zentriert werden. Das Werkstück soll nach dem Härten geschliffen werden. Vor dem Härten ist es aber noch weiter zu bearbeiten, wobei die Aufnahme gleichfalls auf einem Zentrierzapfen erfolgt. Es sind noch Fräsarbeiten oder dgl. auszuführen, die in einer ganz bestimmten Lage zur Bohrung liegen müssen. Wenn das Werkstück nicht genau zentriert wird und es dem Dreher überlassen bliebe, ganz nach dem Gefühl irgendeine Schleifzugabe zuzugeben, so würde keine genaue Arbeit erzielt werden, da das Werkstück nicht auf die Zentrierung in den Vorrichtungen passen oder zuviel Luft haben würde. Es sind deshalb Zugaben erforderlich, die sich je nach der weiteren Bearbeitung richten müssen. In Werken mit Präzisionsreihen-Fertigung sind derartige Zugaben genormt und es ist vorstehend eine derartige Zugabetafel gegeben.

Für diese Maße sind die entsprechenden Toleranz-

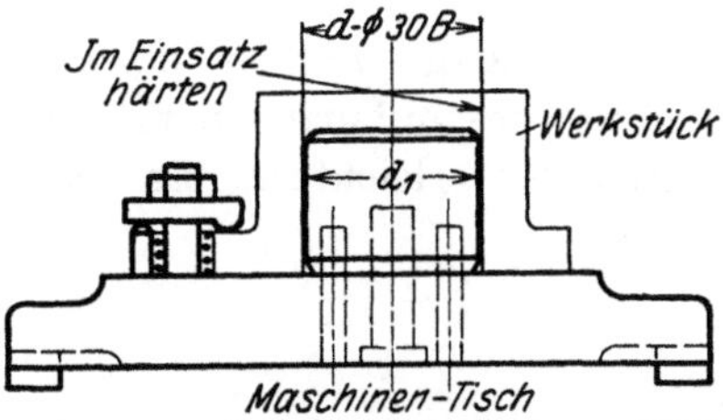

Abb. 2. Schema einer Zentrierung zur Erklärung der Schleifzugabe.

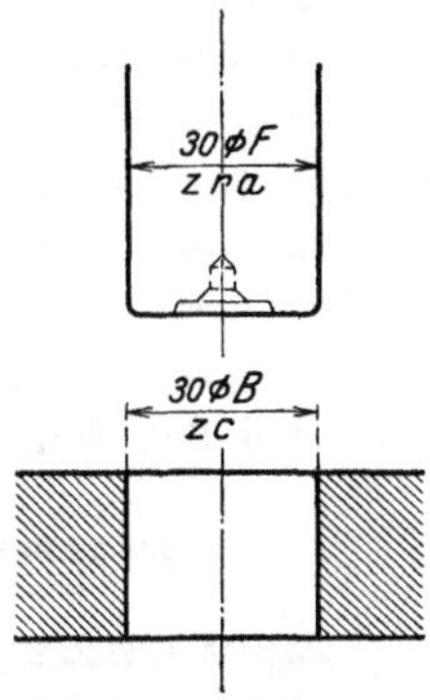

Abb. 3. Maßangabe auf Ziechnungen bei Schleifzugabe.

Rachenlehren und Toleranz-Bohrungslehren vorrätig zu halten und auf den Zeichnungen dem Maß die entsprechenden Kurzzeichen zuzufügen. Es bedeutet:

zr = Zugabe für Bohrungen, die in der Bohrung nicht weiter aufgenommen werden. Weite Toleranz.

zc = Zugabe für Bohrungen, in denen das Werkstück in Vorrichtungen oder Spanneinrichtungen aufgenommen, zentriert werden soll. Enge Toleranz.

zgl = Zugaben zum Fertigmaß beim Vorschruppen von Bohrungen, wenn nach dem Vorschruppen ein Glühen, sei es um Spannungen zu beseitigen oder dgl., erfolgen muß.

Bei einem angehängten *a* gelten die Maße und Lehren für die Welle.

Beispiel für die Maßangabe und Zeichnungen bei Anwendung der beschriebenen Vorschriften für die Schleifzugaben zeigt Abb. 3. In welcher Weise die Zugaben der vorstehenden Tafel zum Rohabmaß des Materials und zum Nennmaß des fertigen Stückes gelegt sind, zeigt Abb. 4.

Beim Aufstellen des Arbeitsplanes ist ferner zu beachten, daß der 1. Arbeitsgang in einfachster Weise ein Aufspannen des Werkstückes und ein Ausrichten desselben ermöglichen muß, und zwar in der Art, daß bei Reihen- und Massenfertigung ein Anreißen, das bekanntlich teuer ist und bei dem auch leicht Fehler vorkommen, unnötig wird. Es ist ferner festzulegen, welche von den zu bearbeitenden Flächen oder Bohrungen in einer genau bestimmten Stellung zueinander passen müssen. Diese Flächen, die also in einer Toleranz zueinander liegen, müssen möglichst in einer Aufspannung fertiggestellt werden. Zu erwähnen ist hier die gleichzeitige Bearbeitung mehrerer Flächen oder die Ausführung mehrerer Bohrungen in einer Bohrvorrichtung. Ist dieses nicht möglich — und das ist sehr häufig der Fall —, so müssen die Spanneinrichtungen äußerst genau abgestimmt werden, damit die Aufnahme in der nächsten Spannvorrichtung die Toleranz nicht bis an das Grenzmaß oder sogar darüber hinaus verschiebt. Sind Abweichungen einzelner Bearbeitungsflächen möglich oder gestattet, so können für jede einzelne dieser Bearbeitungsgruppen Einspannvorrichtungen geschaffen werden.

Die Reihenfolge der Arbeitsgänge muß so aufgestellt werden, daß die erst liegenden Arbeitsgänge das Aufspannen und die Bearbeitung bei den folgenden Arbeitsgängen erleichtern. Es ist hierbei die

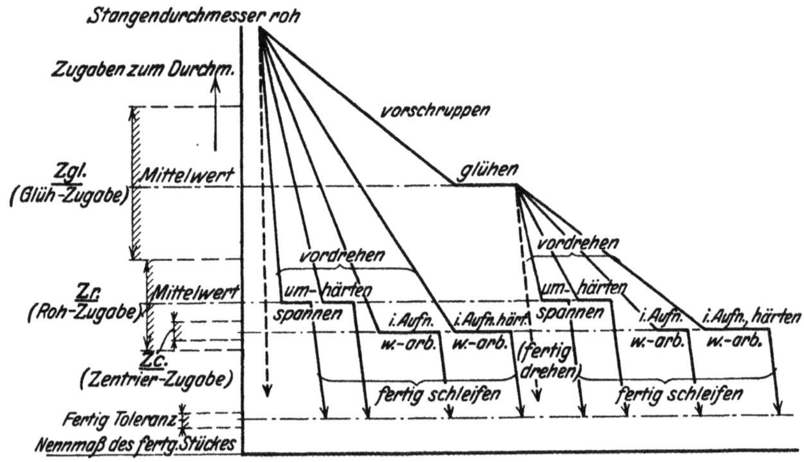

Abb. 4. Schema der Zugabe-Toleranzen nach Tafel I (der besseren Darstellung halber sind alle Toleranzen als Pluswerte gewählt).

zweckmäßigste Reihenfolge zu beachten, um die Genauigkeit innerhalb der verlangten Toleranz einzuhalten.

Auch die Transportwege von einer Maschine zur anderen sind einer Beachtung zu unterziehen. Oft kostet der Transport von einer weit entfernten Maschine mehr Zeit, als wirtschaftlich zulässig ist. Vergessen werden darf auch nicht die Zeit, während der ein Werkstück an der Maschine liegen bleibt, ehe es weiter geht. Es muß ein schneller Fluß des Materials durch den Fertigungsgang stattfinden.

Die Aufspannzeiten und Einrichtungszeiten für das Werkstück sind zu beachten. Ferner ist das Bearbeiten oft in einer Aufspannung billiger als das öftere Umspannen, wenn auch die reine Maschinenarbeitszeit etwas länger ist.

Es sollen möglichst sämtliche Bearbeitungen mit normalen Werkzeugen ausgeführt werden. Diese sind stets erhältlich. Sonderwerkzeuge sind nur notgedrungen anzuwenden.

Der einzelne Arbeitsgang muß sich in einfachsten Spannvorrichtungen ausführen lassen. Soll in größerer Menge gefertigt werden, so ist beim Vorhandensein entsprechender Maschinen eine Bearbeitung mehrere Teile gleichzeitig auf einer Maschine vorzunehmen, solange durch die längere Aufspannzeit, die hierbei unbedingt nötig ist, die gewonnene Maschinenlaufzeit nicht aufgebraucht wird, sondern noch ein erheblicher Zeitgewinn bleibt. Es sei hier an die Arbeit des fortlaufenden Fräsens auf dem Rundtisch der Senkrechtfräsmaschine erinnert.

Die Massenfertigung verlangt vielfach Sonderwerkzeugmaschinen, die aus den Vorrichtungen heraus und den Werkzeugmaschinen dazu entwickelt worden sind. Der weitaus größte Teil der Sondermaschinen verdankt seine Entstehung dem Bestreben, die Bearbeitungszeit einschließlich Spannarbeit bestimmter Arbeitsstücke abzukürzen. Sie sind deshalb stets nur für ein bestimmtes Arbeitsstück und einen bestimmten Arbeitsgang eingerichtet. Sonderwerkzeugmaschinen machen sich nur dann bezahlt, wenn eine große Reihe von Werkstücken auf ihnen hintereinander bearbeitet werden kann. Sie ergeben eine ganz erhebliche Verbilligung der Arbeit. Bei der Anwendung von Sonderwerkzeugmaschinen ist zu beachten, daß ihre Abschreibung in der Zeit vorgenommen wird, in der auch tatsächlich die Werkstücke, für die sie geschaffen wurden, verwendet werden. Denn in den meisten Fällen wird sich eine Sonderwerkzeugmaschine wohl kaum für andere Zwecke umbauen lassen.

Bei der Bearbeitung schwieriger Werkstücke, die durch mehrere Vorrichtungen laufen, soll nach jedem Arbeitsgange ein Abgraten eingeschaltet werden. Dieses Abgraten erleichtert das Einbringen der Werkstücke in die nachfolgenden Vorrichtungen. Außerdem soll das Werkstück von Spänen frei sein. Wenn der Grat weggenommen ist, wird sich auch der Arbeiter nicht leicht beim Einlegen der Werkstücke verletzen können.

Nach jedem Arbeitsgang ist durch die Kontrolle eine Prüfung vorzunehmen entweder an der Werkzeugmaschine oder in der eigentlichen Kontrolle, nachdem bereits das Rohmaterial bei Eingang vor Inangriffnahme der Arbeit einer Prüfung unterworfen worden ist.

Zu beachten ist noch, daß alle Teile, die zu einem Zusammenbau benötigt werden, möglichst gleichzeitig fertiggestellt werden. Hierbei kann der Fertigungsingenieur, der den Arbeitsplan aufstellt, sehr viel tun. Diesen Punkt muß er mit als Ziel bei seiner ganzen Arbeit im Auge behalten.

Der Bearbeiter des Arbeitsplanes, also der Fertigungsingenieur, der im Fertigungsbüro sitzt, soll stets in engster Fühlung mit dem Vorrichtungskonstrukteur sein, der nach Feststellung des Arbeitsplanes die Vorrichtungen für die einzelnen Arbeitsgänge entwirft und durchkonstruiert.

2. Entwurf. Was hat nun der Konstrukteur von Vorrichtungen als erstes und wichtigstes zu beachten?

Eine Vorrichtung muß so einfach wie möglich sein. Jede überflüssige Arbeit beim Bau derselben und jeder

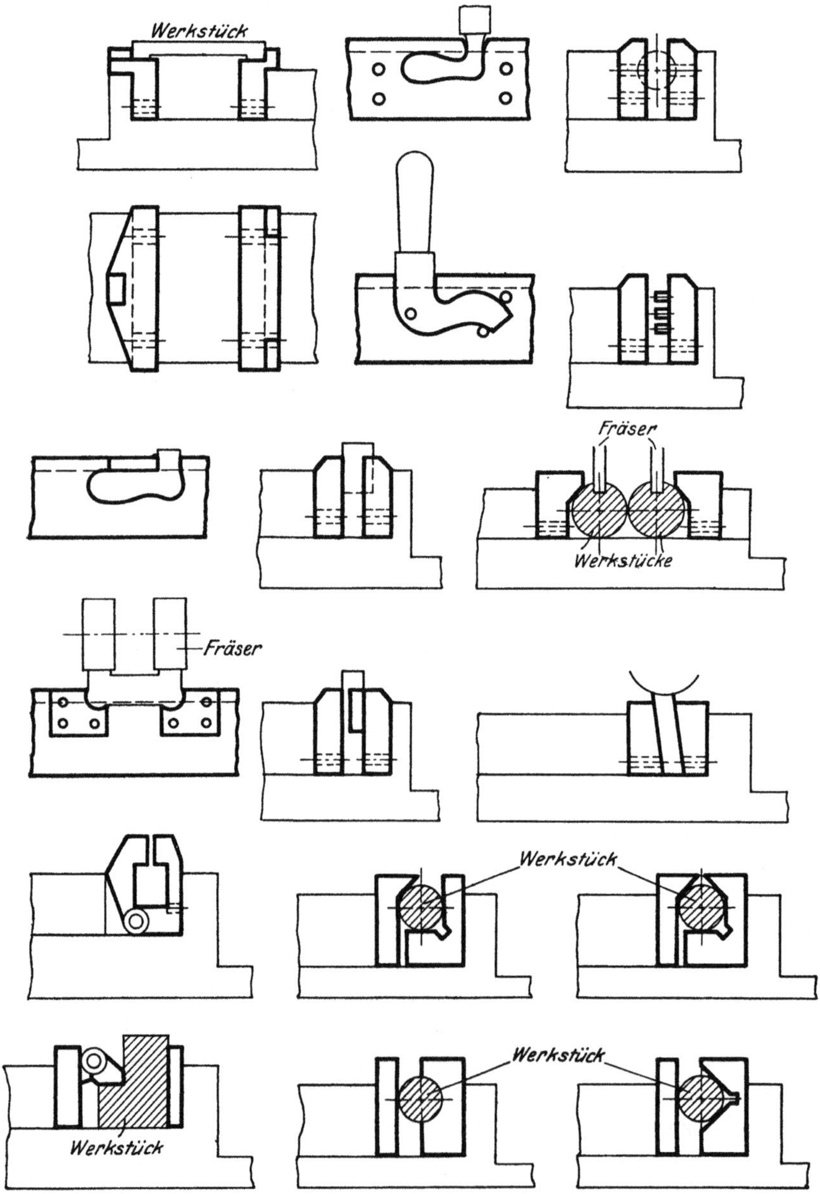

Abb. 5. Schematische Darstellung von Einsatzbacken für Maschinenschraubstöcke zur Aufnahme von bestimmten Werkstücken.

schwierige Mechanismus ist zu vermeiden. Das Zweckmäßige und unbedingt Nötige ist in eine einfache und leicht zu bearbeitende Form zu bringen. Alle Arbeiten, die der Arbeiter ausführen soll, müssen mit höchstens zwei Händen ausgeführt werden können.

A. Das Spannen. Zunächst ist zu überlegen: kann die Einspannung auf einem normalen Maschinenschraubstock erfolgen? Denn dieser ist mit Hilfe von Einsatzbacken, die dem Werkstück angepaßt sind, die einfachste Einspannvorrichtung.

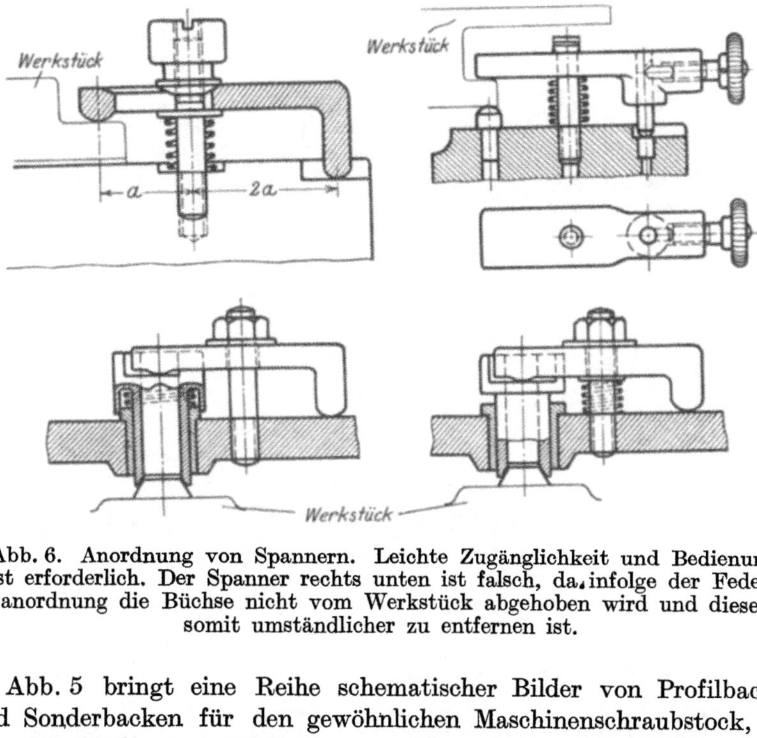

Abb. 6. Anordnung von Spannern. Leichte Zugänglichkeit und Bedienung ist erforderlich. Der Spanner rechts unten ist falsch, da infolge der Federanordnung die Büchse nicht vom Werkstück abgehoben wird und dieses somit umständlicher zu entfernen ist.

Abb. 5 bringt eine Reihe schematischer Bilder von Profilbacken und Sonderbacken für den gewöhnlichen Maschinenschraubstock, um die verschiedensten Werkstücke aufzuspannen. Mit Hilfe solcher Sonderbacken können sehr häufig vollständige Sondervorrichtungen umgangen werden. Sie sind billig, leicht herzustellen, richten die Werkstücke einwandfrei aus und halten dieselben ebenso fest wie eine besondere Vorrichtung.

Abb. 6 zeigt Anordnungen von Spannern. Beim Spannen ist zu beachten, daß der Spanndruck des Spanners stets durch massive Stellen des Werkstückes geht und der Spanner beim Lösen des Befestigungsorgans selbsttätig abgehoben wird. Siehe Anordnung der Feder unter der Büchse, nicht nur unter dem Spanneisen.

In Abb. 7 sind Konstruktionsanordnungen von Prismenspannern gezeigt. Werkstücke, die runde Augen oder runde Ecken haben, werden vielfach in Bohrvorrichtungen, wo ein kräftiges Festhalten

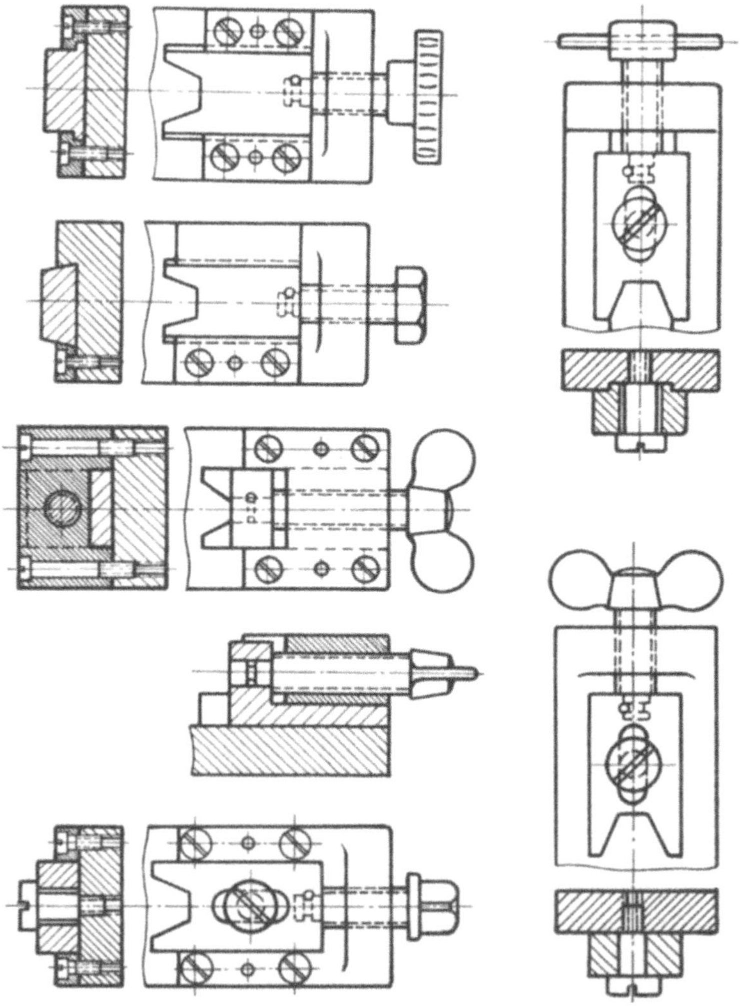

Abb. 7. Prismenspanner zur leichten Befestigung und gleichzeitigen Ausrichtung in Vorrichtungen.

nicht immer nötig ist, besonders wenn kleinere Werkstücke und leichte Arbeit in Frage kommen, durch derartige Spanner befestigt.

Zu beachten ist, daß alle Spannorgane so angeordnet werden, daß möglichst kein lose zu handhabender Schlüssel notwendig wird. Soweit es die Bearbeitung, der Schnittdruck, gestattet, sollen nur Schrauben oder Muttern verwendet werden, die mit der Hand angezogen werden. Das trifft selbstverständlich nur zu für die leichtere und mittlere Fertigung. Für schwere Bearbeitung muß selbstverständlich zum Schlüssel gegriffen werden. Aber man findet vielfach in den Betrieben auch kleine Vorrichtungen für kleinste Bearbeitung, bei denen eine einfache Sechskantmutter zum Festspannen angebracht ist, so daß stets nach dem Schlüssel gegriffen werden muß.

Das Festspannen des Werkstückes muß so schnell wie möglich geschehen können. Wo es irgend angängig ist, sollen Schnellspanner

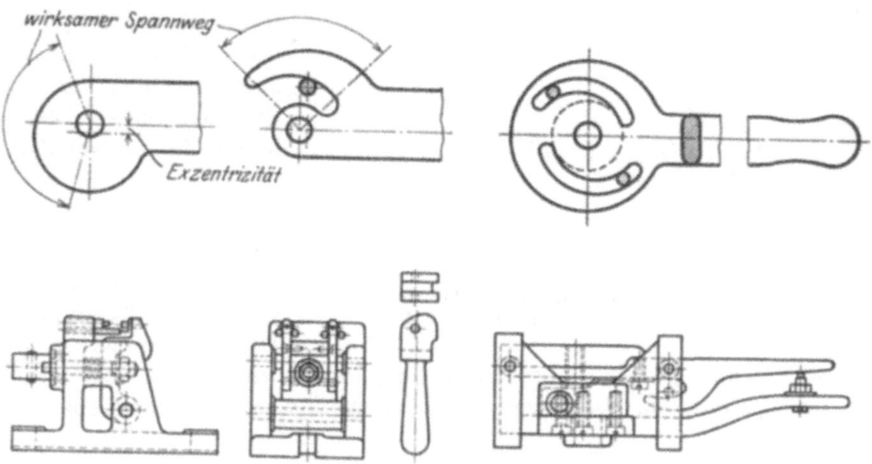

Abb. 8. Schnellspanner.

verwendet werden. Abb. 8 zeigt drei Organe von Vorrichtungen, die außerordentlich geeignet, Schnellspannarbeit zu leisten, den Exzenter, den Hakenexzenter und die Nockenscheibe. Die Abbildung zeigt ferner Vorrichtungen, bei denen die beiden erstgenannten Elemente als Spanner Anwendung gefunden haben, während Abb. 9[1]) das Beispiel einer Schnellspannvorrichtung darstellt, bei der die Nockenscheibe als Spannelement verwendet wird.

Weitere Schnellspanner wie die Gewindebüchse, die Durchsteckschraube und die Anwendung von Rechts- und Linksgewinde sind in Abb. 10 schematisch dargestellt. Der Nachteil einer Durchsteckschraube ist der, daß die Gewindelänge in der Mutter mindestens doppelt so lang wie normal sein muß. Die Steigung muß groß sein. Es tritt eine schnelle Abnützung an den Gewindekanten ein. Besser ist die

---

[1]) Aus: Bussien und Friedrichs: Vorrichtungsbau. Berlin: M. Krayn.

Ausführung mit Gewindebüchsen. Die Gewindebüchse ist in der Tiefe verstellbar und gestattet somit erhebliche Abweichungen der Werkstücke in der Spanndicke. Der Spanndruck wird hierbei durch einen Stift aufgenommen, der entsprechend dimensioniert sein muß. Man findet dieses Spannelement bisher wenig, trotzdem es große Vorteile bietet. Die Spindel mit Rechts- und Linksgewinde ermöglicht das Spannen von zwei Backen in der halben Zeit.

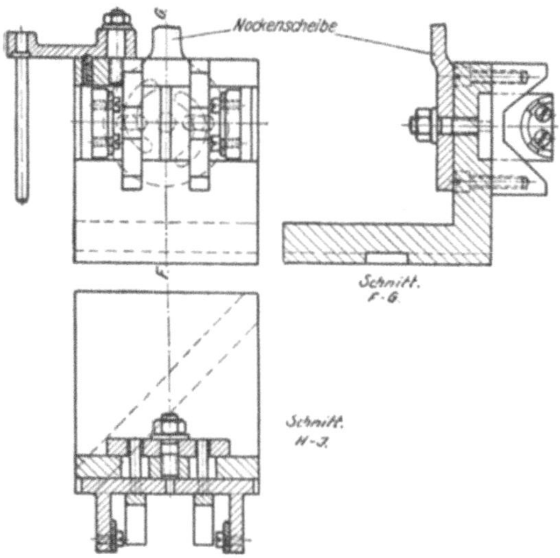

Abb. 9. Spannvorrichtung für Lagerschalen mit Nockenscheibe als Spannelement.

Ein Beispiel eines Schnellspanners mit Gegenlage zeigt Abb. 11. Durch Anwendung einer schwenkbaren Vorlage *h*, schwenkbar um Stift *c* und glatter Längsverschiebung des Spannteiles *s*, lassen sich die Spannzeiten, besonders bei langem Spannwege, beschleunigen.

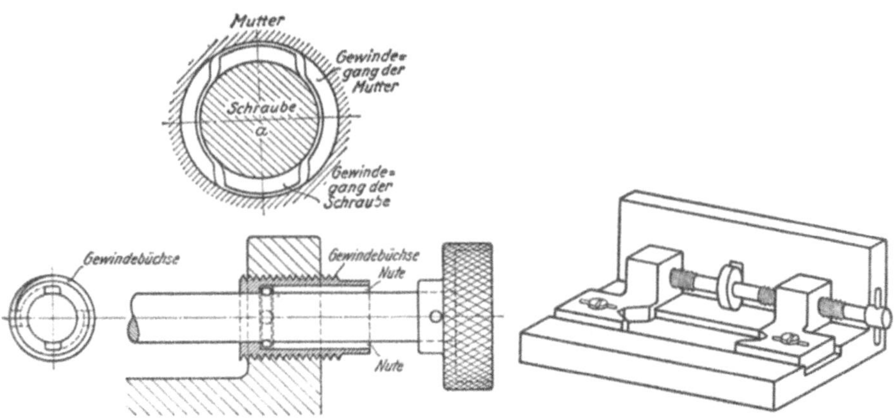

Abb. 10. Schnellspannelemente.

Die Stärke der Vorlage richtet sich nach dem leer zu durchfahrenden Spannweg, während die Mutter *m* mit ihrem Griffe *g* lediglich das Festspannen durch einen geringen Drehweg besorgt, nachdem das

Spannteil *s* an das Werkstück *w* zur Anlage gebracht ist. Nute *n* und Schraube *d* sichern das Druckstück *s* gegen Verdrehen. Die Einrichtung wird allgemein in den Vorrichtungskörper eingebaut.

Um weiter erheblich an Spannzeit zu gewinnen, kann das Festziehen mehrerer Spanner durch einen einzigen Handgriff zur Anwendung gelangen. Zwei Beispiele hierfür sind in Abb. 12 dargestellt, wobei besonders die erste Ausführung dort anzuwenden ist, wo die eine Seite schlecht zugänglich, oder eine Gefährdung des Arbeiters durch das Werkzeug in Betracht kommt, wie das z. B. bei Universalfräsmaschinen der Fall ist.

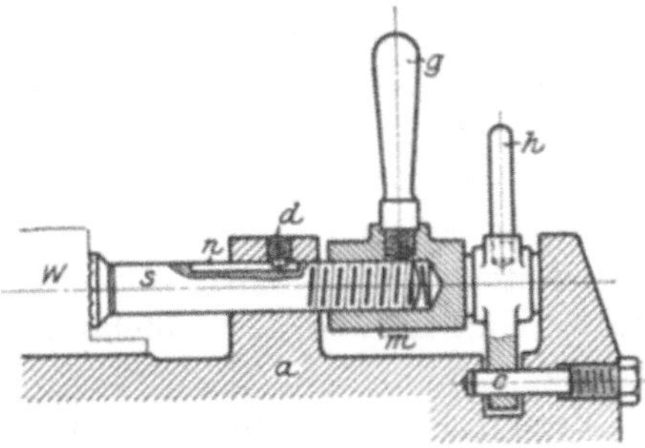

Abb. 11. Schnellspanner mittels schwenkbarer Vorlage.

B. Die Aufnahme des Werkstückes. Die Aufnahmeeinrichtung für das Werkstück in der Vorrichtung ist der wichtigste Teil: denn sie gibt dem Werkstück in der Vorrichtung die Richtung zum Werkzeug, die verlangt wird, um die Bearbeitung mit verlangter Genauigkeit

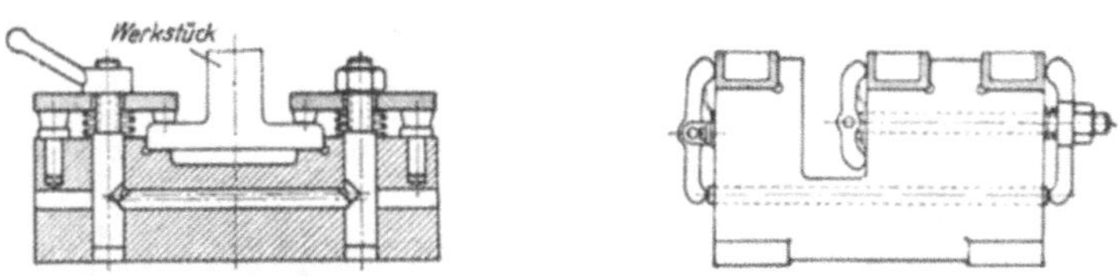

Abb. 12. Befestigen mehrerer Spanner oder Werkstücke durch ein Spannelement.

auszuführen. Ein Grundsatz muß hier bei der Bearbeitung von Werkstücken mit eng tolerierter Genauigkeit in mehreren Vorrichtungen hintereinander gelten: Das Werkstück soll vom ersten bis zum letzten Arbeitsgang in derselben Weise und an denselben Stellen in jeder Vorrichtung aufgenommen werden.

Für die Aufnahme gilt ferner noch folgendes: Rohe Flächen sind infolge der Unebenheit nur auf drei festen Punkten aufzulagern. Sind weitere Auflagen nötig, ist also das Werkstück gegenüber dem Schnittdruck zu schwach, so sind die weiteren Auflagen verstellbar anzuordnen, die am besten durch leichten Federdruck an das Werkstück angelegt und durch Schrauben befestigt werden. In Abb. 13 sind eine Reihe derartiger Konstruktionen gezeigt, von denen die beiden ersten veraltete unzweckmäßige Ausführungen darstellen, die nicht verwendet werden sollten.

Die Anwendung von festen und verstellbaren Auflagen für schwache Werkstücke ist in Abb. 14 dargestellt. Die obere Anordnung des Spannorganes hat den Nachteil, daß beim Bearbeiten Späne hineinfallen können und das Spannen behindern. Besser ist die darunter gezeichnete Ausführung, die das Hineinfallen der Späne zum großen Teil verhindert. Abb. 15 zeigt eine andere Anordnung von beweglichen Auflagestellen, das Auflagependel. Die Wirkung geht deutlich aus der Abbildung hervor.

Zum Aufnehmen und Ausrichten des Werkstückes in der Vorrichtung bedient man sich häufig der Geschicklichkeit des Arbeiters besonders bei Konturen, indem man eine dem Werkstück gleiche Kontur erhöht in der Vorrichtung anbringt (Abb. 16, links), auf die

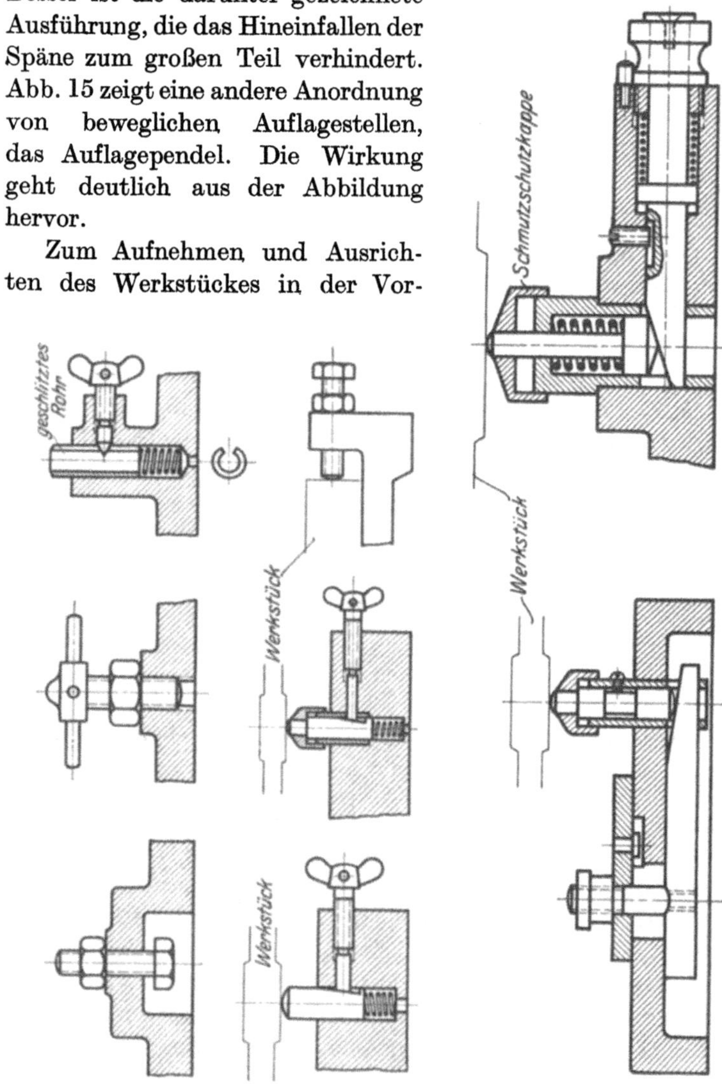

Abb. 13. Verstellbare Auflagen für schwache Werkstücke.

das Werkstück gestellt und durch das Gefühl der Hände des Arbeiters ausgerichtet wird. Man ist also abhängig von dem Geschick und guten Willen des Arbeiters. Besser ist in solchen Fällen die Aufnahme zwi-

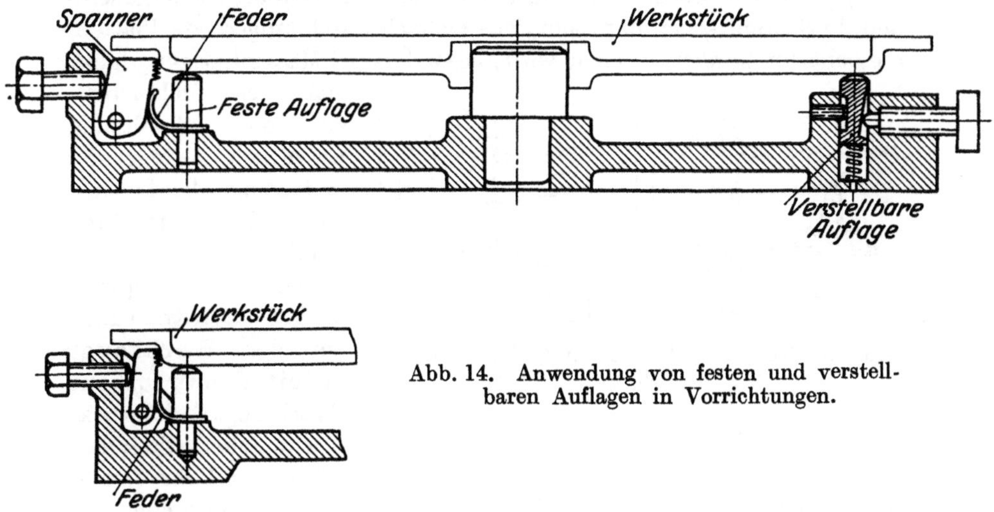

Abb. 14. Anwendung von festen und verstellbaren Auflagen in Vorrichtungen.

schen Stiften, die so angeordnet sind, daß das Werkstück nur in der richtigen Stellung zur Auflage gebracht werden kann (Abb. 16, rechts). Die Begrenzung durch Stifte ist eine der üblichsten Aufnahmearten.

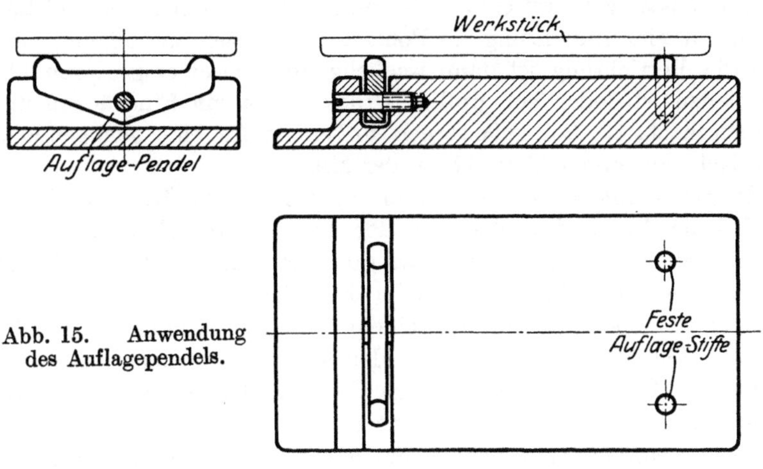

Abb. 15. Anwendung des Auflagependels.

C. Kräfte am Werkstück und der Vorrichtung. Das Werkstück muß so dicht wie möglich unter der Arbeitsstelle unterstützt werden, um Schwingungen zu verhindern. Diese sind stets hinderlich, ergeben keine saubere Oberfläche und beanspruchen Werkzeug und Werkzeugmaschine ungünstig.

Alle Teile, mit denen das Werkstück in Berührung kommt, sollen aus gehärtetem Stahl sein. Auch die Vorrichtungsteile, die gegeneinander arbeiten, sollen hart sein, was vielfach durch aufgesetzte Platten, die gehärtet werden, erreicht wird; besonders bei Massenfertigung lohnt sich diese Mehrarbeit, da die Abnützung wesentlich geringer ist und somit die Lebensdauer der Vorrichtung erhöht wird.

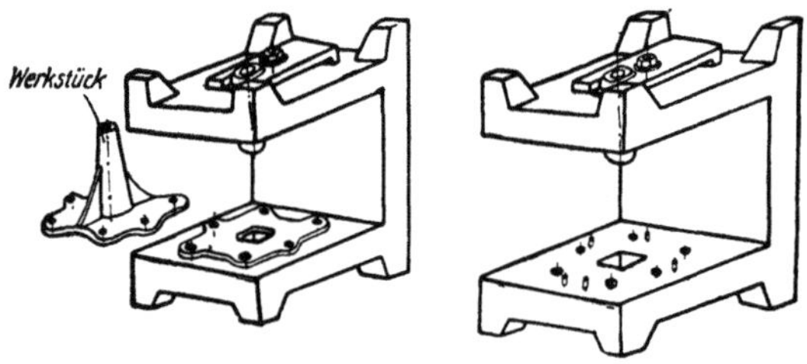

Abb. 16. Konturenaufnahme. Aufnahme zwischen Stiften.

Das vom Spanndruck Gesagte trifft auch auf den Werkzeugarbeitsdruck zu. Der Werkzeugarbeitsdruck muß stets zum festen Teil der Vorrichtung gerichtet sein. Schematisch dargestellt in Abb. 17, links richtig, rechts falsch. Die Füße von Bohrvorrichtungen haben den Arbeitsdruck zu übertragen, müssen also eine entsprechende Fläche haben. Auf keinen Fall dürfen sie unten rund sein. Im allgemeinen wird nicht beachtet, was für einen großen Vorschubdruck ein Bohrer ausübt, besonders bei größerem Bohrdurchmesser. Man sieht vielfach Bohrvorrichtungen mit Füßen aus Stahl, unten rund (Abb. 17 unten), die im Einsatz gehärtet sind. Ein runder Fuß kann unter Umständen gerade in eine Anbohrung im Bohrmaschinentisch zu stehen kommen, und die Vorrichtung ist dann wackelig, was bei einer größeren Fläche vermieden ist, oder bei großem Druck findet ein Eindrücken in den Bohrtisch statt. Bei gußeisernen Füßen ist für eine genügende Auflagefläche zu sorgen (Abb. 17, in der Mitte).

D. Span- und Schmutzschutz an Vorrichtungen. Ein wichtiges Kapitel beim Vorrichtungsbau ist der Span- und Schmutzschutz. Es dürfte bekannt sein, daß es eine große Arbeit ist, die 5 oder mehr Nuten eines Hobelbankbettes oder irgendeiner anderen Maschine zu reinigen, besonders wenn mit einem flüssigen Kühlmittel gearbeitet wurde. Das trifft natürlich bei der Vorrichtung noch in erhöhtem Maße zu. Die Einrichtungen zum Span- und Schmutzschutz können solche Arbeit wesentlich erleichtern. Die einfachsten Einrichtungen sind die Schmutz- oder Spannuten, die in der schematischen Abb. 18, links, erkenntlich sind und Späne und Schmutz aufnehmen sollen, so daß die Anlage des Gegenstückes an beiden Flächen nicht behindert wird. Scharfe Ecken in vollem Material sind hierbei zu vermeiden, weil sie eine Kerbwirkung verursachen und Bruchgefahr herbeiführen.

Span- und Schmutzschutz bei geschlossenen Vorrichtungskörpern zeigt Abb. 19. Es ist die Anwendung auf dem Vertikalbohrwerk des Spanntopfes. Große Öffnungen zum Reinigen und hohe Auflagepunkte sind vorzusehen, wenn man nicht statt des Topfes eine Rippenkonstruktion

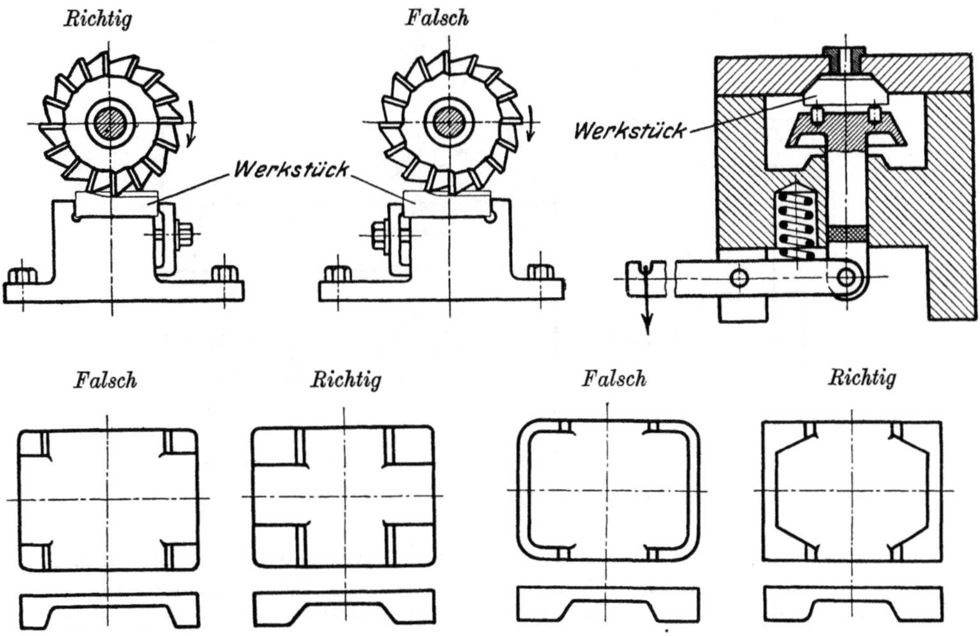

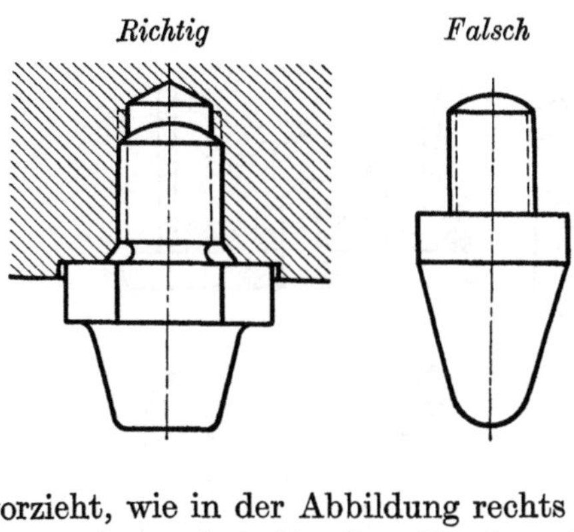

Abb. 17. Aufnahme des Werkzeugarbeitsdruckes. Oben rechts Aufnahme desselben durch Gegengewicht, nur bei leichter Arbeit zulässig.

vorzieht, wie in der Abbildung rechts unten gezeigt. Hierbei ist ferner zu beachten, daß die Grundbüchse, die zur Führung der Bohrstange vorhanden sein muß, die Bohrstange leicht zum Fressen bringt, sobald Späne sich zwischenklemmen. Aus diesem Grunde muß die Ansammlung der Späne am Rande der Büchse vermieden werden. Die Grundbüchse wird deshalb am Bunde oben spitz verjüngt und scharfkantig ausgeführt, wie in Abb. 19 rechts dargestellt. Die Ausführung der Grundbüchse links ist falsch.

Die Deckel von Vorrichtungen sind mit Rücksicht auf Späne und Schmutz an ihren Auflagen und Gelenken frei zu halten. Bei Aus-

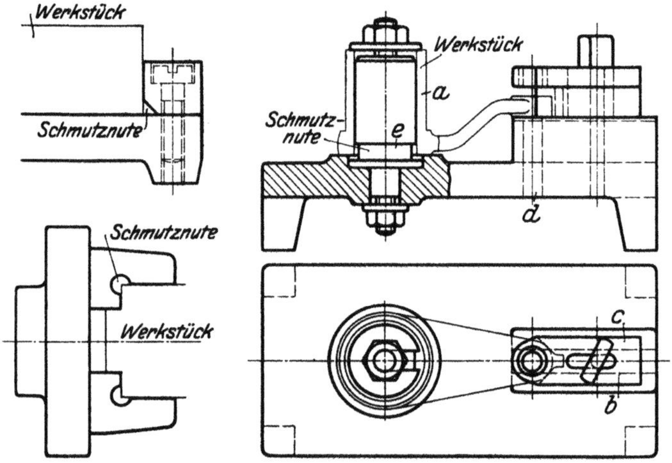

Abb. 18. Anordnung von Schmutznuten.

führungen nach Abb. 20 links oben wird ein einwandfreies Schließen des Deckels bei Ansammlung von Spänen oder Schmutz nicht mehr möglich sein. Auch an solchen Stellen ist darauf zu achten, daß keine Späne liegen bleiben können, die die Beweglichkeit und das sichere

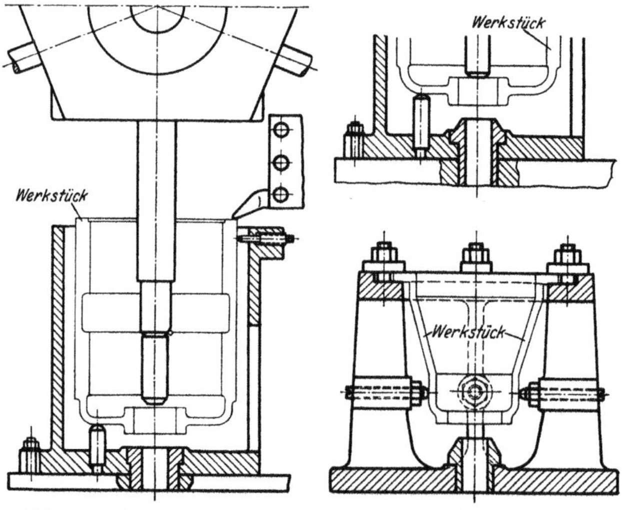

Abb. 19. Spanschutz in geschlossenen Vorrichtungen.

Schließen behindern. Die Ausführung in der Mitte der Abb. 20 ist hierfür vorbildlich.

Angegossene oder aufgesetzte Prismen erhalten unten einen freien Raum zur leichteren Entfernung der Späne und sichern Anlage des Werk-

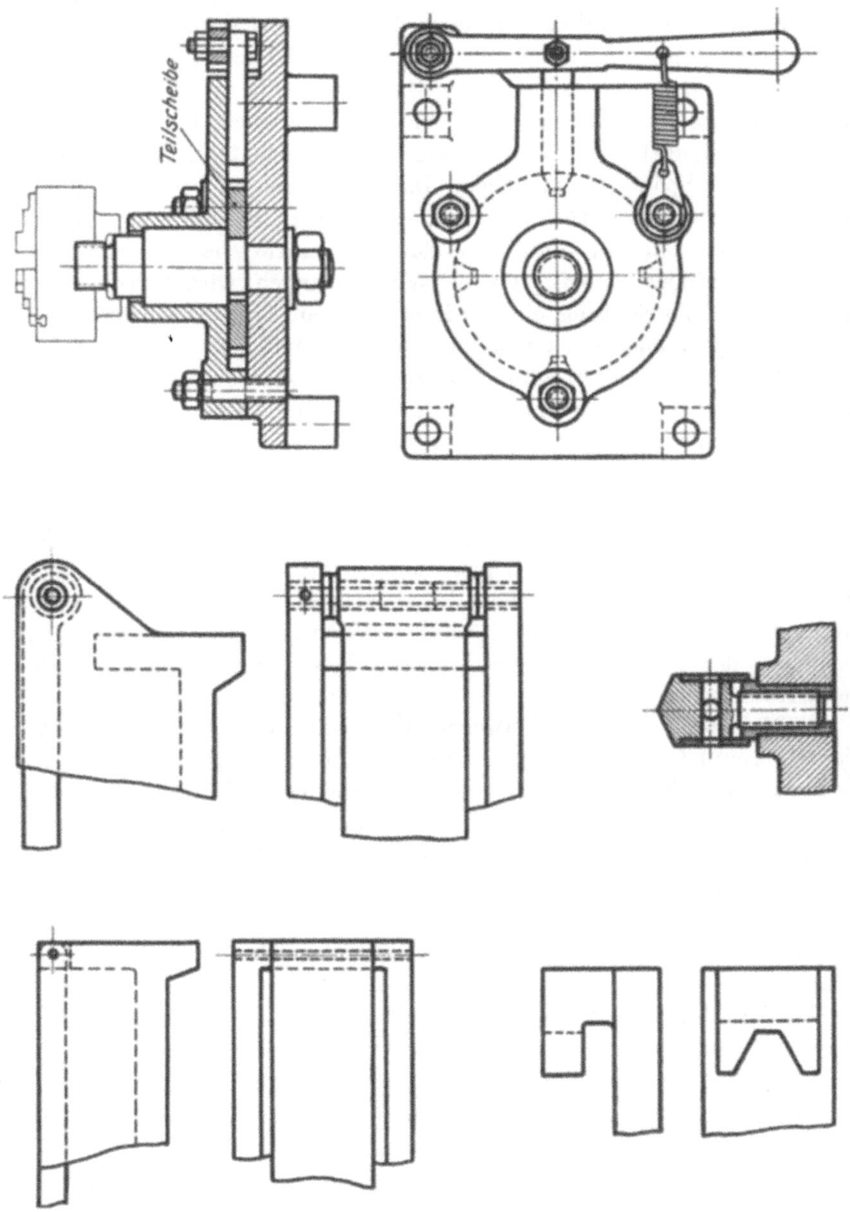

Abb. 20. Span- und Schmutzschutz bei Deckeln an Vorrichtungen, angegossenen Prismen, verstellbaren Auflagen und Mechanismen, die vollständig einzukapseln sind.

stückes. Bei angegossenen Prismen ist auch ein Putzen der Flächen leichter beim Bau der Vorrichtung (siehe Abb. 20, links unten).

Über Bewegungsgewinden ordnet man zum Schutze gegen das Eindringen von Spänen und Schmutz, wodurch eine Behinderung der Bewegung verursacht würde, Kappen an. In Abb. 20, unten in der Mitte, ist eine verstellbare Auflage in dieser Art geschützt dargestellt.

Mechanismen oder Teilscheiben u. dgl. sind einzukapseln und so anzuordnen, daß auf keinen Fall Späne eindringen können (siehe Abb. 20 rechts die vollständig eingekapselte Teilscheibe).

Die Konstruktion der Vorrichtung muß ein leichtes Entfernen von Schmutz und Spänen ermöglichen. Das trifft auch zu bei Anwendung eines flüssigen Kühlmittels. Bei einem solchen ist dafür zu sorgen, daß es leicht abfließen kann, ohne daß es irgendwelche Teile der Vorrichtung behindert. Bei größeren Vorrichtungen wird zweckmäßig rings um die Vorrichtung eine Ölrinne oder ein Trog angeordnet, wie es bei Werkzeugmaschinen fast durchweg der Fall ist.

E. Mehrfachspannvorrichtungen. Bei diesen sind die Werkstücke so dicht wie möglich aneinander zu rücken. Der Leerlauf des Werkzeuges zwischen den einzelnen Werkstücken ist tote Zeit, sobald er zu lang wird. Es muß aber überlegt werden, daß, wenn die Werkstücke zu dicht aneinander gerückt werden oder direkt Werkstück an Werkstück gelegt wird, die Aufspannschwierigkeiten größer werden. Es darf das letztere nicht geschehen, sobald die Werkstücke roh sind. Rohe Werkstücke haben unebene Flächen, und wenn sie aneinandergelegt werden, so verspannen sie sich, drücken sich schief oder werden leicht aus der Vorrichtung herausgerissen, lassen sich also nicht genügend festspannen.

F. Die Körper der Vorrichtungen werden im allgemeinen aus Gußeisen, Eisenplatten, Winkeln, U-Profilen usw. gefertigt. Bei der Anwendung von Winkeln ist zu beachten, daß das Werkstück auf der richtigen Seite aufgenommen wird, damit der Arbeitsdruck stets gegen einen festen Teil der Vorrichtung gerichtet ist (Abb. 21, oben). Die linke Ausführung ist falsch, weil durch den Schnittdruck ein Auffedern (Schwingen) des ganzen Winkels eintritt, während bei der richtigen Ausführung, rechts, stets der Druck auf den Maschinentisch übertragen wird.

Werden Winkel auf Lager gelegt, so sollen sie, um Bearbeitung zu sparen so profiliert sein, daß außen, wo kein Werkstück aufgenommen wird, nicht die ganze Fläche zu bearbeiten ist (Abb. 21, links unten). Einen Vorrichtungskörper, verhältnismäßig schwierig, aus einem Stück herausgearbeitet, zeigt die Abb. 21 rechts unten.

Eingefügt darf werden, daß die perspektivische Darstellung dem Vorrichtungskonstrukteur, überhaupt jedem Konstrukteur, wertvolle

Dienste leistet. Er kann sich viel besser eine Vorstellung machen, wie die Vorrichtung beschaffen ist, wenn er zuerst freihändig einen perspektivischen Entwurf von dem Werkstück macht und dann die Vorrichtung darum herumskizziert. Eine perspektivische Darstellung bringt den Konstrukteur schneller zum Ziel und läßt ihn viel leichter Fehler vermeiden, wie die ebene Darstellung, und fördert vor allem das Vorstellungsvermögen.

Der Körper der beweglichen Vorrichtung, wie z. B. der Bohrvorrichtung, muß leicht sein. Er wird deshalb auch bereits von einigen

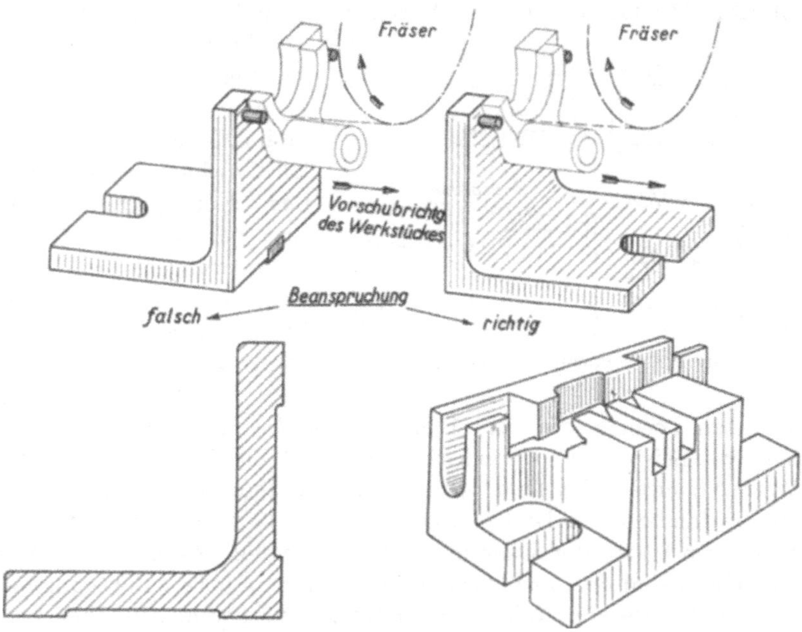

Abb. 21. Körper von Vorrichtungen.

Werken, die Wert darauf legen, einer Ermüdung der Arbeiter bei Massenfertigung vorzubeugen, aus Aluminium gefertigt. Das ist zwar teuer, aber die Vorrichtung wird auch zwei- bis dreimal so leicht, wodurch die Ermüdung des Arbeiters erheblich später einsetzt.

Bezüglich der Bohrvorrichtungen seien noch einige beachtenswerte Punkte eingefügt. Sie müssen so beschaffen sein, daß, wenn der Bohrer abbricht und teilweise im Werkstück und teilweise in der Bohrbüchse sitzt, das Werkstück und der Bohrer entfernt werden kann, ohne daß die Vorrichtung zertrümmert werden muß. Die Vorrichtung muß auseinandergenommen werden können, ohne daß ihre Genauigkeit beim späteren Zusammenbau darunter leidet. Die Bohrvorrichtung muß auch stets 4 Füße haben. 3 Füße liegen bekanntlich überall auf, wenn die Unterlage auch nicht eben ist. 4 Füße aber zeigen, wenn sie nicht in einer Ebene liegen, durch Wackeln der Vorrichtungen an, daß die Auflage ungenügend ist. Die Füße der Bohrvorrichtung sollen auch so hoch sein, daß beim Durchtritt des Bohrers der Maschinentisch nicht angebohrt wird.

G. Bohrbuchsen. Es ist bereits erwähnt, daß die Vorrichtung auch die Aufgabe hat, die Richtung für das Werkzeug zu geben und dieses wenn möglich zu führen. Das trifft hauptsächlich auf die Bohrvorrichtungen zu. Die Führung für das Werkzeug bildet die Bohrbuchse. In Abb. 22 sind die vom NDI. genormten Bohrbuchsen gezeigt. Die Bohrbuchsen sind käuflich; man legt sie sich auf Lager, so daß sie stets vorhanden sind. Konische Bohrbuchsen sollen nicht verwendet werden. Der Konstrukteur kommt aber bei den verschiedenen Anforderungen, die an ihn herantreten, nicht mit diesen Buchsen aus. Er muß häufig Sonderbuchsen anwenden, und man findet da die eigenartigsten Formen, die vom Werkstück und von der Vorrichtung abhängen. Beispiele von Sonderformen von Bohrbuchsen zeigt Abb. 23. Wechselbuchsen, das sind herausnehmbare Bohrbuchsen, sollen gegen Herauswandern und Drehen während der Arbeit gesichert sein. Dieses erfolgt am besten durch die in Abb. 23 gezeigten Ausführungen. Wechselbuchsen sind dort anzuwenden, wo nach dem ersten Bohrgange noch weitere Arbeitsgänge folgen, wie Reiben, Aufbohren, Absenken u. dgl., zu welchem Zwecke meist eine andere Führungsbuchse eingesetzt werden muß. Die Bohrbuchsen werden auch häufig als Spannorgan verwendet und erhalten dann Gewinde. Zur genauen Führung erhält eine solche Buchse zylindrische Führungen, wie an den drei Beispielen dargestellt. Für dicht nebeneinander sitzende Bohrungen werden die Bohrführungen in einer Buchse oder Platte vereinigt.

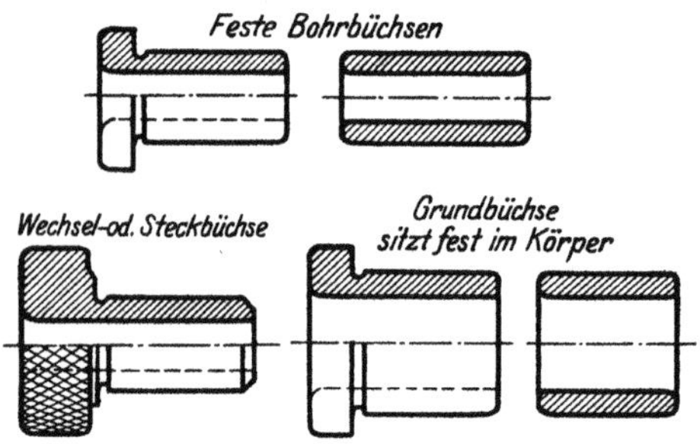

Abb. 22. Genormte Bohrbuchsen.

Die Bohrbuchse soll dem Bohrer Führung bis dicht auf das Werkstück geben, eine Luft von 2 mm genügt. Deshalb ist der Konstrukteur häufig gezwungen, von der eigentlichen Buchse abzugehen, und es entstehen Sonderformen, die in Stiften, Böcken oder Buchsen mit besonderer Ausdrehung und anderen bestehen (siehe Abb. 23 u. 24).

Große Wechselbuchsen, die, um leicht ein- und aussteckbar zu sein, mehr Luft erhalten müssen, werden durch eine Spannhülse im Vorrichtungskörper befestigt. Die Konstruktion ist aus der Abb. 25 ersichtlich.

Abb. 23. Sonderformen von Bohrbuchsen.

Die **Übermaße der Bohrbuchsen** gegenüber dem Bohrwerkzeuge gibt Tafel II an.

Zahlentafel II.
Übermaße für Bohrbuchsen-Bohrungen.

Bohrung mm	Übermaß der Bohrbuchsen-Bohrung
3—14	0,0125
15—25	0,015
26—38	0,0175
39—50	0,02
51—64	0,0225
65—76	0,025

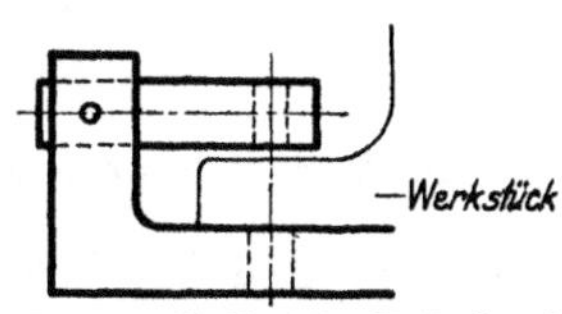

Abb. 24. Stift als Bohrbuchse.

Kleine Bohrvorrichtungen erhalten Griffe zum Festhalten. Der Griff kann eingeschraubt oder angegossen sein. Leicht und einfach ist ein eingeschraubtes Stück Gasrohr. Er dient unter Umständen auch zum Spannen oder Halten des Werkstückes, wie das Beispiel in Abb. 26 zeigt. In der Abbildung unten sind Verschlüsse für kleinere Bohrvorrichtungen gezeigt. Die Vorreibeschraube links oben ist am einfachsten und wird in der Anwendung vorgezogen.

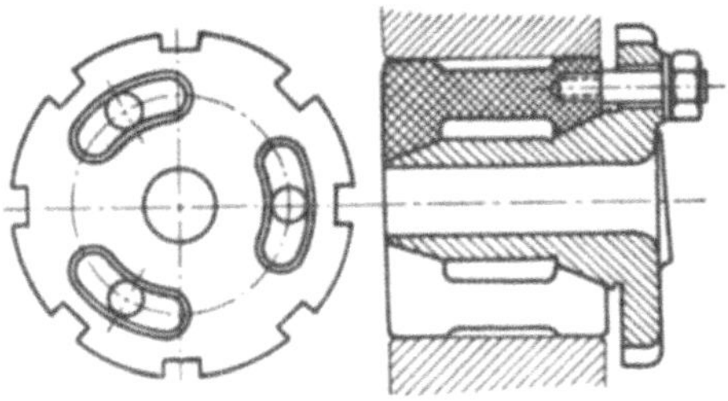

Abb. 25. Große Wechselbuchse und ihre Befestigung.

H. Schwenkbare Vorrichtungen (ein Beispiel zeigt Abb. 27) kommen hauptsächlich bei Bohrvorrichtungen vor. Bei ihrer Konstruktion ist

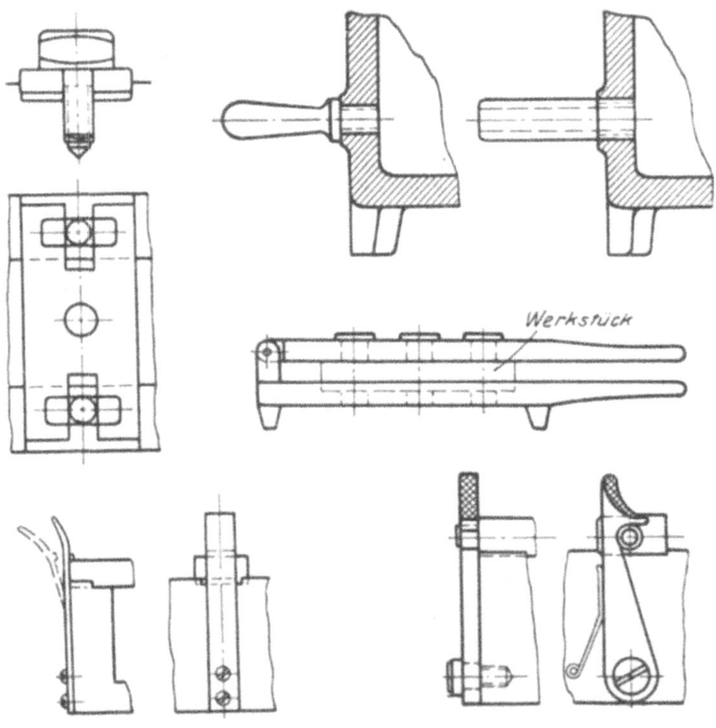

Abb. 26. Griffe an Bohrvorrichtungen. Verschlüsse an kleinen Bohrvorrichtungen.

zu beachten, daß bei Schwenkungen um eine wagerechte Achse die Drehachse im Schwerpunkt des Vorrichtungskörpers und Werkstück sitzen muß, so daß also der Bohrkasten, der auf dieser Achse gelagert, in jeder Lage stehen bleibt. Der Konstrukteur muß also den Schwerpunkt von Werkstück und Vorrichtung ermitteln und in den gemeinsamen Schwerpunkt die Achse legen. Tut er das nicht, so kann es vorkommen, daß die Vorrichtung herumschlägt, da sie den Schwerpunkt außerhalb der Drehachse liegen hat, daß das Werkzeug zerschlagen und der Arbeiter verletzt wird. Außerdem handhabt sich eine solche Vorrichtung schwerer.

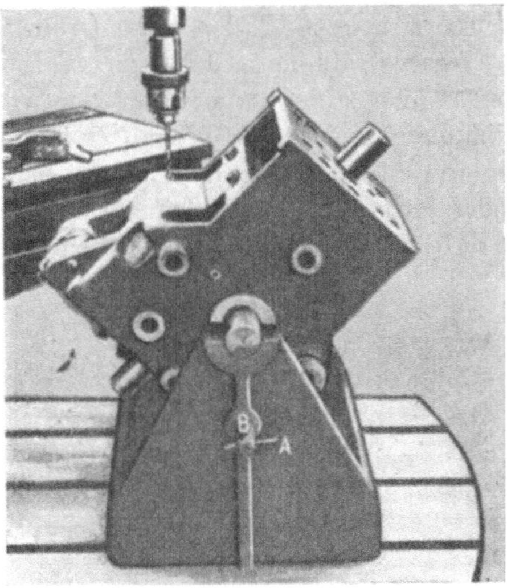

Abb. 27. Schwenkbare Bohrvorrichtung.

Ferner soll eine schwenkbare Vorrichtung so beschaffen sein, daß nach längerer Benützung und Abnützung der einzelnen Teile kein Klappern der Feststelleinrichtungen eintritt, sondern daß sie stets gleichmäßig und in derselben Lage wie eine Teilscheibe festgehalten wird. Diesem Zwecke dienen vielfach konische Feststellbolzen, die stets festhalten, aber schwerer zu handhaben sind wie zylindrische. Ein gehärteter zylindrischer Feststellbolzen, der in eine gehärtete Buchse im Vorrichtungskörper eingreift, gibt eine gute Sicherung.

Außer der Einteilung, die man auch Index nennt, ist eine Festspannvorrichtung nötig, damit ein sicheres Festhalten gewährleistet ist. Wie schon bemerkt, ist die Teileinrichtung so anzuordnen, daß sie durch Späne und Schmutz nicht gestört ist. Am besten ist eine vollständige Einkapselung. Das Lösen der Sperrung muß mit einer Hand erfolgen können. Ist eine starke Feder nötig, so muß eine Übersetzung durch Hebel angeordnet werden. Mit der anderen Hand soll der Arbeiter die Vorrichtung drehen. Bei größeren schwenkbaren Vorrichtungen ist eine Feststellung des Stellbolzens in ausgerückter Lage notwendig, damit der Arbeiter beide Hände zum Drehen frei hat. In Bohrstellung ist dann außerdem eine Festklemmung vorzusehen.

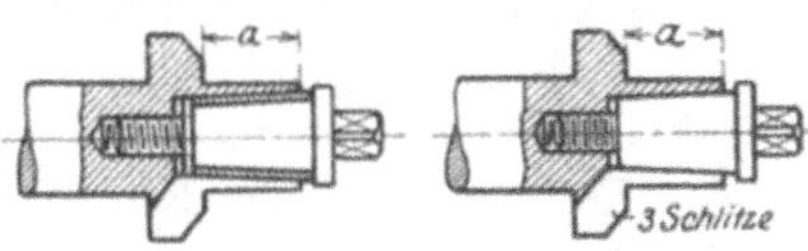

Abb. 28. Spanndorne, fliegend.

J. Spanndorne. Diese werden auch Spreizdorne genannt und außer an Drehbänken und anderen Maschinen vielfach an Vorrichtungen zur Aufnahme des Werkstückes verwendet. Es sind das geschlitzte

Dorne, die durch einen innen liegenden Konus auseinander gedrückt werden (siehe Abb. 28). Die Spannlänge *a* darf nicht zu lang gewählt werden, weil das Werkstück dann nicht genau zentrisch läuft, da der Dorn nicht auf größere Länge auseinanderspreizt. Zum Schutz des Konus wird auch eine Buchse dazwischen geschaltet, die nach Abnutzung ersetzt werden kann (Abb. 28, links).

Drei Spanndorne für Spitzenarbeit zeigt Abb. 29. Je länger die Aufnahme zum Spannen für das Werkstück sein muß, desto dünnwandiger und länger geschlitzt sind die äußeren Spannhülsen auszuführen und desto schlanker muß der Konus sein. Die Anzugschraube oder Mutter ist dann so einzurichten, daß sie anziehen und den Konus oder die Hülse auch abziehen kann, wie in Abb. 29 links unten gezeigt.

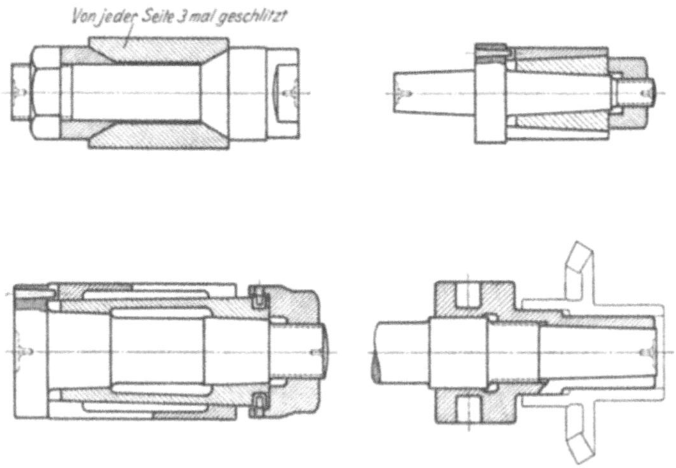

Abb. 29. Spanndorne für Spitzenarbeit.

Die Abb. 29 rechts unten kann infolge ihrer Konstruktion hauptsächlich auch als fliegender Dorn für die Aufnahme von Werkstücken in Sackbohrungen dienen, da der Anzug und das Lösen von hinten erfolgt. Es ist bei dieser Konstruktion darauf zu achten, daß eine zylindrische Führung neben dem Gewinde angeordnet wird, um ein einwandfreies Laufen ohne Schlag zu gewährleisten.

Zwei Sonderspanndorne, von denen der untere bereits als eine Drehvorrichtung anzusprechen ist, sind in Abb. 30 veranschaulicht. Der obere dient zum Drehen und Schleifen dünnwandiger Hülsen und der untere zum Drehen von Handrädern mit Speichen.

K. Sonderspannfutter, ähnlich den Zangen an Dreh- und Revolverbänken, dienen häufig zur Aufnahme von Werkstücken und werden dann den entsprechenden Werkstücken angepaßt. In Abb. 31 ist links ein solches Spannfutter mit Doppelkonus und Mutteranzug gezeigt.

Die Mutter muß, wie in der Abbildung veranschaulicht, außer dem Gewinde zylindrische Führung haben. Hinten im Dorn dient ein Anschlag mit Feder zur richtigen Einspannung, damit die Anschläge der

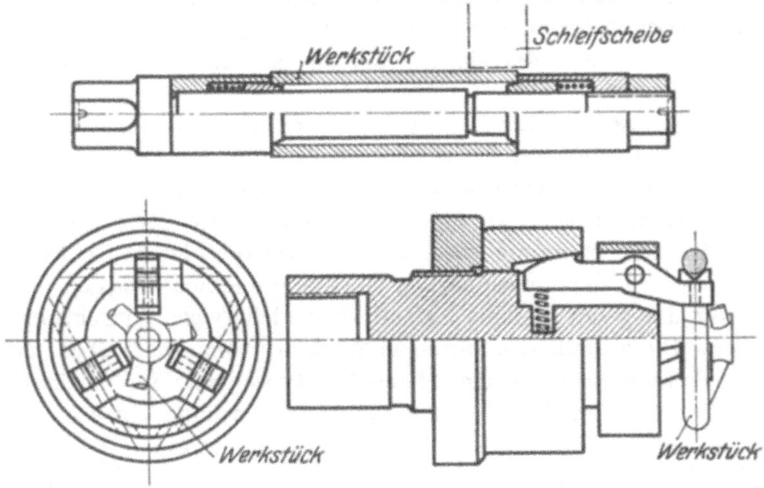

Abb. 30. Sonderspanndorne.

Revolverbank oder Drehbank für die Schneidwerkzeuge an der richtigen Stelle angreifen. Die Feder dient zum Herausdrücken beim Lösen. Das Halten in der richtigen Lage beim Einspannen wird durch den Anschlagbolzen im Revolverkopf, mit dem das Werkstück in das Futter gedrückt wird, bewirkt.

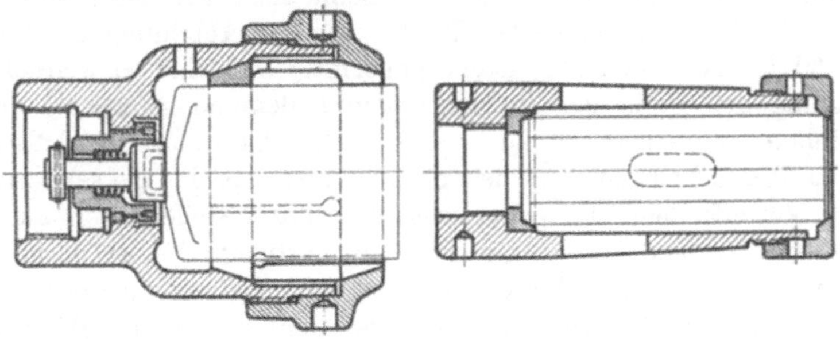

Abb. 31. Sonderspannfutter.

Ein Spannfutter für dünne Hülsen, besonders geeignet zur Aufnahme des Werkstückes beim Innenschleifen, zeigt Abb. 31 rechts. Durch die beiden Konen wird die Hülse (das Werkstück) genau zentriert, wobei die vordere Mutter gleichzeitig festspannt. Die Mutter ist zur Erzielung von Genauigkeit im Laufen wiederum zylindrisch geführt.

Die Vorrichtung soll sicher und fest auf der Maschine stehen. Sie muß der in Frage kommenden Werkzeugmaschine angepaßt sein und sich leicht auf der Maschine ausrichten und befestigen lassen. Die Vorrichtung muß auch das Messen des Werkstückes während der Bearbeitung, wenn ein solches nötig ist, zulassen. Entsprechende Einrichtungen oder Ausschnitte müssen an den Vorrichtungen angebracht werden.

L. Normung. Die am meist gebrauchten und in ihren Abmessungen häufig wiederkehrenden Vorrichtungsteile sind die Bohrbuchsen, die deshalb auch vom Normenausschuß der Deutschen Industrie zuerst genormt sind. Ferner werden noch einige andere derartige Vorrichtungsteile der Normung unterworfen. Infolge der verschiedensten Fabrikate und der verschiedenen Fertigungsmethoden lassen sich jedoch für die gesamte deutsche Industrie nicht viele Vorrichtungsteile normen. Dieses muß den einzelnen Werken überlassen bleiben, die für einen Fertigungszweig einen erheblichen Prozentsatz der Vorrichtungsteile normen können. Hier hat die Werksnormung einzusetzen, die nur für den eigenen Bedarf Vorrichtungsteile normt. In einzelnen Werken ist diese Werksnormung sehr weit vorgeschritten, so daß dort Gußprofile wie Winkel, Platten, U-förmige Gußstücke, die man in nur wenig Größen in Längen von etwa 1 m auf Lager legt und nach Bedarf zu Vorrichtungskörpern bearbeitet, genormt sind. Des weiteren werden in einzelnen Werken Spanner, Spannstücke, Handschrauben, Prismen, Auflagen, Spanneisen, Spannschrauben, Griffe, Bohrfüße u. dgl. m. für das eigene Werk genormt.

In der Abb. 32 ist das Schema einer einfachen Vorrichtung gezeigt, die mit Ausnahme des Körpers ausschließlich aus Normteilen besteht. In dem amerikanischen Werk, dem die Abbildung entstammt, sind 60 % aller Vorrichtungsteile genormt. Daß eine so weitgehende Normung den Preis der Vorrichtungen bedeutend senkt, ist augenscheinlich. Vor allem ist auch eine große Abkürzung der Anlaufzeit für das Herausbringen eines neuen Fabrikates erreicht, ein sehr wesentlicher Vorteil; denn die genormten Vorrichtungsteile liegen auf dem Lager und es sind nur wenig neue anzufertigen. Es ist deshalb im Interesse der einzelnen Werke, in ihrem Vorrichtungsbau weitgehendst zu normen; die Einrichtungskosten werden sich sehr bald bezahlt machen.

M. Preßluftspanner[1]. Die Zeit zum Aufspannen von Werkstücken in Futtern, Planscheiben, größeren Patronen u. dgl. an Drehbänken, Revolverbänken, Halbautomaten usw. kann ganz bedeutend abgekürzt werden, wenn die Spanner durch ein Druckmittel betätigt

[1] Siehe auch Bussien und Friedrichs: Vorrichtungsbau. Berlin: M. Krayn.

werden, das in Rohrleitungen zugeführt werden kann. Die Preßluft ist ein solches Druckmittel, das in vielen Werkstätten schon zu anderen Zwecken benutzt und somit vorhanden ist. Während des Krieges sind in Amerika weit über 75% aller Geschoßdrehbänke, Revolverdrehbänke und Halbautomaten zur Abkürzung der Spannzeit mit pneumatischen Spannfuttern ausgerüstet worden. Die Erfolge, die damit erzielt wurden, sind ganz bedeutend. Fast jede Revolverdrehbank und jeder Halbautomat kann ohne weiteres nachträglich mit dieser Einrichtung versehen werden, da diese Maschinen stets mit hohler Spindel ausgerüstet sind. Ferner kann die Einrichtung an jeder Drehbank mit hohler Spindel angebracht werden. Es sind bei

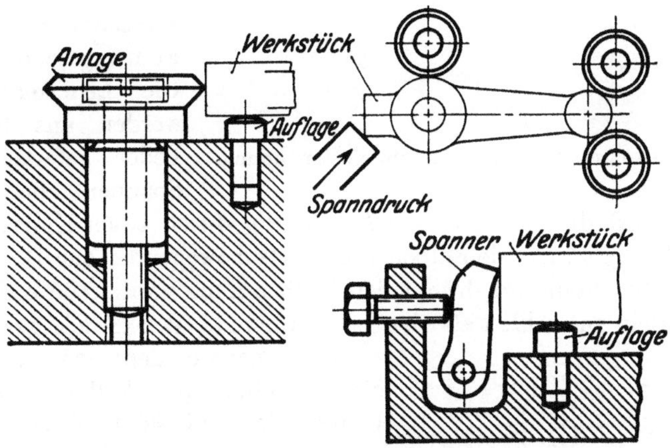

Abb. 32. Beispiele der Normung. Von obiger Abbildung sind genormt: Anlage, Auflage, Spanner, sämtl. Schrauben und Gelenkbolzen. Der Körper ist aus genormten Gußeisenstücken gearbeitet.

den Preßluftspannern in fast idealer Weise die Handgriffe und der Kraftaufwand verringert, denn es erfolgt mit der einen Hand Einlegen des Werkstückes und durch eine ganz geringe leichte Handbewegung, ohne irgendwelchen Kraftaufwand, Befestigen desselben.

Abb. 33 stellt die Anordnung eines Dreibackenfutters mit Preßluftbetätigung an einer Originaldrehbank mit hohler Spindel dar. Die drei Backen des Futters sind einzeln verstellbar, so daß das Futter jeweils auf den in Frage kommenden Spanndurchmesser eingestellt werden kann, da der Anzug durch den Preßluftkolben nur wenige Millimeter beträgt. Die Führung der Luft zu den beiden Zylinderseiten sowie die Art des Luftschalters ist in Abb. 34 schematisch dargestellt. Die Druckseite des Kolbens dient zum Festspannen ebenso wie zum Lösen, wenn nicht zum Lösen das Eigengewicht oder Federn Verwendung finden. Die Konstruktion des Zylinders zeigt Abb. 35, wo an der Futterzugstange eine Spannpatrone für Sonderbefestigung angebracht ist. Die Patrone wird durch die Zugstange *b* zurückgezogen, wodurch die Backen *a* das Werkstück festspannen. Die Dichtung des Preßluftzylinders *d* zum Kolben erfolgt durch die Ledermanschetten *k* und *i*. Zwischen den Ledermanschetten muß zur sicheren Führung und zur Verhinderung des Eckens des Kolbens eine Führungsscheibe *h* eingefügt werden. Die Deckscheibe *c* hält die Manschetten und die Führungsscheibe fest. Die Ledermanschetten werden aus fettgarem Leder gefertigt. Zum Spannen des Werkstückes wird die Luft an dem Anschluß *g* durch einen Kanal *e* hinter den Kolben geführt, denselben rückwärts bewegend. Zur Lösung tritt die Luft bei *f* ein und drückt den Kolben nach vorn. Die Kolbenwege sind so klein zu wählen als das zu spannende Werkstück gestattet.

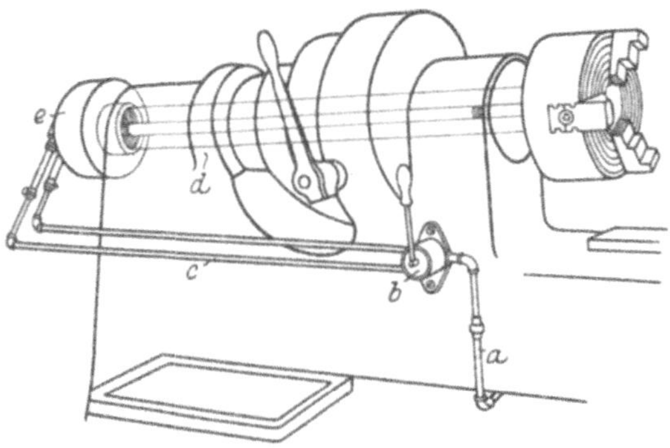

Abb. 33. Gesamtanordnung für Preßluftspannung.

Eine neuere deutsche Ausführung eines Preßluftspannkolbens für Drehbänke zeigt Abb. 36[1]). Hier ist gleichzeitig ein gut durchgebildeter Schalthahn gezeigt. Zum Spannen tritt die Luft durch die Rohrleitung *r* hinter den Kolben, zum Lösen durch die Rohrleitung r_1. Die Zylinder samt Kolben laufen mit der Drehbankspindel um, da der Zylinder auf der Spindel befestigt werden muß, während die Luftzuführung stehen bleibt. Es ist deshalb besonderer Wert auf gute Abdichtung an diesen Stellen zu legen, was am vorteilhaftesten durch Stopfbuchsen *e*, e_1 und *f* erfolgt. Die Stange *h* dient zum Befestigen des Luftzuführungsteiles, um es gegen Mitdrehen zu sichern. Der Zylinderdurchmesser beträgt bei den amerikanischen Konstruktionen von 150 bis zu 400 mm und der Gesamthub etwa bis 25 mm.

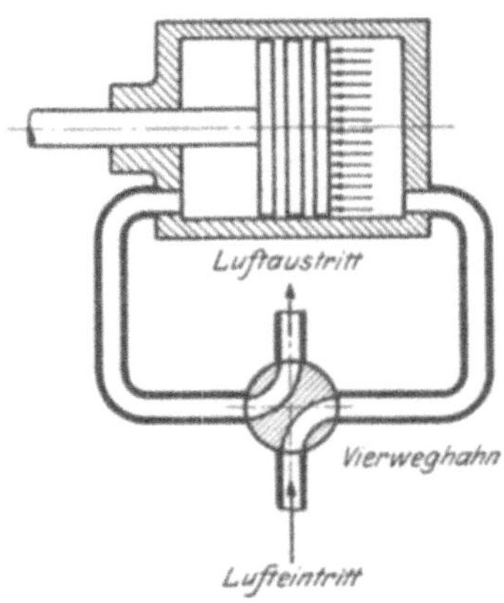

Abb. 34. Schema der Luftführung.

---

[1]) Von Hans Scheibe, München.

In Abb. 37 ist ein modernes Preßluftspannfutter dargestellt. Durch die Zugstange *a* wird das Führungsstück *b* zurückgezogen, das vermittels der Winkelhebel *d*, die im Futterkörper gelagert sind, die Spannbacken *c* betätigt. Die Hebel sind durch Steine auf ihren Gelenk-

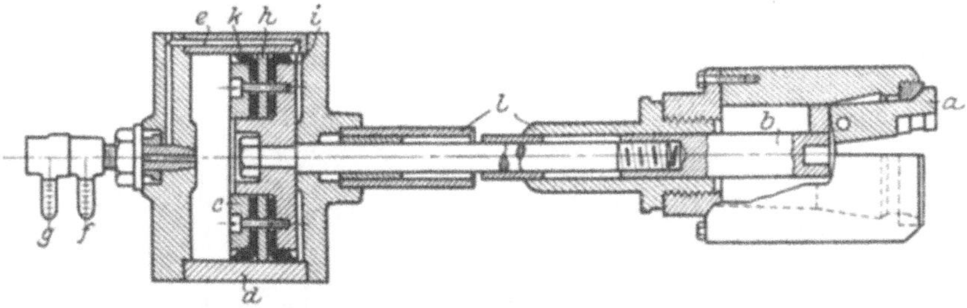

Abb. 35. Anordnung der Preßluftspannung an Drehbänken und dgl.

zapfen präzise in den Backen und Führungsstück geführt. Zum Einstellen der Backen auf den gewünschten Werkstückdurchmesser sind die Backen aus zwei Teilen gefertigt, die durch die Spindel *e* gegeneinander verstellt werden können und von ihr zusammengehalten

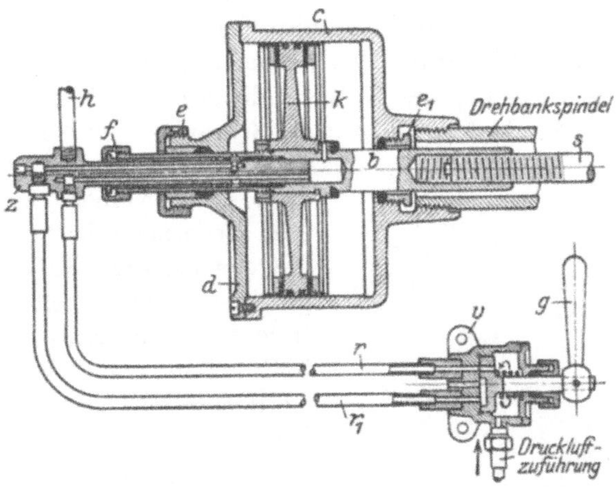

Abb. 36. Neuere Konstruktion von Preßluftspannern an Drehbänken und dgl.

werden. Die Übersetzung der Winkelhebel im Futter beträgt im allgemeinen 1:3. Die Führung der Backen und die Lagerung des Winkelhebels zeigt Abb. 38 im Schnitt.

Die Anwendung der Preßluft in Spannvorrichtungen kommt hauptsächlich bei der Massenfertigung in Frage. Die Vorrichtungen werden hierbei an Stelle von Spannschrauben oder dergleichen mit einem Preßluftspannelement ausgestattet. Ein solches besteht aus einem

Zylinder mit Kolben und der nötigen Druckluftzuleitung. In Abb. 39 ist ein solches Element gezeigt. Von dem Kolben *a* aus wird die Kraft auf das jeweils benötigte Spannelement, Druckhebel, Druckstift oder auch direkt auf das Werkstück wirkend übertragen. In Abb. 39 dient

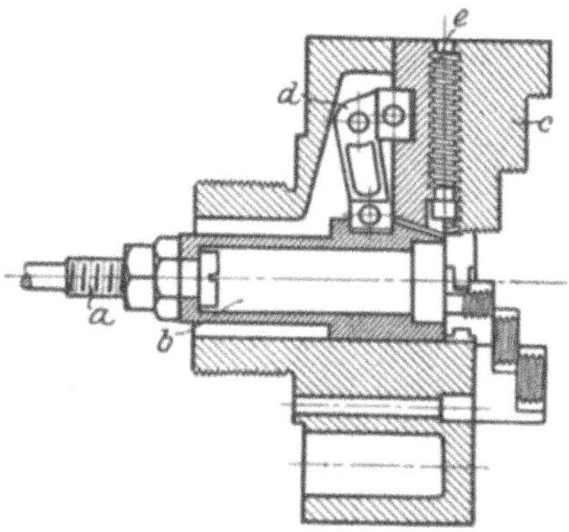

Abb. 37. Preßluftspannfutter.

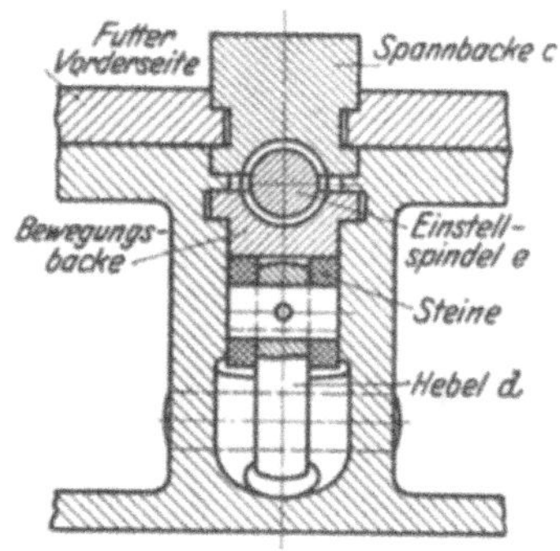

Abb. 38. Schnitt zu Abb. 37.

ein Hebel *b* mit Druckstift *c* zur Befestigung des Werkstückes. Die Luft tritt bei *g* ein, wo der Anschluß für die Rohrleitung vom Schalthahn erfolgt. Sie wird unter den Kolben *a* geführt, der auf den Hebel *b* drückt. Zur Dichtung des Kolbens dient die Ledermanschette *d* aus gutem fettgarem Leder, die mittels Schraube *f* und Scheibe *e*, die so groß wie möglich genommen werden muß, am Kolben befestigt wird. Die Ledermanschetten müssen gut eingefettet sein. Eine Hauptbedingung für gutes Arbeiten ist einwandfreie Führung des Kolbens, der deshalb entsprechend lang ausgeführt werden muß oder durch Kolbenstange geführt werden kann. Das Lösen erfolgt durch das Eigengewicht des Kolbens, indem der Luftraum mit der Außenluft in Verbindung gebracht wird.

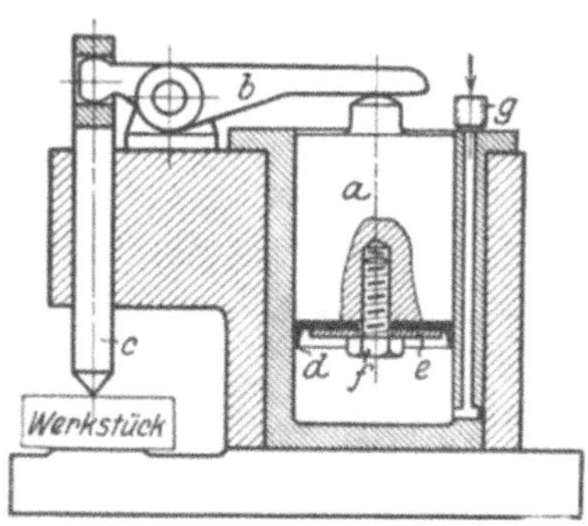

Abb. 39. Preßluftspannelement für Vorrichtungen.

Wie aus der Abbildung ersichtlich, ist das Preßluftelement ein Organ für sich und kann jederzeit in anderen Vorrichtungen verwendet werden. Hierdurch wird erreicht, daß die Preßluftspannelemente viele Jahre hindurch an den verschiedensten Vorrichtungen in Gebrauch gehalten werden können. Es ist nur der Ledermanschette genügend Beachtung zu schenken, sie muß stets weich und gut eingefettet gehalten werden. Hart oder brüchig geworden, ist sie unbrauchbar.

Statt des Druckes kann der Preßluftkolben auch so angeordnet werden, daß er ziehend auf einen Druckbalken oder dergleichen wirkt, wie Abb. 40 darstellt. In diesem Falle ist außer der Kolbendichtung eine weitere Dichtung für die Kolbenstange *a* nötig, die durch die Manschette *c*, die an der Zylinderwand und an der Kolbenstange abdichten muß. Die Ringscheibe *b*, mittels mehrerer Schrauben befestigt, hält die Manschette fest. Die Schraubenköpfe dienen gleichzeitig als Anschlag für die höchste Stellung des Kolbens bei gelöstem Werkstück. Zum Abheben des Spannstückes, Druckbalkens, vom Werkstück dienen Spiralfedern *d*, die das Gewicht des Kolbens samt

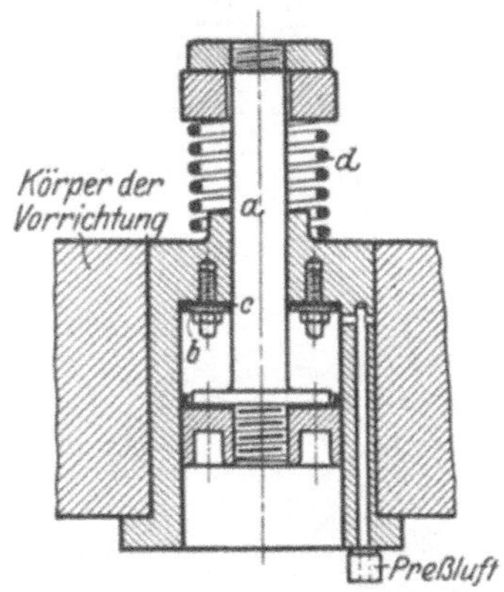

Abb. 40. Preßluftspannelement für Vorrichtungen.

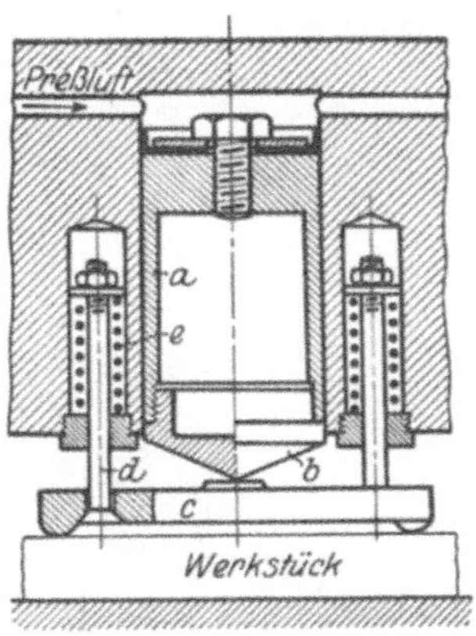

Abb. 41. Preßluftspannelement für Vorrichtungen.

Kolbenstange und des Druckbalkens überwinden müssen, während bei Abb. 39 das Eigengewicht des Kolbens und das Übergewicht des Hebels ein selbsttätiges Abheben des Druckstückes vom Werkstück gewährleistet. Auch bei der Konstruktion nach Abb. 40 ist das Preßluftelement in den Körper der Vorrichtung eingesetzt und stets an ähnlichen Stellen wieder verwendbar.

Eine Konstruktion, bei der der Kolben von oben auf das Werkstück drückt und eine Reihe von Preßluftdruckstücken in einem Balken vereint auf das Werkstück wirken, zeigt Abb. 41. Der Kolben *a* ist hängend im Zylinder angeordnet und wird durch die beiden Federn *e* mittels des Druckstückes *c* und der Bolzen *d* vom Werkstück abgehoben. Der Kolben ist sehr lang ausgeführt, aber hohl gehalten, damit die Federn nicht zu stark sein müssen. Es ist ebenfalls möglich, dieses Preßluftspannelement einzeln in den Vorrichtungskörper einzubauen.

Diese drei angeführten Beispiele zeigen, in welcher mannigfaltigen Art Preßluftspanneinrichtungen an den Vorrichtungen verwendet werden können. Die Größe des Zylinderdurchmessers richtet sich nach dem erforderlichen Spanndrucke. Die Ausführung erfolgt schon von ganz geringen Durchmessern etwa 20 mm ab für schwache Werkstücke und kann bis zu einer beliebigen Größe durchgeführt werden. Der mit den Preßluftspannern ausgeübte Spanndurck auf das Werkstück ist stets gleich, da der Luftdruck auf den Kolben des Spanners nur geringen Schwankungen während des normalen Betriebes unterworfen ist. Aus diesme Grunde eignen sich Preßluftspanner besonders

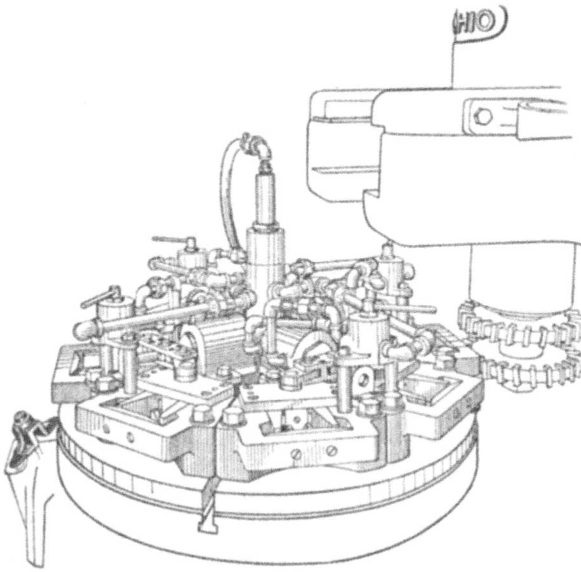

Abb. 42. Preßluftspannvorrichtung auf der Senkrecht-Fräßmaschine.

für empfindliche Werkstücke, da man hier, durch die Wahl des Zylinderdurchmessers, ein für allemal den Spanndruck festlegt und nicht von der Hand des Arbeiters abhängig ist. Allerdings besteht nicht die Möglichkeit, bei einer einmal gebauten Vorrichtung den Spanndruck zu verändern. Dies ist nur möglich durch Veränderung des Zylinderdurchmessers, da die Spannung der Druckluft stets die gleiche ist.

Eine Spannvorrichtung mit Preßluftbetätigung auf dem Rundtisch einer modernen amerikanischen Senkrecht-Fräsmaschine zeigt Abb. 42. Es werden hier 8 Werkstücke nacheinander aufgenommen, von denen stets zwei durch einen Preßluftspanner mittels Hebel und Nocken befestigt werden. Von den Kolbenstangen wird ein Querhaupt bewegt, das an beiden Enden an den Hebeln angreift. Zwischen je zwei Aufnahmestellen befindet sich darüber angeordnet der dazugehörige Schalthahn. Die Führung der Preßluft ist durch die Rohrleitungen gut sichtbar.

Die Feststellung des Luftbedarfes geschieht auf einfachem Wege. Die volumetrische Füllung des Zylinders oder, wenn an einer Vorrichtung mehrere vorhanden sind, die sämtlicher Zylinder, ist mit der Summe der Betätigungen, d. h. der Anzahl der aufgespannten Werkstücke je Stunde, zu multiplizieren. Wird das Lösen gleichfalls mit Druckluft vorgenommen, so ist die Summe doppelt zu nehmen. Zu dem so berechneten Luftbedarf sind als Sicherheitsfaktor 50% hinzuzufügen, denn es muß mit kleinen Undichtigkeiten an den Hähnen, Kolben und Rohrleitungen gerechnet werden. Es kommen auch fehlerhafte Befestigungen vor, wobei dann für ein Werkstück die doppelte Luftmenge für eine Einspannung gebraucht wird, da ein Lösen und nochmaliges Befestigen nötig wird.

C. Beispiele ausgeführter Vorrichtungen.

1. Beispiele aus der vorgeschichtlichen Zeit. Daß Vorrichtungen bei jeder menschlichen Tätigkeit zur Erleichterung derselben benutzt werden, zeigen Funde aus der ältesten Zeit der Menschheit. In Abb. 43 ist ein Schleifstein dargestellt, der Aushöhlungen zeigt, um die verschiedensten Geräte und Nadeln mit einfachen Formen zu schleifen. Die Vertiefungen wurden mit Sand bestreut und der zu schleifende Gegenstand in der Vertiefung solange herumgerollt, bis er durch diese Schleifarbeit die Form der Vertiefung angenommen hat.

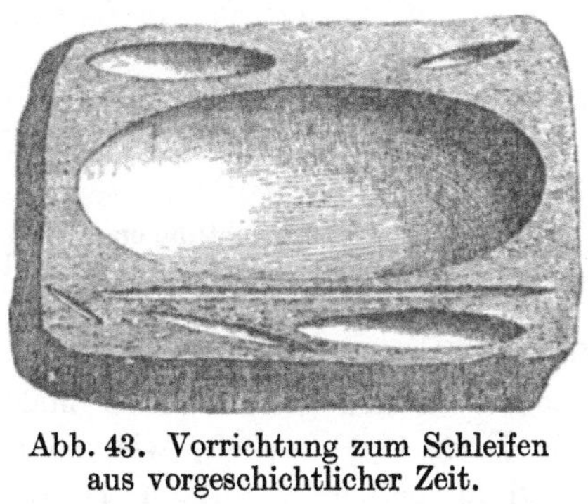

Abb. 43. Vorrichtung zum Schleifen aus vorgeschichtlicher Zeit.

2. Schraubstockartige Vorrichtungen. Der eigentliche Vorrichtungsbau, der zur Erleichterung der Arbeiten bei der Spanabnahme dient, kam etwa Ende des 19. Jahrhunderts zur Aufnahme. Zunächst wurden Vorrichtungen zum Feilen von gleichartigen Stücken gefertigt, die im wesentlichen aus zwei Backen mit der Form des Werkstückes bestanden, zwischen denen mittels Aufnahmeorganen das Werkstück in den Schraubstock gespannt wurde, wodurch eine gleiche Außenform erzielt werden sollte. Ferner wurden auch die ersten Spanneinrichtungen für die verschiedenen Werkzeugmaschinen zur Spanabnahme entworfen. Parallel mit diesen Arbeiten sind bereits die einzelnen

Bearbeitungen in einzelne Arbeitsgänge unterteilt und eine sorgfältige Vorbereitung für die gesamte Fertigung der einzelnen Teile ausgearbeitet worden.

Im folgenden seien Vorrichtungen der modernen Fertigung beschrieben.

Eine Vorrichtung, die große Ähnlichkeit mit einem Schraubstock hat, ist in Abb. 44 dargestellt. Die Platte *a* ist die Einstellschablone

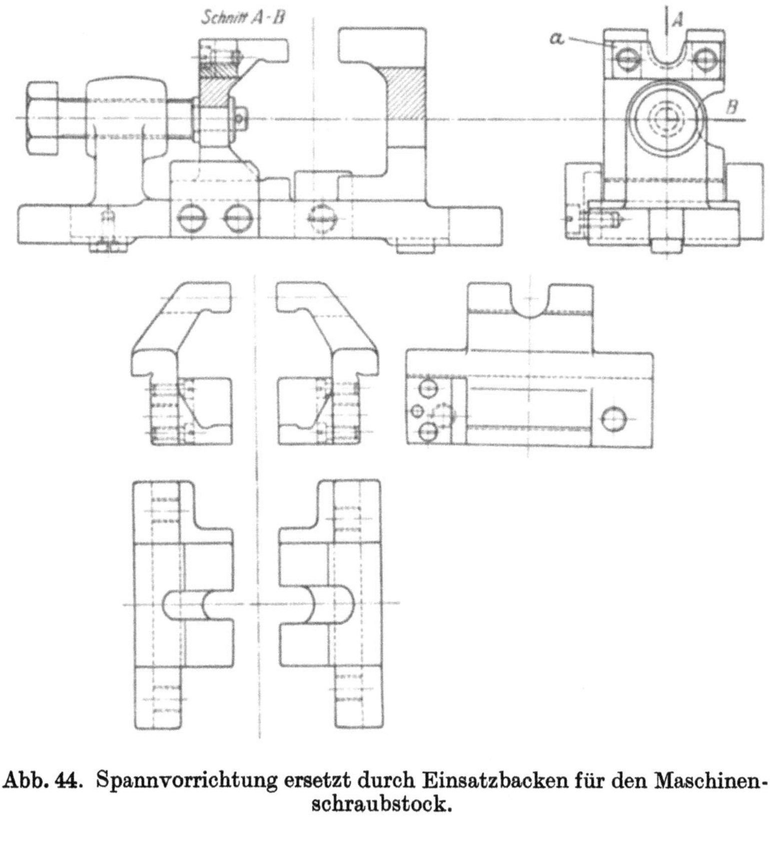

Abb. 44. Spannvorrichtung ersetzt durch Einsatzbacken für den Maschinenschraubstock.

für den Fräser. Die Vorrichtung kann ohne weiteres durch Einsatzbacken für den gewöhnlichen Maschinenschraubstock ersetzt werden. Die Form der Backen, wie sie an Stelle der Vorrichtung zur Anwendung gelangen müßten, ist im unteren Teil der Abb. 44 gezeigt. Es ist ersichtlich, wieviel Zeit und Geld gespart werden kann, wenn der Konstrukteur sofort auf den Gedanken gekommen wäre, Einsatzbacken für den Maschinenschraubstock zu entwerfen.

3. Spannvorrichtung für eine Pleuelstange. Nicht immer lassen sich jedoch schraubstockartige Vorrichtungen durch Einsatzbacken im

Maschinenschraubstock ersetzen. Dieses trifft besonders bei lang einzuspannenden Werkstücken zu (Abb. 45). In diesem Falle handelt es sich um das Einspannen eines Gesenkschmiedestückes zur ersten Bearbeitung, Schaffung einer Aufnahmefläche. Da Gesenkstücke häufig an

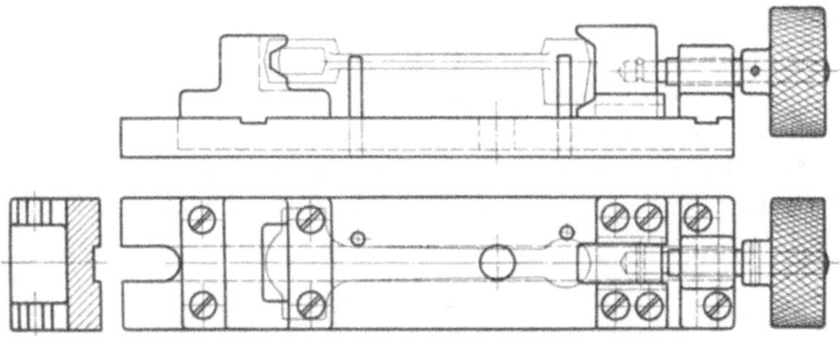

Abb. 45. Schraubstockartige Vorrichtung.

der Gesenkteilung versetzt sind, so ist große Sorgfalt darauf zu legen, daß sie nach dem Zustande des Schmiedestückes gut ausgerichtet werden. Bei dem gezeigten Beispiele handelt es sich um eine Pleuelstange für Verbrennungsmotoren, die auf beiden Seiten in Prismen aufgenommen und so einwandsfrei nach dem vorhandenen Material sich beim Einspannen einstellt. Zu beachten ist bei dem Beispiele,

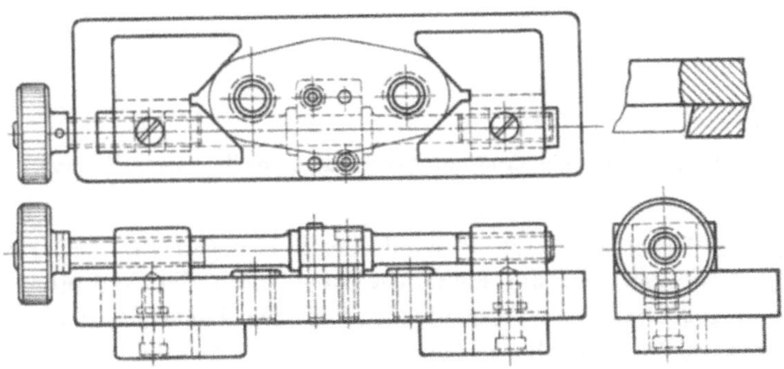

Abb. 46. Schraubstockartige Bohrvorrichtung.

daß infolge der dünnen Wand, die die beiden Augen für die Verbindungsschrauben der Pleuelstange mit ihrem Deckel bekommt, nach diesen Augen die Aufnahmefläche geschaffen wird. Die Aufnahme der Pleuelstange ist aus der Abbildung gut ersichtlich.

4. Schraubstockartige Bohrvorrichtung für ovale Flansche ist in Abb. 46 gezeigt. Die beiden Prismenbacken, die gegen Verdrehen geführt sind, werden durch eine festgelagerte Spindel mit Rechts- und

Linksgewinde zusammengezogen und der Flansch unter den Bohrbuchsen nach seiner äußeren Kontur ausgerichtet. Die Spannprismen sind etwas schräg ausgebildet, wie in der Schnittdarstellung ersichtlich, so daß das Werkstück durch den Vorschubdruck des Bohrers nicht aus der Spannung herausgedrückt werden kann, da keine Gegenlage vorhanden ist. Die Spannbacken dienen gleichzeitig als Füße für die Vorrichtung.

5. Eine Sonderkonstruktion eines **Maschinenschraubstockes mit Schnellspanneinrichtung** nach Entwürfen von Kurt Scheibe zeigt Abb. 47. Der Spannweg ist durch den Exzenter, der durch den Handgriff betätigt wird, gegeben. Je nach der Spannstärke des Werkstückes

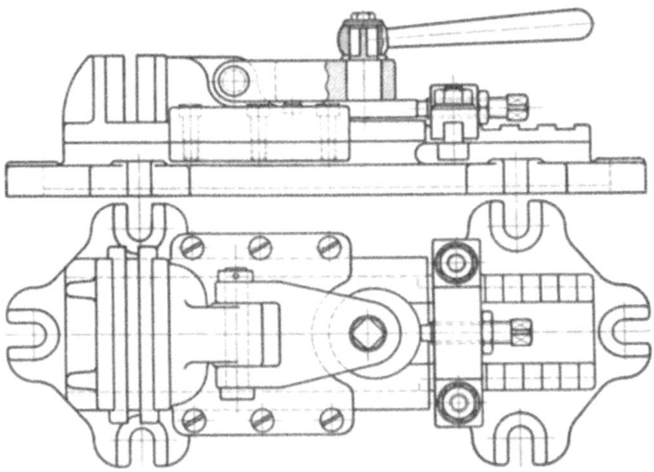

Abb. 47. Maschinenschraubstock mit Schnellspanneinrichtung.

wird der Druckbock mit Einstellschraube, gegen die der Exzenter drückt, versetzt und die Feineinstellung durch die Schraube erzielt. Nach Lösen kann der Exzenter mit seiner Lagerung hochgeklappt und hiermit die Spannbacke zurückgezogen werden. Selbstverständlich ist der Schraubstock mit herausnehmbaren Spannbacken eingerichtet, um Sonderspannbacken einsetzen zu können.

6. **Bohrflansch.** Die einfachsten Bohrvorrichtungen sind die Bohrplatten oder Bohrflansche. Diese werden in der Regel dort verwendet, wo in zwei zentrisch zueinander passenden Flanschen die Verbindungsschraubenlöcher zu bohren sind. In Abb. 48 links ist die einfachste Form eines Bohrflansches gezeigt. Dieser besitzt entsprechend den Zentrierungen an den Werkstücken einerseits eine eingedrehte, andererseits eine vorstehende Zentrierung, so daß die eine

Seite für das eine Werkstück und die andere für das andere Werkstück paßt. Stehen die Bohrungen in keiner bestimmten Lage zum Werkstück, so wird der Flansch einfach mit seiner Zentrierung auf das Werkstück aufgesteckt, ein Loch gebohrt und durch einen passenden Stecker beim Bohren der weiteren Löcher ein Drehen des Flansches verhindert. Um die Anwendung des Bohrflansches zu zeigen, sind in der Mitte zwei zueinander zentrierte Werkstücke dargestellt, die mit demselben Bohrflansch unter Verwendung von Spannhülsen, Zentrierringen *A* und Spanneinrichtungen gebohrt werden. Die Abbildung rechts bringt die Anwendung von Bohrflansch *c* und Spanneinrichtung *d* beim Bohren eines Nebenkörpers, wenn die Nabe auf der einen Seite weit hervorsteht. Das Werkstück *b* wird durch Schraube *a* auf der Spanneinrichtung *d* festgezogen.

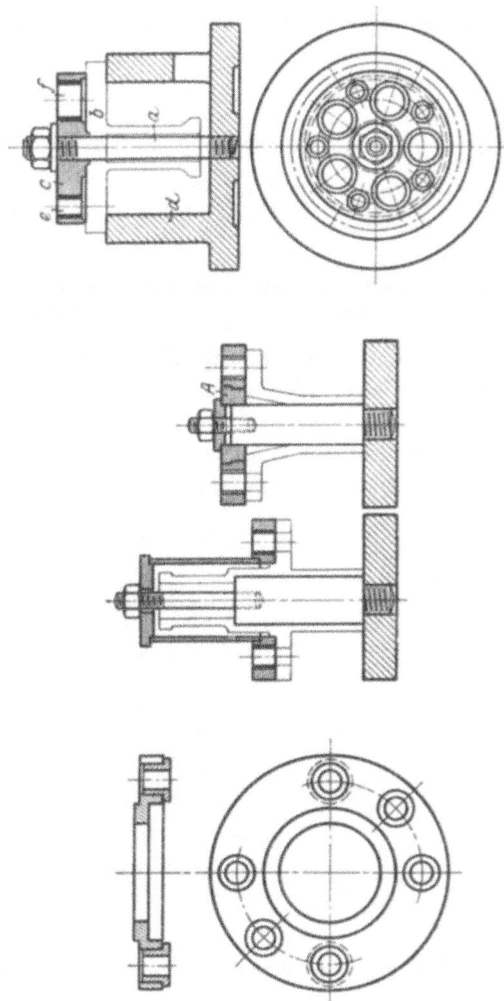

Abb. 48. Bohrflansche oder Bohrplatten, die einfachste Art von Bohrvorrichtungen für Flansche.

7. Bohrflansche mit Ausrichteanschlägen sind anzuwenden, wenn bei Flanschen die Bohrungen in einer bestimmten Lage zum Werkstück liegen müssen. In dem Beispiele Abb. 49 sind an dem Flansche des Werkstückes zwei bearbeitete Aufnahmeflächen vorhanden, an die der Anschlag zur Anlage kommt. Der Bohrflansch ist solange zu drehen, bis beide Anschlagflächen des Schiebers des Bohrflansches an den beiden Aufnahmeflächen des Werkstückes anliegen.

8. Bohrvorrichtung für Mehrspindelbohrmaschinen. Das Bestreben, bei der Anwendung von Vorrichtungen die Zeit des Arbeiters mehr auszunutzen, führte zu abwechselnd arbeitenden Vorrichtungen, wie Abb. 50[1]). Es ist dies eine Bohrvorrichtung für eine Mehrspindelbohrmaschine mit 8 Bohrspindeln. Die Vorrichtung ist schubladenartig ausgebildet. Auf dem Schieber werden die Werkstücke

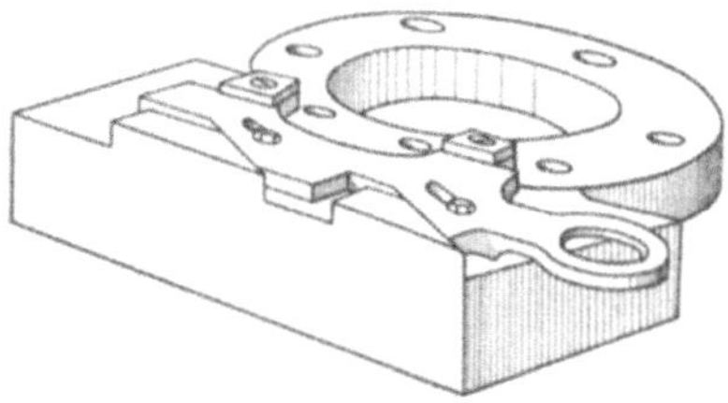

Abb. 49. Bohrflansch mit Ausrichteanschlägen.

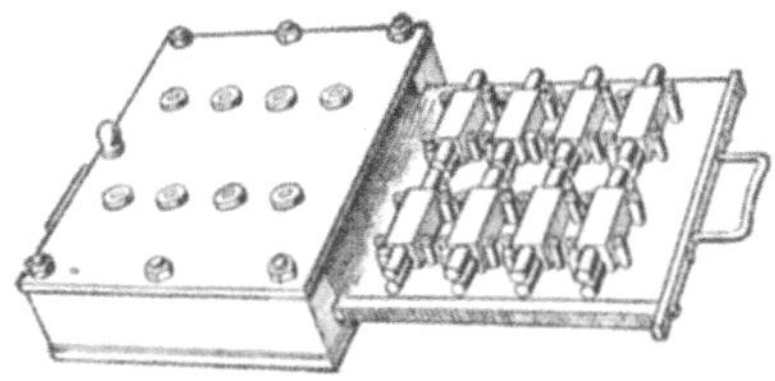

Abb. 50. Schubkastenartige Bohrvorrichtung für Mehrspindelbohrmaschinen.

aufgebaut und durch Stifte fixiert. Zur größeren Ausnutzung sind noch jeweils zwei Werkstücke übereinandergelegt, so daß, wie aus der Abbildung ersichtlich, 16 Werkstücke gleichzeitig gebohrt werden. Es wird hierbei auf ein Festspannen der Werkstücke verzichtet, zumal es sich nicht um Präzisionsarbeit mit genauer Toleranz handelt und die

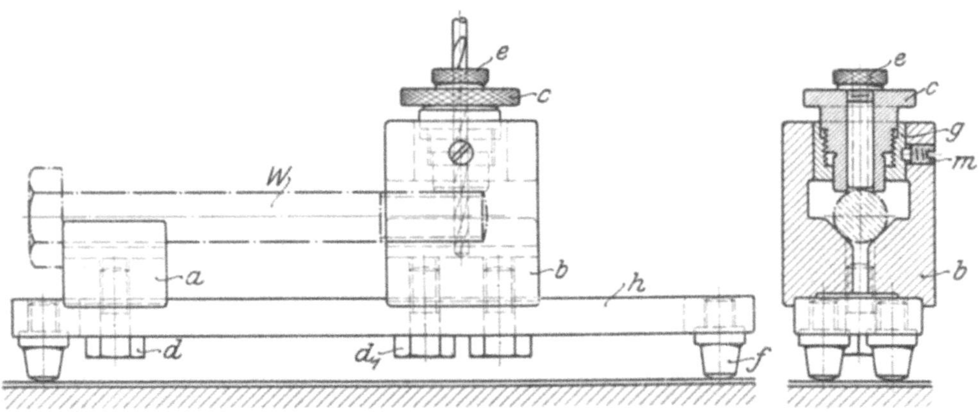

Abb. 51. Universalbohrvorrichtung zum Bohren von Splintlöchern in Schrauben.

Werkstücke genügend durch Stifte fixiert sind. Der Schieber hat die doppelte Breite der Bohrplatte, und während nun die Bohrmaschine arbeitet, werden auf der anderen Seite des Schiebers neue ungebohrte Werkstücke aufgebaut. Nachdem die ersteren gebohrt sind, wird der Schieber durchgeschoben, die soeben aufgebauten Werkstücke gelangen unter die Bohrspindeln, die Arbeit der Bohrer beginnt mit selbsttä-

[1]) Aus: Hawa-Nachrichten, Januar 1922.

tigem Vorschub und der Arbeiter nimmt von der anderen Seite des Schiebers die gebohrten Werkstücke ab und ersetzt sie durch ungebohrte.

9. Eine kleine Universalbohrvorrichtung zum Bohren von Splintlöchern in Kopfschrauben stellt Abb. 51 dar. Als Anschlag für die Schraube *W* dient ihr Kopf. Sie liegt in einem Prisma *a* auf, das entsprechend dem Schraubendurchmesser auswechselbar sein muß. Der Gewindeteil der Schraube ragt in den Bohrerführungsteil *b* hinein und wird durch die Gewindebohrbuchse *c* festgehalten. Zur Bohrerführung dient die Bohrbuchse *e*, die entsprechend den verschiedenen Bohrerdurchmessern auswechselbar eingerichtet ist. Der Vorrichtungs-

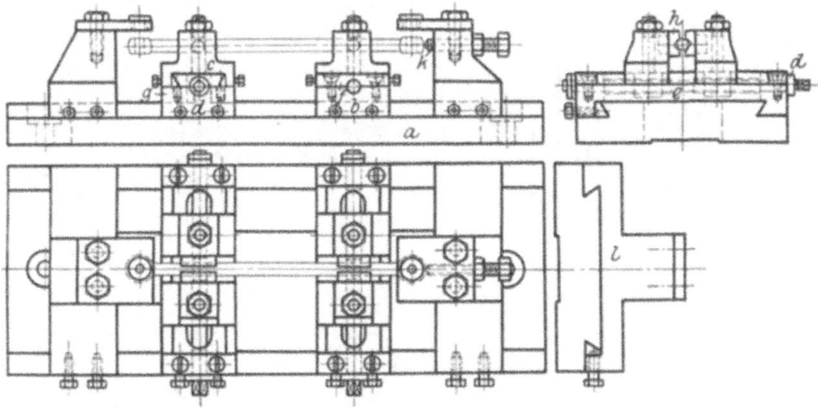

Abb. 52. Universale Spann- und Bohrvorrichtung.

körper *b* ist auf der Grundplatte *h* mit ihren Füßen *f* geführt und kann der Schraubenlänge entsprechend verstellt werden. Nach dem Einrichten der Vorrichtung wird die Auflage *a* mit dem Vorrichtungskörper *b* durch die Schrauben *d* und d_1 befestigt.

10. Gleichfalls eine **universale Spann- und Bohrvorrichtung für Gelenkstangen** ist in Abb. 52 dargestellt. Die Konstruktion geht ohne weiteres deutlich aus der Abbildung hervor.

Universelle Vorrichtungen wie die beiden letzten sind nur anwendbar bei kleiner Reihenfertigung. Bei größeren Stückzahlen in der Reihe oder Massenfertigung ist für jedes Werkstück eine eigene Vorrichtung zu schaffen. Die Fehler, die durch das Einstellen unvermeidlich sind, müssen in der großen Reihen- und Massenfertigung vermieden werden.

11. Bohrkasten. Einen kleinen Bohrkasten für Bohrungen in mehreren Ebenen zeigt Abb. 53. Das Werkstück *W* wird an seinem mittleren Flansch *c* zentrisch in der Bohrvorrichtung aufgenommen und durch den Deckel *d* festgehalten und ausgerichtet. Zum großen Teil sind herausnehmbare Bohrbuchsen *b* und b_1 verwendet. Beachtenswert ist die obere Bohrplatte, in der sich vier Bohrungen befinden, die sämtlich zur Führung von Bohrwerkzeugen dienen, und die Anordnung der Bohrfüße am Vorrichtungskörper *a*, die vorbildlich gestaltet sind.

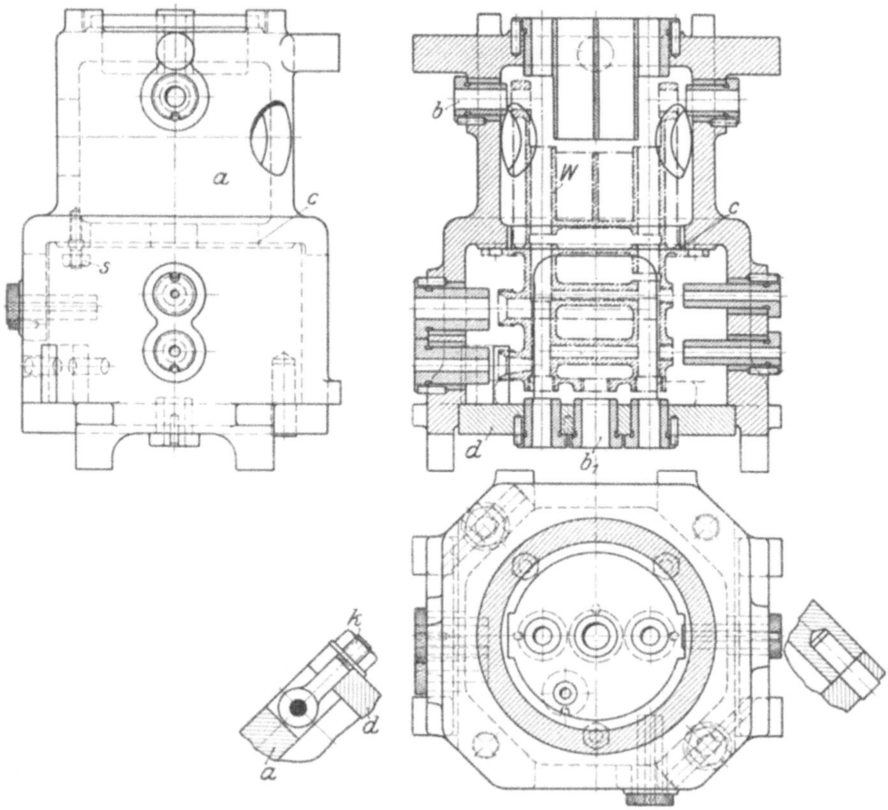

Abb. 53. Bohrkasten für ein kleines Werkstück.

Die Befestigung des Deckels *d* ist in einem Drehzapfen und einer Schwenkschraube mit Mutter *k* durchgeführt.

12. Eine charakteristische **Bohrvorrichtung für Zentrifugengehäuse** bringt Abb. 54. Die Einrichtung zum Bohren schiefwinklig zu anderen Flächen sitzender Bohrungen, getroffen durch Anordnung entsprechender Füße, ist deutlich ersichtlich. Die Bohrvorrichtung ist verwendbar in fünf Ebenen, in denen Bohrarbeiten durchzuführen sind. Die Bohrvorrichtung selbst ist ohne Deckel ausgeführt, das Werkstück wird von der Seite hineingeschoben, durch Anschläge fixiert und durch eine Druckschraube befestigt.

Die Füße müssen bei allen Bohrvorrichtungen außerhalb der Bohrungen liegen, so daß ein Kippen durch den Vorschubdruck des

Bohrers ausgeschlossen ist. In der Abb. 54 sind an der linken Seite die beiden Bohrfüße aus Flachmaterial zur Erzielung dieser Forderung weit herausgezogen.

13. Einen **Bohrkasten für ein kleines Kniestück,** der im Verhältnis zum Werkstück recht kompliziert aussieht, zeigt Abb. 55. Das Werk-

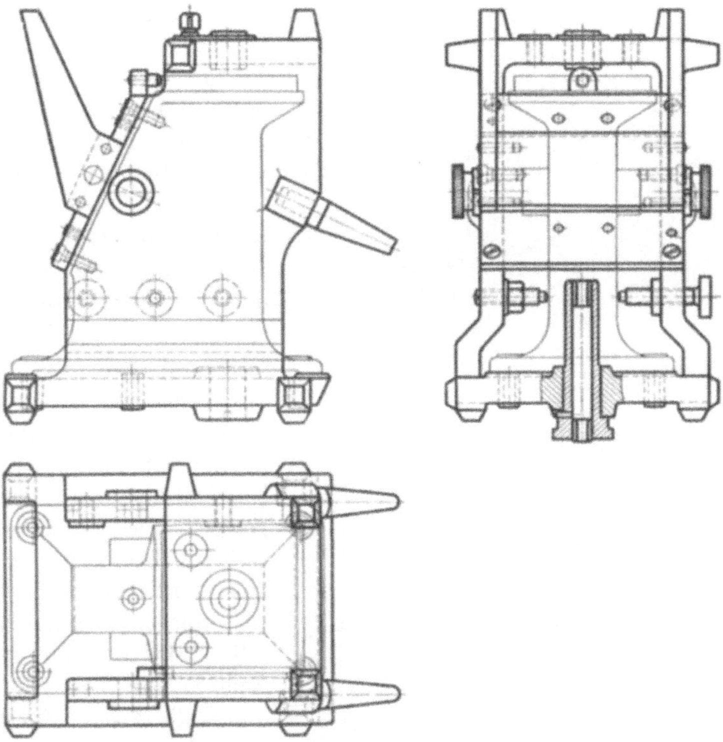

Abb. 54. Bohrvorrichtung für Zentrifugengehäuse.

stück wird durch zwei Prismenstücke, die durch Spindeln mit Rechts- und Linksgewinde betätigt werden, festgehalten. Zum Einbringen des Werkstückes ist ein schwenkbarer Deckel an der Vorrichtung vorgesehen, der durch einen Selbstschließer festgehalten wird. Der Selbstschließer ist ein Hebel mit vorstehender Nase in einem Drehpunkt gelagert, der durch eine Feder ständig an den Deckel herangedrückt wird, wodurch die Vorrichtung verschlossen ist, da die Nase über den Deckel greift. In den Deckel ist eine gehärtete Platte eingelassen. Die Nase des Hebels ist gleichfalls gehärtet zur Verhinderung schnellen Abnützens. An dem Deckel selbst ist eine Verlängerung vorgesehen, so daß das Öffnen mittels dreier Finger erfolgen kann. Mit Mittel- und

Zeigefinger wird der Hebel (Selbstschließer) abgedrückt und mit dem Daumen gleichzeitig der Deckel angehoben. Das Schließen erfolgt nur durch Herunterdrücken des Deckels, der von selbst in den Verschluß schnappt. Da in die Bohrungen des Werkstückes Gewinde zu schneiden und auch Senkarbeit vorzunehmen ist, sind sämtliche Bohrbuchsen herausnehmbar. Das Bohren in der Vorrichtung erfolgt von drei Seiten.

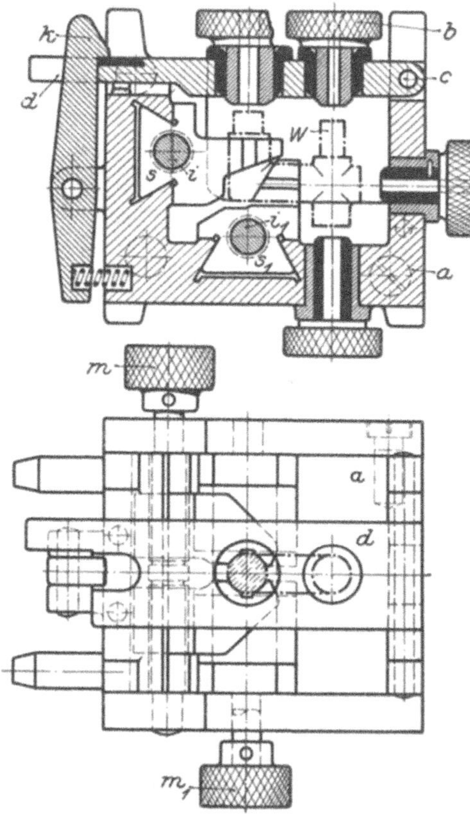

Abb. 55. Kleiner Bohrkasten.

14. Vorrichtung für Drehbank- oder Revolverbankarbeiten (Abb. 56). Hier kann von zwei Seiten nacheinander an dem Werkstück gearbeitet werden. Senkrecht zur Bearbeitungsdrehachse ist das Werkstück schwenkbar, so daß zuerst die Vorderseite und dann die Hinterseite bearbeitet werden kann. Zu dem Zwecke ist die Aufnahme der Vorrichtung im Vorrichtungswinkel drehbar gelagert und mit einer Feststelleinrichtung, die vorbildlich verdeckt angeordnet ist, versehen. Das Werkstück selbst wird auf dem vorgedrehten Zapfen zentriert und innerhalb zweier Anschlagschrauben ausgerichtet. Der Aufnahmezapfen des Werkstückes besitzt Gewinde und Mutter; zur schnelleren Befestigung ist eine Vorsteckscheibe angewendet, so daß die Mutter vom Werkstück nicht vollständig abzuschrauben ist.

15. Bohrvorrichtung aus Vierkantmaterial. Einfachste Bohrvorrichtungen lassen sich in billiger Weise für dünne runde Werkstücke aus Vierkantmaterial herstellen. Eine derartige Konstruktion für zwei Bohrungen, die schräg zueinander liegen, zeigt die Vorrichtung nach Abb. 57. Für das runde Werkstück ist eine Anschlag- und Einstellschraube im Grunde der Bohrvorrichtung vorgesehen und zur Befestigung eine Knebelschraube, die auf das Werkstück drückt. Die Füße sind auf der einen Seite herausgehobelt, während auf der anderen Seite eine angehobelte Fläche und ein eingeschraubter Stift zur Auflage dienen. Zu beachten ist bei derartigen Vorrichtungen, daß die Bohrbuchse etwas zurücksteht, da das Werkstück mit Laufsitz in die Bohr-

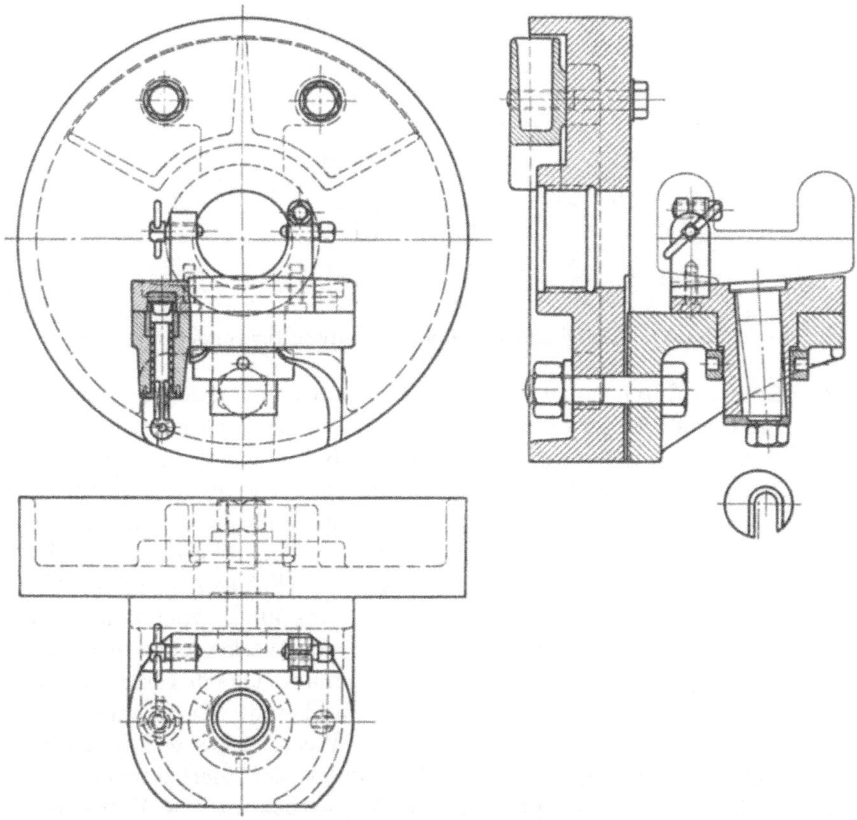

Abb. 56. Vorrichtung für Dreh- oder Revolverbankarbeiten für Bearbeitung von zwei Seiten.

vorrichtung hineinpassen muß. Zweckmäßiger ist noch, an den Stellen, wo die Bohrungen in das Werkstück ein- und austreten, Nuten von etwa 1—2 mm Tiefe und etwas breiter als der Bohrerdurchmesser vorzusehen, damit das Werkstück infolge des bei der Bearbeitung entstandenen Grates sich leicht aus der Vorrichtung entfernen läßt.

16. Eine einfache kleine **Bohrvorrichtung** in billiger Ausführung **zum Bohren von Schmierlöchern** für Traversen, die auf zwei Zapfen aufgenommen werden, ist in Abb. 58 gezeigt. Da für die Lage von Schmierlöchern keine große Genauigkeit erforderlich ist, genügt für solche Zwecke diese einfache Vorrichtung.

Für das Bohren der Schmierlöcher in Lagerschalenhälften ist die Bohrvorrichtung nach Abb. 59 geeignet, bei der die Befestigung des

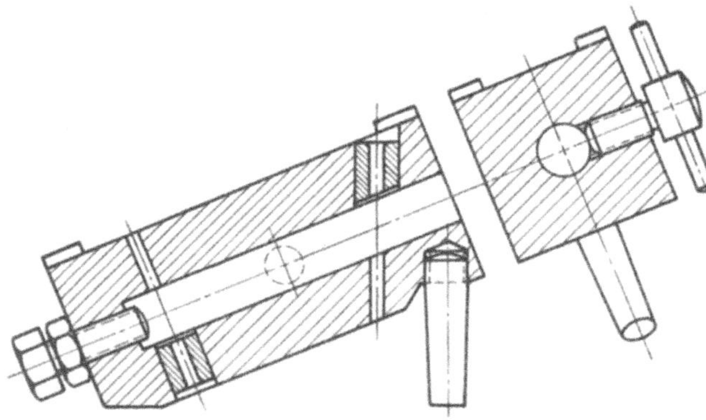

Abb. 57. Kleine einfache Bohrvorrichtung für runde Teile.

Werkstückes durch einen Exzenterhebel und das Ausrichten mit Hilfe des Bundes der Lagerschale an den Vorrichtungskörper bewirkt wird.

17. Zusammengesetzte Vorrichtungen. Bei Vorrichtungen, zu deren Zusammensetzung Säulen dienen, können diese verlängert und zugleich als Füße benutzt werden, wie in Abb. 60 ersichtlich ist.

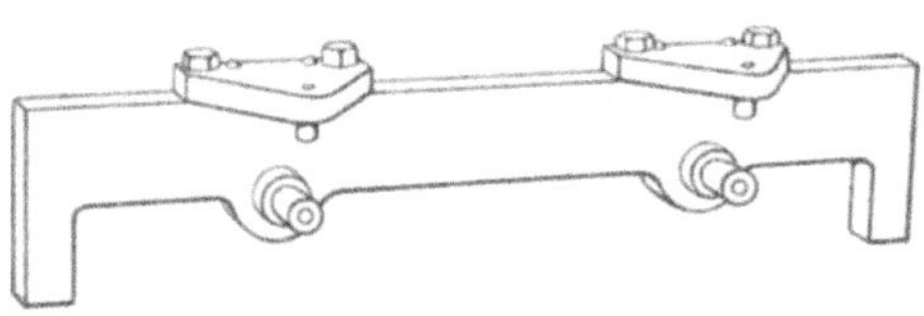

Abb. 58. Bohrvorrichtung zum Bohren von Schmierlöchern.

18. Vorrichtung mit Keilverschluß. Zur Befestigung von Werkstücken verwendet man vielfach Keile, die zur sicheren Befestigung des Werkstückes mit dem Hammer angezogen werden müssen. Da infolge der hierbei ausgeübten Kräfte die Gefahr vorliegt, daß das Werkstück und die Vorrichtung in kurzer Zeit unbrauchbar werden,

Abb. 59. Bohrvorrichtung zum Bohren von Schmierlöchern in Lagerschalen.

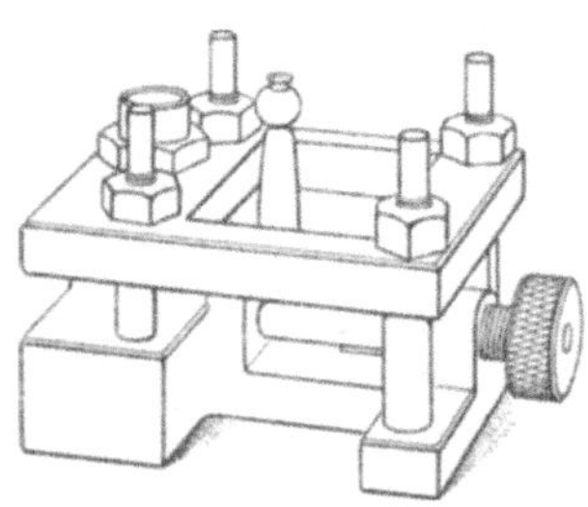

Abb. 60. Säulen bei Vorrichtungen als Füße.

so sind derartige Keilverschlüsse bei Vorrichtungen nicht zu empfehlen. Ferner ist der Keil ein loses Teil zur Vorrichtung und geht aus diesem

Grunde leicht verloren. In der ersten Zeit wird sich weiter bei derartigen Keilverschlüssen an jedem Ende des Keiles Grat anstauchen, der sich sehr unliebsam bemerkbar machen kann, indem der Keil nicht

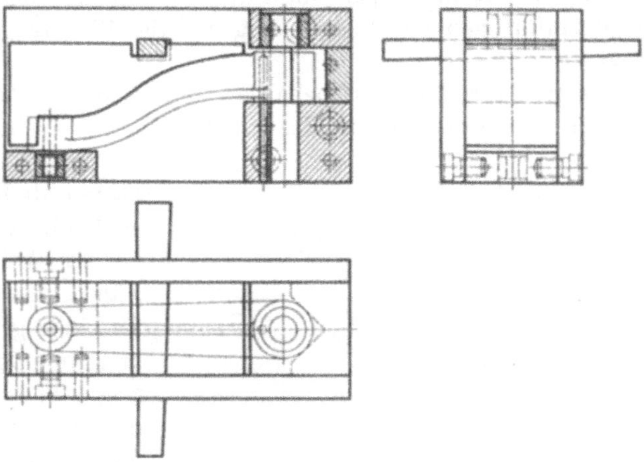

Abb. 61. Vorrichtung mit Keilverschluß.

mehr herausgeht und zunächst abgefeilt werden muß. In Abb. 61 ist eine derartige Vorrichtung mit Keilverschluß dargestellt und die Wirkungsweise und Schädlichkeit eines Keilverschlusses deutlich ersichtlich.

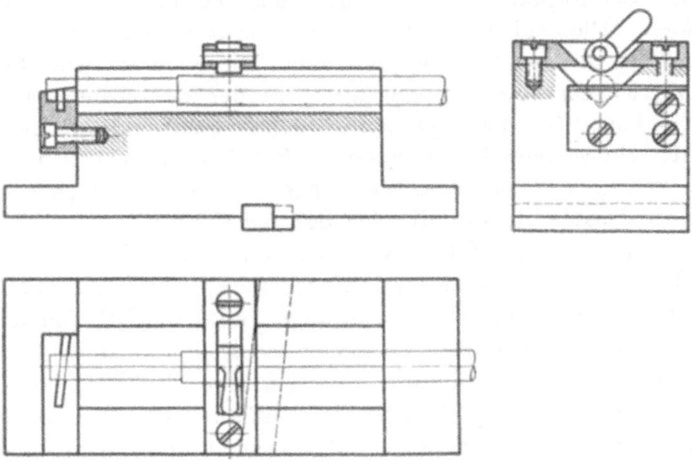

Abb. 62. Spannvorrichtung zum Schlitzfräsen.

19. Eine kleine **Fräsvorrichtung zum Einfräsen von Schlitzen** in Wellen in Gehrung veranschaulicht Abb. 62. Die Befestigung der Wellen im Prisma wird durch Exzenter bewirkt. Für das Schlitzen selbst ist eine Führung für das Sägeblatt vorgesehen, die zugleich als Anschlag für das Werkstück dient, damit der Schlitz an die richtige Stelle gelangt. Der Aufnahmestein des Vorrichtungskörpers, der in eine Nute des Fräsmaschinenbettes greift, ist entsprechend dem Gehrungswinkel schräg in den Vorrichtungskörper eingelassen, damit ein längeres Ausrichten beim Aufbringen der Vorrichtung auf die Werkzeugmaschine sich erübrigt.

20. Bohrvorrichtung für Getriebekasten. Für größere Werkstücke mit Bohrungen in verschiedenen Ebenen werden zur leichteren Bedienung die Bohrkasten drehend aufgehängt, wie bereits S. 341, Abb. 27 erwähnt. Ein Beispiel für einen großen derartigen Bohrkasten zeigt Abb. 63. Es handelt sich hier darum, in allen sechs Ebenen des Werkstückes eines Getriebekastens Bohrungen auszuführen. Der Bohrkasten hat deshalb 2 Drehachsen, die sich im Schwerpunkte des Bohrkastens einschließlich Werkstück schneiden. Die Aufhängevorrichtung besteht in starken angesetzten Zapfen, die in zwei Lagerböcken ruhen, in denen auf jeder Seite die Indexvorrichtung (Feststellvorrichtung in der Bohrebene) angeordnet ist. Die Lager für die Zapfen des Bohrkastens sind geschlitzt und wird hier ein weiteres Festspannen des Bohrkastens mittels der Spanngriffe erzielt. Die Böcke selbst stehen verschiebbar angeordnet auf einer Grundplatte direkt unter der Bohrmaschine.

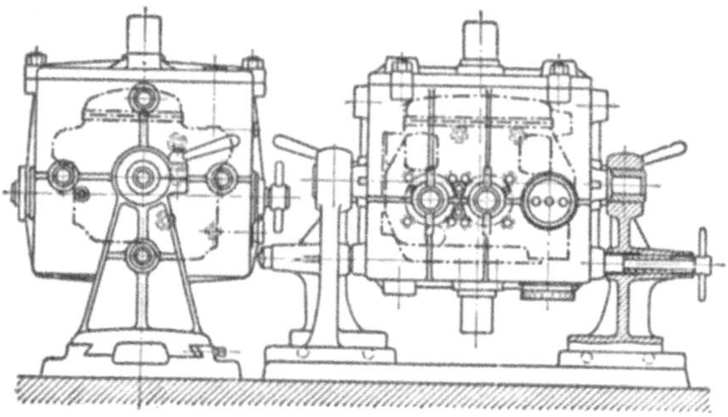

Abb. 63. Großer schwenkbarer Bohrkasten.

21. Spannfutter für Zahnräder. Gehärtete Zahnräder verziehen sich beim Härten im allgemeinen, wenn auch nur wenig. Da es infolge der hohen Kosten nicht möglich ist, in allen Fällen die Zahnflanken nach den neueren Arbeitsweisen zu schleifen, so ist ein genaues Ausrichten des Teilkreises nötig, damit die Bohrung zum Teilkreise laufend geschliffen wird. Die Zahnräder werden deshalb vielfach in besonderen Spannfuttern in den Zahnflanken aufgenommen und festgespannt. Ein derartiges Spannfutter ist in Beispiel 64 dargestellt. Es arbeitet nach Art der Patronen, wobei eine dreimal geteilte Hülse durch die Zugstange in einen Konus gezogen wird. Zur Aufnahme des Zahnrades an den Zahnflanken sind an den Backen der Spannpatrone gehärtete Stifte angebracht, die in der Höhe des Teilkreises die Zahnflanken anfassen. Die Stifte sitzen in losen Spannbacken, die jedoch genau zentrisch gelagert sind. Hierdurch ist beim Einspannen gewährleistet, daß das Zahnrad im Teilkreise so genau wie möglich läuft.

22. Spannvorrichtungen für topfartige Werkstücke erhalten Anzug durch die hohle Spindel der Maschine mittels Zugstange. Eine solche

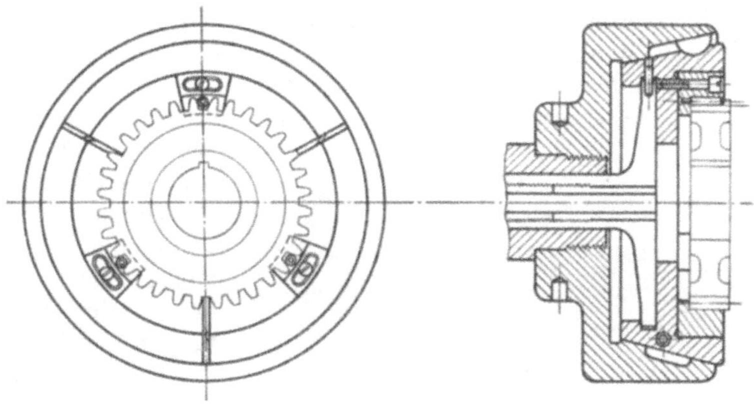

Abb. 64. Spannfutter zum Schleifen für gehärtete Zahnräder.

Vorrichtung ist in Abb. 65 gezeigt. Sie dient zum zentrischen Aufspannen von Kolben für Verbrennungsmotoren an der rohen Innenseite. Zu diesem Zwecke sind im Vorrichtungskörper vier Hebel gelagert, die durch den Konus der Zugstange nach außen gedrückt werden und

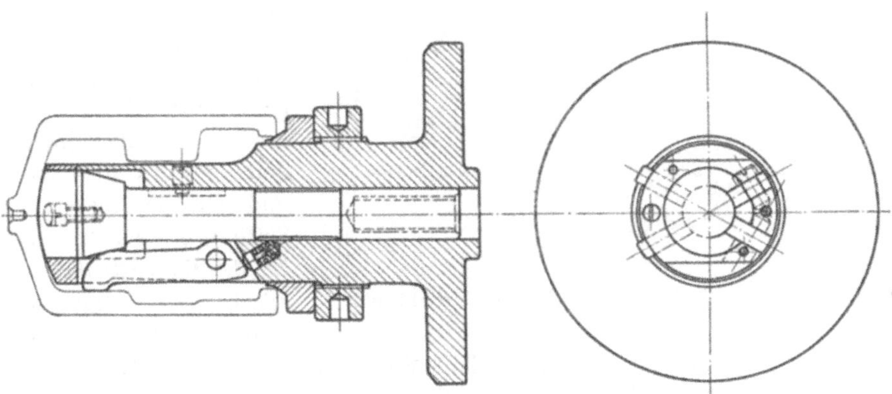

Abb. 65. Spannvorrichtung für topfartige Werkstücke.

durch kleine Federn beim Lösen sich vom Werkstücke abheben. Die hintere Zentrierung erfolgt durch einen Konusring, der auf einem zylindrischen Teile des Vorrichtungskörpers durch eine Mutter verschiebbar angeordnet ist. Der Ring kann nur gegen den Kolben gezogen werden, wenn der Reitstock angesetzt ist, damit der Kolben nicht von seinem Anschlage im Innern abgedrückt wird. Der Kolbenboden muß nämlich zur Erzielung gleichmäßiger Bodenstärke an dem Vorrichtungskörper anliegen, der an seinem vorderen Teile als Anschlag ausgebildet ist. Topfartige Werkstücke, die länger sind, werden mit ähnlichen Vorrichtungen aufgespannt, jedoch erhalten diese dann vorn und hinten Hebel angeordnet, die durch zwei verschiedene Konen gleichzeitig unter Ausgleich nach außen gedrückt werden und so das Werkstück festspannen. Mit Hilfe solcher Aufspannvorrichtungen werden die Wandstärken der Werkstücke ringsherum zentrisch vollständig gleichmäßig, auch wenn innen keine Bearbeitung vorgesehen wird.

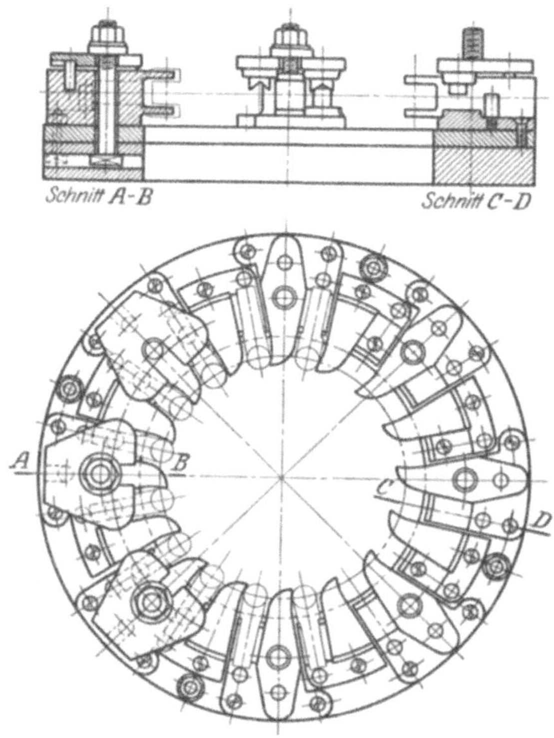

Abb. 66. Umlaufend arbeitende Vorrichtung.

23. Mehrfachspannvorrichtungen für die Senkrecht-Fräsmaschine mit Rundtisch werden so durchgebildet, daß sie fortlaufend arbeiten, d. h. der Rundtisch der Fräsmaschine läuft mit der Vorschubgeschwindigkeit um und der Fräser oder der Fräsersatz arbeitet auf der einen Seite des Rundtisches und auf der anderen Seite steht der Arbeiter, der die bearbeiteten Werkstücke herausnimmt und rohe einspannt. Ein Beispiel für eine solche Vorrichtung gibt Abb. 66. Beim Entwurfe solcher Vorrichtungen ist darauf zu achten, daß die Werkstücke dem Schnittdruck entgegen eine sichere Anlage haben müssen, wie dieses bei allen Vorrichtungen verlangt wird. Bei dem Beispiele werden mittels eines Spanners zwei Gabeln befestigt. Die Art der Aufspannung ist aus der Abbildung ersichtlich. Zu beachten ist ferner bei solchen umlaufend arbeitenden Vorrichtungen, daß die Flächen, die parallel zur Fräserachse liegen, eine Kreisbogenform bekommen, also nicht gerade sind. Bei der Auswahl der Werkstücke bei der Anwendung solcher Vorrichtungen ist hierauf besonders zu achten. Die Vorrichtung dieser Art eignet sich auch vorzüglich zum Planen von Werkstücken, wie in Abb. 67 zu sehen ist.

24. Zwei kleine **Vorrichtungen** sind in den Abb. 68 und 69 gezeigt. Die erstere dient zum Einstoßen von Nuten in Büchsen, die an beiden Enden nicht ganz durchgehen dürfen. Der Stahl an der Stoßstange ist deshalb schwenkbar eingerichtet und lenkt an einem Anschlagstifte ab. Die Aufnahme der Buchse in der Vorrichtung und ihre

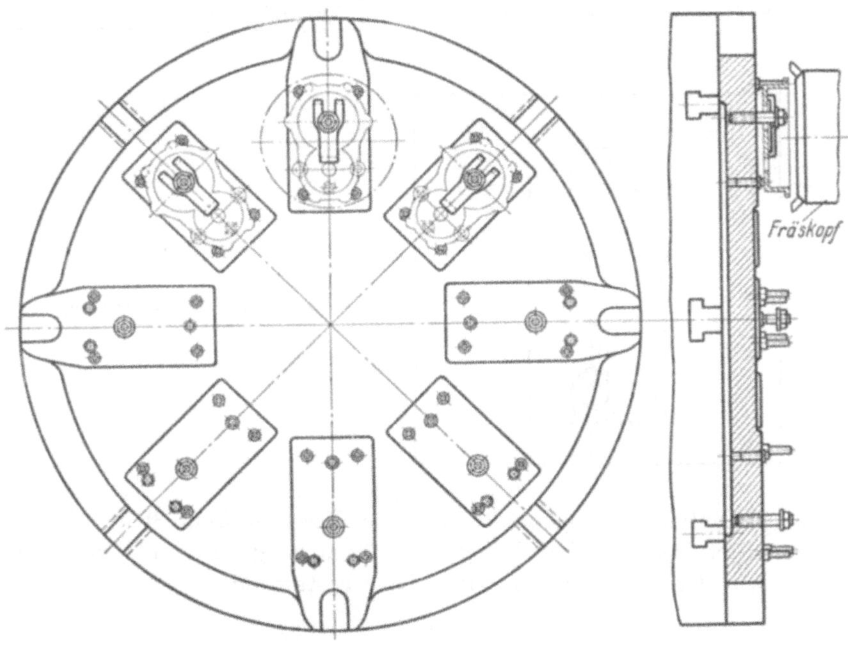

Abb. 67. Umlaufend arbeitende Vorrichtung.

Spannung geht deutlich aus der Abbildung hervor. Die Vorrichtung nach Abb. 69 dient zum Einarbeiten von schraubenartigen Schmiernuten in Fassonbuchsen. Das Werkstück wird mittels eines Deckels, der durch Exzenterhebel verschlossen wird, festgehalten und der Stahl, der auf einer steilgängigen Spindel sitzt, hindurchgedreht. Eine solche Vorrichtung kommt nur in Frage, wenn keine Schmiernuten-Ziehmaschine zur Verfügung steht.

25. Montagevorrichtungen. Auch zur Montage, wie zu jeder anderen Arbeit, können Vorrichtungen geschaffen werden. Die in Abb. 70 gezeigte Montagevorrichtung dient zum Einsetzen von Buchsen in einen Rundkörper in einer ganz bestimmten Lage. Die Buchse wird in

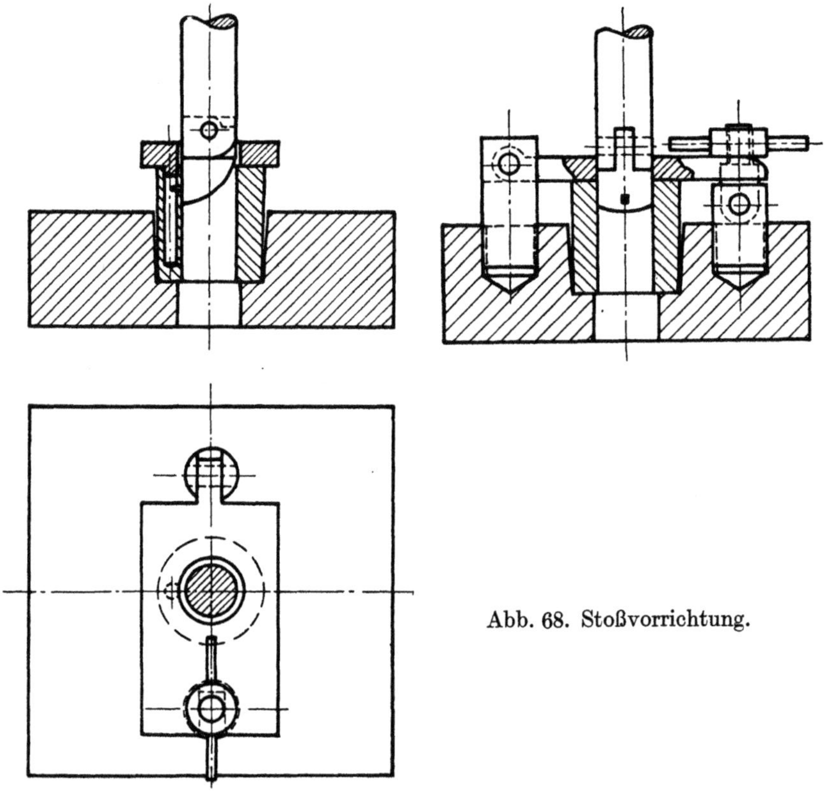

Abb. 68. Stoßvorrichtung.

den Rundkörper eingepreßt, nachdem dieser an dem Stift außen ausgerichtet ist, und das Vorlegelineal herüber geschwenkt, so ein Einpressen der Buchse nur in einer Lage gestattend.

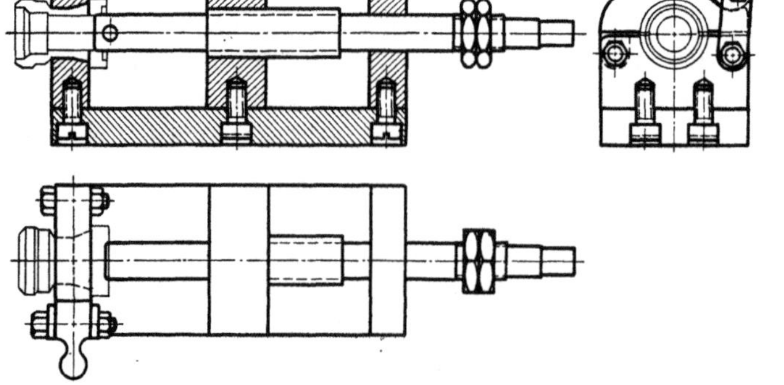

Abb. 69. Vorrichtung zum Eindrehen von Schmiernuten.

D. Sonderwerkzeugmaschinen.

1. Zweck. Das Bestreben, die Bearbeitungszeit bestimmter Arbeitsstücke abzukürzen, führte zur Sondermaschine. Eine Sondermaschine hat den Zweck, einen bestimmten Arbeitsvorgang stets in der gleichen Art und Weise an demselben Werkstücke in kürzester Zeit auszuführen. Sie sind deshalb nicht universell denkbar. Abweichend hiervon sind nur die Mehrspindelbohrmaschinen mit verstellbaren Spindeln. In der Massenfertigung und der Fertigung in großen Reihen sind universelle Werkzeugmaschinen nicht am Platze; denn in solchen Fertigungen hat tatsächlich jede Werkzeugmaschine nur einen bestimmten Zweck resp. Arbeitsgang zu erfüllen. Die Universalmaschinen kommen nur dort zur Anwendung, wo kleine Reihen oder Einzelfertigung vorhanden ist. Für die erstgenannte Fertigung werden also hauptsächlich normale einfache Werkzeugmaschinen mit weitestgehender Anwendung von Vorrichtungen oder Sondereinrichtungen und Sonderwerkzeugmaschinen verwendet. Denn zu welchem Zwecke sind z. B. an einer Universalfräsmaschine die verschiedensten universellen Einrichtungen vorhanden, wenn ständig nur ein und dieselbe Fräsarbeit auf ihr ausgeführt wird? Für eine solche Arbeit genügt die einfache Fräsmaschine, die viel billiger ist.

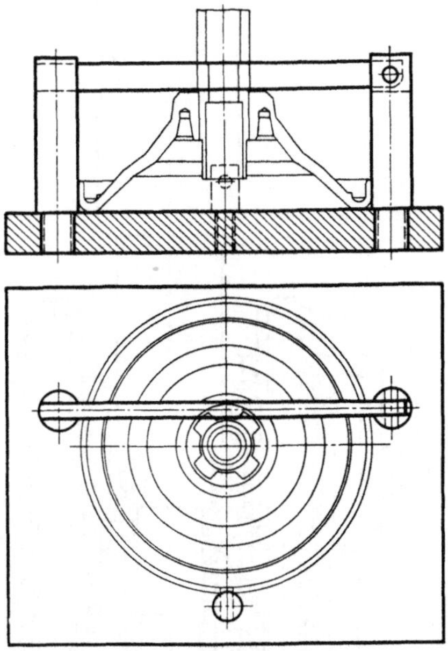

Abb. 70. Montagevorrichtung einfachster Art.

Es ist mit Leichtigkeit möglich, vorhandene einfache Werkzeugmaschinen in Sondermaschinen umzuwandeln. Als Beispiel sei die Ständerbohrmaschine erwähnt, an der ein Mehrspindelkopf mit unverrückbaren Spindeln angebracht wird. Solche Köpfe, besonders mit verstellbaren Spindeln, sind käuflich und erfüllen ihren Zweck bei geringerer Reihenfertigung. Bei größerer Reihen- oder Massenfertigung verwendet man jedoch Mehrspindelbohrköpfe mit festen Spindeln, wie eine solche in Abb. 71 dargestellt ist. Besonderer Wert ist dabei auf kleinen Durchmesser der Spindel zu legen, damit auch Bohrungen mit geringen Mittenentfernungen ausgeführt werden können.

Bei der gezeigten Ausführung sind patronenartige Spannhülsen vorgesehen, die, von oben durch die Muttern angezogen, die Bohrer festhalten. Das Gehäuse des Apparates muß durch einen Anschlag gegen Drehen gesichert werden.

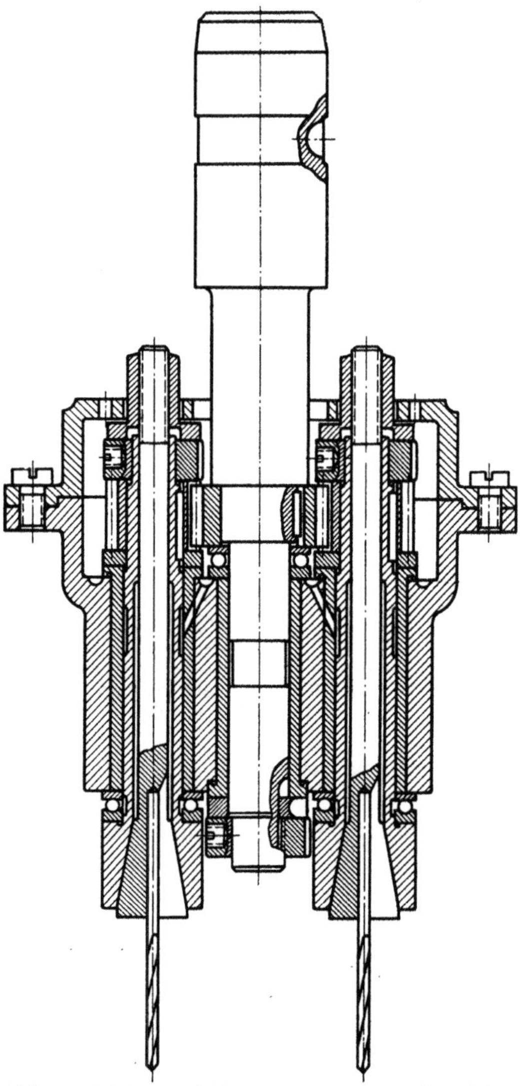

Abb. 71. Mehrspindelbohrkopf mit festen Spindeln.

2. Beispiele. Zum horizontalen Bohren können Drehbänke mit mehreren Spindeln eingerichtet werden. In Abb. 72 ist eine derartige Einrichtung mit auf dem Support aufgebauter Aufspannvorrichtung gezeigt. Abb. 73 bringt eine ähnliche Einrichtung; jedoch sind hierbei zwei Spindelstöcke vorgesehen, die gegeneinander arbeiten. Zwischen beiden befindet sich auf dem Support die Vorrichtung zum Aufspannen der Werkstücke. Die Konstruktion solcher horizontalen Mehrspindelbohrmaschinen ist in Abb. 74 dargestellt. Für größere Fertigungsmengen arbeitet man mit unverstellbaren Bohrspindeln derart, daß die Führung der Bohrspindeln in einem auf dem Bett der Bohrmaschine aufgebauten Lagerbock *h* erfolgt. Zu jeder Bohrspindel führt eine Gelenkwelle vom Antriebskasten *r*, in dem die Zahnradantriebe für die einzelnen von der Hauptspindel *k* angetriebenen Bohrspindeln untergebracht sind. Der Lagerbock *h* ist für das entsprechende Werkstück eingerichtet und trägt die Bohrspindeln in der hierzu nötigen Mittenentfernung. Für ein anderes Werkstück kann der Lagerbock ausgewechselt werden und die Spindeln in einem anderen Lagerbock mit anderen Mittenentfernungen gelagert werden, so daß es möglich ist, eine solche Maschine bei nicht voller Beschäftigung nicht nur für ein Werkstück, sondern

Abb. 72. Drehbank als Mehrspindelbohrmaschine umgebaut.

für mehrere zu verwenden. Im unteren Teil der Abb. 74 ist eine Doppelmehrspindel-Bohrmaschine dargestellt, bei der jedoch die Spindeln in der bekannten Art und Weise verstellbar sind. Die Doppelbohrmaschinen haben den Zweck, zwei zusammengehörige Werkstücke gleichzeitig,

Abb. 73. Doppelseitige Mehrspindelbohrmaschine aus einer Drehbank umgebaut.

d. h. hintereinander zu bohren, so daß sie sofort, wie sie von der Maschine herunterkommen, zusammengeschraubt werden können.

Nicht nur für Bohrmaschinen lassen sich die soeben beschriebenen Konstruktionen verwenden, sondern auch für Fräsmaschinen. Eine solche Einrichtung auf der Fräsmaschine ist in Abb. 75 gezeigt. Es handelt sich hierbei um das gleichzeitige Fräsen von mehreren Schlitzen in Hülsen.

Eine Sonderbohrmaschine mit mehreren Spindeln in einer Reihe hintereinander zeigt Abb. 76. Solche Bohrmaschinen

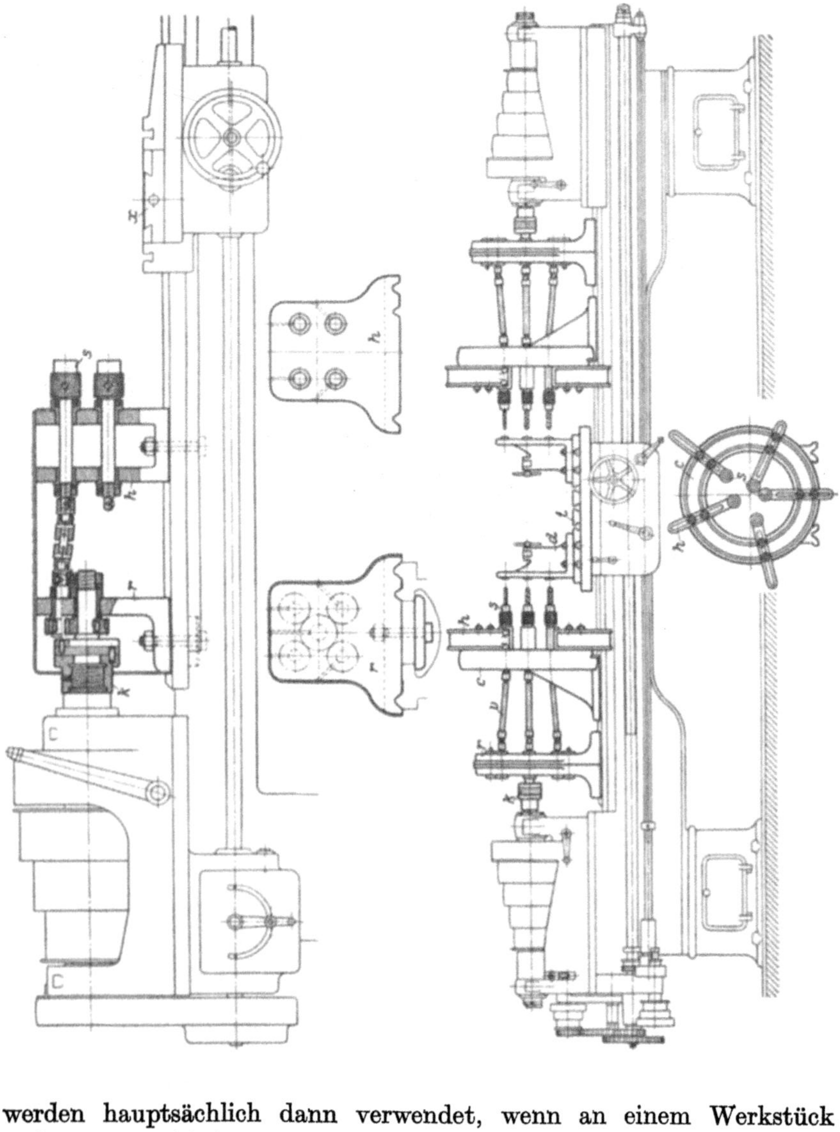

Abb. 74. Konstruktion einer doppelseitigen Mehrspindelbohrmaschine käuflicher Art.

werden hauptsächlich dann verwendet, wenn an einem Werkstück mehrere verschiedene Arbeiten vorzunehmen sind, die mittels der Bohrspindel erfolgen können. Das Werkstück wandert dann nacheinander von einer Spindel zur anderen in seiner Vorrichtung. Diese Ma-

Abb. 75. Mehrspindelfräsmaschine aus Ständerfräsmaschine umgebaut.

Abb. 76. Sonderbohrmaschine mit mehreren verstellbaren Spindeln hintereinander.

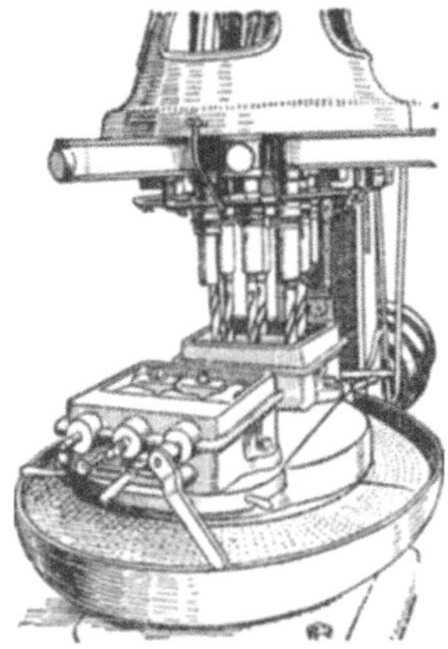

Abb. 77. Abwechselnd arbeitende Bohrvorrichtung für Mehrspindelbohrmaschine.

schine ist jedoch auch verwendbar für längere Werkstücke, in die auf einer Linie liegend mehrere Bohrungen zu machen sind, was dann gleichzeitig erfolgen kann. Hierbei ist zu bedenken, daß man auch auf jede der Bohrspindeln einen Mehrfachbohrkopf aufsetzen kann, so daß diese Maschine für die verschiedensten Verhältnisse für längere Werkstücke eingerichtet werden kann.

Eine abwechselnd arbeitende Vorrichtung unter der Mehrspindelbohrmaschine ist in Abb. 77 zu sehen. Während die 6 Bohrer auf der einen Seite der Vorrichtung mit selbsttätigem Vorschube arbeiten, spannt der Arbeiter auf der anderen Seite der Vorrichtung bereits gebohrte Werkstücke aus und dafür ungebohrte ein. Hat die Bohrmaschine ihre Arbeit vollendet, so schaltet sie selbsttätig aus, die Bohrer werden zurückgezogen, die Vorrichtung auf dem Rundtisch der Bohrmaschine um 180⁰ geschwenkt und die Arbeit der Bohrer beginnt an neuen Werkstücken, während der Arbeiter seine Tätigkeit des Ein- und Ausspannens weiterführt.

Abb. 78. Phönix-Bohrmaschine mit abwechselnd arbeitender Vorrichtung.

Solche Mehrspindelbohrmaschinen, wie in Abb. 77, 78,

79 und 80 gezeigt, fertigt vor allem die Firma Habersang und Zinsen an, von der die Mehrzahl der Abbildungen stammt. Ihre Phönixbohrmaschine wird von den kleinsten bis zu den größten Abmessungen ausgeführt, und zwar hauptsächlich mit verstellbaren Spindeln, jedoch als Sonderbohrmaschine mit den verschiedensten Aufspannvorrichtungen. Abb. 78 zeigt ebenso wie Abb. 79 eine angebaute, abwechselnd arbeitende

Abb. 79. Phönix-Bohrmaschine mit abwechselnd arbeitender Vorrichtung.

Spannvorrichtung, während in Abb. 80 der Bohrtisch zur Aufnahme einer großen Reihe von Werkstücken eingerichtet ist, wovon eines nach dem anderen unter die Bohrspindeln gelangt. Der Tisch wird wie eine große Teilscheibe von Werkstück zu Werkstück vorgedreht und in der richtigen Lage unter den Bohrspindeln festgehalten. Der Arbeiter hat wiederum hauptsächlich Ein- und Ausspannarbeit zu erledigen.

Für Werkstücke, in die große Mengen von Bohrungen der verschiedensten Art eingearbeitet werden müssen, vereinigt man mehrere Mehr-

Abb. 80. Phönix-Bohrmaschine mit Sonderbohrvorrichtung, teilbarer Vorschub.

spindelbohrmaschinen zu einer sogenannten **Bohrmaschinenstraße**. Die Vorrichtung für die Aufnahme des Werkstückes wird in solchem

Abb. 81. Bohrmaschinenstraße.

Abb. 82. Bohrmaschinenstraße mit Einzelantrieb.

Falle mit Rädern versehen, die unter den Bohrmaschinen auf einer Schienenbahn mit prismenartigen Schienen, von einer Bohrmaschine zur anderen laufen. Die Vorrichtung selbst ist dann noch für jede Bohrebene schwenkbar eingerichtet. In Abb. 81 ist eine solche Anlage im

Abb. 83. Sondervorfräsmaschine für kleine Kegelräder.

Bilde gezeigt. Am Schlusse der hier gezeigten Bohrmaschinenstraße befindet sich für das Bohren größerer Löcher eine Radialbohrmaschine. Eine ähnliche Bohrmaschinenstraße ist in Abb. 82 gezeigt, nur sind bei der Ausführung nach Abb. 82 die Maschinen mit Einzelantrieb versehen.

Zum Schlusse ist eine Sonderfräsmaschine, Abb. 83, für größte Massenfertigung für das Vorfräsen von kleinen Kegelrädern als Beispiel gebracht. Die Maschine arbeitet mit sechs Fräsern auf einer vertikalen Spindel. Der Tisch für die Aufnahme der Werkstücke dreht sich und bringt nacheinander die Reihen der Werkstücke vor die Fräser. Die Maschine arbeitet fortlaufend selbsttätig, so daß nur die Werkstücke ausgewechselt werden müssen.

Aus den angeführten Beispielen ist ersichtlich, wie man bei genügend hoher Fertigungsmenge für die verschiedensten Arbeiten Sonderwerkzeugmaschinen schaffen kann. Zweckmäßig werden solche Maschinen mit Einzelantrieb eingerichtet, wodurch gleichfalls erhebliche Ersparnisse erzielt werden.

Werkzeuglager. Ausgabe und Revision der Werkzeuge[1]).

Von Betriebsingenieur **H. Mauck**, Berlin.

A. Werkzeuglager.

1. Notwendigkeit eines Werkzeuglagers.

Mit der fortschreitenden Entwicklung der Fabrikation, die Spezialisten für ein eng umgrenztes Arbeitsgebiet herangebildet hat, sind für jede einzelne Operation Einrichtungen und Werkzeuge entstanden, die es ermöglichen, die Teile fast montagefertig von der Maschine zu nehmen. Ein moderner Fabrikbetrieb verfügt heute über eine große Ausrüstung an derartigen Spezialeinrichtungen und Werkzeugen, besonders wenn er nicht auf die Herstellung einiger weniger Fabrikate, sondern eines umfangreichen Programms eingestellt ist. Diese Gegenstände übersichtlich zu ordnen, sie für die Arbeit instand zu halten und so bereit zu legen, daß sie sofort greifbar sind, ist eine der Hauptaufgaben für eine neuzeitliche Fabrikorganisation.

Ein gut geleiteter Betrieb hat daher nicht nur ein Material- und Verkaufslager, sondern auch ein Halbfabrikat- und Zwischenlager, ein Lager fertiger Teile und vor allen Dingen auch ein Werkzeuglager für die Werkzeuge und Vorrichtungen. Im folgenden soll ein derartiges Werkzeuglager besprochen werden.

In einfacher Form (behelfsmäßig) fertigten sich in früheren Zeiten die Leute ihre Werkzeuge selbst an, und in dem Bestreben, bei einem festgelegten Gesamtakkord in kurzer Zeit möglichst viel zu verdienen und bequem zu arbeiten, stellten sie Einrichtungen her, mit deren Hilfe sie hohe Verdienste in kürzerer Zeit erreichen konnten als kalkuliert war. Diese Werkzeuge betrachteten dann die einzelnen für die Dauer ihres Arbeitsverhältnisses als ihr Eigentum. Sie wurden nicht verliehen und der Arbeiter behielt sie in seinem Kasten. Dadurch hatte niemand Kenntnis davon, wie der Betreffende die einzelnen Operationen ausgeführt hatte. Da diese Einrichtungen keinerlei Bezeichnungen trugen, wurden sie achtlos beiseite geworfen, wenn der betreffende Mann die Arbeit niederlegte. Jeder Neueintretende fing wieder von vorn an und fertigte sich für den gleichen Zweck neue Werkzeuge.

---

[1]) Bildvorlagen von Ludw. Loewe & Co., Berlin.

Er sammelte seinerseits wieder Erfahrungen und leistete gleichsam die Arbeit seines Vorgängers noch einmal. Dies geschah zum Nachteil des Unternehmers, auf dessen Kosten diese Neuanfertigungen gingen. Einzelne Fabriken, besonders die Spezialfabriken für Fahrräder, Näh- und Schreibmaschinen, Waffen u. dgl., hatten diesen Übelstand schon vor langer Zeit erkannt. Sie ließen in neu geschaffenen Betriebsbüros für einzelne Operationen sorgfältig durchkonstruierte Vorrichtungen und Spezialwerkzeuge von Fachleuten entwerfen und vervollkommneten und verbesserten diese Hilfsmittel im Laufe der Zeit so, daß schließlich für jede kleinste Maschinen- und Schlosserarbeit Vorrichtungen vorhanden waren, mit denen die Teile in fast immer gleichen Abmessungen entstanden. Hand in Hand damit wurden auch Kontrolleinrichtungen geschaffen. Die Leistungsfähigkeit des Unternehmens hob sich zusehends, da nicht nur die Fabrikation beschleunigt wurde, sondern beim Zusammenbau auch die in einer größeren oder kleineren Serie hergestellten Stücke zur Montage dem Lager wahllos entnommen werden konnten. Damit war eine der Grundbedingungen des Austauschbaues erfüllt. Eine derartige Fabrikation setzte natürlich die Anwendung genauer Meßwerkzeuge voraus.

Noch in den letzten Jahren vor dem Kriege besaßen die meisten Leute ihre eigenen Meßwerkzeuge. Neben Schublehren, Mikrometerschrauben, Winkelmessern, Lineal und Stahlmaßstab hatten besonders die Lehrenbauer noch verschiedene eigene Werkzeuge wie Rapporteure, Winkel, Tiefenmaß, Zirkel, Taster, die sie jetzt alle vom Lager entleihen. Die Betriebe gaben früher ihren Leuten die Meßwerkzeuge wohl auch zum Selbstkostenpreis ab und vergüteten in einzelnen Fällen dem Mann, der mit eigenen Werkzeugen arbeitete, kleine Beträge, verlangten aber dafür, daß die Werkzeuge in gutem Zustand waren, was öfter kontrolliert wurde. Es ist einerseits heute nicht mehr möglich, diese Gewohnheit beizubehalten, da der Arbeiter wegen der hohen Anschaffungsspesen sich keine Werkzeuge mehr kaufen kann und andererseits die Betriebe durch tarifliche Beschlüsse verpflichtet sind, den Leuten gute Werkzeuge zu liefern.

Alle Vorrichtungen und Werkzeuge fanden seither Aufnahme in einem besonderen Raum, der Werkzeugausgabe genannt wurde. Aber nicht nur Spezialeinrichtungen, sondern auch Materialien, die der Betrieb brauchte, wurden darin untergebracht.

Leider gibt es noch heute eine ganze Anzahl von Betrieben, die keine eigentliche Werkzeugausgabe haben. In einem alten Schrank, der früher anderen Zwecken diente, sind dort die Werkzeuge untergebracht. Der Meister gibt sie heraus und legt sie bei der Zurückgabe wieder in den Schrank, ohne zu prüfen, ob sie noch gebrauchsfähig sind. Wenn reparaturbedürftig, werden sie erst in Ordnung gebracht, sobald sie wieder verlangt werden. Dadurch geht viel kostbare Zeit verloren. Der Mann an der Maschine wartet und muß die verlorene Zeit bezahlt erhalten. Meist sind dann auch nicht die geeigneten Fachleute zur Stelle, die das Werkzeug sachgemäß aufarbeiten können, so daß mit dem mangelhaft wiederhergestellten Werkzeug brauchbare Arbeit kaum geleistet werden kann. Ohne der Ursache nachzugehen, ist dann ein schnelles Urteil für den Lieferanten des Werkzeuges bei der Hand, weil die eigentliche Ursache des Versagens nicht erkannt wird. Der Meister wird auf solche Weise derart mit Arbeit überhäuft, daß es ihm an der Zeit fehlt, die nötige Ordnung in den Werkzeugen zu halten, und es herrscht dann ein solcher Wirrwarr, daß stundenlang nach Teilen gesucht wird, weil im Drange der Geschäfte meist auch verabsäumt wird, sich über das entliehene Werkzeug eine Empfangsbescheinigung vom Arbeiter geben zu lassen. Kein Mensch weiß, daß das Werkzeug noch ausgeliehen ist oder wo es in der Eile schnell hingelegt wurde. Auch hier müssen dann Stunden der Arbeitszeit geopfert werden, um die verlorene Ordnung wieder herzustellen. Ein mit natürlichem Ordnungssinn begabter Meister weiß solchen Zuständen vorzubeugen und sorgt dafür, daß zumindest die wieder hergestellte Ordnung dauernd erhalten bleibt.

Andere Betriebe, die diesen Zustand erkannt haben, schafften für die Werkzeugausgabe wohl besondere Räume, ohne aber dem eigentlichen Übel abzuhelfen. In einer dunklen Ecke wurden ausrangierte Schränke, hohe Regale und Verschläge aufgestellt, die der Aufnahme der Werkzeuge dienen sollten. Der Lagerverwalter, ein alter, ausgedienter Arbeiter, dem mehr an seiner persönlichen Ruhe lag als daran, peinliche Ordnung zu halten, hatte seine Freunde, die er immer mit guten Werkzeugen versah, während andere mit verbrauchten weiter arbeiten mußten, weil er aus Bequemlichkeit die besseren Werkzeuge nicht suchen wollte. Er besaß meist nicht die Energie, auf die Leute, die leichtsinnig mit einem Werkzeug umgegangen waren, durch sachliche Erklärung belehrend einzuwirken. Da der Raum von außen nicht übersehbar war, hatte dieser Lagerverwalter gute Gelegenheit, seine Pflicht zu vernachlässigen. Trat ein Personalwechsel ein, so fand sich der Nachfolger überhaupt nicht zurecht. Die gleichen Werkzeuge lagen nicht beieinander und er mußte feststellen, daß die hohen, nur mit einer Leiter zugänglichen Fächer meist leer, alle in Reichweite befindlichen dagegen überfüllt waren. Die ungünstigen Lichtverhältnisse erforderten sogar bei hellen Tagen künstliche Beleuchtung. In einer Ecke stand dann oft noch eine sehr reparaturbedürftige Scharfschleifmaschine mit unvollständigen Sondereinrichtungen, so daß es nicht möglich war, die verschiedenen Werkzeuge ordnungsmäßig aufzuarbeiten. In vollständiger Unkenntnis wurde kostbarer Schnellstahl nutzlos verschliffen, so daß die Maschinenarbeiter lieber mit dem stumpfen Werkzeug weiter arbeiteten, weil sie wußten, daß der Lagerverwalter das Werkzeug vollständig verdarb. Durch die ungünstigen Lichtverhältnisse mußte, wie oben bereits erwähnt, fast immer bei künstlicher Beleuchtung gearbeitet werden.

Angesichts solcher Tatsachen fragt man sich immer wieder, wie es möglich war, daß sich solche Einrichtungen bis auf den heutigen Tag erhalten konnten. Jeder einzelne wird sich darüber klar sein, daß ein Werkzeuglager ebenso sorgfältig aufgebaut sein muß wie irgendeine andere Betriebseinrichtung. Die Lagerhaltung bildet gewissermaßen einen Teil der Betriebswissenschaft. Es gibt keine andere Ursache als die Trägheit, daß eine Werkstatt, die mit den alten, unvollkommenen Einrichtungen groß geworden war und die den Vorteil gut eingerichteter Lager nicht kannte, lieber mit dem alten Lager weiter arbeitete, um den Unbequemlichkeiten und Kosten des Umbaus aus dem Wege zu gehen.

Heute zwingen die hohen Beschaffungskosten für Werkzeuge und die rapid gestiegenen Löhne dazu, mit den alten Zuständen zu brechen, wenn man nicht will, daß weiter bedeutende Mittel zwecklos vergeudet werden. In allen Betrieben muß es eine Stelle geben, die die Werkzeuge sachgemäß verwaltet. Bei ihrer Zurückgabe dürfen sie nicht einfach zu den Beständen zurückgelegt werden, sondern müssen auf Weiterverwendbarkeit hin kontrolliert werden. Facharbeiter haben sie instand zu halten und aufzuarbeiten, denn gerade diese Arbeit kann viel Geld sparen, wenn sie rechtzeitig und gut ausgeführt wird. Für abgenutzte und zerbrochene Werkzeuge ist auf schnellstem Wege Ersatz zu schaffen, der rechtzeitig zur Stelle sein muß. Zur Erreichung dieses Zustandes ist es erforderlich, daß die Leiter der Betriebe erzieherisch auf die Leute einwirken. Sie heben dadurch zugleich von selbst die Fabrikation und wirken auf alle Arbeitnehmer günstig ein, der Sparsamkeitssinn für anvertrautes Gut wird in den Leuten geweckt und ihr Ordnungssinn ausgebildet.

2. Lagerraum und Lagereinrichtungen.

Damit die Arbeiter die Werkzeugausgabe mit dem geringsten Zeitaufwand erreichen können, sind sogenannte Zentrallager, d. h. Lager für den ganzen Betrieb, zu vermeiden. Am besten hat jeder Teilbetrieb seine eigene Werkzeugausgabe, die dann klein und übersichtlich sein kann. Allerdings erhöht sich dadurch die Menge der Werkzeuge, weil viele mehrfach vorhanden sein müssen. Der Mehraufwand hierfür wird jedoch durch Zeitersparnis beim Ausleihen wieder eingebracht. In Stockwerkbauten ist es wegen besserer Orientierung sehr zweckmäßig, die Lager in den Stockwerken immer am gleichen Platz unterzubringen und mit einem kleinen Fahrstuhl zu verbinden.

Es wird dadurch vermieden, daß die Leute durch das Treppensteigen Zeit verlieren. Die Wege zu den Lagern sind reichlich breit zu bemessen und dürfen nicht mit Werkstücken verstellt werden. Die Schalter sind

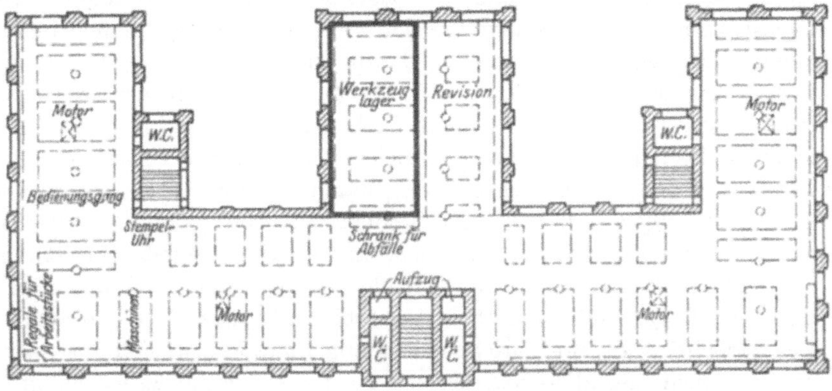

Abb. 1. Grundriß eines Stockwerkes einer Fabrik mit Werkzeuglager.

so groß zu bemessen, daß mehrere Arbeiter zu gleicher Zeit abgefertigt werden können und besonders Akkordarbeiter schnell ihre Werkzeuge erhalten können. Im anderen Falle arbeitet der Akkordarbeiter zu

Abb. 2. Werkzeugausgabe

seinem Schaden und dem der Fabrikation lieber mit dem schadhaften Werkzeug weiter, um keine kostbare Zeit zu verlieren. Es ist zu vermeiden, daß Werkzeuglager in der Nähe von staubbildenden Maschinen eingerichtet werden oder an Orten, die durch Dämpfe von Säuren bzw. Gasen die Rostbildung begünstigen. Der Raum muß so hell sein, daß ohne künstliche Beleuchtung auszukommen ist. Deshalb dürfen die Regale nicht parallel zu den Fenstern aufgestellt sein, weil sie bei dieser Anordnung den dahinter liegenden Raum verdunkeln. Das Tageslicht muß in die Gänge, die sich zwischen den Regalreihen bilden, ungehindert hereinfallen können, damit auch die Stellen, die am weitesten vom Fenster entfernt sind, noch volles Licht erhalten. Für trübe Tage und dunkle Morgen- und Abendstunden sind in den Gängen nicht zu hoch hängende kräftige Beleuchtungskörper vorzusehen, von denen in jedem Gang mehrere aufgehängt werden. Sie müssen aber gangweise eingeschaltet werden können. Neben jedem Schalter ist noch ein Steckkontakt vorzusehen, um auch mit einer Handlampe, die man dort anschaltet, in Winkel hineinleuchten zu können. Die Gänge im Lager sind mindestens 1 m breit zu bemessen. Wenn mehrere Lagerarbeiter tätig sind, müssen sie genug Platz haben, sich gegenseitig auszuweichen. An allen Regalen und Kästen sollen gut leserliche, große Bezeichnungen (möglichst mit Abbildung) angebracht sein, so daß sich jeder neue Lagerarbeiter sofort zurechtfinden kann. Die Beschriftung ist durchaus eindeutig zu halten, um jede Verwechslung auszuschließen.

Beim Aufbau des Lagers darf die Übersicht in der Werkstatt nicht beeinträchtigt werden. Von allen Seiten muß das Lager von außen übersehen werden können, um die darin befindlichen Personen zu überwachen. Es sind darum keine Holzwände aufzustellen, sondern Drahtgitter. An der Ausgabe ist ein Regal von der Höhe eines Tisches (etwa 80 cm hoch) anzuordnen, damit der Lagerverwalter einen geeigneten Platz zur Ausstellung der Leihzettel, zur Handhabung der Kartothekkästen, zur Erledigung kleiner Schreibarbeiten und zum Abstellen der einzelnen Teile hat. Dieses Regal, das eine Art Ladentisch ist, dient zur Aufbewahrung der Materialien der betreffenden Werkstatt. Auch ein Wärmeschrank für Getränke kann im Lager gut untergebracht werden. Schließlich ist auf der Tischplatte noch ein Parallel-Schraubstock zu befestigen, auf dem der Lagerarbeiter kleine Arbeiten ausführen kann. Diese bestehen im Auswechseln verbrauchter Hämmerstiele, Herausschlagen von Hülsen aus dem Konus, Gangbarmachen von Schrauben, die durch altes Öl verschmutzt sind, Ersetzen schadhafter Führungssteine, Entfernen abgebrochener Bohrer usw.

Zur Aufbewahrung der Werkzeuge dienen Regale. Beim Aufbau dieser Regale muß die Höhe der Fächer so bemessen werden, daß sich alle Teile darin unterbringen lassen. Für etwaige spätere Umlagerung ist es zweckmäßig, die Fachhöhe durch herausnehmbare Holzplatten verändern zu können; es werden daher die Vertikalwände der Regale mit Leisten oder Rippen versehen, die zur Auflage von Platten dienen. Zur bequemen Reinigung der Fußböden und um zu verhindern, daß heruntergefallene Teile verloren gehen, versieht man die Regale mit einem niedrigen Holzsockel, der eine Scheuerleiste erhält. Wenn derartige Lagerräume später von der Fabrikation benötigt werden, dürfen Abbruch und Wiederaufbau dieser Regale an anderen Stellen keine Schwierigkeiten verursachen. Bestehen sie aus Brettern, so muß sie der Zimmermann in seine Teile zerlegen. Dabei werden viele Teile unbrauchbar. Es ist darum vorteilhaft, die Hauptteile der Regale zu verschrauben. Bei der Art werden die vertikalen Wände meist aus Holz hergestellt oder es wird aus Gasrohren eine Wand aufgebaut, die durch Bandeisen in Fächer geteilt ist. Alle diese Teile müssen aber

Abb. 3. Regalständer.

Abb. 4. Aufgestelltes Regal.

trotzdem bei einem evtl. Umbau durch neue ersetzt werden, weil sie kaum für alle vorkommenden Eventualitäten passen werden. Einzelne Betriebe haben vorsorglich für diese Teile Normalien geschaffen, wodurch sie in der Lage sind, ihre Lager nach einheitlichen Grundsätzen aufzubauen. Die Vertikalwände werden dann praktisch aus gußeisernen Ständern hergestellt, die 1 m hoch und 50 cm breit sind. In 10 cm Entfernung vom Fußboden befindet sich eine Rippe, die bis zu dieser Höhe mit einem Holzsockel abgedeckt wird. Die übrige Höhe der Ständers ist durch 3 Rippen in 4 gleich hohe Felder eingeteilt. Auf diese Rippen werden Bretter gelegt. Die Ständer werden in einer Entfernung von 1 m aufgestellt und am hinteren Ende durch Kreuzanker versteift. Das oberste Brett ist aufgeschraubt, um das so entstandene Regal gegen seitliches Verschieben zu sichern. Die dazwischen liegenden Bretter sind lose hineingelegt, um sie bei Einreihung von hohen Werkzeugen leicht herausnehmen zu können. Solche Regale lassen sich leicht zusammenstellen und wieder auseinander nehmen. Sie erfüllen alle Anforderungen auf Zweckmäßigkeit.

Abb. 5. Fahrgestell für schwere Vorrichtungen.

Es hat sich als praktisch erwiesen, bis $^1/_2$ m Höhe vom Fußboden aus nur mittelschwere Teile unterzubringen, während der Raum bis 2 m Höhe sich vorteilhaft zur Lagerung kleiner Teile eignet, die am besten in Kästen liegen, um sie vor Staub zu schützen. Im oberen Raum, bis 3 m Höhe, können gut die leichteren, nicht oft verlangten Vorrichtungen untergebracht werden. Noch höhere Regale als 3 m sind unter allen Umständen zu vermeiden. Ganz schwere Vorrichtungen, die selten gebraucht werden, lagert man nicht in diesem Werkzeuglager, sondern in besonderen Räumen mit Krananlage auf fahrbaren Gestellen zum bequemen Transport an den Ort ihrer Verwendung. Auf den Fahrgestellen liegen die Vorrichtungen in der Gebrauchslage und brauchen nicht gewendet zu werden. Bei Montagevorrichtungen dienen die Gestelle als Montagebock, die Vorrichtung ist dann fest aufmontiert.

Die kleineren Werkzeuge und Lehren lagern bis zum oberen Teil des Regales auf fest eingebauten Brettern oder Schiebebrettern. In besonderen Fällen werden diese Schiebebretter noch als Kästen mit 4 Wänden gebaut die darin liegenden Werkzeuge sind so gegen Staub geschützt. Diese Kästen müssen vom Tischler für jeden besonderen Fall eingebaut werden. Will man bei einer derartigen Einrichtung dahin kommen, daß nicht immer wieder neue Kästen gebaut werden müssen, wenn eine Umgruppierung stattfindet, so schafft man sich von vornherein eine moderne Lagereinrichtung dadurch, daß die Regale usw. in allen Lagern gleiche Dimensionen haben. Es werden sogenannte Einsatzschränke gebaut, die mit Schiebekästen versehen sind. Diese Einsatzschränke sind für die ganze Fabrik gleich groß und können somit in jedem Lager verwandt werden. Sie sind 90 cm lang, 45 cm hoch und 50 cm tief. Durch eine oder auch zwei Zwischenwände sind sie in 2 oder 3 gleiche Teile unterteilt und in jedem Teil ist Platz für 3—8 kleine Kästen.

Abb. 6. Leerer Einsatzschrank.

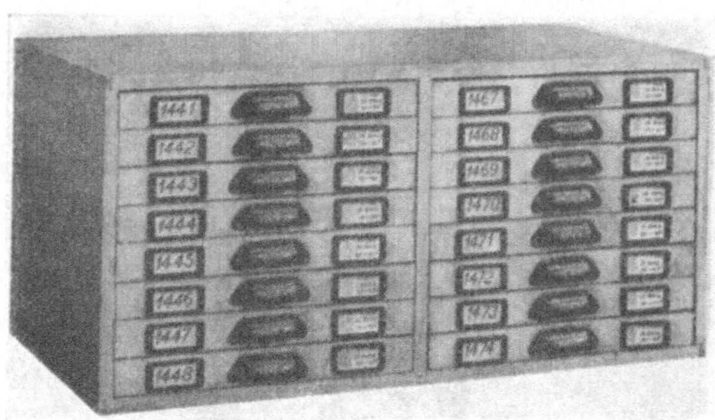

Abb. 7. Zweiteiliger Einsatzschrank mit je 8 Kästen.

Um nun die verschieden hohen Werkzeuge der gleichen Art in demselben Schrank zu lagern, sind außer den Schiebeleisten, die in gleicher Höhe befestigt sind, noch Zwischenleisten angeordnet, so daß verschieden hohe Kästen untergebracht werden können. Es ist dadurch möglich, Kästen von 5, 6, 7, 8, 10 und 12 cm Höhe in demselben Schrank zu verwenden. Während sonst bei der reihenweisen Lagerung gleichartiger Gegenstände die Höhe sämtlicher Kästen sich nach dem höchsten Werkzeug richten mußte, kann man jetzt verschiedenhohe Kästen je nach den Werkzeuggrößen verwenden. Es wird dadurch viel Platz gespart. Die Grundfläche der einzelnen Schiebekästen ist durch dünne Holzleisten

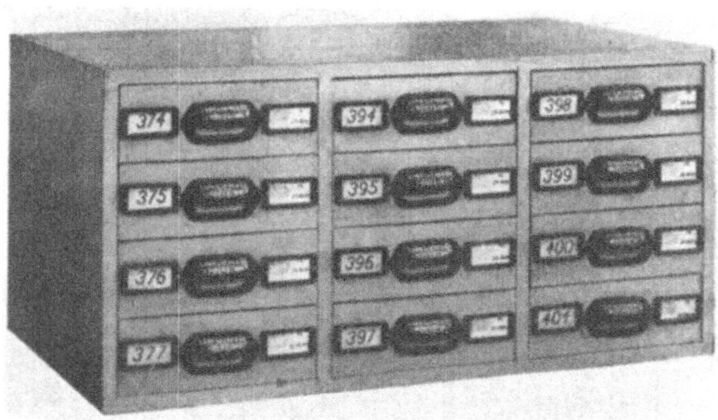

Abb. 8. Dreiteiliger Einsatzschrank mit je 4 Kästen.

Abb. 9. Schiebekästen mit verschiedenen Einrichtungen.

in kleine Rechtecke geteilt, so daß immer nur ein Werkzeug darin Platz finden kann.

In den Abteilen der Regale, in denen keine Einsatzschränke untergebracht sind, werden auf den Einsatzplatten Führungsleisten aufgeschraubt, in denen sich schmale Schiebebretter führen. Damit die Schiebebretter nicht zu weit nach hinten geschoben werden können, ist ein Anschlag anzubringen. Zum bequemen Herausziehen erhalten die Schiebebretter Schlitze zum Durchgreifen. Auf diesen Brettern werden die Vorrichtungen derart gelagert, daß die Bretter von vorn bis hinten besetzt sind. Wird eine hinten liegende Vorrichtung gebraucht, so muß das Schiebebrett vorgezogen werden. Früher stellte

Abb. 10. Schiebebretter in Führungsleisten.

man die Vorrichtungen nur vorn auf und ließ den hinteren Raum leer. Heute wird jeder kleinste Platz ausgenutzt und die tiefen Regale können restlos ausgefüllt werden. Bei diesen Vorrichtungen lagert man zugleich die zugehörigen Werkzeuge. Diese Art der Aufbewahrung ist besonders bei Bohrvorrichtungen vorteilhaft, da oft viele verschiedene Spiralbohrer gebraucht werden, die bei getrennter Lagerung durch den Lagerverwalter erst immer aus den verschiedenen Kästen zusammengesucht werden mußten. Allerdings braucht man auf diese Art sehr viele Werkzeuge, hat jedoch nur eine einmalige Anschaffung und dadurch einen Vorrat für Sonderzwecke.

Um an die in den oberen Fächern der Regale liegenden Teile gelangen zu können, müssen Leitern vorgesehen werden. Früher waren hierfür sogenannte Tritte vorhanden. Diese nahmen erheblichen Raum ein, standen im Wege, wenn sie nicht gebraucht wurden, und mußten an die Benutzungsstelle hingetragen werden. Bei hohen Regalen nahmen sie oft recht große Dimensionen an. Baute man sie aber der Raumersparnis halber schmal, so war das Aufsteigen, besonders mit vollen

Abb. 11. Leiter auf einer Seite des Ganges.

Händen, recht häufig mit Lebensgefahr verbunden. Aus diesen Gründen baut man jetzt verschiebbare Leitern ein. Diese brauchen nicht so breit zu sein, daß sie den Verkehr im Gange stören. Es bleibt vielmehr soviel Platz, daß sich die Arbeiter bequem im Gang bewegen

Abb. 12. Leiter in der Mitte des Ganges.

Abb. 13. Leiter für eine Regalseite.

können. Die Leiter hat auf einer Seite eine Stange, die zugleich als Geländer dient. Wird diese Stange beim Besteigen angefaßt, so wird sie naturgemäß stets nach unten gezogen, wodurch eine sinnreiche Bremsvorrichtung betätigt wird, die die Leiter auf der Stelle festhält. Wird die Stange nach oben gehoben und gleichzeitig nach der Richtung gedrückt, in der man ein Werkzeug sucht, so folgt die Leiter sofort. Der besseren Beweglichkeit halber läuft sie in oberen und unteren Rollenführungen und bleibt sofort stehen, da die Geländerstange beim Loslassen nach unten fällt und die Bremse festklemmt. Die Leiter muß stets so leicht verschiebbar bleiben, daß der Lagerarbeiter sie bequem mit einer Hand an den gewünschten Platz bringen kann, während er mit der anderen Hand ein Werkzeug hält. Steht der Mann auf der Leiter oder steigt auf und ab, so darf sich die Leiter nicht von selbst bewegen. Schließlich muß es möglich sein, die Leiter zu verschieben, wenn man mit freien Händen auf ihr steht, die Geländerstange anhebt und sich am Regal entlang zieht.

2. Einordnung der Werkzeuge.

Bei der Anordnung im Werkzeuglager kann von verschiedenen Grundsätzen ausgegangen werden. Man hat schon eine sehr gute Übersicht, wenn die Teile nach ihren Arten zusammen liegen. Vom rein praktischen Gesichtspunkte aus betrachtet ist es aber richtiger, wenn die Stücke so liegen, wie sie zusammen gehören. Es ist selbstverständlich, daß es in einem gut eingerichteten Lager kein zweckloses Hin- und Herlaufen geben darf. Deshalb legt man z. B. zu den Spiralbohrern für die Kernlöcher der Gewindebohrer auch die Gewindebohrer und zu diesen die erforderlichen Windeisen und Verlängerungen. In unmittelbarer Nähe können dann die Senker liegen, bei den Bohrstangen die Führungsbuchsen und bei diesen dann wieder die Bohrstähle. Zu den Fräsdornen gehören die Zwischenringe und Führungsbuchsen und gleichzeitig die Fräser und Messerköpfe; zu den Spiralbohrern die Konushülsen und Reduziereinsätze usw. Diese Art der Einordnung beeinflußt aber sehr ungünstig den Regalaufbau, weil sich wegen der Größenunterschiede der zusammengehörigen Stücke die Schiebekästen nicht anwenden lassen, wie bei nebeneinander liegenden Werkzeugen gleicher Art.

Man ordnet die Werkzeuge in folgende Gruppen: a) Schneidwerkzeuge, b) Spannwerkzeuge, Hilfswerkzeuge und Maschinen-Zubehörteile c) Lehren und d) Materialien.

Schneidwerkzeuge gliedern sich in handelsübliche Werkzeuge, Normalwerkzeuge und Spezialwerkzeuge.

Spannwerkzeuge werden eingeteilt in solche für Maschinen und solche für Vorrichtungen. Die Hilfswerkzeuge setzen sich aus Teilen zusammen, die die Vorrichtungen auf den Maschinen festhalten. Unter Maschinen-Zubehörteilen versteht man alle Teile, die der Fabrikant mit der Maschine geliefert hatte.

Bei den Lehren unterscheidet man Arbeits- und Revisionslehren.

Die Materialien richten sich nach dem täglichen Bedarf der betreffenden Werkstatt.

Diese 4 Hauptgruppen der Vorräte ordnet man zweckmäßig streng geschieden und räumlich voneinander getrennt ein. Um aber bei Fabrikationserweiterungen nicht vielleicht schon nach kurzer Zeit diese Ordnung vollkommen zerstören zu müssen, ist entsprechender Platz für Erweiterungen frei zu lassen. Es sind daher Kästen und Schiebebretter nicht bis auf den letzten Platz zu besetzen.

a) Schneidwerkzeuge. Die erste Untergruppe der Schneidwerkzeuge bilden die handelsüblichen Werkzeuge. Nach eingehender Prüfung, was in der Fabrikation gebraucht wird, ist die Reihenfolge unter Anlehnung an einen Werkzeugkatalog zu wählen.

Unter Normalwerkzeugen sind Sonderausführungen zu verstehen, die die Fabrikation zur serienweisen Herstellung ihrer Teile braucht; sie bilden das Rückgrat des Betriebes und müssen stets in mehreren Stücken vorhanden sein, weil eine Neuanfertigung längere Zeit bis zu ihrer Fertigstellung erfordert. Sie sind durch Inschriften so gekennzeichnet, daß ihr Verwendungszweck sofort ersichtlich ist.

Die Spezialwerkzeuge weichen von den handelsüblichen und den Normalwerkzeugen ab. Sie bilden sich gewissermaßen aus den Unregelmäßigkeiten der Fabrikation heraus und werden nötig, um Material- und Arbeitsausschuß evtl. weiter verwendbar zu machen. Bei ihrer Anwendung sollen also Fehler in der Bearbeitung ausgeglichen werden. Es werden dabei die äußeren Formen der Werkzeuge auf bestimmte Untermaße heruntergeschliffen, bei Fräsern bestimmte Breitenmaße der Zähne oder beabsichtigte Rundungen angeschliffen, Durchmesser ausgeglichen usw. Wenn man z. B. in der Gießerei das Modell stark ausgeschlagen hatte, so erhält der Abguß an den Kanten größere Rundungen als beabsichtigt. Mit dem normalen Radiusfräser kann die Bearbeitung dann nicht vorgenommen werden. Es muß vielmehr ein Spezialfräser ausgesucht werden.

In einem anderen Fall wird durch filziges Material ein Loch mit einer Reibahle nicht sauber und man ist gezwungen, noch eine zweite Reibahle, die einen anderen Durchmesser hat, anzuwenden, um nachzureiben. Diese zweite Reibahle ist ein Spezialwerkzeug, das mit dem Abmaß und dem Verwendungszweck zu zeichnen und zurückzulegen ist, damit es bei evtl. Wiederholung sofort zur Stelle ist. Diese Werkzeuge sind eine unerwünschte Ausnahme von der Regel und sind doch nicht zu entbehren. Würden sie nach dem einmaligen Gebrauch wieder zu der Gruppe gelegt werden, aus der sie entnommen sind, so müßte im Wiederholungsfall immer wieder ein neues Werkzeug hergerichtet werden.

Alle diese Werkzeuge liegen im Kasten in einem kleinen Fach und nach ihrer Eigenart noch auf einem kleinen Brettchen, das bei der Ausgabe mit verliehen wird. Solche Werkzeuge sind Satzfräser oder Gruppenfräser. Werden z. B. durch mehrfachen Spitzenapparat in Werkstücken Nuten gefräst, wie dies bei Reibahlen oder Gewindebohrern zutrifft, so müssen die Fräser gleiche Durchmesser haben. Dem Mann an der Maschine wird eine größere Sicherheit gegeben, wenn er weiß, daß er die entliehenen Gruppenfräser nicht darauf zu prüfen braucht, daß sie alle gleichen Durchmesser haben. Auch beim Auf-

Abb. 14a—d. Satzfräser auf Brettchen.

arbeiten und Scharfschleifen müssen diese Werkzeuge zusammenbleiben und dürfen nicht vertauscht werden. Auf dem Holzbrettchen ist daher ein Holzdorn befestigt, auf dem die Werkzeuge aufgesteckt sind. Auf solchen kleinen Leihbrettern liegen auch Werkzeuge, deren scharfgeschliffene Schneiden eines Schutzes bedürfen. Reibahlen, die nach den Passungen auf einen bestimmten Durchmesser geschliffen sind, stecken zum Schutz ihrer Schneiden in Holzklötzen. Gewindebohrer liegen satzweise in kleinen Kästen mit Schiebedeckeln. Spiralbohrer müssen zu ihrem Schutz vor dem Entleihen in der Länge gemessen werden, damit der Arbeiter nicht statt des erhaltenen Werkzeuges einen verbrauchten oder stark heruntergeschliffenen Bohrer zurückgeben kann.

b) Spannwerkzeuge. Zu den Spannwerkzeugen, die meistens Maschinen-Zubehörteile sind, gehören Planscheiben und Futter mit ihren Schlüsseln und Konushülsen mit Reduzierhülsen zum Wechseln der Konen, Schraubstöcke mit ihren Spezialbacken und Kurbeln und den zugehörigen Nutensteinen, die für die T-Nuten der Maschinentische mit wechselnder unterer Breite vorhanden sein müssen, Drehherze, Mitnehmerscheiben und Körnerspitzen, Fräser mit Aufnahmedornen und Zwischenringen für alle Stärken und Bohrungen, Teilköpfe und Spitzenapparate, Wechselräder nach Modul und Zähnezahl geordnet, Spannpatronen für alle Durchmesser und Profile, also für rundes und eckiges Material, Lünetten, Stähle und Stahlhalter. Diese Werkzeuge werden sämtlich im Lager aufbewahrt, wodurch eine Gewähr vorhanden ist, daß sie stets vollständig und sich in gebrauchsfähigem Zustand befinden. Liegen sie in der Werkstatt an der betreffenden Maschine, so werden sie verschmutzen und meist auch reparaturbedürftig sein und vor Ingebrauchnahme erst instand gesetzt werden müssen. Schließlich werden die Arbeiter an den Maschinen sich gegenseitig ihre Zubehörteile leihen und besonders bei häufigem Personalwechsel werden dann diese Teile leicht abhanden kommen.

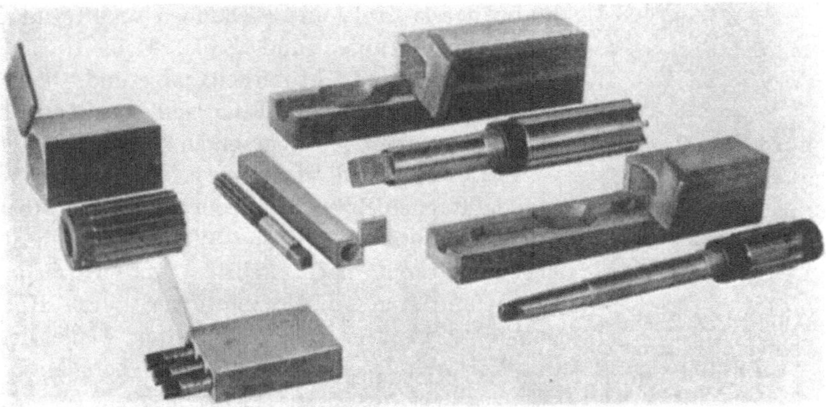

Abb. 15. Schutzhülsen für empfindliche Werkzeuge.

Zu den **Hilfswerkzeugen** rechnen Spannschrauben und Parallelstücke als Unterlagen und Vorrichtungen. Wenn zu den Vorrichtungen auch die dazugehörigen Werkzeuge gelegt werden, so steigt die Anzahl der Werkzeuge dadurch zwar sehr, aber es wird die Ausgabe beschleunigt, wenn dabei zu den verschiedenen Vorrichtungen nicht erst jedes einzelne Werkzeug gesucht werden muß. Die Werkstatt kann sich allerdings auch dabei so helfen, daß sie die Werkzeugausgabe schon kurze Zeit vor dem Anfordern der Werkzeuge benachrichtigt, damit die Teile zur Entnahme bereitgestellt werden. Es kann dann aber der Fall eintreten, daß ein Werkzeug, das nur in wenigen Exemplaren vorhanden ist, bereits verliehen ist, so daß ein handelsübliches Werkzeug erst auf genaues Maß gebracht werden muß. Ungleich vorteilhafter ist es daher, wenn der Lagerarbeiter Vorrichtungen und Werkzeuge beisammen liegen hat.

Die Werkzeugsätze werden auf einen kleinen Klotz montiert. Zur Herstellung eines Schraubenloches mit versenktem Kopf dienen z. B.

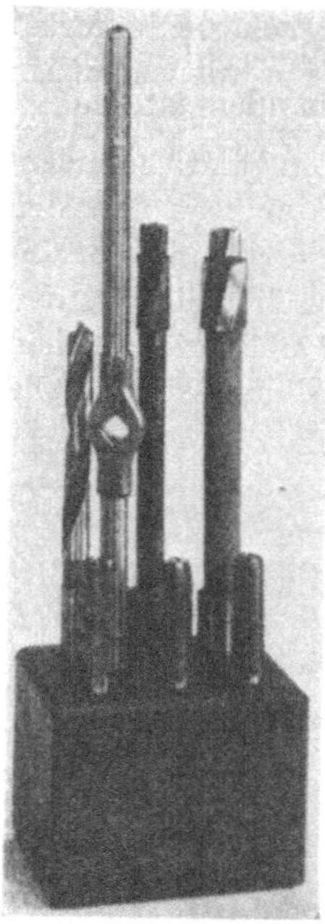

Abb. 16. Zusammengehörige Werkzeuge auf einem Holzklotz.

folgende Werkzeuge: 1 Spiralbohrer für das Kernloch, 1 Satz Gewindebohrer, je 1 Hals- und Kopfsenker und 1 Windeisen.

Größere Werkzeuge, wie Windeisen, Kluppenbacken, Halter und Schlüssel, werden außerhalb der Regale an der Stirnseite der Regale aufgehängt. Große Fräsdorne liegen auf einem besonderen Gestell. Zu den Hilfswerkzeugen gehören noch die Schlosserwerkzeuge, wie Feilen, Schaber, Schraubenzieher mit ihren zugehörigen Heften und Feilenbürsten, Fiberbacken, Feilenkluppen aus Holz und Feilkloben und Hämmer aus Stahl, Kupfer und Zink, Meißel, Sägen und Sägenblätter, Schmirgelbänder und -bogen, Sandpapier usw. Diese Teile sind von den übrigen Hilfswerkzeugen abgesondert gelagert.

c) Lehren: Die Lehren, z. B. Parallelendmaße, Rachenlehren, Lehrdorne, Meßscheiben, Taster, Schublehren, Zirkel, Winkel und Lineale, liegen getrennt nach Arbeits- und Revisionslehren und sind auf Holzbrettchen durch Holzpaßstücke in ihrer Lage festgehalten. Dabei liegt das Werkzeug so, wie es der Arbeiter beim Messen

Abb. 17. Lagerung großer Drehherze, Windeisen, Kluppen usw.

anfassen muß. Die Holzbrettchen und Meßwerkzeuge sind verschiedenfarbig angestrichen, um Arbeits- und Revisionslehren unterscheiden zu können. Mikrometerschrauben erhalten im Bügel noch einen Lederüberzug zum Schutze gegen die Handwärme.

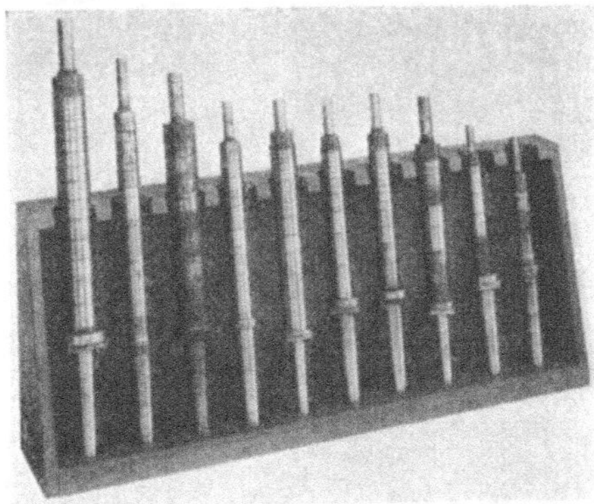

Abb. 18. Gestell für große Fräsdorne.

d) Materialien: Ein weiterer Teil der Werkzeugausgabe ist für die Materialien bestimmt. Es sind dies die verschiedenen Reinigungsmittel, wie diverse Öle, Maschinenöl, Rüböl, Bohröl, Petroleum, Wasch-Petroleum und Fette. Für diese ist ein besonderer Ölschrank vorgesehen, der groß genug sein muß, um ein Wochenquantum aufzunehmen. Für die einzelnen Sorten sind Blechgefäße mit Deckel aufgestellt. Jedes Gefäß hat einen Ablaßhahn, unter dem ein Tropfgefäß steht, um abfließendes Öl aufzufangen. Durch geeichte Blechgefäße wird das gewünschte Quantum entnommen und verabfolgt. Die Menge, die ein Mann in bestimmten Zeitabständen zu empfangen hat, ist aus seiner Ölkarte ersichtlich.

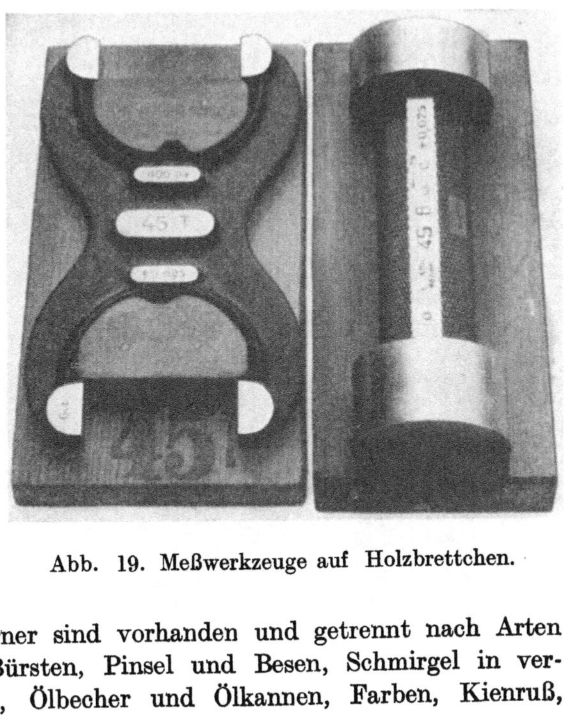

Abb. 19. Meßwerkzeuge auf Holzbrettchen.

Neben den Schmiermaterialien liegen die Putzlappen, getrennt nach weißen und bunten Lappen. Ein besonderes Gefäß nimmt die verbrauchten Putzlappen auf. Dieser Behälter muß einen guten, feuersicheren Verschluß haben. Ferner sind vorhanden und getrennt nach Arten gelegt, verschiedene Bürsten, Pinsel und Besen, Schmirgel in verschiedenen Körnungen, Ölbecher und Ölkannen, Farben, Kienruß,

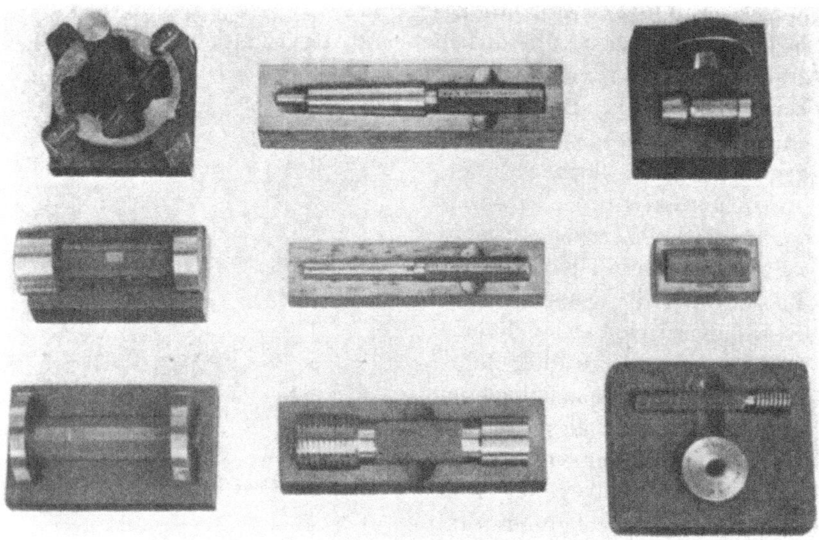

Abb. 20. Meßwerkzeuge auf Holzbrettchen.

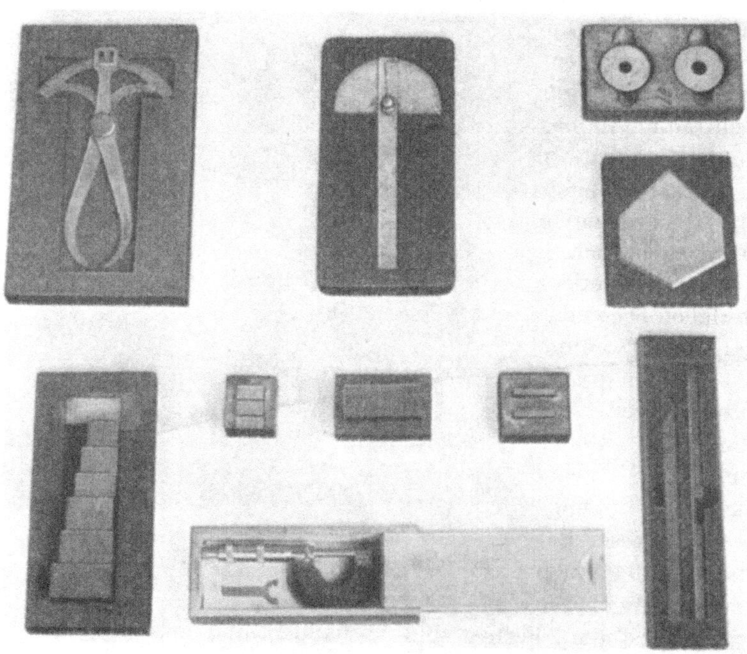

Abb. 21. Meßwerkzeuge auf Holzbrettchen.

Terpentin, Kreide, Soda und Seifenstein. Auch die Teile zur Reparatur von Riemen, wie Drahtspiralen und Rohhautstifte, lagern hier.

Jede Fabrikation, die Höchstleistungen an Genauigkeit und Sauberkeit erstrebt, kann dieses Ziel nur erreichen, wenn gute Werkzeuge in gebrauchsfähigem Zustand am Lager sind. Der Lagerverwalter kann hierzu nur mithelfen, wenn er ein wirklicher Fachmann ist. Er muß beurteilen können, ob mit Werkzeugen noch gute Arbeit geliefert werden kann und muß bei der Zurückgabe feststellen, ob durch unsachgemäße Benutzung das Werkzeug gelitten hat. Die Betriebsleitung begeht daher einen schweren Fehler, wenn sie einen ungeeigneten Mann in das Lager setzt. Ein zu junger Mann wird von den älteren Leuten nicht für voll angesehen. Sie werden ihn nach jeder Richtung hin zu belehren suchen. Ein zu alter Lagerverwalter hat zu viele Freunde, die über seine Fehler milde urteilen. Das fachmännische Urteil des Lagerverwalters muß für jeden Arbeiter vollgültig sein.

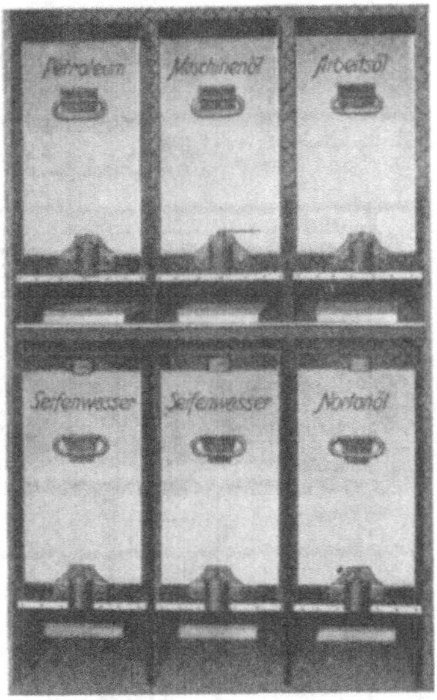

Abb. 22. Ölschrank.

Grundsätzlich soll der Lagerverwalter keine Reparaturen an Werkzeugen vornehmen, weil er bei ordnungsgemäßer Lagerverwaltung dazu keine Zeit hat. Es sind vielmehr hiermit Fachleute zu betrauen. Auch das Scharfschleifen soll nur von tüchtigen Spezialisten ausgeführt werden.

Im Werkzeuglager sind nur soviele Werkzeuge untergebracht, wie gebraucht werden. Es ist eine selbstverständliche Forderung, daß alle Teile, die das Werkzeuglager verleiht, in sauberem Zustand wieder abgeliefert werden müssen, um das Verschmutzen der Kästen und Regale zu verhindern.

Um verbrauchte Werkzeuge sofort ergänzen zu können, wird in einem besonderen Raum ein Vorratslager eingerichtet, das von der Betriebsleitung selbst verwaltet wird, damit zur rechten Zeit die nötigen Nachbestellungen erledigt werden können.

Bei der Beschaffung der Werkzeuge ist hinsichtlich der Menge davon auszugehen, daß der Jahresverbrauch gedeckt ist. Die meisten Werkzeuge werden sich jedoch innerhalb eines Jahres nicht verbrauchen, sondern viele Jahre erhalten bleiben. Für andere viel benutzte müssen im Vorratslager mehrere Exemplare vorhanden sein.

Sind in einem Betrieb mehrere Lager vorhanden, so ist es zweckmäßig, die Oberaufsicht derselben einem Meister anzuvertrauen, der durch seine langjährigen Erfahrungen und Dienste bei der Firma am besten dazu geeignet ist, eine einheitliche und wirksame Kontrolle durchzuführen. Mit Hilfe der Lagerkartothek kontrolliert er die Bestände nach ihrer Stückzahl und Gebrauchsfähigkeit. Er veranlaßt die Betriebs-

L. L. & Co. A.-G. Form. 2309. D.	**Ölkarte**	für	Nr. ...... Abt.	.... Halbj. 19	Jede Vergeudung von Material ist streng verboten!

Lfd. Nr.	Gültig für die Woche vom .... bis: Material	Fest. Wochen-Quant.	Lfd. Woche:	1.	2.	3.	4.	5.	6.	7.	8.
1.	Schmieröl		Liter								
2.	Arbeitsöl		Liter								
3.	Norton-Spdl.-Öl		Liter								
4.	Petroleum		Liter								
5.	Putzlappen		Ballen								

Lfd. Nr.	Material	Einh.	Sonderbewilligungen des Meisters	Dat.	Menge	Mstr.	Dat.	Menge	Mstr.	Dat.	Menge	Mstr.	Dat.	Menge	Mstr.	Dat.	Menge	Mstr.
1.	Schmieröl	Liter																
2.	Arbeitsöl	Liter																
3.	Nort.-Spdl.-Öl	Liter																
4.	Petroleum	Liter																
5	Putzlappen	Ball.																
6.	Bohrwasser	Liter																
7.	Fischtran	Liter																
8.	Schmirgellein.	Bog.																
9.	Schmirgelpap.	Bog.																
10.	Putzwolle	Ball.																

Abb. 23. Ölkarte.

leitung Stückzahlen, die den Jahresverbrauch überschreiten, zu verkleinern und unbrauchbare Werkzeuge zu reparieren resp. zu ersetzen.

Da ihm durch die Bruchscheine Stellen erhöhten Verbrauchs bekannt sind, gibt er seine Ermittlungen der Betriebsleitung bekannt. Dieselbe stellt mit dem betr. Abteilungsmeister fest, ob das Werkzeug für diesen Fall ungeeignet ist, weil die Konstruktion oder das Material den Anforderungen durch die Bearbeitungsweise nicht genügt und sorgt für Abhilfe.

Durch die Abteilungsmeister wird der Betriebsleitung gemeldet, wo die Fabrikation eines Teiles geändert ist. Diese Mitteilung gibt sie dem Meister der Lagerverwaltung weiter, der seinerseits dafür sorgt, daß die neuen Werzkeuge dem Lager einverleibt und die dadurch überflüssigen herausgezogen werden. Solche Werkzeuge aus älterer Fabrikation müssen jedoch im besonderen Raum noch längere Zeit aufbewahrt werden als Hinweis für weitere Fabrikationsänderungen.

Abb. 24. Regal mit eingebauten Schränken und Schiebebrettern.

4. Lagerkartothek.

Über alle im Lager untergebrachten Sachen ist ein genaues Verzeichnis zu führen. Es werden zunächst alle Schiebebretter und Kästen mit fortlaufenden Nummern versehen und außer der symbolischen Bezeichnung des Teiles noch ein kleines Bild der darauf liegenden Teile angebracht. Alle diese Bezeichnungen stecken in kleinen Metallrähmchen, damit diese Kärtchen bei Umdisponierung leicht herausgenommen und ersetzt werden können. Werkzeuge und Lehren für eine bestimmte Operation werden mit Bezeichnungen gestempelt, die der betreffenden Zeichnung entsprechen. Sämtliche Teile erhalten außerdem den Eigentumsstempel der Firma.

Das Lagerverzeichnis wird in Form einer Kartothek angelegt. Jede Karte wird doppelt ausgestellt. Davon bleibt eine im technischen

Büro und eine erhält das Lager. Diese Karten werden in der Reihenfolge ihrer Nummern in einem Kasten aufbewahrt. Bei jeder Konstruktionsänderung der Werkzeuge und Lehren, wie auch gegebenenfalls bei jedem Hinzufügen neuer Werkzeuge oder beim Entfernen nicht mehr im Gebrauch befindlicher alter Werkzeuge ist die Kartothek

Abb. 25. Kartothek-Kasten.

sofort zu berichtigen. Es ist streng darauf zu achten, daß dies peinlich sorgfältig durchgeführt wird, weil sonst die Kartothek wertlos wird. Die Kartothek selbst besteht aus einem Holzkasten mit 6 in 2 Reihen angeordneten Schiebekästen. Davon sind je 2 Kästen für Einzelwerkzeuge (handelsübliche, normale und speziale), für Lehren, für Vorrichtungen bestimmt. Während die Karten der beiden ersten Arten

Bestellt am Katlg. Werkzeug

Lehre Nr. *4700 S*

Lager: *Fräserei* Fach Nr. *650* Kasten Nr. ....

Art der Lehre:

Prisma-Lehre für Bd III

Dimension: ....

Skizze: [nur bei Speziallehren

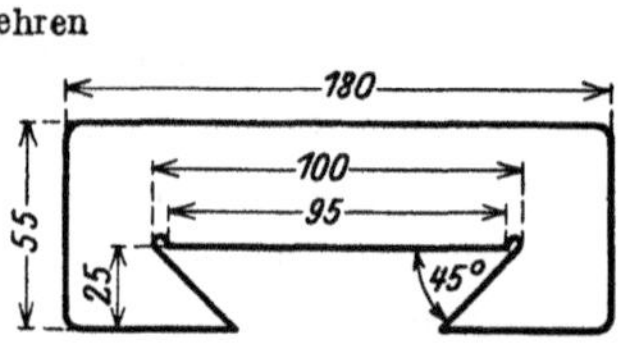

L. L. & Co. A. G.
Form. 2150

Abb. 26. Kartothek-Karte für Lehren.

Bestellt am .... Katlg. Werkzeug ....

Profilfräser
Satzfräser Nr. *3*

Lager *Fräserei* Fach Nr. .... Anzahl der zu einem Satz gehörigen Fräser: *2*

Benennung: *Fräsersatz zum Rundfräsen der Planscheibenkörper RAa 3*

Bemerkungen: *bez. mit RAa 3 Sp. Fr. 3*

Skizze:

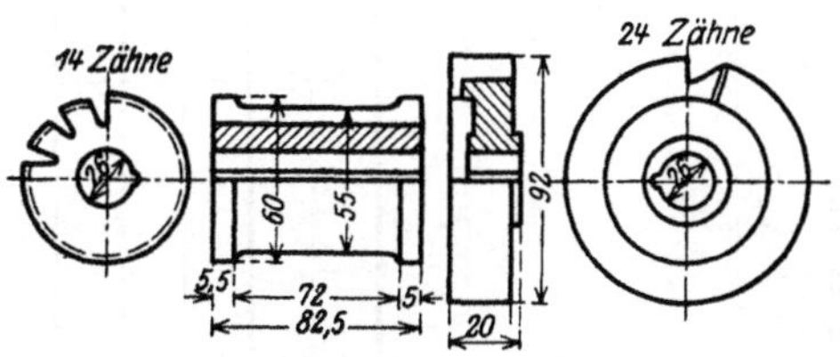

L. L. & Co. A.-G. Form. 2149.

Abb. 27. Kartothek-Karte für Spezialwerkzeuge aus mehreren Stücken.

Spezial-
Werkzeug Nr. *2*

Masch. Nr. ....

Lager *Dreherei* Fach Nr. .... Kasten Nr. ....

Art des Werkzeuges: *Spez.-Senker für das Spindelgewinde im Planscheibenkörper DAa 1a*

Bemerkungen:

Skizze:

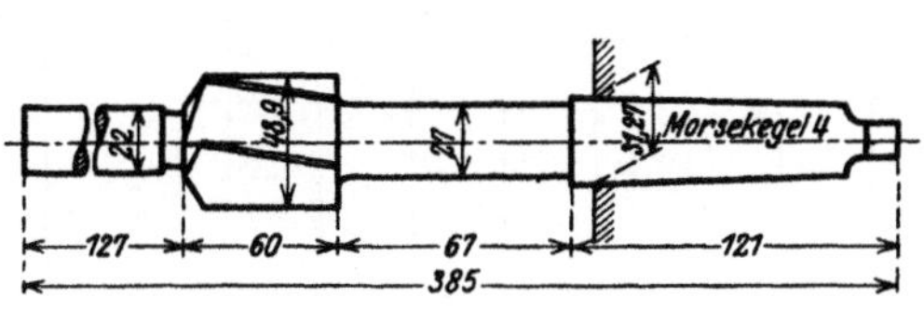

L. L. & Co. A.-G. Form. 2072.

Abb. 28. Kartothek-Karte für Spezialwerkzeuge aus einem Stück.

nur auf einer Seite beschrieben sind, ist die Karte für Vorrichtungen auch auf der Rückseite für die Aufführung der Einzelteile derselben ausgefüllt. Die Karten sind so eingeteilt, daß außer dem Verwendungszweck noch eine kleine Skizze mit den Hauptmaßen darauf untergebracht werden kann. Wenn die Kartothek in Ordnung ist, muß sich

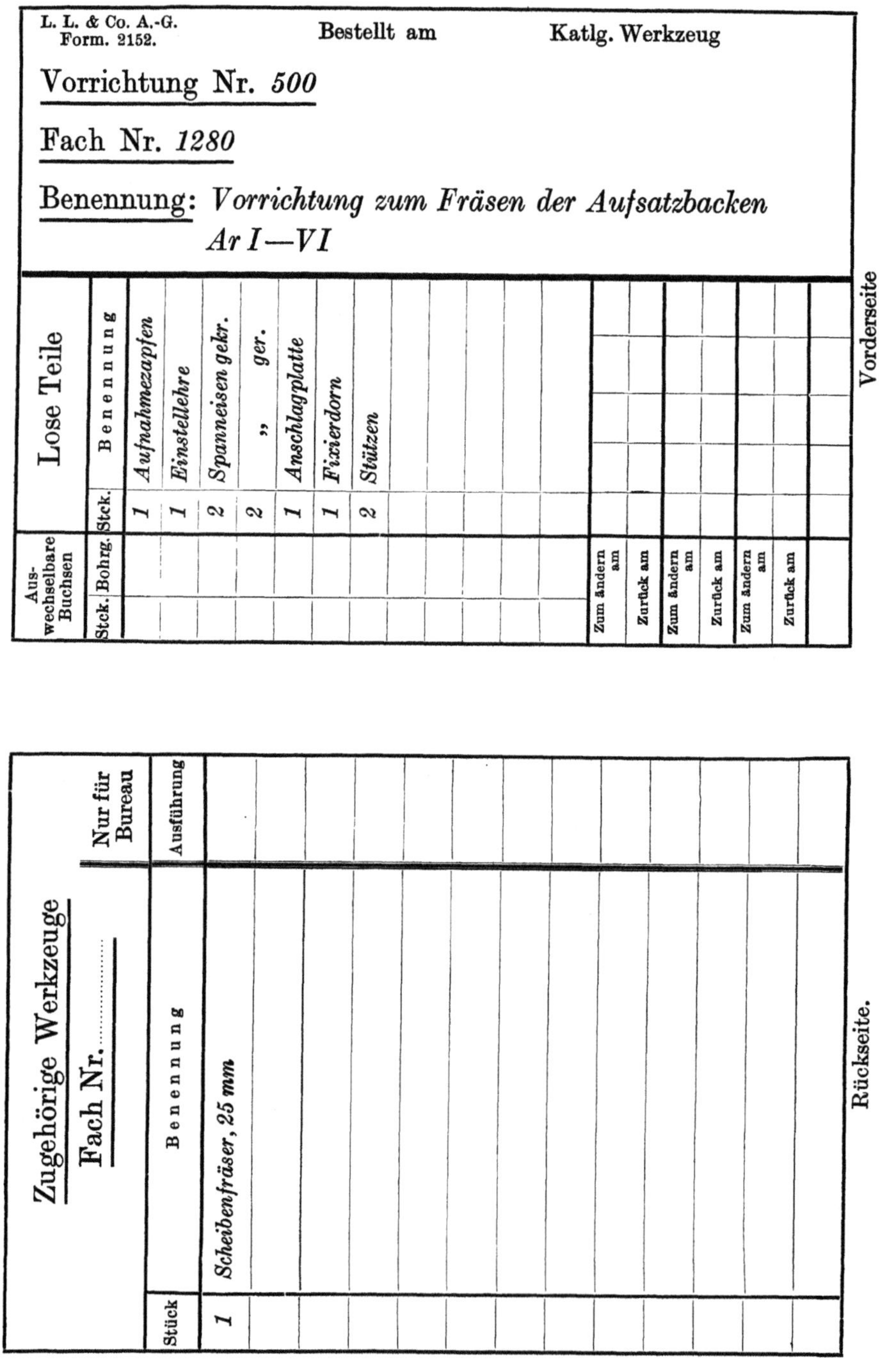
L. L. & Co. A.-G.
Form. 2152.
Bestellt am
Katlg. Werkzeug

Vorrichtung Nr. *500*

Fach Nr. *1280*

Benennung: *Vorrichtung zum Fräsen der Aufsatzbacken Ar I—VI*

Lose Teile

Stck.	Benennung
1	*Aufnahmezapfen*
1	*Einstellehre*
2	*Spanneisen gekr.*
2	*„ ger.*
1	*Anschlagplatte*
1	*Fixierdorn*
2	*Stützen*

Auswechselbare Buchsen: Stck. | Bohrg.

Zum ändern am | Zurück am | Zum ändern am | Zurück am | Zum ändern am | Zurück am

Vorderseite

Zugehörige Werkzeuge

Fach Nr. ....

Nur für Bureau: Ausführung

Stück	Benennung
1	*Scheibenfräser, 25 mm*

Rückseite.

Abb. 29. Kartothek-Karte für Vorrichtungen.

jeder neue Lagerverwalter ohne Mühe leicht zurechtfinden können, weil auf der Karte die Fachnummer angegeben ist.

Dem Lagerverwalter sind schließlich noch die Werkzeugkästen der Schlosser anvertraut. Über den Inhalt des Kastens gibt ein **Werkzeugbuch** Auskunft, das im Kasten zu liegen hat. Darin verpflichtet sich der Schlosser, die Werkzeuge in gutem Zustand zu halten und bei seinem Abgang ordnungsgemäß abzuliefern. Durch seine Unterschrift quittiert er den Empfang der Werkzeuge und bestätigt, für fehlende Werkzeuge mit seinem Lohn einzustehen.

B. Werkzeugausgabe.

Der Arbeiter füllt beim Abfordern von Werkzeugen kleine Leihzettel aus, auf denen die Art des Werkzeuges, die Arbeitsnummer des betreffenden Mannes und seine Unterschrift mit Datum enthalten sein muß. Diese Zettel werden von der Werkzeugausgabe in einem besonderen Kartothekkasten aufbewahrt. In diesem Kasten sind dünne Blechtafeln oder widerstandsfähige Papptafeln von der Größe der Leihzettel eingereiht, auf deren oberem Rand die Nummern aller Arbeiter verzeichnet sind, die in den betreffenden Betrieben arbeiten. Der Ausgeber hat die Leihzettel zwischen diese Blechtafeln einzureihen. Gleichzeitig mit dem Leihzettel gibt der Arbeiter für jedes Werkzeug, das er empfängt, eine Blechmarke ab, auf der seine Kontrollnummer eingeschlagen ist. Ein genügender Vorrat solcher Marken ist ihm bei seinem Arbeitsantritt ausgehändigt worden. Da die Arbeiter für jede Marke nur ein Werkzeug bekommen, für die Ausführung einer Arbeit aber oft viele Werkzeuge gebraucht werden, so ist eine hinreichende Menge Marken

L. L. & Co. A.-G. Form. 2153.

Werkzeug-Leihzettel

Kontr.-Nr. *1023*

Art, Größe und Nr. der Werkzeuge			
Vorr. Nr.		Endmaß	*Mh 25 mm*
Spez. W. Nr.		Einstell-Kal.-Ring	
Lehre Nr.		Spiral-Bohrer	
Fräser Nr.	*Fd. 25 × 100*	Reibahle	
Toler. Kaliber		Gewinde-Bohrer	
Tol. R. Lehre		Spann-Schraub.	

Datum:	Eigenhändige Unterschrift:
14. 1. 23	*Albert Schulz*

Sofort nach Gebrauch abgeben.

Abb. 30. Werkzeugleihzettel.

vorrätig zu halten. Während früher für jeden Mann nur 10 Werkzeugmarken gerechnet wurden, reicht dies heute nur noch für einen Schraubstockarbeiter aus. Maschinenarbeiter empfangen bis zu 50 Werkzeugmarken und mehr, da sie oft beim Entleihen einer einzigen Vorrichtung 10—12 Marken abgeben müssen. Die beim Werkzeugempfang abgegebenen Marken legt der Lagerverwalter an die Stelle der ausgegebenen Werkzeuge. Bringt der Mann das Werkzeug wieder, so gibt der Lagerverwalter den Leihzettel, den der Mann dafür ausgestellt hat, zurück, und ebenso die Marke, die er dem Werkzeugfach entnimmt. Vor dem Ablegen des Werkzeuges muß dasselbe auf Brauchbarkeit untersucht werden. Wird es als instandsetzungsbedürftig befunden, so wird es nicht in sein Fach gelegt, sondern statt seiner eine Marke, die sich als Reparaturmarke von der Leihmarke durch Form oder Farbe unterscheidet. Auf dem schnellsten Wege ist die Wiederherstellung zu veranlassen und die leitenden Organe sind anzuweisen, für Beschleunigung der Ausführung besorgt zu sein. Die Instandsetzung wird durch Spe-

L. L. & Co. A.-G.	**Werkzeugbruchzettel**		Form. 2154 D.
Name *Albert Schulz*	Nr. *1023*		Abt. *Fräserei*
Alle zerbrochenen und beschädigten Werkzeuge, auch alle Brocken, sind abzugeben.			
Art des Werkzeuges	Größe	Art des Werkzeuges	Größe
Spiralbohrer		Schlüssel	
Gewindebohrer		Fräser *Fd. Nr. 25*	*25 × 100*
Zentrierbohrer		Reibahle	
Feile			
Sägeblatt			
Ursache des Bruches:			
Fahrlässigkeit	Fehlerh. Zeichnung	Fehlerh. Maschine	
Fehlerh. Material	Fehlerh. Konstruktion	Fehlerh. Vorrichtung	
Berlin, den *15. Januar 1923*		Unterschrift *Böhm*	

Abb. 31. Werkzeugbruchzettel.

zialisten in einer besonderen Abteilung ausgeführt, der die betr. Werkzeuge mit einem Auftragszettel in einem Kasten gesammelt übersandt werden. Besitzt der Betrieb keine Instandsetzungswerkstatt, so wird die Ausführung einer Spezialfirma übertragen. Der Lagerverwalter ordnet die Instandsetzungsscheine nach Daten und mahnt die Fertigstellung in entsprechenden Zeitabschnitten an.

Zerbricht ein Arbeiter ein Werkzeug, so ist dafür ein sogenannter Bruchschein auszustellen, auf dem die Ursache des Bruches, sei es

Unvorsichtigkeit, Fahrlässigkeit oder Mangel im Werkstoff, genau verzeichnet ist. Dieser Schein muß vom Meister unterschrieben werden, und nur dann ist der Lagerverwalter verpflichtet, ein neues Werkzeug herauszugeben. Auf Grund des Bruchscheines fordert der Lagerverwalter von der Betriebsleitung für das zerbrochene Werkzeug aus dem Reservelager Ersatz an.

Durch ein derartiges zwangsläufiges System weiß der Lagerverwalter stets, wo seine Werkzeuge sind. Zwecks Prüfung fordert er in regelmäßigen Zeitabständen alle entliehenen Werkzeuge zurück und zwingt dadurch auch diejenigen, die ein Werkzeug länger behalten als nötig, zur Ordnung. Durch diese Kontrolle wird aber auch verhindert, daß säumige Arbeiter einzelne Werkzeuge dauernd behalten und lieber mit unbrauchbaren Werkzeugen weiter arbeiten, statt sie rechtzetig umzutauschen.

C. Werkzeugrevision.

Wenn dieselbe Fabrik auch Präzisionswerkzeuge herstellt, so ist die regelmäßige Untersuchung der Werkzeuge einfach; es hat die Betriebsleitung nur dafür zu sorgen, daß alle Meßwerkzeuge nach jedesmaligem Gebrauch in einer besonderen Revision nachgeprüft werden. Ist keine Werkzeugfabrikationsabteilung vorhanden, so muß wenigstens ein Fachmann für diese Revision eingestellt werden. Durch gute Werkzeuge wird die Fabrikation auf ihrem hohen Stande erhalten. Wenn die Arbeiter, die dauernd mit Meßwerkzeugen zu tun haben, fühlen, daß ihr Gerät immer in gutem Zustande ist, so behandeln sie die ihnen anvertrauten Werkzeuge auch sorgfältig. Sie wissen, daß bei einer längeren Reparatur mangels Ersatzwerkzeugen ihnen andere Arbeiten übertragen werden und ihnen unter Umständen Verdienst verloren geht. Diese Revision sollten auch alle diejenigen Betriebe einführen, die viel mit Vorrichtungen und Sonderausführungen arbeiten. Sie hebt die Qualität der Arbeit. Schlechte Werkzeuge schaden sehr und sollten nicht erst dann neu angefertigt werden, wenn zuviel Ausschuß gebieterisch dazu mahnt. Bei der Massenfabrikation, wo meist mit festen Lehren gearbeitet wird, tritt bei regelmäßiger Inanspruchnahme eine natürliche Abnutzung ein, die, wenn sie übermäßig wird, alle Vorteile der Massenfabrikation aufhebt. Die dann erforderliche Nacharbeit der Arbeitsstücke kostet viel mehr als eine neue Lehre. Es ist aber Sache der Verwaltung, daß die Revision nicht zu weit getrieben wird und eine Verzögerung in der Fabrikation eintritt. Bei Beachtung dieser Punkte werden die Reklamationen der Kundschaft wegen Ungenauigkeiten ganz aufhören. Es kann aber auch eintreten, daß der Betrieb nicht mehr wirtschaftlich arbeitet, weil durch die zu strenge

Revision der Ausschuß viel zu groß wird. Der goldene Mittelweg ist auch hier, wie in so vielen Dingen, der richtige.

Das in der vorstehenden Abhandlung entworfene Bild eines Werkzeuglagers mit Ausgabe und Revision soll eine Anregung zur Einrichtung eines solchen geben. Es ist leicht zu erkennen, wie durch sachgemäßen Aufbau im kleinen zum Wohle der Gesamtwirtschaft die Produktion eines Betriebes gehoben werden kann.

Ein solches Lager wird nicht auf einmal in dieser Vollkommenheit aufgebaut werden können. Dazu bedarf es erst der Überwindung aller der Fehler, die früher begangen worden sind. Aber auch die hohen Kosten werden heute viele Betriebe davon abhalten, etwas Ähnliches zu schaffen. Da jedoch in allen Unternehmungen bereits mehr oder weniger vollkommene Lagereinrichtungen vorhanden sein werden, ist es nicht unmöglich, zur Verbesserung manche der geschilderten Einrichtungen unter Anlehnung an Vorhandenes einzuführen. Großen Unternehmungen, denen daran liegt, nach einheitlichen Gedanken alle ihre Lager zu organisieren, sollen diese Ausführungen ein Wink für kommende Zeiten sein. Es ist dabei zu berücksichtigen, daß Einsatzschränke von Spezialfabriken in Massen hergestellt werden und sich darum nicht zu teuer stellen werden. Denjenigen Betrieben aber, die nach diesen Ausführungen ihre Lager neu aufziehen wollen, sei gesagt, daß die großen Kosten für Neubeschaffungen sich schnell durch Ersparnisse an Werkzeugen bezahlt machen werden.

Werkstoffe der Werkzeuge.

Von Dipl.-Ing. **Eugen Simon**, Berlin-Charlottenburg.

A. Herkunft.

Da das schroffe Abschrecken beim Härten und auch die Beanspruchungen beim Arbeiten hohe Anforderungen an den Werkstoff stellen, so muß Werkzeugstahl durchaus Edelstahl sein, d. i. ein Stahl, dessen Reinheit und Gleichmäßigkeit den höchsten Anforderungen genügt.

Das edelste, aber auch kostspieligste Erzeugnis ist der Tiegelstahl, ein in Tiegeln umgeschmolzener, sehr reiner Stahl. Doch Tiegelstahl ist schon sehr verdrängt und wird es immer mehr durch den im elektrischen Ofen veredelten Stahl, den sogenannten Elektrostahl, der zweifellos ein vortreffliches Werkzeugmaterial ist, erheblich billiger als Tiegelstahl, aber diesen vielleicht doch nicht immer in der Gleichmäßigkeit und Freiheit von Schlacken erreicht. Neuerdings gelingt es auch in steigendem Maße, im Martin-Ofen einen recht reinen Stahl herzustellen, der für Werkzeuge verwendbar sein kann und für gröbere Werkzeuge fast ausschließlich verwendet wird.

B. Einteilung.

Man teilt die Werkzeugstähle nach verschiedenen Gesichtspunkten ein. Nach der Herkunft unterscheidet man: Elektrostahl und Tiegelstahl (Tiegelgußstahl); nach der Zusammensetzung: gewöhnlichen Werkzeugstahl, d. i. Kohlenstoffstahl (auch wohl kurz Werkzeugstahl genannt) und legierte Stähle. Während man Kohlenstoffstahl wohl in zähhart, hart, sehr hart unterscheidet, spricht man bei legierten Stählen von niedrig legiert, mittel legiert und hoch legiert, je nach der Menge des Legierungsmetalles. In beiden Fällen sind die Grenzen ziemlich unbestimmt und willkürlich. Die legierten Stähle teilt man auch wohl nach dem Stoff des Legierungsmetalles ein in: Wolframstahl, Chromstahl, Siliziumstahl, Chromwolframstahl usw. Nach dem Kleingefüge des vom Stahlwerk gelieferten, unbehandelten Stahles unterscheidet man: perlitische Stähle, martensitische Stähle und austenitische Stähle, je nach den Formen, in denen Eisen und Kohlenstoff im Stahl vorhanden sind (s. weiter unten). Diese Bezeichnungen sind allerdings mehr in der Wissenschaft als in der Werkstatt üblich. Die hochlegierten Wolframchromstähle werden allgemein als Schnellstähle bezeichnet.

I. Kohlenstoffstahl (Werkzeugstahl).

1. Chemische Zusammensetzung. Der Kohlenstoffstahl wird für Werkzeuge mit einem Kohlenstoffgehalt von etwa 0,6—1,4 % gebraucht. Da die Härte auch des gehärteten Stahls mit dem Kohlenstoffgehalt zunimmt, die Zähigkeit dagegen abnimmt, so nimmt man um so höheren Kohlenstoffgehalt, je höher die Schneidhaltigkeit des Werkzeuges sein soll und je ruhiger es arbeitet. Je mehr dagegen Stöße bei der Arbeit auftreten, und je mehr das Werkzeug federn muß, um so niedriger geht man mit dem Kohlenstoffgehalt. Über 1,3—1,4 % hinauszugehen, hat keinen Zweck, da die Härte nicht mehr mit Sicherheit steigt. Außer dem Kohlenstoffgehalt spielen für Werkzeugstahl Silizium und Mangan und besonders Schwefel und Phosphor eine beträchtliche Rolle, die stets in mehr oder weniger großen Mengen im Stahl enthalten sind. Silizium und Mangan sind in gewissen Mengen durchaus nicht unwillkommen, sollen aber bei hochgekohltem Stahl nicht mehr als 0,2 % für Silizium und 0,3 % für Mangan betragen. Bei größeren Gehalten geben sie dem Stahl einen besonderen Charakter, so daß er zu den legierten Stählen gezählt werden muß. Schwefel und Phosphor, durchaus unwillkommen, sollen nur in so geringen Mengen vorhanden sein, daß sie keinen Schaden anrichten. Das tun sie nicht, wenn bei hohem Kohlenstoffgehalt nicht mehr als je etwa 0,025 % vorhanden sind. Nötig ist auch, daß der Gehalt an Gasen gering ist und daß keine nicht metallischen Stoffe (Schlacke) in merklichen Mengen im Stahl sind. Die folgende Analyse stammt von einem recht guten, hochgekohlten Stahl: 1,25 % C — 0,26 % Mn — 0,18 % Si — 0,014 % S — 0,011 % P.

Es ist dem Verbraucher dringend zu empfehlen, die Zusammensetzung seines Stahles von Zeit zu Zeit durch eine chemische Analyse zu prüfen. Das ist um so nötiger, als die Edelstahlwerke bzw. die Händler sich meist weigern (besonders allerdings bei legierten Stählen), die Zusammensetzung bekannt zu geben oder gar zu garantieren. Richtig ist schon, daß die Zusammensetzung allein keinen guten Stahl gibt — davon wird weiter unten noch die Rede sein —, aber eine schlechte oder unrichtige Zusammensetzung kann auch niemals einen brauchbaren Stahl liefern.

2. Einfluß der Vorbehandlung. Kleingefüge: Außer von der chemischen Zusammensetzung hängt die Güte eines Stahles in hohem Maße von der vorhergegangenen Behandlung ab, da diese die Verteilung der Stoffe und die Form, in der sie im Stahl erscheinen, bestimmt. Damit wird die Vorbehandlung neben der chemischen Zusammensetzung maßgebend für das Kleingefüge des Stahles.

Seit etwa 25 Jahren ist die *Metallographie* erfolgreich bemüht, das Kleingefüge der Stähle zu untersuchen, zu verstehen und im Bilde darzustellen. Es gibt wohl kaum noch ein Stahlwerk, das nicht neben dem chemischen auch ein metallographisches Laboratorium hätte, und auch die größeren Betriebe der verarbeitenden Industrie, besonders die Werkzeugfabriken, machen sich in wachsendem Maße die Wissenschaft und Technik der Gefügeuntersuchung zunutze.

Erstarrt der gegossene Stahl in der Kokille zum Block, so kristallisiert er zunächst (primäre Kristallisation) zu gleichstoffigen, gleichartigen *Mischkristallen*, d. h. zu einer *festen Lösung* von Eisen und Eisenkarbid, die den Namen *Austenit* erhalten hat. Dabei sei von Mängeln und Fehlern, wie Lunker, Gasblasen, Saigerungen, Spannungen usw., die bei der Kristallisation im Block auftreten, hier ganz abgesehen. Beim weiteren Abkühlen findet eine Umkristallisation (sekundäre Kristallisation) statt, indem sich aus der festen Lösung bei weniger als 0,9% Kohlenstoff Eisenkristalle, die den Namen *Ferrit* führen, ausscheiden und bei einem Kohlenstoffgehalt von mehr als 0,9% Eisenkarbidteilchen, die den Namen *Zementit* führen. Beide Ausscheidungen beginnen bei um so höherer Temperatur, je mehr sich der Kohlenstoffgehalt von 0,9% nach oben oder unten entfernt. Die Ausscheidung ist in beiden Fällen bei etwa 700° beendet, und bei weiterer Abkühlung zerfällt der dann noch vorhandene Austenit, der stets 0,9% Kohlenstoff hat, zu einem feinen, streifigen Gemenge von Eisen und Eisenkarbid, d. h. also Ferrit und Zementit, das den Namen *Perlit* führt.

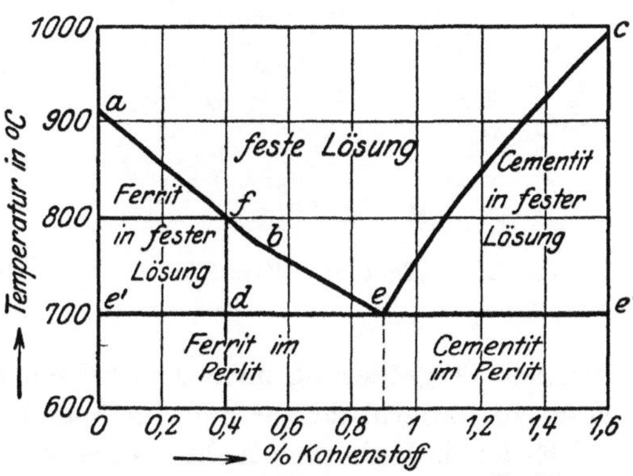

Abb. 1. Zustandsdiagramm von Stahl.

Abb. 1 stellt in dem bekannten Zustandsdiagramm die Temperaturen dieser Umwandlungen in Abhängigkeit vom Kohlenstoffgehalt dar. Die obere Umwandlungskurve *a-b-e-c* gibt demnach die Temperaturen an, bei denen Ferrit (auf *a-b-e*) oder Zementit (auf *e-c*) aus dem Austenit ausscheidet, während die untere Kurve (Gerade *e'-e'*) den Zerfall des noch vorhandenen Austenits zu Perlit angibt. Danach besteht der vollständig abgekühlte Stahl bei einem Kohlenstoffgehalt von weniger als 0,9% (untereutektoider Stahl) aus Perlit in Ferrit, bei

$0{,}9\,^0/_0$ (eutektoider Stahl) nur aus Perlit, bei mehr als $0{,}9\,^0/_0$ (übereutektoider Stahl) aus Zementit in Perlit.

Dieses so aufgebaute Kristallgefüge des abgekühlten Blockes ist nun sehr grob; es wird Gußgefüge genannt. Abb. 2 zeigt es in 375facher Vergrößerung von einem Stahl mit etwa $0{,}5\,^0/_0$ C. Die dunklen Stellen sind streifiger Perlit, das helle Netz ist Ferrit. Ein Stahl mit einem derartigen groben Gefüge würde trotz der schönsten Analyse sehr schlechte mechanische Eigenschaften haben und beim Härten leicht reißen. Die Aufgabe des Walzens und Schmiedens ist nun — mindestens ebensosehr wie die Formgebung —, dieses Gefüge zu verbessern, es gleichmäßig und fein zu machen. Abb. 3 zeigt denselben Stahl in

Abb. 2. Gußgefüge. $V = 375$.

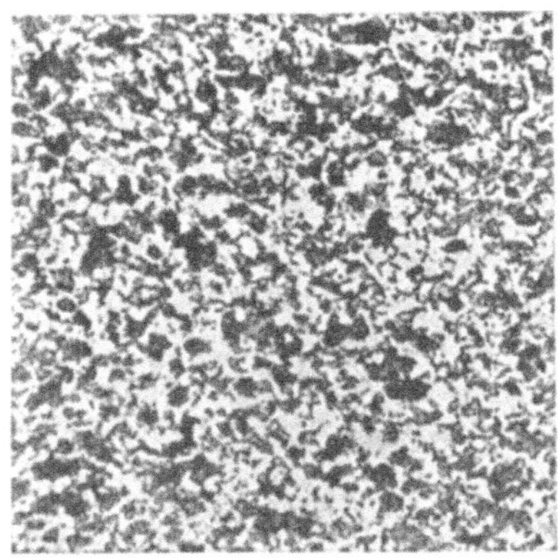

Abb. 3. Derselbe Stahl wie Abb. 2, geschmiedet. $V = 375$.

gleicher Vergrößerung nach dem Schmieden. Demgemäß ist von Edelstahl zu fordern, daß er gut durchgeschmiedet ist.

Es ist deshalb auch nicht wahrscheinlich, daß jemals nur gegossene Werkzeuge, wie sie vor 15—20 Jahren vielfach auftauchten, so leistungsfähig sind wie die aus gut durchgeschmiedetem Stahl hergestellten. Auch das im Kriege von Krupp angegebene Verfahren zur Herstellung von Spardrehstählen, Schnellstahl in dünner Schicht auf den Kopf eines Schaftes aus Maschinenstahl aufzugießen, wird deshalb wohl kaum lebensfähig sein.

3. Glühen. Eine ähnlich verfeinernde Wirkung auf grobkristallinisches Gefüge wie Schmieden oder Walzen hat Glühen. Ist der Stahl ungenügend durchgeschmiedet oder gewalzt oder ist er durch zu hohe Temperatur grobkörnig geworden, so kann durch richtiges oder ausreichend langes Glühen sein Korn verfeinert und gleichmäßig werden. Abb. 4 zeigt das Gefüge eines rohgewalzten Stahles mit $1{,}4\,^0/_0$ C in 400facher Vergrößerung: Perlitflecke, durchzogen mit einem Netz von Zementit. Abb. 5 zeigt denselben Stahl in gleicher Vergrößerung nach dem Glühen: Aller Zementit, auch der aus dem Perlit, hat sich zu kleinen, kugeligen Massen zusammengeballt, die in einer Grundmasse aus Ferrit eingebettet liegen. Auch im gut gewalzten oder geschmiedeten Stahl geht der gewöhnliche streifige Perlit durch genügend langes Glühen in dieses körnige Gefüge über, das man deshalb wohl als körnigen Perlit bezeichnet. Aber nicht nur grobkristallinisches und verfeinertes, sondern auch durch Kaltbearbeitung oder Abschrecken außerordentlich feines Gefüge wird durch Glühen wieder beseitigt und in den gleichmäßigen, natürlichen, spannungslosen Zustand des körnigen Perlits übergeführt.

Zugleich mit dem Gefüge ändern sich die mechanischen Eigenschaften des Stahles beim Glühen: Die geringe Festigkeit des grob-

Abb. 4. Roh gewalzter Stahl. $V = 400$.

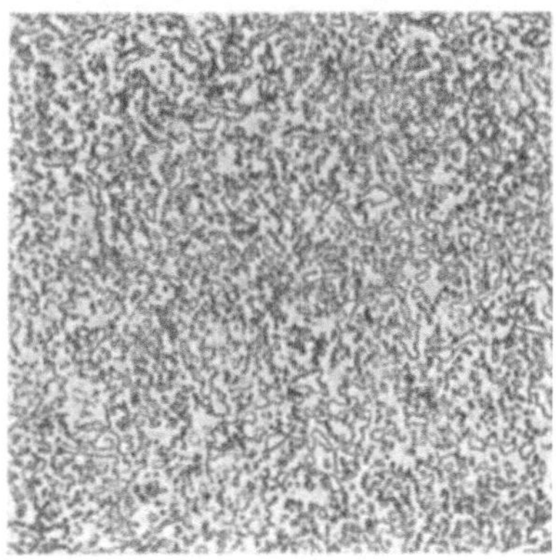

Abb. 5. Derselbe Stahl wie Abb. 4, geglüht. $V = 400$.

kristallinischen Stahles, ebenso wie die sehr hohe des kaltbearbeiteten oder gehärteten machen einer mäßigen Festigkeit Platz. Die Dehnung erreicht ein Maximum, die Härte ein Minimum, die Spannungen verschwinden. Dieser Zustand ist daher für die Weiterbearbeitung durch Schneidwerkzeuge (Drehen, Hobeln, Bohren, Fräsen) wie auch besonders zum Härten der günstigste. In bezug auf die Bearbeitung mit Schneidwerkzeugen muß allerdings noch die Einschränkung gemacht werden, daß geglühter Werkzeugstahl leicht „schmiert“, daß z. B. saubere Flanken beim Gewindeschneiden oft nicht zu erreichen sind.

Über die Glühtemperaturen ist zu sagen, daß zu einer Umkristallisation des Perlits mindestens ein Erhitzen über die untere Umwandlungskurve nötig ist. Für stark untereutektoide Stähle ist auch ein Hinausgehen über die obere Umwandlungskurve, die eine völlige Umkristallisation gibt, ungefährlich, unter Umständen nötig. Für übereutektoide Stähle dagegen sind diese hohe Temperaturen nicht ungefährlich und im allgemeinen die Temperaturen kurz über der unteren Kurve, also 700÷720°, die geeigneten. Auch die Glühzeit spielt eine Rolle: Kurze Glühzeit bei höherer Temperatur hat ungefähr die gleiche Wirkung wie eine längere Glühzeit bei niedrigerer Temperatur. Will man nur Spannungen und gewisse Ungleichheiten beseitigen, genügen Temperaturen erheblich unter 700°.

Die Fehler, die bei beim Glühen begangen werden können, haben 3 Quellen: Zu hohe Temperaturen, zu lange Glühzeit und chemischer Einfluß der Heizgase. Durch zu hohe Temperatur wird das Gefüge grob, Abb. 6. Die Sprödigkeit wächst: überhitzter Stahl. Wird die Temperatur bis zur Weißglut gesteigert, so verbrennen an Stellen, wo Luft zutreten kann, nicht nur Kohlenstoff-, sondern auch Eisenmengen,

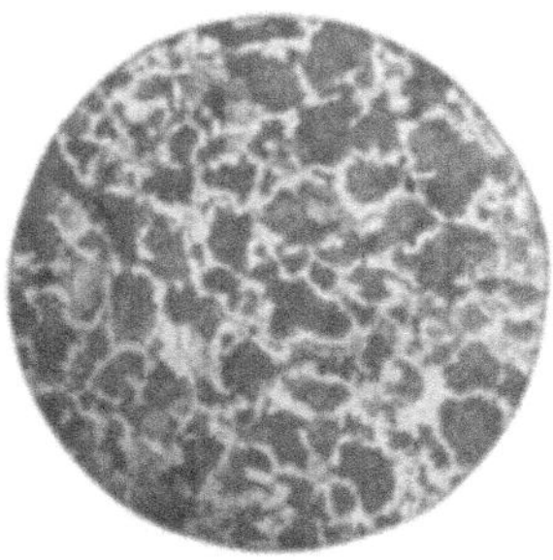

Abb. 6. Überhitzter Stahl. $V = 80$.

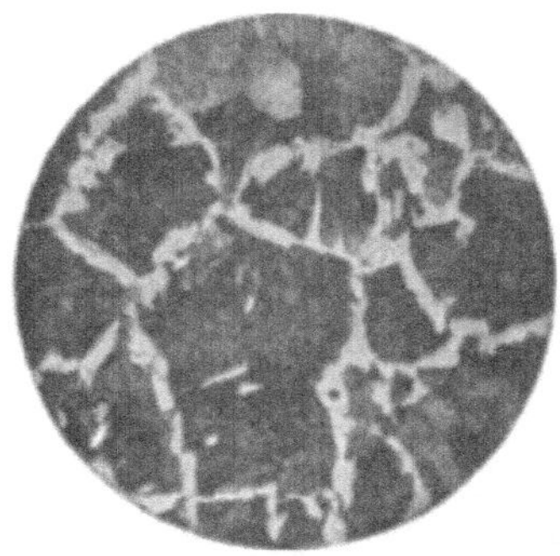

Abb. 7. Regenerierter Stahl. $V = 80$.

und es bilden sich feste Verbrennungsprodukte, die sich zwischen die Korngrenzen lagern. Der Stahl wird mürbe: verbrannter Stahl.

Bei zu langer Glühzeit entsteht gleichfalls grobes Korn: verglühter Stahl, und die Wirkung zu langer Glühzeit ist natürlich um so stärker, je höher die Temperatur dabei ist.

Während grobkörnig gewordener Stahl durch richtiges Glühen wieder gesund gemacht werden kann, Abb. 7, ist verbrannter Stahl nicht mehr zu retten.

Die chemische Veränderung beim Glühen bleibt meist auf die äußere Schicht beschränkt. Kann diese also hinterher entfernt werden durch Drehen, Hobeln, Schleifen oder schadet sie nichts, so sind besondere Vorsichtsmaßregeln nicht nötig.

Die Hauptschuld an den chemischen Veränderungen der Oberfläche trägt der Sauerstoff, der nicht nur mit der Außenluft an das Glühgut kommen kann, z. B. im Muffelofen (auch bei elektrischer Heizung), sondern der auch in den Verbrennungsgasen der Gasöfen enthalten ist infolge der ungenügenden Durchmischung. Daher rührt die beim längeren Glühen leicht eintretende Entkohlung der äußeren Schicht oder auch die Bildung von Zunder. Nach neueren Versuchen von Oberhoffer ist es übrigens nicht nur der Sauerstoff der Luft, sondern auch der für unschädlich gehaltene Stickstoff, der bei genügend hoher Temperatur die Oberfläche entkohlen kann. Hoher Gehalt der Gase an Schwefel ist für den Stahl zweifellos gefährlich.

Zu vermeiden ist die Schädigung durch die chemischen Einflüsse dadurch, daß man Gase und Luft vom Werkstück fernhält, indem man es in Kästen mit Holzkohlenlösche oder reinen Gußspänen oder dgl. einpackt, oder indem man Flüssigkeitsbäder zum Erhitzen benutzt: Metall- oder Salzbäder. Letztere entkohlen bei hohen Temperaturen allerdings auch ein wenig.

4. Härten. Das Härten besteht bei Kohlenstoffstahl bekanntlich darin, daß man den Stahl durch Abschrecken aus Rotglut glashart macht. Das Verständnis für diese Änderung der Eigenschaften und für die richtige Behandlung beim Härten wird sehr durch die Kenntnis des Verhaltens des Kleingefüges gefördert.

Alle Gefügeänderungen im Stahl, sei es die Bildung von Perlit aus Austenit, sei es die von körnigem Perlit aus streifigem oder die von Austenit aus Perlit, wollen ihre Zeit haben, d. h. alle Umkristallisationen und Diffusionen der einzelnen Stoffe gehen nur nach und nach vor sich und brauchen, um gleichmäßig durch das ganze Werkstück hindurchzudringen, oft sogar recht erhebliche Zeit.

Erhitzt man nun einen Stahl so hoch, daß aller Perlit sich zu Austenit auflöst, und läßt ihn dann nicht langsam abkühlen, sondern schreckt ihn schroff ab, so verhindert man den Zerfall zu Perlit und erhält bei gewöhnlicher Raumtemperatur zwar nicht Austenit, wohl aber eine andere feste Lösung, die Martensit genannt wird. Der Unterschied zwischen Austenit und Martensit liegt einmal darin, daß Austenit eine feste Lösung von Eisenkarbid mit nichtmagnetischem Eisen (γ-Eisen) ist, während Martensit eine feste Lösung von Eisenkarbid mit dem gewöhnlichen magnetischen Eisen (α-Eisen) ist; weiter ist Austenit polyedrisch (Abb. 8), Martensit sehr feinkörnig bis grobnadlig. Letzteres ein Anzeichen für beginnenden Zerfall der festen Lösung.

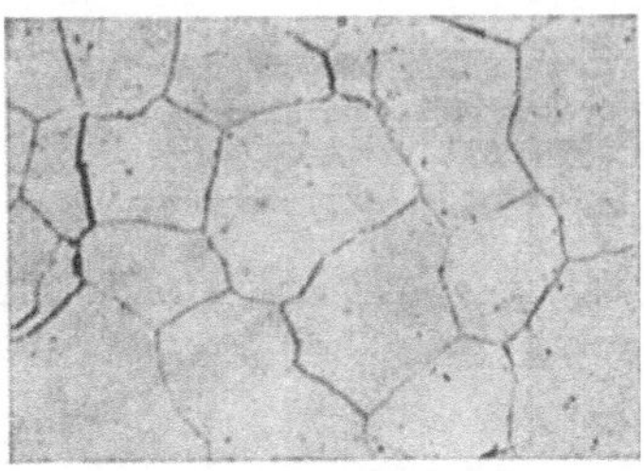

Abb. 8. Austenit. $V = 600$.

Es ist nun eine Eigentümlichkeit der Kohlenstoffstähle, daß die Geschwindigkeit der Abkühlung sehr groß sein muß, wenn Martensit entstehen soll. Die Zeit, um von 700° auf 200° zu kommen, darf nur einige Sekunden betragen. Ist sie größer, so entsteht nicht Martensit, allerdings auch nicht, wie bei ganz langsamem Abkühlen, Perlit, sondern ein Zwischengefüge, das Troostit genannt wird, ein sehr feines Gemenge von Zementit und Ferrit. Bei noch etwas geringerer Geschwindigkeit entsteht Sorbit, ein nicht ganz so feines Gemenge derselben Bestandteile. Abb. 9 zeigt diese Verhältnisse schematisch: die Längen l_1 bis l_4 stellen die Abkühlungszeiten dar, von denen die kürzeste l_1

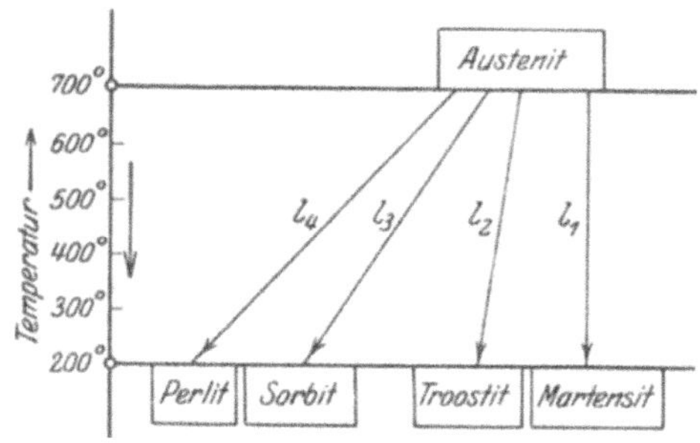

Abb. 9. Abkühlungszeiten und Gefüge.

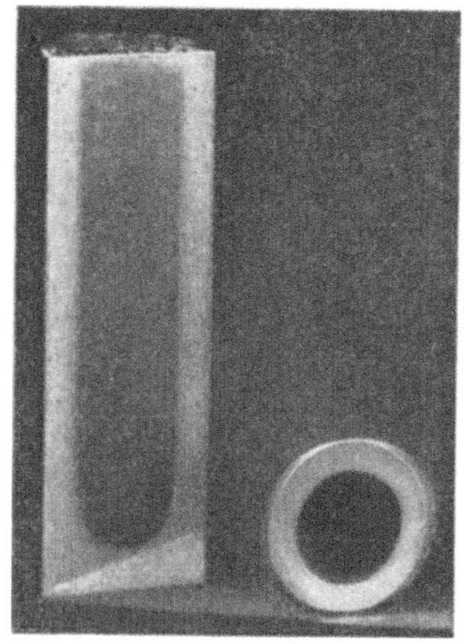

Abb. 10. Längs- und Querschnitt von gehärtetem Stahl, geätzt.

zu Martensit, die längste l_4 zu Perlit führt (dabei sind allerdings die Längen l_1—l_4 nicht diesen Zeiten unmittelbar proportional).

Die Geschwindigkeit, die gerade noch genügt, um aus Austenit Martensit zu bilden, nennt man die kritische Geschwindigkeit; und die Folge davon, daß sie bei Kohlenstoffstahl sehr hoch ist, ist es, daß auch bei schroffstem Abschrecken Martensit nur in den äußeren Schichten entsteht, nach innen zu Troostit oder gar Sorbit. Abb. 10 zeigt das deutlich am geätzten Längs- und Querschnitt eines hochgekohlten Stahles.

Die Temperaturen, von denen Kohlenstoffstahl zum Härten abgeschreckt werden muß, sind durch die Kurve h—k in Abb. 11 dargestellt, während die

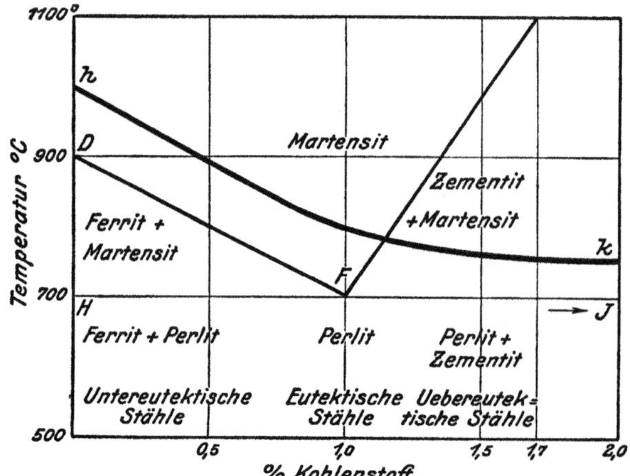

Abb. 11. Gefügebestandteile von abgeschrecktem Stahl.

Bezeichnungen angeben, welche Gefügebestandteile entstehen, wenn aus den von den Kurven gebildeten Feldern abgeschreckt wird.

Man erkennt, daß man bei den hochgekohlten Stählen mit dem Erhitzen zum Härten nur so weit geht, daß der Perlit sich auflöst, und beim Abschrecken Martensit bildet, daß der Zementit dagegen ungelöst bleibt und sich als Zementit nachher im Martensit findet. Man kann das tun, weil Zementit sehr hart ist, härter als Martensit, man muß das tun, weil Martensit von höherer Abschrecktemperatur bei hochgekohlten Stählen grob würde. Überhaupt gilt für allen Kohlenstoffstahl die Regel: „Zum Härten nur gerade so hoch und gerade so lange erhitzen, wie durchaus nötig ist." Dann erhält man den feinsten Martensit, der höchste Härte mit günstigster Zähigkeit und Festigkeit vereinigt. Welch großen Einfluß die Abschrecktemperatur hat, zeigen

Abb. 12. Stahl mit 1,2 % C von 780° abgeschreckt.

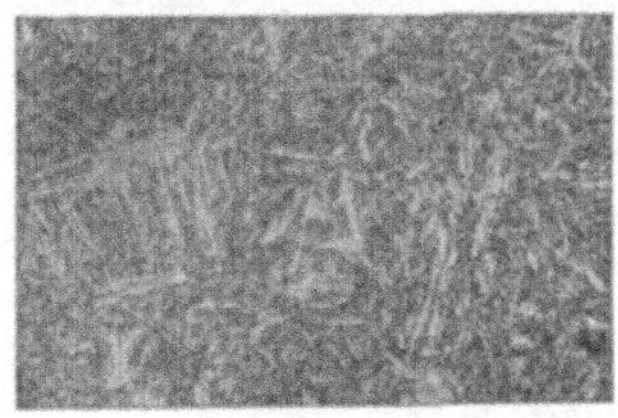

Abb. 13. Stahl mit 1,2 % C von 870° abgeschreckt.

Abb. 12 und 13. Abb. 12 Stahl mit 1,2 % Kohlenstoff von 780° abgeschreckt: feiner Martensit, Abb. 13 derselbe Stahl von 870° abgeschreckt: nadeliger Martensit.

Welch ungünstigen Einfluß ein schlecht durchgearbeitetes Gefüge auf das Ergebnis des Härtens haben kann, lassen die Abb. 14 und 15 erkennen. Abb. 14 zeigt in 500facher Vergrößerung das Gefüge des Stahls von Abb. 4, bestehend aus martensitischer Grundmasse und Zementit in netzförmigen Adern. Es hat sich also beim Härten die sehr ungünstige Zementitform erhalten, während der Perlit sich in Martensit umgewandelt hat. Abb. 15 zeigt denselben Stahl gehärtet in gleicher Vergrößerung, jedoch nach vorhergegangenem Glühen (Abb. 5). Das Kleingefüge besteht jetzt aus martensitischer Grundmasse mit eingelagerten Zementitkörnern, die günstigste Form für ein Härtungsgefüge. Es kann also das zum Härten nötige Erhitzen des Stahls das Vergüten des Gefüges durch Glühen nicht ersetzen.

5. Anlassen. Je größer der Kohlenstoffgehalt eines Stahles ist, um so mehr wird beim Härten nicht nur die Härte, sondern auch die Sprödigkeit des Stahles und die Neigung zur Rißbildung wachsen. Die Sprödigkeit ist die Folge der verminderten Dehnung des Stahles, die auch bei richtigem Härten unvermeidlich ist. Dazu kommt dann noch bei überhitztem Härten die grobe Kristallisation. Die Neigung zu Rissen ist die Folge der Spannungen, die beim Härten unvermeidlich dadurch entstehen, daß das Volumen des Martensits größer ist als das des Perlits, aus dem jener entstanden ist, und daß der Wärmeinhalt des Stahles sich durch das Abschrecken in den äußeren Schichten viel schneller verringert als im Kern[1]).

Diese nachteiligen Erscheinungen beim Härten können nun durch Anlassen mehr oder weniger vermindert oder beseitigt werden. Schon

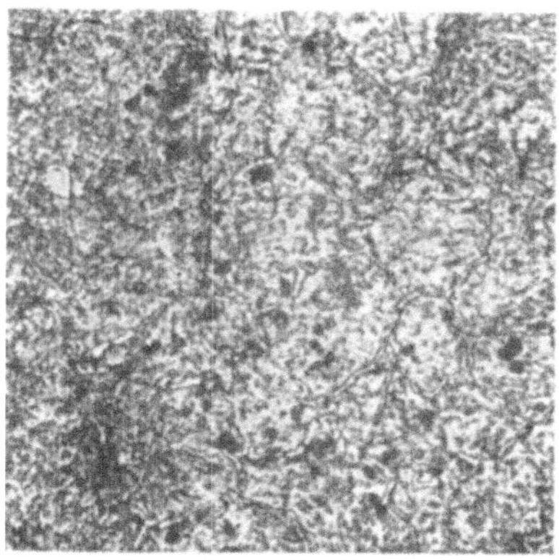

Abb. 14. Derselbe Stahl wie Abb. 4, gehärtet. $V = 500$.

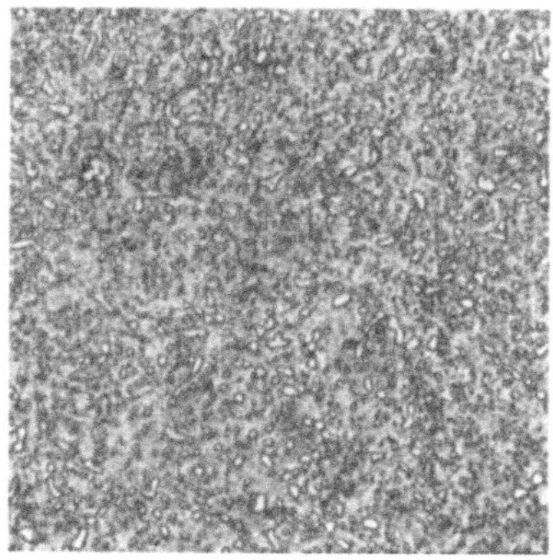

Abb. 15. Derselbe Stahl wie Abb. 5, gehärtet.

beim Wiedererwärmen auf 100—150° verringern sich die Spannungen erheblich und auch die Sprödigkeit beginnt nachzulassen. Je höher man mit dem Erwärmen geht, um so stärker ist diese Wirkung. Allerdings nur auf Kosten der Härte, die wenn auch nicht stetig, so doch ständig mit dem Wiedererwärmen abnimmt. Für Schneidwerkzeuge geht man daher mit der Anlaßtemperatur nicht über etwa 200—225° hinaus, wobei die Abnahme der Härte erst nur sehr gering ist. Bei allen Arbeiten mit Schneidwerkzeugen aus Kohlenstoffstahl muß man die Schnittgeschwindigkeit so gering halten, daß die durch die Schneidwärme entstehende Temperaturerhöhung auch nicht über etwa 200° hinausgeht, weil sonst die Schneide stark erweichen würde und der Span sie schnell zerstören könnte.

Steigert man die Anlaßtemperatur unbekümmert um die Abnahme der Härte auf etwa 300—400°, so erscheint im Kleingefüge Troostit, und bei etwa 600° bildet sich Sorbit, bei über 700° Perlit. Es lassen sich also durch Härten und Anlassen dieselben Kleingefüge (mit nur

[1]) Näheres s. „Härten und Vergüten" S. 38ff.

geringen Unterschieden) bilden wie durch mehr oder weniger schroffes Abschrecken allein. Auch beim Anlassen hat man meistens mehrere der genannten Gefügebestandteile nebeneinander.

II. Legierte Stähle.

Um bestimmte Eigenschaften zu verstärken (Härte, Härtebeständigkeit, Zähigkeit, Unempfindlichkeit gegen Warmbehandlung usw.), setzt man dem Stahl besondere Stoffe (Legierungsmetalle) zu. Das sind für Werkzeugstähle vor allem: Wolfram, Chrom, Vanadin, Molybdän, Kobalt und auch wohl Mangan und Silizium. Legierte Stähle haben in den letzten zwei Jahrzehnten in solchem Maße in die Werkstatt Eingang gefunden, daß heute für gewisse Arbeiten Kohlenstoffstähle überhaupt nicht mehr gebraucht werden.

1. Einfluß der Legierungsmetalle im allgemeinen. Fast alle legierten Stähle haben die angenehme Eigenschaft, daß die Härtetemperatur nicht so sehr genau eingehalten zu werden braucht, wie bei den unlegierten Stählen. Bei den meisten legierten Stählen liegt die Härtetemperatur auch höher, als sie die Kurve h—k in Abb. 11 angibt. Das Charakteristische bei vielen legierten Stählen, besonders bei höherem Gehalt an Legierungsmetall, ist aber, daß die kritische Geschwindigkeit herabgesetzt wird. Eine natürliche Folge davon ist es nun, daß die legierten Stähle selbst bei starken Querschnitten auch im Innern ganz durchhärten, weil die Abkühlungszeit auch im Kern immer noch kürzer ist, als die kritische Geschwindigkeit verlangt. Abb. 16 zeigt oben den Querschnitt von gehärtetem Kohlenstoffstahl mit der martensitischen Randschicht, unten den Querschnitt von legiertem Stahl, der durch und durch martensitisch ist.

Abb. 16. Bruch von gehärtetem unlegiertem und legiertem Stahl.

Ist die kritische Geschwindigkeit eines legierten Stahles stark herabgesetzt, so genügt auch mildes Abschrecken, z. B. in Öl statt in Wasser, um wenigstens in der Randschicht Martensit zu bilden. Besonders stark in dieser Hinsicht wirkt Chrom, von dem schon 1—1,5% die kritische Geschwindigkeit erheblich herabdrücken. Mangan hat einen ähnlichen Einfluß. Für die Werkzeugtechnik ist das darum sehr wichtig, weil milde abgeschreckte Werkzeuge weniger leicht reißen und sich weniger verziehen als schroff abgeschreckte.

Durch Zusatz größerer Mengen von Legierungsmetall kann die kritische Geschwindigkeit so weit herabgesetzt werden, daß Abkühlung in bewegter oder gar in ruhiger Luft zum Härten genügt (Lufthärter,

Selbsthärter). Zu diesen Stählen gehören die Schnellstähle, die heute von überragender Bedeutung sind.

In geringen Mengen werden fast alle Legierungsmetalle von Eisen bzw. Eisenkarbid gelöst, so daß das Kleingefüge dasselbe Bild zeigt wie ohne den Zusatz, nur daß häufig das Korn feiner ist. Anders ist das bei großen Mengen von Legierungsmetallen, wie sie vor allen Dingen der Schnellstahl hat. Hier erscheinen besondere Gefügebestandteile, und zwar hauptsächlich Doppelkarbide von Eisen und Wolfram.

2. Einfluß der Legierungsmetalle im einzelnen. a) Silizium. Ob und wie stark Silizium die Schmiedbarkeit, Schweißbarkeit und Kaltbearbeitbarkeit herabsetzt, ist noch recht umstritten, zweifellos ist dagegen, daß es die Elastizitätsgrenze erheblich erhöht. Es wird daher häufig für Federstahl benutzt in Mengen bis zu 2 oder 3 %. Die kritische Geschwindigkeit wird durch Silizium herabgesetzt, also die Durchhärtung gefördert.

b) Mangan. Es erniedrigt die Schweißbarkeit und Kaltbearbeitbarkeit, erhöht aber die Härte und Festigkeit. Man findet von ihm manchmal einen größeren Gehalt bis etwa 1 % als Ersatz für höheren Kohlenstoffgehalt. Mangan setzt die kritische Geschwindigkeit herab. In großen Mengen macht es den Stahl martensitisch, d. h. auch bei langsamem Abkühlen bildet sich Martensit. In noch größeren Mengen (z. B. mehr als 7 % Mangan bei mindestens 0,8 % Kohlenstoff) werden die Stähle austenitisch, d. h. auch bei langsamem Abkühlen bleibt der Austenit erhalten. Für Werkzeugstähle werden solche hohen Gehalte von Mangan jedoch nicht benutzt. In Verbindung mit anderen Legierungsmetallen geht man jedoch bis zu 3 % Mangan hinauf.

c) Chrom. Es erhöht die Härte und besonders die Durchhärtung sehr stark, indem es die kritische Geschwindigkeit sehr erheblich herabsetzt. Deshalb reicht zur Erlangung von Glashärte meist ein Abschrecken in Öl statt in Wasser aus. Da aber durch Chrom die Zähigkeit erheblich abnimmt, geht man bei perlitischen Stählen mit dem Chromgehalt nicht über 1,5—2 % hinaus. Höhere Chromgehalte, die besondere Gefügebestandteile bilden, kommen in Verbindung mit anderen Legierungsmetallen im Werkzeugstahl vor (s. weiter unten).

d) Wolfram. Es ist das wichtigste Legierungsmetall, weil es schon in sehr geringen Mengen die Schneidhaltigkeit erhöht, ohne die Zähigkeit herabzusetzen. Wolfram kommt in allen Prozentgehalten im Stahl vor. Die hohen Gehalte geben dem Stahl die Rotgluthärte, von der bei Schnellstahl die Rede sein wird.

3. Gleichzeitiger Einfluß mehrerer Legierungsmetalle. Die außerordentlich vielen Kombinationsmöglichkeiten haben nicht nur eine große Reihe sogenannter komplexer Stähle geschaffen, sie lassen auch für die Zukunft noch viel Neues erwarten.

Die meisten Stähle mit mehreren Legierungsmetallen gehören zu den hochlegierten Stählen, wofür immer die Summe der Legierungsmetalle maßgebend ist. Derartig hochlegierte Stähle wurden bereits in den 70er Jahren des vorigen Jahrhunderts hergestellt und benutzt. Besonders bekannt wurde der Mushetstahl, ein martensitischer Stahl (Selbsthärter), der bei hohem Kohlenstoffgehalt 5—10 % Wolfram und etwa 1—3 % Mangan enthielt.

III. Schnellstähle.

Sie sind die wichtigsten legierten Stähle und die höchstlegierten.

1. Verhalten der Schnellstähle. Kühlen sie aus der Schmiedehitze an ruhiger Luft langsam ab oder besser, werden sie ausgeglüht, so werden sie genügend weich, um sie in jeder Weise mit Schneidwerkzeugen bearbeiten zu können. Die Umwandlungsgeschwindigkeit dieser Stähle ist jedoch soweit herabgesetzt, daß zum Härten ein Abkühlen in milde wirkenden Mitteln (Preßluft, Tran, Öl oder dgl.) genügt, ihnen richtige Schneidhärte zu geben. Der wesentlichste Unterschied in der Behandlung der Schnellstähle gegenüber allen anderen Stählen liegt in der Höhe der günstigsten Härtetemperatur, die sich zwischen 1200 und 1350° bewegt, also so hoch liegt, daß bei ihr alle anderen Stähle unrettbar verbrennen würden. Notwendigkeit und Nutzen dieser hohen Härtetemperatur wurden von Taylor entdeckt und zuerst 1900 auf der Weltausstellung in Paris vorgeführt. Die Folge des Abschreckens und zugleich das Ziel, das man erreichen will, ist die Rotgluthärte, d. h. eine außerordentlich hohe Beständigkeit der Härte gegen Wiedererwärmen. Während die Härte des Schnellstahles unmittelbar nach dem Abschrecken geringer ist als bei unlegierten, hochgekohlten Stählen, verringert sie sich beim Anlassen bis auf etwa 400° nur wenig, fällt dann wohl etwas stärker ab, zeigt aber bei etwa 600° oftmals wieder eine größere Härte, die sogar über die Anfangshöhe hinausgehen kann. Im Gegensatz dazu nimmt die zunächst sehr hohe Härte von Kohlenstoffstahl mit dem Anlassen über 200° sehr stark ab. Infolgedessen kann Schnellstahl beim Arbeiten 600—700° warm werden, ohne daß die Schneidhaltigkeit merklich abnähme oder die Lebensdauer der Schneide sich verringerte. Es kann daher mit Schnittgeschwindigkeiten gearbeitet werden, die 2—4mal so hoch sind wie bei unlegiertem Stahl.

2. Zusammensetzung des Schnellstahles. Die neueren Schnellstähle weichen zwar in der Zusammensetzung vielfach voneinander ab, doch halten sie alle etwa folgende Grenzen ein: 0,6—0,8 % Kohlenstoff, 14—24 % Wolfram, 5—8 % Chrom, 0—$1^1/_2$ % Vanadin, 0—3 % Molybdän, 0—5 % Kobalt. Dazu ist zu bemerken:

Zu Kohlenstoff: Ein höherer Gehalt würde die Schneidhaltigkeit nicht erheblich verbessern, dagegen die Widerstandsfähigkeit gegen hohe Temperaturen herabsetzen, da sich leicht schmelzbare Gefügebestandteile bilden würden.

Zu Wolfram: Wolfram gibt dem Stahl die Härtebeständigkeit.

Zu Molybdän: Ein höherer Gehalt an Molybdän findet sich nur als Ersatz für Wolfram, und zwar kann 1 Teil Molybdän 2—3 Teile Wolfram ersetzen. Es gab im Kriege in Deutschland Schnellstähle, die statt des ganzen Wolframs Molybdän enthielten; heute findet sich Molybdän nur in geringen Mengen.

Zu Chrom: Chrom scheint dem Stahl bei geringem Kohlenstoffgehalt die nötige Härte zu geben; meist beträgt der Gehalt 4—5 %.

Zu Vanadin: Vanadin erleichtert die Herstellung eines reinen, von Gasblasen freien Stahls, vermindert die Empfindlichkeit gegen Wärmebehandlung, so daß der Stahl beim Härten und Schleifen nicht leicht reißt, ferner erhöht es allgemein die Zähigkeit und die Schneidhaltigkeit.

Zu Kobalt: Kobalt soll die Schneidhaltigkeit erhöhen.

Schnellstähle, die weder Wolfram noch Molybdän in genügender Menge enthalten, sondern nur 10—12 % Chrom neben 1—2,5 % Kohlenstoff, können nur als weniger wertvolle Ersatzstähle gelten; sie leisten erheblich weniger als die eigentlichen Schnellstähle.

3. Gefüge der Schnellstähle. Mehr noch als gewöhnlicher Kohlenstoffstahl verlangt der gegossene Schnellstahl, wenn er ein gleichmäßiges und feines Gefüge und höchste Schneidfähigkeit haben soll, sehr kräftiges Durchschmieden oder Durchwalzen.

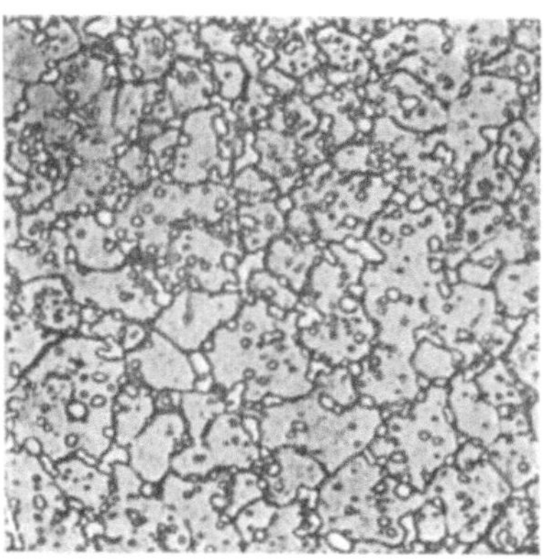

Abb. 17. Schnellstahl gehärtet. Doppelkarbide in martensitisch-austenitischer Grundmasse. $V = 500$.

Nach dem Glühen besteht Schnellstahl aus feinkörnigem Perlit, bei dem die kugelförmigen, recht ungleich großen Karbide außer Eisen einen erheblichen Gehalt an Wolfram enthalten und wohl auch etwas Chrom und unter Umständen Vanadin. Der Rest der Legierungsmetalle ist im Ferrit gelöst. Wird nun der Stahl auf 1200—1300° erhitzt, so löst sich ein Teil der Eisen-Wolframkarbide auf und es entsteht ein stark wolfram- und chromhaltiger Austenit. Ein Teil der Karbide bleibt jedoch auch bei der höchsten Glühtemperatur ungelöst. Wird nun abgeschreckt, so ändern sich die ungelösten Karbide nicht (Abb. 17), während der Austenit nur zum Teil erhalten bleibt, zum anderen Teil in Martensit umgewandelt wird. Aus diesem Martensit nun beginnt schon bei gewöhnlicher Raumtemperatur sich Zementit auszuscheiden und bei höherer Anlaßtemperatur von etwa 450 ° an fallen auch mikroskopisch feine Eisen-Wolframkarbide aus, infolgedessen der Martensit etwas weicher wird. Bei etwa 600 ° haben sich richtige kugelförmige Eisen-Wolframkarbide gebildet, die nicht nur selbst gegen Erweichung durch Wärme sehr widerstandsfähig sind, sondern auch verhindern, daß der Martensit grobkristallinisch und damit weicher wird.

Zwischen 450 und 600 ° wandelt sich auch der Austenit zu Martensit und erhöht damit die Härte unter Umständen über die ursprüngliche Höhe. Erhitzt man über 600 ° hinaus, so wachsen sowohl die Ferritkörner des Martensits wie die Doppelkarbide und setzen damit die Härte herab.

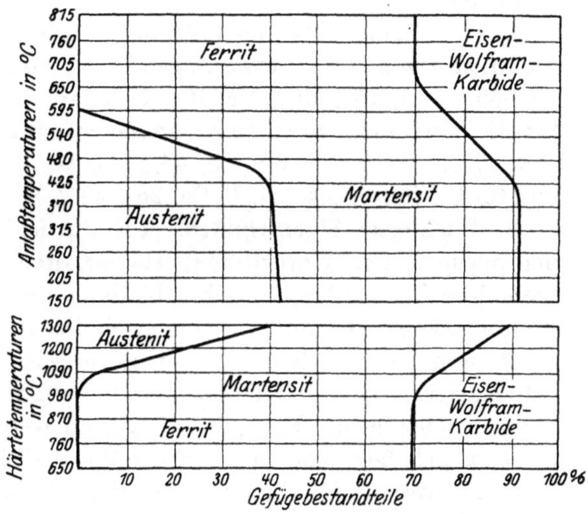

Abb. 18. Gefügebestandteile von gehärtetem und angelassenem Schnellstahl.

Abb. 18 zeigt nach Jeffries die veränderlichen Mengen der Bestandteile des Kleingefüges von Schnellstahl für verschiedene Abschreck- und verschiedene Anlaßtemperaturen. Der Zementit ist dabei nicht besonders aufgeführt, sondern mit dem Martensit (Ferrit) zusammengezählt.

Der Grund für die Rotgluthärte läßt sich aus den Gefügeänderungen also wie folgt erklären:

Während sich aus Martensit von gewöhnlichem Kohlenstoffstahl schon bei niedriger Anlaßtemperatur Zementit auszuscheiden beginnt und der Ferrit schon bald grob wird, spielen sich ähnliche Vorgänge beim Schnellstahl erst in der Rotglut ab. Der Martensit des Schnellstahles ist durch die Lösung von Wolfram und Chrom gegen Kornwachstum sehr widerstandsfähig. Außerdem hindern auch die zunächst in feinster Verteilung ausgeschiedenen Eisen-Wolframkarbide ein rasches Kornwachstum des Martensits und sind selbst gegen Erweichung durch die Wärme sehr widerstandsfähig.

IV. Naturharte Schneidmetalle.

Um die Wende des Jahrhunderts stellte Haynes in den Vereinigten Staaten zuerst eine Chrom-Wolfram-Kobaltlegierung, Stellit genannt, her, die ganz außerordentliche Schneideigenschaften hat. Da diese Legierung kein oder fast kein Eisen enthält, kann sie nicht zu den legierten Stählen gezählt werden, obwohl sie im Charakter zu ihnen gehört. Seit einigen Jahren werden auch in Deutschland ähnliche Legierungen hergestellt, die unter verschiedenen Namen (Akrit, Celsit usw.) in den Handel kommen. Alle diese Legierungen seien unter dem Gattungsnamen: naturharte „Schneidmetalle" oder kurz „Schneidmetalle" zusammengefaßt.

1. Chemische Zusammensetzung[1]. Die Zusammensetzungen von Stellit bewegen sich in etwa folgenden Grenzen:

40÷55 % Co, 15÷33 % Cr, 10÷17 % W, 0÷2 % C;

für Akrit wird eine mittlere Zusammensetzung angegeben von: 38 % Co, 30 % Cr, 16 % W, 10 % Ni, 4 % Mo, 2—5 % C;

und für Celsit von: 44÷52 % Co, 25÷30 % Cr, 15÷20 % W, 2÷4 % C.

2. Wichtigste Eigenschaften. Die Schneidmetalle gehören alle zu den naturharten Werkstoffen; sie erhalten ihre Schneidhärte ohne besondere Behandlung durch Abkühlen der flüssigen Schmelze. Da sie durch keine Behandlung bei gewöhnlicher oder höherer Temperatur weich und zäh werden, so können sie weder geschmiedet noch mit Schneidwerkzeugen bearbeitet werden, abgesehen vom Schleifen. Sie müssen daher in die Fertigform gegossen werden. Meist werden sie in Stangen geliefert, von denen die nötigen Stücke durch Schleifen abgetrennt werden (ähnlich wie bei dem früher viel benutzten naturharten Mushetstahl).

Die Schneidmetalle sind weniger zäh als richtig gehärtete Stähle; ihre Härte ist dagegen wie bei diesen nach innen zu etwas geringer als außen, auch bei kleineren Querschnitten. Die wichtigste Eigenschaft ist die Rotgluthärte, die sie in noch höherem Maße haben als Schnellstahl. Der Preis ist sehr hoch, etwa 5÷6 mal so hoch wie von bestem Schnellstahl.

3. Anwendung der Schneidmetalle. Die Schneidmetalle werden wegen ihres Preises und ihrer Sprödigkeit nicht für Vollwerkzeuge verwendet, sondern nur als Messer für Fräsköpfe u. dgl., als Einsteckstähle für Halter oder als Plättchen für Schäfte von Schneidstählen. Sie können mechanisch befestigt oder elektrisch aufgeschweißt oder aufgelötet werden.

Infolge der außerordentlichen Rotgluthärte kann ihre Schnittgeschwindigkeit mehrfach höher gewählt werden als für Schnellstahl, oder bei gleicher Schnittgeschwindigkeit ist die Lebensdauer der Schneide vielfach länger als für Schnellstahl. Besonders zu bewähren scheinen sie sich für die Bearbeitung von mittelhartem und hartem

[1] S. Aufsatz von Dr.-Ing. E. H. Schulz i. d. Z. f. Metallkunde, H. 9, September 1924.

Werkstoff. Ausreichende Erfahrungen, um die günstigsten Arbeitsbedingungen mit einiger Sicherheit festlegen zu können, liegen jedoch noch nicht vor. Für alle Fälle müssen die Schneidwinkel (Brust- bzw. Spanwinkel und Rücken- bzw. Anstellwinkel) kleiner als bei Stahl gewählt werden, damit die Schneide recht kräftig und widerstandsfähig ist.

C. Auswahl der Stähle[1]).

Es können hier nur die wichtigsten Werkzeuge (und einige kleine andere Teile) für den Maschinenbau berücksichtigt werden. Es soll zuerst die Auswahl der Kohlenstoffstähle, dann die der legierten Stähle besprochen werden.

I. Auswahl der Kohlenstoffstähle.

Allgemein ist zu sagen: Der Kohlenstoffgehalt muß um so höher sein, je größere Ansprüche an die Glashärte oder die Schneidhaltigkeit der Werkzeuge gestellt werden, er muß um so niedriger sein, je stärkere Stöße das Werkzeug auszuhalten hat oder je mehr es federn muß. Bis zu einem gewissen Grade kann Stahl mit hohem Kohlenstoffgehalt, der weniger schroff abgeschreckt oder hoch angelassen wird, Stahl mit geringerem Gehalt ersetzen.

Zu bemerken ist noch, daß auch der Gehalt an Mangan, da er die Härte erhöht, oft eine nicht unbeträchtliche Rolle spielt. Er steigt bis zu etwa 0,8 % an, macht aber den Stahl auch weniger zäh.

Zu Kohlenstoffstahl, der erheblich billiger ist als legierter Stahl, greift man zunächst für grobe Werkzeuge, weiter für Schneidwerkzeuge, die mit geringer Schnittgeschwindigkeit arbeiten, wie Gewindeschneidwerkzeuge, oder mit sehr kleiner Schnittleistung, wie Schlichtstähle. Ferner zieht man sie wohl vor für Werkzeuge, die öfter nachgearbeitet werden sollen wie Zieheisen, einfache Schnitte und dgl., da sie weniger tief durchhärten und bei wiederholtem Härten nicht so leicht reißen.

Die Stähle enthalten:

0,6 ÷ 0,75 % C für: Meißel, Messer und Stempel für Warmbearbeitung, Hämmer, Fallhammergesenke, Döpper, kleine Kaltmeißel, Spiralfedern, federnde Teile wie Spannpatronen, Spannhebel usw., Drehdorne, Fräsdorne usw.

0,75 ÷ 0,9 % C für: Stempel für Schmiede, Gesenke für Schmiedemaschinen, Scheren, Handmeißel, Kaltmeißel, Wagenfedern, Futterbacken, langsam laufende Kupplungen, Buchsen, Holzsägen.

0,9 ÷ 1,1 % C für: Stempel, Schnittplatten, Ziehringe, Preßluftmeißel, Lokomotivfedern, Schraubenzieher, Körnerspitzen, Feilen, Sägen, Steinbohrer.

---

[1]) Entnommen aus „Härten und Vergüten" 1. Teil.

1,1 ÷ 1,3 % C für: Fräser, Metallkreissägen, Spiralbohrer, Gewindebohrer, Gewindeschneidbacken, Senker, Reibahlen, Schneidstähle für Metall und Holz, Hohleisen, Feilen, Stifte, Kugeln, Meßkaliber.

1,3 ÷ 1,5 % C für: Schaber, Drehstähle, Rasiermesser, Bohrer für Glas, chirurgische Instrumente, Feilen zum Sägenschärfen, Gravierstichel.

II. Auswahl der legierten Stähle.

Trotz ihres hohen Preises werden legierte Stähle um ihrer vorzüglichen Eigenschaften willen sehr viel benutzt und haben auf manchen Gebieten die Kohlenstoffstähle ganz verdrängt. Man sucht den Verbrauch von kostbarem legierten Stahl, besonders von Schnellstahl, zu vermindern, ohne sein Anwendungsgebiet einzuschränken. Das geschieht mit Erfolg dadurch, daß man nur die unmittelbar schneidende Fläche aus Schnellstahl herstellt, alles andere, das zum Tragen oder zum Erzeugen der nötigen Starrheit dient, dagegen aus Maschinenstahl. So schweißt oder lötet man für Schruppstähle usw. mit Querschnitten über etwa 12 × 12 mm Schnellstahlstückchen auf Schäfte auf; in Fräser, Reibahlen und dgl. befestigt man Messer durch mechanische Mittel oder auch durch Löten und Schweißen; auch schweißt man den schneidenden Teil von Spiralbohrern, Senkern, Fräser usw. elektrisch stumpf an.

Es seien 5 Gruppen unterschieden:

Wolfram-Stähle (Wolfram = W).

0,5 ÷ 1,5 % W und 1 ÷ 1,3 % C für alle Schneidwerkzeuge, wie Schneidstähle, Fräser, Bohrer usw., die eine erhöhte Schneidhaltigkeit haben sollen.

2 ÷ 4 % W und 1,2 ÷ 1,4 % C für sehr schneidhaltige Formstähle an Revolverbänken und Automaten (heute selten). Auch für Meißel und Stempel.

4 ÷ 7 % W und 0,9 ÷ 1 % C für Schneidstähle für geringe Schnittgeschwindigkeit wie zum Hinterdrehen von Fräsern, zum Abdrehen und Riffeln von Hartgußwalzen.

8 ÷ 10 % W und 0,6 ÷ 0,7 % C für Warmpreß- und Ziehmatrizen, die gehärtet werden.

Chrom-Stähle (Chrom = Cr).

0,5 ÷ 1,5 % Cr und 0,3 ÷ 0,5 % C für Meißel, Ziehstempel u. dgl.

1 ÷ 2,5 % Cr und 1 ÷ 1,2 % C für Kugeln und Kugellaufringe, Lehren (Endmaße) für komplizierte Schnitte, die in Öl gehärtet werden sollen. Auch wohl für Schneidwerkzeuge.

3 ÷ 4 % Cr und 0,9 ÷ 1 % C für Stahlwalzen, die sehr hart werden sollen.

11 ÷ 12 % Cr und 0,3 ÷ 0,4 % C für Ventile von Verbrennungskraftmaschinen.

12 ÷ 14 % Cr und 1,5 ÷ 2,5 % C für Schruppstähle als Ersatz für Schnellstahl, für Schnitte und Stempel und für Zieheisen.

Chrom-Wolfram-Stähle.

0,4÷0,5 % Cr, 6÷7 % W und 0,9÷1,1 % C für Zieheisen.

1÷2 % Cr, 2÷4 % W und 0,4÷0,6 % C für Schrotmeißel, Preßluftmeißel, Döpper und Warmpreßmatrizen, die ungehärtet bleiben.

3 % Cr, 10 % W und 0,8 % C für Schneidwerkzeuge, die nur in Luft gehärtet werden und für kleine Gesenke.

Chrom-Nickel-Stähle.

1÷1,5 % Cr, 4÷5 % Ni und 0,15÷0,4 % C für Warmpreßgesenke, die vergütet werden.

Silizium-Stähle (Silizium = Si).

1÷1,5 % Si und 0,5÷0,7 % C für Federn und federnde Teile, Gesenke.

2 % Si und 0,3÷0,4 % C für Meißel.

Schnellstähle.

Zusammensetzung s. Seite 421. Verwendet für: Schruppstähle aller Art, Formstähle, Fräser, Spiralbohrer, Senker, Messer für Messerköpfe und Reibahlen. Ferner auch wohl für Transformatoren-Schnitte und für Warmpreß- und Ziehmatrizen.

Literatur.

Oberhoffer: Das techn. Eisen. Berlin: Julius Springer.

Brearley-Schäfer: Die Werkzeugstähle. Berlin: Julius Springer.

Rapatz, F.: Die Edelstähle. Berlin: Julius Springer (konnte noch nicht benutzt werden.)

Thallner, O.: Werkzeugstahl. Freiberg: Craz & Gerlach, Freiberg.

Simon, Eugen: Härten und Vergüten (Heft 7 u. 8 der Werkstattbücher). Berlin: Julius Springer. (Daraus die meisten Abbildungen des vorstehenden Beitrags entnommen.)

Härten.

Von Oberingenieur **A. Cochius**, Berlin.

A. Geschichtlicher Rückblick.

Das Härten des Eisens ist eine uralte Kunst und dürfte ungefähr 2000 Jahre v. Chr. bereits bekannt gewesen sein. Ob die Wiege der Härtetechnik in Persien, Syrien oder Indien stand, läßt sich nicht mehr mit Sicherheit feststellen. Tatsache ist jedoch, daß die Güte der z. B. in Damaskus hergestellten Klingen bis heute noch nicht wieder erreicht worden ist. Der Grund hierfür ist wahrscheinlich in der Schmiedebehandlung zu suchen, die der Härtebehandlung vorausging. Die heutige Walztechnik ermöglicht es, fast ohne jede Schmiedearbeit auszukommen. Die früher mühselig in den Herdfeuern gewonnenen Eisenstücke mußten ausgeschmiedet werden, um Werkzeug herzustellen. Es ist sicher, daß wir heute Klingen in gleicher Güte herstellen könnten, wenn weder Zeit noch Kosten gespart würden, um so zu schmieden, wie es damals in Damaskus erfolgte. Auf welcher Höhe die Technik des Härtens damals stand, geht aus den Schriften des Herakleus hervor. (Es handelt sich wohl besonders um Werkzeuge, die zum Glasschneiden benutzt werden sollten). Er sagt:

„Die Sarazenen schlagen die Euter einer Ziege heftig mit scharfen Brennesseln. Die Milch wird in ein Gefäß gemolken, in dies das Glas mit dem Eisen gelegt, mit dem es geschnitten werden soll, eine Nacht lang. In dieser Milch wird das Eisen gehärtet. Oder auch in dem Harne eines kleinen rothaarigen Mädchens, der vor Sonnenaufgang genommen wurde. Die Milch soll aber möglichst auf dem Wärmegrad gehalten werden, den sie beim Melken hatte. Und hierin bleibt das Glas in dieser Temperatur, bis es weich ist und geschnitten wird. Die Ziege aber muß mit Efeu gefüttert werden."

Der Einfluß des Harns oder beizender Flüssigkeiten auf die Bildung der Eisenkarbide war also damals schon bekannt.

Auch die Einsatzhärtung war im Altertum schon bekannt, wie folgende Anweisung zum Härten von Feilen zeigt:

„Mache auch kleine Feilen auf ähnliche Weise aus weichem Eisen, welches du auf folgende Weise härtest: Wenn sie mit dem Hammer oder mit dem Schneideisen oder mit einem Messer mit Einschnitten versehen sind, bestreiche sie mit altem Schweinefett und umwinde sie mit Riemchen aus Bockleder und binde sie mit Fäden aus Flachs fest, dann verschmiere sie einzeln mit Ton, lasse aber die Enden frei. Nach dem Trocknen stecke sie ins Feuer, blase kräftig, dann wird das Leder verbrennen, befreie sie von dem Tonüberzug, lösche sie in Wasser ab und trockne sie über dem Feuer."

Im Prinzip — Verwendung stickstoffhaltiger Mittel — hat sich in dieser Art von Härtung bis heute nichts geändert.

B. Begriffsbestimmung.

Im allgemeinen wird unter Härten das Abschrecken von rotglühendem Stahl verstanden, dessen Härte dadurch bis zur Glashärte gesteigert wird, so daß eine gute Feile nicht mehr angreift[1]). Reiser sagt in seinem Werk „Das Härten des Stahls" als Erklärung des inneren Vorganges beim Härten:

Durch Erhitzung auf die Härtungstemperatur wird aller Kohlenstoff in Härtungskohle übergeführt und durch die plötzliche Abkühlung in dieser Form festgehalten.

Beide Erklärungen scheinen nur bedingt richtig zu sein, denn 1. ist nach Oberhoffer jeder Stahl härtbar, selbst wenn er einen Kohlenstoffgehalt von nur 0,03 % besitzt, was auch die Praxis bestätigt, und 2. wird beim Härten durchaus nicht aller Kohlenstoff in Härtungskohle übergeführt. Richtig ist dagegen, daß mit zunehmendem Kohlenstoffgehalt die erreichte Härte wächst, und daß praktisch erst ein Stahl von 0,3 % Kohlenstoffgehalt eine mit der Feile fühlbare Härte aufweist. Daß Stahl von weniger als 0,3 % Kohlenstoffgehalt härtbar ist, läßt sich durch die mikroskopische Aufnahme sehr leicht nachweisen, indem Martensit gefunden wird. Aber auch die Praxis bringt den Beweis. Beim Drehen oder Hobeln wird oft der Ausdruck gebraucht: das Material schmiert, oder: das Material ist filzig. Man kann sich bei solchem verhältnismäßig weichem und zähem Material dadurch helfen, daß man den Kohlenstoffgehalt bestimmt und nach einer Kurve die Härtungstemperatur feststellt. Durch das Härten werden die Stücke zwar nicht so hart, daß sie nicht mehr von der Feile angegriffen würden; der Werkstoff wird aber insofern wesentlich verbessert, als er bei der Bearbeitung nicht mehr schmiert.

C. Vorgänge beim Härten von Werkzeugstahl.

1. Erwärmen. Abschrecken. Haltepunkt. In Abb. 1 ist die Erwärmungs- und Abkühlungskurve von Stahl mit 1,15 % Kohlenstoff aufgezeichnet. Dieser Stahl wurde in einem dicht verschlossenen Ofen auf 850° erhitzt und die Lötstelle des Pyrometers möglichst in die Mitte der Probe gebracht. Während des langsamen Abkühlens wurde in kurzen Zeitabschnitten die Temperatur gemessen und in das Koordinatensystem eingetragen. Aus dem Diagramm ist zu ersehen, daß bei etwa 705° in der Abkühlungskurve ein scharfer Knick entsteht,

---

[1]) Simon, Eugen: Härten und Vergüten. Werkstattbücher, H. 7 und 8. Berlin: Julius Springer.

die Abkühlung nicht weiter fortschreitet, sondern einige Minuten stehen bleibt, bis sie wieder gleichmäßig bis auf Zimmertemperatur abfällt. Wird dieser Vorgang umgekehrt und das Stück erwärmt, so wird ein gleicher Knick in der Kurve der Pyrometeraufschreibungen entstehen. Dieser Knick liegt jedoch nicht mehr bei 705°, sondern ungefähr bei 730°. Die Knicke in den Kurven werden als *Haltepunkte* bezeichnet. Während der Zeit, in der die Temperatur nicht mehr gleichmäßig sinkt bzw. steigt, macht die sog. Lösungswärme des Gefüges eine Umwandlung durch. Im vorliegenden Falle wird der Perlit, so heißt dieser Gefügebestandteil, aufgelöst. *Der Haltepunkt ist die Charakteristik eines jeden Stahles.* Er ändert sich mit dem Kohlenstoffgehalt, was später noch näher erörtert wird.

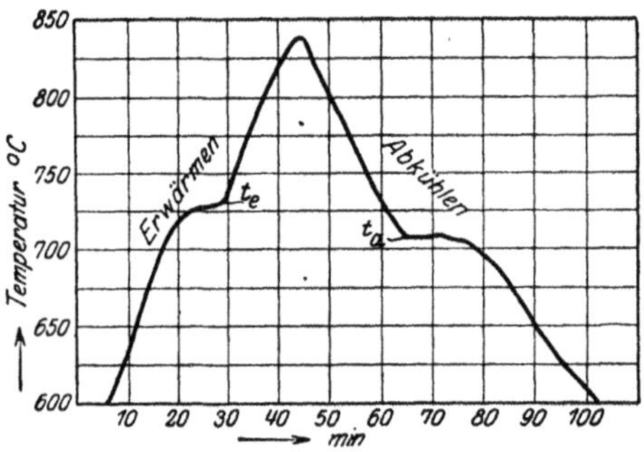

Abb. 1. Erwärmungs- und Abkühlungskurve für Stahl mit 1,15 % C.

Die Härtung eines Stahles wird am besten dadurch ausgeführt, daß der Stahl an seinem Haltepunkte plötzlich auf Zimmertemperatur abgeschreckt wird. Mit Hinweis auf die beiden Äste der Kurve und ihre Temperaturunterschiede sei darauf aufmerksam gemacht, daß, wenn also der Stahl auf seinen kritischen Haltepunkt erwärmt und der kritische Haltepunkt der Abkühlung in Betracht gezogen wird, noch ein Temperaturintervall von etwa 30° übrigbleibt. Was machen diese 30° dem Härter aus? Er muß zunächst den Stahl auf eine höhere Temperatur erwärmen, als er beim Abschrecken nötig hat, um dasselbe Gefüge festzuhalten. Wenn der Härter das Stahlstück im Ofen auf die vorgeschriebene Temperatur erwärmt und es mit der Zange herausnimmt, so wird er es im rotglühenden Zustande noch einige Sekunden in der Luft halten, bis die Schneiden anlaufen, dann erst senkt er es plötzlich in die Abkühlungsflüssigkeit. Der Härter läuft keine Gefahr, daß die Schneiden zu weich werden, denn er hat ja noch 30° übrig. Die Beachtung des Haltepunktes bei der Erwärmung ist also eine Vorsichtsmaßregel gegen Mißerfolge. Stehen neuzeitliche Hilfsmittel zur genauen Regelung der Ofentemperatur zur Verfügung, so genügt es, das Werkstück nur auf den Haltepunkt der Abkühlung zu erwärmen. Der Fräserzahn kann dann noch so zart sein, er wird nicht abbrechen.

Im allgemeinen werden die Öfen mit einer über der Abschrecktemperatur liegenden Temperatur betrieben, um die Leistung zu erhöhen. Der Härter soll eben aufpassen, heißt es.

Es ist aber richtiger, einen Ofen mehr aufzustellen und die Öfen unter keinen Umständen höher zu erwärmen, als die Abschrecktemperatur ausmacht, d. h. im kritischen Augenblick verlangt. Dann wird kein Mißerfolg eintreten und der Härter, der sein Werkzeug nicht erst in der Luft abkühlen läßt, mindert die nicht gewünschte zu große Härte durch eine entsprechende Nachbehandlung. Diese Nachbehandlung ist das allgemein bekannte „Anlassen“ im Öl- oder im Sandbade.

2. Einfluß des Kohlenstoffgehaltes auf die Abschrecktemperatur. Bricht ein Teil des Werkzeuges, z. B. die Schneide, aus, so daß das Bruchgefüge zu sehen ist, so lautet in 99 von 100 Fällen das Urteil: der Stahl ist verbrannt. Meistens ist das aber ein Trugschluß, vor dem man sich hüten muß.

Gegen eine zu hohe Abschrecktemperatur können wir uns nur schützen durch genaue Kenntnis des Kohlenstoffgehaltes des Stahls. Das Allerwichtigste, was der Härtefachmann wissen muß, ist der Kohlenstoffgehalt des Stahles. Sonst ist er auf das Probieren angewiesen. Besser als das Probieren ist aber die Benutzung der einfachen Hilfsmittel, die die Wissenschaft zur Verfügung stellt um den Kohlenstoffgehalt auf $^1/_{100}\,^0/_0$ genau zu bestimmen.

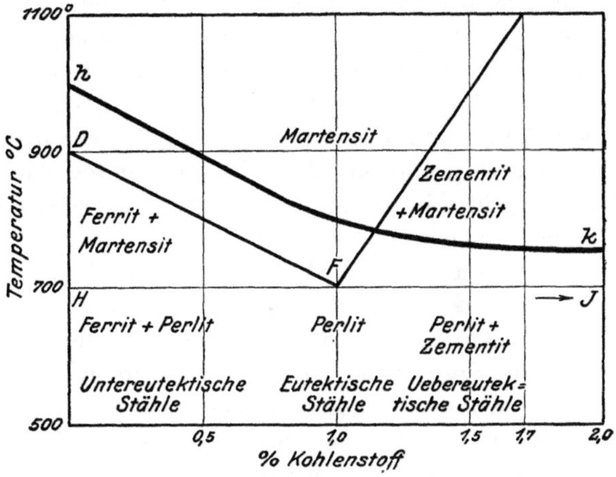

Abb. 2. Gefügebestandteile beim Abschrecken.

Wenn bei den Versuchen von einem bekannten Punkt ausgegangen wird, und dieser bekannte Punkt ist der Kohlenstoffgehalt des Stahles, so ist auch (nach Abb. 2) der Umwandlungs- resp. Haltepunkt genau bekannt. Schrecken wir vom Haltepunkt ab, so entsteht ein Gefüge, das mit dem Namen „Martensit“[1]) bezeichnet wird. Der Martensit gewährt die denkbar größte Härte. Abb. 2 stellt einen Teil des sog. Zustandsdiagramms dar, und zwar jenen Teil, der uns als Härter ganz besonders interessiert. Auf der X-Achse sind die Kohlenstoffprozente und auf der Y-Achse die Temperaturen in ^{0} C aufgetragen. Der normale Werkzeugstahl besitzt einen Kohlenstoffgehalt von $1-1{,}2\,^0/_0$. Der Schnittpunkt der Kohlenstoffgehaltlinie mit der Kurve *HK* ergibt mit

[1]) Zu Ehren des verstorbenen Direktors Martens an der Materialprüfungsanstalt in Dahlem.

für die Werkstatt genügender Genauigkeit die höchste Abschrecktemperatur. Werkzeugstahl mit weniger als 0,9 % Kohlenstoffgehalt besitzt ein Gefüge, das aus Ferrit und Perlit besteht. Ferrit = Eisen und Perlit = ein Gefüge, das wegen seines perlmutterähnlichen Glanzes diesen Namen trägt. Soll also Stahl von weniger als 0,9 % Kohlenstoffgehalt richtig abgeschreckt werden, so ist er bis über die Linie *DF* hinaus zu erhitzen, annähernd bis zu dem Teil der Kurve *HK*, der hierfür in Frage kommt. Stahl mit genau 0,9 % Kohlenstoffgehalt besitzt nur Perlit. Perlit löst sich, wie schon erwähnt, bei rund 700° C auf und bedarf es infolgedessen bei diesen eutektischen Stählen, wie solche genannt werden, nur einer Temperatur von wenig über 700°, um sie beim Abschrecken auf Martensitisches Gefüge zu bringen. Hat der Stahl mehr als 0,9 % Kohlenstoffgehalt, so besteht das Gefüge aus Perlit und Zementit. Will man auch hier Martensitisches Gefüge haben, so müßte bei der Abschrecktemperatur über die Linie, die von *F* ausgeht, hinausgegangen werden. Die Metallographie und die Praxis haben gemeinsam festgestellt, daß das Gefüge dann zu grob wird, weil der im Gefüge enthaltene Zementit bereits der härteste Bestandteil des Stahles ist und durch seine Auflösung das Martensitische Gefüge wesentlich vergröbert. Außerdem nimmt die Härte nicht zu, wohl aber die Sprödigkeit, an der uns nichts gelegen ist. Stähle mit mehr als 0,9 % Kohlenstoffgehalt dürfen ebenfalls nur wenig über 700° hinaus erwärmt werden, um sie bei richtiger Temperatur abschrecken zu können. Auch hier wird die Linie *HK* verfolgt, um zu den besten Betriebsergebnissen zu gelangen.

3. Einfluß der Abschrecktemperatur auf die Härte. Wie wichtig die richtige Abschrecktemperatur in bezug auf die Härte ist, beweist Abb. 3, die den Zusammenhang zwischen Abschrecktemperatur und Skleroskophärte zeigt. Wenige Grad Temperaturunterschied beim Abschrecken genügen, um die Härte des Stahles stark herabzusetzen. Wenn Werkzeugstahl von 1,15 % Kohlenstoffgehalt, der hier zwar nicht verzeichnet ist, der aber den beiden Stählen von 1 und 1,4 % ungefähr die Wage hält, kurz unterhalb 750 % abgeschreckt wird, so hat die Härte noch lange nicht ihren Höhepunkt erreicht, sondern sie wird nur ungefähr 100 Skleroskop-Härtegrade zeigen. Beim Abschrecken auf genau 750° wird die höchste Skleroskophärte von 105 resp. 110 Punkten erzielt. Beim Überschreiten der Temperatur von 750° ändert sich die Härte des Stahles mit geringerem Kohlenstoffgehalt nur wenig, dagegen nimmt Stahl mit höherem Kohlenstoffgehalt schnell an Härte ab.

4. Einfluß der Abschrecktemperatur auf die Festigkeit. Abb. 4 zeigt die Kurve eines Stahles mit 0,27 % Kohlenstoff in bezug auf Festigkeit. Das Bild weist auf die eingangs erwähnte Möglichkeit hin, auch Stahl mit geringerem Kohlenstoffgehalt härten zu können, wenn infolge seiner Filzigkeit irgendwelche Schwierigkeiten bei der Bearbeitung auftreten. Die Steigerung der Festigkeit wächst von etwa 65 kg bis auf etwa 100 kg/qmm. Der Härter hat es in der Hand bei einer Temperatur, die zwischen 750° und 800° liegt, die Festigkeit der Werkstoffes zu regeln, ohne dabei befürchten zu müssen, daß er so hart wird, daß mit einem normalen Drehstahl die Bearbeitung schwieriger wird. Es empfiehlt sich, diesen Versuch auszuführen, wenn der Kohlenstoffgehalt des Siemens-Martin- oder Maschinenstahls bekannt und in der Werkstatt die Notwendigkeit hierfür vorhanden ist.

5. Gefügebilder. Wie sieht ein Stück Stahl in gehärtetem und ungehärtetem Zustande aus?

Einen regelrechten Werkzeugstahl zeigt Abb. 5 nicht. Sie wurde angefertigt, um einen Vergleich mit den in der Literatur gefundenen

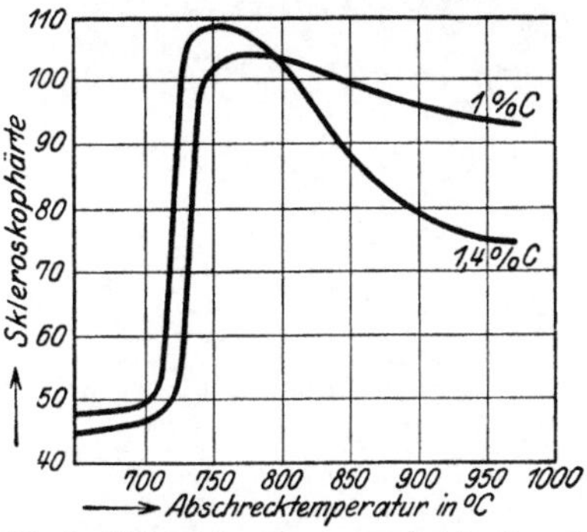

Abb. 3. Skleroskophärte und Abschrecktemperatur bei Werkzeugstahl.

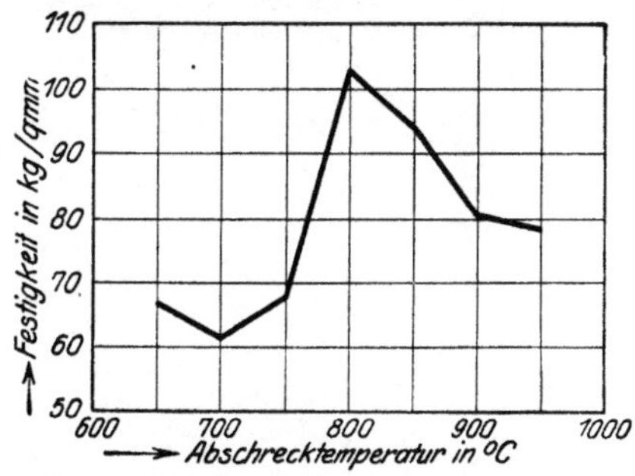

Abb. 4. Festigkeit und Abschrecktemperatur bei Stahl mit 0,27 % C.

Abbildungen zu ziehen, unter der Voraussetzung, daß es gleichgültig ist, ob der Kohlenstoffgehalt durch Zementation erlangt ist oder durch entsprechende Schmelze. Abb. 5 stellt das Gefüge der Einsatzhärtung dar, zunächst in ungehärtetem Zustande (a). Das Panorama ist entstanden durch die unter großen Schwierigkeiten von Zehntel zu Zehntel Millimeter vorgenommenen mikrophotographischen Aufnahmen, die dann stückweise ausgeschnitten sind, und, wie deutlich zu sehen ist, fast genau mit dem Gefüge ineinander übergehen. Dieser Stahl ist jedenfalls ein Siemens-Martinstahl von 0,25 % Kohlenstoffgehalt gewesen, was man bei geringer Übung aus der Menge der Perlitinseln im hellen Ferrit schließen kann. Zur Schätzung des C-Gehaltes habe ich mir eine ganze Reihe von Bildern hergestellt mit steigendem Kohlenstoffgehalt und hieraus Vergleiche in der Praxis gezogen, wenn die Kohlenstoff-Bestimmungsvorrichtungen aus irgendeinem Grunde versagten oder nachgeprüft werden mußten. Das vorliegende Stück ist bei etwa 850—900° mehrere Stunden im Einsatz zementiert worden.

Die allmähliche Zunahme des Kohlenstoffs ist deutlich wahrnehmbar. Die dunkle Färbung des Perlits nimmt nach der linken Seite außerordentlich stark zu, so daß bereits im letzten Drittel das Eutektoid von 0,90 % Kohlenstoff vorhanden ist, und links fast am Ende sind die scharfen, hellen Adern des Zementits zu erkennen, zum Beweis, daß die Kohlung bis auf etwa 1 % gestiegen ist. Es ist wohl ausgeschlossen, daß durch Zementation mehr als 1 % Kohlenstoffgehalt zu erreichen ist. Zementit ist der bekannte harte Bestandteil, der beim Härten nicht aufgelöst zu werden braucht, wie bei Abb. 2 bereits erklärt wurde. Am Rande ist außerdem eine ganz kleine entkohlte Schicht zu sehen. Es ist zu vermuten, daß es eine entkohlte Stelle ist, denn die Schärfe des

a)

b)

c)

Abb. 5. Härtepanorama einer Einsatzhärtung. a) ungehärtet, b) u. c) gehärtet.

verwendeten kleinen Mikroskopes hat darüber leider keine Aufschlußmöglichkeit gegeben, da die Bedingungen, unter denen die Aufnahmen gemacht worden sind, die denkbar ungünstigsten waren. Die Kamera befand sich senkrecht über dem Mikroskop, was ja bekanntlich die Beobachtung außerordentlich erschwert.

Abb. 5 b u. c zeigt unterhalb der eben erläuterten Zementationsschicht genau dieselben Stellen in gehärtetem Zustande. Diese Aufnahme aus der Praxis weicht wesentlich von den bisher in der Literatur bekannten ab. Die Literatur bringt fast ausschließlich tadellose normale Gefüge. In der Praxis ist es bekanntlich umgekehrt. Die normale Härtung wird mit dem Mikroskop geprüft, um die Güte der Erzeugnisse zu untersuchen bzw. zu verbessern. Diese Aufgabe fordert ein ideelles Zusammenarbeiten mit der Wissenschaft. Unter diesem Gesichtspunkt betrachtet muß zugegeben werden, daß die Härterei bisher recht stiefmütterlich behandelt worden ist. Überläßt man die

Härtereien ihrem Schicksal solange, wie es gut geht, und setzt erst dann den Hebel an, wenn Fehlhärtungen vorliegen, so ist es sehr schwer, festzustellen, an welcher Stelle sich Fehler eingeschlichen haben. Der Betriebsleiter hat die Härterei erst dann fest in der Hand, wenn er die inneren Vorgänge des Gefügebaues nach dem heutigen Stande der Wissenschaft genau kennt. Es soll damit nicht gesagt sein, daß sich hierdurch alle härtetechnischen Fragen von selber lösen. Die Ofenpraxis kann und darf der Betriebsleiter nicht entbehren, und je mehr Praxis er besitzt, desto besser ist es. Wenn ihm die Gefügelehre bekannt ist, so steht er den Schwierigkeiten gewappnet gegenüber, und er weiß genau, wo er den Hebel anzusetzen hat, um ihnen zu begegnen. Auf der rechten Seite des Bildes, also unterhalb der Zementitadern, ist das unentwirrbare, charakteristische Martensit zu sehen, während nach der Mitte zu sich das Gefüge mehrmals löst und schließlich fast am Ende das normale Gefüge sichtbar wird.

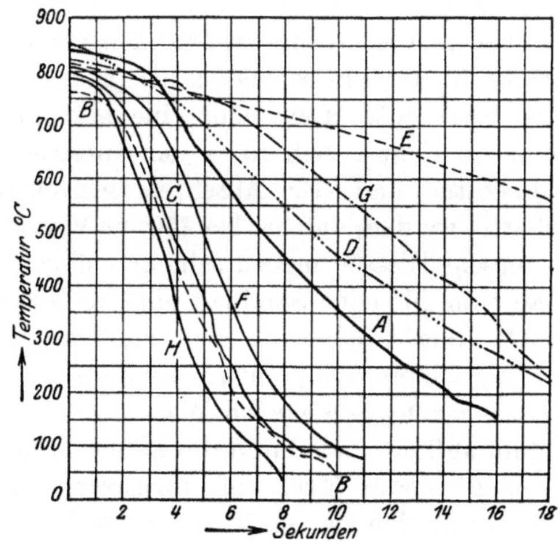

A = Quecksilber, *E* = Blei,
B = Wasser von 20° C, *F* = Wasser von 50° C,
C = Salzwasser, *G* = Wasser von 100° C,
D = Leinöl, *H* = Sprühregen.

Abb. 6. Wirkung des Abschreckens von Stahl in verschiedenen Flüssigkeiten.

6. Das Abschrecken (Methoden und Mittel). Die in Abb. 6 gezeigten Kurven stammen von Le Chatelier und Haedicke. Die Kurven sind auf photographischem Wege aus registrierten Abkühlungskurven kleinerer Probestücke gewonnen. Ob die Wärmeleitfähigkeit, die spezifische Wärme oder die Verdampfungswärme die ausschlaggebenden Faktoren sind, wird nicht festgestellt. Im Gegenteil, man findet Widersprüche in ihnen. Man glaubt in der Praxis z. B., daß Salzwasser schärfer härtet als gewöhnliches Wasser. In dieser Kurve ist das Gegenteil der Fall. Dagegen spielt die Temperatur des Wassers eine große Rolle. Es wurde festgestellt, daß Wasser von 20° die besten Erfolge brachte. Für Schneidwerkzeuge hat sich Glyzerin mit Wasser gemischt gut bewährt. Die geeignetste Mischung festzustellen, bleibt jedem überlassen. Glyzerin ist das einzige Fett, das sich mit Wasser mischt. Versuche, um Wasser durch Glyzerin zu ersetzen, konnten nicht zu Ende geführt werden, da es nicht gelang, das Wärmeleitvermögen beider zahlenmäßig zu vergleichen. Es ist hier noch ein großes Gebiet offen und der Weg, den wir hier zu gehen haben, ist noch dunkel. Es ist die Hauptsache, gleichbleibende Bedingungen im Betrieb der Härterei zu schaffen. Der Umlauf und die Zusammensetzung der Kühlflüssigkeit muß genau beobachtet werden, wie überhaupt nur dann Erfolg zu tätigen ist, wenn eine dauernde, planmäßige Überwachung aller Vorgänge beim Härten und Abschrecken geübt wird. Die Temperatur, bei der abgeschreckt werden soll, ist genau anzugeben, obgleich jeder Härter weiß, daß er nur bis 200 ⁰ anlassen darf, wenn sein Werkzeug noch hart bleiben soll. Die übrigen auf dieser Kurve noch angegebenen Abschreckmittel werden wohl selten, teils mit gegenteiligem Erfolg, in der Praxis verwandt. Die Anlaßtemperatur kann nicht auf eine bestimmte Höhe oder eine bestimmte Dauer festgelegt werden, denn sie richtet sich nach der Intensität und Höhe der Abschrecktemperatur und der Abschreckflüssigkeit. Ein Werkzeug kann so gehärtet werden, daß es, bei 750 ⁰ in Wasser von 20 ⁰ scharf abgeschreckt, in diesem Wasser bis zu seinem völligen Erkalten liegen gelassen und später im Öl- oder Sandbad entsprechende Zeit angelassen wird. Das gleiche Werkstück kann aber auch unter gleichen Bedingungen nicht bis zur Zimmertemperatur, sondern so wie der Härter es im allgemeinen macht, solange im Wasser gehalten werden, bis das eigenartige Gefühl aufhört, das durch die Zange in die Hand des Härters übergeht, wenn glühendes Eisen sich abschreckt, um dann den Gegenstand im Ölbad, das sich in unmittelbarer Nähe der Härters befindet, bis auf Zimmertemperatur abkühlen zu lassen, ohne später ein Anlassen zu benötigen. Man kommt also auf ganz verschiedenem Wege zum Ziel. Je nachdem das Erreichte befriedigt, kann der einmal beschrittene Weg weiter verfolgt werden. In meiner Härterei werden alle zu härtenden Gegenstände in Wasser von 20 ⁰, das mit Glyzerin gemischt ist, abgeschreckt, und zwar nur solange, bis das Knirschen der Zange aufhört, dann lasse ich sie in Öl bei jeder Temperatur erkalten. Aus dem Ölbad heraus wird möglichst entweder nach 2 oder 3 Stunden oder am nächsten Morgen der Gegenstand in den kalten Anlaßofen gebracht. Der Anlaßofen wird bis zu 200 ⁰ erwärmt. Das dauert etwa eine halbe Stunde, und wenn diese Temperatur erreicht ist, werden die Werkstücke aus dem Anlaßofen herausgeholt.

Der Härter ist also nicht an einen bestimmten Arbeitsgang gebunden, sondern er muß die Praxis sprechen lassen und aus dieser heraus seine Anordnungen treffen.

D. Vorgänge beim Härten von Schnellstahl.

Es wurde vorher schon einmal darauf hingewiesen, daß im allgemeinen der Schnellstahl viel zu viel angewendet wird. In manchen Fällen wird wohl aus praktischen Gründen auf den Werkzeugstahl verzichtet, meistens jedoch aus Gründen, die weniger mit der Schnittfähigkeit des Stahles zu tun haben, sondern in denen die Bequemlichkeit eine Rolle spielt. Wenn z. B. beim Schlichten auf der Revolverbank Schnellstahl empfohlen wird, so entspricht das durchaus den guten Gepflogenheiten der Werkstatt. Der Revolverdreher besitzt oft eine Unmenge kleiner Stahlstummel, die er sich zurecht schleift wie er sie gerade braucht. Da die Arbeit an der Revolverbank recht vielseitig ist, wird der Dreher im Laufe der Zeit den Unterschied der Stahlsorten wenig beachten. Es können dabei leicht Verwechselungen vorkommen, die sehr unangenehm werden können. Der Betriebsleiter sollte daher mit der Ausgabe von Schnellstahl nicht zu sparsam sein. Für viele Arbeiten jedoch, z. B. für Kammstähle, werden mit wirklich gutem Kohlenstoffstahl saubere und genauere Schnitte als mit dem Schnelldrehstahl erzielt.

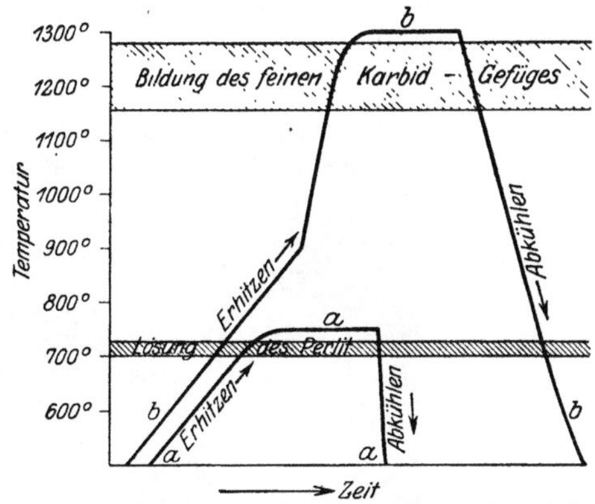

Abb. 7. Schematische Darstellung der richtigen Wärmebehandlung des Schnellstahls.

Die Charakteristik des Schnellstahls liegt darin, daß er zur Lösung seiner Doppelkarbide — denn es befindet sich meist Wolfram, Chrom, Molybdän oder Vanadium als Zusatzmittel in den Stählen — hoher Temperaturen bedarf. Was die Löslichkeit in bezug auf die Abschrecktemperatur der Karbide betrifft, so hat auch der Kohlenstoffgehalt der Schnelldrehstähle einen nicht zu unterschätzenden Einfluß auf die Abschrecktemperatur. Sie liegt zwischen 1150 und 1300° C, wie auf der Abb. 7 durch die schraffierte Fläche angedeutet ist. Schnelldrehstahl muß bis zu dieser Temperatur erwärmt werden, um ihn hart zu bekommen. Guter gehärteter Schnellstahl läßt sich noch mit der Feile angreifen, wenn er richtig gehärtet ist.

Der Unterschied des Schnellstahles beim Abkühlen und beim Erwärmen gegenüber dem Kohlenstoffstahl soll nachstehend kurz erläutert werden. Die Schnellstahlwerkzeuge werden in einen Blechkasten mit pulverisierter Holzkohle gelegt, ein paar Temperaturstifte hineingebracht und der Deckel dicht mit Lehm verschmiert. Der Kasten wird möglichst früh morgens in einen Koksofen gestellt und langsam auf eine Temperatur von etwa 900° erwärmt. In der Zwischenzeit wird ein Gasofen auf 1200° geheizt, der gut durchwärmte Kasten aus dem Koksofen herausgenommen und in den Gasofen von hoher Temperatur gestellt. Die Temperatur des Gasofens wird zunächst sinken, der Kasten muß so lange im Gasofen bleiben, bis der Temperaturstift die richtige Erwärmung zeigt. Ist dieses der Fall, so wird der Deckel abgeschlagen und das Werkstück herausgenommen.

Wenn irgend angängig, sollte Schnellstahl im Luftstrom gehärtet werden. Wo dies nicht angängig ist, muß man sich mit der Ölhärtung begnügen, die auch gute Ergebnisse zeitigt. Es kommt beim Abkühlen vor allem darauf an, zunächst von der Abschrecktemperatur bis auf 600^{0} schnell herunterzugehen. Der Vorteil beim Härten des Schnellstahles gegenüber dem Werkzeugstahl besteht hauptsächlich darin, daß

Abb. 8. Fehlhärtung eines Scheibenfräsers.

er nicht so genau von der Temperaturhöhe abhängig ist wie der Kohlenstoffstahl, um gute Ergebnisse zu erzielen. Die vollkommenste Erwärmung der Werkzeuge aus Schnellstahl erfolgt im elektrisch beheizten Salzbad, das aber im Gebrauch sehr teuer ist. Eine geringe Zementationsschicht schadet dem Schnellstahl nicht, sie ist im Gegenteil oft erwünscht.

Abb. 8 zeigt die Fehlhärtung eines kleinen Scheibenfräsers von nur wenigen Millimetern Dicke, der dicht neben der Federnute gerissen ist. Da dieser Riß von der scharfen Zahnlücke ausgeht und nicht bis zur Keilnute durchläuft, sondern unmittelbar neben der halbrund gehaltenen Nute endet, ohne diese zu berühren, so ist zu vermuten, daß der Stahl vor dem Härten nicht ausgeglüht wurde. Je schwächer die Werkzeuge sind und je mehr die Gefügestruktur bei der Bearbeitung angegriffen wird, desto stärker werden die Risse, die in diesen kleinen Gegenständen entstehen. Vor dem Härten sollten alle Fräser geglüht werden. Wer sehr vorsichtig sein will, der läßt überhaupt erst die Fräser ausbohren und ausglühen und nach dem Glühen fertig bearbeiten. Im fertigen Zustande sind sie nochmals auszuglühen,

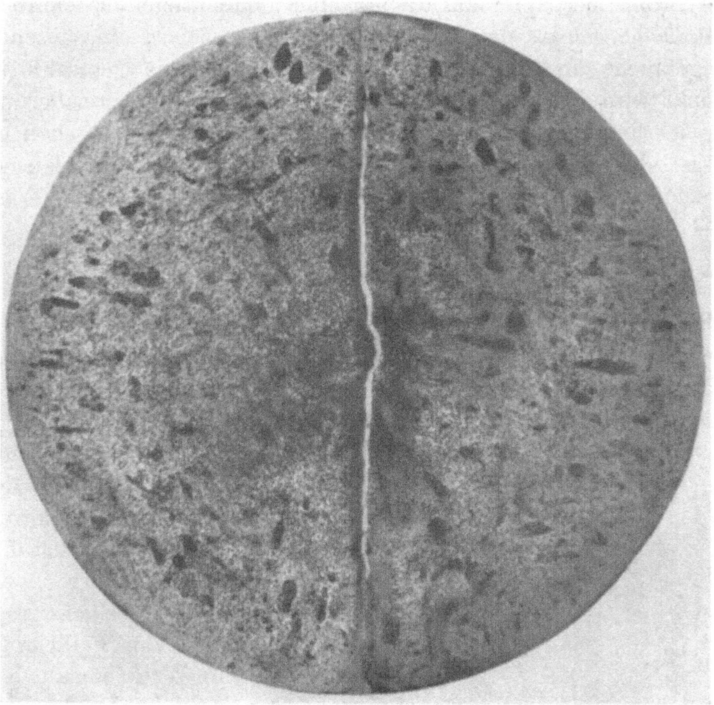

Abb. 9. Baumannsche Schwefelprobe eines SM-Stahles mit starker gleichmäßig verteilter Seigerung.

um dann erst gehärtet zu werden. Bei eiligen Aufträgen wird das Ausglühen vor dem Härten manchmal unterlassen; wenn aber das Werkzeug beim Härten zerspringt, so ist viel mehr Zeit erforderlich, um ein Ersatzstück anzufertigen.

Abb. 9 zeigt ein Stahlstück, das die Notwendigkeit der Werkstoffprüfung gut charakterisiert. Die Prüfung wurde nach der Baumannschen Schwefelprobe vorgenommen. Die Stahlstange lag auf dem Hofe; sie war stark angerostet und der Farbanstrich nicht mehr einwandfrei zu erkennen. Da sie in der Nähe von Werkzeugstahl lag, so nahm man an, daß es auch Werkzeugstahl sei, schnitt zur Vorsicht eine Scheibe ab und untersuchte sie. Der Kohlenstoffgehalt war für Siemens-Martin-Stahl reichlich, Werkzeugstahl konnte es auch nicht sein, eher hochgekohlter Flußstahl. Außerdem ergab sich, und zwar besonders durch die Baumannsche Schwefelprobe, daß es in der Mitte einen Riß aufwies, der sich mit dem bloßen Auge nur sehr schwer erkennen ließ. Die Schwefelprobe wird so vorgenommen, daß ein Stück Bromsilberpapier auf die mit einer Schlichtfeile ausgefeilte Querschnittfläche gelegt, das Bromsilberpapier vorher in eine ätzende Lösung getaucht, und dann einige Minuten lang auf die Querschnittfläche gedrückt wird. In Abb. 9 ist in der Kernzone die Anreicherung von Phosphor und Schwefel in Form der dunkeln Punkte zu sehen, außerdem ist der Schwefel verhältnismäßig gleichmäßig auf den ganzen Querschnitt verteilt. Der Riß zeigt die Unganzheit des Werkstoffes in der krassesten Form.

E. Härteprüfung.

Zum Schluß sei noch auf die Prüfung der Härte am fertigen Stück hingewiesen. Vielfach wird die Härteprüfung mit einer sogenannten Diamantfeile vorgenommen, die einen verhältnismäßig feinen Hieb besitzen soll. Diese Prüfung ist aber Erfahrungs- und Übungssache, so daß einheitliche Angaben da nicht gemacht werden können. Auch wird die Prüfung ziemlich von der Legierung beeinflußt. So wird ein Schnellstahlwerkzeug beim Arbeiten immer noch befriedigende Ergebnisse zeigen, wenn es sich auch schon von der Feile angreifen läßt, während beim Werkzeug aus Kohlenstoffstahl das meist nicht der Fall ist. Empfehlenswert wäre es, sich von jeder Stahlsorte ein richtig gehärtetes Probestück bereit zu legen, um dieses bei der Feilenprüfung jeweils mit dem zu prüfenden Werkzeug vergleichen zu können. Greift die Feile nicht mehr an, so ist allerdings damit nur erkennbar, daß das Werkstück härter wie die Feile ist, der Härtegrad selbst ist aber nicht bestimmbar.

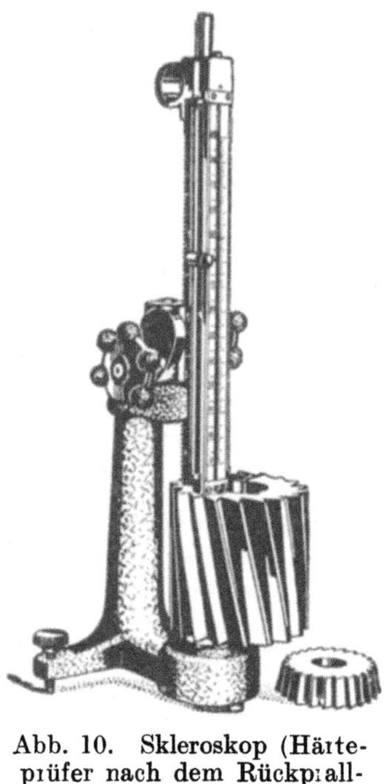

Abb. 10. Skleroskop (Härteprüfer nach dem Rückprallverfahren).

Um den Grad der Härte festzustellen, wird die Prüfung vielfach mit dem Rückprallhärteprüfer, dem Skleroskop (Abb. 10), vorgenommen. Zu beachten ist aber auch hierbei, daß nur immer gewisse Legierungsgruppen untereinander verglichen werden können. Auch beim Rückprallhärteprüfer wird Schnellstahl geringerer Härte einen größeren Widerstand der Schneidenabnutzung zeigen wie Gußstahlwerkzeug größerer Härtegrade. Hier kann aber für jede Stahlsorte die geeignetste Härte durch Versuche ermittelt und einheitlich festgelegt werden. Für die Güte des Prüfungsergebnisses ist ausschlaggebend, daß die Prüfung unter gleichen Verhältnissen vorgenommen wird. Das Verfahren besteht darin, daß ein mit einer Diamantspitze versehener kleiner Fallhammer aus bestimmter Höhe auf das Werkstück fällt und daß aus der Höhe des Rückpralles der Härtegrad ermittelt wird. Nun ist aber nicht nur der Härtegrad, sondern auch die Oberflächenbeschaffenheit auf die Höhe des Rückpralles von Einfluß, so daß es sich empfiehlt, die zu prüfende Stelle vorher mit Schmirgelleinen sauber zu machen. Auch die Masse des Prüfstückes ist bis zu einem gewissen Grade zu berücksichtigen. Bei kleinen, dünnen Teilen kommt die Härte der Unterlage noch zur Wirkung; erst von einer gewissen Dicke ab ist sie ohne Einfluß.

Es ist nun naheliegend, daß auch die Prüfung an einem spitzen Zahn andere Ergebnisse zeigen muß als die Prüfung in voller Masse. Die Prüfungsergebnisse sind daher immer den Verhältnissen entsprechend zu beurteilen.

Werden bei der Anwendung des Rückprallhärteprüfers alle diese Gesichtspunkte berücksichtigt, so ist mit ihm ein sehr gutes Mittel gegeben, die Härte gleichartiger Stücke unter gleichen Verhältnissen zu prüfen, um so mehr alle anderen Härteprüfer für die Prüfung von gehärtetem Stahl ausscheiden oder im Werkstattbetriebe nicht anwendbar sind.

Normung der Werkzeuge.

Von Dr.-Ing. R. **Koch**, Berlin.

A. Notwendigkeit und Zweck.

Wohl der größte Teil der Werkzeuge, die in der Fabrikation verwendet werden, muß von außerhalb — teils vom Händler, teils vom Fabrikanten — direkt bezogen werden. Den Rest stellen im allgemeinen Spezialwerkzeuge dar, die man in der eigenen Werkzeugmacherei herstellt. Die Vielseitigkeit der vom Händler und Fabrikanten bezogenen Fabrikate und wiederum auch der Unterschied der in eigener Werkzeugmacherei nach Erfahrung und Gutdünken des Meisters hergestellten Werkzeuge bringt eine außerordentlich lästige Ungleichheit in das Werkzeuglager. Die Verschiedenheit der Fabrikate, die in der eisenverarbeitenden Industrie heute immer noch hergestellt werden, zwingen weiterhin dazu, einen beträchtlichen Bestand an Werkzeugen zu halten, von denen oft nur ein geringer Teil der laufenden Fabrikation dient, während zahlreiche, sehr wertvolle Werkzeuge unbenutzt der Ausführung irgendeines seltener vorkommenden Fabrikates harren.

Durch diese schlechte Ausnutzung der Werkzeuge werden bedeutende Kapitalien festgelegt, deren Höhe gerade bei den vielfach aus teurem Material hergestellten Werkzeugen ins Gewicht fällt.

Doch auch der Hersteller der Werkzeuge leidet unter der Vielseitigkeit der an ihn herantretenden Anforderungen. Will er prompt liefern können, so muß er ein großes, kostspieliges Lager halten. Ist er hierzu nicht in der Lage, so müssen Bestellungen einzeln erledigt werden, die eine lange Lieferzeit erfordern. Der Verbraucher wird in solchen Fällen oft zur Selbstanfertigung eines Werkzeuges schreiten, so daß der Absatz der Werkzeugindustrie darunter leidet. Alle diese ungünstigen Einflüsse wirken in starker Weise verteuernd auf die Werkzeuge.

Die Reinigungsarbeit in der Unzahl der verschiedenen Abmessungen und Ausführungsarten der handelsüblichen Werkzeuge, die durch die Normungsarbeit des NDI (Normenausschuß der deutschen Industrie), unter dem Obmann Direktor Dr. Reindl der Firma Schuchardt & Schütte, Berlin, eingeleitet ist, wird hier wie auf kaum einem anderen Gebiete der Normung Wandel schaffen.

In gleicher Weise wird aber auch diese Normungsarbeit die in der Fabrik selbst hergestellten Spezialwerkzeuge erfassen, wenn auch der

Fabrikant für seine Werkzeugmacherei Beachtung der Werkzeug-DI-Normen vorschreibt. So soll die Normung der Werkzeuge — bezüglich der handelsüblichen Werkzeuge — eine Verbilligung der Fabrikate, einfache Lagerhaltung, rasche Lieferungsmöglichkeit und austauschbare Ersatzlieferungsmöglichkeit herbeiführen, während sie sich auf die Spezialwerkzeuge dahin auswirkt, daß diese jederzeit in Verbindung mit handelsüblichen Werkzeugen benutzt werden können.

Daneben hat diese Normung noch die wichtige Aufgabe, das, was auf anderen Gebieten genormt ist, durch eindeutige Festlegung der zur Bearbeitung nötigen Werkzeuge gewissermaßen zu verankern, also der Verwilderung der Normen einen Riegel vorzuschieben. Auch fördert das Vorhandensein genormter Werkzeuge die Einführung der Normen und ihre Austauschbarkeit. So baut zum großen Teil die Werkzeugnormung auf der übrigen Normung auf, die wiederum bei ihren Arbeiten naturgemäß auf die Werkzeuge sorgfältigst Rücksicht zu nehmen hat. Die wechselseitigen Beziehungen zwischen den verschiedensten Normen und der Einfluß der Normen aufeinander tritt wohl gerade bei den Werkzeugen am stärksten in Erscheinung.

B. Beispiele der Werkzeugnormung.

1. Gewindeschneidzeuge. Bei den Gewinden erreichte die Normung, daß

Metrisches Grobgewinde von 1—149 mm,
Whitworth-Grobgewinde von $^7/_{16}''$—6″,
Metrisches und Whitworth-Feingewinde,
Whitworth-Rohrgewinde und
Trapez- und Sägengewinde

eindeutig festgelegt sind. Die Ausbildung dieser Gewinde, die Gewindeform und ihre Steigung wurden durch die Rücksicht auf die Werkzeuge auf das stärkste beeinflußt. So gestaltet man das Profil des Whitworth-Grobgewindes gegenüber dem englischen Original durch Einführung des Spitzenspieles für die Fabrikation günstiger und gab dem Metrischen Grobgewinde unter $^7/_{16}''$ mit Rücksicht auf seinen günstigen 60°-Winkel und seine Steigung eine diesen Bereich allein beherrschende Stellung. Man ersetzte das Gewinde mit quadratischem oder rechteckigem Querschnitt durch das Trapezgewinde und legte in Verbindung mit der Gewindenorm klare Richtlinien für die Gewindewerkzeuge fest, wie beispielsweise auf DIN 12, Whitworth-Gewinde mit Spitzenspiel, wo es heißt: „Die Werte der Zahlentafeln sind die theoretischen Abmessungen des Gewindes; die entsprechenden Schneidwerkzeuge sind in der Form nach DIN 11 herzustellen und den Erfahrungen gemäß stärker oder schwächer zu wählen.“ Eine solche Gewindenorm kann nur dann in die Praxis eingeführt werden, wenn die zur Herstellung dieser Gewinde erforderlichen Werkzeuge handelsüblich greifbar, also genormt sind. Sie wird sich aber auch auf der anderen Seite nur durch diese Normung der Werkzeuge in dieser reinen Form erhalten lassen, wenn die Werkzeuge genau den Gewindenormen entsprechen und hiervon abweichende Schneidzeuge überhaupt nicht oder, wenn schon, nur gegen Aufpreis geliefert werden.

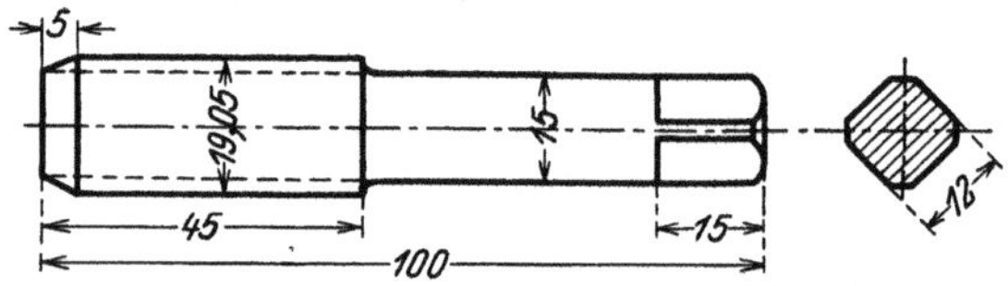

Abb. 1. Handgewindebohrer nach DIN 351.

Abb. 1 gibt als Beispiel für die Normung der Gewindeschneidzeuge einen Handgewindebohrer für $^3/_4''$ und zeigt, welche Maße für einen solchen Gewindebohrer auf der DI-Norm festgelegt wurden. Die Normung erfaßt also alle Maße, die ohne Beschränkung der konstruktiven Freiheit und der besonderen Fabrikationserfahrungen der Spezialindustrie festgelegt werden konnten, also Werte, die im Laufe der Jahre als zweckmäßige Erfahrungswerte Allgemeingut geworden sind, wie die Länge des Gewindeteiles oder die Länge des konischen Teiles des Gewindes oder Maße wie $d = 15$, die eingehalten werden müssen, um ein einwandfreies Arbeiten sicherzustellen, oder wie Schlüsselweiten des Vierkantes, die für die Austauschbarkeit und die Verwendung in einem beliebigen Windeisen grundlegend sind. Schließlich sind Maße, wie die ganze Länge des Bohrers, für die Aufbewahrung und Verpackung von Bedeutung. Oft findet man in den Werkzeugnormen Richtmaße, wie hier die Länge für den konischen Gewindeteil, das sind solche Maße, die als gute Mittelwerte möglichst anzustreben sind, von denen jedoch je nach Fabrikationseinrichtung oder Erfahrung um ein Geringes abgewichen werden darf. Für das Gewindeprofil selbst ist im vorliegenden Fall die zugehörige Gewindenorm maßgebend.

Da die vorher erwähnte Gewinderegelung nicht von heute auf morgen durchgeführt werden kann, also auf lange Zeit hinaus noch Whitworth-Gewindebohrer unter $^7/_{16}''$ für Nach- und Ersatzlieferungen oder auch für Auslandslieferungen gebraucht werden, so sind beispielsweise auf DIN 351 Handgewindebohrer von $^1/_4''$ bis $^7/_{16}''$ aufgenommen. Diese Werte sind als „möglichst nicht zu verwenden" eingeklammert. Darunter finden wir sogar noch die Abmessungen für $^1/_{16}''$ bis $^7/_{32}''$ in Kursivschrift; Gewinde, die in DIN 11 und DIN 12 überhaupt nicht mehr enthalten sind.

In Abb. 2 ist als Beispiel für ein Werkzeug zur Bolzengewindeherstellung ein rundes geschnittenes Schneideisen für 10 mm Metrisches Grobgewinde aus DIN 223 gezeigt. Auf dieser Norm sind die Abmessungen für das Grobgewinde mit denen für Whitworth-Rohrgewinde vereint.

Diese Norm zeigt sehr deutlich die Beschränkung auf die für die Austauschbarkeit wichtigsten Maße und die Freilassung solcher Maße, deren Wahl den Spezialfirmen überlassen bleiben muß. Um einen

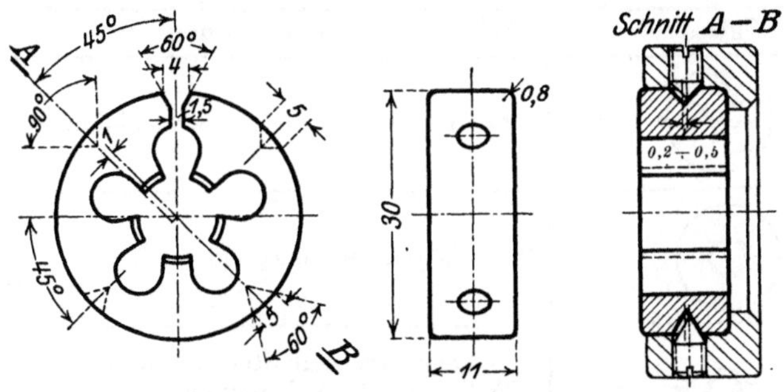

Abb. 2. Schneideisen nach DIN 223.

Gewindebohrer. Übersichtsblatt.

Skizze	DIN	Bezeichnung	Bereich
		Hand-Gewindebohrer	
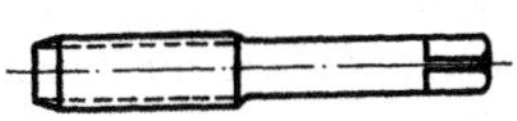	351 352 353	f. Whitw. Gew. nach DIN 11 u. 12 f. Metr. Gew. nach DIN 13 u. 14 f. Whitw. Rohrgew. nach DIN 259 u. 260	1/16″—2″ M 1—52 R 1/8″—4″
		Mutter-Gewindebohrer mit kurzem Schaft	
	354 355	f. Whitw. Gew. nach DIN 11 u. 12 f. Metr. Gew. nach DIN 13 u. 14	1/16″—2″ M 1—52
		Mutter-Gewindebohrer mit langem Schaft	
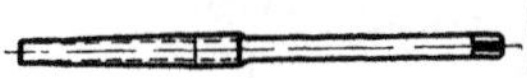	356 357	f. Whitw. Gew. nach DIN 11 u. 12 f. Metr. Gew. nach DIN 13 u. 14	1/4″—2″ M 6—52
		Schneideisen-Gewindebohrer	
	358 359 360	f. Whitw. Gew. nach DIN 11 u. 12 f. Metr. Gew. nach DIN 13 u. 14 f. Whitw. Rohrgew. nach DIN 259 u. 260	1/4″—1 1/2″ M 1—39 R 1/8″—1 1/4″
		Handbacken-Gewindebohrer	
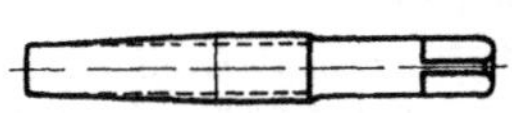	361 362 363	f. Whitw. Gew. nach DIN 11 u. 12 f. Metr. Gew. nach DIN 13 u. 14 f. Whitw. Rohrgew. nach DIN 259 u. 260	1/16″—2″ M 1—52 R 1/8″—3″
		Maschinenbacken-Gewindebohrer	
	510 511 512	f. Whitw. Gew. nach DIN 11 u. 12 f. Metr. Gew. nach DIN 13 u. 14 f. Whitw. Rohrgew. nach DIN 259 u. 260	1/4″—2″ M 6—52 R 1/8″—3″

Abb. 3a. Übersicht über die genormten Gewindeschneidzeuge.

Überblick zu geben, welche Normen für Gewindeschneidzeuge vorliegen, sind in Abb. 3a, b, die einschlägigen DI-Normen zusammengestellt.

Schneideisen, Schneideisenkapseln und -halter.

Skizze	DIN	Bezeichnung	Bereich
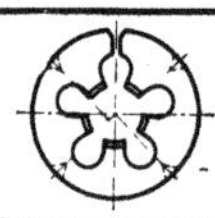	223	Runde geschlitzte Schneideisen	Whitw. $^{1}/_{16}''$—2″ Metr. M 1—52
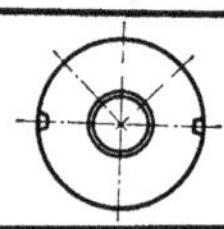	224	Schneideisenkapseln	Whitw. $^{1}/_{16}''$—2″ Metr. M 1—52
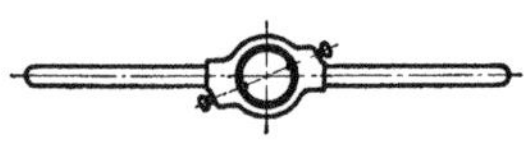	225	Schneideisenhalter für runde geschlitzte Schneideisen mit Kapsel	30—120

Abb. 3 b. Übersicht über die genormten Gewindeschneidzeuge.

2. Werkzeugvierkante. Die Vierkante an Werkzeugen wurden durch DIN 10 genormt, und zwar das Nennmaß und die Länge des Vierkantes in Abhängigkeit vom Halsdurchmesser; daneben noch das Mindestspiel zwischen Vierkant und Windeisenloch.

In Abb. 4 sind auszugsweise die wichtigsten Angaben dieser DI-Norm wiedergegeben.

Halsdurchmesser D		Vierkant		Halsdurchmesser D		Vierkant	
von	bis	Nennmaß k	Länge l	von	bis	Nennmaß k	Länge l
2,48	2,83	2,1	5	17,34	19,33	14,5	17
2,84	3,20	2,4	5	19,34	21,33	16	19
3,21	3,60	2,7	6	21,34	24	18	21
3,61	4,01	3	6	24,01	26,67	20	23
4,02	4,53	3,4	6	26,68	29,33	22	25
4,54	5,08	3,8	7	29,34	32,00	24	27
	bis				bis		
16,01	17,33	13	16	90,67	101,33	76	79

Liegt der Halsdurchmesser nicht durch die Art des Werkzeuges (Gewindebohrer, Reibahle usw.) fest, so ist er in die Nähe des Größtwertes der Halsdurchmesserstufe zu legen.

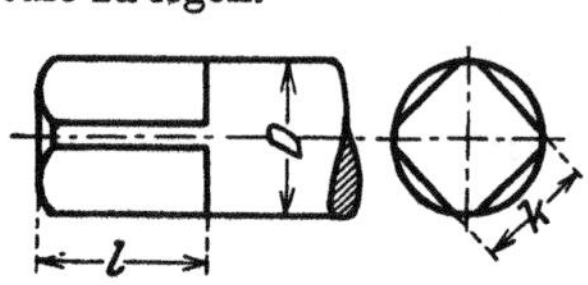

Abb. 4. Vierkante an Werkzeugen.

Bei diesen Vierkantmaßen hat der Ingenieur zu beachten, daß sie mit den Schlüsselweiten für Schrauben nicht übereinstimmen. Durch sehr eingehende Untersuchungen des Obmannes in Verbindung mit praktischen Musterausführungen wurden obige Werte ermittelt, für die in erster Linie ein gutes Aussehen des Vierkantes, also ein richtiges Verhältnis zwischen Fase und Vierkantfläche maßgebend war[1]).

3. Werkzeuge zur Herstellung von Bohrungen. Für die Herstellung von Bohrungen vom roh gebohrten bis zum fertig geriebenen Loch werden in der Werkstatt die verschiedensten Werkzeuge gebraucht. Der Normung dieser Werkzeuge liegen einheitliche Gesichtspunkte zugrunde, und zwar sowohl grundlegende Normen anderer Gebiete als auch solche des Werkzeugfaches. DIN 3, Normaldurchmesser, „dient zur Beschränkung der Werkzeugsorten auf eine Mindestzahl. Sie sind zu verwenden, wenn nicht besondere Gründe die Wahl anderer Durchmesser erfordern".

Die Einhaltung dieser Normaldurchmesser und die Beschränkung von Abweichungen auf nur unbedingt gerechtfertigte und nicht zu vermeidende Fälle ist eine der wichtigsten Stützen der Normen ganz im allgemeinen, insbesondere der Werkzeugnormung. Durch das Vorhandensein dieser Norm ist die Werkzeugindustrie in der Lage, lagerhaltige Werkzeuge für immer wieder angewandte Durchmesser auf Lager anzufertigen.

In enger Verbindung mit den Normaldurchmessern stehen die DIN-Passungen, deren vorgeschriebene Genauigkeit durch die vom Werkzeugausschuß genormten Werkzeuge erreicht werden soll. Weitere DI-Normen, wie

DIN 250 Rundungen,
DIN 69 Durchgangslöcher für Schrauben,
DIN 254 Kegel,

sind wichtige, bei der Werkzeugnormung zu berücksichtigende DI-Normen.

Innerhalb der Werkzeuge selbst findet man grundlegende Normen. Die wichtigste Norm ist wohl DIN 228, Werkzeugkegel. Sie bringt eine Auswahl aus allen Morse- und Metrischen Kegeln, legt also eine Reihe von Kegeln fest, die für Werkzeuge und an Werkzeugmaschinen nur noch angewendet werden darf. Die restlose Einführung dieser Norm bedeutet eine gar nicht abzuschätzende Erleichterung für die Werkzeughaltung, die Anwendung der Werkzeuge bei den Werkzeugmaschinen und muß ganz besonders bei der laufenden Instandsetzung der Werkzeugmaschinen auf das Peinlichste beachtet werden.

Abb. 5 stellt einen Auszug aus DIN 228 dar.

Fräser, Reibahlen und Senker sind nur dann austauschbare, also lagerhaltige Werkzeuge, wenn die für ihre Befestigung maßgeben-

---

[1]) Vgl. Mitt. NDI H. 2, Jg. 1.

den Abmessungen genormt sind. Auf DIN 138 werden deshalb Federn und Nuten für Fräser und Mitnehmer für Fräser und Senker gezeigt. Wie diese grundlegende Norm die Werkzeuge beeinflußt, zeigt Abb. 6.

Bezeichnung		Kegel
Metrischer Kegel	4 6	1:20 1:20
Morsekegel	0 1 2 3 4 5 6	1:19,212 1:20,048 1:20,020 1:19,922 1:19,254 1:19,002 1:19,180
Metrischer Kegel	80 100 120 140	1:20 1:20 1:20 1:20

Abb. 5. Werkzeugkegel.

Bei diesem Aufstecksenker ist wiederum die ganze Länge nur als Richtmaß eingetragen. Alles, was für die Auswechselbarkeit wichtig ist, wurde genormt, die konstruktive Freiheit jedoch nicht eingeschränkt.

Aus der grundlegenden Norm für Zentrierbohrungen, DIN 332: 60° ohne Schutzsenkung, mit Schutzsenkung und mit Gewindeloch, ergeben sich zwangläufig die Werkzeugnormen für Zentrierbohrer und Senker für Körnerlöcher.

Die Spiralbohrer sind abhängig von dem Normaldurchmesser, den Durchgangslöchern für Schrauben und den Kernlochbohrungen für

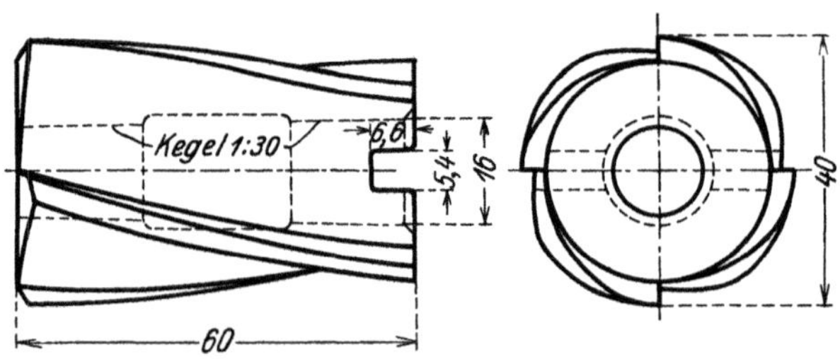

Abb. 6. Beispiel eines Aufstecksenkers nach DIN 222.

Muttergewinde. Auch der Festlegung dieser Kernlochbohrungen gingen sehr eingehende, außerordentlich umfassende Versuche voraus. Sie führten nicht zu einem alle Bedürfnisse umfassenden, befriedigenden Ergebnis, brachten jedoch brauchbare Mittelwerte für den allgemeinen Maschinenbau. Es zeigte sich bei diesen Versuchen, daß die Größe des gebohrten Loches durch die Güte des Spiralbohrers, insbesondere seinen Anschliff, daneben noch durch die Beschaffenheit der Bohrmaschine, den Werkstoff und die Führung des Bohrers beeinflußt wird. Diese Werte dürfen für genaue Gewinde wohl kaum Anwendung finden.

Wenn auch auf den DI-Normen für die verschiedenen Arten der Spiralbohrer noch reichlich viele Größensorten enthalten sind, so bedeutet die vorliegende Auswahl doch schon eine ganz bedeutende Einschränkung gegenüber den bisherigen.

In Abb. 7a b ist eine Übersicht über die bis heute vorliegenden Bohrer- und Senkernormen gegeben.

Bei den Reibahlen beschränkt sich die Normung naturgemäß nur auf die äußeren Abmessungen und berührt in keiner Weise die konstruktiven Einzelheiten, wie insbesondere die Form der schneidenden Zähne.

Abb. 8 gibt als Beispiel aus diesem Gebiete eine Handreibahle nach DIN 206.

Wenn nun auch der NDI die Form der schneidenden Zähne nicht festgelegt hat, so wird doch innerhalb einer jeden Fabrik durch das Normenbüro eine gewisse Normung in dieser Richtung hin fortzuführen sein. Eine solche interne Normung wirkt arbeitssparend, da

Spiralbohrer. Übersichtsblatt.

Skizze	DIN	Bezeichnung		Bereich
		Spiralbohrer mit Zylinderschaft		
	337 339	kurze Spiralbohrer lange Spiralbohrer	WSt WSt	0,3—20 2—75
		Spiralbohrer mit Morsekegel		
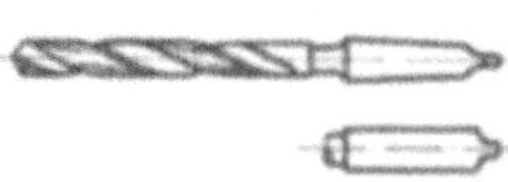	341 345 346	mit Morsekegel mit Morsekegel mit stärkerem Morsekegel	WSt SSt SSt	2—100 2—85 14—67
		Spiralbohrer mit Zylinderschaft und Mitnehmerlappen		
	338 340	kurze Spiralbohrer lange Spiralbohrer	SSt SSt	2—20 2—75
		Leierbohrer		
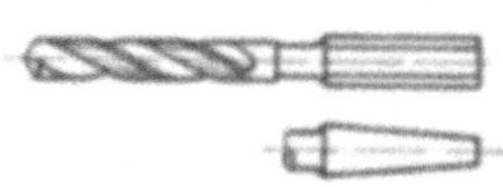	350 349	mit abgeflachtem Zylinderschaft mit verjüngtem Vierkantschaft	WSt WSt	10—40 1—20
		Spiralbohrer mit verjüngtem Vierkantschaft		
	329 330	lange Spiralbohrer kurze Spiralbohrer	WSt WSt	2—40 13—40
		Anbohrer		
	331	Anbohrer	WSt u. SSt	0,5—6
		Zentrierbohrer		
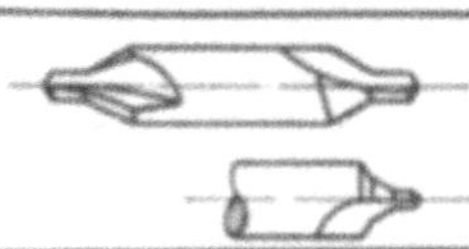	333 320	Zentrierbohrer Zentrierbohrer für Schutzsenkung	WSt-SSt WSt-SSt	0,75—6 1—6

Abb. 7a. Übersicht über die genormten Bohrer und Senker.

durch sie die bei jedem Schneidwerkzeug immer wieder aufzuwendende Denkarbeit zur Festlegung der schneidenden Zähne gespart wird, bewährte Erfahrungen ein- für allemal festgelegt sind, insbesondere aber

Senker. Übersichtsblatt.

Skizze	DIN	Bezeichnung		Bereich
		Senker für Körnerloch mit Schutzsenkung		
	321	Senker für Körnerloch WSt-SSt		0,5—6
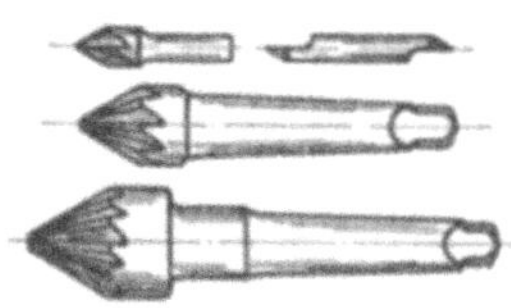		60°-Spitzsenker		
	334	60°-Spitzsenker	WSt SSt	8
	334	60°-Spitzsenker	WSt SSt	13
	334	60°-Spitzsenker	WSt SSt	25
	334	60°-Spitzsenker	WSt SSt	35 u. 50
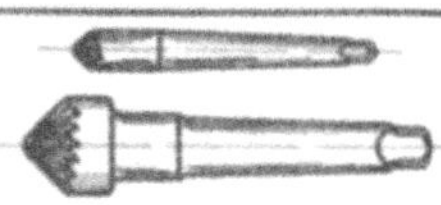		90°-Spitzsenker		
	335	90°-Spitzsenker	WSt SSt	12 u. 20
	335	90°-Spitzsenker	WSt SSt	30—80
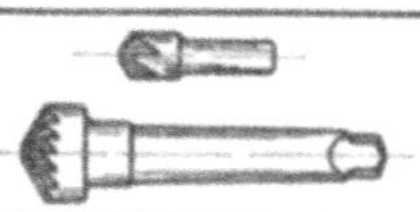		120°-Spitzsenker		
	347	120°-Spitzsenker	WSt SSt	15
	347	120°-Spitzsenker	WSt SSt	30 u. 50
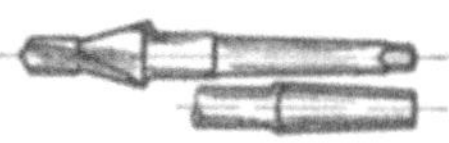		30°-Senker (für Kegelsenkschrauben)		
	348A	mit Morsekegel	WSt SSt	6,5—13,5
	348B	mit Vierkant	WSt SSt	6,5—13,5
		Spiralsenker		
	343	mit Kegelschaft	WSt SSt	12—52
	344	mit Zylinderschaft	WSt SSt	12—52
		Aufstecksenker		
	222	Aufstecksenker		24—100
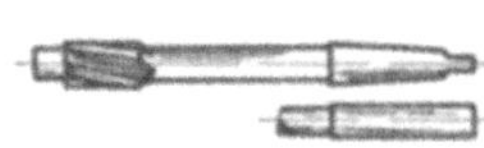	DPV	Kopfsenker mit Gewindeloch o. Vollmaßzapfen		
	WP 135	f. Whitw. Schrb. — mit Morsekegel	WSt SSt	1/2"—1"
		mit zyl. Schaft	WSt SSt	1/4"—7/16"
	WP 136	f. metr. Schrb. — mit Morsekegel	WSt SSt	12—22
		mit zyl. Schaft	WSt SSt	3—5,5
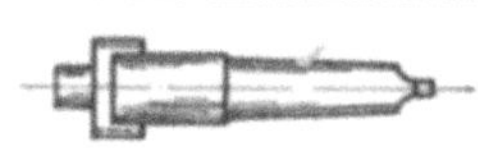		Zapfensenker mit eingesetztem Messer		
	WP 137	Schaft mit Morsekegel WSt SSt		38—85

Abb. 7b. Übersicht über die genormten Bohrer und Senker.

auch eine Unabhängigkeit von den Notizbüchern und den Erfahrungen des Meisters erreicht wird. Gerade auf dem Gebiete der Werkzeuge finden wir heute bei den einzelnen Fabriken noch eine starke Abhängigkeit von den Kenntnissen des Werkzeugmachers oder des Meisters

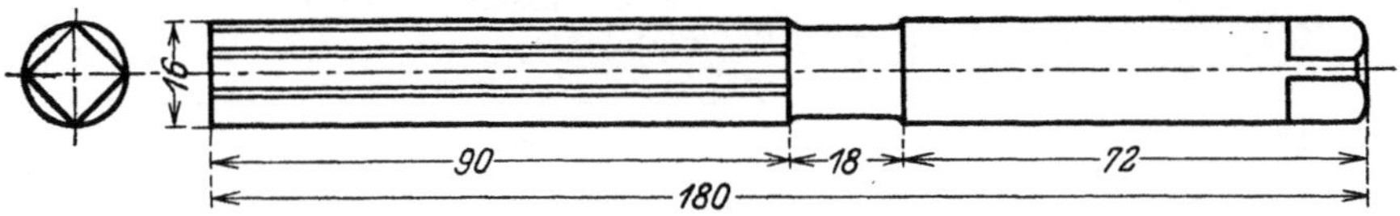

Abb. 8. Handreibahle nach DIN 206.

der Werkzeugmacherei. Hier muß die Normung einsetzen und in möglichst weitgehender Weise diese nur in den Köpfen Weniger steckenden Erfahrungen durch Normblätter der Allgemeinheit zugänglich machen und ein- für allemal festlegen.

Abb. 9 gibt eine Übersicht über die vom NDI genormten Reibahlen.

Die Schleifscheiben für hinterdrehte und spitzgezahnte

Fräser	DIN 181
für Vorrichtungen und Lehren . . .	„ 183
für Spiralbohrer	„ 184
für Drehstähle und Holzbearbeitungsfräser	„ 185

lagen im großen und ganzen bereits vor der DI-Normung einheitlich fest.

5. Einheitliche Bezeichnung. Die Beachtung der hier aufgeführten DI-Normen über Werkzeuge muß jeder Fabrik für das konstruierende Büro ebenso wie für Werkstatt und Einkauf auf das Dringendste empfohlen werden. Dabei soll, wie bei jeder anderen DI-Norm, ein Werkzeug stets so bezeichnet oder bestellt werden, wie es die DI-Norm vorschreibt. Jede DI-Norm bringt über der Maßtabelle ein Beispiel für die Bezeichnung, das sich zusammensetzt aus dem Namen des Werkzeuges, dem oder den für die Kennzeichnung der Größe wichtigen Leitmaßen und der DIN-Nummer. Die genaue Befolgung dieses Bezeichnungsbeispieles und die Vermeidung jeder noch so geringen Abweichung hiervon wird erreichen, daß innerhalb der gesamten deutschen Industrie ein bestimmtes Werkzeug stets genau gleich benannt wird.

Über die Werkzeug-DI-Normen hinaus sind in den Preisblättern des Deutschen Präzisions-Werkzeugverbandes noch eine weitere Anzahl von Werkzeugen, insbesondere die verschiedenen Arten von Fräsern, mit Hauptabmessungen niedergelegt. Diese Blätter können

Reibahlen. Übersichtsblatt.

Skizze	DIN	Bezeichnung	Bereich
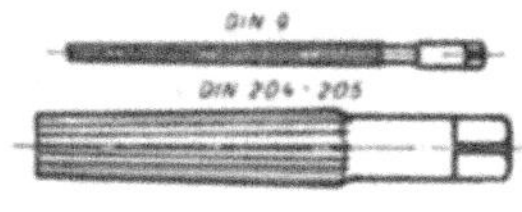		**Kegelreibahlen**	
	9	zu Kegelstiften nach DIN 1	0,6—50
	204	für Morsekegel	0—7
	205	für metrische Kegel	4—150
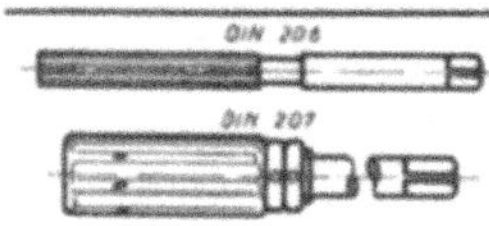		**Handreibahlen**	
	206	unverstellbar	3—50
	207	nachstellbar	24—80
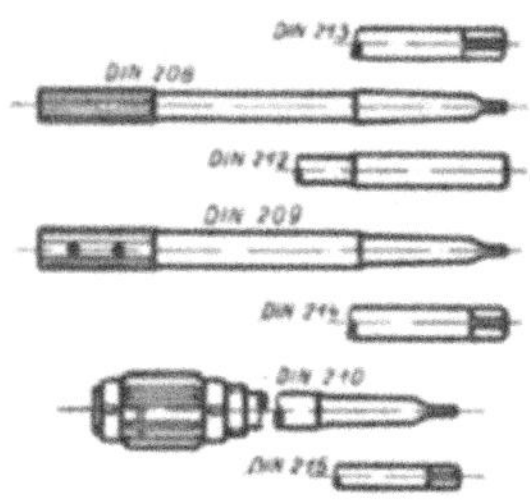		**Maschinenreibahlen, unverstellbar**	
	213	mit Vierkant	10—32
	208	mit Morsekegel	10—32
	212	mit Zylinderschaft	3—10
		Maschinenreibahlen mit aufgeschraubten Messern	
	209	mit Morsekegel	20—50
	214	mit Vierkant	20—50
		Maschinenreibahlen, nachstellbar	
	210	mit Morsekegel	22—100
	215	mit Vierkant	22—100
		**Grundreibahlen, nachstellbar**	
	211	mit Morsekegel	24—50
	216	mit Vierkant	24—50
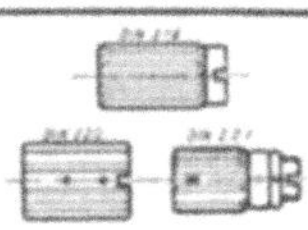		**Aufsteckreibahlen**	
	219	unverstellbar	18—100
	220	mit aufgeschraubten Messern	35—150
	221	nachstellbar	30—100

Aufsteckhalter für Reibahlen und Senker.

Skizze	DIN	Bezeichnung	Bereich
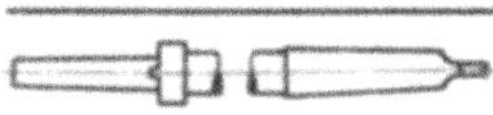	217	Aufsteckhalter mit Morsekegel für Reibahlen und Senker	10—50
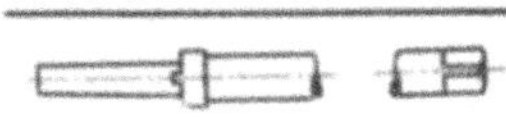	218	Aufsteckhalter mit Vierkant für Reibahlen und Senker	10—50
	311	Nietlochreibahlen mit Morsekegel (Preßluftreibahlen)	8—40
	312	Nietlochreibahlen mit Vierkant (Kesselreibahlen)	8—40

Abb. 9. Genormte Reibahle.

auch als Normen angesprochen werden und sollten in gleicher Weise wie die DI-Normen beachtet und vom Normenbüro jedes Werkes verarbeitet werden. So finden wir in diesen Blättern beispielsweise Fräser für T-Nuten nach DIN 650, ohne die eine solche Norm überhaupt wertlos wäre.

6. Schneidstähle. Für die Schneidstähle sind die Arbeiten des NDI noch nicht zu Ende geführt. Die Querschnitte der Stähle nach DIN 770 werden wohl in der heute vorgeschlagenen Form keine Abänderung mehr erfahren. Abb. 10 gibt einen Auszug aus dieser Norm.

Schaftquerschnitte für Vollstähle und Stahlhalter			
rund	quadratisch	rechteckig	
		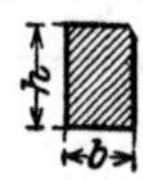	
d	*a*	Seitenverhältnis *b*:*h*	
		1:1,5	1:2
4	4		4×8
6	6	6×10	6×12
8	8	8×12	8×16
10	10	10×16	10×20
bis	bis	bis	bis
50	50	40×60	30×60

Abb. 10. Querschnitte der Schneidstähle.

Bis die DI-Normung soweit ist, daß die verschiedenen Arten der Stähle: Drehstähle, Bohrstähle, Hobelstähle usw. auch in ihren günstigsten Schnittwinkeln vorliegen, wird sich jede Fabrik noch ihre eigenen Schneidstahlnormen schaffen müssen, um zu verhindern, daß der Arbeiter den Stahl nach eigenem Gutdünken anschleift und bei diesem Anschleifen unnötig Zeit verliert. Derartige Schneidstahlnormen ermöglichen, daß in der Werkzeugausgabe der fertiggeschliffene Stahl abgeholt werden kann und daß der Arbeiter einen abgenutzten Stahl gegen einen gebrauchsfertigen auszutauschen jederzeit in der Lage ist. In welcher Weise eine solche interne Schneidstahlnorm ausgebildet werden kann, zeigt Abb. 11[1]).

Die verschiedenen, in Abbildungen gebrachten DI-Normen zeigten, daß eine Eigenfabrikation nicht möglich ist, ohne daß die noch fehlenden Abmessungen genau festgelegt werden. Jede Fabrik, die eines dieser

[1]) Aus der Sammlung der von der Firma Fabriknorm, G. m. b. H., Berlin W. 9, Potsdamerstr. 19, zusammengestellten Schneidstahl-Normen.

Werkzeuge in eigener Werkzeugmacherei herstellen will, ist also gezwungen, sich nach den DI-Normen eigene Werkzeugzeichnungen anzufertigen; auch schon aus dem Grunde, da man Tabellenblätter nicht gern in die Werkstatt gibt. In welcher Weise eine solche Werkstattzeichnung nach einer DI-Norm ausgeführt werden kann, zeigt Abb. 12, Werkzeugzeichnung zu einer Fertigreibahle für Morsekegel Nr. 5[1]).

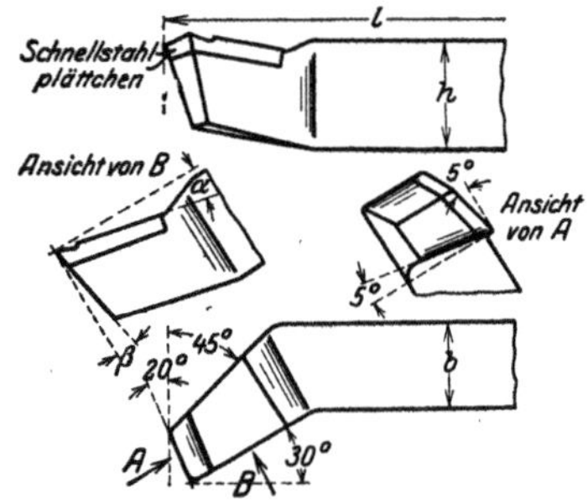

Abb. 11. Muster aus der Sammlung von Schneidstahlnormen.

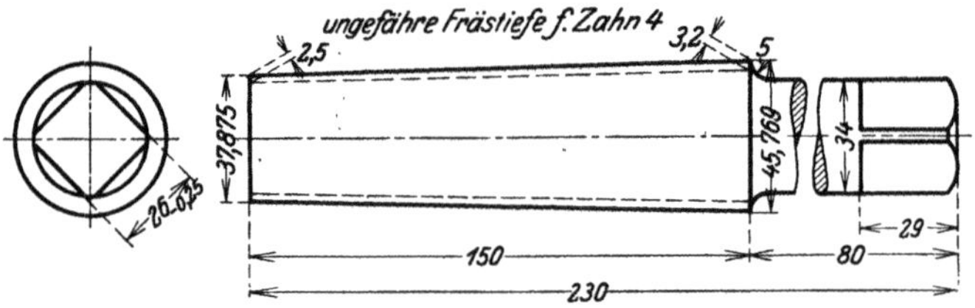

Abb. 12. Werkzeugzeichnung zu einer Reibahle.

C. Aufgaben des Normeningenieurs hinsichtlich der Werkzeugnormung.

Die Aufgabe des Normeningenieurs jeder einzelnen Fabrik ist es nun, die Arbeiten des NDI seiner Fabrikation nutzbar zu machen, die Einführung der DI-Normen in die Praxis also zu veranlassen.

Neben dieser Einführungsarbeit der vom NDI herausgegebenen Normen wird der Normungsingenieur aber noch überreichlich eigene Normungsarbeit zu leisten haben. Diese wird einerseits Werkzeuge selbst, andererseits Richtlinien und Vorschriften, die mit den Werkzeugen zusammenhängen, betreffen. Gerade die letzteren sind für die konstruierenden Stellen von allergrößter Bedeutung, damit die Konstruktionen den Fabrikationsverhältnissen Rechnung tragen, zweckmäßige Arbeitsgänge aufgestellt werden können und schließlich auch der Betrieb selbst die vorhandenen Bestände möglichst ausnutzen kann. Für den eigenen Betrieb werden zahlreiche Spezialwerkzeuge genormt werden müssen, teils ganz, teils nur soweit ein Teil bei anderen wieder Verwendung finden kann, z. B. Messerköpfe, Messer, kombinierte Werkzeuge, Räumnadeln, Fassonstähle und Fräser für

[1]) Aus der Sammlung der von der Firma Fabriknorm, G. m. b. H., Berlin W. 9, Potsdamerstr. 19, zusammengestellten Werkzeugzeichnungen zu DI-Normen.

Teile, die in größeren Mengen hergestellt werden, insbesondere für Normteile. Gerade bei den Werkzeugen werden vielfach nur wichtige Anschlußmaße festzulegen sein.

In engster Verbindung mit der Normung spanabhebender Werkzeuge steht naturgemäß auch die Normung aller Hilfswerkzeuge, wie Drehdorn u. a. Richtlinien und Vorschriften werden sich zu beschäftigen haben mit dem Werkzeugauslauf, der Härtung der Werkzeuge, dem Anschliff der Werkzeuge, Bearbeitung von Schraubenaugen, Ausbildung von Flächen, die gefräst, gehobelt oder geschliffen werden sollen, der Konstruktion von Spezialwerkzeugen unter Berücksichtigung der vorhandenen Werkzeugmaschinen, Anwendung genormter Teile, Instandsetzung der Werkzeugmaschinen und zahlreiches andere mehr.

So ist die Normung der spanabhebenden Werkzeuge eines der wichtigsten Mittel zur Herabsetzung der Selbstkosten jedes Fabrikates und zur Reinhaltung der Normung selbst.

GPSR Compliance

The European Union's (EU) General Product Safety Regulation (GPSR) is a set of rules that requires consumer products to be safe and our obligations to ensure this.

If you have any concerns about our products, you can contact us on ProductSafety@springernature.com

In case Publisher is established outside the EU, the EU authorized representative is:

Springer Nature Customer Service Center GmbH
Europaplatz 3
69115 Heidelberg, Germany

Batch number: 10682411

Printed by Printforce, the Netherlands